# 水稻高光谱遥感实验研究

黄敬峰　王福民　王秀珍　著

ZHEJIANG UNIVERSITY PRESS
浙江大学出版社

**图书在版编目（CIP)数据**

水稻高光谱遥感实验研究 / 黄敬峰，王福民，王秀珍著.
—杭州：浙江大学出版社，2010.12
ISBN 978-7-308-07965-5

Ⅰ.①水⋯ Ⅱ.①黄⋯ ②王⋯ ③王⋯ Ⅲ.①光谱分
辨率－光学遥感－应用－水稻－栽培 Ⅳ.①S511-39

中国版本图书馆 CIP 数据核字（2010）第 178129 号

## 水稻高光谱遥感实验研究

黄敬峰　王福民　王秀珍　著

| | |
|---|---|
| **责任编辑** | 黄娟琴 |
| **文字编辑** | 陈静毅 |
| **封面设计** | 刘依群 |
| **出版发行** | 浙江大学出版社 |
| | （杭州市天目山路 148 号　邮政编码 310007） |
| | （网址：http://www.zjupress.com) |
| **排　　版** | 杭州中大图文设计有限公司 |
| **印　　刷** | 浙江印刷集团有限公司 |
| **开　　本** | 787mm×1092mm　1/16 |
| **印　　张** | 20.75 |
| **字　　数** | 505 千 |
| **版 印 次** | 2010 年 12 月第 1 版　2010 年 12 月第 1 次印刷 |
| **书　　号** | ISBN 978-7-308-07965-5 |
| **定　　价** | 80.00 元 |

# 序

    高光谱遥感技术的出现,是地物光谱遥感研究领域新的飞跃发展。它能揭示和识别宽波段光谱研究不能解决的很多问题。《水稻高光谱遥感实验研究》是黄敬峰等坚持抓住我国粮食主栽作物——水稻,在不断吸取国内外研究成果的同时,持续15年全面系列的光谱遥感实验研究,取得了丰硕成果后撰写而成的科技专著。该书不仅多种实验设计科学合理、研究技术先进、取得的数据翔实可靠,而且内容新颖全面、成果水平较高,处于国内外前沿。该书对进一步深入研究水稻高光谱遥感技术非常有用,而且对其他地物光谱遥感研究也有很高的利用和参考价值。

    我认为该书在以下几个方面取得了重大进展:一是科学地确定了水稻主要生物理化参数高光谱监测的敏感波段,构建了用于水稻生物量、叶面积指数、色素含量、氮素含量等参数监测的新型光谱指数;二是将神经网络和支持向量机等人工智能方法引入水稻参数高光谱遥感监测模型构建,显著提高了模型的精度和可靠性;三是发现了水稻二向反射的一般规律并构建水稻叶面/冠层二向反射模型;四是设计和开发了具有自主知识产权的水稻高光谱数据处理系统。总体结论是:突破了水稻高光谱遥感监测的一系列关键问题,构建了一套较为完备的水稻高光谱遥感实验方法和理论体系,研究成果达到国际同类研究领先水平,具有广阔的应用前景。

    黄敬峰于1985年获南京气象学院(现为南京信息工程大学)学士学位,1992年获硕士学位。参加工作后,曾多次获得国家和省部级的科技成果奖励,1994年破格3年晋升副研究员。1996年,他以人才引进的方式在浙江农业大学攻读农业遥感与信息技术博士学位,期间获中国科学院奖学金,1999年被任命为浙江大学农业遥感与信息技术应用研究所副所长,2000年获博士学位。黄敬峰是一位勤学苦练、治学严谨的具有科研道德和敬业精神的科教工作者。《水稻高光谱遥感实验研究》就是他会同20多位师弟、师妹，以及他的多位博士研究生，共同完成国家自然科学基金 6 项、国家 863 计划子课题 4 个、国家支撑项目子课题 1 个和科技部科技基础性工作专项子课题 2 个，以及浙江省科技项目多个等科学研究，取得大量科技成果后，并在发表论文 82 篇，其中 SCI 收录 20 篇、EI 收录 13 篇的基础上，经过汇总整理和深化提升后撰写而成的。该书完稿后，作者要求我先读并能提出意见。我为黄敬峰等能写出高水平的科学专著感到高兴，并为其作序，以示祝贺。

于浙江大学

2010 年 8 月 20 日

# 前　言

　　1985 年我大学毕业,就参加中国气象局项目"北方冬小麦气象卫星动态监测与估产系统"(获 1991 年国家科技进步二等奖),开始利用模拟 NOAA AVHRR CH1、CH2 和 LANDSAT TM1、TM2、TM3、TM4 的简易多光谱仪测量小麦冠层光谱,分析小麦冠层反射率及其植被指数的季节变化特征,并用于长势监测和产量预报。其后主持和参加了"利用气象资料和气象卫星遥感资料预测新疆草场生产力的方法研究"(获 1994 年中国气象局气象科技进步四等奖)、"草地、小麦、土壤水分的卫星遥感监测与服务系统研究"(获 1995 年新疆科技进步二等奖)、"应用气象卫星综合监测干旱区域生态环境和预测研究"(1991—1997 年)等课题,除了小麦以外,还开展了玉米、棉花等作物和天然草地的光谱测量。在这些研究中,我逐步认识到实际的生产需求是多样的,如政府和农业生产部门不但需要产量预报,更需要开展长势监测,还希望能进行作物营养诊断和灾害监测。因此,利用遥感技术不但要反演作物叶面积指数、生物量,以便进行长势监测和产量预报,而且反演作物营养状况以便为施肥提供依据,开展干旱、冻害、霜冻、冷害、病虫等灾害的影响研究与应用,有限的几个多光谱波段(如 NOAA AVHRR 有 5 个波段,LANDSAT TM 有 7 个波段)就像万金油,缺乏针对性,难以满足实际需要,期望能有更多的波段来满足实际需要。

　　1997 年,我考入浙江大学攻读博士学位,师从我国著名的农业遥感专家王人潮教授(浙江大学遥感所)。当时浙江大学遥感所已经拥有 ASD 光谱仪,而且已经数次获得国家自然科学基金资助。王老师已经指导研究生开展了"利用早稻光谱特性进行氮素营养诊断的可行性研究"(周启发,1988)、"水稻氮素营养水平与光谱特征的研究"(史颜鹏,1990)、"不同水稻品种的光谱特性研究(沈掌泉,1993)"。通过查询阅读国内外有关高光谱遥感的文献,认识到高光谱遥感的出现是遥感界的一场革命,是当前遥感前沿技术。电磁波波段宽度一般小于 10mm 能产生一条完整而连续的光谱曲线,这不是简单的数据量的增加,而是信息量的增加,信息量可增加十倍甚至数百倍,使本来在宽波段遥感中不可探测的物质,在高光谱遥感中能被探测到,因此,我确定将高光谱遥感研究作为主攻研究方向。但是,当时没有航天高光谱影像数据,而航空高光谱数据获取也十分困难,同时考虑到作为科学实验及其结果必须具有可重复性,在实验室条件下用光谱能够准确测定的水稻生物物理和生物化学参数,在田间冠层条件下不一定可行,反过来,在实验室条件下证明光谱不能测定的水稻生物物理和生物化学参数,在田间冠层条件下和卫星水平则一定是不可行的。即使是在实验室和冠层条件下证明用光谱能够准确测定的水稻生物物理参数和生物化学参数,建立的模式,在卫星遥感水平也不一定可行。而实验室和小区实验具有环境条件容易控制、成本低等优点,因此,我们首先开展实验室和田间小区高光谱遥感实验。

十几年来,我们陆续得到国家自然科学基金、国家"863"等项目的资助,这些课题主要有:国家自然科学基金项目"氮素营养水平引起水稻光谱反射特性变异的机理研究"(1997—2000 年)、"不同氮素水平的水稻高光谱诊断机理与方法研究"(2002—2004 年)、"主要作物生物化学参数的高光谱遥感监测方法与模型研究"(2003—2005 年)、"基于水稻生长模型的冠层高光谱模拟模型"(2006—2008 年);国家"863"课题"基于多源波谱信息的稻麦病害识别技术研究"(2006—2010 年)和"我国典型地物标准波谱数据库"子课题"水稻和油菜标准波谱数据的收集与测试"(2002—2005 年)、"稻麦品质遥感监测与预报技术研究"子课题"水稻品质遥感监测研究与应用"(2001—2005 年)、"国家粮食主产区粮食作物种植面积遥感测量与估产业务系统"子课题"水稻长势监测与产量估算统计遥感模型研究"(2006—2010 年);国家科技支撑项目子课题"水稻主要病虫害监测与预测预报研究"(2006—2009 年);科技部科技基础性工作专项子课题"区域农业资源环境基础数据与作物高光谱遥感数据"(2003—2006 年);浙江省科技厅配套项目"基于多源波谱信息的稻麦病害识别技术研究"(2006—2010 年)。

在完成以上课题过程中,多位博士研究生参与研究并完成博士学位论文,主要有:"水稻生物物理与生物化学参数的光谱遥感估算模型研究"(王秀珍,2001)、"水稻 BRDF 模型集成与应用研究"(李云梅,2001)、"水稻高光谱特征及其生物理化参数模拟与估测模型研究"(唐延林,2004)、"水稻参数高光谱反演方法研究及其系统开发和水稻面积遥感提取"(王福民,2007)、"水稻遥感估产的不确定性研究"(陈拉,2007)、"基于神经网络和支持向量机的水稻遥感信息提取研究"(杨晓华,2007)、"水稻主要病虫害胁迫遥感监测研究"(刘占宇,2008)、"不同遥感水平水稻氮素信息提取研究"(易秋香,2008)。本书是在这些博士学位论文的基础上经过加工整理和深化提升撰写而成的。

全书共有 12 章,第 1 章详细地介绍了不同组分光谱和不同水稻品种、不同氮素水平、不同播期、不同发育期、不同背景条件下水稻冠层的光谱特征,简要介绍了原始光谱的导数变换、对数变换、光谱位置和面积的特征参数、光谱吸收特征参数、基于连续统去除的特征参数等常见的高光谱变换与特征参数提取方法，后面章节用到的回归分析方法、主成分分析方法，后向传播神经网络模型、径向基函数神经网络模型和支持向量机模型等建模方法。第2章分析了水稻地上干生物量和鲜生物量与多光谱和高光谱变量的相关性，建立了水稻地上干生物量和鲜生物量多光谱和高光谱参数估算模型，并比较其预测精度。第3章分析了水稻叶面积指数与多光谱和高光谱变量的相关性，建立了叶面积指数多光谱和高光谱参数估算模型，并比较其预测精度；研究了近红外波段和红光波段中心位置与宽度对NDVI的影响及其对水稻叶面积指数估算的影响，优化了权重差值植被指数、土壤调节植被指数、土壤调节植被指数2、改进的转换型土壤调节植被指数参数，提出了用于水稻叶面积指数估算的绿波段归一化植被指数和绿蓝波段归一化植被指数。第4章重点介绍利用后向传播神经网络、径向基函数神经网络和支持向量机模型等建立水稻色素含量/密度的高光谱估算模型的方法，提出了用于水稻冠层叶绿素密度估算的改进叶绿素吸收连续统指数。第5章采用统计回归方法、后向传播神经网络模型、径向基函数神经网络模型和支持向量机模型，对叶片和冠层水平的水稻氮素含量估算方法进行系统研究。第6章确定了水稻主要病虫害胡麻斑病、干尖线虫病、穗颈瘟、稻纵卷叶螟和稻飞虱识别与监测的光谱敏感波段，研究了水稻胡麻斑病和干尖线虫病危害高光谱遥感方法。第7章分析了水稻产量与生物物理参数、水稻理论产量与实际产量、水稻产量与高光谱变量的相关性，建立了水稻产量的高光谱估算模型，并进行精度分析。第8章分别建立了稻穗、稻谷和稻米粗蛋白质和粗淀粉含量的高光谱遥感估算模型，并用2003年的实验资料进行精度检验。第9章介绍了利用主成分分析、波段自相关、逐步回归等方法确定水稻遥感信息提取最佳波段的方法。第10章通过对水稻冠层结构和叶片光谱的模拟，进而实现对水稻冠层垂直反射率和二向反射率的模拟。第11章介绍了水稻高光谱数据处理系统总体设计与功能模块。第12章介绍了1999年以来开展的实验室与田间小区实验设计、获取的资料情况。

　　水稻高光谱遥感是一项正在迅速发展的高新技术，虽然我们利用实验室和田间小区实验，较系统地分析了水稻冠层和组分光谱变化特征与规律，在确定水稻主要生物物理和生物化学参数估算的敏感波段，构建了用于水稻生物量、叶面积指数、色素含量、氮素含量估算的新型植被指数，引入神经网络和支持向量机等方法构建水稻参数高光谱遥感估算模型取得一些进展，遗憾的是未能利用航空和航天高光谱数据开展研究。幸运的是"高分辨率对地观测系统"已经列入"国家中长期科学和技术发展规划纲要"（2006—2020年），搭载了高光谱成像仪

HSI（Hyperspectral Imager）的环境与灾害监测预报小卫星星座（HJ-1 星）于 2008 年 9 月 6 日成功发射，利用航空和航天高光谱数据进行水稻信息提取将是今后研究的主攻方向。

本书出版之际，特别感谢我的恩师、我国著名的农业遥感专家、浙江大学农业遥感与信息技术学科的开拓者和建设者王人潮教授，是他在极其困难的条件下，根据学科特点和地域特色，开创了浙江大学的水稻遥感估产研究工作；是他以敏锐的学术洞察力，根据最新研究动态，不断开拓进取，取得了有特色和优势的研究成果，在国内外形成一定的影响，为我们的研究打下了很好的基础；是他坚韧不拔、永不放弃的精神，使浙江大学水稻遥感研究得以延续三十余年，始终处于学术前沿；是他的时时鞭策、支持、鼓励和指导，才有我们今天的研究成果。在实验和研究过程中，王纪华、刘良云、刘绍民、周启发、黄文江、李存军等提出过宝贵的意见和有益的建议，俞善贤、袁德辉、卫平、吴军、沈掌泉、王秀珍、李云梅、唐延林、Ousama Abou-Ismail、Ahmad Yaghi、申广荣、吴曙雯、张金恒、程乾、沈润平、周炼清、周清、唐蜀川、张玲、孔邦杰、刘英、丁菡、李军、徐俊锋、朱蕾、刘占宇、王渊、易秋香、杨晓华、陈拉、余梓木、金艳、彭代亮、邓睿、王红说、李波、石晶晶、罗艳芳、王晓明、许玉、牟昆仑、郑长春、钟晋阳、张峰、孙雪梅、陈维君、何秋霞、曾彩珍等提供了帮助，特此表示衷心的感谢！同时感谢浙江省农业遥感与信息技术重点研究实验室、杭州师范大学遥感与地球科学研究院和福建师范大学地理科学学院在经费上给予的支持。

黄敬峰

2010 年 8 月

# 目　　录

# 第1章 水稻高光谱特征及其参数提取和分析方法

  地物波谱的特征及其变化,既可为传感器波段的选择提供依据,又是遥感图像及数据处理和各种地表信息提取的基础,是遥感研究的核心内容之一。因此,许多从事遥感基础及其应用研究的单位,每年都要花费大量人力、物力,通过各种有效的探测手段收集、分析和提取各种地物波谱。本章根据影响水稻光谱的因素,介绍在不同条件下的水稻光谱特征及其参数提取和分析方法,主要包括在实验室条件下的组分光谱特征和在田间条件下的冠层光谱特征。

## 1.1 水稻植株各组分的高光谱特征

  水稻绿色叶片反射光谱具有绿色植物叶片的一般特征:在可见光区域,其反射率主要受到各种色素的支配,其中叶绿素的作用最为重要,大部分被叶片吸收,反射率较小;在近红外区域,叶片的细胞结构是反射率最重要的影响因素,叶片的反射率较大,而吸收很少;短波红外区域,水稻叶片的光谱特性受叶片含水量的控制,叶片的反射率与叶片含水量成负相关,入射的辐射大部分能被吸收或反射,透射极少,如图1.1所示。除了水稻绿色叶片之外,本节主要分析水稻黄叶、叶鞘、穗、稻谷、稻米及其蛋白质和淀粉提取物等组分的高光谱特征。

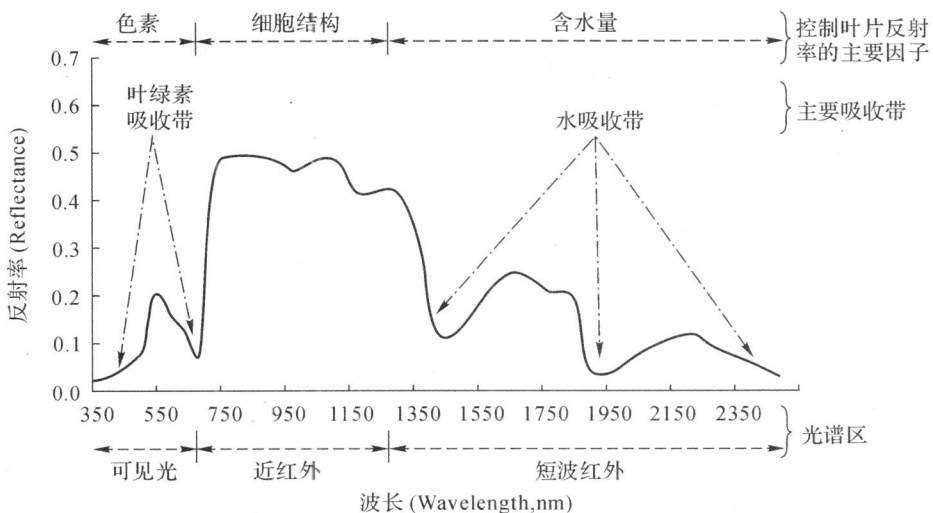

图 1.1 绿色水稻叶片的光谱特征

Fig. 1.1 Spectral characteristics of green rice leaf

### 1.1.1 水稻植株不同组分的光谱特征

图 1.2 是秀水 110 在乳熟期的绿叶、黄叶、叶鞘、穗及成熟稻谷的反射率光谱,如图 1.2 所示,黄叶和成熟稻谷光谱没有绿峰和红谷,其近红外反射率也比较高,旗叶、叶鞘和穗具有比较典型的绿色叶片的光谱特征,但由于乳熟期时穗已部分变黄,所以在绿光与红光区域其反射率较高。

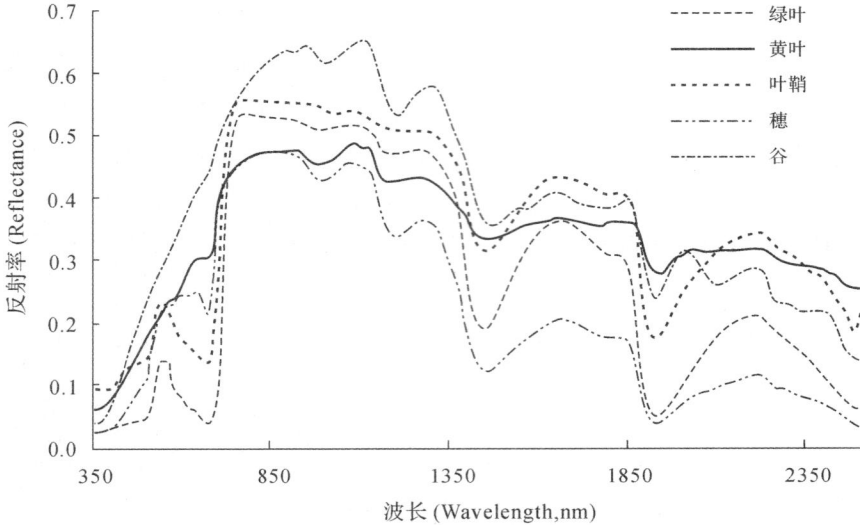

图 1.2　秀水 110 乳熟期各组分的反射光谱(2002 年,N1)

Fig. 1.2　Reflectance spectra of different components of Xiushui 110 at milking stage (2002,N1)

### 1.1.2 水稻叶片的正面与背面反射特征

图 1.3 是孕穗期秀水 110 旗叶的反射光谱(N1),其中 F 和 D 分别表示旗叶鲜叶和干叶正面的光谱反射率,FB 和 DB 分别表示鲜叶和干叶背面的光谱反射率。从图 1.3 可以看出,水稻旗叶无论是鲜叶还是干叶,其正面和背面的反射率曲线变化趋势是一致的;就其反射率大小而言,在可见光区域没有明显区别,但在近红外区域正面反射率要略大于背面反射率。鲜叶与干叶比较,鲜叶反射率整体上明显小于干叶的反射率,主要是由于鲜叶中水分吸收引起的反射率下降。

### 1.1.3 不同氮素水平水稻叶片反射光谱特征

图 1.4 为主要发育期不同氮素水平的叶片光谱特征比较。如图 1.4 所示,其共同特点就是在可见光区域,叶片光谱反射率随氮肥施用量的增加而降低,而在近红外区域,叶片光谱反射率随氮肥施用量的增加而增加。

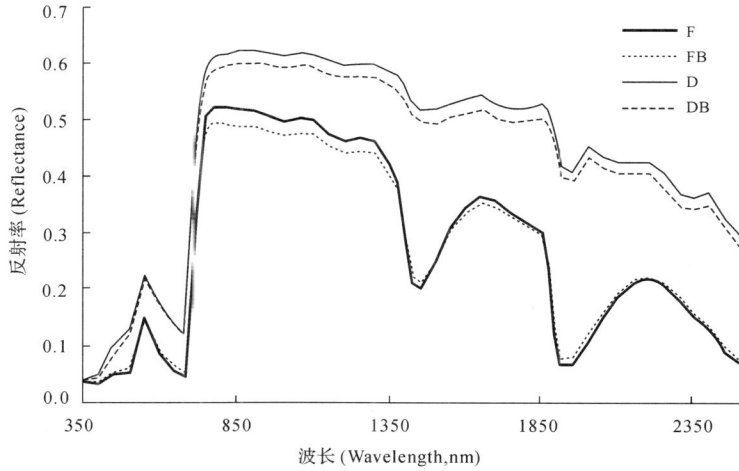

图 1.3　孕穗期秀水 110 旗叶鲜叶和干叶的正面和背面反射光谱(2002 年,N1)

Fig. 1.3　Reflectance spectra for front-side and back-side of dry and fresh flag leaves of Xiushui 110 at booting stage(2002,N1)

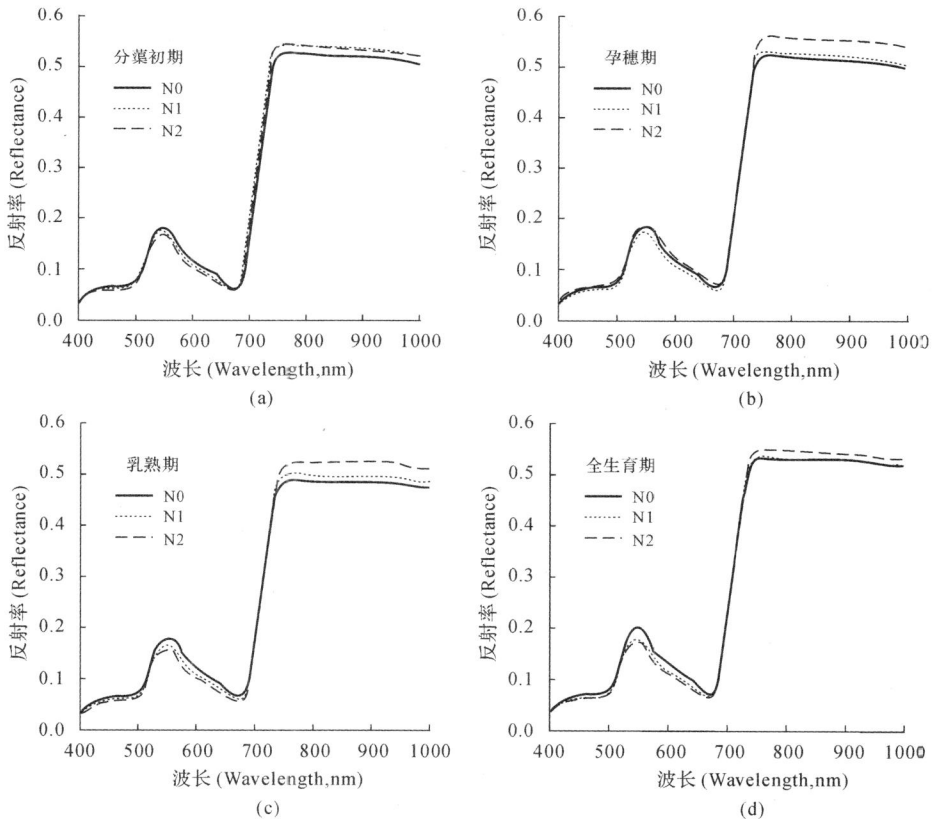

图 1.4　主要发育期不同氮素水平叶片光谱特征比较

Fig. 1.4　Comparison for spectra. characteristics of leaves under different nitrogen levels at different development stages

### 1.1.4 不同水稻叶片层数的高光谱特征

图1.5反映了同一氮素水平下孕穗期秀水110旗叶叠加时的光谱变化。从图1.5可知,无论是鲜叶(图1.5(a))还是干叶(图1.5(b)),随叶片数量的增加,可见光区域的光谱反射率基本不变,而近红外区域逐渐增大,但增大的幅度随叶片数量的增加而逐渐减小。

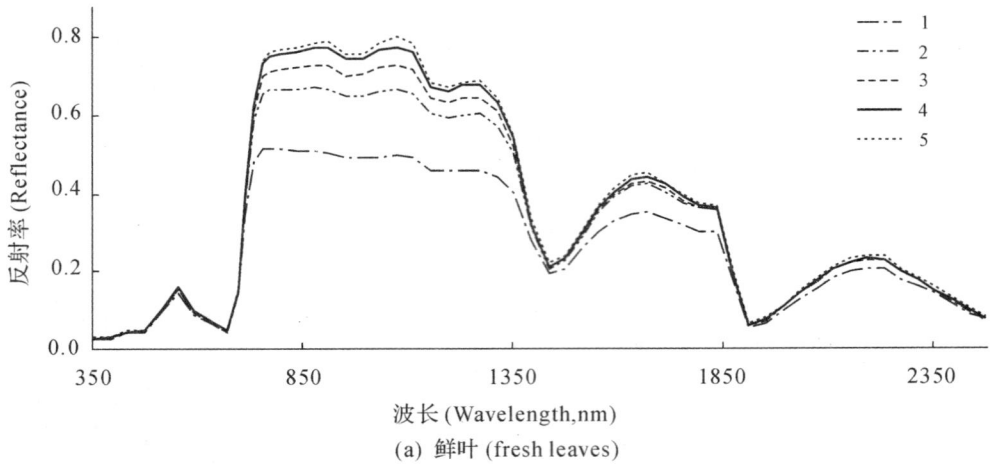

(a) 鲜叶 (fresh leaves)

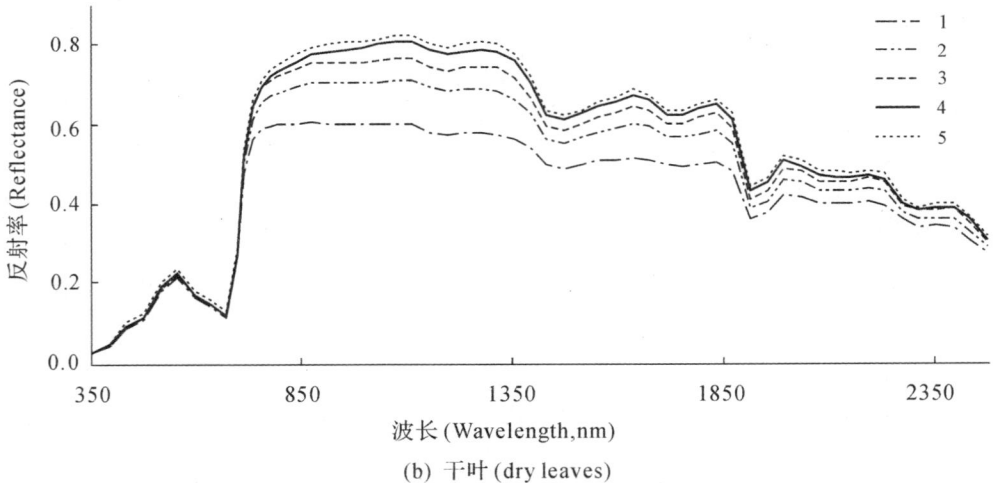

(b) 干叶 (dry leaves)

图1.5 孕穗期秀水110旗叶叠加时的反射光谱(2002年,N1)

Fig. 1.5 Reflectance spectra of flag leaves of Xiushui 110 under the superposition conditions at booting stage (2002, N1)

### 1.1.5 稻米及其蛋白质和淀粉提取物的高光谱特征

如图1.6所示,水稻谷粉和米粉的反射光谱形状是相似的,但由于受谷壳中类胡萝卜素的影响,谷粉光谱反射率在可见光和近红外区域比米粉的反射率低,在短波红外区域比米粉高,且两者的某些反射谷深度也不相同。

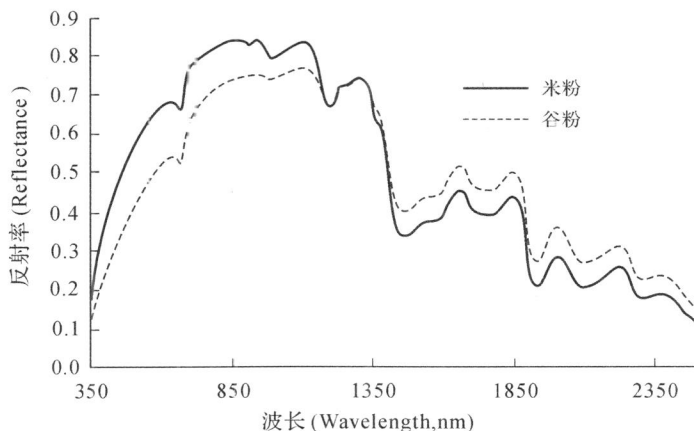

图 1.6　秀水 110 米粉和谷粉光谱

Fig. 1.6　Reflectance spectra of rice and paddy flour of Xiushui 110

如图 1.7 所示,不同氮素水平下秀水 110 稻米米粉的反射光谱曲线是相似的,在蓝紫光和近红外区域,反射率差异小于 5%,但在绿光、黄光和红光区域的差异较为明显,其中以 680nm 处的差异最明显,反射率数值随施氮量增加而降低。

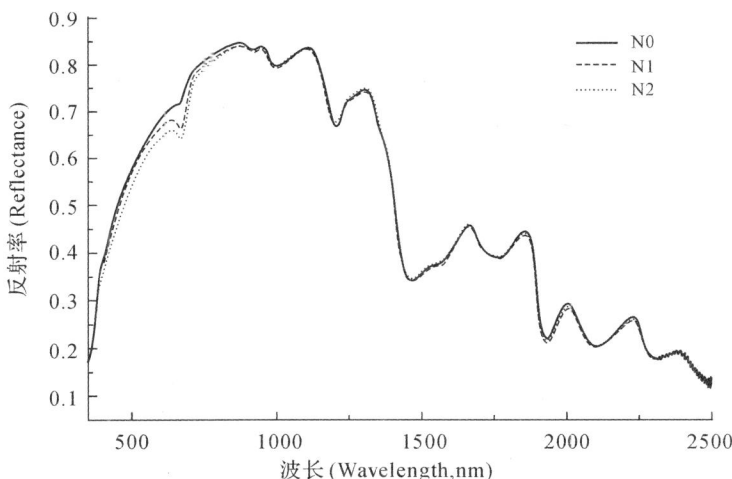

图 1.7　不同氮素水平的秀水 110 米粉光谱

Fig. 1.7　Reflectance spectra of rice flour of Xiushui 110 at different nitrogen levels

从秀水 110 糙米中提取蛋白质、粗淀粉和直链淀粉(纯度大于 96%),测定它们的反射光谱(图 1.8),发现蛋白质的反射光谱曲线在形状、吸收峰位置和数量上同淀粉的反射光谱曲线都有明显不同,主要表现在:蛋白质在 410nm、2060nm、2180nm 附近有三个小吸收峰,而淀粉没有;两者主要反射峰、谷位置相差 10nm 以上。导致这种差异的原因在于 350~2500nm 范围内影响蛋白质反射光谱曲线形状的主要吸收因子是 O—H、C—H、N—H、N=H 键的振动、弯曲和变形,而影响粗淀粉和直链淀粉反射光谱曲线形状的主要吸收因子都是它们中 O—H、C—O、C—H、$CH_2$ 键的振动、弯曲和变形。进一步分析可以看出,直链淀粉和粗淀粉的反射光谱中吸收谷和反射峰出现的位置基本相同,在 600～1350nm 范围它们的反射率值差异较小,但在 350～600nm 和 1350～2500nm 直链淀粉的反射率明显低于粗淀粉的反射率。

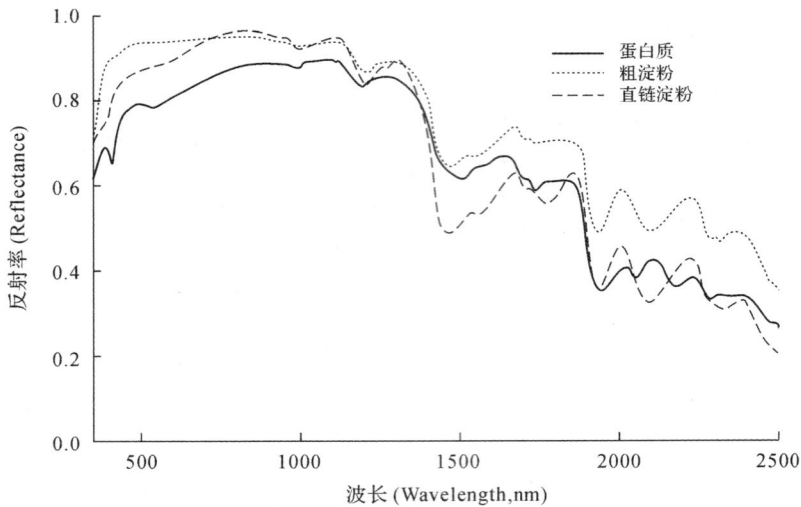

图 1.8　秀水 110 稻米中提炼的纯蛋白质、粗淀粉和直链淀粉光谱

Fig. 1.8　Reflectance spectra of pure protein, crude starch and amylose refined from rice flour of Xiushui 110

　　再用高纯度的蛋白质、粗淀粉(纯度大于 96%),按照不同比例(质量比)进行混合,然后测定各种混合物的反射光谱,结果如图 1.9 所示。当混合物中粗淀粉含量超过 50% 时,混合物光谱中蛋白质在 410nm、2060nm、2180nm 附近的三个小吸收峰已不再明显。混合物反射光谱的峰、谷位置随蛋白质、粗淀粉的混合比例不同而向长波或者短波方向移动,理论上可以根据这些峰、谷位置移动的大小来估算各成分的含量。

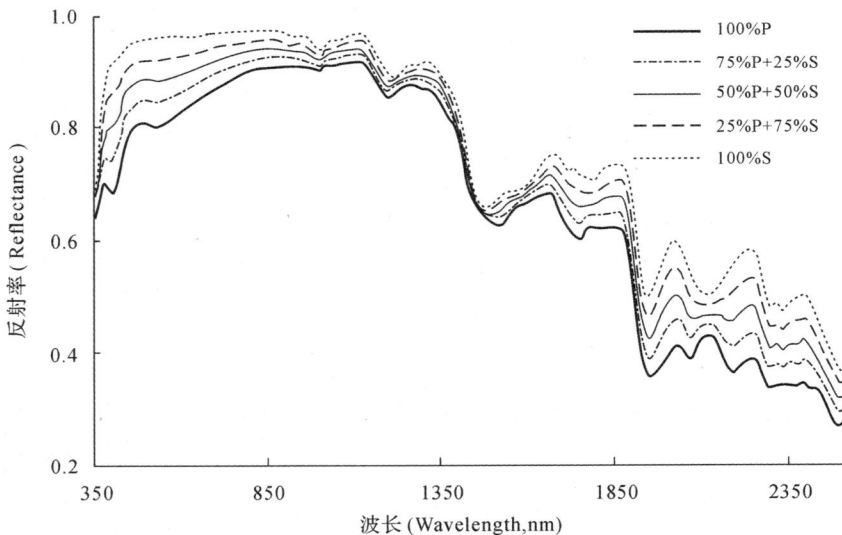

图 1.9　秀水 110 稻米中提炼纯蛋白质和粗淀粉及其不同比例的混合光谱(P、S 分别表示稻米蛋白质和淀粉)

Fig. 1.9　Reflectance spectra of pure protein and crude starch and their mixture with different proportion refined from rice flour of Xiushui 110(P—protein, S—starch)

## 1.2　水稻冠层高光谱特征

植被冠层是指一个植物群落大致处于相同高度的树冠或草冠连成的集合体。植被冠层的反射特性与观测角和入射角、植被冠层的结构（冠层厚度、冠层叶角分布、叶的形态结构和空间分布）、构成要素的光谱特性和下垫面特性之间有密切的联系。本节主要分析水稻冠层及其背景水面和浮萍的光谱特征，以及不同生育期、不同叶面积指数（LAI）、不同供氮水平、不同观测角度条件下的冠层光谱特征。

### 1.2.1　基于室内模拟背景的水稻冠层光谱特征

一般情况下，在水稻生长的大部分时间里，水田都有水层覆盖，尤其在前期，当冠层还没有全部覆盖稻田时，水稻冠层反射光谱受背景土壤和水层的综合影响很大。为了研究背景对水稻冠层反射光谱的影响，在实验室内用红色盆和黑色盆两种背景，再设置不同水层厚度、不同土壤类型（煤渣、水稻土、红壤和沙壤土），通过插花剑山扦插相同水稻，测定并分析不同背景对水稻冠层反射光谱的影响。

图 1.10 和 1.11 分别是黑盆和红盆在不同水层厚度下的反射光谱变化情况，总体上看，当没有水层覆盖时，黑盆的反射率较低，小于 5%，绝大部分小于 3%，而红盆的反射率比较大，最大的接近 40%；当水层厚度大于 5cm 以后，无论是红盆背景还是黑盆背景，大于 1050nm 波段的光谱反射率很低且差异很小；黑盆背景的光谱反射率有随水层厚度增加而增加的趋势，这可能与水面的镜面反射有关，但其差异很小；而红盆背景的光谱反射反射率有随着水层厚度增加而降低的趋势，尤其是波长大于 550nm 的反射率降低十分明显。

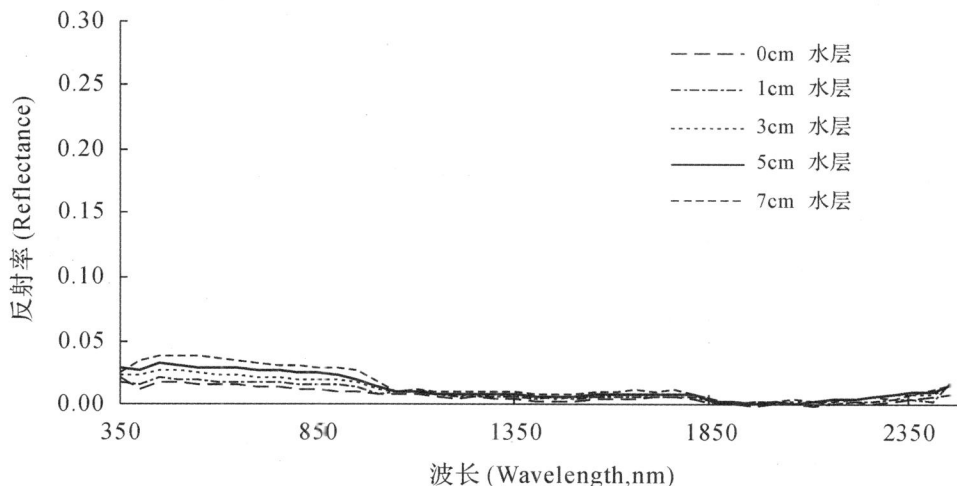

图 1.10　不同水层厚度的黑盆反射光谱

Fig. 1.10　Reflectance spectra of black basin with different depth of water layer

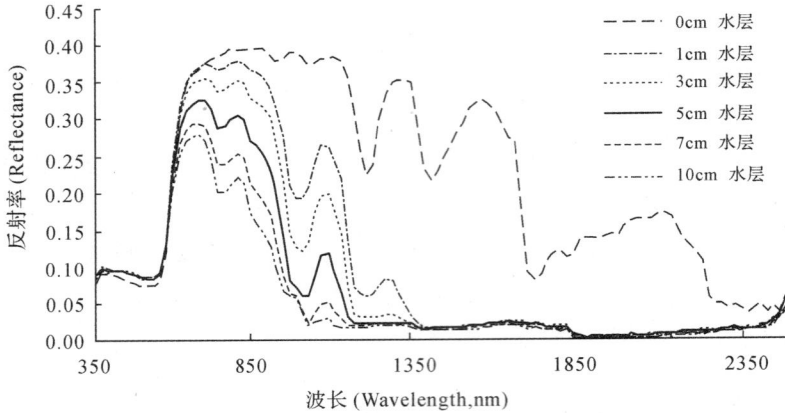

图 1.11　不同水层厚度的红盆反射光谱

Fig. 1.11　Reflectance spectra of red basin with different depth of water layer

　　图 1.12 是无水层条件下,以红盆和黑盆作为背景,相同水稻植株覆盖的水稻冠层反射光谱,可以看出差异非常明显。黑盆背景下的水稻冠层光谱,在可见光区域,叶绿素的吸收特征明显,具有绿色叶片特有的绿峰和红谷;在短波红外区域,水分的吸收特征也十分明显,由于黑盆背景反射率很小,可以近似认为是水稻植株的纯反射光谱。红盆背景反射率较高,在水稻覆盖小的情况下,扦插水稻植株的冠层反射光谱整体小于纯背景反射光谱而大于纯水稻反射光谱;在可见光区域,没有绿色叶片特有的绿峰和红谷,叶绿素的吸收特征不明显;在近红外区域,光谱曲线基本上保持了背景的光谱曲线特征;在短波红外区域,虽然有一定的水分的吸收特征,但是背景反射光谱的影响仍然很大,从总体上看,红盆背景的水稻冠层反射光谱曲线基本上保持了背景的反射光谱曲线特征。

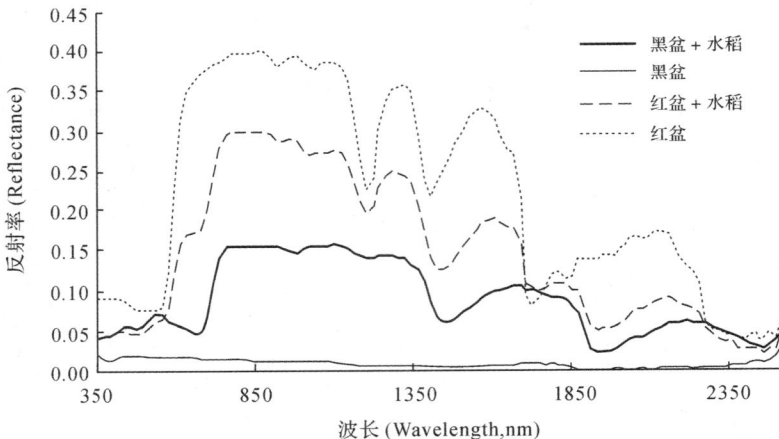

图 1.12　以红盆和黑盆为背景的相同水稻覆盖的反射光谱

Fig. 1.12　Reflectance spectra of rice canopy with red and black basin as substrate

　　图 1.13 与 1.14 分别是以黑盆和红盆作为背景,在不同水层厚度条件下,相同水稻植株覆盖的冠层光谱曲线。黑盆背景影响很小,不同水层厚度对水稻冠层反射光谱的影响也很小,光谱曲线保持了典型的绿色植被冠层光谱特征。而红盆背景的水稻光谱曲线则随水层

厚度变化差异非常明显,1050nm 波段前随水层深度增加冠层反射率不断降低,光谱曲线的变化并没有表现植被冠层反射光谱特征;水层对其冠层光谱最显著的影响发生在 1000nm以后,1cm 水层在 1300nm 后、3cm 水层在 1150nm 后、5cm 以上水层在 1050nm 后水稻冠层反射光谱曲线和黑盆水稻冠层反射光谱曲线基本一致,说明水层存在时,水稻冠层 1050nm后的光谱曲线基本保留的是水稻植被信息。

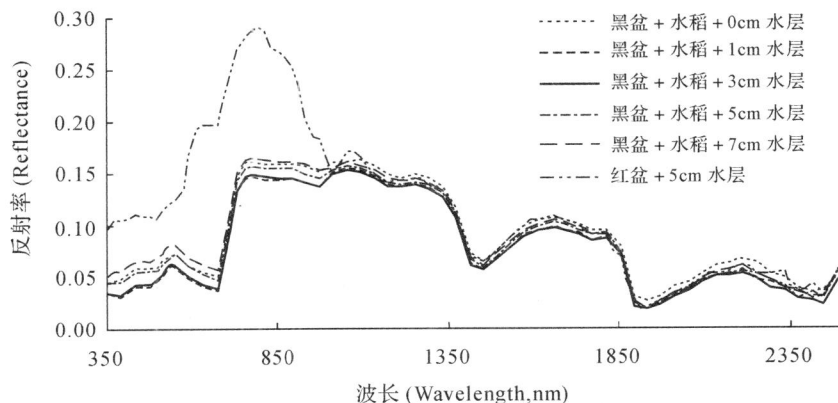

图 1.13　以黑盆为背景,不同水层厚度下的水稻反射光谱

Fig. 1.13　Reflectance spectra of rice canopy with different depth of water layer in black basin

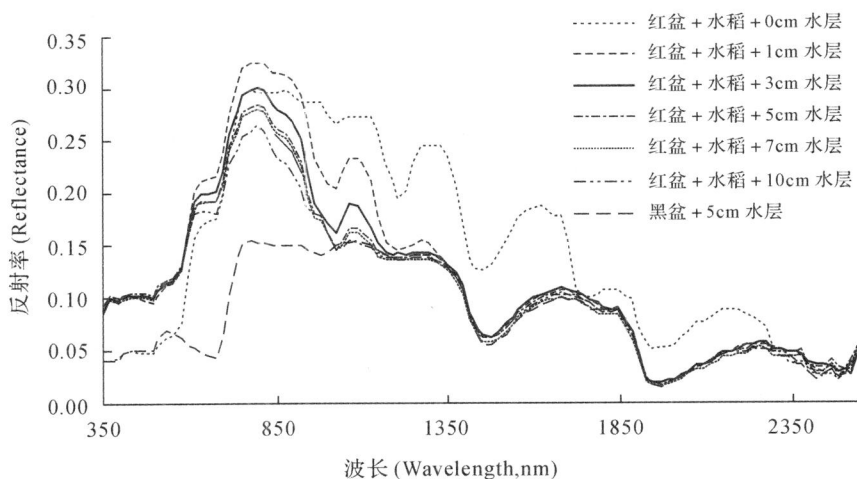

图 1.14　以红盆为背景,不同水层厚度下的水稻反射光谱

Fig. 1.14　Reflectance spectra of rice canopy with different depth of water layer in red basin

　　图 1.15 是在不同水分条件下红壤的反射光谱,可以看出,红壤的反射率随土壤水分含量的增加而降低,但在不同的波段范围内,这种影响的强度不同。波长在 350～550nm,土壤水分含量对红壤反射率的影响较小;波长大于 550nm,红壤反射率随土壤水分含量增加而急剧下降,波长大于 1050nm 后,5cm 水层的存在几乎完全屏蔽了红壤的反射,因此,可以确定,在水层厚度大于 5cm 时,在近红外和短波红外光谱区域水稻冠层光谱受土壤背景影响很小或几乎不受影响。

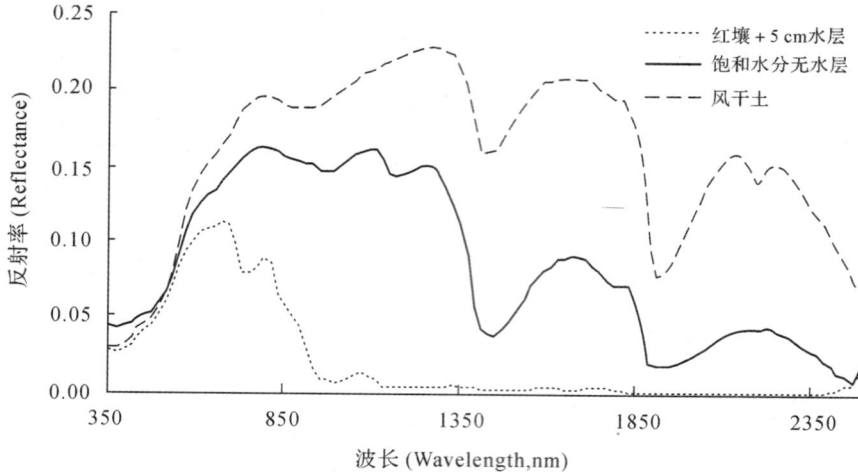

图 1.15　不同水分状况下的红壤反射光谱

Fig. 1.15　Reflectance spectra of red soil under different soil moisture

图 1.16 为煤渣、水稻土、红壤、沙壤土四种土壤背景在 5cm 水层条件下的反射光谱,由图可见,在 5cm 水层条件下,四种土壤背景反射光谱在不同光谱波段表现不同。在 400～900nm 区域四种土壤背景反射光谱差异较大;在 900～2500nm 光谱区域,背景差异较小。表明水层覆盖下的土壤背景反射有可能对可见光和近红外短波区域水稻冠层反射光谱有影响,而对 1000nm 之后水稻冠层反射光谱影响不大。

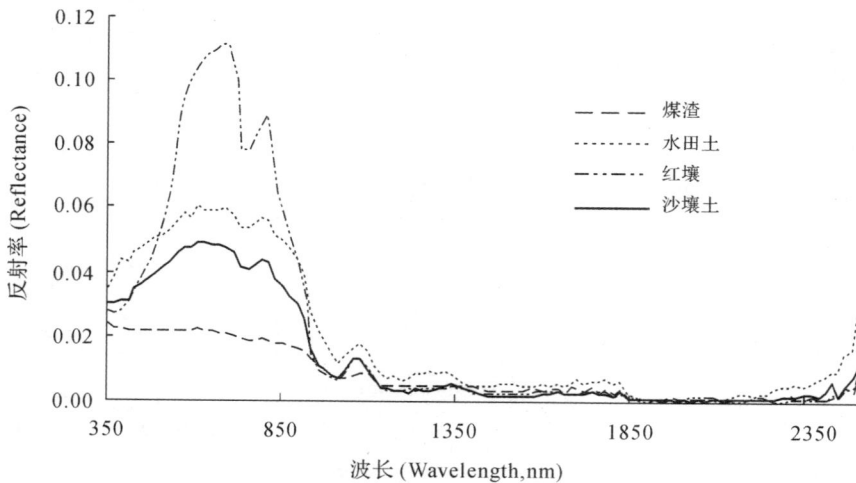

图 1.16　四种土壤背景 5cm 水层条件下的反射光谱

Fig. 1.16　Reflectance spectra of four different soils with 5cm water layer

图 1.17 是四种土壤背景在 5cm 水层条件下,相同水稻覆盖的冠层反射光谱,可以看出在保有 5cm 水层时,只有煤渣背景的水稻冠层反射光谱还全波段保留了典型的绿色叶片反射光谱曲线特征。而红壤、水稻土和沙壤土三种背景的水稻冠层反射光谱在 1050nm 前后表现不同,波长小于 1050nm 时,三种土壤背景的水稻冠层反射光谱差异较大,既不像土壤

背景光谱也不像典型绿色叶片反射光谱,而是两者的叠加,但在波长大于 1050nm 后,三种背景的水稻冠层反射光谱差异较小,曲线变化特征和以煤渣为背景的水稻冠层反射光谱基本相同,说明此时背景反射光谱的影响很小,反映的是该覆盖条件下的水稻冠层反射光谱。因此,在水稻遥感应用中,为了消除前期水稻未完全覆盖情况下土壤背景的影响,可以考虑利用 1100nm 以后波段数据设计光谱指数等算法,去除背景信息,以提高水稻信息提取精度及其稳定性。

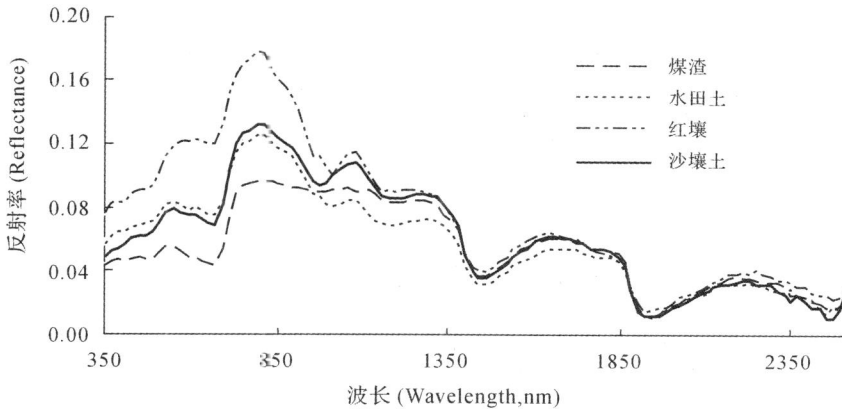

图 1.17　四种土壤背景 5cm 水层相同水稻覆盖的冠层反射光谱

Fig. 1.17　Reflectance spectra of rice canopy with four different soils with 5cm water layer

## 1.2.2　田间条件下的水稻冠层光谱特征

与室内实验相比,田间实验主要是考虑真实大田条件下的水层及其下土壤背景以及水层浮萍对水稻冠层光谱特别是早期冠层光谱有很大影响。图 1.18 是孕穗期水稻冠层、浮萍、潮湿土壤和稻田水面的反射光谱比较。由于大气水分在 1330~1480nm 和 1780~1990nm 的强烈吸收作用,室外光谱的这两个波长范围内噪声非常大,删除这部分数据,因此,田间水稻冠层反射光谱曲线在这些区域不连续。从图中可以看出,潮湿土壤在 350~2400nm 范围内分段呈准线性变化,表现出明显的土壤光谱线特征。稻田水面在可见光和近红外区域的光谱反射率较低,在短波红外区域,其光谱反射率几乎为零。水稻冠层和浮萍都具有典型的绿色植被的反射光谱特征,但在可见光区域,浮萍的反射率比水稻冠层反射率要高得多;在近红外区域,浮萍的反射率却低于水稻冠层反射率;在短波红外区域,反射率又明显高于水稻冠层。主要原因是浮萍呈浅绿色、且只有浮在水面一层,大约相当于植被的叶面积指数 LAI 等于 1,所以在可见光区域浮萍反射率较高而近红外区域反射率较低。

图 1.19 是水稻冠层与潮湿土壤、稻田水面及浮萍的一阶导数光谱的比较。可以看出,潮湿土壤的一阶导数光谱在可见光区域几乎为零,在近红外区域也很小;稻田水面一阶导数光谱值在可见光区域很低,近红外区域的一阶导数光谱虽有多个明显的峰,但值也都很小;因此,一阶导数光谱能很好地消除水面和潮湿土壤背景对水稻冠层光谱的影响。而水

稻冠层和浮萍的一阶导数光谱都有"红边"和"蓝边"现象,只是红边幅值较大、蓝边幅值较小;与水稻冠层一阶导数光谱相比,浮萍的红边、蓝边位置出现"蓝移"(向短波方向移动),由此可见,一阶导数光谱变换很难消除浮萍对水稻冠层一阶导数光谱的影响。

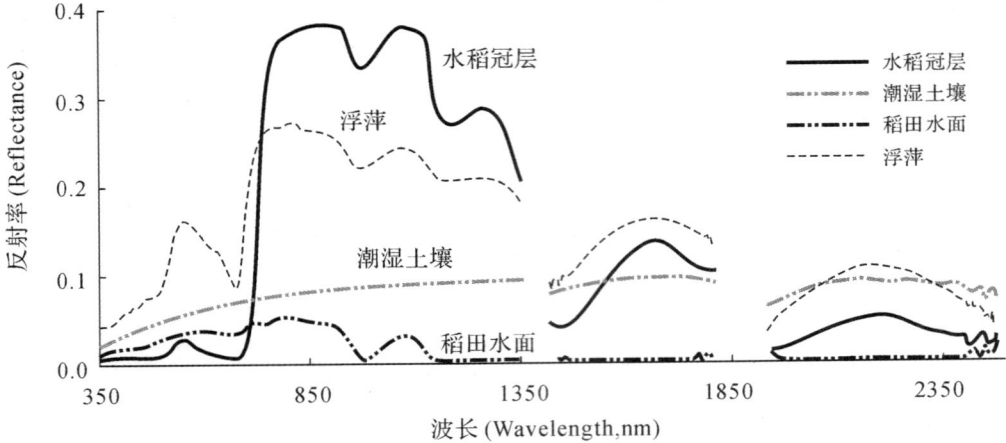

图 1.18　孕穗期水稻冠层与潮湿土壤、水面及浮萍的光谱(2002 年)

Fig. 1.18　Reflectance spectra of rice canopy,wet soil,water surface,and duckweed at booting stage(2002)

### 1.2.3　同一品种不同生育期水稻冠层的高光谱特征

图 1.20～1.24 分别为秀水 110、嘉育 293、嘉早 312、嘉早 324 和协优 9308 不同发育期观测到的冠层光谱。从图中可以看出,在可见光区域,从水稻移栽后到抽穗,随着水稻的持续生长,新的叶片不断长出,叶面积指数不断增加,整个群体的光合能力不断增强,对红光、蓝光的吸收不断增强,导致红光与蓝光区域的反射率逐渐减小,而绿光区域的反射率形成一个小的反射峰。在抽穗后,叶片的养分开始向穗部转移,冠层的叶绿素含量不断减小,此时,红光和蓝光区域的反射率开始上升,乳熟期以后,下部叶片不断衰老、枯萎、脱落,叶面积指数持续下降;绿色叶片内的营养物质向穗部转移,叶绿素分解,叶片转黄,冠层叶绿素迅速减少,红光和蓝光区域的反射率上升,但在绿光区域的反射率仍然比在红光和蓝光区域的反射率大,在可见光区域仍有一个小的反射峰。

在近红外区域,水稻移栽后,随叶面积指数的增加,近红外区域的反射率不断增大,当LAI 达到一定值时,近红外区域反射率趋向稳定。灌浆期以后,因叶片向穗部提供大量的养分,叶片的内部组织结构开始发生变化,近红外区域的反射率也开始逐渐下降,持续到水稻成熟。

在短波红外区域,从移栽到成熟收割,其反射率变化的总体趋势是缓慢增加的。但是,5 个品种之间略有差异,三个早稻品种嘉育 293、嘉早 312、嘉早 324 的冠层反射率增加的趋势明显一些,而秀水 110 和协优 9308 的冠层反射率随发育期的变化增加的趋势不太明显。

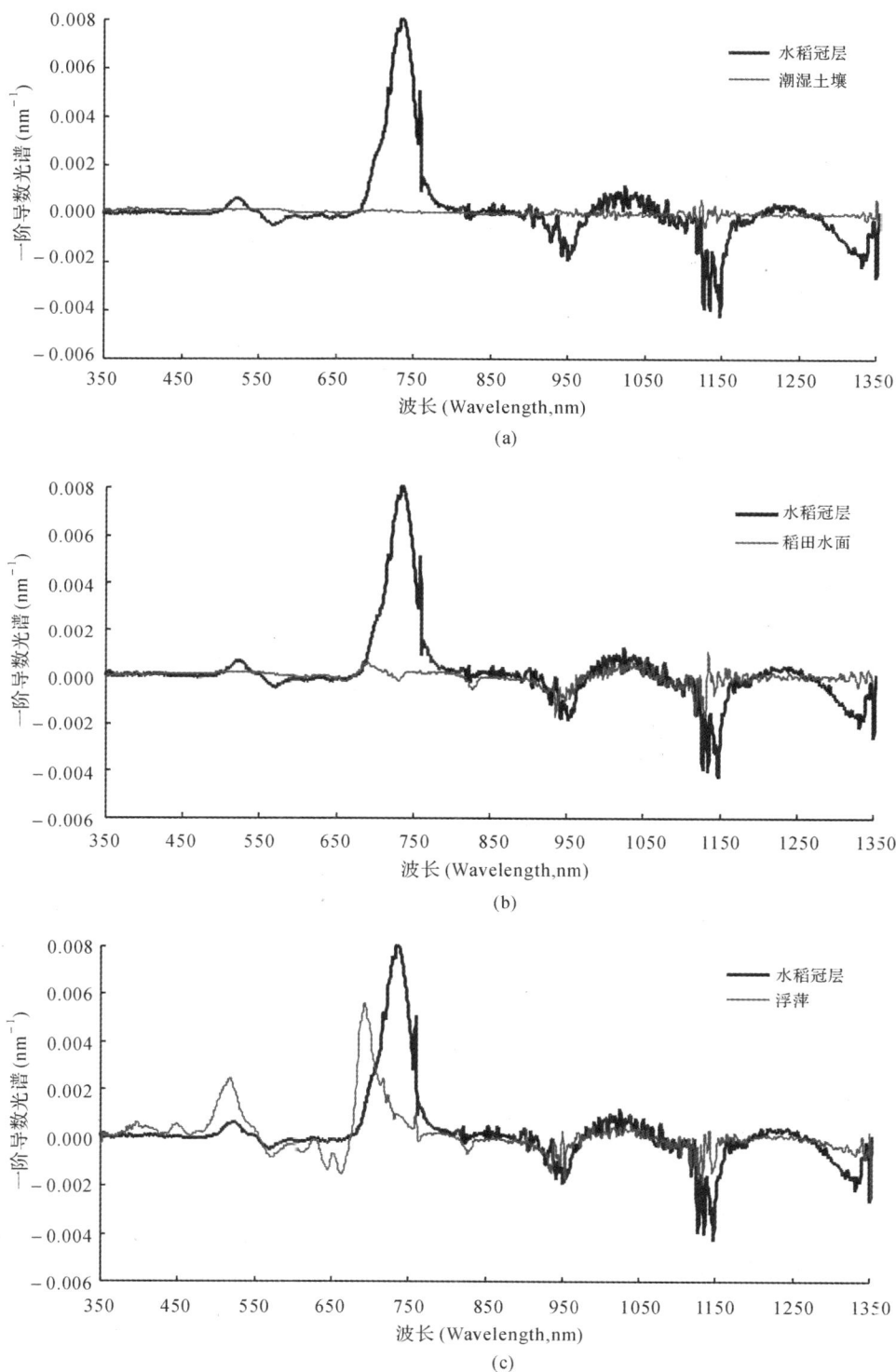

图 1.19 孕穗期水稻冠层与潮湿土壤、稻田水面及浮萍的一阶导数光谱的比较(2002 年)

Fig. 1.19 Comparison between the first derivative spectra of rice canopy and those of wet soil, water surface, and duckweed at booting stage (2002)

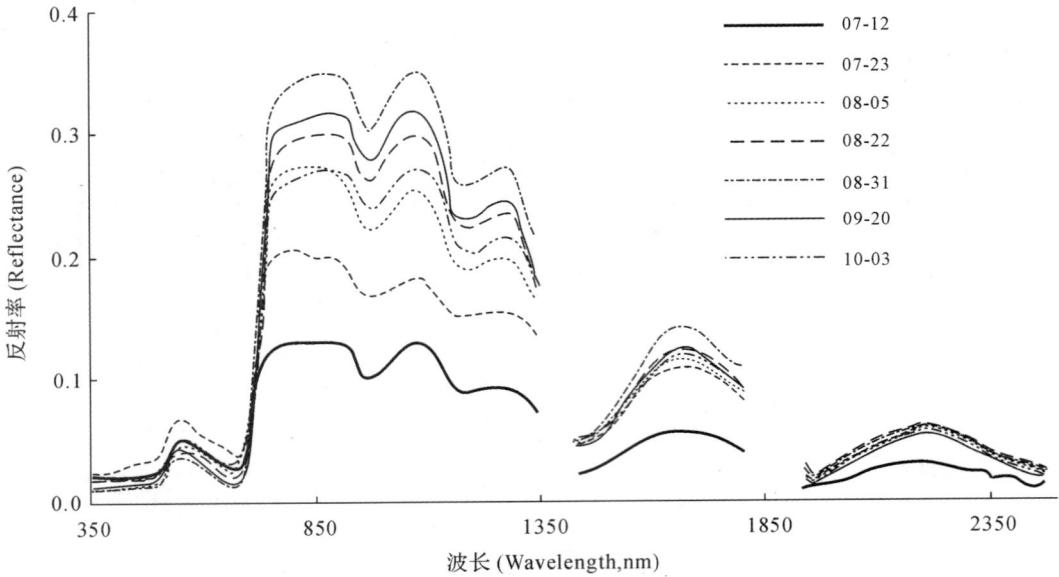

图 1.20　不同生育期秀水 110 的冠层光谱（2002 年，N1）

注：07-12 表示 7 月 12 日，07-23 表示 7 月 23 日，其他日期也同样

Fig. 1. 20　Canopy reflectance spectra of Xiushui 110 at different stages（2002，N1）

Note：07-12 denotes July 12，07-23 denotes July 23，and so on

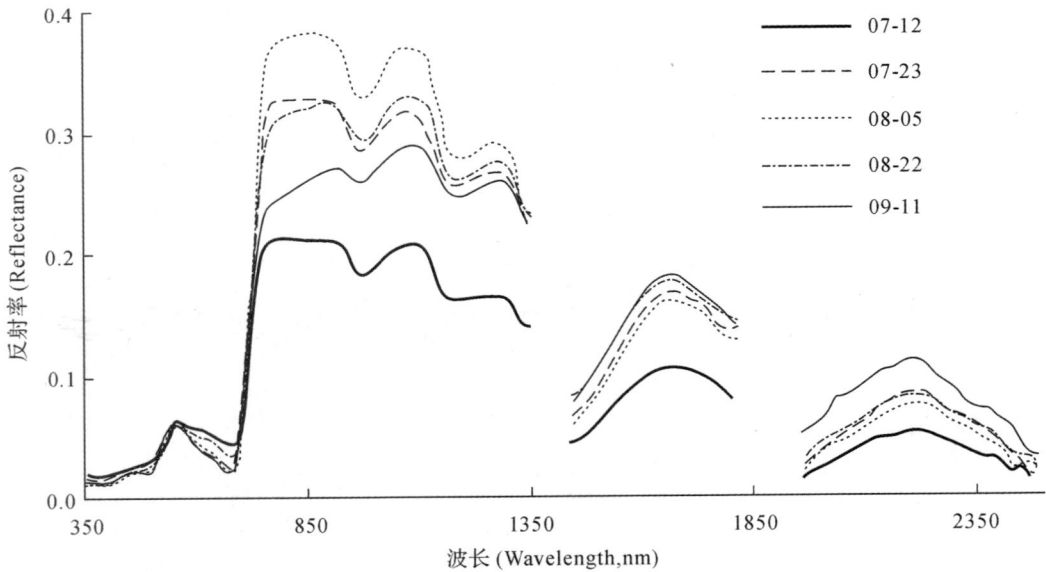

图 1.21　不同生育期嘉育 293 的冠层光谱（2002 年，N1）

Fig. 1. 21　Canopy reflectance spectra of Jiayu 293 at different stages（N1）

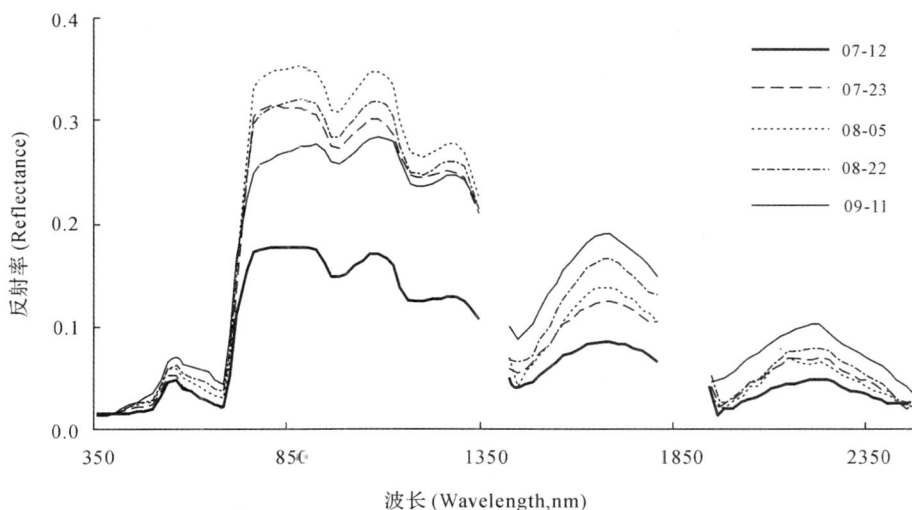

图 1.22　不同生育期嘉早 312 的冠层光谱（2002 年，N1）

Fig. 1.22　Canopy reflectance spectra of Jiazao 312 at different stages（2002,N1）

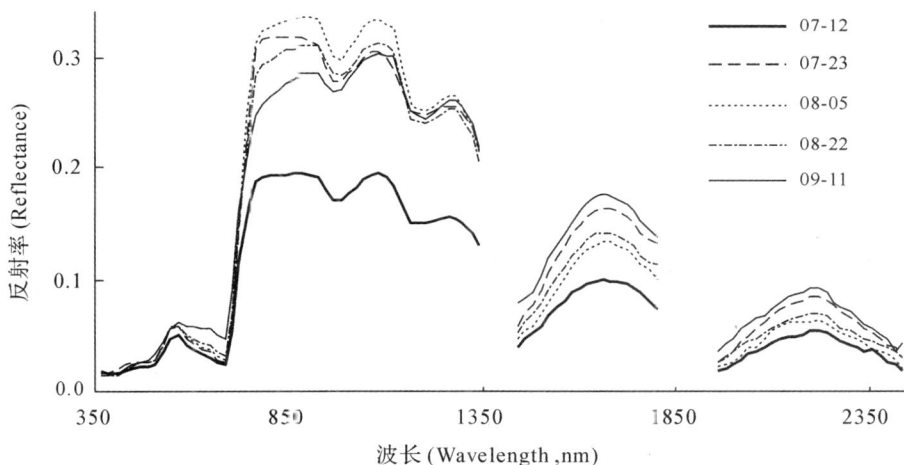

图 1.23　不同生育期嘉早 324 的冠层光谱（2002,N1）

Fig. 1.23　Canopy reflectance spectra of Jiazao 324 at different stages（2002,N1）

## 1.2.4　不同叶面积指数对应的水稻冠层高光谱反射率变化特征

图 1.25 是从 2002 年秀水 110 的实验数据中，选出在正常氮素水平条件下，不同叶面积指数对应的水稻冠层光谱，由图可知，水稻冠层光谱反射率随叶面积指数 LAI 的增加在可见光区域逐渐降低、在近红外和短波红外区域逐渐增加，但降低和增加的幅度都逐渐减小，这是利用光谱数据进行水稻叶面积指数反演的基础。但是，水稻冠层光谱反射率的变化和水稻叶面积指数之间并不是一直保持很好的线性关系，而是非线性的，因此用不同波段反射率构建的高光谱植被指数可能存在随 LAI 的增大而渐趋饱和的现象，当 LAI 比较大时，如果采用线性模型通过冠层反射率来估测 LAI 会出现低估现象。

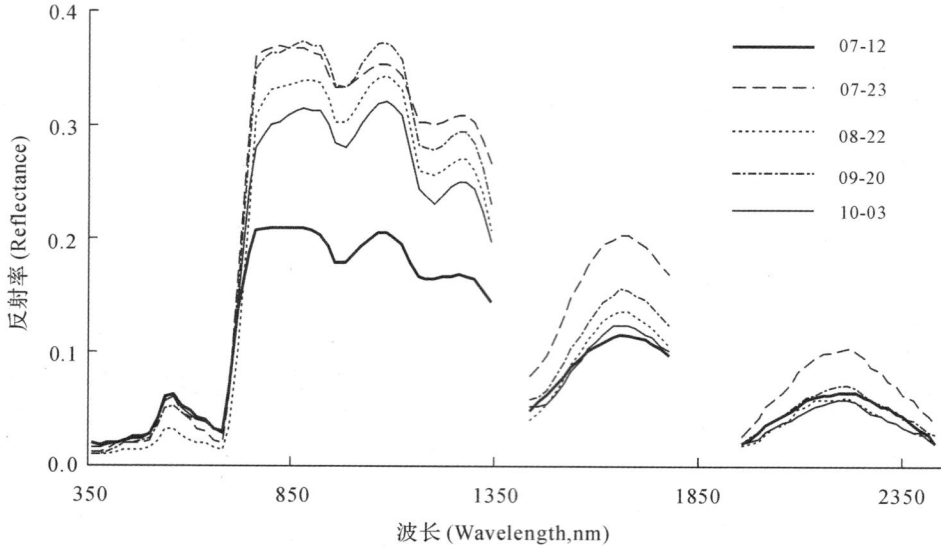

图 1.24 不同生育期协优 9308 的冠层光谱(2002,N1)

Fig. 1.24 Canopy reflectance spectra of Xieyou 9308 at different stages (2002,N1)

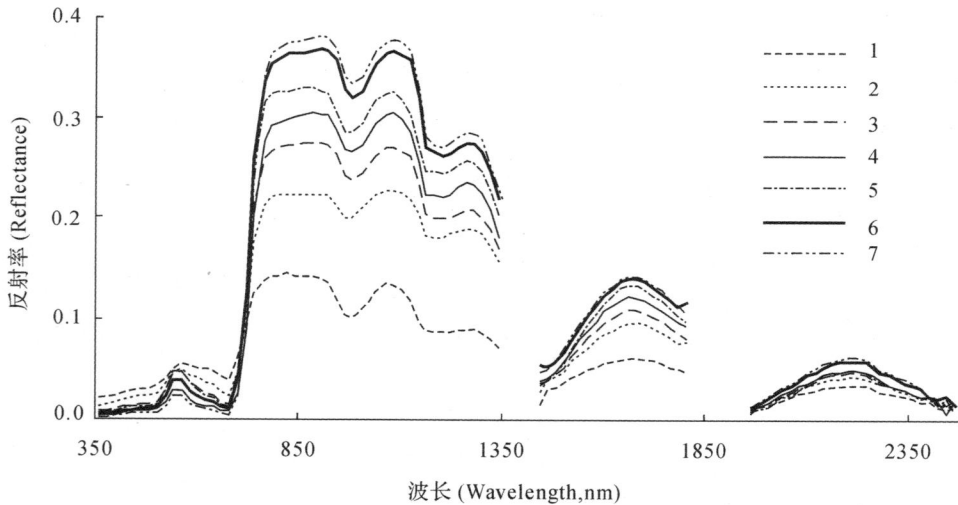

图 1.25 不同叶面积指数的水稻冠层光谱(秀水 110,2002 年,N1,数字表示叶面积指数 LAI)

Fig. 1.25 Rice canopy reflectance spectra for different LAI values (Xiushui 110,2002,N1,The numbers denote LAI values)

## 1.2.5 不同氮素营养水平的水稻冠层高光谱特征

图 1.26 显示了孕穗期不同水稻品种在不同氮肥水平下冠层反射光谱的变化情况,不同供氮水平下水稻冠层光谱反射率差异明显,所有的水稻品种都表现出共同的变化规律:随供氮水平提高,反射率在可见光区域降低、在近红外区域增大,这是由于叶面积指数、地上生物量和冠层叶绿素含量随施氮量增加而增加的缘故,其他时期也显示了相同的规律。

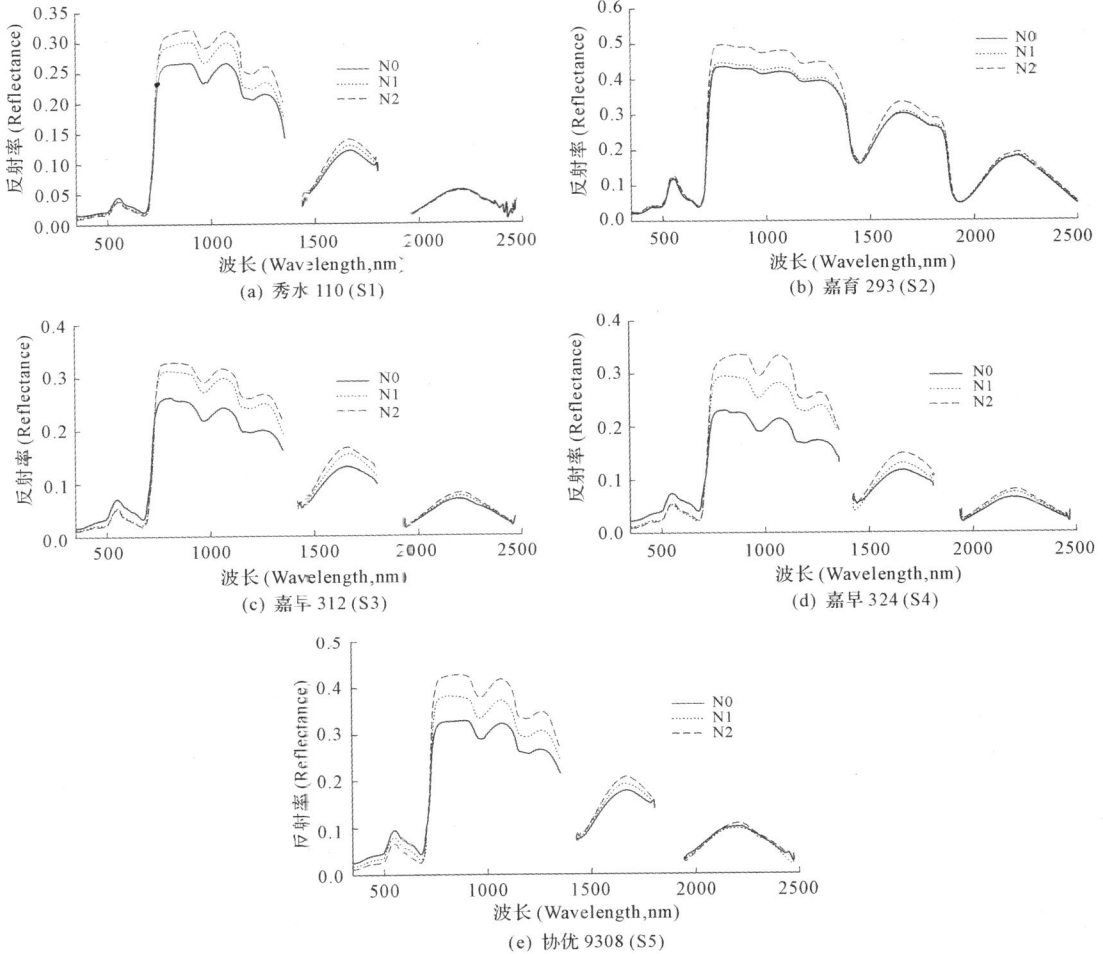

图 1.26　不同供氮水平下水稻孕穗期冠层反射光谱(2002 年)

Fig. 1.26　Reflectance spectra of rice canopy under different nitrogen levels at booting stage (2002)

## 1.2.6　水稻冠层反射光谱的红边特征

图 1.27 是不同发育期水稻冠层反射光谱红边位置、红边幅值(红边参数的介绍请参见1.3.3 节)。可以看出,随着水稻生长发育,无论是红边位置、还是红边幅值,所有品种都表现出先增加,达到一个最大值后就不断下降的趋势,3 个生育期较短的品种嘉育 293(S2)、嘉早 312(S3)、嘉早 324(S4)的红边位置、红边幅值达到最大值的时间早,而 2 个生育期较长的品种秀水 110(S1)、协优 9308(S5)达到最大值的时间晚。

图 1.28 表明,同一生育期同一水稻品种(秀水 110)冠层反射光谱的红边参数(红边位置、红边幅值、红边面积)值随施氮量增加而增大,红边位置表现出随着施氮量增加明显"红移"的现象,其他品种的冠层光谱的红边参数随施氮量的变化也有相同的规律。这是因为随着施氮量增加,叶面积指数增加,水稻冠层叶绿素含量增加,冠层结构发生变化,从而引起红谷吸收带变宽,红边幅值、红边面积随之增加,红边位置向长波方向移动。

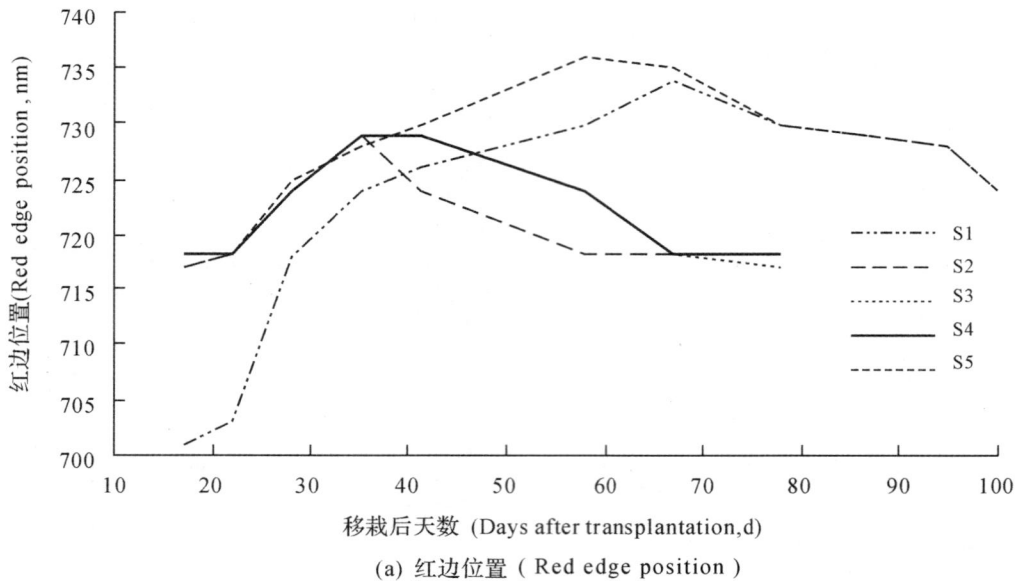

(a) 红边位置（Red edge position）

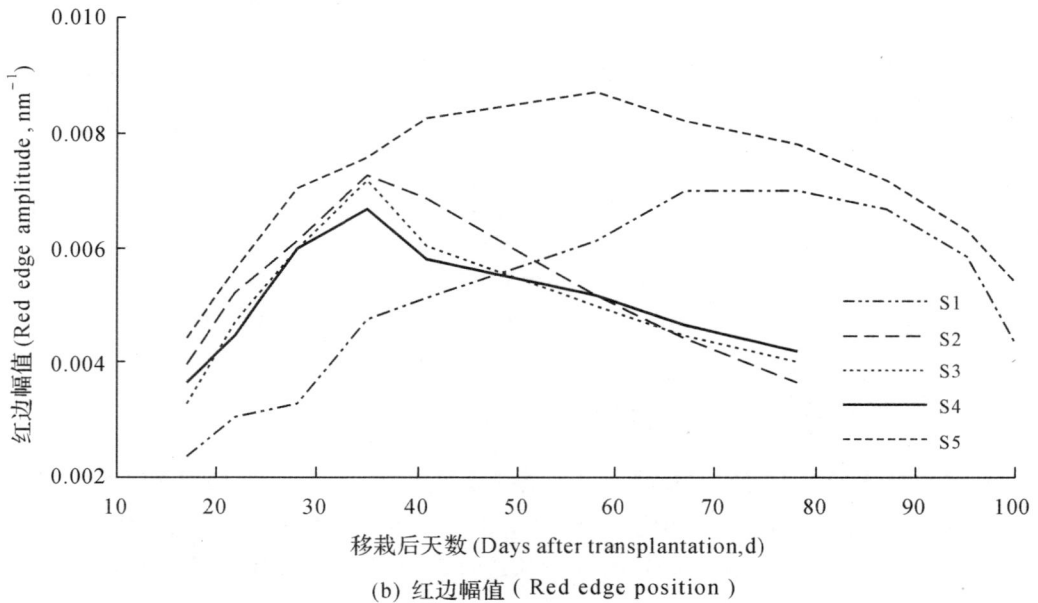

(b) 红边幅值（Red edge position）

图 1.27　不同生育期的水稻冠层光谱的红边位置和红边幅值（2002 年，N1）

Fig. 1.27　Positions and amplitudes of red edge for rice canopy spectra at different stages(2002,N1)

　　对不同发育期而言，不同施氮处理下随发育期推移，红边位置、红边幅值和红边面积都逐渐增大；到孕穗期时，红边位置、红边幅值和红边面积达到最大；抽穗后，三个红边参数逐渐减小。

(a) 红边位置 (Red edge posiyion)

(b) 红边幅值 (Red edge amplitude)

(c) 红边面积 (Red edge area)

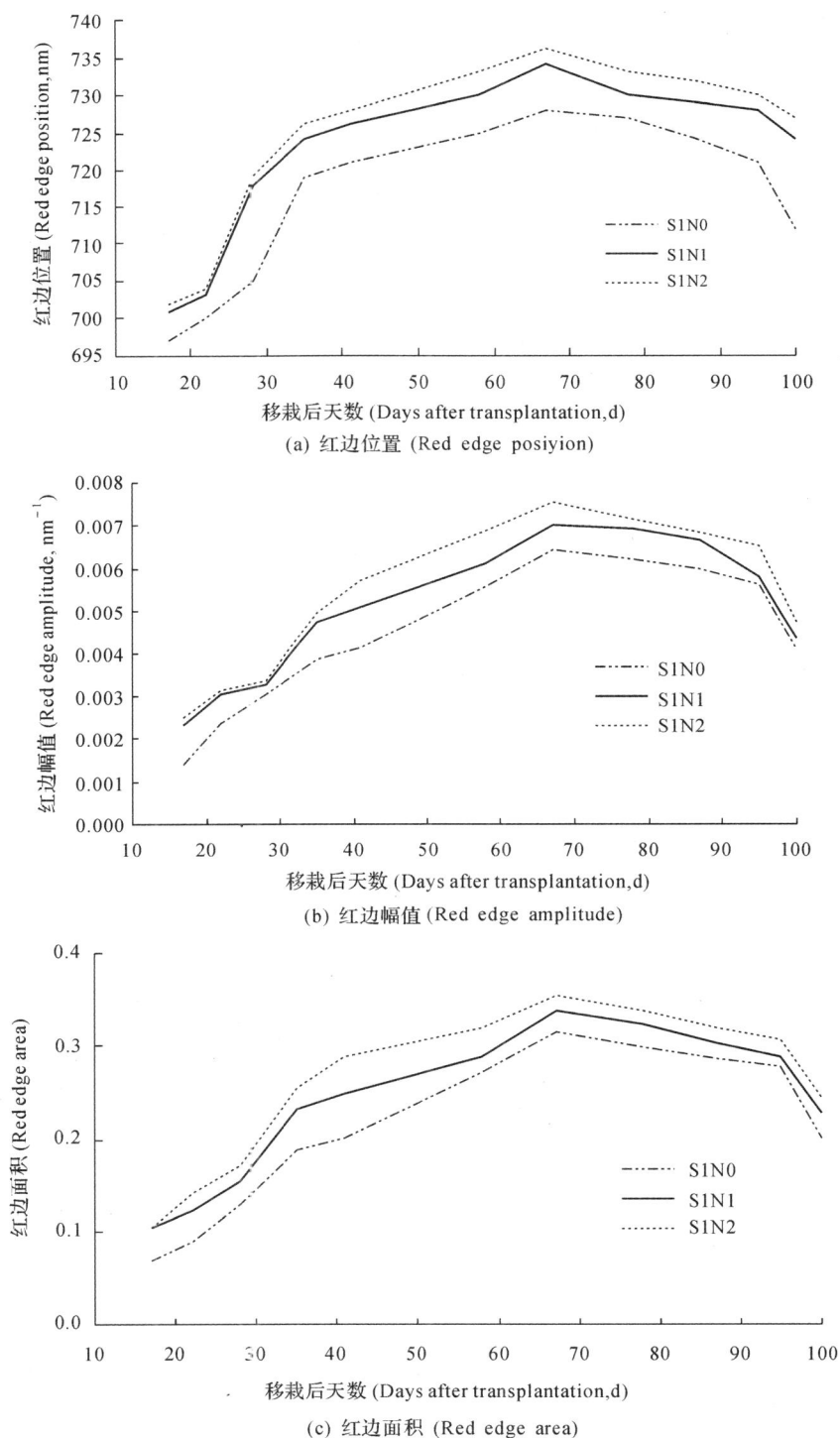

图 1.28　不同生育期、不同氮素水平的秀水 110 冠层光谱的红边参数(2002)

Fig. 1.28　Red edge parameters of canopy spectra for Xiushui 110 under different nitrogen levels at different stages (2002)

　　研究还发现,水稻冠层一阶光谱在红边区域存在"双峰"现象(图1.29)。在生长早期,由于冠层叶面积指数较小,受土壤背景的影响,冠层光谱的"双峰"现象并不明显,随着发育期推移,生物量增加、叶面积指数增大,土壤背景对冠层光谱的影响减小,"双峰"现象愈来愈明显,到抽穗期达到最大,以后随着抽穗、乳熟,下部叶片开始变黄、脱落,"双峰"现象逐渐减弱。此外,水稻冠层光谱还存在多峰现象,并且主、次峰位置随发育期而变。

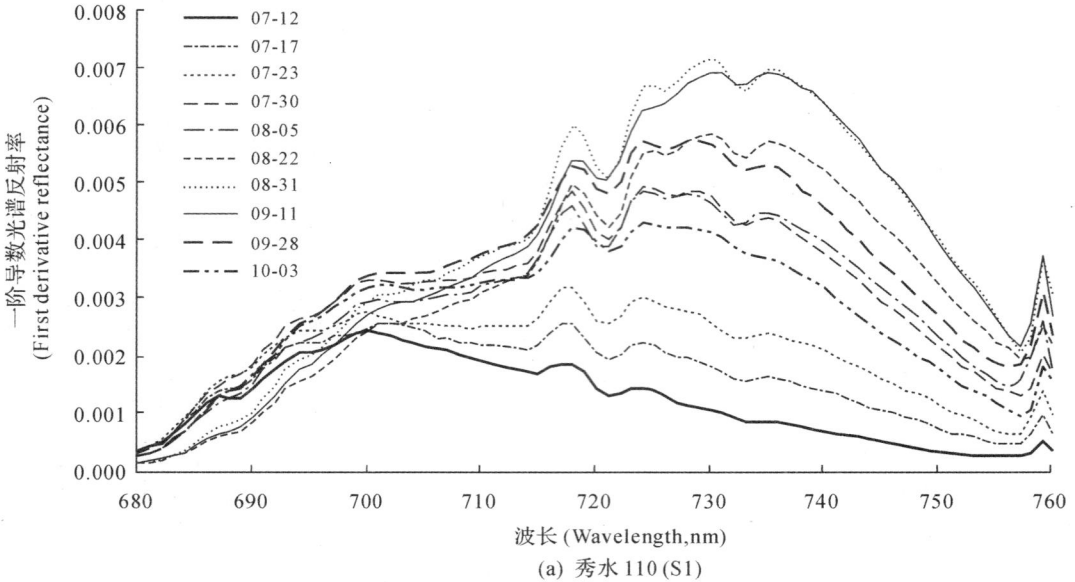

(a) 秀水110(S1)

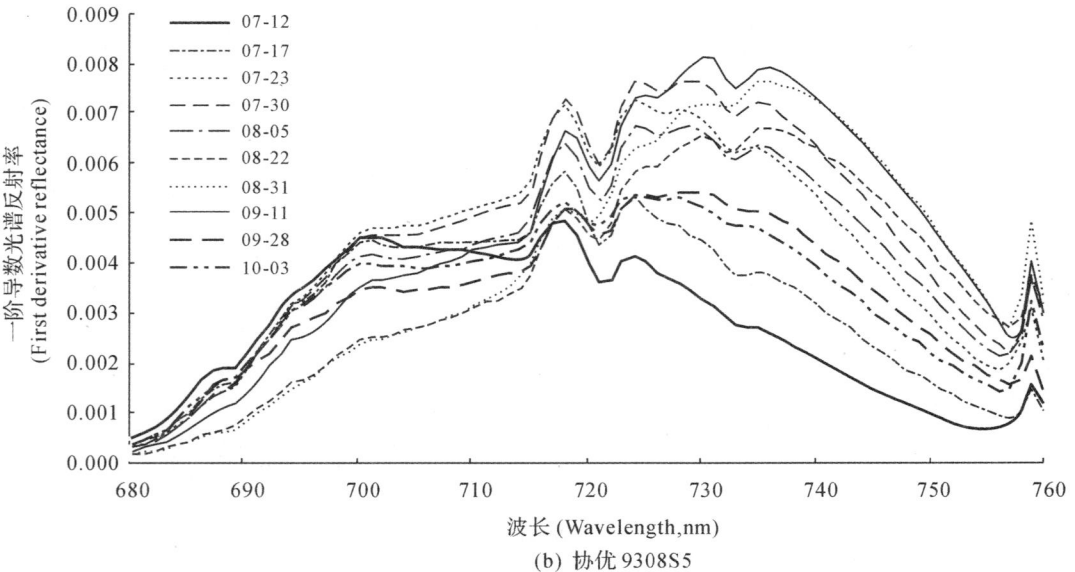

(b) 协优9308S5

图1.29　水稻在不同生育期的冠层一阶导数光谱(2002)

Fig. 1.29　The first derivative spectra of rice canopy reflectance at different stages (2002)

## 1.3　水稻反射光谱变换及其特征参数提取方法

为了研究目标物吸收反射光谱的特征,便于对目标物进行光谱匹配和混合光谱分解,以解释目标物光谱特征的物理学、生物化学、植物学和植物生理学的机理,进而求得目标物的生物物理和生物化学参数,常常需要提取目标物光谱的一些特征参数,以这些参数来鉴别目标物的各组分及模拟、反演它的生物物理、化学参数。通过提取反射光谱数据特征参数,一般会达到增强有用信息而抑制无用信息的目的。本节将简要介绍常见的高光谱变换与特征参数提取方法,主要包括原始光谱的导数变换、对数变换、光谱位置和面积的特征参数提取、光谱吸收特征参数提取、基于连续统去除的特征参数提取等。

### 1.3.1　导数变换

导数变换是最常用的高光谱变换形式之一,通过导数变换可以减弱或消除背景、大气散射的影响和提高不同吸收特征的对比度。在实际分析处理高光谱数据的过程中,由于实际观测的光谱数据的离散性,高光谱数据的导数变换即求算导数光谱一般是用差分方法来近似计算(Tsai 等,1988):

一阶导数光谱:

$$\rho'(\lambda_i) = \frac{\mathrm{d}\rho(\lambda_i)}{\mathrm{d}\lambda} = \frac{\rho(\lambda_{i+1}) - \rho(\lambda_{i-1})}{2\Delta\lambda} \tag{1.1}$$

二阶导数光谱:

$$\rho''(\lambda_i) = \frac{\mathrm{d}^2\rho(\lambda_i)}{\mathrm{d}\lambda^2} = \frac{\rho'(\lambda_{i+1}) - \rho'(\lambda_{i-1})}{2\Delta\lambda} = \frac{\rho(\lambda_{i+2}) - 2\rho(\lambda_i) + \rho(\lambda_{i-2})}{4(\Delta\lambda)^2} \tag{1.2}$$

其中 $\lambda_i$ 是波段 $i$ 的波长值、$\rho(\lambda_i)$ 是波长 $\lambda_i$ 的光谱值(如反射率、透射率等),$\Delta\lambda$ 是波长 $\lambda_{i-1}$ 到 $\lambda_i$ 的差值。

除上述导数差分计算方法外,也可根据光谱曲线形状采用其他差分计算形式,例如,一阶导数光谱也可表述为

$$\rho'(\lambda_i) = \frac{\mathrm{d}\rho(\lambda_i)}{\mathrm{d}\lambda} = \frac{\left[\sum_{j=i+1}^{i+3}\rho(\lambda_j) - \sum_{j=i-3}^{i-1}\rho(\lambda_j)\right]/3}{4\Delta\lambda} \tag{1.3}$$

假设目标混合反射光谱 $\rho(\lambda)$ 为纯地物光谱 $\rho_1(\lambda)$ 和背景及大气散射的光谱 $\rho_2(\lambda)$ 的线性加权平均,即:

$$\rho(\lambda) = \alpha\rho_1(\lambda) + (1-\alpha)\rho_2(\lambda) \tag{1.4}$$

其中 $\alpha$ 是加权平均系数,与波长无关。

对(1.4)式分别求一阶、二阶导数得:

$$\rho'(\lambda) = \alpha\frac{\mathrm{d}\rho_1(\lambda)}{\mathrm{d}\lambda} + (1-\alpha)\frac{\mathrm{d}\rho_2(\lambda)}{\mathrm{d}\lambda} \tag{1.5}$$

$$\rho''(\lambda) = \alpha\frac{\mathrm{d}^2\rho_1(\lambda)}{\mathrm{d}\lambda^2} + (1-\alpha)\frac{\mathrm{d}^2\rho_2(\lambda)}{\mathrm{d}\lambda^2} \tag{1.6}$$

设 $\rho_2(\lambda)$ 可表示为波长的线性函数(如 1.2.2 中图 1.18 的土壤和稻田水面反射光谱)($\rho_2(\lambda) = a_1 + b_1\lambda$)或二次型函数($\rho_2(\lambda) = a_2 + b_2\lambda + c_2\lambda^2$),则一阶、二阶导数光谱分别为:

$$\rho'(\lambda) = \alpha\frac{\mathrm{d}\rho_1(\lambda)}{\mathrm{d}\lambda} + (1-\alpha)b_1 \qquad\qquad \rho''(\lambda) = \alpha\frac{\mathrm{d}^2\rho_1(\lambda)}{\mathrm{d}\lambda^2} \qquad\qquad (1.7)$$

$$\rho'(\lambda) = \alpha\frac{\mathrm{d}\rho_1(\lambda)}{\mathrm{d}\lambda} + (1-\alpha)(b_2 + 2c_2\lambda) \quad \rho''(\lambda) = \alpha\frac{\mathrm{d}^2\rho_1(\lambda)}{\mathrm{d}\lambda^2} + 2(1-\alpha)c_2 \quad (1.8)$$

由上式可以看出:一阶导数光谱可部分消除线性和二次型背景噪声光谱;二阶导数光谱可完全消除线性背景噪声光谱影响,能基本消除二次型背景噪声光谱。当然,实际的背景光谱(特别是野外)要复杂得多,但仍可用高阶导数光谱来消除,例如,根据研究,四阶导数可消除大气中瑞利散射造成的影响。除此之外,导数光谱还可对某些重叠混合光谱进行分解以便于识别。

### 1.3.2　对数变换

对数变换一般是对原始光谱反射率 $\rho$ 直接求对数 $\lg\rho$ 或求 $\rho$ 倒数的对数 $\lg(1/\rho)$,原始光谱经 $\lg(1/\rho)$ 变换可以反映地物的吸收特征,称为伪吸收系数(Pseudo Absorbance)。由于可见光区域一般植被原始光谱反射率值较低,经对数变换后,不仅可以增强可见光区域的光谱差异,而且还能减少因光照条件变化引起的乘性因素影响(Yoder 等,1995;Lacapra 等,1996;Grossman 等,1996;Blackburn,1998;Serrano 等,2002)。

对数变换还可以与导数变换一起使用,如:

$$[\lg\rho(\lambda_i)]' = \frac{\mathrm{d}\lg\rho(\lambda_i)}{\mathrm{d}\lambda} = \frac{1}{\rho(\lambda_i)\ln10} \cdot \frac{\mathrm{d}\rho(\lambda_i)}{\mathrm{d}\lambda} \qquad\qquad (1.9)$$

$$[\lg(1/\rho)]' = \frac{\mathrm{d}\lg[1/\rho(\lambda_i)]}{\mathrm{d}\lambda} = -\frac{1}{\rho(\lambda_i)\ln10} \cdot \frac{\mathrm{d}\rho(\lambda_i)}{\mathrm{d}\lambda} \qquad\qquad (1.10)$$

### 1.3.3　基于光谱位置和面积的特征参数

在导数变换的基础上,可以提取基于光谱位置和面积的特征参数(表 1.1),其中基于光谱位置的参数主要包括"红边"、"蓝边"、"黄边"(称为"三边"),是指在一定光谱区域内最大一阶导数值所在波长位置即为相应的"边"位置,区域内所有波段的一阶导数值的总和即为相应的面积。有研究表明,绿光区域的极值(绿峰)与叶绿素含量关系密切(Gitelson 等,1996a;1998),因此也将绿光区域的极值(绿峰)作为一个光谱位置变量。

描述"红边"的参数一般有红边位置 $\lambda_r$、红边幅值 $D_r$ 和红边面积 $SD_r$。红边位置 $\lambda_r$ 是红光区域(680～760nm)内反射光谱一阶导数最大值所对应的波长,红边幅值 $D_r$ 是红光区域一阶导数光谱的最大值,红边面积 $SD_r$ 为 680～760nm 的一阶导数光谱线所包围的面积。"红边"现象是绿色植被区别于其他地物最明显的光谱特征,在岩石、土壤和大部分植物凋落物中不存在"红边"现象,而且"红边"位置变化区域正好位于太阳高照度区。因此,"红边"是绿色植物的可诊断性特征,在高光谱分析中可以通过"红边"来减弱或消除混合背景(岩石、土壤、水和凋落物)的影响(Curran 等,1995;Gitelson 等,1996a;Bach 等,1997)。

"红边"参数一般是直接通过对实测高光谱数据求一阶导数而得到。

$$D_r = \max\left[\rho'(\lambda)_{\lambda=680\sim760\text{nm}}\right] \tag{1.11}$$

$$SD_r = \int_{680}^{760} \rho'(\lambda)\,\mathrm{d}\lambda \tag{1.12}$$

或

$$SD_r = \sum_{\lambda=680}^{760} \rho'(\lambda) \tag{1.13}$$

另外也可通过 Miller 等(1990)的反高斯红边光学模型(IG 模型)来求得。IG 模型建议红边(680~760nm)反射光谱曲线可用一条半反高斯曲线来逼近。

$$\rho(\lambda) = \rho_s - (\rho_s - \rho_0)\exp\left[\frac{-(\lambda_0 - \lambda)^2}{2\sigma^2}\right] \tag{1.14}$$

式中,$\rho_s$ 是近红外区域肩反射率值(最大),$\rho_0$ 是红光区域(680~760nm)的最小反射率值,$\lambda_0$ 是对应 $\rho_0$ 的波长,$\sigma$ 是高斯函数标准差系数。可用线性拟合或最佳迭代拟合方法计算 IG 模型参数。

**表 1.1　基于光谱位置和面积的光谱特征参数**

Table 1.1　Spectral variables based on spectral position and area

| 变量名词 | 代码(公式) | 定　义 |
|---|---|---|
| 蓝边幅值 | $D_b$ | 波长 490~530nm 内(蓝边)一阶导数光谱最大值 |
| 蓝边位置 | $\lambda_b$ | 波长 490~530nm 内(蓝边)一阶导数光谱最大值对应的波长(nm) |
| 蓝边面积 | $SD_b$ | 波长 490~530nm 内(蓝边)一阶导数光谱的积分 |
| 黄边幅值 | $D_y$ | 波长 560~640nm 内(黄边)一阶导数光谱最大值 |
| 黄边位置 | $\lambda_y$ | 波长 560~640nm 内(黄边)一阶导数光谱最大值对应的波长(nm) |
| 黄边面积 | $SD_y$ | 波长 560~640nm 内(黄边)一阶导数光谱的积分 |
| 红边幅值 | $D_r$ | 波长 680~760nm 内(红边)一阶导数光谱最大值 |
| 红边位置 | $\lambda_r$ | 波长 680~760nm 内(红边)一阶导数光谱最大值对应的波长(nm) |
| 红边面积 | $SD_r$ | 波长 680~760nm 内(红边)一阶导数光谱的积分 |
| 绿峰反射率 | $\rho_g$ | 波长 510~560nm 范围内最大的波段反射率 |
| 绿峰位置 | $\lambda_g$ | 波长 510~560nm 范围内最大反射率对应的波长(nm) |
| 绿峰面积 | $SD_g$ | 波长 510~560nm 之间原始光谱曲线所包围的面积 |
| 红谷反射率 | $\rho_r$ | 波长 650~690nm 范围内最小的波段反射率 |
| 红谷位置 | $\lambda_o$ | 波长 650~690nm 范围内最小反射率对应的波长(nm) |
| $\dfrac{\rho_g}{\rho_r}$ | | 绿峰反射率($\rho_g$)与红谷反射率($\rho_r$)的比值 |
| $\dfrac{\rho_g - \rho_r}{\rho_g + \rho_r}$ | | 绿峰反射率($\rho_g$)与红谷反射率($\rho_r$)的归一化值 |
| $\dfrac{SD_r}{SD_b}$ | | 红边面积($SD_r$)与蓝边面积($SD_b$)的比 |
| $\dfrac{SD_r}{SD_y}$ | | 红边面积($SD_r$)与黄边面积($SD_y$)的比 |
| $\dfrac{SD_r - SD_b}{SD_r + SD_b}$ | | 红边面积($SD_r$)与蓝边面积($SD_b$)的归一化值 |
| $\dfrac{SD_r - SD_y}{SD_r + SD_y}$ | | 红边面积($SD_r$)与黄边面积($SD_y$)的归一化值 |

"黄边"和"蓝边"也是绿色植被的光谱特征之一,"黄边"的覆盖范围为 560~640nm,是绿光向红光的过渡区,"蓝边"的覆盖范围为 490~530nm,是蓝光向绿光的过渡区。描述"黄边"的参数有黄边位置 $\lambda_y$(560~640nm 范围内一阶导数光谱最大值所对应的波长)、黄边幅值 $D_y$(560~640nm 范围内一阶导数光谱的最大值)和黄边面积 $SD_y$(560~640nm 的一阶导数光谱线所包围的面积)。同样,描述"蓝边"的参数有蓝边位置 $\lambda_b$(490~530nm 范围内一阶导数光谱最大值所对应的波长)、蓝边幅值 $D_b$(490~530nm 范围内一阶导数光谱的最大值)和蓝边面积 $SD_b$(490~530nm 的一阶导数光谱线所包围的面积)。参照红边参数的算法,可以提取相应的"黄边"和"蓝边"参数。

"绿峰"是由植物中的色素对蓝光和黄光的强吸收而在绿光区形成的相对反射峰。描述"绿峰"的参数有绿峰幅值 $\rho_g$(绿光区域内最大的波段反射率)和绿峰位置 $\lambda_g$($\rho_g$ 对应的波长)。实验发现:当植物生长健康、处于生长期高峰、叶绿素含量高时,绿峰位置向蓝光方向偏移,绿峰幅值减小;当植物因病虫害、物候变化或营养不良而"失绿"时,绿峰位置向红光方向偏移、绿峰幅值增大。"绿峰"参数的获得也有两种方法:一是直接从反射高光谱数据中查找,二是从植被可见光光谱反射率(VVSR)模型(Feng 等,1991)中拟合求出。VVSR 模型的数学表达式如下

$$
\left.
\begin{aligned}
& \rho(\lambda) = \rho_g + (\rho_g - \rho_0)\exp\left\{-C\left[\ln\left(1 + \frac{\lambda - \lambda_g}{F_C}\right)\right]^2\right\} \\
& F_C = \sqrt{2}\,(\Delta\lambda)
\end{aligned}
\right\}
\tag{1.15}
$$

式中,$\rho_g$ 是绿峰幅值,$\lambda_g$ 是绿峰位置,$\rho_0$ 是红光最小反射率,$C$ 是曲线拟合系数,$F_C$ 是从 500nm 到 $\lambda_0$(对应 $\rho_0$ 的波长)的光谱半宽系数。据经验,当 $F_C = \sqrt{2}(\Delta\lambda)$ 时,曲线拟合效果最好,即残差最小,这里 $\Delta\lambda$ 是从 500nm 到 $\lambda_0$ 的波长半宽度。

红谷反射率 $\rho_r$(650~690nm 范围内最小的波段反射率)和红谷位置 $\lambda_0$($\rho_r$ 对应的波长)是描述红光吸收谷的参数,红光吸收谷也是绿色植被的特征之一,它是由植被叶绿素的强吸收在 650~690nm 的红光范围内所形成的低谷。

### 1.3.4 基于连续统去除的特征参数

连续统线定义为连接局部原始光谱反射率极值之间线段(Mutanga 等,2004a),连续统线反射率($\rho^c$)计算方程为:

$$\rho^c = a\lambda + b \tag{1.16}$$

式中,$\lambda$ 为波长位置,$a,b$ 分别为连续统线的截距和斜率,可以用起点和终点反射率和波长位置计算。

连续统去除反射率是将吸收谷内每个波段的原始光谱反射率除以相应波段连续统线反射率后得到的光谱变量(图 1.30 和表 1.2)。连续统去除校正了由于波段依赖而引起的波段反射率极值点的漂移,即连续统去除将波段极值点校正到其真正的波段位置(Clark 等,1984)。

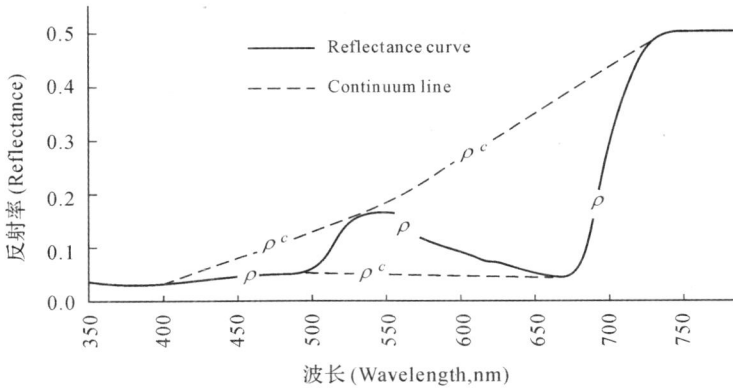

(a) 水稻原始反射率曲线和连续统线反射率

(a) rice refectance curve and continuum line

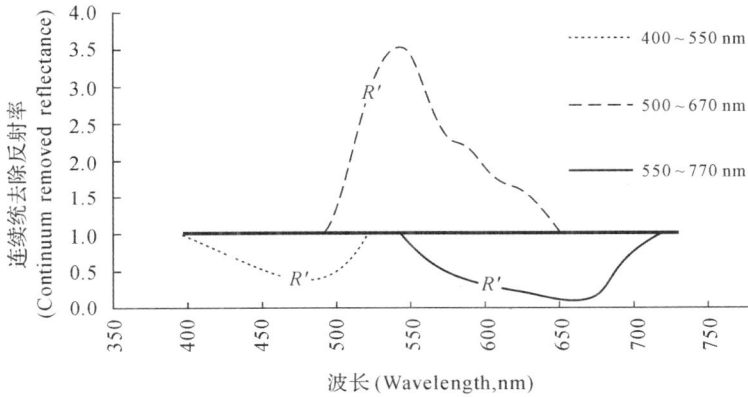

(b) 原始反射率曲线和连续统线反射率的比值生成的连续统去除相对反射率曲线

(b) continuum removal reflectance spectrum calculated by ratio of reflectance value of the curve to that of continuum line

图 1.30 水稻高光谱连续统去除参数方法示意图

Fig. 1.30 Diagrammatic illustration of continuum removal approach by a rice leaf reflectance spectrum

**表 1.2 连续统去除光谱变量**

Table 1.2 Continuum removed spectral variables

| 变 量 | 公 式 | 描 述 |
|---|---|---|
| $\rho^c(\lambda_i)$ | | 波长 $\lambda_i$ 所对应的连续统线上的数值 |
| $R'(\lambda_i)$ | $\dfrac{\rho(\lambda_i)}{\rho^c(\lambda_i)}$ | 波长 $\lambda_i$ 所对应的连续统去除反射率,其中 $\rho(\lambda_i)$ 为波长 $\lambda_i$ 处的反射率 |
| $BD$ | $1 - R'(\lambda_i)$ | 波段深度 |
| $BDR$ | $\dfrac{DB}{D_c}$ | 其中 $D_c$ 是波段深度 $DB$ 的最大值 |
| $NBDI$ | $\dfrac{DB - D_c}{DB + D_c}$ | 波段深度归一化指数 |
| $BNA$ | $\dfrac{DB}{D_a}$ | 波段深度与吸收特征面积($D_a$)的比值 |
| $DRR(\lambda_i)$ | $\dfrac{\rho_c(\lambda_i) - \rho(\lambda_i)}{\rho_{cmin} - \rho_{min}}$ | 反射率差异比率,$\rho_{min}$、$\rho_{cmin}$ 分别为吸收谷最低点的反射率和连续统基线值 |

### 1.3.5 光谱指数

光谱指数是光谱数据经线性和非线性组合构成的对地物有一定指示意义的各种模型。通过构建光谱指数,可以增强感兴趣的地物信息,在一定程度上有助于减少外界因素(如太阳高度角、大气状态、背景和倾斜观测)带来的数据误差,提高信息提取精度。利用光谱指数不但可以提取植被的生物物理和生物化学参数、监测植物胁迫(营养胁迫、水分胁迫、温度胁迫、病虫害胁迫等),也可以用于估算水体色素含量、悬浮物浓度、土壤水分含量,监测土地利用/覆盖变化和退化、水体污染、重大生态工程效益等。

利用植被光谱数据线性和非线性组合构建的光谱指数通常称为植被指数,由于可见光/红光区域的太阳辐射被植物叶绿素强吸收,进行光合作用制造干物质,是光合作用的代表性波段;而近红外区域是叶子健康状况最灵敏的标志,对植被差异及植物长势反应敏感,指示着植物光合作用能否正常运行,因此近红外和可见光/红光区域成为构建植被指数的最经典的波段。又由于考虑到土壤背景、大气条件、叶片倾角等影响,以及不同波段的敏感性等,进行了一系列的改进,表 1.3 为本书后面各章节所用到的植被指数。

表 1.3 本书中所用到的植被指数

Table 1.3 Vegetation indices used in this book

| 中文名称 | 英文名称 | 缩写 | 计算公式 | 文　献 |
|---|---|---|---|---|
| 比值植被指数 | Ratio Vegetation Index | RVI | $\dfrac{\rho_{NIR}}{\rho_{Red}}$ | Jordan,1969 |
| 归一化植被指数 | Normalized Difference Vegetation Index | NDVI | $\dfrac{\rho_{NIR}-\rho_{Red}}{\rho_{NIR}+\rho_{Red}}$ | Rouse 等,1973 |
| 转换植被指数 | Transformed Vegetation Index | TVI | $\sqrt{NDVI+0.5}$ | Rouse 等,1974 |
| 垂直植被指数 | Perpendicular Vegetation Index | PVI | $\sqrt{(\rho_{Red}^{s}-\rho_{Red}^{v})^{2}+(\rho_{NIR}^{s}-\rho_{NIR}^{v})^{2}}$,其中 s,v 分别表示土壤、植被 | Richardson 等, 1977 |
| 土壤调节植被指数 | Soil-Adjusted Vegetation Index SAVI | SAVI | $(1+L)\dfrac{\rho_{NIR}-\rho_{Red}}{(\rho_{NIR}+\rho_{Red}+L)}(L=0.5)$ | Huete,1988 |
| 转换型土壤调节植被指数 | Transformed Soil-Adjusted Vegetation Index | TSAVI | $\dfrac{a(\rho_{NIR}-a\times\rho_{Red}-b)}{a\rho_{NIR}+\rho_{Red}-ab}$ | Baret 等,1989 |
| 权重差值植被指数 | Weighted Difference Vegetation Index | WDVI | $\rho_{NIR}-a\times\rho_{Red}$ | Clevers,1989 |
| 土壤调节植被指数 2 | The Second Soil-Adjusted Vegetation Index SAVI | SAVI2 | $\dfrac{\rho_{NIR}}{\rho_{Red}+\theta}$,$\theta=\dfrac{b}{a}$,$a$,$b$ 分别为土壤线的截距和斜率 | Major 等,1990 |
| 近红外百分比植被指数 | Infrared Percentage Vegetation Index | IPVI | $\dfrac{\rho_{NIR}}{\rho_{NIR}+\rho_{Red}}$ | Crippen,1990 |
| 改进的转换型土壤植被指数 | Adjusted TSAVI | ATSAVI | $\dfrac{a\times(\rho_{NIR}-a\times\rho_{Red}-b)}{a\times\rho_{NIR}+\rho_{Red}-a\times b+X\times(1+a^{2})}$,$X=0.08$ | Baret 等,1991 |
| 大气阻尼植被指数 | Atmospherically Resistance Vegetation Index | ARVI | $\dfrac{\rho_{NIR}-\rho_{RB}}{\rho_{NIR}+\rho_{RB}}$,$\rho_{RB}=\rho_{Red}+\gamma(\rho_{Blue}-\rho_{Red})$ | Kaufman 等, 1992 |

续表

| 中文名称 | 英文名称 | 缩写 | 计算公式 | 文献 |
|---|---|---|---|---|
| 全球环境监测指数 | Global Environment Monitoring Index | GEMI | $\eta(1-0.25\times\eta)-\dfrac{\rho_{Red}-0.125}{1-\rho_{Red}}$,其中 $\eta=\dfrac{2(\rho_{NIR}^2-\rho_{Red}^2)+1.5\times\rho_{NIR}-0.5\times\rho_{Red}}{v+\rho_{Red}+0.5}$ | Pinty 等,1992 |
| 抗大气植被指数 | Atmospherically Resistant Vegetation Index | ARVI | $\dfrac{\rho_{NIR}-\rho_{Red}}{\rho_{NIR}+\rho_{Red}-\rho_{Blue}}$ | Kaufman 等,1992 |
| 差值植被指数 | Difference Vegetation Index | DVI | $\rho_{NIR}-\rho_{Red}$ | Richardson 等,1992 |
| 改进型土壤调节植被指数 | Modified SAVI | MSAVI1 | $\dfrac{\rho_{NIR}-\rho_{Red}}{\rho_{NIR}+\rho_{Red}+L}(1+L)$,其中 $L=1-2\times a\times NDVI\times WDVI$ | Qi 等,1994 |
| 二次改进型土壤调节植被指数 | The Second Modified SAVI | MSAVI2 | $\dfrac{2\times\rho_{NIR}+1-\sqrt{(2\times\rho_{NIR}+1)^2-8\times(\rho_{NIR}-\rho_{Red})}}{2}$ | Qi 等,1994 |
| 非线性植被指数 | Nonlinear Vegetation Index | NLI | $\dfrac{\rho_{NIR}^2-\rho_{Red}}{\rho_{NIR}^2+\rho_{Red}}$ | Goel 等,1994 |
| 增强植被指数 | Enhanced Vegetation Index | EVI | $\dfrac{\rho_{NIR}-\rho_{Red}}{\rho_{NIR}+C_1\rho_{Red}-C_2\rho_B+L}(1+L)$ | Liu 等,1995 |
| 重归一化植被指数 | Renormalized Difference Vegetation Index | RDVI | $\sqrt{NDVI\times(\rho_{NIR}-\rho_{Red})}$ 或 $\dfrac{\rho_{NIR}-\rho_{Red}}{\sqrt{\rho_{NIR}+\rho_{Red}}}$ | Roujean 等,1995 |
| 绿波段归一化植被指数 | Green Normalized Difference Vegetation Index | $NDVI_{Green}$ | $\dfrac{\rho_{NIR}-\rho_{Green}}{\rho_{NIR}+\rho_{Green}}$ | Gitelson 等,1996b |
| | | $RVI_{750,700}$ | $\dfrac{\rho_{750}}{\rho_{700}}$ | Gitelson 等,1996b |
| | | $RVI_{750,550}$ | $\dfrac{\rho_{750}}{\rho_{550}}$ | Gitelson 等,1996b |
| 绿波段比值植被指数 | Green Ratio Vegetation Index | $RVI_{green}$ | $\dfrac{\rho_{NIR}}{\rho_{Green}}$ | Gitelson 等,1996b |
| 改进的简单比值指数 | Modified Simple Ratio | MSR | $\dfrac{\dfrac{\rho_{NIR}}{\rho_{Red}}-1}{\sqrt{\dfrac{\rho_{NIR}}{\rho_{Red}}+1}}$ | Chen,1996 |
| 优化的土壤调节植被指数 | Optimization of Soil-Adjusted Vegetation Indices | OSAVI | $\dfrac{\rho_{NIR}-\rho_{Red}}{\rho_{NIR}+\rho_{Red}+0.16}$ | Rondeaux 等,1996 |
| | | $NDVI_{\lambda_0}$ | $\dfrac{\rho_{(\lambda_0+\Delta\lambda)}-\rho_{(\lambda_0-\Delta\lambda)}}{\rho_{(\lambda_0+\Delta\lambda)}+\rho_{(\lambda_0-\Delta\lambda)}}$ | 陈述彭,1998 |
| | | $RVI_{\lambda_0}$ | $\dfrac{\rho_{(\lambda_0-\Delta\lambda)}}{\rho_{(\lambda_0+\Delta\lambda)}}$ | 陈述彭,1998 |
| 黄度指数 | Yellowness Index | YI | $\dfrac{\rho_{580}-2\times\rho_{624}+\rho_{663}}{\Delta^2}$,$\Delta=44nm$ | Adams 等,1999 |
| 三角植被指数 | Triangle Vegetation Index | $TVI_2$ | $60\times(\rho_{NIR}-\rho_{Green})-100\times(\rho_{Red}-\rho_{Green})$ | Broge 等,2000 |
| | | $RVI_{550,468}$ | $\dfrac{\rho_{550}}{\rho_{468}}$ | Prasad 等,2000 |
| | | $RVI_{550,682}$ | $\dfrac{\rho_{550}}{\rho_{682}}$ | Prasad 等,2000 |
| | | $RVI_{920,696}$ | $\dfrac{\rho_{920}}{\rho_{696}}$ | Prasad 等,2000 |

续表

| 中文名称 | 英文名称 | 缩写 | 计算公式 | 文　献 |
|---|---|---|---|---|
| 转换型差值植被指数 | Transformed Difference Vegetation Index | TDVI | $1.5 \times \dfrac{\rho_{NIR} - \rho_{Red}}{\sqrt{\rho_{NIR}^2 + \rho_{Red} + 0.5}}$ | Bannari 等,2002 |
| | | $RVI_{800.600}$ | $\dfrac{\rho_{800}}{\rho_{600}}$ | Sims 等,2002 |
| | | $NDVI_{700}$ | $\dfrac{\rho_{700} - \rho_{Red}}{\rho_{700} + \rho_{Red}}$ | Gitelson 等,2002a |
| | | $VARI_{700}$ | $\dfrac{(\rho_{700} - 1.7 \times \rho_{Red} + 0.7 \times \rho_{Blue})}{\rho_{700} + 2.3 \times \rho_{Red} - 1.3 \times \rho_{Blue}}$ | Gitelson 等,2002a |
| 改进的非线性植被指数 | Modified Non-linear Vegetation Index | MNLI | $\dfrac{(\rho_{NIR}^2 - \rho_{Red})(1 + 0.5)}{\rho_{NIR}^2 + \rho_{Red} + 0.5}$ | Gong 等,2003 |
| | | SAVI×SR | $SAVI \times SR = \rho_{Red} \dfrac{\rho_{NIR}^2 - \rho_{Red}}{\rho_{NIR} + \rho_{Red} + L}, L = 0.5$ | Gong 等,2003 |

注:Blue 表示蓝光,Green 表示绿光,Red 表示红光,NIR 表示近红外,SWIR 表示短波红外;EVI 中的 $C1$、$C2$ 和 $L$ 经验取值为 6.0、7.5、1.0;PVI 中 S 表示土壤,V 表示植被。

基于色素的吸收特性构建的用于色素含量/色素密度估算的光谱指数称为色素光谱指数,根据构建方式可以分为基于反射率归一化的色素光谱指数(表 1.4)、基于差值的色素光谱指数(表 1.5)、基于简单比值的色素光谱指数(表 1.6)、基于反射率导数相关的色素光谱指数(表 1.7)、其他色素光谱指数(表 1.8),本书后续章节将要用到这些色素光谱指数。

**表 1.4　基于反射率归一化的色素光谱指数**

Table 1.4　Normalized difference pigment spectral indices

| 中文名称 | 英文名称 | 缩写 | 公式 | 参考文献 |
|---|---|---|---|---|
| | | | $\dfrac{\rho_{734} - \rho_{747}}{\rho_{715} + \rho_{726}}$ | Vogelman 等,1993 |
| | | | $\dfrac{\rho_{734} - \rho_{747}}{\rho_{715} + \rho_{720}}$ | |
| 归一化叶绿素比值指数 | Normalized Pigment Chlorophyll Index | NPCI | $\dfrac{\rho_{680} - \rho_{430}}{\rho_{680} + \rho_{430}}$ | Pĕnuelas 等,1994 |
| 归一化差异指数 | Normalized difference index | NDI | $\dfrac{\rho_{750} - \rho_{705}}{\rho_{750} + \rho_{705}}$ | Gitelson 等,1994 |
| 绿波段归一化植被指数 | Green NDVI | GNDVI | $\dfrac{\rho_{780} - \rho_{550}}{\rho_{780} + \rho_{550}}$ | Gitelson 等,1996b |
| 色素归一化指数 a | Pigment Specific Normalized Difference | PSNDa | $\dfrac{\rho_{800} - \rho_{680}}{\rho_{800} + \rho_{680}}$ | BlackBurn,1998 |
| 色素归一化指数 b | Pigment Specific Normalized Difference | PSNDb | $\dfrac{\rho_{800} - \rho_{635}}{\rho_{800} + \rho_{635}}$ | |
| | | | $\dfrac{\rho_{850} - \rho_{710}}{\rho_{850} + \rho_{710}}$ | Datt,1999 |
| | | | $\dfrac{\rho_{542} - \rho_{min\_Red}}{\rho_{750} + \rho_{min\_Red}}$,<br>其中 $\rho_{min\_Red} = min(\rho_{Red})$ | Maccioni 等,2001 |

**表 1.5　基于差值的色素光谱指数**

Table 1.5　Distance based pigment spectral indices

| 公　式 | 参考文献 |
|---|---|
| $\rho_{800} - \rho_{680}$ | Jordan,1969 |
| $\rho_{800} - \rho_{500}$ | Buschman 等,1993 |

**表 1.6　基于简单比值的色素光谱指数**

Table 1.6　Simple-ratio based pigment spectral indices

| 英文缩写 | 公式 | 参考文献 | 英文缩写 | 公式 | 参考文献 |
|---|---|---|---|---|---|
| SR | $\dfrac{\rho_{NIR}}{\rho_{Red}}$ | Birth 等,1968 | | $\dfrac{\rho_{550}}{\rho_{800}}$ | Aoki 等,1981 |
| | $\dfrac{\rho_{675}}{\rho_{700}}$ | Chappell 等,1992 | | $\dfrac{\rho_{740}}{\rho_{720}}$ | Vogelman 等,1993 |
| | $\dfrac{\rho_{695}}{\rho_{420}}$ | | | $\dfrac{\rho_{734-747}}{\rho_{715-726}^{*}}$ | |
| | $\dfrac{\rho_{695}}{\rho_{760}}$ | | | $\dfrac{\rho_{710-720}}{\rho_{700-710}}$ | |
| | $\dfrac{\rho_{605}}{\rho_{760}}$ | Carter,1994 | | $\dfrac{\rho_{700}}{\rho_{670}}$ | Mc Murtey 等,1994 |
| | $\dfrac{\rho_{710}}{\rho_{760}}$ | | | $\dfrac{\rho_{750}}{\rho_{700}}$ | Gitelson 等,1994 |
| | $\dfrac{\rho_{695}}{\rho_{670}}$ | | | $\dfrac{\rho_{750}}{\rho_{550}}$ | |
| SRPI | $\dfrac{\rho_{430}}{\rho_{680}}$ | Pënuelas 等,1994 | PSSRa | $\dfrac{\rho_{800}}{\rho_{680}}$ | BlackBurn,1998 |
| | $\dfrac{\rho_{900}}{\rho_{553}}$ | | PSSRb | $\dfrac{\rho_{800}}{\rho_{635}}$ | |
| | $\dfrac{\rho_{1200}}{\rho_{553}}$ | | Greeness Index | $\dfrac{\rho_{554}}{\rho_{677}}$ | Smith 等,1995 |
| | $\dfrac{\rho_{750}}{\rho_{553}}$ | 唐延林等,2004 | | $\dfrac{\rho_{705}}{\rho_{675}}$ | 疏小舟等,2000 |
| | $\dfrac{\rho_{553}}{\rho_{670}}$ | | | $\dfrac{\rho_{800}}{\rho_{600}}$ | Sims 等,2002 |
| | $\dfrac{\rho_{705}}{\rho_{675}}$ | | | $\dfrac{\rho_{701}}{\rho_{516}}$ | 刘英等,2003 |
| | $\dfrac{\rho_{800}}{\rho_{553}}$ | | | $\dfrac{\rho_{719}}{\rho_{670}}$ | 焦红波等,2006 |

注:SRPI—Simple Ratio Pigment Index(简单比值色素指数);PSSRa—Pigment Specific Simple Ratio a (色素简单比值指数 a);PSSRb—Pigment Specific Simple Ratio b(色素简单比值指数 b)。

**表 1.7　基于反射率导数相关的色素光谱指数**

Table 1.7　Pigment indices based on derivative spectral spectra

| 中文名称 | 英文名称 | 缩写 | 公　式 | 参考文献 |
|---|---|---|---|---|
| | | | $\dfrac{\rho'_{715}}{\rho'_{705}}$ | Vogelman 等,1993 |
| 红边绿边比值指数 | Edge-Green First Derivative Ratio | EGFR | $\dfrac{D_r}{D_g}$ | |
| 红边绿边归一化指数 | Edge-Green First Derivative Normalized Difference Difference | EGFN | $\dfrac{D_r - D_g}{D_r + D_g}$ | Pĕnuelas 等,1994 |
| | | | $\dfrac{\rho'_{754}}{\rho'_{704}}$ | Datt,1999 |

注:$D_g$—maximum of the first derivative of reflectance in the green(绿光波段反射率一阶导数最大值)。

**表 1.8　其他色素光谱指数**

Table 1.8　Other pigment spectral indices

| 中文名称 | 英文名称 | 缩写 | 公　式 | 参考文献 |
|---|---|---|---|---|
| 归一化叶绿素比值指数 | Normalized Phaeophytinization Index | NPQI | $\dfrac{\rho_{415} - \rho_{435}}{\rho_{415} + \rho_{435}}$ | Barnes 等,1992 |
| | | | $\dfrac{\rho_{675}}{\rho_{700} + \rho_{650}}$ | Chappelle 等,1992 |
| 叶绿素吸收比值指数 | Chlorophyll Absorption Ratio Index | CARI | $\left(\dfrac{670a + \rho_{670} + b}{\sqrt{a^2 + 1}}\right)\left(\dfrac{\rho_{700}}{\rho_{670}}\right)$ $a = \dfrac{(\rho_{700} - \rho_{550})}{150},$ $b = \rho_{550} - (550a)$ | Kim 等,1994 |
| 结构无关色素指数 | Structured Independent Pigment Index | SIPI | $\dfrac{\rho_{800} - \rho_{445}}{\rho_{800} + \rho_{680}}$ | Pĕnuelas 等,1995 |
| 一阶导数绿度植被指数 | First Derivative Green Vegetation Index | 1DZ_DGVI | $\sum_{\lambda_i}^{\lambda_n} \mid \rho'(\lambda_i) \mid \times \Delta\lambda_i$ | Elvidge 等,1995 |
| 二阶导数绿度植被指数 | Second Derivative Green Vegetation Index | 2DZ_DGVI | $\sum_{\lambda_i}^{\lambda_n} \mid \rho''(\lambda_i) \mid \times \Delta\lambda_i$ | Elvidge 等,1995 |
| | | | $\dfrac{\rho_{672}}{\rho_{550} + \rho_{708}}$ $\dfrac{\rho_{860}}{\rho_{550} + \rho_{708}}$ | Datt,1998 |
| 改进的叶绿素吸收反射率指数 | Modified Chlorophyll Absorption in Reflectance Index | MCARI | $[(\rho_{700} - \rho_{670}) - 0.2 \times (\rho_{700} - \rho_{550})]$ $\times \left(\dfrac{\rho_{700}}{\rho_{670}}\right)$ | Daughtry 等,2000 |
| | | | $\dfrac{\rho_{780} - \rho_{710}}{\rho_{780} + \rho_{680}}$ | Maccioni 等,2001 |

续表

| 中文名称 | 英文名称 | 缩写 | 公　式 | 参考文献 |
|---|---|---|---|---|
| 叶绿素吸收连续统指数 | Chlorophyll Absorbed Continuum Index | CACI | $\sum_{\lambda_i}^{\lambda_n}(\rho_i^c - \rho_i) \times \Delta\lambda_i$,其中 $\rho_i^c = \rho_i + i \times \dfrac{\mathrm{d}\rho^c}{\mathrm{d}\lambda} \times \Delta\lambda_i$ | Broge 等,2000 |
| 连续统去除叶绿素吸收指数 | Continuum Removed Chlorophyll Absorption Index | CRCAI | $\sum_{\lambda_i}^{\lambda_n}\dfrac{(\rho_i^c - \rho_i)}{\rho_i^c} \times \Delta\lambda_i$,其中 $\rho_i^c = \rho_i + i \times \dfrac{\mathrm{d}\rho^c}{\mathrm{d}\lambda} \times \Delta\lambda_i$ | Broge 等,2000 |
|  |  |  | $\dfrac{\rho_{750} - \rho_{445}}{\rho_{705} - \rho_{445}}$ | Sims 等,2002 |
|  |  |  | $\dfrac{\rho_{750} - \rho_{445}}{\rho_{750} + \rho_{705} - 2\rho_{445}}$ | Sims 等,2002 |
| 转换型叶绿素吸收反射率指数 | Transformed Chlorophyll Absorption in Reflectance Index | TCARI | $3 \times \left[(\rho_{700} - \rho_{670}) - 0.2 \times (\rho_{700} - \rho_{550}) \times \left(\dfrac{\rho_{700}}{\rho_{670}}\right)\right]$ | Haboudane 等,2002 |
| 改进的叶绿素吸收连续统指数 | Modified Chlorophyll Absorption Continuum Index | MCACI | $\sum_{\lambda_i}^{\lambda_n}(\rho_i^c - \rho_i) \times \Delta\lambda_i$,其中 $\rho_i^c = \dfrac{\lambda_i^c - \lambda_g}{\lambda_r - \lambda_g} \times (\rho_{\lambda_r} + \rho_g) + \rho_g$ | Yang 等,2006 |

注:$\rho_i^c$ 表示高光谱波段 $i$ 的连续统反射率。

# 1.4　数据分析与建模方法

本书所使用的数据分析与建模方法,既包括传统的回归分析和主成分分析方法,也包括后向传播神经网络模型(Back-Propagation Network,BPN)、径向基函数神经网络模型(Radial Basis Function,R3F)和支持向量机模型(Support Vector Machines,SVM)等新的建模方法,本节将作简要的介绍,详细算法请参阅专业参考书,最后还将介绍模型评价指标。

## 1.4.1　回归分析方法

回归分析是建立因变量 $Y$ 与自变量 $X$ 之间定量关系的一种统计分析方法,回归分析的目的在于了解两个或多个变量间是否相关、相关方向与强度,并建立数学模型以便观察特定变量来预测研究者感兴趣的变量。按照涉及的自变量的多少,回归分析可分为一元回归分析和多元回归分析;按照自变量和因变量之间的关系类型,可分为线性回归分析和非线性回归分析。在回归分析中,如果只包括一个因变量和一个自变量,且两者的关系可用一条直线近似表示,这种回归分析称为一元线性回归分析。如果回归分析中包括两个或两个以上的自变量,且因变量和自变量之间是线性关系,则称为多元线性回归分析。

在进行建模前,一般首先进行相关分析,采用相关系数来衡量两者之间的相关程度。相关系数($r$)是变量之间相关程度的指标,其取值一般介于 $-1$ 与 $1$ 之间。当样本数相等时,相关系数的绝对值越接近 1,相关越密切;越接近于 0,相关越不密切;$r=1$ 时为完全正相关,而 $r=-1$ 时为完全负相关;点的分布在直线回归线上下越离散,$r$ 的绝对值越小,完全正相关或负相关时,所有图点都在直线回归线上。

逐步回归法是高光谱遥感数据分析、处理与信息提取最常用的统计分析方法,其基本思想是将自变量逐一引入回归方程,先建立与因变量相关最为密切的自变量的一元线性回归方程。然后再找出第二个自变量,建立二元线性回归方程,以此类推。在每一步中,都要对引入变量的显著性进行检验,仅当其显著时才引入;而每引入一个新变量之后,对前面已引入的变量又要逐一检验,一旦发现某变量变得不显著,就要将它剔除。这些步骤反复进行,直到引入的变量都是显著的而没有引入的变量都是不显著时,就结束挑选变量的工作,利用所选的变量建立多元线性回归方程。

在水稻高光谱研究中,如果光谱参数作为因变量,以水稻生物物理和生物化学参数作为自变量,可以分析研究水稻生物物理和生物化学参数对水稻光谱的影响;反过来,如果以水稻生物物理和生物化学参数作为因变量,光谱参数作为自变量,建立模型,则可以通过测量光谱,进行水稻生物物理和生物化学参数的监测和预测,进而进行水稻生长发育监测和产量预报。

在本书中,主要采用相关分析方法研究水稻生物物理和生物化学参数与高光谱变量的相关性、相关方向与强度;采用逐步回归方法进行因子筛选和模型建立,考虑到水稻生物物理和生物化学参数与高光谱变量可能存在的非线性关系,除了使用简单线性函数($y=a+bx$)进行拟合外,还采用对数函数($y=a+b\ln x$)、抛物线($y=a+bx+cx^2$)、指数函数 $[y=a\exp(bx)]$ 建立拟合模型,通过比较模型的决定系数 $R^2$、$F$ 检验、均方根误差等逐步筛选出最佳模型。

### 1.4.2　主成分分析法

高光谱遥感可以完整地记录各种地物的波谱曲线,获取连续的波谱信息,其波段数可以达到几百上千个,加上原始光谱的一阶导数、二阶导数、对数变换及其各种高光谱植被指数等,信息量可增加十倍甚至数百倍。但是,在信息量增加的同时,由于相邻波段存在着很高的相关性,导致高光谱数据存在大量冗余。主成分分析(Principal Component Analysis, PCA)的基本方法是通过构造原变量的适当线性组合,以产生一系列互不相关的新变量,从中选出少数几个新变量并使它们含有尽可能多的原变量的信息,以便利用主成分描述数据集内部结构,实际上起着数据降维的作用。

对于水稻高光谱数据,在 $n$ 个测试样本中,每条光谱数据有 $p$ 个波段 $x_1, x_2, \cdots, x_p$,经过主成分分析,将它们综合成 $p$ 个新的变量,即:

$$\begin{cases} y_1 = c_{11}x_1 + c_{12}x_2 + \cdots + c_{1p}x_p \\ y_2 = c_{21}x_1 + c_{22}x_2 + \cdots + c_{2p}x_p \\ \qquad\qquad \cdots \\ y_p = c_{p1}x_1 + c_{p2}x_2 + \cdots + c_{pp}x_p \end{cases} \tag{1.17}$$

并且满足 $c_{k1}^2 + c_{k2}^2 + \cdots + c_{kp}^2 = 1, (k=1,2,\cdots,p)$,其中 $c_{ij}$ 由下列原则决定:

①$y_i$ 与 $y_j(i \neq j; i,j = 1,2,\cdots,p)$ 相互独立。

②$y_1$ 是 $x_1, x_2, \cdots, x_p$ 的满足上式的一切线性组合中方差最大者，$y_2$ 是与 $y_1$ 不相关的 $x_1, x_2, \cdots, x_p$ 的所有线性组合中方差次大者，其余类推，$y_p$ 是与 $y_1, y_2, \cdots, y_{p-1}$ 都不相关的 $x_1, x_2, \cdots, x_p$ 的所有线性组合中方差最小者。

这样决定的综合指标因子 $y_1, y_2, \cdots, y_p$ 分别称为原变量的第一、第二……第 $p$ 个主分量，它们的方差依次递减。

### 1.4.3　神经网络

神经网络是近年来发展起来的解决建模问题的新方法，具有传统建模方法所不具有的很多优点：一般不必事先知道有关被建模对象的结构、参数和动态特性等方面的知识，只需要给出对象的输入、输出数据，通过网络本身的学习功能就可以达到输入与输出的完美符合。凡是难以得到解析解、又缺乏专家经验但能够表示或转化为模式识别或非线性映射的一类问题，均适合用人工神经网络技术解决(冯天瑾，1994)。

根据连接方式的不同可分为前馈型网络和反馈型网络两大类。反向传播神经网络是一种多层前馈型神经网络，其神经元的传递函数一般为 S 型函数，可以实现从输入到输出的任意非线性映射，由于权值的调整采用反向传播(Back Propagation)学习算法而得名，简称为 BP 网络(董长虹，2005)。BP 算法实际上是将输入信息沿网络正向传播，将误差信号沿网络后向传播，并修正权值，从而可对多层前向神经网络由训练样本学习输入输出映射，它使用了优化中最简单的梯度法来修改权值以实现输入空间到输出空间的非线性变换。BP 神经网络是目前使用最多的一种神经网络，但其学习算法存在训练速度慢、易陷入局部极小值和全局搜索能力差等缺点。

径向基函数(Radial Basis Function，RBF)神经网络是一种三层前馈型网络，其输入层节点只传递输入信号到隐层，输出层节点则计算由隐节点给出的基函数的线性组合。隐层的基函数通常为径向对称函数(如高斯函数)，其对输入激励产生一个局部化的响应，即仅当输入信号落在靠近基函数中心的一个很小的区域中时，隐单元才作出有意义的非零响应，从而使 RBF 网络具有学习速度快的优点(陈平，2003)。与 BP 神经网络相比，径向基函数神经网络不仅训练速度快，而且也不存在局部极小的问题，它的逼近能力、分类能力和学习速度等方面均优于 BP 神经网络。

学习矢量量化(LVQ)人工神经网络是一种混合网络，由一个竞争层和一个线性层组成，将竞争学习思想和有监督学习算法结合起来。竞争层首先将输入矢量划分为较精细的子类别，然后线性层将竞争层的分类结果进行合并，从而形成符合用户定义的目标分类模式。它具有算法简单、输入向量不需要进行归一化、正交化、计算效率较高等优点，因而在模式识别和优化领域被广泛应用。

传统的学习方法大多基于样本数目趋于无穷大时的大数定理理论，但在实际的工作中，样本数往往是有限的，有时甚至是小样本数据。在样本数有限的情况下，虽然各种优化算法可以使训练误差达到最小，也会同时导致学习过程中的泛化误差变大，模型对未知数据的预测能力降低。为此，Vapnik(1998)提出专门针对小样本的统计学习理论(Statistical Learning Theory,SLT)，基于统计学习理论的支持向量机(Support Vector Machine,SVM)方法由于采用了结构风险最小化原理，较好地解决了人工神经网络等方法的网络结构难以确定、过学习和欠学习以及局部极小等问题，因此被认为是目前针对小样本的分类和回归问题的最佳方法。SVM从总样本中挑选出部分具有代表性的样本(即支持向量)通过核函数构成拟合函数，应用较多的核函数有多项式核函数、径向基核函数(RBF)和Sigmoid核函数。

### 1.4.4 模型精度检验指标

本书采用以下指标对模型进行精度检验：

均方根误差(Root Mean Square Error,RMSE)：

$$RMSE = \sqrt{\frac{\sum_{i=1}^{n}(y_i - \hat{y}_i)^2}{n}} \qquad (1.18)$$

标准差(Standard Error,St. E)

$$St. E = \sqrt{\frac{\sum_{i=1}^{n}(y_i - \hat{y}_i)^2}{(n-1)}} \qquad (1.19)$$

预测相对误差(Relative Error of Prediction,REP)：

$$REP = \frac{100}{\bar{y}}\sqrt{\frac{\sum_{i=1}^{n}(y_i - \hat{y}_i)^2}{n}} = \frac{100}{\bar{y}}RMSE \qquad (1.20)$$

决定系数(Coefficient of Determination,用 $R^2$ 表示)：

$$R^2 = \frac{\sum(\hat{y}_i - \bar{y})^2}{\sum(y_i - \bar{y})^2} \qquad (1.21)$$

绝对误差(Absolute Error,ABSE)

$$ABSE = |y_i - \hat{y}_i| \qquad (1.22)$$

平均绝对误差(Mean Absolute Error,MAE)

$$MAE = \frac{\sum_{i}^{n}|y_i - \hat{y}_i|}{n} \qquad (1.23)$$

平均相对误差(Mean Relative Error,MRE)

$$MRE = \frac{\bar{y}}{\bar{\hat{y}}_i} - 1 \qquad (1.24)$$

这里，$y_i$ 表示实测值，$\hat{y}_i$ 表示预测值，$n$ 表示样本数，$\bar{y}$、$\bar{\hat{y}}_i$ 表示实测和预测值的平均值。均方根误差(RMSE)和预测相对误差(REP)越小，证明模型精度越高。

## 1.5　小结

　　本章首先从水稻组分和冠层两个方面进行光谱特征分析，探索不同条件下水稻光谱的变化规律。水稻植株各组分的高光谱特征分析包括对水稻植株不同组分的光谱特征、水稻叶片的正面与背面反射特征、不同氮素水平水稻叶片反射光谱特征、不同水稻叶片层数的高光谱特征、稻米及其蛋白质和淀粉提取物的高光谱特征等的分析。水稻冠层高光谱特征分析包括基于室内模拟背景的水稻冠层光谱特征、田间条件下的水稻冠层光谱特征、同一品种不同生育期水稻冠层的高光谱特征、不同叶面积指数对应的水稻冠层高光谱反射率变化特征、不同氮素营养水平的水稻冠层高光谱特征、水稻冠层反射光谱的红边特征等。

　　在水稻光谱特征分析的基础上，本章总结了几种主要高光谱变换与特征参数提取方法，主要包括原始光谱的导数变换、对数变换、光谱位置和面积的特征参数提取、光谱吸收特征参数提取、基于连续统去除的特征参数提取等。

　　最后，本章简要地介绍了书中所使用的数据分析方法与建模方法，既包括传统的回归分析和主成分分析方法，也包括后向传播神经网络模型、径向基函数神经网络模型和支持向量机模型等新的建模方法，最后给出了书中所用到的模型评价指标。

# 第2章 水稻地上生物量的光谱遥感估算模型

　　植物生物量(Biomass)是指植物在某一定时刻单位面积上积存的有机物质量,包括地上生物量和地下生物量两部分,由于植物地下器官的挖掘和分离工作非常艰巨,在科研工作中,常常仅对植物地上生物量进行调查统计。水稻生物量不仅是衡量水稻整体生长发育状况的指示因子,也是水稻形成产量的决定者,特别是水稻抽穗期生物量与水稻产量密切相关。传统的水稻生物量地面样方调查法费时费力,不利于获取大面积的资料。因此,利用遥感资料实时大面积快速监测水稻生物量,对于水稻长势监测、实施管理调控、产量预报具有极其重要的意义。

## 2.1 地上鲜生物量的光谱遥感估算模型

　　利用 1999 年的实验资料作为建模样本,以地上鲜生物量为因变量,以多光谱和高光谱参数为自变量,使用简单线性函数、对数函数、抛物线函数和指数函数等拟合模型,通过比较模型的决定系数 $R^2$、$F$ 检验值,再采用 2000 年的实验资料作为检验样本进行检验,逐步筛选出地上鲜生物量的光谱估算模型。

### 2.1.1 地上鲜生物量的多光谱遥感估算模型

　　首先利用 1999 年的实验资料,模拟常用卫星 Landsat MSS 和 TM 波段、SPOT 的多光谱波段 XS 和全色波段、NOAA AVHRR 波段以及具有物理意义的光谱区域如可见光波段反射率($\rho_{Vir}$:350～700nm)、近红外波段反射率($\rho_{NIR}$:760～1056nm)、红边波段反射率($\rho_{RE}$:680～780nm)、蓝光波段反射率($\rho_{Blue}$:400～490nm)、蓝边波段反射率($\rho_{BE}$:490～530nm)、黄边波段反射率($\rho_{YE}$:550～582nm)、绿光波段反射率($\rho_{Green}$:510～560nm)、红光吸收谷波段反射率($\rho_{RW}$:640～680nm)、紫外光波段反射率($\rho_{Violet}$:333～400nm)及全部波段平均反射率($\rho_{AB}$:333～1056nm),并计算相应的比值植被指数和归一化植被指数,然后分析水稻地上鲜生物量与这些参数的相关性,对通过 0.05 显著性检验的参数建立线性和非线性模型,最后利用2000 年的实验资料进行模型的精度验证。

#### 2.1.1.1 地上鲜生物量与多光谱变量的相关分析

　　地上鲜生物量与多光谱变量之间的相关系数如表 2.1 所示,在 24 个波段变量中,地上鲜生物量与 MSS6、MSS7、CH2、$\rho_{RE}$、$\rho_{NIR}$、$\rho_{AB}$ 之间的相关系数没有达到 0.05 显著性检验水平,与 TM4 达到 0.05 显著性检验水平,与其他波段达到 0.01 极显著性检验水平,除 XS3、TM4 为正相关外,其余的都为负相关,特别是与红光和蓝绿波段反射率的相关系数值较高。TM1、$\rho_{Blue}$ 与地上鲜生物量之间的相关系数分别为 $-0.777$、$-0.798$,相关性较高。

地上鲜生物量与 12 个植被指数变量之间的相关系数都达到了 0.01 极显著性检验水平,都达到 0.72 以上,其中地上鲜生物量与 $\dfrac{TM4}{TM3}$、$\dfrac{TM4-TM3}{TM4+TM3}$、$\dfrac{XS3}{XS2}$、$\dfrac{XS3-XS2}{XS3+XS2}$ 的相关系数达到 0.81 以上。地上鲜生物量与植被指数之间的相关性要好于与波段变量的相关性。地上鲜生物量与比值植被指数(RVI)的相关系数略高于与归一化植被指数(NDVI)的相关系数。

**表 2-1　地上鲜生物量与多光谱变量和植被指数的相关系数**

Table 2.1　Correlation coefficients between above-ground fresh matter and the multiple spectral variables, and vegetation indices

| 多光谱变量 | 相关系数($r$) | 多光谱变量 | 相关系数($r$) | 多光谱变量 | 相关系数($r$) |
|---|---|---|---|---|---|
| MSS4 | $-0.675^{**}$ | TM1 | $-0.777^{**}$ | $\rho_{Green}$ | $-0.668^{**}$ |
| MSS5 | $-0.737^{**}$ | TM2 | $-0.663^{**}$ | $\rho_{YE}$ | $-0.648^{**}$ |
| MSS6 | $0.224$ | TM3 | $-0.759^{**}$ | $\rho_{RW}$ | $-0.762^{**}$ |
| MSS7 | $-0.102$ | TM4 | $0.455^{*}$ | $\rho_{RE}$ | $0.010$ |
| SPOT Pan | $-0.654^{**}$ | CH1 | $-0.725^{**}$ | $\rho_{Violet}$ | $-0.656^{**}$ |
| XS1 | $-0.673^{**}$ | CH2 | $-0.038$ | $\rho_{Vir}$ | $-0.728^{**}$ |
| XS2 | $-0.742^{**}$ | $\rho_{Blue}$ | $-0.798^{**}$ | $\rho_{NIR}$ | $-0.049$ |
| XS3 | $0.533^{**}$ | $\rho_{BE}$ | $-0.731^{**}$ | $\rho_{AB}$ | $-0.224$ |
| 植被指数 | 相关系数($r$) | 植被指数 | 相关系数($r$) | 植被指数 | 相关系数($r$) |
| $\dfrac{TM4}{TM3}$ | $0.813^{**}$ | $\dfrac{MSS7}{MSS5}$ | $0.742^{**}$ | $\dfrac{\rho_{NIR}}{\rho_{RW}}$ | $0.776^{**}$ |
| $\dfrac{TM4-TM3}{TM4+TM3}$ | $0.811^{**}$ | $\dfrac{MSS7-MSS5}{MSS7+MSS5}$ | $0.723^{**}$ | $\dfrac{\rho_{NIR}-\rho_{RW}}{\rho_{NIR}+\rho_{RW}}$ | $0.758^{**}$ |
| $\dfrac{CH2}{CH1}$ | $0.755^{**}$ | $\dfrac{XS3}{XS2}$ | $0.817^{**}$ | | |
| $\dfrac{CH2-CH1}{CH2+CH1}$ | $0.734^{**}$ | $\dfrac{XS3-XS2}{XS3+XS2}$ | $0.811^{**}$ | | |

注:$^{*}$ 表示通过 0.05 显著水平检验;$^{**}$ 表示通过 0.01 极显著水平检验。下同。

### 2.1.1.2　地上鲜生物量多光谱遥感估算的线性与非线性模型

由上节可知,地上鲜生物量与多光谱波段变量和植被指数之间都具有很好的相关性,但研究表明,地上鲜生物量与多光谱变量之间的关系是非线性的。从表 2.1 筛选出相关系数通过 0.01 极显著性检验的多光谱变量 TM1、$\rho_{Blue}$、MSS5、XS2、TM3、CH1、$\rho_{RW}$ 以及 NDVI 和 RVI,使用线性与非线性回归技术建立多光谱变量估算地上鲜生物量的模型。如表 2.2 所示,所有回归模型都通过 0.01 极显著性检验。对多光谱波段变量而言,最适合的拟合模型为对数形式,其相关系数达到 0.01 极显著性检验水平,$F$ 检验值最大,其中以 TM1、$\rho_{Blue}$、TM3、XS2 为自变量的对数模型 $R^2$ 值分别为 0.692、0.717、0.645、0.619。

**表 2.2　地上鲜生物量与多光谱波段变量的线性与非线性拟合模型参数**

Table 2.2　Parameters of linear and nonlinear models fitted between above-ground fresh matter and the multiple spectral variables

| 变量 | 模型 | $a$ | $b$ | $c$ | $R^2$ | $F$ |
|---|---|---|---|---|---|---|
| TM1 | 线性 | 3.9799 | −95.299 | | 0.604 | 35.03 |
| | 对数 | −6.306 | −2.0992 | | 0.692 | 51.74 |
| | 抛物线 | 6.5137 | −351.23 | 5531.56 | 0.740 | 31.30 |
| | 指数 | 5.1631 | −51.670 | | 0.620 | 37.47 |
| TM3 | 线性 | 3.7428 | −62.861 | | 0.577 | 31.33 |
| | 对数 | −4.5551 | −1.7778 | | 0.645 | 41.82 |
| | 抛物线 | 5.2599 | −180.99 | 1898.51 | 0.658 | 21.16 |
| | 指数 | 4.6275 | −34.847 | | 0.619 | 37.33 |
| MSS5 | 线性 | 3.7709 | −55.489 | | 0.543 | 27.36 |
| | 对数 | −4.4419 | −1.8208 | | 0.609 | 35.81 |
| | 抛物线 | 5.4287 | −166.50 | 1558.14 | 0.624 | 18.22 |
| | 指数 | 4.6826 | −30.629 | | 0.578 | 31.51 |
| XS2 | 线性 | 3.7466 | −57.622 | | 0.551 | 28.23 |
| | 对数 | −4.4522 | −1.7955 | | 0.619 | 37.42 |
| | 抛物线 | 5.3627 | −171.91 | 1681.80 | 0.634 | 19.05 |
| | 指数 | 4.6236 | −31.834 | | 0.587 | 32.73 |
| CH1 | 线性 | 3.7757 | −52.804 | | 0.526 | 25.51 |
| | 对数 | −4.4177 | −1.8428 | | 0.593 | 33.47 |
| | 抛物线 | 5.5460 | −164.54 | 1486.20 | 0.610 | 17.20 |
| | 指数 | 4.6832 | −29.063 | | 0.556 | 28.84 |
| $\rho_{Blue}$ | 线性 | 4.0664 | −108.96 | | 0.636 | 40.22 |
| | 对数 | −6.652 | −2.1393 | | 0.717 | 58.14 |
| | 抛物线 | 6.6722 | −403.02 | 7153.94 | 0.759 | 34.66 |
| | 指数 | 5.3681 | −58.617 | | 0.643 | 41.41 |
| $\rho_{RW}$ | 线性 | 3.7308 | −64.653 | | 0.581 | 31.91 |
| | 对数 | −4.5720 | −1.7646 | | 0.651 | 42.81 |
| | 抛物线 | 5.2177 | −184.71 | 1992.94 | 0.663 | 21.64 |
| | 指数 | 4.6018 | −35.884 | | 0.625 | 38.35 |

如表 2.3 所示,对比值型植被指数而言,最适合的拟合模型仍为对数函数,其相关系数达到 0.01 极显著性检验水平,$F$ 检验值为最大,以 $\frac{XS3}{XS2}$、$\frac{TM4}{TM3}$ 为变量的对数模型 $F$ 检验值为最大时,$R^2$ 分别为 0.704、0.707。而对归一化型植被指数而言(表 2.4),最适合的拟合模型为

指数函数,其相关系数达到 0.01 极显著性检验水平,以 $\dfrac{XS3-XS2}{XS3+XS2}$、$\dfrac{TM4-TM3}{TM4+TM3}$ 为变量的指数模型 $R^2$ 最大,分别为 0.739、0.739。RVI 与 NDVI 模型比较,以 NDVI 的 $R^2$、$F$ 较大。

表 2.3　地上鲜生物量与比值型植被指数的线性与非线性拟合模型参数

Table 2.3　Parameters of linear and nonlinear models fitted between above-ground fresh matter and ratio vegetation indices

| 变量 | 模型 | $a$ | $b$ | $c$ | $R^2$ | $F$ |
|---|---|---|---|---|---|---|
| $\dfrac{TM4}{TM3}$ | 线性 | 0.4779 | 0.1090 | | 0.670 | 46.73 |
| | 对数 | −2.1885 | 1.6554 | | 0.707 | 55.51 |
| | 抛物线 | −0.4288 | 0.2335 | −0.0035 | 0.712 | 27.20 |
| | 指数 | 0.7368 | 0.0572 | | 0.644 | 41.57 |
| $\dfrac{MSS7}{MSS5}$ | 线性 | 0.3720 | 0.1308 | | 0.551 | 28.22 |
| | 对数 | −2.2010 | 1.7204 | | 0.561 | 29.41 |
| | 抛物线 | −0.2296 | 0.2223 | −0.0030 | 0.564 | 14.23 |
| | 指数 | 0.7487 | 0.0691 | | 0.537 | 26.66 |
| $\dfrac{XS3}{XS2}$ | 线性 | 0.4596 | 0.1221 | | 0.668 | 46.28 |
| | 对数 | −2.0680 | 1.6733 | | 0.704 | 54.68 |
| | 抛物线 | −0.4457 | 0.2600 | −0.0043 | 0.708 | 26.67 |
| | 指数 | 0.7832 | 0.0642 | | 0.643 | 41.51 |
| $\dfrac{CH2}{CH1}$ | 线性 | 0.2944 | 0.1513 | | 0.571 | 30.65 |
| | 对数 | −2.2374 | 1.7852 | | 0.578 | 31.56 |
| | 抛物线 | −0.3122 | 0.2539 | −0.0038 | 0.583 | 15.40 |
| | 指数 | 0.7135 | 0.0799 | | 0.557 | 28.89 |
| $\dfrac{\rho_{NIR}}{\rho_{RW}}$ | 线性 | 0.4259 | 0.1050 | | 0.602 | 34.77 |
| | 对数 | −2.4099 | 1.6850 | | 0.622 | 37.91 |
| | 抛物线 | −0.3163 | 0.1984 | −0.0025 | 0.626 | 18.41 |
| | 指数 | 0.7731 | 0.0552 | | 0.582 | 32.02 |

　　综合分析波段变量、植被指数变量回归模型的决定系数 $R^2$ 和 $F$ 值,以植被指数为自变量的回归模型的拟合效果好于以反射率光谱波段为自变量的回归模型的拟合效果;在植被指数中,以比值型植被指数(RVI)为自变量的线性和对数回归模型拟合效果好于相应的以归一化型植被指数(NDVI)为自变量的回归模型,而以归一化型植被指数(NDVI)为自变量的指数回归模型拟合效果好于相应的以比值型植被指数(RVI)为自变量的回归模型(图 2.1)。

　　将 2000 年实验的数据代入以上模型以检验这些模型的预测精度,选择拟合 $R^2$ 与预测 $R^2$ 最大的模型作为多光谱估算地上鲜生物量的最佳模型,即:

$$y = 0.0127e^{5.9932\times\left(\frac{XS3-XS2}{XS3+XS2}\right)} \tag{2.1}$$

拟合 $R^2$ 为 0.739,预测的 $R^2$ 和 RMSE 分别为 0.4483 和 0.697。

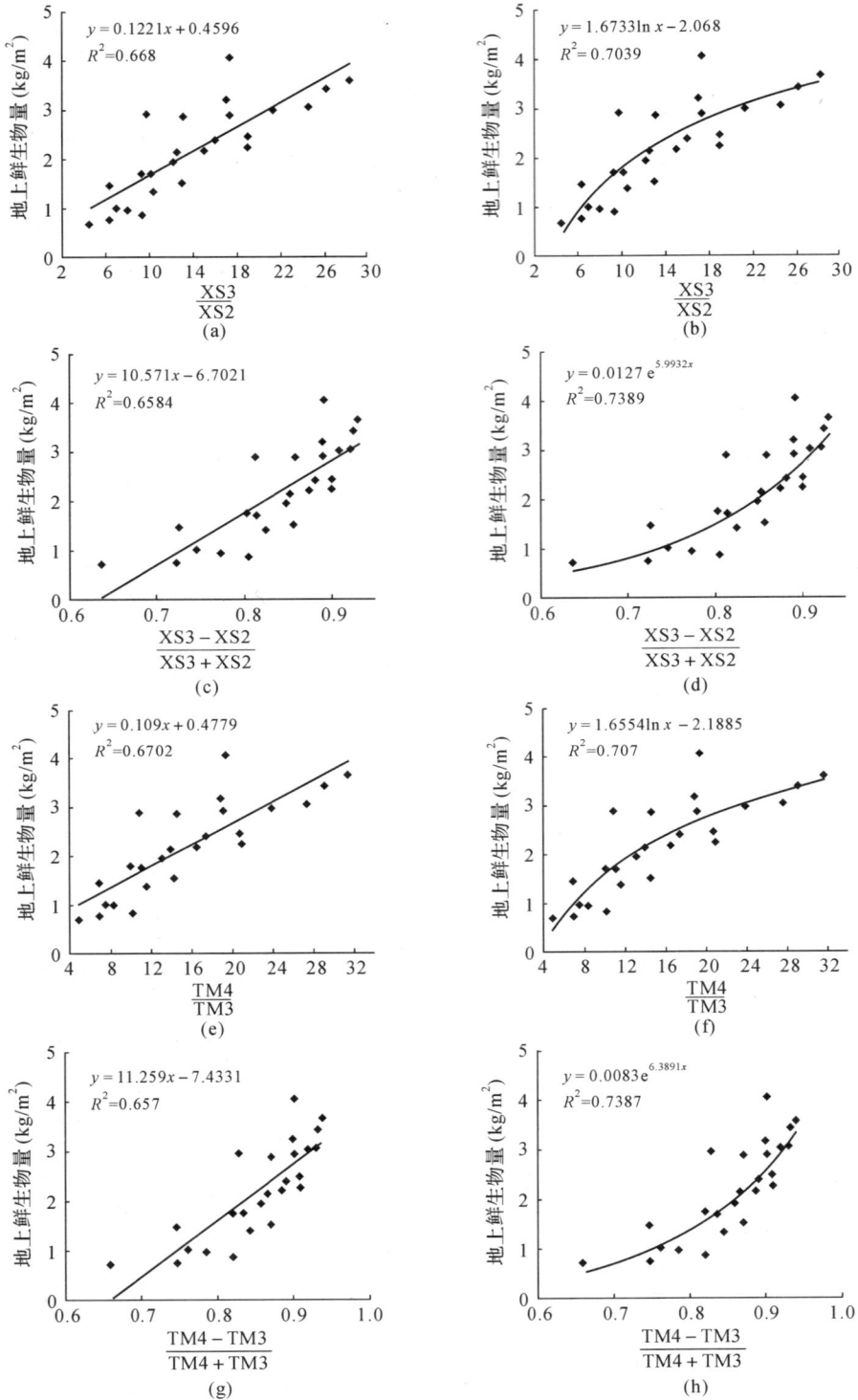

图 2.1　地上鲜生物量与多光谱植被指数的线性与非线性拟合结果比较

Fig. 2.1　Comparison between linear and nonlinear models of above-ground fresh matter estimation using multiple spectral vegetation indices

**表 2.4　地上鲜生物量与归一化型植被指数的线性与非线性拟合模型参数**

Table 2.4　Parameters of linear and nonlinear models fitted between above-ground fresh matter and normalized difference vegetation indices

| 变量 | 模型 | $a$ | $b$ | $c$ | $R^2$ | $F$ |
|---|---|---|---|---|---|---|
| $\dfrac{TM4-TM3}{TM4+TM3}$ | 线性 | −7.4331 | 11.2592 | | 0.657 | 44.05 |
| | 对数 | 3.6296 | 8.9797 | | 0.635 | 39.94 |
| | 抛物线 | 18.7548 | −53.320 | 39.4641 | 0.714 | 27.49 |
| | 指数 | 0.0083 | 6.3891 | | 0.739 | 65.03 |
| $\dfrac{MSS7-MSS5}{MSS7+MSS5}$ | 线性 | −7.0419 | 10.9190 | | 0.523 | 25.21 |
| | 对数 | 3.6710 | 8.6773 | | 0.509 | 23.82 |
| | 抛物线 | 17.6656 | −50.462 | 37.8324 | 0.559 | 13.95 |
| | 指数 | 0.0104 | 6.1910 | | 0.587 | 32.69 |
| $\dfrac{XS3-XS2}{XS3+XS2}$ | 线性 | −6.7021 | 10.5709 | | 0.658 | 44.32 |
| | 对数 | 3.6517 | 8.2658 | | 0.635 | 40.03 |
| | 抛物线 | 14.7307 | −43.307 | 33.5150 | 0.710 | 26.99 |
| | 指数 | 0.0127 | 5.9932 | | 0.739 | 65.10 |
| $\dfrac{CH2-CH1}{CH2+CH1}$ | 线性 | −6.5052 | 10.4604 | | 0.538 | 26.83 |
| | 对数 | 3.7189 | 8.1267 | | 0.522 | 25.12 |
| | 抛物线 | 15.8849 | −46.344 | 35.7100 | 0.579 | 15.12 |
| | 指数 | 0.0143 | 5.9184 | | 0.602 | 34.76 |
| $\dfrac{\rho_{NIR}-\rho_{RW}}{\rho_{NIR}+\rho_{RW}}$ | 线性 | −8.4086 | 12.2200 | | 0.575 | 31.08 |
| | 对数 | 3.6349 | 9.9850 | | 0.559 | 29.13 |
| | 抛物线 | 24.9870 | −68.422 | 48.3678 | 0.623 | 18.17 |
| | 指数 | 0.0047 | 6.9561 | | 0.650 | 42.76 |

## 2.1.2　地上鲜生物量的高光谱遥感估算模型

利用 1999 年实验资料,分析水稻地上鲜生物量与冠层原始光谱、一阶导数光谱、高光谱特征变量之间的相关性;在此基础上,采用线性和非线性模拟进行拟合,比较模型的决定系数、F 检验值;最后采用 2000 年的资料进行验证,确定水稻地上鲜生物量高光谱遥感最佳估算模型。

### 2.1.2.1　地上鲜生物量与高光谱变量的相关分析

地上鲜生物量与高光谱变量的相关性分析包括地上鲜生物量与原始冠层光谱的相关性分析、地上鲜生物量与一阶导数光谱的相关性分析及地上鲜生物量与高光谱特征变量的相关性分析。

图 2.2 为地上鲜生物量和水稻冠层光谱之间的相关系数图,如图 2.2 所示,波长在 335～733nm,光谱反射率与地上鲜生物量呈负相关,相关系数约在 670nm 处达到负最大,形成一个低谷;波长在 735～930nm,光谱反射率与地上鲜生物量呈正相关,相关系数约在 780nm 处达到最大,形成一个平台;波长大于 930nm 以后,相关系数迅速下降,且波动大。波长在 376.9～722.15nm 和 754～917nm 光谱反射率和地上鲜生物量之间的相关系数达到了 0.05 显著性检验水平,波长在 681.11nm 处存在着最大负相关系数,达 -0.822,这个波长处于红光区域。同样,通过计算地上鲜生物量和一阶导数光谱的相关系数,可以确定,地上鲜生物量和 743.37nm 处一阶导数光谱的相关系数最大,为 0.7729。

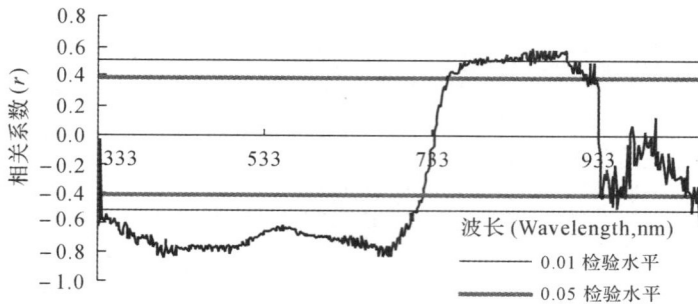

图 2.2　地上鲜生物量和水稻冠层光谱之间的相关系数

Fig.2.2　Correlogram between above-ground fresh matter and rice canopy spectra

如表 2.5 所示,高光谱变量与地上鲜生物量之间的相关系数以红谷反射率($\rho_r$)最大为 -0.7657,其次是绿峰反射率($\rho_g$)和红边位置($\lambda_r$),都达到了 0.01 极显著性检验水平。红谷

**表 2.5　地上鲜生物量与高光谱特征变量之间的相关系数**

Table 2.5　Correlation coefficients between above-ground fresh matter and the hyperspectral variables

| 编号 | 光谱变量类型 | 相关系数($r$) | 编号 | 光谱变量类型 | 相关系数($r$) |
|---|---|---|---|---|---|
| 基于光谱位置变量 | | | 基于光谱面积变量 | | |
| 1 | $D_b$ | -0.3111 | 1 | $SD_b$ | -0.4507* |
| 2 | $\lambda_b$ | 0.3629 | 2 | $SD_y$ | 0.2673 |
| 3 | $D_y$ | 0.2185 | 3 | $SD_r$ | 0.5505** |
| 4 | $\lambda_y$ | 0.3584 | 基于植被指数变量 | | |
| 5 | $D_r$ | 0.2034 | 1 | $\dfrac{\rho_g}{\rho_r}$ | -0.7257** |
| 6 | $\lambda_r$ | 0.5161** | 2 | $\dfrac{\rho_g-\rho_r}{\rho_g+\rho_r}$ | 0.7510** |
| 7 | $\rho_g$ | -0.6591** | 3 | $\dfrac{SD_r}{SD_b}$ | 0.7341** |
| 8 | $\lambda_g$ | 0.0244 | 4 | $\dfrac{SD_r}{SD_y}$ | -0.6472** |
| 9 | $\rho_r$ | -0.7657** | 5 | $\dfrac{SD_r-SD_b}{SD_r+SD_b}$ | 0.7062** |
| 10 | $\lambda_o$ | 0.3768 | 6 | $\dfrac{SD_r-SD_y}{SD_r+SD_y}$ | -0.4958* |

反射率和绿峰反射率构建的比值和归一化植被指数与地上鲜生物量之间的相关关系也达到 0.01 极显著性检验水平，$SD_r$ 和 $SD_b$ 以及由其构建的比值和归一化植被指数与地上鲜生物量之间的相关系数达到 0.05 显著性检验水平，可用其变量建立估算地上鲜生物量的模型。但是地上鲜生物量与 $D_b$、$\lambda_b$、$D_y$、$\lambda_y$、$D_r$、$\lambda_g$、$\lambda_o$、$SD_y$ 的相关关系未达到 0.05 显著性检验水平。

### 2.1.2.2　地上鲜生物量高光谱遥感估算的线性与非线性模型

利用上一节确定的原始冠层光谱、一阶导数光谱波段 $\rho_{681.11}$ 和 $\rho'_{743.37}$，建立地上鲜生物量与 $\rho_{681.11}$ 和 $\rho'_{743.37}$ 的线性和非线性拟合模型（表 2.6）。由表可知，无论是 $\rho_{681.11}$ 还是 $\rho'_{743.37}$，指数模型都优于线性模型。

**表 2.6　地上鲜生物量与 $\rho_{681.11}$ 和 $\rho'_{743.37}$ 的线性和非线性回归模型参数**

Table 2.6　Parameters of linear and nonlinear models between above-ground fresh matter and $\rho_{681.11}$ and $\rho'_{743.37}$

| 变量 | 模型 | $a$ | $b$ | $c$ | $R^2$ | $F$ |
|---|---|---|---|---|---|---|
| $\rho_{681.11}$ | 线性 | 3.8369 | −81.123 | | 0.6759 | 47.962 |
| | 对数 | −5.0189 | −1.8121 | | 0.7267 | 61.159 |
| | 抛物线 | 5.0724 | −197.68 | 2325.9 | 0.734 | 30.351 |
| | 指数 | 4.9578 | −45.074 | | 0.7286 | 61.750 |
| $\rho'_{743.37}$ | 线性 | −0.5526 | 2.7974 | | 0.5974 | 34.135 |
| | 对数 | 2.3371 | 2.4376 | | 0.5916 | 33.320 |
| | 抛物线 | −0.8007 | 3.3772 | −0.3114 | 0.5978 | 16.353 |
| | 指数 | 0.4161 | 1.5791 | | 0.6648 | 45.616 |

图 2.3 显示了地上鲜生物量与 681.11nm 处的冠层原始光谱反射率 $\rho_{681.11}$ 和 743.37nm 处的一阶导数光谱 $\rho'_{743.37}$ 线性与非线性模型的拟合结果，如图 2.3 所示，地上鲜生物量越高，681.11nm 的反射率越小，即两者具有负相关关系；指数模型的拟合结果优于线性模型的拟合结果，指数模型的决定系数达到 0.7267。而地上鲜生物量与 743.37nm 处的一阶导数光谱则呈正相关关系，即地上鲜生物量越高，743.37nm 处的一阶导数光谱 $\rho'_{743.37}$ 值越大，与原始光谱一样，指数模型的决定系数达到 0.6648，高于线性模型的决定系数 0.5974。

从表 2.5 基于光谱位置变量和基于光谱面积变量中，筛选出相关系数通过 0.01 极显著性检验的 $\lambda_r$、$\rho_g$、$\rho_r$、$SD_r$ 为自变量，建立地上鲜生物量的线性与非线性估算模型（表 2.7）。由表可见，所有模型都通过 0.01 极显著性检验。对 $\lambda_r$、$\rho_r$ 而言，最适合的拟合模型为指数模型；对 $\rho_g$ 而言，最适合的拟合模型为对数函数（图 2.4）。

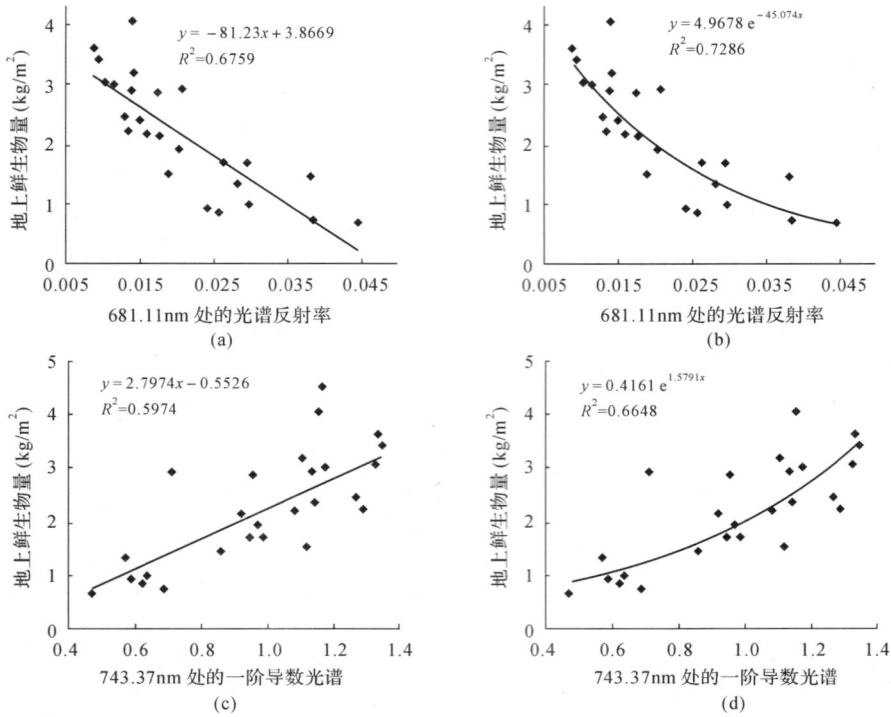

图 2.3　地上鲜生物量与 681.11nm 处的冠层光谱反射率(a、b)和 743.37nm 处的一阶导数光谱(c、d)的
　　　　线性和非线性拟合结果比较

Fig. 2.3　Comparison between linear and nonlinear models of above-ground fresh matter estimation using rice
　　　　canopy reflectanceat 681.11nm(a、b) and the first derivative spectra of rice canopy at 743.37nm(c、d)

**表 2.7　地上鲜生物量与高光谱变量的线性和非线性回归模型参数**

Table 2.7　Parameters of linear and nonlinear models between above-ground fresh
　　　　matter and hyperspectral variables

| 变量 | 模型 | $a$ | $b$ | $c$ | $R^2$ | $F$ |
|---|---|---|---|---|---|---|
| $\lambda_r$ | 线性 | $-48.847$ | 0.0700 | | 0.266 | 8.35 |
| | 对数 | $-331.15$ | 50.5677 | | 0.266 | 8.35 |
| | 抛物线 | $-48.847$ | 0.0700 | | 0.266 | 8.35 |
| | 指数 | $1.5 \times 10^{-14}$ | 0.0446 | | 0.378 | 13.96 |
| $\rho_g$ | 线性 | 4.0535 | $-35.405$ | | 0.434 | 17.67 |
| | 对数 | $-4.3056$ | $-2.1711$ | | 0.485 | 21.63 |
| | 抛物线 | 6.7218 | $-129.66$ | 746.249 | 0.511 | 11.49 |
| | 指数 | 5.2834 | $-18.877$ | | 0.431 | 17.44 |
| $\rho_r$ | 线性 | 3.7383 | $-82.229$ | | 0.586 | 32.60 |
| | 对数 | $-5.0948$ | $-1.7919$ | | 0.648 | 42.32 |
| | 抛物线 | 5.0306 | $-212.52$ | 2698.04 | 0.648 | 20.21 |
| | 指数 | 4.7085 | $-46.627$ | | 0.658 | 44.32 |
| $SD_r$ | 线性 | $-1.1388$ | 0.0497 | | 0.3031 | 10.00 |
| | 对数 | $-11.842$ | 3.342 | | 0.3446 | 12.09 |
| | 抛物线 | $-11.748$ | 0.382 | $-0.0026$ | 0.4738 | 9.904 |
| | 指数 | 0.263 | 0.030 | | 0.385 | 14.37 |

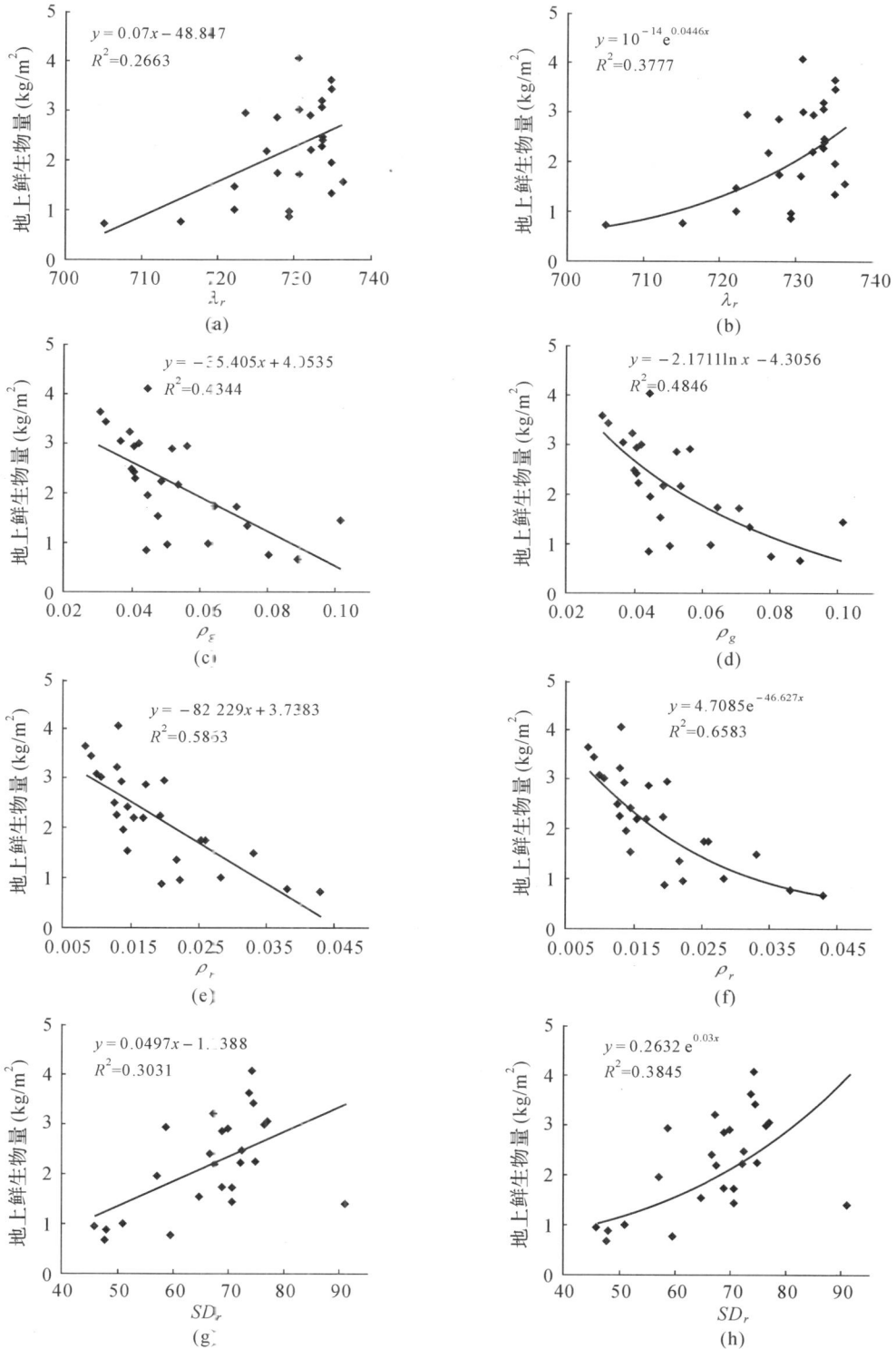

图 2.4　地上鲜生物量与高光谱变量的线性与非线性拟合结果比较

Fig. 2.4　Comparison between linear and nonlinear models of above-ground fresh matter estimation using the hyperspectral variables

从表 2.5 中选择与地上鲜生物量的相关系数都通过 0.01 极显著性检验的 $\frac{\rho_g}{\rho_r}$、$\frac{SD_r}{SD_b}$、$\frac{SD_r}{SD_y}$、$\frac{\rho_g-\rho_r}{\rho_g+\rho_r}$、$\frac{SD_r-SD_b}{SD_r+SD_b}$ 为自变量,建立地上鲜生物量的线性与非线性估算模型(表 2.8 和图 2.5)。由表 2.8 可见,对 $\frac{\rho_g-\rho_r}{\rho_g+\rho_r}$、$\frac{SD_r-SD_b}{SD_r+SD_b}$ 而言,最适合的拟合模型为指数模型;对 $\frac{SD_r}{SD_y}$ 而言,最适合的拟合模型为抛物线模型;而线性模型对 $\frac{SD_r}{SD_b}$ 最适合。

表 2.8  地上鲜生物量与高光谱植被指数的线性与非线性拟合模型参数

Table 2.8  Parameters of linear and nonlinear models between above-ground fresh matter and hyperspectral vegetation indices

| 变量 | 模型 | $a$ | $b$ | $c$ | $R^2$ | $F$ |
|---|---|---|---|---|---|---|
| $\frac{\rho_g}{\rho_r}$ | 线性 | −2.0204 | 1.4155 | | 0.5441 | 25.58 |
| | 对数 | −2.1607 | 4.0453 | | 0.5596 | 53.33 |
| | 抛物线 | −6.1574 | 4.3653 | −0.5102 | 0.5642 | 21.70 |
| | 指数 | 0.1764 | 0.809 | | 0.6205 | 38.67 |
| $\frac{SD_r}{SD_b}$ | 线性 | 0.0616 | 0.2278 | | 0.539 | 26.88 |
| | 对数 | −2.0297 | 1.939 | | 0.530 | 25.93 |
| | 抛物线 | −0.1795 | 0.2844 | −0.003 | 0.540 | 12.91 |
| | 指数 | 0.6286 | 0.1215 | | 0.535 | 26.50 |
| $\frac{SD_r}{SD_y}$ | 线性 | −0.149 | 0.124 | | 0.419 | 16.55 |
| | 对数 | −2.861 | 1.746 | | 0.356 | 12.71 |
| | 抛物线 | 1.368 | −0.073 | 0.006 | 0.449 | 8.959 |
| | 指数 | 0.588 | 0.064 | | 0.386 | 14.49 |
| $\frac{\rho_g-\rho_r}{\rho_g+\rho_r}$ | 线性 | −2.9105 | 10.4410 | | 0.564 | 29.75 |
| | 对数 | 5.6592 | 4.7729 | | 0.568 | 30.25 |
| | 抛物线 | −5.6735 | 22.6610 | −13.185 | 0.568 | 14.45 |
| | 指数 | 0.0999 | 6.0911 | | 0.670 | 46.75 |
| $\frac{SD_r-SD_b}{SD_r+SD_b}$ | 线性 | −5.1299 | 9.3020 | | 0.499 | 22.88 |
| | 对数 | 3.853 | 6.8162 | | 0.483 | 21.50 |
| | 抛物线 | 12.0722 | −36.994 | 30.8021 | 0.534 | 12.61 |
| | 指数 | 0.0333 | 5.1779 | | 0.540 | 26.95 |

(a) $y = 1.4155x - 2.0204$　$R^2 = 0.5441$

(b) $y = 0.1764\,\mathrm{e}^{0.809x}$　$R^2 = 0.6205$

(c) $y = 0.2278x + 0.0616$　$R^2 = 0.5389$

(d) $y = 0.6286\,\mathrm{e}^{0.1215x}$　$R^2 = 0.5354$

(e) $y = 10.441x - 2.9105$　$R^2 = 0.564$

(f) $y = 0.0999\,\mathrm{e}^{6.0911x}$　$R^2 = 0.6703$

(g) $y = 9.302x - 5.1299$　$R^2 = 0.4987$

(h) $y = 0.0333\,\mathrm{e}^{5.1779x}$　$R^2 = 0.5396$

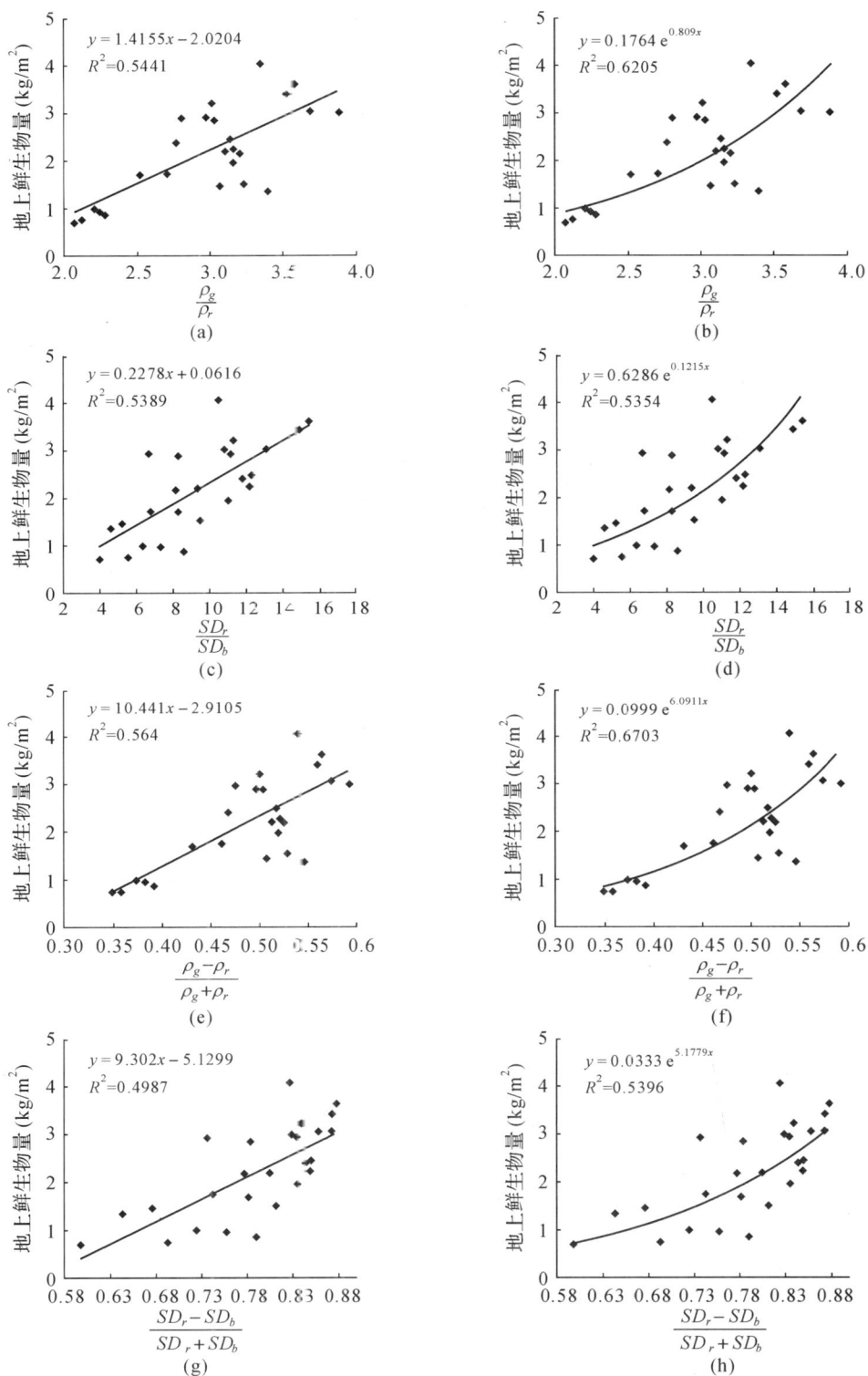

图 2.5　地上鲜生物量与高光谱植被指数的线性与非线性拟合结果比较

Fig. 2.5　Comparison between linear and nonlinear models of above-ground fresh matter estimation using hyperspectral vegetation indices

综合以上分析,以地上鲜生物量为因变量,以水稻冠层原始光谱、一阶导数光谱、基于光谱位置变量、基于光谱面积变量和高光谱植被指数为自变量,采用相关分析方法、线性与非线性回归模型方法,比较模型拟合的决定系数和 $F$ 检验值,初步筛选出不同变量的最优估算模型;再将 2000 年实验的数据代入以上模型,以检验这些模型的预测精度。最终选取地上鲜生物量高光谱估算的最佳模型为:

$$y = -4.3056 - 2.1711\ln\rho_g \tag{2.2}$$

其拟合 $R^2$ 为 0.485,预测 $R^2$ 和 RMSE 分别为 0.3674 和 0.512。

## 2.2 地上干生物量的光谱遥感估算模型

按水稻叶片、茎(包括叶鞘)、穗等器官进行分类,未抽出的小穗作为穗剥出统计,分别称其鲜重。然后放入恒温干燥箱内加温,第 1 小时温度控制在 105℃杀青,以后维持在 70～80℃,12 小时后进行第一次称重,以后每小时称重一次,当样本前后两次重量差≤5‰时,该样本不再烘烤,分别称其干重,计算 $1m^2$ 地上干生物量。分析地上干生物量与光谱变量的相关性,建立模型,通过比较筛选最佳模型。

### 2.2.1 地上干生物量的多光谱遥感估算模型

多光谱波段变量除了对应于卫星传感器波段如 MSS4、MSS5、MSS6、MSS7、SPOT 全色波段(SPOT Pan)、XS1、XS2、XS3、TM1、TM2、TM3、TM4、CH1、CH2 外,还包括几个具有物理意义的光谱区域内的平均反射率,如蓝光波段反射率($\rho_{Blue}$)、蓝边波段反射率($\rho_{BE}$)、绿光波段反射率($\rho_{Green}$)、黄边波段反射率($\rho_{YE}$)、红光吸收谷($\rho_{RW}$)、红边波段反射率($\rho_{RE}$)、紫外光波段反射率($\rho_{Violet}$)、可见光波段反射率($\rho_{Vir}$)、近红外波段反射率($\rho_{NIR}$)及全部波段平均反射率($\rho_{AB}$),并计算相应的 RVI 和 NDVI。首先利用 1999 年的实验资料分析水稻地上干生物量与这些参数的相关性,对通过 0.01 极显著性检验的参数建立线性和非线性模型。最后利用 2000 年的实验资料进行精度验证。

#### 2.2.1.1 地上干生物量与多光谱变量的相关分析

地上干生物量与 24 个多光谱变量之间的相关系数如表 2.9 所示,结果与地上鲜生物量极其相似,地上干生物量与 MSS6、MSS7、CH2、$\rho_{RE}$、$\rho_{NIR}$、$\rho_{AB}$ 之间的相关系数没有达到 0.05 显著性检验水平,其他波段反射率均达到 0.01 极显著性检验水平,特别是与模拟的卫星传感器红光波段反射率的相关系数都较高,除 XS3、TM4 为正相关外,其余的都为负相关。在多光谱变量中,地上干生物量与 TM1、$\rho_{Blue}$ 的相关系数分别为 -0.693、-0.72,相关最密切。

地上干生物量与 10 个植被指数变量之间的相关系数都达到了 0.01 极显著性检验水平,其中与 $\dfrac{TM4-TM3}{TM4+TM3}$ 的相关系数最大,为 0.700。与地上鲜生物量不同的是,地上干生物量与比值型植被指数的相关系数小于与归一化型植被指数的相关系数(表 2.5 和 2.9),而且对于同一多光谱植被指数,与地上干生物量的相关系数小于与地上鲜生物量的相关系数。

**表 2.9　地上干生物量与多光谱变量和植被指数之间的相关系数**

Table 2.9　Correlation coefficient between above-ground dry matter and the multiple spectral variables,and vegetation indices

| 多光谱变量 | 相关系数($r$) | 多光谱变量 | 相关系数($r$) | 多光谱变量 | 相关系数($r$) |
|---|---|---|---|---|---|
| MSS4 | $-0.567^{**}$ | TM1 | $-0.693^{**}$ | $\rho_{Green}$ | $-0.562^{**}$ |
| MSS5 | $-0.626^{**}$ | TM2 | $-0.552^{**}$ | $\rho_{YE}$ | $-0.533^{**}$ |
| MSS6 | 0.236 | TM3 | $-0.652^{**}$ | $\rho_{RW}$ | $-0.656^{**}$ |
| MSS7 | $-0.126$ | TM4 | 0.390 | $\rho_{RE}$ | 0.063 |
| SPOT Pan | $-0.545^{**}$ | CH1 | $-0.614^{**}$ | $\rho_{Violet}$ | $-0.612^{**}$ |
| XS1 | $-0.565^{**}$ | CH2 | $-0.062$ | $\rho_{Vir}$ | $-0.624^{**}$ |
| XS2 | $-0.633^{**}$ | $\rho_{Blue}$ | $-0.720^{**}$ | $\rho_{NIR}$ | $-0.077$ |
| XS3 | $0.462^{*}$ | $\rho_{BE}$ | $-0.638^{**}$ | $\rho_{AB}$ | $-0.219$ |
| 植被指数 | 相关系数($r$) | 植被指数 | 相关系数($r$) | 植被指数 | 相关系数($r$) |
| $\dfrac{TM4}{TM3}$ | $0.653^{**}$ | $\dfrac{MSS7}{MSS5}$ | $0.569^{**}$ | $\dfrac{\rho_{NIR}}{\rho_{RW}}$ | $0.607^{**}$ |
| $\dfrac{TM4-TM3}{TM4+TM3}$ | $0.700^{**}$ | $\dfrac{MSS7-MSS5}{MSS7+MSS5}$ | $0.599^{**}$ | $\dfrac{\rho_{NIR}-\rho_{RW}}{\rho_{NIR}+\rho_{RW}}$ | $0.642^{**}$ |
| $\dfrac{CH2}{CH1}$ | $0.585^{**}$ | $\dfrac{XS3}{XS2}$ | $0.650^{**}$ | | |
| $\dfrac{CH2-CH1}{CH2+CH1}$ | $0.610^{**}$ | $\dfrac{XS3-XS2}{XS3+XS2}$ | $0.698^{**}$ | | |

### 2.2.1.2　地上干生物量多光谱遥感估算的线性与非线性模型

从表 2.9 筛选出相关系数通过 0.01 极显著性检验的多光谱波段反射率变量以及 NDVI 和 RVI,使用线性与非线性回归方法,建立多光谱变量估算地上干生物量的回归模型(表 2.10),回归分析得到的全部 $R^2$ 值均通过 0.01 极显著性检验。对多光谱波段变量回归而言,TM1、$\rho_{Blue}$ 最适合的拟合模型为对数形式,其相关系数通过 0.01 极显著性检验,分别为 0.531、0.565,$F$ 检验值也最大。但对模拟的卫星传感器红光波段反射率而言,指数形式更佳,相关系数最大的 TM3,$R^2$ 值为 0.508,$F$ 检验值也最大。对植被指数变量回归而言,最适合的拟合模型为指数函数,其相关系数通过 0.01 极显著性检验,$F$ 检验值最大(表 2.11)。图 2.6 直观反映了地上干生物量与多光谱变量和植被指数的线性与非线性模型差异。

因此,根据相关分析、线性与非线性回归分析结果,较适用于水稻地上干生物量估算的多光谱波段变量为 TM1、$\rho_{Blue}$,其对数函数的相关系数通过 0.01 极显著性检验,$F$ 检验值较大;植被指数以 NDVI 为变量的指数函数,其相关系数通过 0.01 极显著性检验,$F$ 检验值最大。

表 2.10　地上干生物量与多光谱波段变量的线性与非线性拟合模型参数

Table 2.10　Parameters of linear and nonlinear models fitted between above-ground dry matter and the multiple spectral variables

| 变量 | 模型 | $a$ | $b$ | $c$ | $R^2$ | $F$ |
|---|---|---|---|---|---|---|
| TM1 | 线性 | 0.8577 | −20.917 | | 0.480 | 21.23 |
| | 对数 | −1.367 | −0.4526 | | 0.531 | 26.07 |
| | 抛物线 | 1.3476 | −70.402 | 1069.55 | 0.564 | 14.24 |
| | 指数 | 1.1338 | −55.555 | | 0.528 | 25.78 |
| TM3 | 线性 | 0.7930 | −13.287 | | 0.425 | 17.02 |
| | 对数 | −0.9129 | −0.3631 | | 0.444 | 18.38 |
| | 抛物线 | 1.0159 | −30.641 | 278.907 | 0.454 | 9.16 |
| | 指数 | 0.9901 | −36.752 | | 0.508 | 23.73 |
| MSS5 | 线性 | 0.7950 | −11.593 | | 0.391 | 14.79 |
| | 对数 | −0.8738 | −0.3675 | | 0.409 | 15.94 |
| | 抛物线 | 1.0286 | −27.234 | 219.529 | 0.418 | 7.89 |
| | 指数 | 0.9937 | −31.994 | | 0.465 | 20.01 |
| XS2 | 线性 | 0.7912 | −12.086 | | 0.400 | 15.34 |
| | 对数 | −0.8813 | −0.3638 | | 0.420 | 16.64 |
| | 抛物线 | 1.0251 | −28.624 | 243.365 | 0.429 | 8.26 |
| | 指数 | 0.9831 | −33.346 | | 0.475 | 20.84 |
| CH1 | 线性 | 0.7950 | −10.997 | | 0.376 | 13.89 |
| | 对数 | −0.8659 | −0.3711 | | 0.397 | 15.12 |
| | 抛物线 | 1.0482 | −26.983 | 212.64 | 0.405 | 7.48 |
| | 指数 | 0.9903 | −30.244 | | 0.444 | 18.40 |
| $\rho_{Blue}$ | 线性 | 0.8815 | −24.193 | | 0.518 | 24.69 |
| | 对数 | −1.467 | −0.4674 | | 0.565 | 29.82 |
| | 抛物线 | 1.3853 | −81.039 | 1382.97 | 0.594 | 16.07 |
| | 指数 | 1.1937 | −63.576 | | 0.558 | 29.03 |

**表 2.11　地上干生物量与多光谱植被指数的线性与非线性拟合模型参数**

Table 2.11　Parameters of linear and nonlinear models fitted between above-ground dry
matter and multiple spectral vegetation indices

| 变量 | 模型 | $a$ | $b$ | $c$ | $R^2$ | $F$ |
|---|---|---|---|---|---|---|
| $\dfrac{TM4}{TM3}$ | 线性 | 0.1283 | 0.0214 | | 0.427 | 17.13 |
| | 对数 | −0.4359 | 0.3405 | | 0.494 | 22.44 |
| | 抛物线 | −0.1985 | 0.0663 | −0.0013 | 0.517 | 11.76 |
| | 指数 | 0.1589 | 0.0586 | | 0.500 | 22.96 |
| $\dfrac{MSS7}{MSS5}$ | 线性 | 0.1212 | 0.0247 | | 0.324 | 11.03 |
| | 对数 | −0.4017 | 0.3394 | | 0.361 | 12.97 |
| | 抛物线 | −0.1339 | 0.0635 | −0.0013 | 0.363 | 6.26 |
| | 指数 | 0.1526 | 0.0692 | | 0.397 | 15.14 |
| $\dfrac{XS3}{XS2}$ | 线性 | 0.1257 | 0.0239 | | 0.423 | 16.86 |
| | 对数 | −0.4084 | 0.3431 | | 0.489 | 21.97 |
| | 抛物线 | −0.2037 | 0.0741 | −0.0016 | 0.510 | 11.47 |
| | 指数 | 0.1575 | 0.0657 | | 0.497 | 22.75 |
| $\dfrac{CH2}{CH1}$ | 线性 | 0.1035 | 0.0288 | | 0.342 | 11.96 |
| | 对数 | −0.4045 | 0.3544 | | 0.376 | 13.88 |
| | 抛物线 | −0.1609 | 0.0735 | −0.0016 | 0.380 | 6.74 |
| | 指数 | 0.1458 | 0.0804 | | 0.415 | 16.34 |
| $\dfrac{TM4-TM3}{TM4+TM3}$ | 线性 | −1.5802 | 2.3927 | | 0.490 | 22.08 |
| | 对数 | 0.7723 | 1.9182 | | 0.478 | 21.06 |
| | 抛物线 | 2.0083 | −6.4567 | 5.4073 | 0.508 | 11.34 |
| | 指数 | 0.0011 | 6.8525 | | 0.627 | 38.65 |
| $\dfrac{MSS7-MSS5}{MSS7+MSS5}$ | 线性 | −1.4184 | 2.2272 | | 0.359 | 12.89 |
| | 对数 | 0.7688 | 1.7816 | | 0.354 | 12.60 |
| | 抛物线 | 0.8901 | −3.5079 | 3.5348 | 0.364 | 6.30 |
| | 指数 | 0.0017 | 6.4599 | | 0.471 | 20.52 |
| $\dfrac{XS3-XS2}{XS3+XS2}$ | 线性 | −1.4182 | 2.2385 | | 0.487 | 21.86 |
| | 对数 | 0.7761 | 1.7606 | | 0.476 | 20.86 |
| | 抛物线 | 1.3567 | −4.7371 | 4.3393 | 0.502 | 11.08 |
| | 指数 | 0.0018 | 6.4132 | | 0.624 | 38.21 |
| $\dfrac{CH2-CH1}{CH2+CH1}$ | 线性 | −1.3158 | 2.1420 | | 0.373 | 13.66 |
| | 对数 | 0.7799 | 1.6755 | | −0.366 | 13.29 |
| | 抛物线 | 0.9666 | −3.6486 | 3.6402 | 0.380 | 6.73 |
| | 指数 | 0.0023 | 6.1875 | | 0.485 | 21.69 |

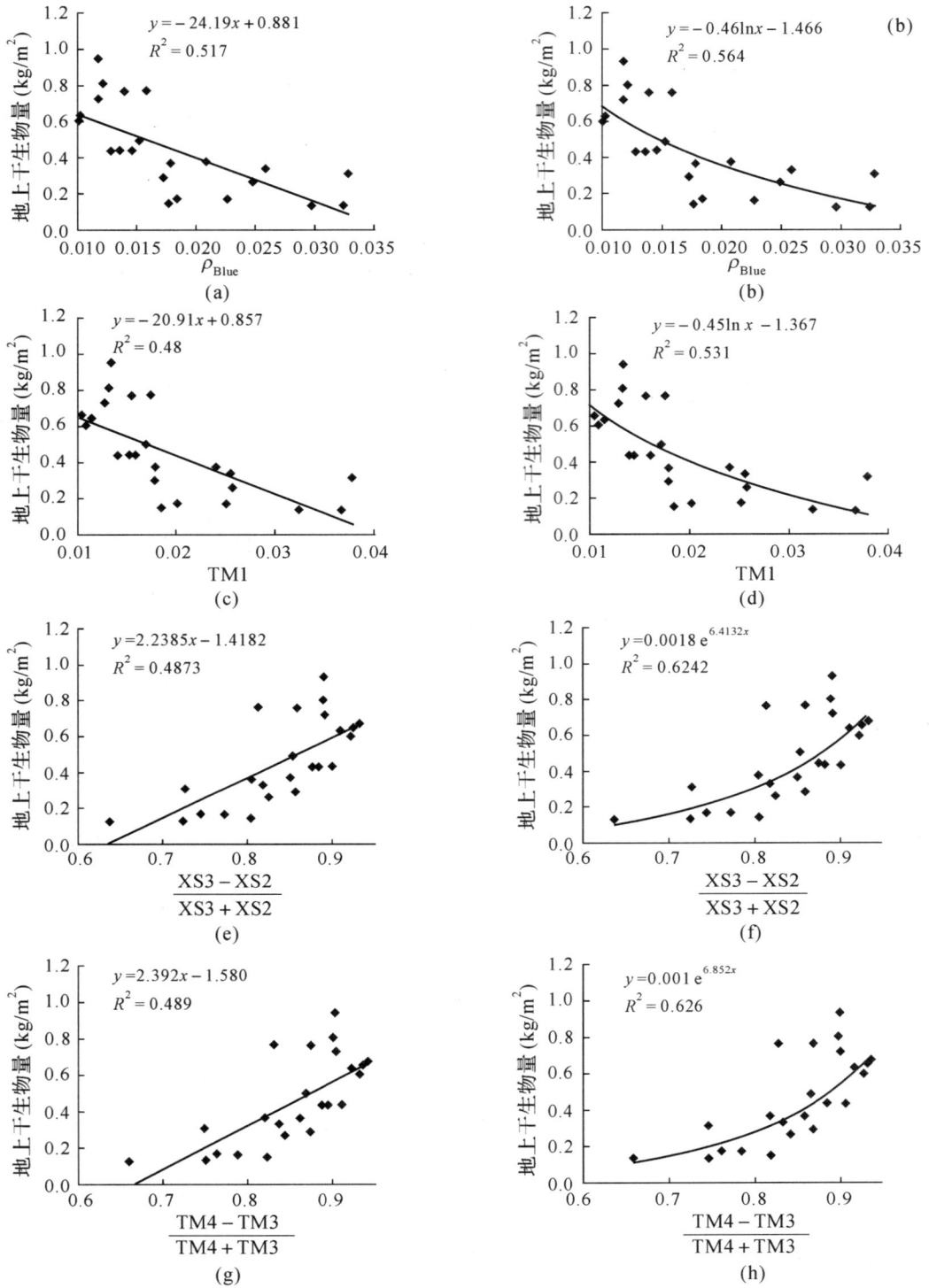

图 2.6　地上干生物量与多光谱变量和植被指数的线性与非线性拟合结果比较

Fig. 2.6　Comparison between linear and nonlinear models of above-ground fresh matter estimation using multiple spectral variables and vegetation indices

最后,利用 2000 年的实验资料代入上述模型,计算预测的 $R^2$ 和 RMSE,通过比较拟合 $R^2$、预测 $R^2$ 和 RMSE,确定地上干生物量最佳多光谱模型为:

$$y = -1.467 - 0.467 \le \ln\rho_{Blue} \tag{2.3}$$

其拟合 $R^2$ 为 0.565,预测 $R^2$ 和 RMSE 分别为 0.4905 和 0.244。

## 2.2.2　地上干生物量的高光谱遥感估算模型

与地上鲜生物量高光谱遥感估算模型类似,首先利用 1999 年的实验资料,分析水稻地上干生物量与冠层原始光谱、一阶导数光谱、高光谱特征变量之间的相关性;然后采用线性和非线性模拟进行拟合,比较模型的决定系数、$F$ 检验值;最后采用 2000 年的资料进行验证,确定水稻地上干生物量高光谱遥感最佳估算模型。

### 2.2.2.1　地上干生物量与高光谱变量的相关分析

如图 2.7 所示,地上干生物量与原始光谱变量的相关系数随波长的变化与地上鲜生物量的相比很相似,不同的是相关系数的绝对值要小一些。波长在 335~733nm,地上干生物量与原始光谱变量呈负相关,波长在 376.9~701nm,两者之间的相关系数达到了 0.01 极显著性检验水平,在波长 681.11nm 处相关系数负最大,达-0.722,形成一个低谷;波长在 735~930nm,光谱反射率与地上干生物量呈正相关,波长在 754~917nm,光谱反射率和地上干生物量之间的相关系数达到了 0.05 显著性检验水平,相关系数约在 780nm 处达到最大,形成一个平台;当波长大于 930nm,相关系数迅速下降,且波动大。一阶导数光谱和地上干生物量之间的相关系数在 715.07~729.22nm 和 740~756.1nm 也达到了 0.05 显著性检验水平,为正相关,其中最大相关系数是 0.6753,对应的波长在 726.39nm 处。这个波长是光谱变化最大的位置,比地上鲜生物量光谱变化最大的位置前移 16.98nm,位于红边范围。

如表 2.12 所示,高光谱变量与地上干生物量之间的相关系数以红谷反射率 $\rho_r(r = -0.6616)$ 最大,绿峰反射率 $\rho_g$ 次之,都为负相关,通过 0.01 极显著性检验;红边参数 $\lambda_r$、$SD_r$ 与地上干生物量之间的相关系数通过 0.05 显著性检验。$\dfrac{\rho_g}{\rho_r}$、$\dfrac{SD_r}{SD_b}$、$\dfrac{\rho_g - \rho_r}{\rho_g + \rho_r}$、$\dfrac{SD_r - SD_b}{SD_r + SD_b}$ 与地上干生物量之间的相关关系也达到 0.01 极显著性检验水平。

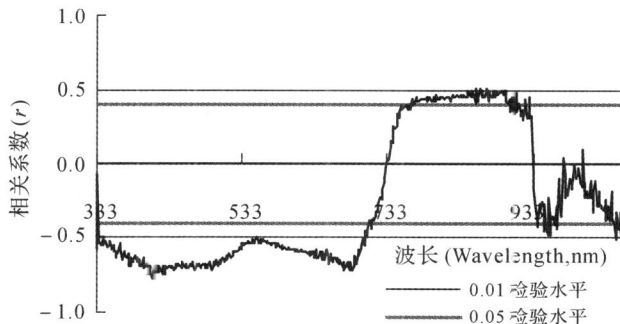

图 2.7　地上干生物量和水稻冠层光谱之间的相关系数

Fig. 2.7　Correlogram between above-ground dry matter and rice canopy reflectance spectra

表 2.12 地上干生物量与高光谱变量和植被指数之间的相关系数

Table 2.12 Correlation coefficients between above-ground dry matter and hyperspectral variables and vegetation indices

| 编号 | 光谱变量类型 | 相关系数($r$) | 编号 | 光谱变量类型 | 相关系数($r$) |
|---|---|---|---|---|---|
| 基于光谱位置变量 | | | 基于光谱面积变量 | | |
| 1 | $D_b$ | $-0.2730$ | 1 | $SD_b$ | $-0.3545$ |
| 2 | $\lambda_b$ | $0.3589$ | 2 | $SD_y$ | $0.2308$ |
| 3 | $D_y$ | $0.2028$ | 3 | $SD_r$ | $0.4762^*$ |
| 4 | $\lambda_y$ | $0.3417$ | 基于植被指数变量 | | |
| 5 | $D_r$ | $0.1466$ | 1 | $\dfrac{\rho_g}{\rho_r}$ | $-0.6482^{**}$ |
| 6 | $\lambda_r$ | $0.4020^*$ | 2 | $\dfrac{\rho_g-\rho_r}{\rho_g+\rho_r}$ | $0.6600^{**}$ |
| 7 | $\rho_g$ | $-0.5482^{**}$ | 3 | $\dfrac{SD_r}{SD_b}$ | $0.5587^{**}$ |
| 8 | $\lambda_g$ | $0.0847$ | 4 | $\dfrac{SD_r}{SD_y}$ | $-0.5252^{**}$ |
| 9 | $\rho_r$ | $-0.6616^{**}$ | 5 | $\dfrac{SD_r-SD_b}{SD_r+SD_b}$ | $0.5740^{**}$ |
| 10 | $\lambda_o$ | $0.3757$ | 6 | $\dfrac{SD_r-SD_y}{SD_r+SD_y}$ | $-0.4295^*$ |

#### 2.2.2.2 地上干生物量高光谱遥感估算的线性与非线性模型

利用 2.2.2.1 节确定的原始冠层光谱和一阶导数光谱波段($\rho_{681.11}$ 和 $\rho'_{726.39}$),建立地上鲜生物量与 $\rho_{681.11}$ 和 $\rho'_{726.39}$ 的线性和非线性拟合模型(表 2.13)。由表可知,无论是 $\rho_{681.11}$ 还是 $\rho'_{726.39}$,指数模型都优于线性模型。

表 2.13 地上干生物量与 $\rho_{681.11}$ 和 $\rho'_{726.39}$ 的线性和非线性回归模型参数

Table 2.13 Parameters of linear and nonlinear models between above-ground dry matter and $\rho_{681.11}$, and $\rho'_{726.39}$

| 变量 | 模型 | $a$ | $b$ | $c$ | $R^2$ | $F$ |
|---|---|---|---|---|---|---|
| $\rho_{681.11}$ | 线性 | $0.8272$ | $-17.532$ | | $0.5211$ | $25.026$ |
| | 对数 | $-1.0431$ | $-0.379$ | | $0.5248$ | $25.399$ |
| | 抛物线 | $0.9978$ | $-34.026$ | $329.15$ | $0.5403$ | $12.929$ |
| | 指数 | $1.0883$ | $-48.487$ | | $0.622$ | $37.846$ |
| $\rho'_{726.39}$ | 线性 | $-0.504$ | $0.797$ | | $0.456$ | $19.283$ |
| | 对数 | $0.305$ | $0.884$ | | $0.454$ | $19.135$ |
| | 抛物线 | $-0.738$ | $1.22$ | $-0.185$ | $0.457$ | $9.261$ |
| | 指数 | $0.023$ | $2.361$ | | $0.624$ | $38.237$ |

　　图 2.8 显示地上干生物量与 681.11nm 处的原始光谱和 726.39nm 的一阶导数光谱的线性和非线性拟合结果的关系。由图 2.8 可见,非线性模型的拟合结果好于线性模型。

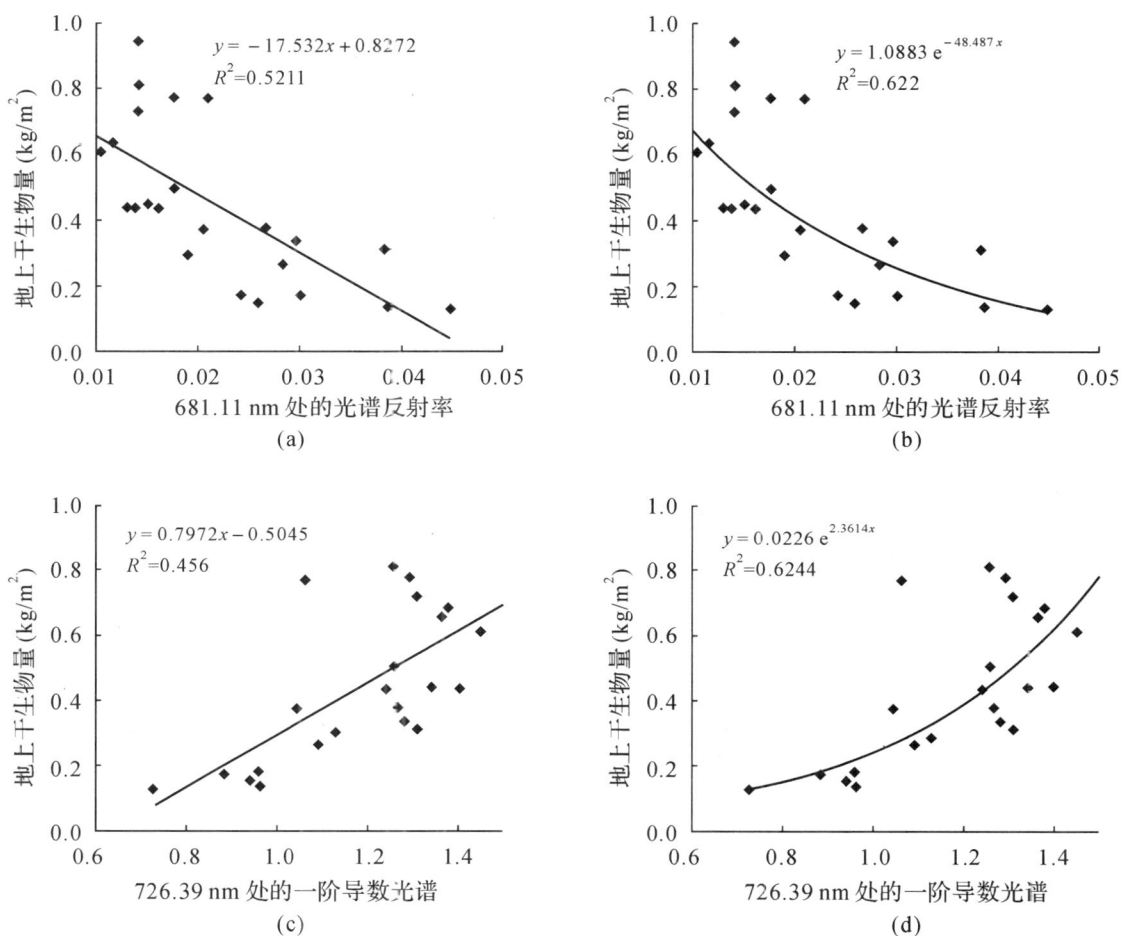

图 2.8　地上干生物量与 681.11nm 处的冠层光谱反射率(a、b)和 726.39nm
处的一阶导数光谱(c、d)的线性和非线性拟合结果比较

Fig. 2.8　Comparison between linear and nonlinear models of above-ground dry matter estimation using rice
canopy reflectance at 681.11nm(a,b)and the first derivative spectra of rice canopy at 726.39nm(c,d)

　　从表 2.12 中筛选出相关系数通过 0.05 显著性检验的高光谱变量($\lambda_r$、$\rho_g$、$\rho_r$)以及归一化型和比值型高光谱植被指数,采用回归分析方法建立地上干生物量估算的线性和非线性模型(表 2.14),在线性与非线性模型中,指数模型决定系数、$F$ 检验值最大;在所有变量中,又以 $\dfrac{\rho_g - \rho_r}{\rho_g + \rho_r}$ 为自变量的指数模型决定系数最大,$R^2 = 0.61$,$F = 35.92$ 为最大。图 2.9 比较了以 $\rho_r$、$\dfrac{\rho_g}{\rho_r}$、$\dfrac{SD_r}{SD_b}$、$\dfrac{\rho_g - \rho_r}{\rho_g + \rho_r}$、$\dfrac{SD_r - SD_b}{SD_r + SD_b}$ 为自变量建立的地上干生物量线性与非线性模型估算模型的拟合效果。

**表 2.14  地上干生物量与高光谱变量和植被指数的线性和非线性回归模型参数**

Table 2.14  Parameters of linear and nonlinear models between above-ground dry matter
and hyper-spectral variables and vegetation indices

| 变量 | 模型 | $a$ | $b$ | $c$ | $R^2$ | $F$ |
|------|------|------|------|------|------|------|
| $\lambda_r$ | 线性 | −9.3213 | 0.0134 | | 0.162 | 4.43 |
| | 对数 | −63.574 | 9.7145 | | 0.162 | 4.46 |
| | 抛物线 | −9.3213 | 0.0134 | | 0.162 | 4.43 |
| | 指数 | $1.4 \times 10^{-15}$ | 0.0456 | | 0.292 | 9.47 |
| $\rho_g$ | 线性 | 0.8462 | −7.2476 | | 0.301 | 9.88 |
| | 对数 | −0.8303 | −0.4328 | | 0.318 | 10.72 |
| | 抛物线 | 1.2237 | −20.585 | 105.601 | 0.326 | 5.32 |
| | 指数 | 1.0956 | −19.181 | | 0.329 | 11.25 |
| $\rho_r$ | 线性 | 0.7940 | −17.487 | | 0.438 | 17.91 |
| | 对数 | −1.0306 | −0.3678 | | 0.451 | 18.86 |
| | 抛物线 | 0.9662 | −34.846 | 359.470 | 0.456 | 9.21 |
| | 指数 | 1.0190 | −49.727 | | 0.552 | 28.39 |
| $\dfrac{\rho_g}{\rho_r}$ | 线性 | 0.6278 | −142.40 | | 0.420 | 16.67 |
| | 对数 | −1.0279 | −0.2104 | | 0.508 | 23.77 |
| | 抛物线 | 0.7474 | −345.94 | 47376.1 | 0.509 | 11.39 |
| | 指数 | 0.6397 | −411.18 | | 0.547 | 27.74 |
| $\dfrac{SD_r}{SD_b}$ | 线性 | 0.0657 | 0.0427 | | 0.312 | 10.44 |
| | 对数 | −0.3564 | 0.3772 | | 0.331 | 11.39 |
| | 抛物线 | −0.1961 | 0.1041 | −0.0032 | 0.332 | 5.46 |
| | 指数 | 0.1300 | 0.1200 | | 0.385 | 14.42 |
| $\dfrac{\rho_g - \rho_r}{\rho_g + \rho_r}$ | 线性 | −0.6385 | 2.2586 | | 0.436 | 17.76 |
| | 对数 | 1.2238 | 1.0441 | | 0.449 | 18.73 |
| | 抛物线 | −2.4793 | 10.3998 | −8.7842 | 0.463 | 9.50 |
| | 指数 | 0.0147 | 6.7634 | | 0.610 | 35.92 |
| $\dfrac{SD_r - SD_g}{SD_r + SD_g}$ | 线性 | −0.9998 | 1.8610 | | 0.330 | 11.30 |
| | 对数 | 0.8004 | 1.3762 | | 0.325 | 11.08 |
| | 抛物线 | 0.2134 | −1.4042 | 2.1724 | 0.332 | 5.48 |
| | 指数 | 0.0062 | 5.2931 | | 0.416 | 16.38 |

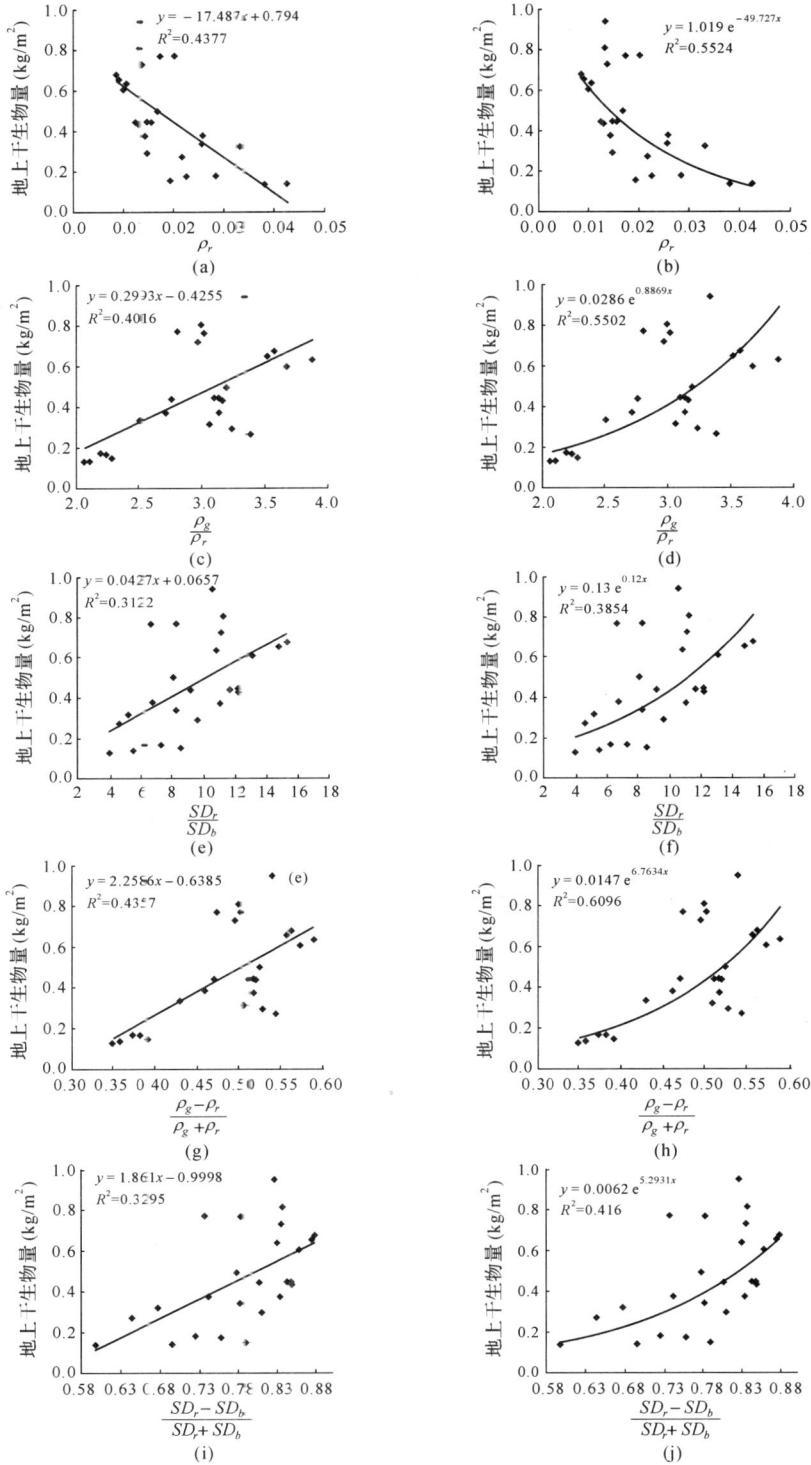

图 2.9 地上干生物量与高光谱植被指数的线性与非线性拟合结果比较

Fig. 2.9 Comparison between linear and nonlinear models of above-ground dry matter estimation using hyperspectral variables and vegetation indices

通过分析地上干生物量与水稻冠层原始光谱、一阶导数光谱、高光谱变量和高光谱植被指数的相关系数，比较线性与非线性回归模型的拟合决定系数和 F 值，初步筛选出不同变量的最优估算模型；再将 2000 年实验的数据代入这些模型，确定地上干生物量的最佳估算模型为：

$$y = -1.0431 - 0.379\ln\rho_{681.11} \tag{2.4}$$

其拟合 $R^2$ 为 0.5248，预测 $R^2$ 和 RMSE 分别为 0.6661 和 0.23。

## 2.3 小结

综合比较水稻地上鲜生物量与多光谱波段变量、植被指数变量回归模型的 $R^2$ 和 F 值，以植被指数为自变量的回归模型的拟合效果优于以单个波段为自变量的回归模型的拟合效果。通过模型精度检验，选取较好的预测模型为：

$$y = 0.0127e^{5.9932 \times \left(\frac{XS3-XS2}{XS3+XS2}\right)}$$

其拟合 $R^2$ 为 0.739，预测 $R^2$ 和 RMSE 分别为 0.4483 和 0.697。

地上鲜生物量与高光谱变量之间的线性与非线性拟合分析中，一些高光谱特征值如红边位置（$\lambda_r$）、绿峰最大反射率（$\rho_g$）和红谷最小反射率（$\rho_r$）以及它们的组合与地上鲜生物量之间相关密切。对 $\lambda_r$、$\frac{\rho_g}{\rho_r}$ 变量回归而言，最适合的拟合模型为对数模型。对 $\rho_g$、$\rho_r$ 和 $\frac{\rho_g - \rho_r}{\rho_g + \rho_r}$ 变量回归而言，最适合的拟合模型为指数模型。通过模型精度检验，选取 $\rho_g$ 为变量的模型，作为高光谱估算地上鲜生物量的最佳模型：

$$y = -4.3056 - 2.1711\ln\rho_g$$

拟合 $R^2$ 为 0.485，预测 $R^2$ 和 RMSE 分别为 0.3674 和 0.512。

对地上干生物量与 24 个多光谱变量之间的相关分析，发现结果与地上鲜生物量极其相似。针对地上干生物量估算模型，对多光谱变量而言，选择拟合 $R^2$ 与预测 $R^2$ 为最大的模型作为多光谱估算地上干生物量的最佳模型，即：

$$y = -1.467 - 0.4674\ln\rho_{Blue}$$

拟合 $R^2$ 为 0.565，预测 $R^2$ 和 RMSE 分别为 0.4905 和 0.244。

高光谱变量与地上干生物量之间的拟合和预测分析中，选择拟合 $R^2$ 与预测 $R^2$ 为最大的模型作为高光谱变量估算地上干生物量的最佳模型，即：

$$y = -1.0431 - 0.379\ln\rho_{681.11}$$

拟合 $R^2$ 为 0.5248，预测 $R^2$ 和 RMSE 分别为 0.6661 和 0.23。

尽管通过多（高）光谱变量与地上鲜（干）生物量之间的相关分析，建立了它们的拟合模型，经过预测精度分析后，选取出最佳的光谱变量预测模型，但这些模型仍然需要进一步验证其精度。

# 第3章　水稻叶面积指数的光谱遥感估算模型

叶面积指数(LAI)是陆表植被系统的一个重要参数,不仅可以用来推断光合作用、蒸发、蒸散等过程以及估算陆地生态系统净生产力,而且可以作为参数输入到水分平衡、全球碳循环等模型中,LAI 的快速准确测量对于提高这些模型的运行效果至关重要。水稻 LAI 是水稻生长过程中的一项重要生理参数,图 3.1 为不同氮素营养水平的水稻 LAI 的变化曲线,LAI 呈抛物线变化规律,从分蘖到抽穗阶段,由于水稻分蘖数量增加,单叶面积持续增长,促使 LAI 不断增加,LAI 增加的速率由快至慢,至抽穗期,无效分蘖死亡,而单叶面积仍然增加,LAI 达到最大值;到乳熟期以后,由于叶片逐步衰老,植株下部的叶片逐渐枯黄以至干死,LAI 迅速减小,因此水稻 LAI 能够反映水稻生长的动态信息。影响水稻 LAI 的因素主要有品种、生育期、种植密度、施肥水平等。本章将利用不同品种、不同氮素水平、不同发育期获取的水稻叶面积指数资料,深入分析水稻叶面积指数与光谱变量之间的关系,研究构建水稻叶面积指数高光谱遥感估算模型的方法。

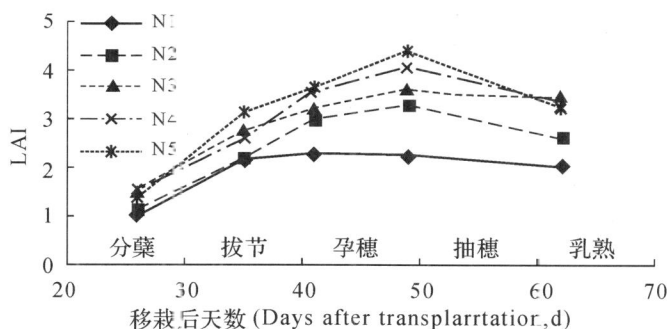

图 3.1　不同氮素营养水平的水稻 LAI 随时间的变化(1999 年)

Fig. 3.1　Seasonal variation of rice LAI with different nitrogen levels(1999)

## 3.1　水稻叶面积指数多光谱遥感估算模型

本节利用 1999 年的实验资料,以水稻 LAI 为因变量,以多光谱参数为自变量,使用简单线性函数、对数函数、抛物线和指数函数等 4 种线性与非线性的拟合模型,通过比较模型的决定系数、F 检验值,再采用 2000 年的实验资料进行检验,逐步筛选水稻 LAI 的多光谱估算模型。

### 3.1.1 水稻叶面积指数与多光谱变量的相关分析

水稻 LAI 与 24 个多光谱波段变量和 10 个植被指数变量的相关系数如表 3.1 所示,在 24 个多光谱波段变量中,除 MSS6、MSS7、CH2、$\rho_{RE}$、$\rho_{NIR}$、$\rho_{AB}$ 外,LAI 与其他多光谱波段变量的相关系数达到 0.01 极显著性检验水平,LAI 与 XS3、TM4 为正相关,其余的都为负相关。这一结果与第 2 章地上生物量与多光谱波段变量的相关分析结果基本一致。LAI 与 10 个植被指数变量的相关系数都达到 0.01 极显著性检验水平。LAI 与比值型植被指数(RVI)的相关系数比与归一化型植被指数(NDVI)的相关系数高。

**表 3.1 LAI 与多光谱参数和植被指数之间的相关系数**

Table 3.1 Correlation coefficients between LAI, and the multiple spectral parameters and vegetation indices

| 多光谱变量 | 相关系数($r$) | 多光谱变量 | 相关系数($r$) | 多光谱变量 | 相关系数($r$) |
|---|---|---|---|---|---|
| MSS4 | −0.740** | TM1 | −0.771** | $\rho_{Green}$ | −0.726** |
| MSS5 | −0.803** | TM2 | −0.736** | $\rho_{YE}$ | −0.731** |
| MSS6 | 0.210 | TM3 | −0.815** | $\rho_{RW}$ | −0.817** |
| MSS7 | 0.056 | TM4 | 0.546** | $\rho_{RE}$ | −0.042 |
| SPOT Pan | −0.750** | CH1 | −0.794** | $\rho_{Violet}$ | −0.514** |
| XS1 | −0.736** | CH2 | 0.108 | $\rho_{Vir}$ | −0.774** |
| XS2 | −0.805** | $\rho_{Blue}$ | −0.764** | $\rho_{NIR}$ | 0.106 |
| XS3 | 0.611** | $\rho_{BE}$ | −0.754** | $\rho_{AB}$ | −0.102 |
| 植被指数 | 相关系数($r$) | 植被指数 | 相关系数($r$) | 植被指数 | 相关系数($r$) |
| $\dfrac{TM4}{TM3}$ | 0.905** | $\dfrac{MSS7}{MSS5}$ | 0.883** | $\dfrac{\rho_{NIR}}{\rho_{RW}}$ | 0.891** |
| $\dfrac{TM4-TM3}{TM4+TM3}$ | 0.891** | $\dfrac{MSS7-MSS5}{MSS7+MSS5}$ | 0.852** | $\dfrac{\rho_{NIR}-\rho_{RW}}{\rho_{NIR}+\rho_{RW}}$ | 0.867** |
| $\dfrac{CH2}{CH1}$ | 0.891** | $\dfrac{XS3}{XS2}$ | 0.910** | | |
| $\dfrac{CH2-CH1}{CH2+CH1}$ | 0.858** | $\dfrac{XS3-XS2}{XS3+XS2}$ | 0.896** | | |

### 3.1.2 水稻叶面积指数多光谱遥感估算的线性与非线性模型

利用从表 3.1 筛选出相关系数通过 0.01 极显著性检验且相关系数达到 0.8 以上的多光谱变量 TM3、XS2、MSS5、CH1、$\rho_{RW}$ 以及 NDVI 和 RVI,使用线性与非线性回归技术建立多光谱变量估算 LAI 的模型(表 3.2~3.4)。对比表 3.2、3.3 和 3.4 可以看出,无论是比值型植被指数还是归一化型植被指数,其线性和非线性模型的决定系数和 $F$ 检验值都高于对应的多光谱波段变量的决定系数和 $F$ 检验值,表明比值型植被指数和归一化型植被指数更能反映水稻 LAI 的变化。

如表 3.2 所示,对多光谱波段变量回归而言,最适合的拟合模型为对数函数,其相关系数都通过 0.01 极显著性检验,$F$ 值最大,又以 TM3 为自变量的对数函数 $R^2$ 和 $F$ 值最大。

**表 3.2　水稻 LAI 与多光谱波段变量的线性与非线性拟合模型参数表**

Table 3.2　Parameters of linear and nonlinear models between LAI with the variables of the multiple spectral data

| 变量 | 模型 | $a$ | $b$ | $c$ | $R^2$ | $F$ |
|---|---|---|---|---|---|---|
| TM3 | 线性 | 4.3422 | −66.268 | | 0.6648 | 45.6162 |
| | 对数 | −4.4925 | −1.8971 | | 0.7622 | 73.6983 |
| | 抛物线 | −201.47 | 2172.74 | 6.0784 | 0.7752 | 37.9387 |
| | 指数 | −28.914 | 5.1437 | | 0.6674 | 46.1488 |
| MSS5 | 线性 | 4.3968 | −59.366 | | 0.6451 | 41.8047 |
| | 对数 | −4.5012 | −1.9786 | | 0.7459 | 67.5294 |
| | 抛物线 | −196.32 | 1922.26 | 6.442 | 0.7718 | 37.2066 |
| | 指数 | 5.2504 | −25.722 | | 0.6386 | 40.6377 |
| XS2 | 线性 | 4.3633 | −61.375 | | 0.6485 | 42.4363 |
| | 对数 | −4.4708 | −1.9399 | | 0.7500 | 68.9928 |
| | 抛物线 | −198.53 | 2018.37 | 6.3029 | 0.7723 | 37.3143 |
| | 指数 | 5.1734 | −26.652 | | 0.6448 | 41.7584 |
| $\rho_{RW}$ | 线性 | 4.3267 | −68.037 | | 0.668 | 46.20 |
| | 对数 | −4.4914 | −1.8780 | | 0.764 | 74.62 |
| | 抛物线 | 6.0005 | −203.19 | 2243.46 | 0.775 | 37.92 |
| | 指数 | 5.1154 | −29.739 | | 0.673 | 47.25 |

如表 3.3 所示,以比值型植被指数为自变量的水稻 LAI 线性和非线性多光谱估算中,$F$ 检验值则以对数模型最大;在所有的比值型植被指数中,又以 $\dfrac{XS3}{XS2}$ 为自变量的对数函数模型的 $R^2$ 最大,为 0.8622,$F$ 检验值最大,为 143.910。

**表 3.3　水稻 LAI 与比值型植被指数的线性与非线性拟合模型参数**

Table 3.3　Parameters of linear and nonlinear models fitted between LAI and ratio vegetation indices

| 变量 | 模型 | $a$ | $b$ | $c$ | $R^2$ | $F$ |
|---|---|---|---|---|---|---|
| $\dfrac{TM4}{TM3}$ | 线性 | 0.8471 | 0.1183 | | 0.8192 | 104.19 |
| | 对数 | −2.025 | 1.7885 | | 0.8562 | 136.97 |
| | 抛物线 | −0.0071 | 0.2356 | −0.0033 | 0.8577 | 66.32 |
| | 指数 | 1.1809 | 0.0482 | | 0.7168 | 58.20 |
| $\dfrac{MSS7}{MSS5}$ | 线性 | 0.5831 | 0.1528 | | 0.780 | 81.42 |
| | 对数 | −2.405 | 2.0028 | | 0.789 | 85.96 |
| | 抛物线 | −0.1338 | 0.2618 | −0.0036 | 0.799 | 43.69 |
| | 指数 | 1.0587 | 0.0624 | | 0.685 | 49.98 |
| $\dfrac{XS3}{XS2}$ | 线性 | 0.8148 | 0.1335 | | 0.8276 | 110.379 |
| | 对数 | −1.921 | 1.8182 | | 0.8622 | 143.910 |
| | 抛物线 | −0.0309 | 0.2622 | −0.0041 | 0.8638 | 69.7429 |
| | 指数 | 1.1658 | 0.0544 | | 0.7235 | 60.1786 |

续表

| 变量 | 模型 | $a$ | $b$ | $c$ | $R^2$ | $F$ |
|---|---|---|---|---|---|---|
| $\dfrac{CH2}{CH1}$ | 线性 | 0.5118 | 0.1752 | | 0.794 | 88.84 |
| | 对数 | −2.346 | 2.0605 | | 0.799 | 91.67 |
| | 抛物线 | −0.1918 | 0.2941 | −0.0044 | 0.811 | 47.29 |
| | 指数 | 1.0272 | 0.0716 | | 0.699 | 53.53 |
| $\dfrac{\rho_{NIR}}{\rho_{RW}}$ | 线性 | 0.7170 | 0.1183 | | 0.794 | 88.56 |
| | 对数 | −2.471 | 1.8964 | | 0.818 | 103.20 |
| | 抛物线 | −0.1014 | 0.2214 | −0.0028 | 0.824 | 51.56 |
| | 指数 | 1.1178 | 0.0483 | | 0.698 | 53.12 |

对归一化型植被指数而言,最适合的拟合模型为指数函数(表 3.4),其 $F$ 检验值在不同的线性和非线性模型中最大。在所有的归一化型植被指数中,又以 $\dfrac{XS3-XS2}{XS3+XS2}$ 为自变量的对数模型的 $R^2$ 最大,为 0.8318,$F$ 检验值最大,为 113.714。

**表 3.4　水稻 LAI 与归一化型植被指数的线性与非线性拟合模型参数**

Table 3.4　Parameters of linear and nonlinear models fitted between LAI and normalized different vegetation indices

| 变量 | 模型 | $a$ | $b$ | $c$ | $R^2$ | $F$ |
|---|---|---|---|---|---|---|
| $\dfrac{TM4-TM3}{TM4+TM3}$ | 线性 | −7.6821 | 12.1538 | | 0.7941 | 88.728 |
| | 对数 | 4.2609 | 9.70127 | | 0.7684 | 76.287 |
| | 抛物线 | 19.4292 | −54.703 | 40.8557 | 0.8578 | 66.346 |
| | 指数 | 0.025 | 5.3988 | | 0.8263 | 109.395 |
| $\dfrac{MSS7-MSS5}{MSS7+MSS5}$ | 线性 | −7.978 | 12.637 | | 0.727 | 61.10 |
| | 对数 | 4.4171 | 10.023 | | 0.704 | 54.73 |
| | 抛物线 | 25.035 | −69.38 | 50.549 | 0.794 | 42.32 |
| | 指数 | 0.0228 | 5.5635 | | 0.743 | 66.34 |
| $\dfrac{XS3-XS2}{XS3+XS2}$ | 线性 | −6.9365 | 11.4625 | | 0.803 | 93.7712 |
| | 对数 | 4.2916 | 8.9685 | | 0.7756 | 79.4787 |
| | 抛物线 | 15.7694 | −45.615 | 35.5058 | 0.8637 | 69.7141 |
| | 指数 | 0.0351 | 5.080 | | 0.8318 | 113.714 |
| $\dfrac{CH2-CH1}{CH2+CH1}$ | 线性 | −7.281 | 12.015 | | 0.737 | 64.40 |
| | 对数 | 4.4594 | 9.3178 | | 0.712 | 56.83 |
| | 抛物线 | 21.674 | −61.45 | 46.181 | 0.807 | 46.01 |
| | 指数 | 0.0311 | 5.2851 | | 0.752 | 69.67 |
| $\dfrac{\rho_{NIR}-\rho_{RW}}{\rho_{NIR}+\rho_{RW}}$ | 线性 | −9.192 | 13.718 | | 0.751 | 69.48 |
| | 对数 | 4.3273 | 11.204 | | 0.730 | 62.10 |
| | 抛物线 | 29.879 | −80.63 | 56.588 | 0.820 | 50.03 |
| | 指数 | 0.0128 | 6.0914 | | 0.781 | 82.09 |

图 3.2 和 3.3 是分别用比值型植被指数 $\dfrac{TM4}{TM3}$、$\dfrac{XS3}{XS2}$、$\dfrac{\rho_{NIR}}{\rho_{RW}}$ 和归一化型植被指数

$\dfrac{TM4-TM3}{TM4+TM3}$、$\dfrac{XS3-XS2}{XS3+XS2}$ 和 $\dfrac{\rho_{NIR}-\rho_{RW}}{\rho_{NIR}+\rho_{RW}}$ 为自变量的线性和非线性回归模型的拟合结果,由图可

见,非线性模型更能反映水稻 LAI 随多光谱植被指数变化。

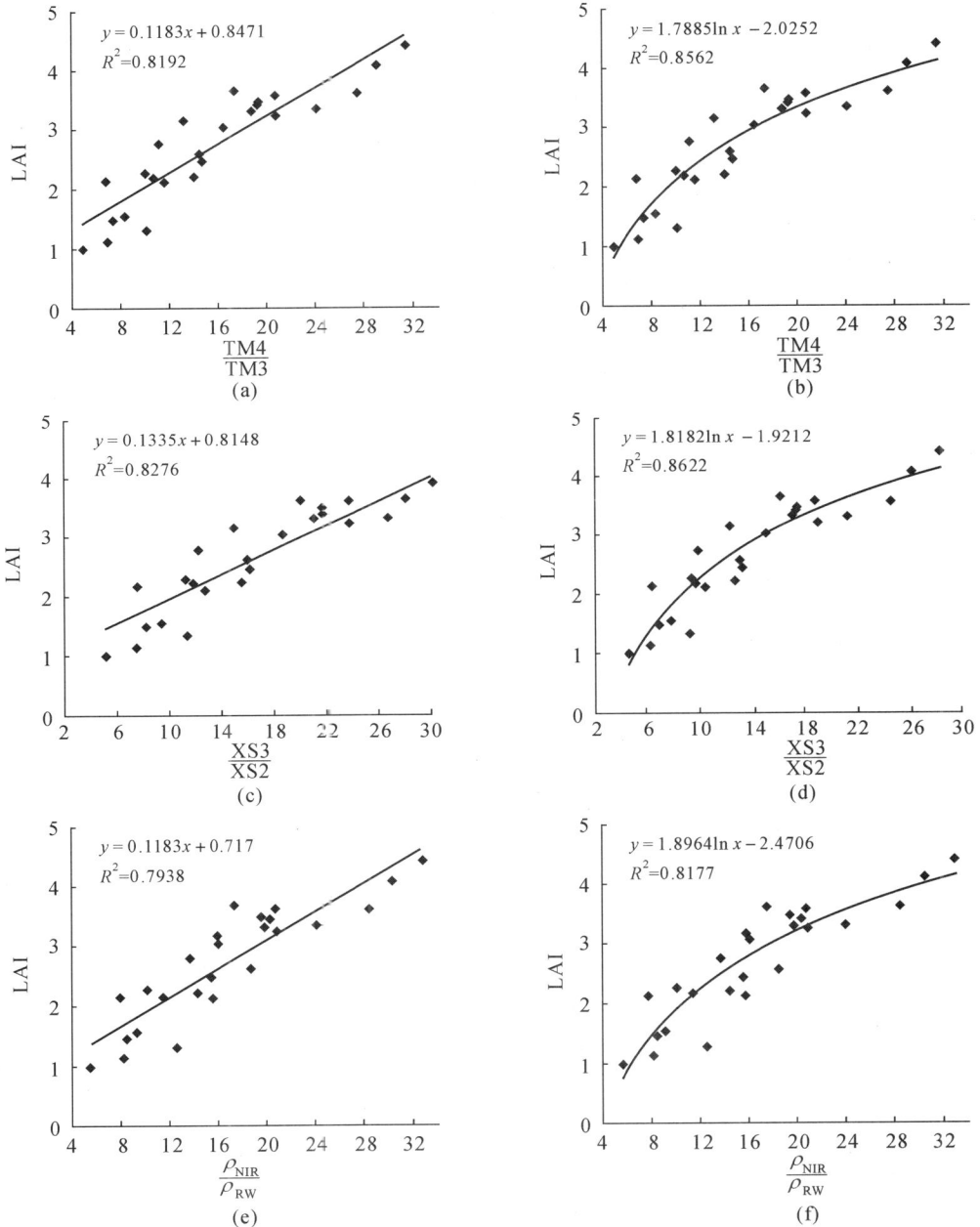

图 3.2　水稻 LAI 与多光谱比值型植被指数的线性与非线性拟合结果比较

Fig. 3.2　Comparison between linear and nonlinear models of LAI estimation using ratio vegetation indices

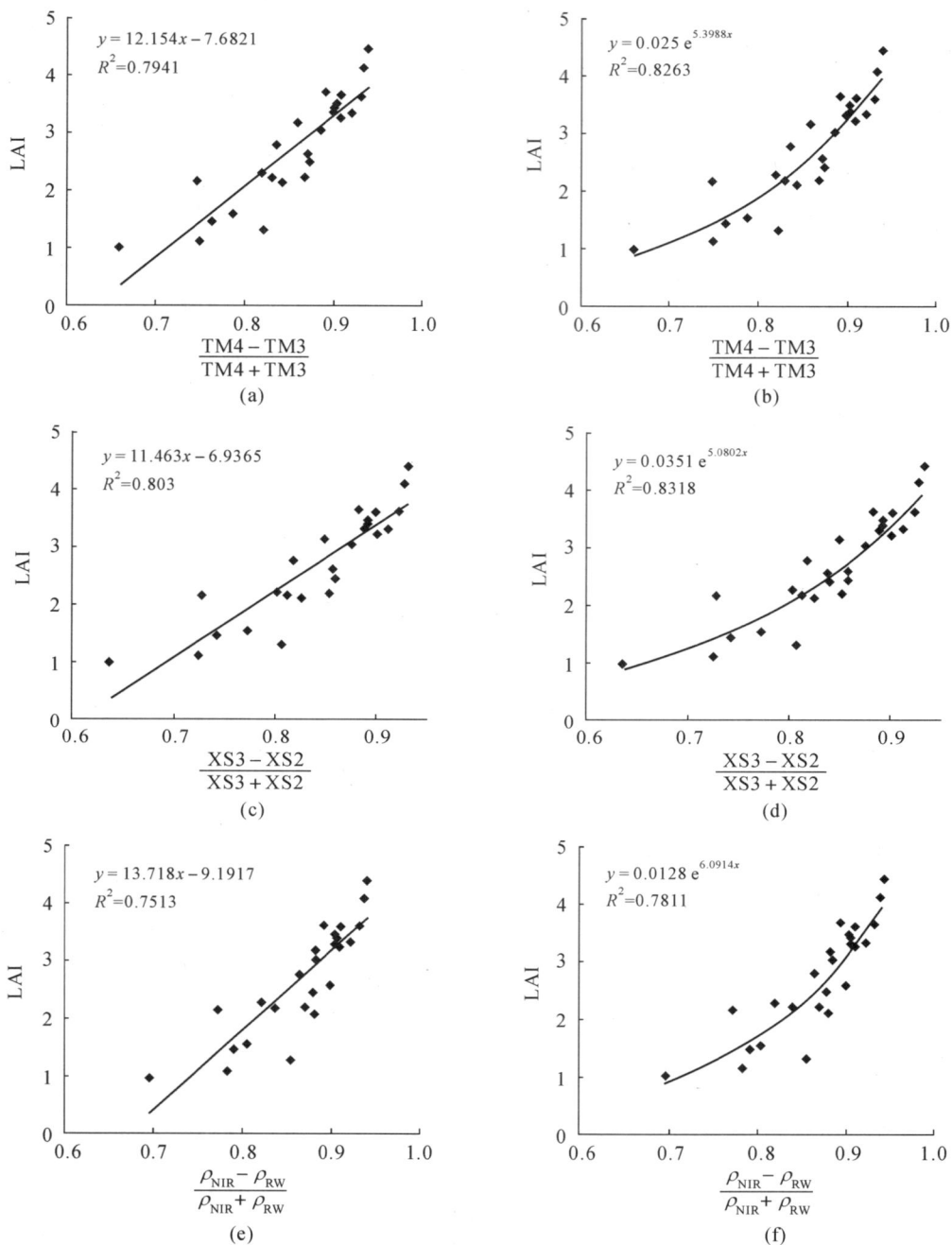

图 3.3　水稻 LAI 与多光谱归一化型植被指数的线性与非线性拟合结果比较

Fig. 3.3　Comparison between linear and nonlinear models of LAI estimation using normalized different vegetation indices

将 2000 年实验的数据代入以上模型以检验这些模型的预测精度,选择拟合 $R^2$ 与预测 $R^2$ 都较大,且 RMSE 最小的模型作为水稻 LAI 多光谱遥感估算的最佳模型,即:

$$y = -1.9212 + 1.8182\ln\left(\frac{XS3}{XS2}\right) \tag{3.1}$$

其拟合 $R^2$ 为 0.8622,预测 $R^2$ 和 RMSE 分别为 0.6822 和 0.455。

## 3.2　水稻叶面积指数高光谱遥感估算模型

本节首先以 1999 年的实验资料作为建模样本,分析水稻叶面积指数与冠层原始光谱、一阶导数光谱、高光谱特征变量之间的相关性,并采用线性和非线性模型进行拟合,比较模型的决定系数、$F$ 检验值;最后以 2000 年的资料作为检验样本,确定水稻叶面积指数高光谱遥感最佳估算模型。

### 3.2.1　水稻叶面积指数与高光谱变量的相关分析

如图 3.4 所示,波长小于 735nm,水稻 LAI 与原始光谱反射率呈负相关;波长在 735~933nm,水稻 LAI 与原始光谱反射率呈正相关;在 930nm 附近,相关系数迅速下降,且波动大。水稻 LAI 与 376.9~732nm 和 770~927nm 的原始光谱反射率之间的相关关系达到了 0.01 极显著性检验水平,在 671.21nm 处的相关系数负最大,为 -0.875,这个波长处于红光区域。同样,计算水稻 LAI 与一阶导数光谱的相关系数在 696.68~700.92nm 和 927.3~947.11nm 达到了 0.05 显著性检验水平,为负相关;在 720.73~757.52nm 也达到了 0.05 显著性检验水平,为正相关,其中在波长 743.37nm 处的相关系数最大,为 0.931,是光谱变化最大的位置,位于红边范围。

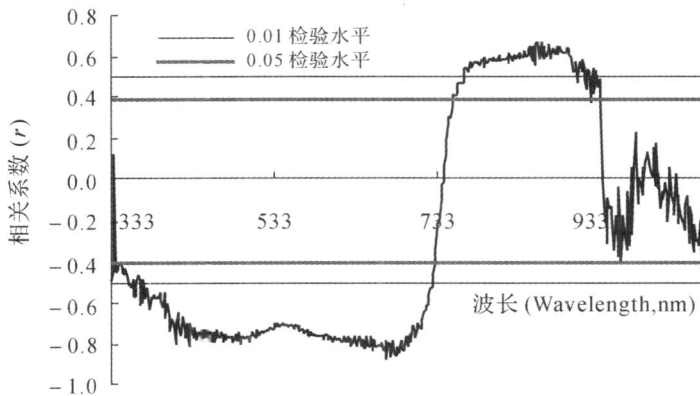

图 3.4　水稻 LAI 与水稻冠层原始光谱反射率之间的相关系数

Fig. 3.4　Correlogram between leaf area index and rice canopy reflectance spectra

如表 3.5 所示,水稻 LAI 与 $D_b$、$\lambda_b$、$D_y$、$\lambda_y$、$D_r$、$\lambda_g$、$\lambda_o$、$SD_y$ 的相关系数未达到 0.05 显著性检验水平,与红谷反射率、绿峰反射率和红边位置的相关系数都达到了 0.01 极显著性检验水平,与红谷反射率、绿峰反射率为负相关,与红边位置为正相关。水稻 LAI 与红谷反射率和绿峰反射率的比值和归一化植被指数的相关系数也达到 0.01 极显著性检验水平。

表 3.5　水稻 LAI 与高光谱特征变量之间的相关系数

Table 3.5　Correlation coefficients between leaf area index and the hyperspectral variables

| 编号 | 光谱变量类型 | 相关系数($r$) | 编号 | 光谱变量类型 | 相关系数($r$) |
|---|---|---|---|---|---|
| 基于光谱位置变量 | | | 基于光谱面积变量 | | |
| 1 | $D_b$ | $-0.2883$ | 1 | $SD_b$ | $-0.5229^{**}$ |
| 2 | $\lambda_b$ | $0.3338$ | 2 | $SD_y$ | $0.2446$ |
| 3 | $D_y$ | $0.1688$ | 3 | $SD_r$ | $0.6271^{**}$ |
| 4 | $\lambda_y$ | $0.3164$ | 基于植被指数变量 | | |
| 5 | $D_r$ | $0.3088$ | 1 | $\dfrac{\rho_g}{\rho_r}$ | $-0.781^{**}$ |
| 6 | $\lambda_r$ | $0.7385^{**}$ | 2 | $\dfrac{\rho_g-\rho_r}{\rho_g+\rho_r}$ | $0.798^{**}$ |
| 7 | $\rho_g$ | $-0.7235^{**}$ | 3 | $\dfrac{SD_r}{SD_b}$ | $0.9021^{**}$ |
| 8 | $\lambda_g$ | $-0.1922$ | 4 | $\dfrac{SD_r}{SD_y}$ | $-0.7323^{**}$ |
| 9 | $\rho_r$ | $-0.8359^{**}$ | 5 | $\dfrac{SD_r-SD_b}{SD_r+SD_b}$ | $0.8402^{**}$ |
| 10 | $\lambda_o$ | $0.1769$ | 6 | $\dfrac{SD_r-SD_y}{SD_r+SD_y}$ | $-0.5074^{**}$ |

### 3.2.2　水稻叶面积指数高光谱遥感估算的线性与非线性模型

图 3.5 为水稻 LAI 与 671.21nm 处的原始光谱和 743.37nm 处的一阶导数光谱的关系图，表 3.6 为两者之间所建立的模型。由图 3.5 和表 3.6 可见，水稻 LAI 与 671.21nm 的反射率存在非线性关系，而且以对数形式最佳，其相关系数达到 0.01 极显著性检验水平。水稻 LAI 与 743.37nm 处的一阶导数光谱存在较好的线性关系，用 743.37nm 处的一阶导数光谱建立估算 LAI 估算模型，以线性最佳，其相关系数达到 0.01 极显著性检验水平。

从表 3.5 中筛选出相关系数较大的单变量 $\lambda_r$、$\rho_g$、$\rho_r$ 以及 $\dfrac{\rho_g}{\rho_r}$、$\dfrac{\rho_g-\rho_r}{\rho_g+\rho_r}$、$\dfrac{SD_r}{SD_b}$、$\dfrac{SD_r-SD_b}{SD_r+SD_b}$，采用线性与非线性回归技术建立水稻 LAI 估算模型（表 3.7）。由表 3.7 可见，对 $\lambda_r$ 变量回归而言，最适合的拟合模型为指数，其相关系数通过 0.01 极显著性检验，$F$ 检验值最大；对 $\rho_g$、$\rho_r$ 变量回归而言，最适合的拟合模型为对数，其相关系数通过 0.01 极显著性检验，$F$ 检验值最大，其线性与非线性拟合结果比较见图 3.6。

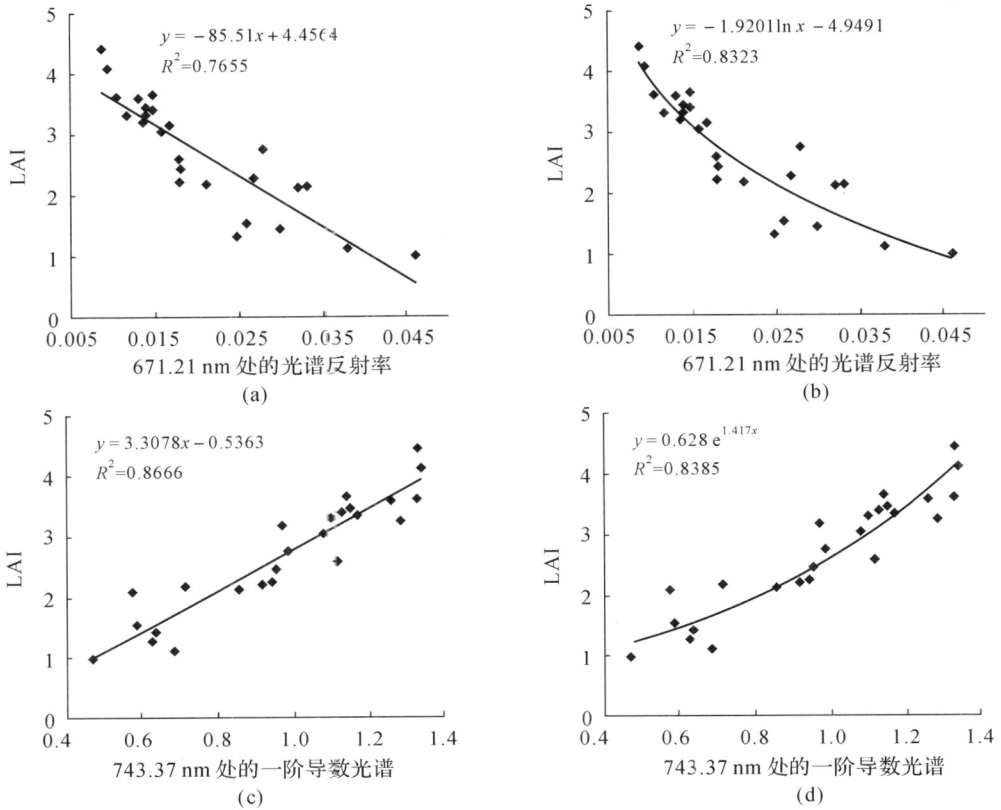

图 3.5　水稻 LAI 与 671.21 处的冠层光谱反射率(a、b)和 743.37nm 处的一阶导数光谱(c、d)的线性和非线性拟合结果比较

Fig. 3.5　Comparison between linear and nonlinear models of LAI estimation using rice canopy reflectance at 671.21nm(a,b)and the first derivative spectra of rice canopy at 743.37nm(c,d)

**表 3.6　水稻 LAI 与原始冠层光谱、一阶导数光谱变量的线性和非线性回归模型参数**

Table 3.6　Linear and nonlinear models between LAI and canopy spectra, the first derivative spectra variables

| 变量 | 模型 | $a$ | $b$ | $c$ | $R^2$ | $F$ |
|---|---|---|---|---|---|---|
| $\rho_{671.21}$ | 线性 | 4.156 | −85.510 | | 0.765 | 75.072 |
| | 对数 | −4.949 | −1.920 | | 0.832 | 114.133 |
| | 抛物线 | 5.585 | −194.560 | 2174.979 | 0.822 | 50.655 |
| | 指数 | 5.454 | −37.731 | | 0.786 | 84.410 |
| $\rho'_{743.37}$ | 线性 | −0.536 | 3.308 | | 0.867 | 149.404 |
| | 对数 | 2.879 | 2.849 | | 0.839 | 119.424 |
| | 抛物线 | 0.092 | 1.840 | 0.788 | 0.869 | 73.133 |
| | 指数 | 0.628 | 1.417 | | 0.832 | 119.457 |

**表 3.7　水稻 LAI 与高光谱特征变量的线性和非线性回归模型参数**

Table 3.7　Parameters of linear and nonlinear models between leaf area index and the hyperspectral variables

| 变量 | 模型 | $a$ | $b$ | $c$ | $R^2$ | $F$ |
|---|---|---|---|---|---|---|
| $\lambda_r$ | 线性 | $-68.998$ | $0.0983$ | | $0.545$ | $27.59$ |
| | 对数 | $-464.70$ | $70.9053$ | | $0.543$ | $27.36$ |
| | 抛物线 | $-33.545$ | | $6.8\times10^{-5}$ | $0.547$ | $27.82$ |
| | 指数 | $5.2\times10^{-15}$ | $0.0464$ | | $0.640$ | $40.82$ |
| $\rho_g$ | 线性 | $4.7140$ | $-38.157$ | | $0.523$ | $25.27$ |
| | 对数 | $-4.4472$ | $-2.3908$ | | $0.610$ | $35.92$ |
| | 抛物线 | $8.4880$ | $-171.47$ | $1055.51$ | $0.682$ | $23.62$ |
| | 指数 | $5.8369$ | $-15.974$ | | $0.484$ | $21.55$ |
| $\rho_r$ | 线性 | $4.3649$ | $-88.130$ | | $0.699$ | $53.34$ |
| | 对数 | $-5.1508$ | $-1.9325$ | | $0.782$ | $82.35$ |
| | 抛物线 | $5.7689$ | $-229.68$ | $2931.34$ | $0.774$ | $37.59$ |
| | 指数 | $5.2839$ | $-39.348$ | | $0.734$ | $63.61$ |
| $\dfrac{\rho_g}{\rho_r}$ | 线性 | $-1.6680$ | $1.4702$ | | $0.609$ | $35.80$ |
| | 对数 | $-1.8272$ | $4.2142$ | | $0.630$ | $39.16$ |
| | 抛物线 | $-6.7244$ | $5.0756$ | $-0.6237$ | $0.640$ | $19.56$ |
| | 指数 | $0.3487$ | $0.6647$ | | $0.656$ | $43.91$ |
| $\dfrac{\rho_g-\rho_r}{\rho_g+\rho_r}$ | 线性 | $-2.6156$ | $10.8916$ | | $0.637$ | $40.30$ |
| | 对数 | $6.3335$ | $4.9919$ | | $0.645$ | $41.72$ |
| | 抛物线 | $-6.7185$ | $29.0379$ | $-19.579$ | $0.645$ | $20.02$ |
| | 指数 | $0.2176$ | $5.0134$ | | $0.711$ | $56.66$ |
| $\dfrac{SD_r}{SD_b}$ | 线性 | $0.1392$ | $0.2748$ | | $0.814$ | $100.5$ |
| | 对数 | $-2.2996$ | $2.3005$ | | $0.774$ | $78.71$ |
| | 抛物线 | $0.2805$ | $0.2416$ | $0.0017$ | $0.814$ | $48.16$ |
| | 指数 | $0.8875$ | $0.1116$ | | $0.708$ | $55.81$ |
| $\dfrac{SD_r-SD_b}{SD_r+SD_b}$ | 线性 | $-5.8438$ | $10.8657$ | | $0.706$ | $55.21$ |
| | 对数 | $4.6372$ | $7.9133$ | | $0.676$ | $47.88$ |
| | 抛物线 | $22.7596$ | $-66.115$ | $51.2174$ | $0.807$ | $46.12$ |
| | 指数 | $0.0647$ | $4.6538$ | | $0.683$ | $49.52$ |

以 $\rho_g$、$\rho_r$ 变量和 $SD_r$、$SD_b$ 变量构建的高光谱植被指数的线性与非线性拟合结果比较见图 3.7,对植被指数 $\dfrac{\rho_g}{\rho_r}$、$\dfrac{\rho_g-\rho_r}{\rho_g+\rho_r}$ 变量回归而言,最适合的拟合模型为指数函数,其相关系数通过 0.01 极显著性检验,$F$ 检验值最大;对 $\dfrac{SD_r}{SD_b}$ 和 $\dfrac{SD_r-SD_b}{SD_r+SD_b}$ 变量回归而言,最适合的拟合模型为线性函数,其相关系数通过 0.01 极显著性检验,$F$ 检验值最大。

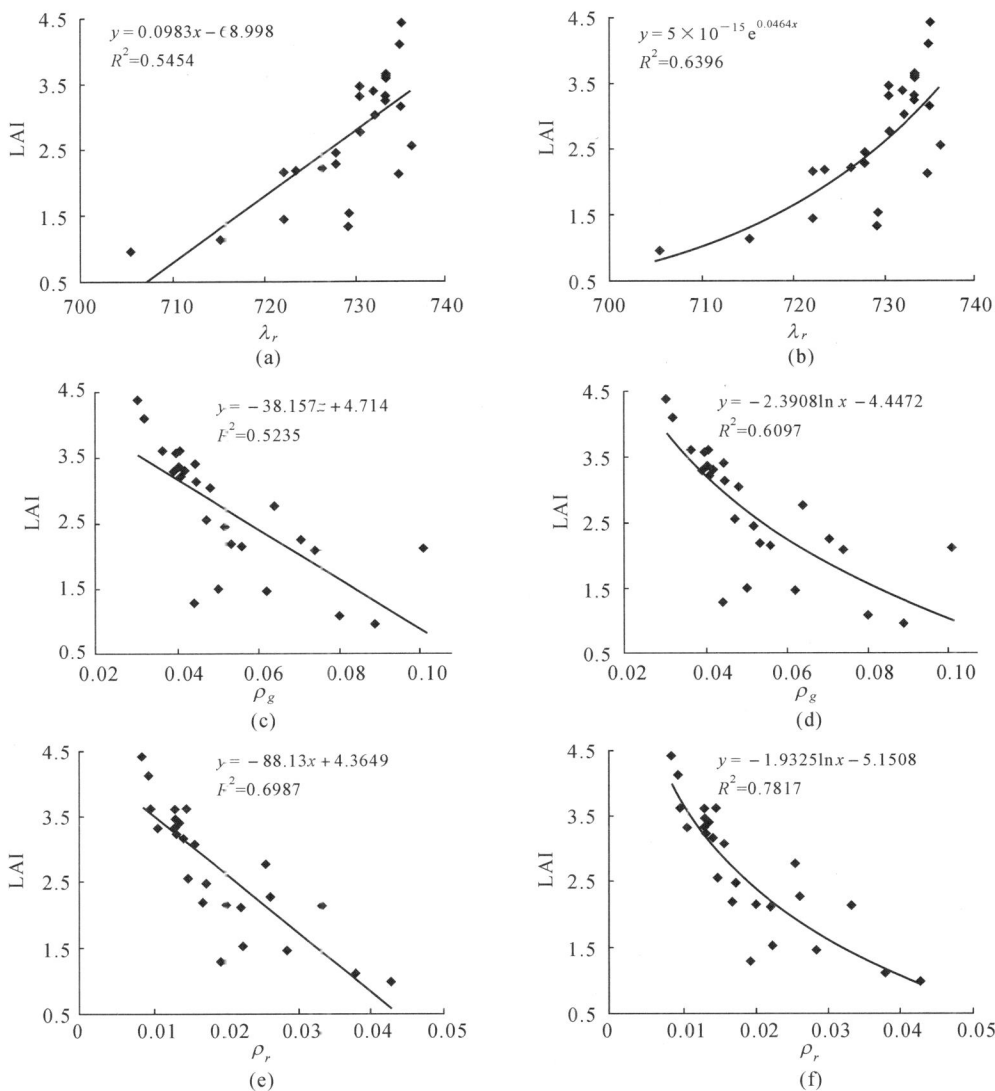

图 3.6　水稻 LAI 与高光谱变量的线性与非线性拟合结果比较

Fig. 3.6　Comparison between linear and nonlinear models of rice LAI estimation using the hyperspectral variables

用 2000 年实验获取的数据代入以上模型,以检验这些模型的预测精度。以红边、蓝边面积为自变量的模型其预测 $R^2$ 较高,选用基于红边、蓝边面积构建的植被指数为自变量的模型作为水稻 LAI 估算的最佳模型。即:

$$y = 0.139 + 0.2748 \times \left( \frac{SD_r}{SD_b} \right) \tag{3.2}$$

其拟合 $R^2$ 为 0.814,预测 $R^2$ 和 RMSE 分别为 0.802 和 0.381。

或　　　　$$y = -5.8438 + 10.8657 \times \left( \frac{SD_r - SD_b}{SD_r + SD_b} \right) \tag{3.3}$$

其拟合 $R^2$ 为 0.706,预测 $R^2$ 和 RMSE 分别为 0.8121 和 0.366。

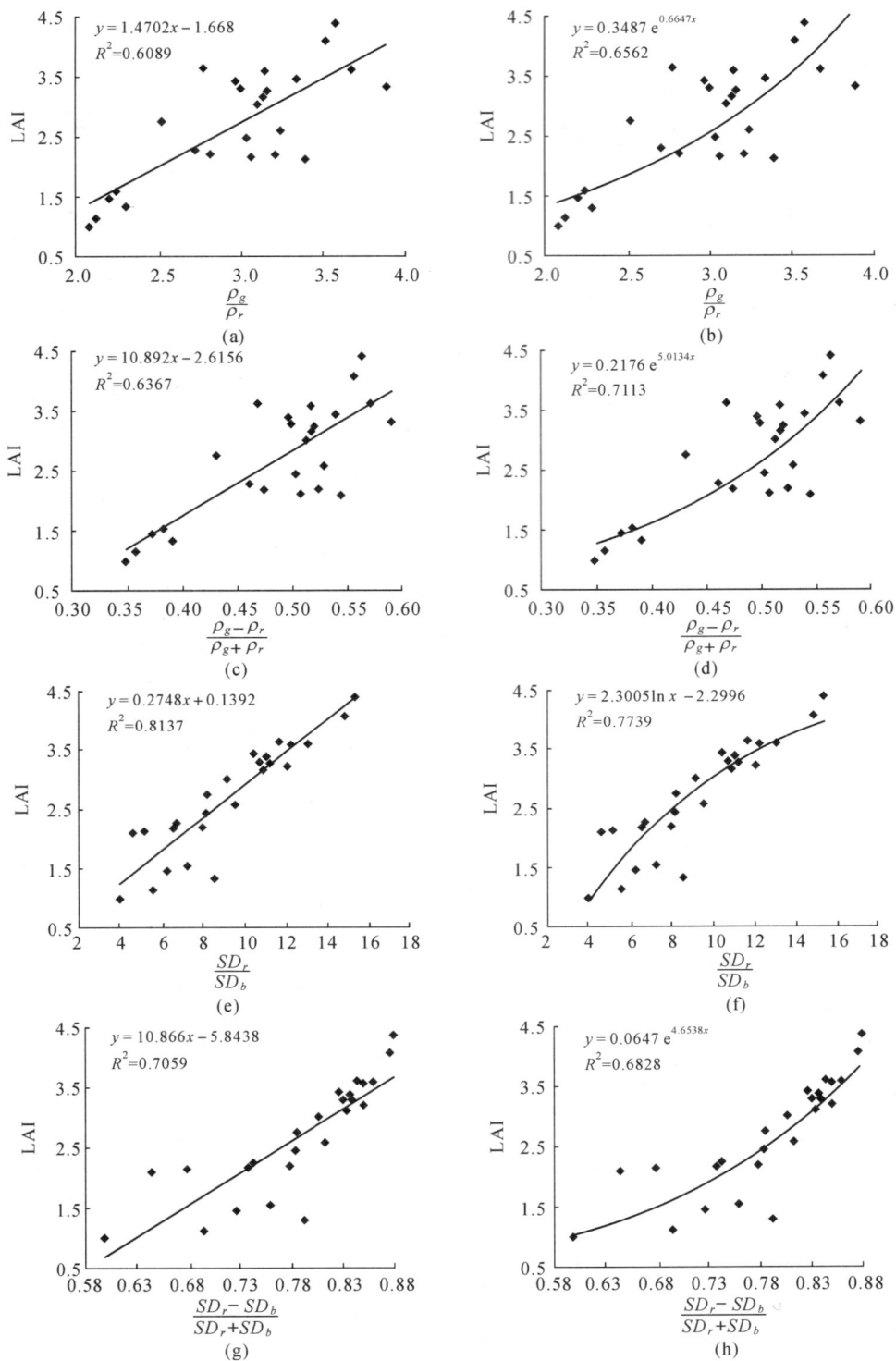

图 3.7 水稻 LAI 与高光谱植被指数的线性与非线性拟合结果比较

Fig. 3.7 Comparison between linear and nonlinear models of rice LAI estimation using the hyperspectral vegetation indices

## 3.3　水稻叶面积指数估算最佳波段位置及其宽度研究

归一化型植被指数是监测植被光合作用和生物物理参数时空变化非常重要的指标之一，它是红光波段和近红外波段的函数。本节采用 2002 年的实验数据，分别研究了近红外波段和红光波段中心位置与宽度对 NDVI 的影响，进而分析比较不同波段宽度的 NDVI 对水稻 LAI 估算的影响。

### 3.3.1　NDVI 红光波段和近红外波段运算区域和中心位置的确定

不同卫星搭载的各种传感器的波段中心位置和宽度不同（表 3.8），红光波段的波段范围大部分在 600～700nm，波段宽度一般小于 100nm；近红外波段的范围一般在 725～1100nm，最大波宽度达到 375nm。因此，将 600～700nm 和 725～1100nm 分别作为 NDVI 红光波段和近红外波段的运算区域。

表 3.8　部分传感器红光波段和近红外波段的波段位置和宽度

Table 3.8　Red and near-infrared nominal bandpasses of some orbital sensors

| 传感器 | 红光波段（nm） | | | 近红外波段（nm） | | |
|---|---|---|---|---|---|---|
| | 波段范围 | 波段宽度 | 波段中心 | 波段范围 | 波段宽度 | 波段中心 |
| Landsat 5-MSS | 600～700 | 100 | 650 | 800～1100 | 300 | 950 |
| NOAA 11-AVHRR | 580～680 | 100 | 630 | 725～1100 | 375 | 912 |
| Landsat 5-TM | 630～690 | 60 | 660 | 760～900 | 140 | 830 |
| SPOT 3-HRV | 610～680 | 70 | 645 | 790～890 | 100 | 840 |
| JERS 1-OPS | 630～690 | 60 | 660 | 760～860 | 100 | 810 |
| EOS-MODIS | 620～670 | 50 | 645 | 841～876 | 35 | 858 |
| IKONOS | 632～698 | 66 | 665 | 770～880 | 110 | 825 |

如图 1.1 所示，由于叶片色素对红光的强烈吸收，使得水稻反射光谱形成一个红光吸收谷（670nm 附近），同时由于叶片内部组织结构及冠层结构的多次反射散射，使反射光谱在近红外区域形成高反射平台（700～1300nm）。利用水稻不同生育期反射率光谱数据，在 600～700nm 内选取红谷反射率极小值所对应的波长，结果发现，不同生育期红谷反射率极小值所对应的波长变化很小，大部分在 674nm 附近。而在 725～1100nm 寻找近红外反射率极大值，发现不同发育期近红外反射率极大值所对应的波长变化很大，不同发育期的平均值位于 860nm 附近。所以分别以 674nm 和 860nm 为作为红光波段和近红外波段的中心来计算 NDVI。

### 3.3.2 近红外波段位置和宽度对 NDVI 的影响

在研究近红外波段位置和宽度对 NDVI 的影响时,首先以各个生育期红谷极值所对应波长的平均值 674nm 为中心,669~679nm 平均反射率作为计算 NDVI 的红光波段;然后在725~1100nm 的近红外波段范围内,以波段中心位置的步长为 1nm、宽度为 50nm 计算出近红外波段中心位置在 725~1100nm 范围内滑动的反射率,最后计算出不同水稻生长期近红外波段中心位置在 725~1100nm 范围内滑动的 NDVI。即当中心位置位于 725nm 时,对应的反射率为 700~750nm 的反射率,接着计算 701~751nm 的反射率作为中心位置位于726nm 的反射率,以此类推,计算出红光波段固定而近红外波段中心位置以 1nm 的步长、50nm 的宽度在 725~1100nm 范围内滑动的 NDVI,获得水稻不同时期近红外波段中心位置对 NDVI 的影响。如图 3.8 所示,对于相同的近红外波段中心位置,不同发育期的NDVI 值变化较大,在 9 月 11 日以前,NDVI 值不断增加,而 9 月 11 日以后,则呈下降趋势;对于同一个发育期,近红外波段中心位置对 NDVI 值的影响,前期大于后期,在水稻生长初期,970nm 附近的 NDVI 值比周围的值略小;在红边区域,由于反射率迅速由小变大,因此,当近红外波段位置位于红边区域时;NDVI 的值较小,800nm 之后才趋于稳定。

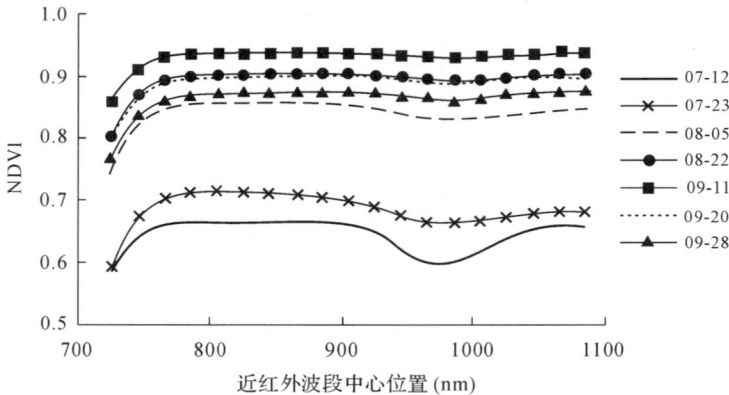

图 3.8 不同时期水稻冠层反射率近红外波段中心位置对 NDVI 的影响

(红光波段固定;近红外波段宽度为 50nm,中心位置以 1nm 为步长在 725~1100nm 内滑动)

Fig. 3.8 The impact of near infrared reflectance on the NDVI values at different dates for a constant red band (bandwidth is 10nm) centered at 674nm, and the band center of near infrared is varied in the spectral region of 725~1100nm (the bandwidth of near infrared is 50nm)

为了比较近红外波段宽度变化对 NDVI 的影响,同样以 674nm 作为红光波段的中心位置,669~679nm 平均反射率作为计算 NDVI 的红光波段;在 725~1100nm 的近红外波段范围内,以波段中心位置的步长为 1nm 在 725~1100nm 范围内滑动,计算出波段宽度分别为10nm、50nm、100、200nm 的近红外波段反射率,最后计算出不同水稻生长期近红外波波段宽度分别为 10nm、50nm、100、200nm,中心位置在 725~1100nm 范围内滑动的 NDVI。获得水稻不同时期近红外波段宽度对 NDVI 的影响,图 3.9 为以 2002 年 7 月 23 日的实验数据为例计算的结果。如图 3.9 所示,当近红外波段中心位置波长小于 800nm 时,近红外波段宽度对 NDVI 的影响很大；当近红外波段中心位置波长大于 900nm 时，近红外波段宽度对 NDVI 的影响也较大，尤其是近红外波段宽度为 200nm 的 NDVI 与宽度为 10nm、50nm、100nm 的 NDVI 的差别较大。而当近红外波段中心位置波长在 800～900nm 时，近红外波段宽度对 NDVI 的影响最小，变化也最稳定，是最佳的水稻遥感近红外波段区域。

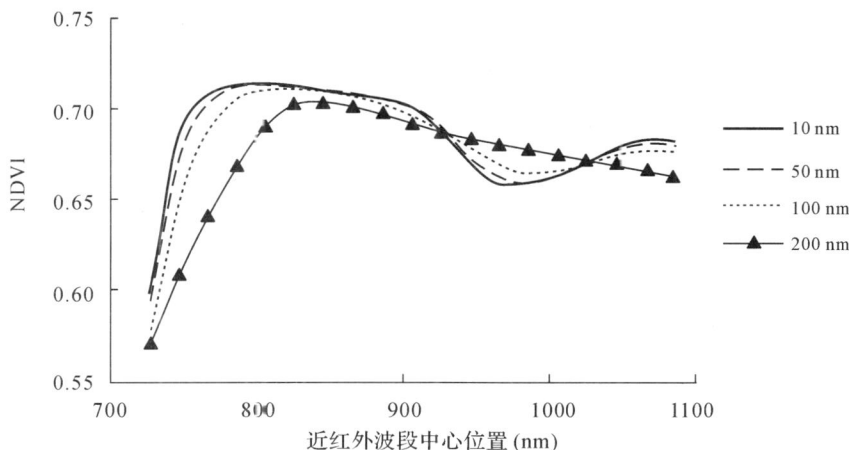

图 3.9　不同时期水稻冠层反射率近红外波段宽度对 NDVI 的影响（红光波段固定；

近红外波段宽度分别为 10nm、50nm、100nm、200nm，中心位置以 1nm 为步长在 725～1100nm 内滑动）

Fig. 3.9　The impact of near infrared reflectance on the NDVI values at different dates for a constant red band (bandwidth is 10nm) centered at 674nm, and the bandwidth of near infrared is 10nm, 50nm, 100nm, and 200nm (The band center of near infrared is varied in the spectral region of 725～1100nm)

### 3.3.3　红光波段位置和宽度对 NDVI 的影响

本节采用 2002 年的水稻小区实验资料，首先研究红光波段宽度固定而中心位置变化对 NDVI 的影响，再研究红光波段中心位置固定而宽度扩展对 NDVI 的影响，最后研究水稻叶面积指数估算最佳红光波段中心位置及其宽度。

同样的，以水稻不同时期近红外反射峰所对应波长位置的平均值 860nm 为中心，855～865nm 范围内平均反射率作为计算 NDVI 的近红外波段，NDVI 的红光波段则以波段中心位置的步长为 1nm、宽度为 10nm 在 600～700nm 范围内滑动获得，之后计算出不同水稻生长期近红外波段固定红光波段在 600～700nm 范围内滑动的 NDVI（图 3.10）。如图 3.10 所示，在水稻不同生育时期，红光波段位置对 NDVI 的影响的总体趋势是：红光波段中心位置随波长从小到大变化时，NDVI 值先是缓慢变大，当到达红谷极值附近（674nm）时达到最大，而后 NDVI 开始逐渐减小，特别是接近红边区域时，NDVI 迅速减小。NDVI 这个变化趋势与水稻冠层光谱红光波段反射率在这个区间的变化趋势正好相反，即在红光范围内（600～700nm），当波长小于红谷极值（674nm）时，水稻冠层反射率随波长增加而减少，相应的 NDVI 则随波长增加而增加；在达红谷极值附近（674nm）时达到最大，当波长大于红谷极值（674nm）时，水稻冠层反射率随波长增加而增加，相应的 NDVI 则随波长增加而减少；在红边区域，水稻冠层反射率随波长增加而迅速增加，因此，NDVI 随波长增加而迅速减少。

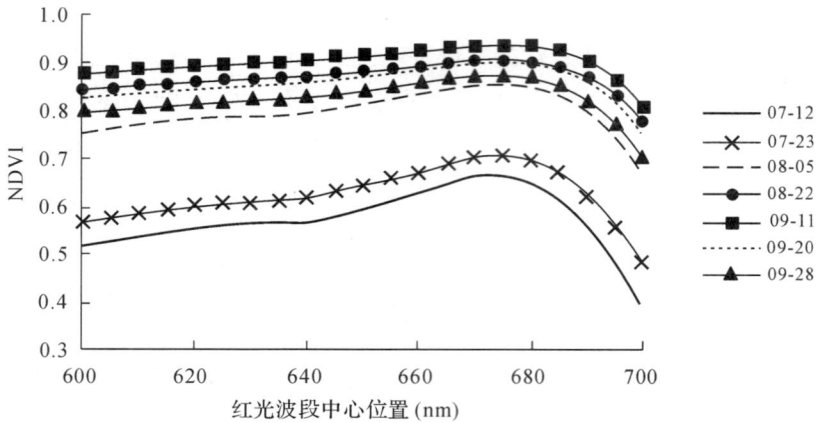

图 3.10　不同时期水稻冠层反射率红光波段中心位置对 NDVI 的影响

（近红外波段固定；红光波段宽度为 10nm，中心位置以 1nm 为步长在 600～700nm 内滑动）

Fig. 3.10　The impact of red band reflectance on the NDVI values at different dates for a constant near infrared band (bandwidth is 10nm) centered at 860nm, and the band center of red is varied in the spectral region of 600～700nm (the bandwidth of red is 10nm)

再以 860nm 为中心，855～865nm 范围内平均反射率作为计算 NDVI 的近红外波段，在 600～700nm 的红光波段范围内，以波段中心位置的步长为 1nm 在 600～700nm 范围内滑动，计算出波段宽度分别为 10nm、20nm、50nm、100nm 红光波段反射率，最后计算出不同水稻生长期红光波段宽度分别为 10nm、50nm、100nm、200nm，中心位置在 600～700nm 范围内滑动的 NDVI。获得水稻不同时期红光波段宽度对 NDVI 的影响，图 3.11 为以 2002 年 7 月 23 日的实验数据为例计算的结果。如图 3.11 所示，当红光波段中心位置波长在 600～650nm 时，不同红光波段宽度对 NDVI 的影响很小。当红光波段中心位置波长大于 650nm 时，红光波段宽度越窄，NDVI 值越大，且出现最大值的波段位置越接近红谷极值；相反，红光波段宽度越宽，NDVI 值越小，且出现最大值的波段位置向远离红谷极值的短波方向方向移动。

为了研究红光波段宽度扩展对 NDVI 的影响，首先以 860nm 为中心的 10nm 宽度的平均反射率作为近红外波段的反射率；然后分别以 674nm（红谷反射率极小值对应的波长）和 645nm（MODIS 红光波段中心位置）作为红光波段中心位置，波段宽度从 1nm 到 100nm 逐渐扩展，计算不同波段宽度内的平均反射率作为红光波段的反射率；再计算出红光波段中心位置相同而宽度逐步扩展的 NDVI。最后计算所有的 NDVI 与中心位置处（分别是 674nm 和 645nm）NDVI 的相对偏差。即

$$\mathrm{DEV_{NDVI}} = \mathrm{ABS}\left[\frac{\Delta \mathrm{NDVI}}{\mathrm{NDVI}_{674}}\right] \times 100\% = \mathrm{ABS}\left[\frac{\mathrm{NDVI}_{\Delta\lambda} - \mathrm{NDVI}_{674}}{\mathrm{NDVI}_{674}}\right] \times 100\% \qquad (3.4)$$

或　　　$$\mathrm{DEV_{NDVI}} = \mathrm{ABS}\left[\frac{\Delta \mathrm{NDVI}}{\mathrm{NDVI}_{645}}\right] \times 100\% = \mathrm{ABS}\left[\frac{\mathrm{NDVI}_{\Delta\lambda} - \mathrm{NDVI}_{645}}{\mathrm{NDVI}_{645}}\right] \times 100\% \qquad (3.5)$$

对于以红谷极值为中心扩展的 NDVI，NDVI 最大值就是当红光波段宽度为 1nm 处。而对于以 MODIS 波段中心位置为中心的红光波段扩展，NDVI 最大值则出现在宽度为 65nm 附近，结果如图 3.12 所示。

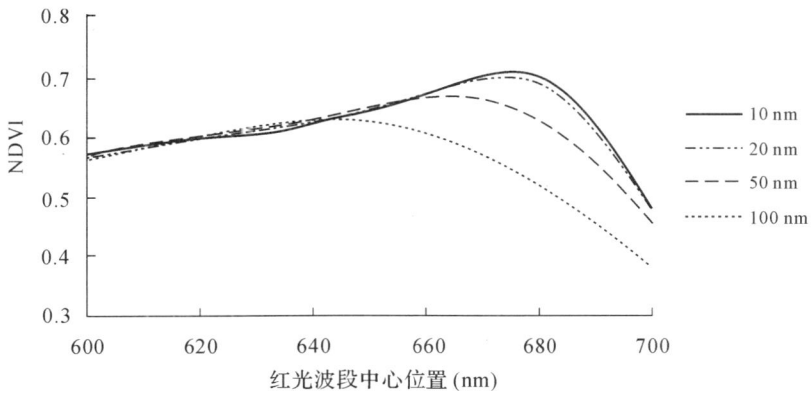

图 3.11　不同水稻冠层反射率红光波段宽度对 NDVI 的影响随红光波段中心位置的变化(近红外波段固定；
红光波段宽度分别为 10nm、20nm、50nm、100nm,中心位置以 1nm 为步长在 600～700nm 内滑动)

Fig. 3.11　The impact of red band reflectance on the NDVI values with the red band center varying
from 600nm to 700nm and a constant NIR band (bandwidth is 10nm) centered at 860nm,
and the bandwidth of Red is 10nm,20nm,50nm,and 100nm

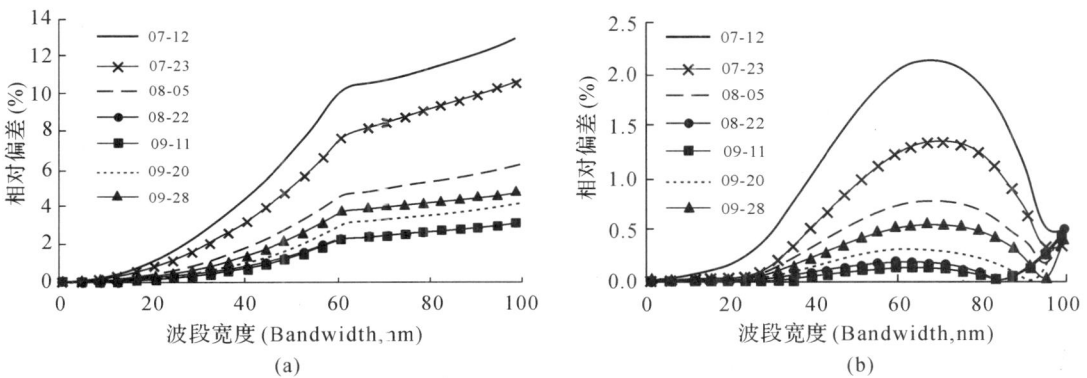

图 3.12　不同时期水稻冠层反射率红光波段以 674nm(a)和 645nm(b)为中心位置而宽度从 1nm
逐渐向两端扩展到 100nm 时对 NDVI 的影响(近红外波段固定)

Fig. 3.12　The impact of Red band reflectance on the NDVI values at different dates with the Red band
centered at 674nm(a)and 645nm(b)and the bandwidth of Red is extended from 1nm to
100nm(The reflectance of NIR band is a constant)

比较图 3.12(a)和 3.12(b)可见,无论红光波段的中心位置是 674nm(a)还是 645nm
(b),不同时期水稻冠层红光反射率波段宽度对 NDVI 的影响不同。早期影响大,如图中 7
月 12 日(分蘖初期)和 7 月 23 日(分蘖盛期);随着水稻生长发育,叶面积指数和生物量增
加,红光波段的波段宽度对 NDVI 的影响逐渐减小,9 月 11 日达到最小,随后,由于水稻成
熟,叶片变黄,色素含量减少,其影响又逐步增大。但是,以红谷极小值对应的波长为中心
扩展计算的 NDVI 相对偏差大于以 MODIS 红光波段中心位置为中心扩展计算的 NDVI 的
相对偏差,前者的最大相对偏差达到 14% 左右,而后者的最大相对偏差都在 2.5% 以内。

由图 3.12(a)可知,如果红光波段中心位置设置在红谷极小值对应的波长(674nm),那么,NDVI 的相对偏差随红光波段宽度的增加而增加,要保证 NDVI 的相对偏差不超过设在中心位置时的 1%,其波段宽度在生育初期不超过 20nm,在生育中后期不超过 50nm。而当以 MODIS 红光波段中心位置为中心时,NDVI 的相对偏差先随红光波段宽度的增加而增加,在 60nm 到 70nm 达到最大值后再随红光波段宽度的增加而减少,其波段宽度在生育初期不超过 40nm,而到了中后期,波段宽度可以达到 100nm,甚至超过 100nm(图 3.12(b))。因此,如果以 674nm 作为红光波段中心位置,其最佳波段宽度约为 664~684nm,而如果以 645nm 作为红光波段中心位置,其最佳波段宽度约为 625~665nm。

如前所述,当红光波段中心位置选定以后,NDVI 的相对偏差先随红光波段宽度的增加而增加。因此,首先选择 630~700nm 范围内某一波段作为红光波段的中心位置,向两边不断扩展波段宽度,计算红光波段反射率,对应于不同的中心位置形成一系列的 NDVI,然后再在这些 NDVI 中寻找其值与中心波段位置处的 NDVI 值相对偏差在 1% 之内而且最接近 1% 所对应波段宽度作为该波段的最大波段宽度,每一个中心位置对应一个最大波段宽度。如图 3.13 所示,当使 NDVI 相对偏差限制在 1% 之内时,不同红光波段中心位置对应最大波段宽度变化很大。当红光波段处于不同的位置时,要满足一定精度,波段宽度受到不同的限制,如果超出了这个波段宽度,就满足不了所要求的精度。

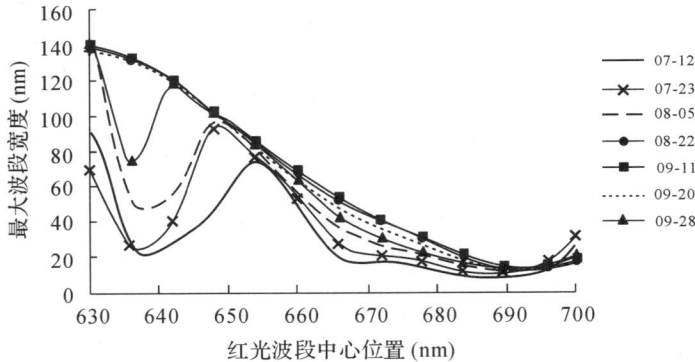

图 3.13　NDVI 相对偏差在 1% 以内所对应的红光波段最大宽度随波段中心位置变化

Fig. 3.13　Variations in red maximum bandwidth with band center under the condition of NDVI relative deviation less than 1%

从图 3.13 中还可以看出水稻生育期对一定 NDVI 精度要求下波段位置和波段宽度的影响。在水稻生育初期和后期,在 638nm 附近有一个相对较窄的波段宽度要求,而后对波段宽度的要求又变得较宽,越是生育早期变宽的波段位置越向长波段偏移,而从大约 655nm 之后,1% 精度要求下,波段位置要求的波段宽度连续下降,一直到 690nm 附近下降到最低,而后又略微有所上升;而对于水稻生长旺期,波段宽度基本是随着波段位置向长波移动而下降(变窄),同样到达 690nm 左右达到最窄,而后有所变宽。例如,MODIS 红边波段范围为 620~670nm,波段宽度为 50nm,中心波段位置为 645nm,由图 3.13 可见,若要获得以 645nm 为中心的 NDVI 并保证其精度在 1% 以内,对于 7 月 12 日最大宽度只能为

37nm,7 月 23 日为 51nm,而后更大。可见在水稻生长的最前期,MODIS 的波段宽度满足不了对于 NDVI 相对偏差在 1% 的精度要求。

### 3.3.4　水稻叶面积指数估算最佳波段中心位置及其宽度研究

本节将在上述分析的基础上,使用不同生育期水稻冠层光谱数据和对应的叶面积指数资料,研究利用 NDVI 估算水稻 LAI 时是否存在一个相对较优波段中心位置和宽度,如果存在,各个生育期的最佳波段宽度是否相同。

以目前常用的卫星 Landsat-5 TM 上的传感器的红光通道和近红外通道宽度作为波段逐步扩展的最大宽度,它们两者的波段范围分别是 630～690nm 和 760～900nm,因此最大扩展宽度分别是 61nm 和 141nm。也就是说,求算 NDVI 的红光波段的宽度由 1nm 逐步扩展到最大 61nm,近红外的波段宽度由 1nm 逐步扩展最大到 141nm。

在确定采用 Landsat-5 TM 传感器的波段范围作为波段扩展的红光波段范围以及近红外波段范围之后,分别在红光波段范围内先以 1nm 为波段宽度,再以 3nm 为波段宽度……这样逐步扩展,直到扩展到整个红光取值范围,近红外取值时也是如此。对于每一固定波段宽度,通过逐步滑动求算反射率,比如当波段宽度为 3nm 时,红光波段第一次取值为 630nm、631nm、632nm 的平均值,第二次则为 631nm、362nm、633nm 的平均值,就这样一直到最后的红光波段取值为 688nm、689nm、690nm 的平均值,在波段宽度为 3nm 时,在 630～690nm 范围内,可以获得 59 个红光波段反射率;对应于每一个红光波段,通过逐步滑动可以计算相同波段宽度近红外波段的反射率,即取 760nm、761nm、762nm 的平均值,761nm、762nm、763nm 的平均值,一直到 898nm、899nm、900nm 的平均值,共可以获得 139 个近红外波段反射率;再利用获得的红外和近红外反射率构建 NDVI,这样,在波段宽度为 3nm 的情况下,可以获得 12371 个 NDVI 值。由于近红外波段比红光波段要宽,所以当两者同时扩展时,红光波段宽度先达到最大值,即当红光波段宽度扩展到 61nm 以后,红光波段的宽度就不再变化,而只是近红外的波段宽度继续扩展直到达到最大值,直到达到 141nm。这样做的目的是穷尽所有可能不同波段宽度的红光波段与近红外波段的组合,不使任何可能的最优波段组合漏掉,从而保重了比较的完整性,而不是如一些研究中或是只取窄波段的某一个值(Elvidge 等,1995),或是某一较窄的波段的平均值(Broge 等,2000),来代表窄波段的分析结果。

研究表明,指数函数能较好地反映 LAI 与 NDVI 之间的关系(Broge,2002)。因此,根据上面提到的波段扩展方法,计算了不同波段宽度(1～141nm)所有红光与近红外波段组合的 NDVI,建立 LAI 与 NDVI 指数函数回归模型,计算该模型的 $R^2$,并找出某一固定波段宽度所有 NDVI 所建模型的最大 $R^2$(在波段宽度为 3nm 的情况下,可以获得 12371 个 $R^2$ 值,需要从这 12371 个 $R^2$ 中选出最大值),以及对应的波段位置。图 3.14 给出的是在一定范围内波段逐步扩展生成的 NDVI 与 LAI 最佳拟合方程 $R^2$ 随波段宽度的变化。从图 3.14 中可以看出各个日期的 $R^2$ 波段宽度的变化趋势是一致的,但数值有差别。即当波段宽度在 60nm 以内时,最大 $R^2$ 是随着波段宽度的增大而逐渐减小的,这说明在这个范围内较窄波段的 NDVI 与 LAI 所建模型的 $R^2$ 要大于较宽波段对应的 $R^2$;而超过 60nm 之后由于红光波段宽度不再变大,而只是近红外波段宽度在扩展,因而表现为对 NDVI 进而对其与 LAI 的拟合 $R^2$ 影响较小。

    虽然最大 $R^2$ 的变化在各个日期总体趋势相同,但还有细微差别。7 月 17 日与 8 月 5 日的最大 $R^2$ 在波段宽度较窄时减小的速度比较快,而其他日期的最大 $R^2$ 减小较快的位置则出现在稍宽一些的波段上。另外,最大 $R^2$ 值也存在明显的差别,某些时期相对较小,说明那些时期 LAI 与 NDVI 的关系没有与其他时期好。

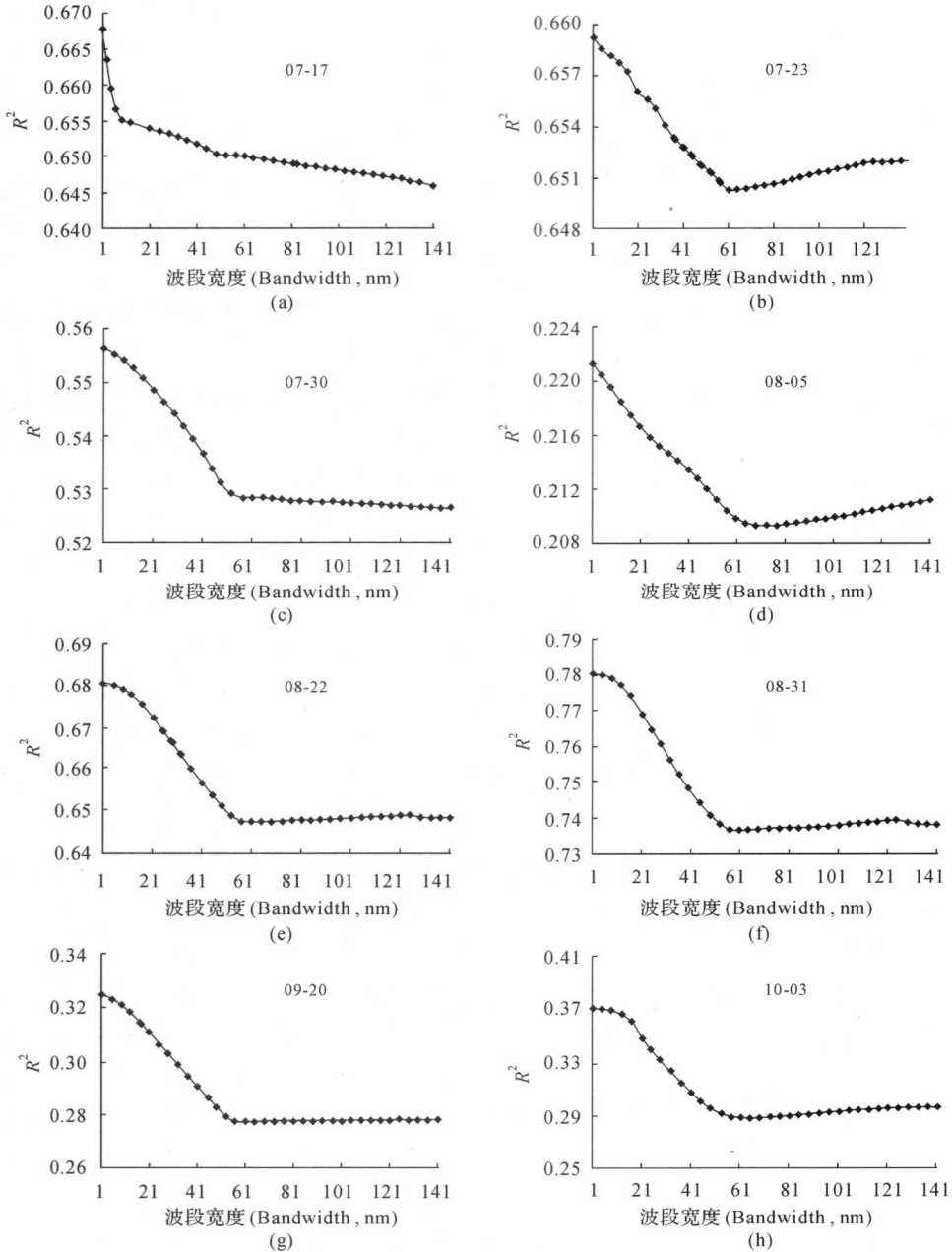

图 3.14   水稻光谱 NDVI 与 LAI 的最佳拟合方程的最大 $R^2$ 值随波段宽度的变化

Fig. 3.14  Variation of maximum $R^2$ for the best fitted model between NDVI and LAI with bandwidth at different dates

如图 3.14 所示,随着波段宽度逐渐变大,最大 $R^2$ 在不断变小,但是开始时 $R^2$ 减小的速度缓慢,假设此时不同波段宽度对应的 $R^2$ 没有本质的差别,而当 $R^2$ 出现第一次迅速减小(导数的绝对值较大时)后,认为此时波段宽度对应的 $R^2$ 与前面较窄波段的 $R^2$ 已经存在差别了。因此,以图 3.14 中第一个 $R^2$ 值减小快的波段宽度为最佳波段宽度的上限值,也就是 $R^2$ 对波段宽度导数的第一个较大绝对极值对应的波段宽度。如图 3.15 所示,除了 7 月 17 日、8 月 5 日外,

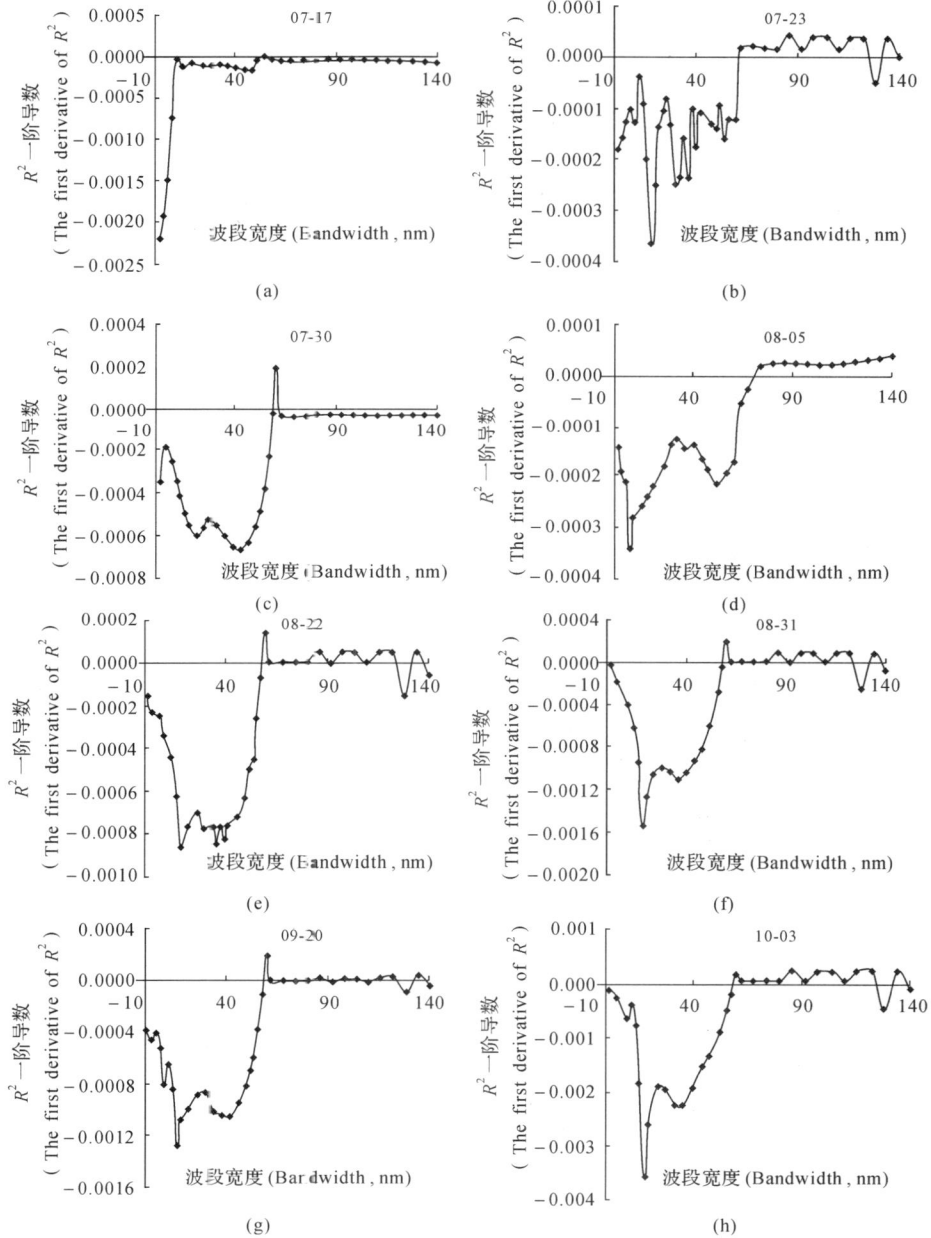

图 3.15  不同日期 NDVI 与 LAI 的最佳拟合方程 $R^2$ 的一阶导数随波段宽度的变化

Fig. 3.15  Variation of first derivative $R^2$ for the best fitted model between LAI and NDVI with bandwidth at different growth dates

其他日期的第一个 $R^2$ 波段宽度导数极值都出现在稍小于 20nm 处的位置。7 月 23 日、7 月 30 日、8 月 22 日、8 月 31 日、9 月 20 日、10 月 3 日最佳波段宽度最值分别是 18nm、20nm、18nm、18nm、16nm 和 18nm。而 7 月 17 日最佳波段宽度为 2nm，8 月 5 日为 8nm。7 月 17 日的最佳波段宽度最值较窄，可能是由于水稻处于生育期前期，其冠层反射率受到水背景的影响。同时，也可能是色素敏感波段比较容易对较小绿色生物量有比较大的反映，导致光谱差异较大。而 8 月 5 日观测记录显示，该天观测条件是少云微风，大概是云的存在及和风的相互作用影响了水稻冠层光谱的观测，使测量结果存在较大误差。

综上所述，水稻 LAI 估算的最佳波段宽度的上限一般稍小于 20nm，并且在生育期前期会更短。这里以导数的第一个较大绝对值为标准确定最佳波段宽度的上限值，至于最佳波段宽度，要略微小于最佳波段宽度的上限值，这是因为当导数绝对值较大时，$R^2$ 已经开始迅速变小了，研究认为一般小 3nm 左右。所以可以认为除了生育最前期，使用 NDVI 估算水稻 LAI 的最佳波段宽度为 15nm，而生育前期则要求最佳波段宽度更短。从所确定的最佳波段宽度对应的波段位置看，出现的位置比较固定，对于大部分时期，红光波段的中心位置为 637nm，近红外波段的中心位置为 893nm。

## 3.4 面向水稻叶面积指数估算的植被指数参数优化研究

土壤是陆表植被赖以生长、发育的基础，与植被共存于地表，任何对地球陆地表面植被的遥感监测，其中也必然包含着土壤的影响，也就是说植被冠层光谱反射率是植被和土壤反射光谱的共同作用的结果，它是由植被土壤光学特性和冠层内的光子交换决定的（Geneviéve，1996；Myneni，1995），所以如何去除植被遥感中包含的土壤信息就成为提高各种植被遥感监测精度的关键。为此，已经发展了许多关于去除土壤背景影响的植被指数，比如：土壤调节植被指数（SAVI）、土壤调节植被指数 2（SAVI2）、垂直植被指数（PVI）、权重差值植被指数（WDVI）、改进的转换型土壤调节植被指数（ATSAVI）、二次改进型土壤调节植被指数（MSAVI2）等（表 1.3）。这些植被指数中大都有一个和土壤有关的参数，虽然很多植被指数的最优参数已被经验性给出，但是对于水稻而言，不像其他植被，大多数时间生长在灌水的土壤里，因此水稻反射率不仅受到水下土壤的影响，还受到水和水中悬浮物的影响（Martin，1986）。正是因为水稻具有这些有别于其他植被的特性，当要消除植被指数中背景影响时，就不能简单地套用以土壤为背景的植被指数公式中的参数值，而应该根据水稻的特性，探寻适合水稻的特定去除背景影响的参数。下面将采用 2002 年水稻小区实验数据，分别使 WDVI、SAVI、SAVI2 和 ATSAVI 的土壤调节参数以一定步长在某一范围内逐渐变化，分析确定这些不同参数的植被指数中哪些可以与水稻 LAI 建立相对较好的关系，并以拟合方程的决定系数为标准进行植被指数参数优化。

WDVI、SAVI、SAVI2、ATSAVI 都是针对 NDVI 容易受土壤背景影响而改进的植被指数，分析 NDVI 随 LAI 增大的变化规律可以看出，NDVI 先是随着 LAI 的增加而线性增加，而后达到一个渐进区，在这个区域，植被指数随着 LAI 增大而增加非常缓慢（Toby，1997）。如果以 LAI 为自变量，以植被指数为因变量拟合两者的关系，方程一般以对数形式为最佳

(Baret，1991)。反过来，如果以 LAI 为因变量，植被指数为自变量，最佳拟合方程一般是指数形式。本节选用了 6 个单变量线性和非线性模型分析水稻 LAI 与植被指数之间的关系，这些模型包括：① 线性函数（$y = a + bx$）；② 指数函数（$y = ae^{bx}$）；③ 幂函数（$y = ax^b$）；④ 对数函数（$y = a + b\lg x$）；⑤ 双曲函数（$\frac{1}{y} = a + \frac{b}{x}$）；⑥ S 形曲线函数（$y = \frac{1}{a + be^{-x}}$）；式中的 $y$ 表示各种形式的方程拟合的植被参数（如 LAI），$x$ 表示各种植被指数（WDVI、SAVI、SAVI2、ATSAVI）。方程拟合效果一般由其决定系数（$R^2$）确定。决定系数是拟合方程的回归平方和与总平方和的比值，反映了因变量总变异受自变量影响的程度。决定系数越大，则拟合效果越好；相反，则拟合效果越差。

### 3.4.1  权重差值植被指数的参数优化

使 WDVI 的参数 $\alpha$ 在 0～2 的范围内以 0.01 为步长变化，计算各个 $\alpha$ 对应的 WDVI，再求算 LAI 与不同 $\alpha$ 的 WDVI 在不同形式（线性、指数、双曲线和 S 形曲线函数）下拟合方程的 $R^2$（图 3.16）。由于 WDVI 在其参数 $\alpha$ 取某些值时会出现负值，对负值不能进行幂函数和对数函数的线性变换，所以没有考虑幂函数和对数函数拟合的情况。如图 3.16 所示，指数函数在各个不同 $\alpha$ 的拟合效果较其他函数好，其次为线性函数，双曲线函数和 S 形曲线函数的拟合效果相对比较差，但最大 $R^2$ 也超过 0.5。对于指数函数，最大 $R^2$ 值出现在 $\alpha = 1.44$，其值为 0.76867。而对于线性函数，最大 $R^2$ 值出现在 $\alpha = 1.24$，其值为 0.6998。在以土壤为背景的 WDVI 中 $\alpha$ 表征的是土壤线的斜率，土壤线斜率一般接近 1，但也随着土壤类型的不同而发生改变。由于水稻背景的复杂性，因而 WDVI 参数 $\alpha$ 偏离 1 较远。

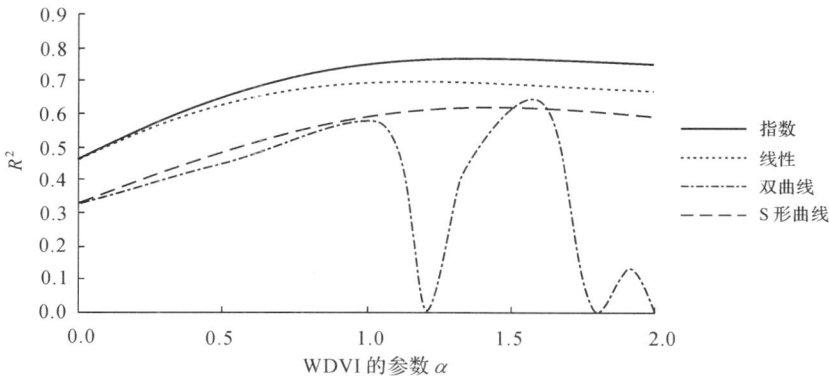

图 3.16  水稻叶面积指数与 WDVI 不同函数拟合方程的决定系数随参数 $\alpha$ 变化

Fig. 3.16  Variation of $R^2$ between rice LAI and WDVI with $\alpha$ values using different regression functions

### 3.4.2  土壤调节植被指数的参数优化

图 3.17 表示水稻叶面积指数与 SAVI 不同函数拟合方程的决定系数随参数 $L$ 变化，由图可见指数形式的拟合方程的 $R^2$ 最大，而且在 $L$ 从 0 到 1 的变化过程中指数拟合方程的 $R^2$ 变化不大，$R^2$ 随 $L$ 增加略有减少，其最大值出现在 $L = 0.08$ 处，达到 0.8414。Huete

(1988)认为 SAVI 依据分析的植被密度不同有 3 个最优参数,当植被密度较低时 $L=1$,当植被密度中等时 $L=0.5$,当密度较高时 $L=0.25$。而指数拟合方程给出的最优参数为 0.08,则说明在应用 SAVI 估算水稻 LAI 时,其参数应该调整。其次,幂函数、S 形曲线函数、线性函数拟合的 $R^2$ 也相对较大,对数函数和双曲函数拟合的方程的 $R^2$ 较小。其中 S 形曲线在 $L$ 比较小时($L<0.1$),拟合效果好于幂函数和线性函数,而到 $L$ 稍大些($L>0.2$)拟合效果不如幂函数和线性函数。

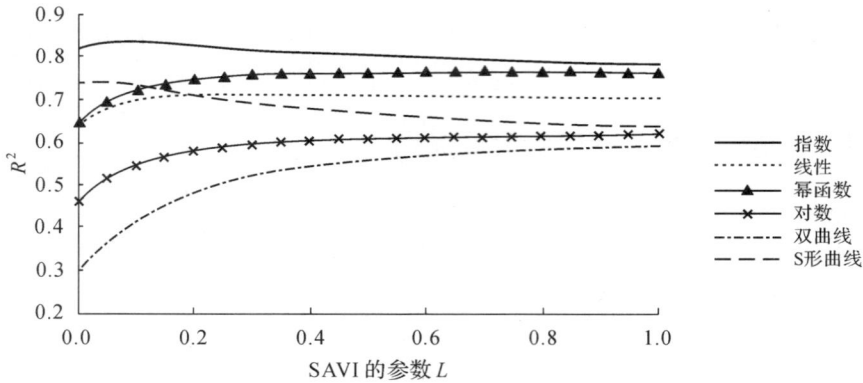

图 3.17  水稻叶面积指数与 SAVI 不同函数拟合方程的决定系数随参数 $L$ 变化

Fig. 3.17  Variation of $R^2$ between rice LAI and SAVI with $L$ values using different regression functions

### 3.4.3  土壤调节植被指数 2 的参数优化

图 3.18 表示不同参数 $\theta$ 值的 SAVI2 与 LAI 建立拟合方程的 $R^2$ 随着参数 $\theta$ 不同的变化情况。如图 3.18 所示,所有拟合方程的最大值都是出现在 $\theta$ 比较小处($\theta<0.1$),且随着 $\theta$ 的增大,各种拟合方程的 $R^2$ 都迅速减小,可见 SAVI2 的参数 $\theta$ 应该在较小处取值,才能获得最佳的拟合效果。而当 $\theta$ 越来越小时,SAVI2 则越来越接近 RVI。在各种形式的拟合方程中,幂函数的拟合效果最好,其最大 $R^2$ 出现在 $\theta=0.02$,最大 $R^2$ 值为 0.8404。指数函数、线性函数和对数函数拟合效果较好,而 S 形曲线和双曲线函数对 LAI 的拟合效果相对较差。

### 3.4.4  改进的转换型土壤调节植被指数的参数优化

对于改进的转换型土壤调节植被指数 ATSAVI,使其参数 $a$ 以 0.1 的步长在 0.1～2 范围内变化,$b$ 以 0.01 步长在 0～0.1 之间变化,$X$ 以步长 0.01 在 0.01～1 之间变化(表 1.3),计算各个参数 $a$、$b$、$X$ 组合对应 ATSAVI,再利用不同函数形式建立 LAI 与 ATSAVI 拟合方程,最后求算出各个拟合方程的 $R^2$。在三个参数中,首先从所有组合中选出参数 $b$ 的最佳值为 $b=0.02$,如图 3.19(a)和 3.19(b)所示,分别表示当 $X=0.02$ 和 $X=0.08$ 时,各个函数的 $R^2$ 随 $a$ 的变化情况。由图 3.19 可见,各个函数的 $R^2$ 变化规律是一致的。但是当 $X=0.02$ 时,$R^2$ 一般大于当 $X=0.08$ 时的 $R^2$。说明设计 ATSAVI 时给出的最优参数 $X=0.08$ 不再适用于以水为背景的水稻 LAI 的估算,而应该对其进行调整。由图 3.19(a)可见，在各种拟合方程中，指数方程会获得最佳拟合效果，最大 $R^2$ 出现在 $a=0.5$ 处，其值为 $0.8524$。拟合效果其次为线性、S 形曲线，而双曲线拟合效果比较差，而且随着 $a$ 值的变化 $R^2$ 变化较大，在 $a$ 比较小时，双曲线拟合效果比 $a$ 变大时好。

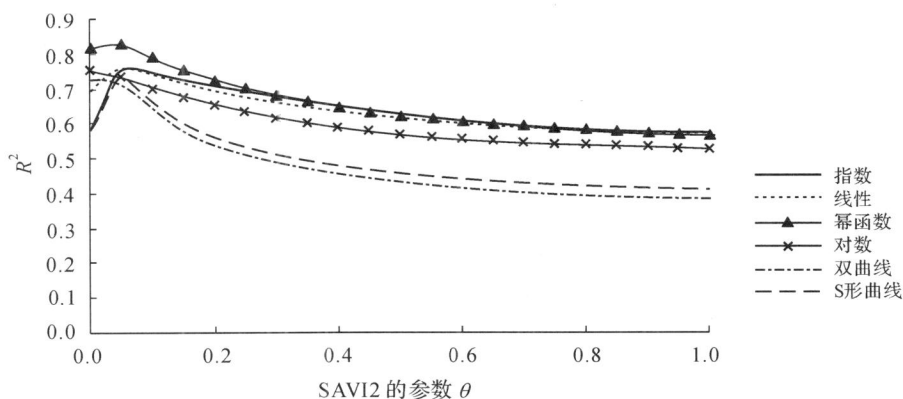

图 3.18　水稻叶面积指数与 SAVI2 不同函数拟合方程的决定系数随参数 $\theta$ 变化

Fig. 3.18　Variation of $R^2$ between rice LAI and SAVI2 with $\theta$ values using different regression functions

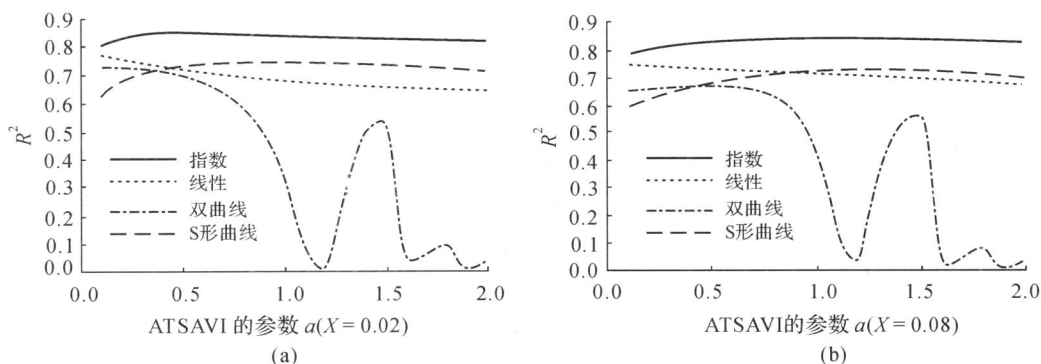

图 3.19　水稻叶面积指数与 ATSAVI 不同函数拟合方程的决定系数随参数 $a$ 变化（$b=0.02$）

Fig. 3.19　Variation of $R^2$ between rice LAI and ATSAVI with a values using different regression functions （$b=0.02$）

## 3.5　面向水稻叶面积指数估算的新型植被指数的构建

NDVI 是红光波段和近红外波段的函数，Yoder（1994）等在一个植被指数中使用绿波段，结果发现其与花旗松的光合作用的关系比使用红波段要好。Gitelson（1998）等分析了可见光反射率对于叶绿素含量的敏感性，结果认为绿光波段对叶绿素的敏感范围远远大于红光波段，因此提出了 GNDVI。Gitelson（2002b）利用绿光波段估算植被覆盖度，取得了较高的估算精度。除了红光和绿光之外，本节尝试将可见光的红绿蓝 3 个波段的所有组合分别代替 NDVI 公式中的红光波段构建各种新型的植被指数，然后分析这些新构成的植被指数对水稻 LAI 的估算能力。

### 3.5.1 新型植被指数的构建

本节利用地面小区实验光谱数据,分别模拟计算 Landsat-5 的蓝光波段(Blue:450～520nm)、绿光波段(Green:520～600nm)、红光波段(Red:630～690nm)和近红外波段(NIR:760～900nm)范围内光谱平均值作为计算各种植被指数的红、绿、蓝通道反射率值。采用红、绿、蓝 3 个波段的不同组合来代替常规 NDVI 中的红光波段,包括绿光波段、蓝光波段、绿光与红光波段的和、绿光与蓝光波段的和、红光与蓝光波段的和以及红绿蓝三波段的和,各种波段组合构成的 VNDVI 公式如表 3.9 所示。

其通用公式如下:

$$\text{Visible NDVI} = \text{VNDVI} = \frac{\text{NIR} - \text{VIS}}{\text{NIR} + \text{VIS}} \tag{3.6}$$

其中 NIR 为近红外波段,VIS 为可见光波段,它可能是红绿蓝一个波段,也可能是几个波段的组合。本章以下部分将使用 VNDVI 作为 NDVI、GNDVI、BNDVI、GRNDVI、GBNDVI、RBNDVI 和 PNDVI 的统称。

**表 3.9  各种 NDVI 的计算公式**

Table 3.9  Computation formulae of various normalized difference vegetation indices

| 指数名称 | 计算公式 | 说　　明 |
|---|---|---|
| NDVI | $\text{NDVI} = \dfrac{\text{NIR} - \text{Red}}{\text{NIR} + \text{Red}}$ | (Rouse 等,1974) |
| GNDVI | $\text{GNDVI} = \dfrac{\text{NIR} - \text{Green}}{\text{NIR} + \text{Green}}$ | (Gitelson,1996b) |
| BNDVI | $\text{BNDVI} = \dfrac{\text{NIR} - \text{Blue}}{\text{NIR} + \text{Blue}}$ | (本书) |
| GRNDVI | $\text{GRNDVI} = \dfrac{\text{NIR} - (\text{Green} + \text{Red})}{\text{NIR} + (\text{Green} + \text{Red})}$ | (本书) |
| GBNDVI | $\text{GBNDVI} = \dfrac{\text{NIR} - (\text{Green} + \text{Blue})}{\text{NIR} + (\text{Green} + \text{Blue})}$ | (本书) |
| RBNDVI | $\text{RBNDVI} = \dfrac{\text{NIR} - (\text{Red} + \text{Blue})}{\text{NIR} + (\text{Red} + \text{Blue})}$ | (本书) |
| PNDVI | $\text{PNDVI} = \dfrac{\text{NIR} - (\text{Green} + \text{Red} + \text{Blue})}{\text{NIR} + (\text{Green} + \text{Red} + \text{Blue})}$ | (本书) |

### 3.5.2 相关性分析

如表 3.10 所示,可见光波段之间彼此都为正相关且相关性很高,相关系数都在 0.95 以上。其中以红光波段和蓝光波段的相关性最高,相关系数为 0.9818;红光波段和绿光波段的相关性次之,相关系数为 0.9735;而以绿光波段和蓝光波段的相关性最小,相关系数为 0.9641。相关性越高,说明两者包含的信息重复性越大;反之,相关性越小,说明两者具有更多的独立信息。因此绿光波段和蓝光波段之间相对于其他组合包含了较多信息,尽管如此,两者的线性拟合方程的 $R^2$ 还是达到了 0.9295。由表 3.10 还可以明显地看出近红外波段与可见光区域的任何波段相关性都很差,且呈负相关。

表 3.10　不同波段之间的相关系数

Table 3.10　Correlation coefficients between different bands

| | Blue | Green | Red | NIR |
|---|---|---|---|---|
| Blue | 1 | 0.96408 | 0.981766 | −0.38255 |
| Green | 0.96408 | 1 | 0.973484 | −0.30825 |
| Red | 0.981766 | 0.973484 | 1 | −0.42805 |
| NIR | −0.38255 | −0.30825 | −0.42805 | 1 |

由于可见光各个波段存在着很大的相关性,因此由它们的不同组合构成的植被指数必然也高度相关。如表 3.11 所示,各种植被指数的相关系数都在 0.97 以上,其中 BNDVI 与 GRNDVI 和 PNDVI 的相关系数相对较小,是由于蓝光波段与绿光波段及红绿蓝波段的和相差较大的结果。而其他相关系数大于 0.99 的情况,表明两者可以高精度地相互线性变换。在估算 LAI 时,两者将具有相似的估算精度。

表 3.11　各种植被指数的相关系数

Table 3.11　Correlation coefficients between various vegetation indices

| 指数 | BNDVI | GNDVI | NDVI | GBNDVI | RBNDVI | GRNDVI | PNDVI |
|---|---|---|---|---|---|---|---|
| BNDVI | 1 | 0.9814 | 0.9866 | 0.9859 | 0.9912 | 0.9765 | 0.9766 |
| GNDVI | 0.9814 | 1 | 0.9895 | 0.9986 | 0.9945 | 0.9979 | 0.9969 |
| NDVI | 0.9866 | 0.9895 | 1 | 0.9891 | 0.9968 | 0.9912 | 0.9878 |
| GBNDVI | 0.9859 | 0.9986 | 0.9891 | 1 | 0.9966 | 0.9975 | 0.9982 |
| RBNDVI | 0.9912 | 0.9945 | 0.9968 | 0.9966 | 1 | 0.9954 | 0.9948 |
| GRNDVI | 0.9765 | 0.9979 | 0.9912 | 0.9975 | 0.9954 | 1 | 0.9993 |
| PNDVI | 0.9766 | 0.9969 | 0.9878 | 0.9982 | 0.9948 | 0.9993 | 1 |

### 3.5.3　红、绿、蓝波段反射率对 LAI 敏感性及其构成的植被指数的比较

虽然水稻的冠层光谱反射率受到多种因素的影响(比如水稻单叶的反射、透射率影响,背景影响,叶倾角影响,光源和传感器角度的影响以及 LAI 等),但 LAI 对反射率的影响是显而易见的。图 3.20 给出水稻的 LAI 和红光波段、绿光波段和蓝光波段反射率之间的关系(实线表示波段反射率与 LAI 的最佳拟合方程),由图可见,随着 LAI 的增加,红绿蓝各个波段的反射率都呈现变小的趋势,且在 LAI 到达 2 之前反射率下降比较快,在这个区域内反射率对 LAI 变化非常敏感。对于红光和蓝光波段,LAI 到达 3~4,反射率降为 2%~2.5% 以后就基本不再降低,此后达到饱和,因此在 LAI 小于 3 时,使用红蓝波段构成的植被指数(RBNDVI,NDVI)对 LAI 具有较高的敏感性;而对于绿光波段,LAI 到达 5~6,甚至更大,还没有达到明显的饱和,因此在 LAI 大于 3 时,使用绿光波段构成的植被指数(GNDVI,GBNDVI,GRNDVI,PNDVI)对 LAI 的敏感性高于由红蓝波段构成的植被指数。由此可见,单独的使用红(蓝)波段或是使用绿光波构成的植被指数都有不足之处,将两者结合构成植被指数来更好地反映 LAI 的变化。图 3.21 就是一个简单的不同波段构成的植被指数

(NDVI,GBNDVI)与 LAI 的关系图。如图 3.21 所示,NDVI 和 GBNDVI 与 LAI 都表现为对数关系,但 NDVI 在 LAI=3 左右就到达饱和了,而 GBNDVI 在 LAI=4 或 5 还没有明显饱和。这说明,当 LAI>3 时,要准确的估算其值,只使用红光波段往往不能达到最佳的估算精度,如果将绿光和蓝光波段考虑在内,则可能获得更准确的估算结果。

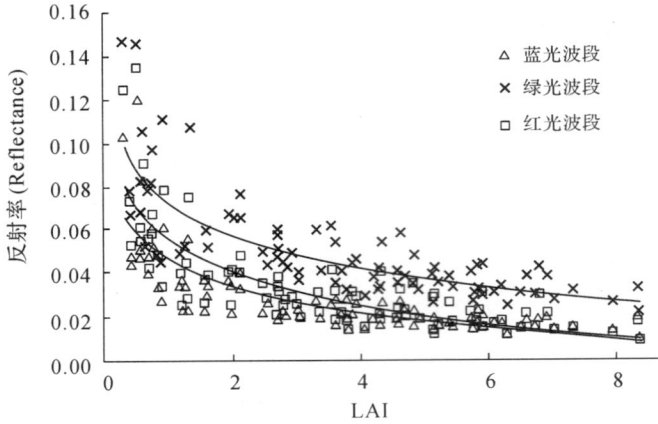

图 3.20　红、绿、蓝波段反射率与 LAI 的散点图

Fig. 3.20　Scatter plot between LAI and the reflectance of red,green,and blue bands

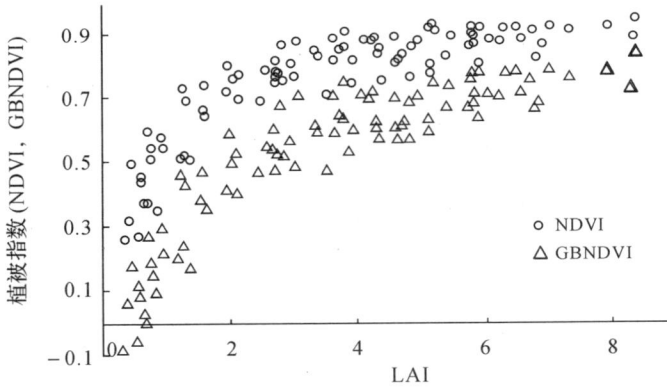

图 3.21　NDVI 和 GBNDVI 与 LAI 之间的散点图

Fig. 3.21　Scatter plot between LAI and NDVI,and GBNDVI

### 3.5.4　基于标准差和变异系数的植被指数敏感性分析

变异系数$(C.V)$是将标准差$(S)$除以算术平均数$(\bar{x})$所得的比值,用以分析数据的离散程度。变异系数越大,数据的差异、离散程度越大。其公式为:

$$C.V = \frac{S}{\bar{x}} \tag{3.7}$$

各种形式的植被指数是可见光波段和近红外波段的函数,其植被指数值由光谱波段值的大小和其公式形式共同决定,因此,从 LAI 变化引起的光谱波段值的标准差、变异系数以

及植被指数公式形式在饱和临界的条件下对可见光要求这两个方面来分析各种植被指数对 LAI 的敏感性。

由于各种植被指数都是使用共同的近红外波段值,因此这里仅考虑可见光部分。图 3.22(a)表示的是 LAI 从 0～8.38(最大)范围内各个光谱波段反射率的平均值、标准差和变异系数;图 3.22(b)表示的是 LAI 从 3～8.38(最大)范围内各个光谱波段反射率的平均值、标准差和变异系数;图 3.22(c)表示的是 LAI 从 0～3 范围内各个光谱波段反射率的平均值、标准差和变异系数。综观图 3.22(a)、3.22(b)和 3.22(c)可见:对于不同的叶面积指数范围(0～8.38、3～8.38、0～3),光谱波段反射率平均值和标准差具有相同的变化趋势,唯一不同的是它们数量上有差别。而变异系数的趋势也只是在短波区域不同,当 LAI 处于 3～8.38 范围内时,短波区域变异系数变比较小(图 3.22(b)),其他两种情况短波区域变异系数则比较大(图 3.22(a)和 3.22(c))。

这里的变异系数表示反射率的相对变异程度,反映了相应波段对 LAI 的相对敏感性,而标准差表示反射率的绝对变异程度,则反映了相应波段对 LAI 的绝对敏感性。在使用各种植被指数估算 LAI 时既要考虑相对敏感性也要考虑绝对敏感性,当然当两者都比较大时,相应波段则是对 LAI 的最佳估算波段。然而往往两者有着相反的关系,由图 3.22(b)可见:蓝光区域波段标准差和变异系数小于绿光和红光区域波段标准差和变异系数,因此其对 LAI 变化相对于绿光和红光区域必然不敏感。由图 3.22(a)和 3.22(c)可见:标准差和变异系数在不同波段呈现相反的趋势,就是说光谱波段对 LAI 变化的相对敏感性和绝对敏感性矛盾,因此在这种情况下很难判断哪个波段更好,所以需要引入其他条件作进一步的分析。

当将可见光和近红外波段构成各种植被指数时,就不仅要将相对和绝对敏感性联合起来考虑,还要根据植被指数的公式,具体地考虑这种波段敏感性对各种植被指数的影响。一般植被指数在 0.9 甚至 0.8 就开始达到饱和了,于是假设植被指数在 0.9 达到饱和,小于 0.9 还未达到饱和。

不失一般性,用公式表示为:

$$\text{VNDVI} = \frac{\text{NIR} - \text{VIS}}{\text{NIR} + \text{VIS}} < 0.9 \longrightarrow \frac{\text{NIR}}{\text{VIS}} < 19 \tag{3.8}$$

当考虑到近红外反射率 NIR 在生长旺期可达到 0.4～0.5,平均为 0.45 时,带入上式,可得:VIS > 0.024。

上面的公式推导的结论是:要求 VIS 的值大于 0.024,这时相对大的变异系数表示的不仅仅是光谱波段对 LAI 比较敏感,同时也表示由 VIS 构成植被指数不会饱和,就是说这种敏感性有意义,这时的变异系数比标准差判断波段对 LAI 变化的敏感性更有效。

相反,如果只是变异系数比较大,而 VIS 的值小于 0.024,则相对大的变异系数表示的是虽然光谱波段对 LAI 的变化有反应,但由其构成的植被指数却达到了饱和,因此这种情况下的变异系数表示的大的相对敏感性已经没有意义,所以可以选用标准差表示的绝对敏感性来作为选择波段的指标。

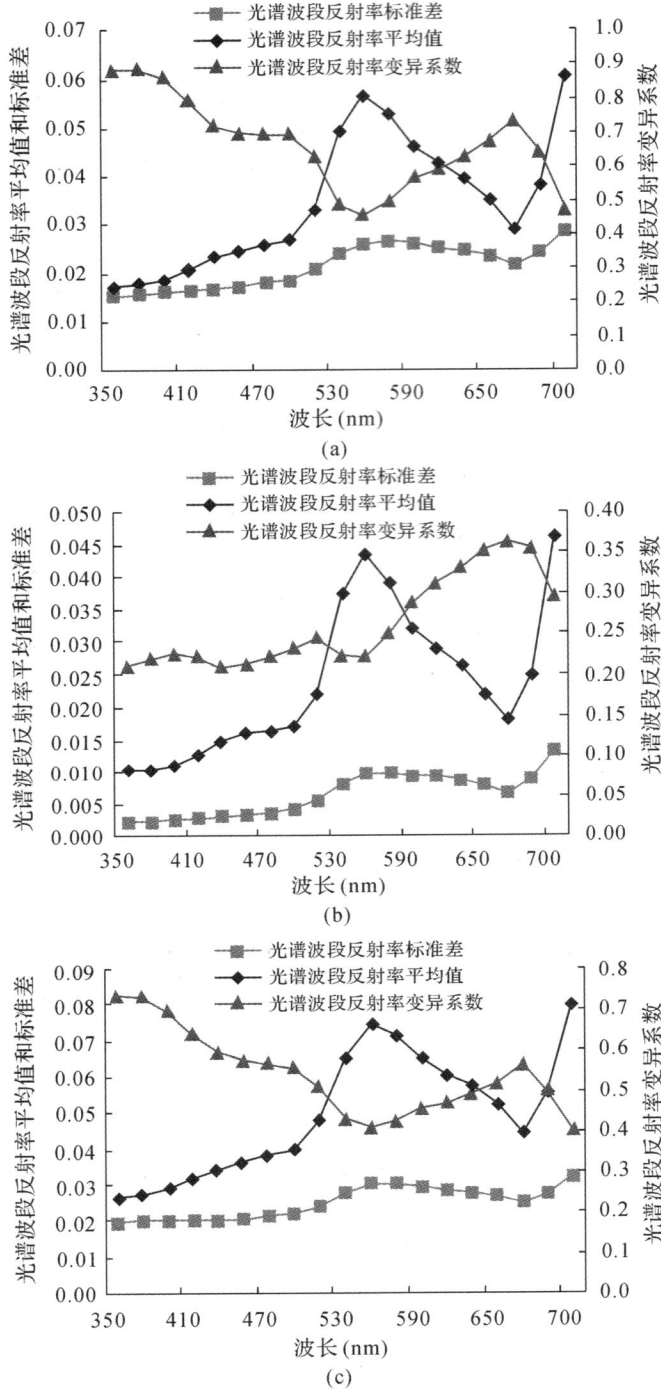

图 3.22　各个光谱波段反射率的平均值、标准差和变异系数

(a)0≤LAI≤8.38；(b)3≤LAI≤8.38；(c)0≤LAI<3

Fig. 3.22　Means,coefficients of variation,and standard deviation of spectral reflectance under different

LAI ranges (a)0≤LAI≤8.38；(b)3≤LAI≤8.38；(c)0≤LAI<3

　　由图 3.22(b)可见,当 LAI>3 时,尽管红蓝波段的反射率变异系数比较大(即红蓝波段受到 LAI 变化的影响),但由于其值基本小于 0.024,因此由红蓝波段构成的植被指数与 LAI 没有直接的相应关系。然而此时的绿光波段反射率值却大于 0.024,虽然其相对敏感性不如红光波段,但其绝对敏感性比红光波段大,因此由绿光波段构成的植被指数却可以与 LAI 有着相对较好的关系。当对于 LAI<3 时,红蓝波段的平均反射率都大于 0.022(图 3.22(c)),因此这时大的变异系数就对由这两个波段构成的植被指数有直接的影响,即对 LAI 敏感。而此时的绿光波段的反射率值也大于 0.024,但其敏感性不如红光波段,因此其构成的植被指数与 LAI 的关系相对较差。图 3.22(a)是图 3.22(b)和 3.22(c)的综合,具有更广的 LAI 变化范围,虽然红蓝波段反射率大于 0.024,且相对敏感性比较绿波段大,但是其实质是暗含着 LAI<3 时,红蓝波段反射率出现饱和的情况,因此由其构成的植被指数与 LAI 的关系将相对较差。而绿波段值始终大于 0.024,且还具有相对较大的标准差,因此由其构成的植被指数始终保持着对 LAI 变化的敏感性。但是其变异系数较小,这种敏感性有所减弱。所以,综合考虑红、绿、蓝单波段对 LAI 的敏感性,相对而言绿波段对 LAI 的变化具有更好的反应。如果再考虑到红蓝波段在 LAI<3 时对 LAI 变化有比较大的相对敏感性,因而可以推测到将绿波段和红或蓝波段结合构成的植被指数可能会与 LAI 有更好的关系。

### 3.5.5　模型验证

　　经过比较不同函数形式(线性、对数、指数、幂函数等)的拟合方程,发现对于整个生育期的水稻而言,对 LAI 的最佳拟合方程为指数形式,图 3.23 为利用各种植被指数建立水稻 LAI 估算模型拟合散点图。

　　如图 3.23 所示,各种植被指数对 LAI 的拟合效果都相当不错。但是不同的植被指数也存在一定的差别。其中以 GBNDVI 对 LAI 的拟合效果最好,$R^2$ 值为 0.8858;GNDVI、GRNDVI、RBNDVI 和 PNDVI 的拟合效果次之,$R^2$ 都在 0.87 以上;而 BNDVI 和 NDVI 的拟合效果较差,$R^2$ 分别为 0.8658 和 0.8563。虽然各个拟合方程的 $R^2$ 相差不是很大,但是却反映出在使用可见光不同波段及组合代替常规 NDVI 的红光波段时,特别是使用绿波段及绿蓝波段构成的 VNDVI 能够取得相对较好的估算效果,这个结果也与前面讨论的各个波段对 LAI 变化的敏感性分析结果相一致。

　　下面将验证绿波段及绿蓝波段构成的植被指数对水稻 LAI 的估算比由其他波段构成的植被指数效果好是否具有普适性。分别使用与本实验中同一生长季节的不同品种以及同一品种不同生长季节的水稻数据进行验证。验证的水稻品种是同为 2002 年的嘉早 324(常规籼稻,全生育期 100~105 天)和协优 9308(杂交籼稻,全生育期 140~145 天)。另外还有 2003 年的秀水 110。结果表明:无论是同一生长季节的不同品种,还是不同生长季的同一品种,都是由绿波段和绿蓝波段构成的植被指数对 LAI 拟合效果最佳。表 3.12 给出的是以上两种情况下各种植被指数对 LAI 最佳拟合方程的 $R^2$,由表可见,最大 $R^2$ 值基本出现在植被指数为 GNDVI 和 GBNDVI 时。虽然它们的 $R^2$ 值相对较小,但是基本趋势与前面的分析相一致。从而可见,GNDVI 和 GBNDVI 对 LAI 的拟合效果比其他植被指数(NDVI,BNDVI,GRNDVI,RBNDVI,PNDVI)好。

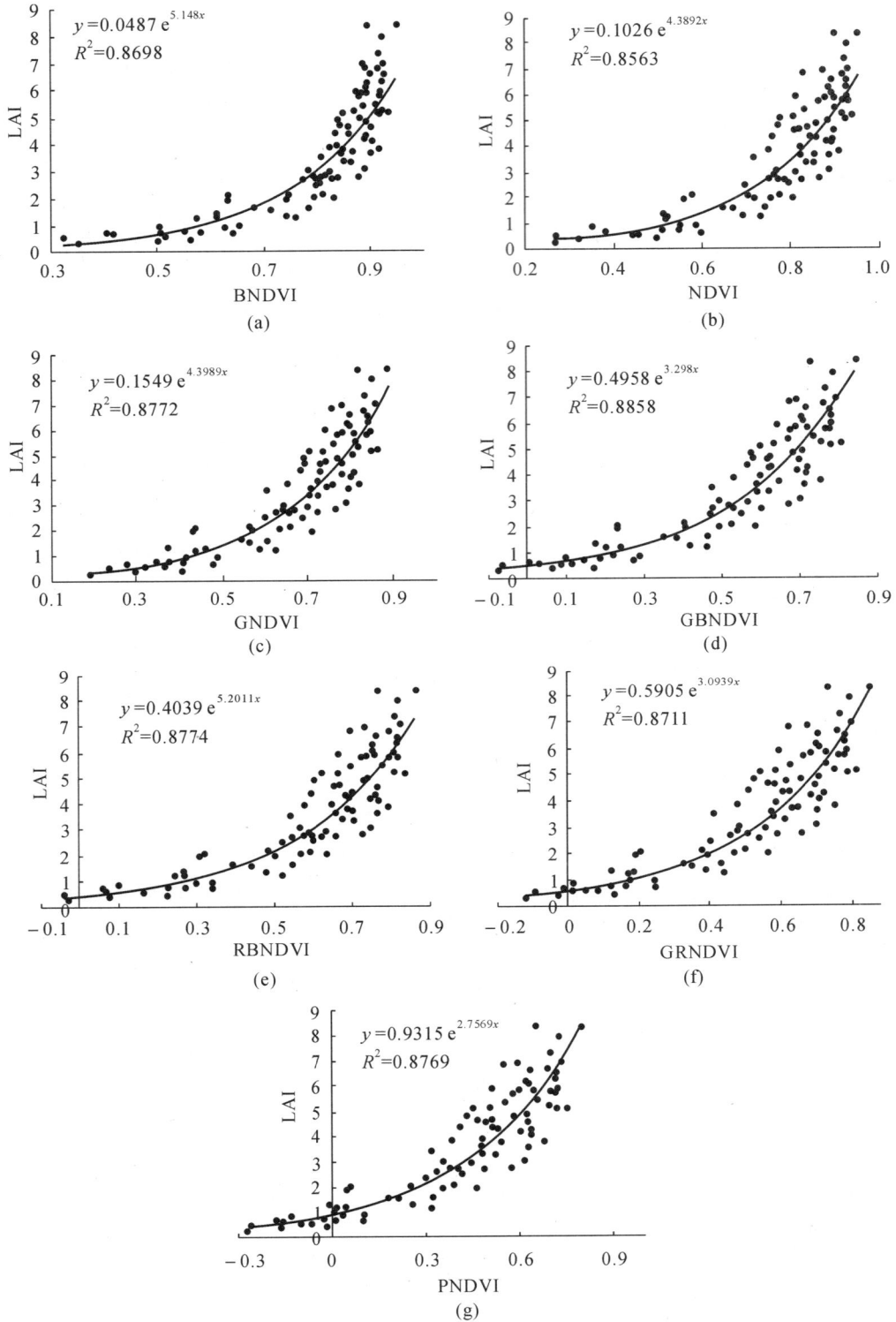

图 3.23  各种组合的 VNDVI 对 LAI 的最佳拟合方程

Fig. 3.23  Best fitted regression equations between LAI and all kinds of VNDVIs

**表 3.12　同一生长季节不同品种和不同生长季同一品种条件下的各种植被指数对水稻 LAI 的最佳拟合 $R^2$**

Table 3.12　$R^2$ values of the best fitted regression equation for various vegetation indices under different growth conditions

| $R^2$ | NDVI | GNDVI | BNDVI | GBNDVI | GRNDVI | RBNDVI | PNDVI |
|---|---|---|---|---|---|---|---|
| 嘉早 324 | 0.4261 | 0.5799 | 0.5493 | 0.5761 | 0.5142 | 0.4878 | 0.5283 |
| 协优 9308 | 0.3053 | 0.5268 | 0.4754 | 0.5137 | 0.4327 | 0.3833 | 0.4461 |
| 秀水 110 | 0.4295 | 0.6718 | 0.6482 | 0.6636 | 0.5618 | 0.5264 | 0.5819 |

## 3.6　小结

首先分别利用多光谱和高光谱变量估算水稻 LAI。对多光谱变量而言，植被指数变量 LAI 估算效果好于单一光谱波段变量；基于比值型植被指数模型拟合效果优于基于归一化型植被指数模型的拟合效果。与多光谱变量相比，高光谱变量与 LAI 之间的拟合分析中，原始光谱、一阶导数光谱和一些高光谱特征值如红边位置（$\lambda_r$）、绿峰最大反射率（$\rho_g$）和红谷最小反射率（$\rho_r$）以及它们的组合，是高光谱独有的变量。运用逐步回归技术建立的水稻 LAI 估算模型时，红边面积与蓝边面积的比值和归一化植被指数以及绿峰最大反射率（$\rho_g$）和红谷最小反射率（$\rho_r$）归一化植被指数以及 $SD_r$ 是最佳的变量。

本章还研究了波段位置和波段宽度对 NDVI 的影响，发现红光波段的位置和宽度对不同生育期的 NDVI 都有比较明显的影响，但是波段位置对不同生育期之间 NDVI 差值影响很小。近红外波段的位置和宽度对不同生育期水稻 NDVI 影响很小。当使 NDVI 的偏差限制在 1‰ 之内时，波段中心位置对波段宽度影响有明显的差异，在生育旺期波段宽度随着波段位置向长波移动而逐渐变小，到 690nm 附近达到最小，而后略有变宽，而生育初期和后期则因在 638nm 附近出现较窄波段宽度而有较大波动。进一步研究还发现除生育最前期外，使用 NDVI 估算水稻 LAI 的最佳波段宽度为 15nm。最佳波段宽度的确定对于针对水稻 LAI 估算的专用传感器的开发具有一定参考价值。

在对水稻 LAI 估算的植被指数参数调整研究中，发现以水和水中悬浮物及土壤为背景的水稻冠层光谱植被指数，在估算水稻 LAI 时，当 WDVI 的参数 $\alpha = 1.44$；SAVI 的参数 $L = 0.08$；SAVI2 的参数 $\theta = 0.02$，ATSAVI 的参数 $a = 0.5$、$b = 0.02$、$X = 0.02$ 时能够获得最高的估算精度。

本章在分析 NDVI 缺陷的基础上提出了将所有可见光波段组合代替常规 NDVI 中的红光波段，来估算水稻 LAI，结果表明：在不同的 LAI 范围，红、绿、蓝 3 个波段对 LAI 有不同的敏感性，当 LAI<3 时，红蓝波段敏感性较高，虽然这时绿波段的敏感性不如红蓝波段，然而绿波段在更大的范围对 LAI 都有相当的敏感性。当 LAI>3 时，由绿波段以及绿蓝波段构成的 GNDVI 和 GBNDVI 相对其他几个植被指数（NDVI、BNDVI、GRNDVI、RBNDVI

和 PNDVI)对 LAI 具有较好的估算效果,这是由绿光波段和蓝光波段对 LAI 敏感性以及 VNDVI 特有的公式形式决定的。通过使用与本章实验同一生长季、不同水稻品种及不同生长季、同一品种的水稻 LAI 及其对应的光谱数据再次证明了由绿波段和绿蓝波段构成的 GNDVI 和 GBNDVI 与 LAI 具有较好的关系,可以对 LAI 进行相对其他植被指数较准确的估算。

# 第4章 水稻色素含量/密度的高光谱估算模型

色素含量是描述水稻生理状态的一个重要指标,其变化可用于评价水稻的光合能力、生长发育阶段、营养、人为或是自然的环境胁迫以及病虫害等。因此,水稻色素含量估算已经成为监测水稻生长、发育和产量形成的一个非常有效的方法。本章涉及的色素变量有叶绿素 a(Chla)、叶绿素 b(Chlb)、总叶绿素(Chlt)和类胡萝卜素(Cars);色素的单位分别使用了色素含量和色素密度两个单位;水稻组分包括水稻叶片和稻穗两个组分,其中水稻叶片有大田叶片和水培叶片两类。

## 4.1 实验数据的统计描述及相关性分析

### 4.1.1 水稻色素含量数据的统计分析

如表 4.1 所示,无论对于水培叶片、大田叶片还是稻穗,叶绿素 a 的含量基本都是叶绿素 b 的 3 倍左右,而类胡萝卜素含量一般较叶绿素 b 稍多一点,因而叶绿素 a 在叶绿素吸收中起主导作用。水培叶片以及大田叶片的叶绿素 a 含量的变异系数为 27% 左右,而穗的叶

**表 4.1 叶绿素以及类胡萝卜素含量(mg/g)的基本统计分析(2002)**

Table 4.1 Statistical analysis of chlorophyll and carotenoid contents (2002)

| 实验条件 | 处理 | 最大值 | 最小值 | 平均值 | 方差 | 标准差 | 变异系数(%) |
|---|---|---|---|---|---|---|---|
| 水培叶片 | Chla | 3.7581 | 0.7658 | 2.3163 | 0.2789 | 0.5281 | 22.7977 |
| | Chlb | 1.1319 | 0.2438 | 0.7533 | 0.0253 | 0.1592 | 21.1310 |
| | Chlt | 4.8901 | 1.0095 | 3.0697 | 0.4655 | 0.6823 | 22.2271 |
| | Cars | 1.3021 | 0.3518 | 0.8334 | 0.0252 | 0.1589 | 19.0604 |
| 大田叶片 | Chla | 3.5159 | 0.4520 | 2.1658 | 0.3412 | 0.5841 | 26.9685 |
| | Chlb | 1.3623 | 0.2001 | 0.7444 | 0.0401 | 0.2003 | 26.9061 |
| | Chlt | 4.8782 | 0.6521 | 2.9102 | 0.6042 | 0.7773 | 26.7100 |
| | Cars | 1.2695 | 0.3351 | 0.8317 | 0.0377 | 0.1941 | 23.3392 |
| 大田穗 | Chla | 0.4240 | 0.0288 | 0.1816 | 0.0111 | 0.1054 | 58.0336 |
| | Chlb | 0.1631 | 0.0150 | 0.0776 | 0.0016 | 0.0399 | 51.3817 |
| | Chlt | 0.5871 | 0.0438 | 0.2593 | 0.0208 | 0.1441 | 55.5593 |
| | Cars | 0.1766 | 0.0164 | 0.0755 | 0.0018 | 0.0422 | 55.8951 |

绿素 a 变异系数为 58%，比叶片的叶绿素含量变异系数高出很多。尽管如此，穗的叶绿素 a 含量却比水稻叶片小得多，即使是穗的最大叶绿素 a 含量也只与叶片的最小叶绿素 a 含量相当，甚至更小。叶绿素 b、总叶绿素以及类胡萝卜素与叶绿素 a 有类似的趋势。

### 4.1.2　不同色素之间的相关性分析

如表 4.2 所示，无论水培叶片、大田叶片色素含量还是大田穗的色素含量彼此之间的相关系数都通过 0.01 极显著检验，特别是叶绿素 a 含量与总的叶绿素含量之间的相关系数都在 0.99 左右，说明不同色素之间的变化趋势是非常一致的。

表 4.2　不同色素之间的相关系数（2002）

Table 4.2　Correlation coefficients between different pigments

| 实验条件 | 色素 | Chla | Chlb | Chlt | Cars |
|---|---|---|---|---|---|
| 水培叶片 | Chla | 1 | 0.9587 | 0.9908 | 0.9626 |
| | Chlb | 0.9587 | 1 | 0.9140 | 0.9985 |
| | Chlt | 0.9908 | 0.9140 | 1 | 0.9190 |
| | Cars | 0.9626 | 0.9985 | 0.9190 | 1 |
| 大田叶片 | Chla | 1 | 0.9529 | 0.9969 | 0.9120 |
| | Chlb | 0.9529 | 1 | 0.9737 | 0.8304 |
| | Chlt | 0.9969 | 0.9737 | 1 | 0.8993 |
| | Cars | 0.9120 | 0.8304 | 0.8993 | 1 |
| 大田穗 | Chla | 1 | 0.9569 | 0.9968 | 0.9823 |
| | Chlb | 0.9569 | 1 | 0.9772 | 0.9088 |
| | Chlt | 0.9968 | 0.9772 | 1 | 0.9705 |
| | Cars | 0.9823 | 0.9088 | 0.9705 | 1 |

### 4.1.3　不同叶位色素含量与冠层光谱的相关分析

利用 1999 年不同叶位的叶绿素含量与冠层高光谱变量的相关性，分析不同叶位的色素含量对冠层光谱的影响（表 4.3～4.5）。如表 4.3 所示，上叶叶绿素含量与绿峰反射率、红边波长、红谷反射率之间的相关系数达到 0.01 极显著性检验水平，与蓝边面积和"三边"面积构成的植被指数之间的相关关系也达到极显著检验水平。如表 4.4 所示，中叶叶片叶绿素含量与绿峰反射率、红边波长、$\dfrac{SD_r}{SD_b}$ 之间的相关系数达到显著性检验水平，其相关系数 $r$ 明显小于上叶的值，中叶类胡萝卜素除与 $\lambda_g$、$\lambda_o$ 之间的相关系数达到显著性检验水平外，与其他高光谱特征变量之间的相关关系未达到显著性检验水平。如表 4.5 所示，下叶叶片叶绿素含量和下叶类胡萝卜素除了与 $\lambda_o$ 之间的相关系数达到显著性检验水平外，与其他高光谱特征变量之间的相关关系未达到显著性检验水平。由此可见，随着叶位的下移，叶片叶绿素含量与光谱特征变量之间的相关性明显减弱。

**表 4.3　上叶叶片叶绿素含量与高光谱变量之间的相关系数(1999)**

Table 4.3　Correlation coefficients between chlorophyll contents of up leaves and the hyperspectral variables (1999)

| 光谱变量类型 | 上叶 Chla | 上叶 Chlb | 上叶 Cars | 上叶 Chlt |
|---|---|---|---|---|
| 基于光谱位置变量 | | | | |
| $D_b$ | $-0.374$ | $-0.403^*$ | $-0.148$ | $-0.424$ |
| $\lambda_b$ | $0.212$ | $0.032$ | $-0.021$ | $0.167$ |
| $D_y$ | $0.270$ | $0.340$ | $0.120$ | $0.324$ |
| $\lambda_y$ | $0.171$ | $0.130$ | $-0.036$ | $0.173$ |
| $D_r$ | $0.072$ | $-0.219$ | $0.006$ | $-0.029$ |
| $\lambda_r$ | $0.601^{**}$ | $0.162$ | $0.190$ | $0.500^*$ |
| $\rho_g$ | $-0.676^{**}$ | $-0.493^*$ | $-0.227$ | $-0.678^{**}$ |
| $\lambda_g$ | $-0.144$ | $-0.013$ | $-0.308$ | $-0.111$ |
| $\rho_r$ | $-0.641^{**}$ | $-0.266$ | $-0.182$ | $-0.567^{**}$ |
| $\lambda_o$ | $0.023$ | $0.195$ | $-0.294$ | $0.089$ |
| 基于光谱面积变量 | | | | |
| $SD_b$ | $-0.606^{**}$ | $-0.578^{**}$ | $-0.256$ | $-0.658^{**}$ |
| $SD_y$ | $0.352$ | $0.453^*$ | $0.145$ | $0.426^*$ |
| $SD_r$ | $0.262$ | $-0.210$ | $0.033$ | $0.113$ |
| 基于植被指数变量 | | | | |
| $\dfrac{\rho_g}{\rho_r}$ | $0.373$ | $-0.022$ | $0.161$ | $0.264$ |
| $\dfrac{\rho_g - \rho_r}{\rho_g + \rho_r}$ | $0.397$ | $-0.077$ | $0.131$ | $0.261$ |
| $\dfrac{SD_r}{SD_b}$ | $0.805^{**}$ | $0.585^{**}$ | $0.331$ | $0.806^{**}$ |
| $\dfrac{SD_r}{SD_y}$ | $-0.658^{**}$ | $-0.555^{**}$ | $-0.227$ | $-0.687^{**}$ |
| $\dfrac{SD_r - SD_b}{SD_r + SD_b}$ | $0.741^{**}$ | $0.446^*$ | $0.253$ | $0.708^{**}$ |
| $\dfrac{SD_r - SD_y}{SD_r + SD_y}$ | $-0.500^*$ | $-0.431^*$ | $-0.163$ | $-0.526^{**}$ |

**表 4.4　中叶叶片叶绿素含量与高光谱变量之间的相关系数(1999)**

Table 4.4　Correlation coefficients between chlorophyll contents of middle leaves and the hyperspectral variables (1999)

| 光谱变量类型 | 中叶 Chla | 中叶 Chlb | 中叶 Cars | 中叶 Chlt |
|---|---|---|---|---|
| 基于光谱位置变量 | | | | |
| $D_b$ | −0.067 | −0.110 | 0.226 | −0.086 |
| $\lambda_b$ | 0.113 | −0.032 | −0.152 | 0.068 |
| $D_y$ | −0.072 | 0.065 | −0.251 | −0.027 |
| $\lambda_y$ | 0.198 | 0.105 | −0.190 | 0.176 |
| $D_r$ | 0.198 | −0.027 | 0.211 | 0.129 |
| $\lambda_r$ | 0.430* | 0.033 | 0.214 | 0.312 |
| $\rho_g$ | −0.426* | −0.208 | 0.129 | −0.373 |
| $\lambda_g$ | −0.227 | −0.127 | −0.447* | −0.204 |
| $\rho_r$ | −0.320 | −0.051 | 0.094 | −0.242 |
| $\lambda_o$ | −0.262 | 0.070 | −0.70** | −0.158 |
| 基于光谱面积变量 | | | | |
| $SD_b$ | −0.298 | −0.251 | 0.106 | −0.298 |
| $SD_y$ | 0.093 | 0.166 | −0.222 | 0.125 |
| $SD_r$ | 0.101 | −0.136 | 0.016 | 0.022 |
| 基于植被指数变量 | | | | |
| $\dfrac{\rho_g}{\rho_r}$ | 0.163 | −0.013 | 0.024 | 0.109 |
| $\dfrac{\rho_g - \rho_r}{\rho_g + \rho_r}$ | 0.135 | −0.086 | 0.013 | 0.063 |
| $\dfrac{SD_r}{SD_b}$ | 0.490* | 0.352 | 0.057 | 0.470* |
| $\dfrac{SD_r}{SD_y}$ | −0.368 | −0.285 | 0.084 | −0.360 |
| $\dfrac{SD_r - SD_b}{SD_r + SD_b}$ | 0.375 | 0.167 | −0.041 | 0.322 |
| $\dfrac{SD_r - SD_y}{SD_r + SD_y}$ | −0.175 | −0.137 | 0.219 | −0.171 |

**表 4.5 下叶叶片叶绿素含量与高光谱变量之间的相关系数(1999)**

Table 4.4 Correlation coefficients between chlorophyll contents of down leaves and the hyperspectral variables (1999)

| 光谱变量类型 | 下叶 Chla | 下叶 Chlb | 下叶 Cars | 下叶 Chlt |
|---|---|---|---|---|
| 基于光谱位置变量 | | | | |
| $D_b$ | 0.157 | 0.044 | 0.244 | 0.126 |
| $\lambda_b$ | −0.191 | −0.140 | −0.269 | −0.181 |
| $D_y$ | −0.174 | −0.060 | −0.238 | −0.143 |
| $\lambda_y$ | −0.283 | −0.131 | −0.386 | −0.244 |
| $D_r$ | 0.177 | −0.017 | 0.183 | 0.121 |
| $\lambda_r$ | 0.248 | 0.062 | 0.158 | 0.197 |
| $\rho_g$ | 0.052 | −0.002 | 0.195 | 0.037 |
| $\lambda_g$ | −0.363 | −0.187 | −0.403 | −0.318 |
| $\rho_r$ | 0.047 | 0.119 | 0.147 | 0.071 |
| $\lambda_o$ | −0.512** | −0.210 | −0.702** | −0.432* |
| 基于光谱面积变量 | | | | |
| $SD_b$ | 0.003 | −0.099 | 0.131 | −0.030 |
| $SD_y$ | −0.155 | 0.006 | −0.244 | −0.109 |
| $SD_r$ | 0.012 | −0.231 | −0.019 | −0.065 |
| 基于植被指数变量 | | | | |
| $\frac{\rho_g}{\rho_r}$ | −0.031 | −0.201 | −0.021 | −0.086 |
| $\frac{\rho_g-\rho_r}{\rho_g+\rho_r}$ | −0.037 | −0.244 | −0.035 | −0.104 |
| $\frac{SD_r}{SD_b}$ | 0.140 | 0.136 | −0.027 | 0.143 |
| $\frac{SD_r}{SD_y}$ | 0.040 | −0.050 | 0.183 | 0.013 |
| $\frac{SD_r-SD_b}{SD_r+SD_b}$ | 0.053 | 0.009 | −0.085 | 0.041 |
| $\frac{SD_r-SD_y}{SD_r+SD_y}$ | 0.160 | 0.066 | 0.273 | 0.135 |

## 4.2 水稻色素含量估算模型

本节将利用2002年实验获取水稻叶片的叶绿素含量和胡萝卜素含量,采用窄波段光谱指数(Narrow Band Spectral Indices,NBSI)为自变量,利用多元回归方法和神经网络方法,分别建立估算水稻组分的色素含量模型。

以下将使用水培叶片表示水培试验条件下水稻叶片;大田叶片表示大田试验条件下的水稻叶片;大田稻穗表示大田试验条件下水稻穗。

### 4.2.1 基于窄波段光谱指数的水稻色素含量估算模型

在350~2500nm范围内包含着2151个光谱波段,通过其两两组合构建窄波段光谱指数,本节使用的窄波段光谱指数包括窄波段归一化植被指数(Narrow Band Normalized Difference Vegetation Index,NBNDVI)和窄波段比值植被指数(Narrow Band Ratio Vegetation Index,NBRVI);利用原始光谱可以构建2151×2151=4626801个NBSI,同样也可以构建350~2500nm范围内的各类光谱变换形式(伪吸收系数、一阶导数、二阶导数)的NBSI;然后将所有波段组合构成的NBSI分别用于叶绿素、类胡萝卜素含量建模,并从这些模型中选择出最佳模型,并进行验证,从而确定最佳归一化叶绿素指数。验证过程包括交叉检验和独立检验两部分。

#### 4.2.1.1 基于NBNDVI的水稻色素含量线性估算模型

这里以水培叶片为例详细介绍NBNDVI构建方法。首先将350~2500nm范围内的各类光谱变量形式(原始变量、伪吸收系数、一阶导数、二阶导数)两两组合构建NBNDVI形式的光谱指数,然后分别建立叶片叶绿素a、叶绿素b、总叶绿素、类胡萝卜素含量与这些指数之间的一元线性拟合方程,获取拟合方程的决定系数$R^2$,这些由两两波段对应的$R^2$就构成了一个$R^2$矩阵。由于NBNDVI是对称的指数,即构成指数的两个波段位置互换,指数的绝对值不变,因此NBNDVI生成的$R^2$矩阵是对称矩阵,所以只用一个三角矩阵就可以表示这种两两组合的关系。

其次,为了清晰地显示出拟合方程$R^2$随着波段组合变化而变化的情况,将$R^2$三角矩阵用图形分级表示,图中的每个点分别对应的横纵坐标表示构成相应NBNDVI的两个光谱波段。由于水分吸收的影响,所以去除1350~1480nm,1780~1990nm,2400~2500nm光谱区域的数据(图4.1)。在图4.1中,用不同的灰度代表$R^2$值的差异,$R^2$越大颜色越深。如图4.1所示,较大$R^2$值主要分布在三个区域:波段1为720~2400nm和波段2为500~650nm构成的区域、波段1为720~2400nm和波段2为700nm附近波段构成的区域、波段1为400~500nm和波段2为600~670nm构成的区域。图4.1中无论叶绿素a还是叶绿素b,其中处于$R^2$最大一级区域的指数的一个波段主要出现在绿光的长波范围,以及700nm附近的范围,另一个波段可能分布在可见光、近红外、短波红外任何一个光谱范围。

最后,在所有 $R^2$ 中寻找出最大 $R^2$ 值,以及其对应的两个波段位置。然后分别使用训练样本以及检验样本进行检验,即计算训练样本的 RMSE(RMSE$_{CV}$),以及检验样本的 RMSE(RMSE$_P$)。

由于获取的数据包括水培叶片、大田叶片、稻穗等 3 种处理,4 种色素类型(叶绿素 a、叶绿素 b、总叶绿素、类胡萝卜素)和 4 种光谱变量,因此,一共有 $3\times4\times4=48$ 幅 $R^2$ 分布图,其他图都与图 4.1 相似,不同之处在于 $R^2$ 分布以及最大 $R^2$ 出现的位置不同,在此未列出。

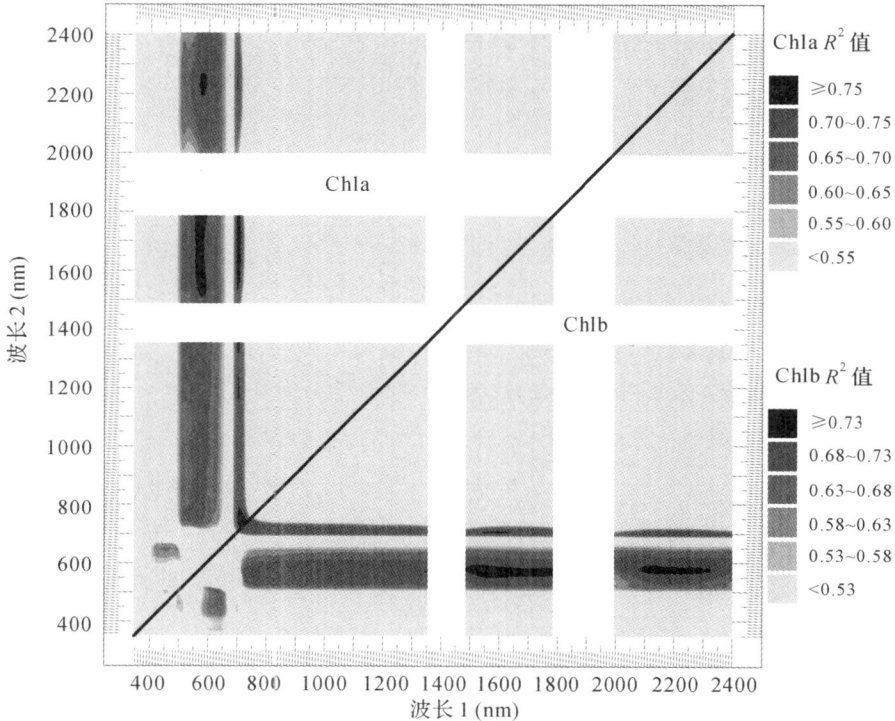

图 4.1　水培叶片叶绿素 a、叶绿素 b 与所有可能原始波段 NBNDVI 组合构成的一元线性方程 $R^2$ 分布情况

Fig. 4.1　$R^2$ values distribution of the linear fitted equation between chlorophyll a,chlorophyll b contents in leaves of water-cultivated rice and all the possible combinations of NBNDVI

表 4.6 和 4.7 分别给出了水培叶片和大田叶片叶绿素、类胡萝卜素与所有可能 NBNDVI 组合中最佳拟合方程的分析结果。从拟合方程的决定系数 $R^2$ 看,与叶绿素、类胡萝卜素含量拟合效果较好的都为导数变量。对水培叶片而言,一阶导数变量的 $R^2$ 较大;对大田叶片情况,则二阶导数变量的 $R^2$ 较大。水培叶片色素含量 RMSE$_{CV}$ 值以使用一阶导数作为自变量建模时较小;大田叶片色素含量 RMSE$_{CV}$ 值以二阶导数较小。而对于检验样本的 RMSE$_P$,在水培叶片时,仍以导数变量建模时较小;在大田叶片时,除了叶绿素 b 以外,都以光原始谱变量较小,而叶绿素 b 的 RMSE$_P$ 是以一阶导数光谱变量为最小。

从构成 NBNDVI 的两个波段来看,第一个波段在水培叶片和大田叶片两种情况下都主要位于短波红外区域和红边区域;第二个波段在水培叶片情况下,主要出现在 700nm 附近以及红光区域,在大田叶片情况下,则主要出现在绿光区域。

**表 4.6　水培叶片色素含量与所有可能 NBNDVI 组合中最佳拟合方程的分析结果**

Table 4.6　Results of the best fitted equation between pigment contents of rice leaves and different NBNDVI using hydroponic experiment data

| 色素 | 变量类型 | $R^2$ | 波段 1(nm) | 波段 2(nm) | RMSE$_{CV}$ | RMSE$_P$ |
|------|----------|-------|-----------|-----------|-------------|----------|
| Chla | 原始 | 0.7738 | 1729 | 707 | 0.2541 | 0.2828 |
|  | 伪吸收系数 | 0.7597 | 1756 | 710 | 0.2619 | 0.2898 |
|  | 一阶导数 | 0.7703 | 2399 | 647 | 0.2561 | 0.2813 |
|  | 二阶导数 | 0.7578 | 708 | 689 | 0.2629 | 0.2658 |
| Chlb | 原始 | 0.7501 | 1554 | 572 | 0.0804 | 0.0956 |
|  | 伪吸收系数 | 0.7475 | 1756 | 568 | 0.0808 | 0.0949 |
|  | 一阶导数 | 0.7696 | 2399 | 648 | 0.0815 | 0.0926 |
|  | 二阶导数 | 0.7539 | 760 | 640 | 0.0798 | 0.1029 |
| Chlt | 原始 | 0.7741 | 1729 | 706 | 0.3280 | 0.3692 |
|  | 伪吸收系数 | 0.7647 | 1729 | 710 | 0.3348 | 0.3742 |
|  | 一阶导数 | 0.7809 | 2399 | 647 | 0.3230 | 0.3647 |
|  | 二阶导数 | 0.7611 | 708 | 689 | 0.3373 | 0.3495 |
| Cars | 原始 | 0.6537 | 1536 | 707 | 0.0956 | 0.0957 |
|  | 伪吸收系数 | 0.6623 | 1581 | 709 | 0.0956 | 0.0957 |
|  | 一阶导数 | 0.6810 | 2014 | 695 | 0.0917 | 0.0906 |
|  | 二阶导数 | 0.6691 | 732 | 706 | 0.0934 | 0.0949 |

**表 4.7　大田叶片色素含量与所有可能 NBNDVI 组合中最佳拟合方程的分析结果**

Table 4.7　Results of the best fitted equation between pigment contents of rice leaves and different NBNDVI using field plot experiment data

| 色素 | 变量类型 | $R^2$ | 波段 1(nm) | 波段 2(nm) | RMSE$_{CV}$ | RMSE$_P$ |
|------|----------|-------|-----------|-----------|-------------|----------|
| Chla | 原始 | 0.7408 | 1481 | 561 | 0.2947 | 0.2800 |
|  | 伪吸收系数 | 0.7290 | 1481 | 561 | 0.3013 | 0.2932 |
|  | 一阶导数 | 0.7399 | 738 | 704 | 0.2952 | 0.3094 |
|  | 二阶导数 | 0.7516 | 743 | 532 | 0.2885 | 0.3087 |
| Chlb | 原始 | 0.7317 | 2398 | 567 | 0.1021 | 0.1023 |
|  | 伪吸收系数 | 0.7179 | 2352 | 557 | 0.1047 | 0.1089 |
|  | 一阶导数 | 0.7446 | 1991 | 538 | 0.0996 | 0.0975 |
|  | 二阶导数 | 0.7424 | 744 | 554 | 0.1000 | 0.1120 |
| Chlt | 原始 | 0.7491 | 1481 | 558 | 0.3851 | 0.3698 |
|  | 伪吸收系数 | 0.7369 | 1481 | 558 | 0.3944 | 0.3897 |
|  | 一阶导数 | 0.7418 | 740 | 527 | 0.3906 | 0.4007 |
|  | 二阶导数 | 0.7588 | 743 | 536 | 0.3776 | 0.3980 |
| Cars | 原始 | 0.4907 | 1481 | 542 | 0.1364 | 0.1371 |
|  | 伪吸收系数 | 0.4948 | 1481 | 539 | 0.1359 | 0.1378 |
|  | 一阶导数 | 0.4971 | 1670 | 653 | 0.1354 | 0.1547 |
|  | 二阶导数 | 0.5086 | 742 | 532 | 0.1340 | 0.1420 |

　　由于稻穗本身的结构特征以及穗所含生化成分都与叶片相差甚大,因此这些因素都影响着稻穗的反射光谱,进而影响稻穗的反射光谱与叶绿素、类胡萝卜素含量之间关系的建立。如表 4.8 所示,稻穗色素含量与原始光谱变量和伪吸收系数光谱变量拟合最大的决定系数 $R^2$ 对应的波段 1 和波段 2 都出现在绿峰附近,并且相差不超过 5nm。对于一阶导数变量,构成最佳拟合方程 NBNDVI 的两个波段一个为 2205nm,另一个为 553nm。对于二阶导数变量,这两个波段则出现在蓝光区域,分别是 461nm 和 443nm。虽然二阶导数变量的 $R^2$ 仅次于一阶导数变量,但检验样本集验证结果 $RMSE_P$ 却都较大,表明二阶导数变量的估算效果不稳定。从 $R^2$ 和 $RMSE_{CV}$ 上看其他变量的估算效果,一阶导数变量>原始变量>伪吸收系数变量。但对独立检验 $RMSE_P$ 而言,一阶导数变量、原始变量和伪吸收系数在估算效果上相当。

　　无论使用哪种变量类型进行拟合,从 $RMSE_{CV}$ 和独立检验 $RMSE_P$ 的值来看,相对于叶片和冠层,稻穗的叶绿素、类胡萝卜素含量估算的相对偏差都较大,这也说明了使用光谱法估算稻穗叶绿素含量相对困难。

**表 4.8　大田稻穗色素含量与所有可能 NBNDVI 组合中最佳拟合方程的分析结果**

Table 4.8　Results of the best fitted equation between pigment contents of rice ears and different NBNDVI using field plot experiment data

| 色素 | 变量类型 | $R^2$ | 波段 1(nm) | 波段 2(nm) | $RMSE_{CV}$ | $RMSE_P$ |
|---|---|---|---|---|---|---|
| Chla | 原始 | 0.7043 | 550 | 548 | 0.0588 | 0.0452 |
| | 伪吸收系数 | 0.6449 | 551 | 553 | 0.0645 | 0.0517 |
| | 一阶导数 | 0.8064 | 2205 | 553 | 0.0476 | 0.0485 |
| | 二阶导数 | 0.7106 | 461 | 443 | 0.0582 | 0.1220 |
| Chlb | 原始 | 0.6376 | 550 | 548 | 0.0245 | 0.0189 |
| | 伪吸收系数 | 0.6005 | 551 | 554 | 0.0258 | 0.0180 |
| | 一阶导数 | 0.7276 | 2205 | 553 | 0.0213 | 0.0209 |
| | 二阶导数 | 0.6581 | 462 | 443 | 0.0238 | 0.0279 |
| Chlt | 原始 | 0.697 | 550 | 548 | 0.0814 | 0.0608 |
| | 伪吸收系数 | 0.6420 | 551 | 553 | 0.0884 | 0.0668 |
| | 一阶导数 | 0.7970 | 2205 | 553 | 0.0666 | 0.0665 |
| | 二阶导数 | 0.7052 | 461 | 443 | 0.0802 | 0.1580 |
| Cars | 原始 | 0.6578 | 553 | 548 | 0.0254 | 0.0217 |
| | 伪吸收系数 | 0.6103 | 552 | 553 | 0.0271 | 0.0239 |
| | 一阶导数 | 0.7859 | 2205 | 553 | 0.0201 | 0.0193 |
| | 二阶导数 | 0.6619 | 461 | 443 | 0.0252 | 0.0530 |

#### 4.2.1.2　基于 NBRVI 的水稻色素含量线性估算模型

　　NBRVI 是以两个波段的比值形式表示的。同 NBNDVI 一样,也是将所有可能波段都组合起来,然后分别与叶绿素、类胡萝卜素含量建立一元线性回归模型,共有 2151×2151＝4626801 个模型,然后再计算各个模型的交叉检验 $RMSE_{CV}$ 和独立检验 $RMSE_P$,确定出最佳模型。所不同的是由于构成 NBRVI 的两个波段不具有像 NBNDVI 那样的对称形式,因此由 NBRVI 与各种色素建模构建的 $R^2$ 方阵在数值上是不完全对称的(图 4.2)。

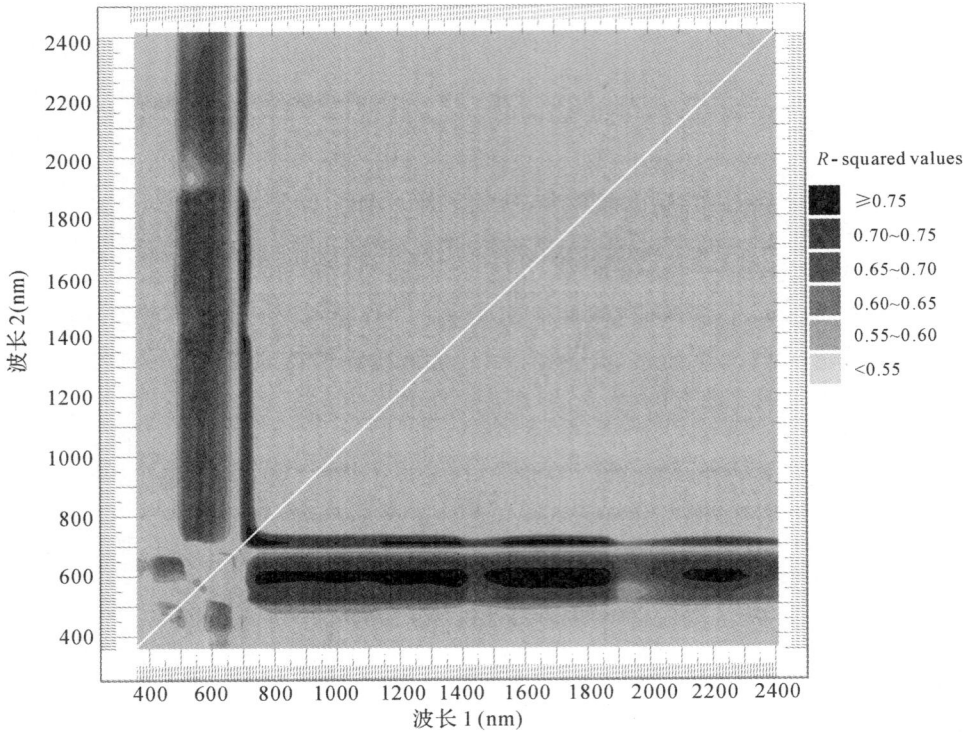

图 4.2　水培叶片叶绿素 a 含量与所有可能原始波段 RVI 组合构成的一元线性方程 $R^2$ 分布情况

Fig. 4.2　$R^2$ values distribution of the linear fitted equation between chlorophyll a contents in leaves of water-cultivated rice and all the possible combinations of RVI

和 NBNDVI 一样,对 NBRVI 最佳拟合结果的分析也将水培叶片和大田叶片两种情况放在一起讨论。从独立检验 RMSE$_P$ 角度看,以二阶导数光谱构建的 NBRVI 为自变量的水培叶片叶绿素、类胡萝卜素含量的拟合方程最佳(表 4.9),即二阶导数变量估算效果好;以一阶导数光谱构建的 NBRVI 为自变量的对大田叶片叶绿素含量的拟合方程最好(表 4.10),以吸收系数光谱构建的 NBRVI 为自变量的对大田胡萝卜素含量的拟合方程最优。如果再将 $R^2$ 和交叉检验 RMSE$_{CV}$ 考虑在内,对于水培叶片的情况,一阶导数变量和二阶导数变量对色素的估算效果相当;对于大田叶片的情况,除了叶绿素 b 含量的估算外,其他色素都以一阶导数光谱变量估算效果好,叶绿素 b 则是以二阶导数光谱变量估算效果好。

从最佳拟合方程的 NBRVI 波段角度看,对于水培叶片,利用原始和伪吸收系数构建 NBRVI 估算叶绿素 b 含量时,其分子波段为 568nm,处于绿光长波光谱范围内,其他全部位于红边区域;分母波段则绝大部分位于短波红外区域,共计 11 个,占总数的 68.75%,另外分别有 3 个处于 700nm 附近,2 个处于绿光长波区域。对于大田叶片叶绿素、类胡萝卜素含量估算的最佳 NBRVI 的分子波段,当 NBRVI 是由原始、伪吸收系数光谱变量构成时,分子波段都出现在绿光区域;当 NBRVI 是由一阶导数、二阶导数变量构成时,分子波段都出现在红边波段。对于大田叶片叶绿素、类胡萝卜素含量估算的最佳 NBRVI 的分母波段,在16 个最佳基于 NBRVI 指数的叶绿素、类胡萝卜素含量模型中,有 12 个出现在短波红外区域,占 75%，其他 4 个波段位于 530~630nm。将表 4.9 和 4.10 中分子和分母波段综合起来分析，分子波段主要位于红边区域，其次为绿光区域；而分母波段则主要位于短波红外区域。

**表 4.9　水培叶片色素含量与所有可能 NBRVI 组合中最佳拟合方程的分析结果**

Table 4.9　Results of the best fitted equation between pigment contents of rice leaves and different NBRVI using hydroponic experiment data

| 色素 | 变量类型 | $R^2$ | 分母波段(nm) | 分子波段(nm) | $RMSE_{CV}$ | $RMSE_P$ |
|---|---|---|---|---|---|---|
| Chla | 原始 | 0.7732 | 709 | 737 | 0.2544 | 0.2560 |
| | 伪吸收系数 | 0.7631 | 1756 | 709 | 0.2601 | 0.2849 |
| | 一阶导数 | 0.7682 | 2399 | 695 | 0.2572 | 0.2626 |
| | 二阶导数 | 0.7671 | 561 | 709 | 0.2579 | 0.2455 |
| Chlb | 原始 | 0.7432 | 1554 | 568 | 0.0815 | 0.0900 |
| | 伪吸收系数 | 0.7509 | 1756 | 568 | 0.0803 | 0.0921 |
| | 一阶导数 | 0.7625 | 2032 | 695 | 0.0784 | 0.0885 |
| | 二阶导数 | 0.7479 | 2128 | 708 | 0.0807 | 0.0867 |
| Chlt | 原始 | 0.7741 | 709 | 737 | 0.3280 | 0.3368 |
| | 伪吸收系数 | 0.7672 | 1729 | 709 | 0.3330 | 0.3681 |
| | 一阶导数 | 0.7771 | 2399 | 695 | 0.3258 | 0.3441 |
| | 二阶导数 | 0.7686 | 563 | 708 | 0.3320 | 0.3323 |
| Cars | 原始 | 0.6472 | 708 | 749 | 0.0965 | 0.0905 |
| | 伪吸收系数 | 0.6727 | 1582 | 708 | 0.0929 | 0.0943 |
| | 一阶导数 | 0.6768 | 1577 | 739 | 0.0923 | 0.0868 |
| | 二阶导数 | 0.6765 | 1517 | 709 | 0.0924 | 0.0868 |

**表 4.10　大田叶片色素含量与所有可能 NBRVI 组合中最佳拟合方程的分析结果**

Table 4.10　Results of the best fitted equation between pigment contents of rice leaves and different NBRVI using field plot experiment data

| 色素 | 变量类型 | $R^2$ | 波段分母(nm) | 分子波段(nm) | $RMSE_{CV}$ | $RMSE_P$ |
|---|---|---|---|---|---|---|
| Chla | 原始 | 0.7174 | 1481 | 558 | 0.3077 | 0.3020 |
| | 伪吸收系数 | 0.7416 | 1481 | 562 | 0.2942 | 0.2794 |
| | 一阶导数 | 0.7926 | 1587 | 739 | 0.2636 | 0.2662 |
| | 二阶导数 | 0.7579 | 1682 | 749 | 0.2848 | 0.3081 |
| Chlb | 原始 | 0.7259 | 622 | 444 | 0.1032 | 0.1052 |
| | 伪吸收系数 | 0.7326 | 2398 | 566 | 0.1019 | 0.1027 |
| | 一阶导数 | 0.7408 | 608 | 723 | 0.1003 | 0.0982 |
| | 二阶导数 | 0.7704 | 592 | 740 | 0.0944 | 0.0963 |
| Chlt | 原始 | 0.7242 | 1481 | 557 | 0.4038 | 0.4027 |
| | 伪吸收系数 | 0.7505 | 1481 | 561 | 0.3840 | 0.3697 |
| | 一阶导数 | 0.7848 | 1591 | 739 | 0.3566 | 0.3621 |
| | 二阶导数 | 0.7674 | 537 | 740 | 0.3708 | 0.3771 |
| Cars | 原始 | 0.4845 | 1481 | 539 | 0.1372 | 0.1397 |
| | 伪吸收系数 | 0.4970 | 1481 | 539 | 0.1356 | 0.1363 |
| | 一阶导数 | 0.5223 | 1579 | 734 | 0.1321 | 0.1390 |
| | 二阶导数 | 0.5221 | 1609 | 749 | 0.1321 | 0.1425 |

大田稻穗叶绿素、类胡萝卜素含量估算最佳拟合方程的 NBRVI 对应的波段（表 4.11），对于原始变量和伪吸收系数构建的 NBRVI，无论分子波段还是分母波段都位于绿峰附近区域；对于一阶导数变量构建的 NBRVI，分母波段位于绿峰附近区域，分子波段位于红谷附近区域；对于二阶导数变量构建的 NBRVI，分母波段位于近红外或短波红外区域，分子波段则位于蓝光区域或绿峰附近区域。

**表 4.11　大田稻穗色素含量与所有可能 NBRVI 组合中最佳拟合方程的分析结果**

Table 4.11　Results of the best fitted equation between pigment contents of rice ears and different NBRVI using field plot experiment data

| 色素 | 变量类型 | $R^2$ | 分母波段(nm) | 分子波段(nm) | $RMSE_{CV}$ | $RMSE_P$ |
|---|---|---|---|---|---|---|
| Chla | 原始 | 0.7047 | 550 | 548 | 0.0588 | 0.0452 |
| | 伪吸收系数 | 0.6452 | 551 | 553 | 0.0645 | 0.0516 |
| | 一阶导数 | 0.8315 | 553 | 687 | 0.0444 | 0.0355 |
| | 二阶导数 | 0.7263 | 1251 | 489 | 0.0566 | 0.0654 |
| Chlb | 原始 | 0.6379 | 550 | 548 | 0.0245 | 0.0189 |
| | 伪吸收系数 | 0.6025 | 522 | 651 | 0.0257 | 0.0182 |
| | 一阶导数 | 0.7384 | 552 | 689 | 0.0208 | 0.0143 |
| | 二阶导数 | 0.6368 | 2161 | 435 | 0.0246 | 0.0227 |
| Chlt | 原始 | 0.6971 | 550 | 548 | 0.0813 | 0.0608 |
| | 伪吸收系数 | 0.6423 | 551 | 553 | 0.0884 | 0.0669 |
| | 一阶导数 | 0.8163 | 553 | 687 | 0.0633 | 0.0454 |
| | 二阶导数 | 0.7033 | 1251 | 489 | 0.0805 | 0.0888 |
| Cars | 原始 | 0.6590 | 553 | 548 | 0.0253 | 0.0217 |
| | 伪吸收系数 | 0.6107 | 551 | 554 | 0.0271 | 0.0239 |
| | 一阶导数 | 0.8206 | 553 | 688 | 0.0184 | 0.0178 |
| | 二阶导数 | 0.7271 | 1251 | 545 | 0.0227 | 0.0257 |

对于叶绿素、类胡萝卜素含量的估算效果，无论从 $R^2$，交叉检验 $RMSE_{CV}$ 还是独立检验 $RMSE_P$ 数值看，一阶导数光谱变量都具有最好的估算效果，即 $R^2$ 最大，$RMSE_{CV}$ 和独立检验 $RMSE_P$ 最小。在大田稻穗的情况下，原始光谱变量在估算各种色素时，效果一般好于伪吸收系数。而对于二阶导数变量，虽然具有较大的 $R^2$ 和较小的 $RMSE_{CV}$，但是独立检验 $RMSE_P$ 却比较大，因此可见二阶导数变量对于叶绿素、类胡萝卜素含量估算时，模型不够稳定。

比较以 NBNDVI 和 NBRVI 为自变量的色素估算模型，从模型拟合的角度看，对于水培叶片，最佳 NBNDVI 模型的 $R^2$ 略大于最佳 NBRVI 模型的 $R^2$，但是，最佳 NBNDVI 模型的 $RMSE_P$ 值略大于最佳 NBRVI 模型的 $RMSE_P$ 值。对于大田叶片和穗的情况，无论从最佳拟合方程的决定系数 $R^2$，交叉检验 $RMSE_{CV}$，还是从独立检验 $RMSE_P$ 角度看，最佳 NBRVI 模型都优于最佳 NBNDVI 模型，即最佳 NBRVI 模型的 $R^2$ 大于最佳 NBNDVI 模型的 $R^2$，最佳 NBRVI 模型的 $RMSE_{CV}$ 和 $RMSE_P$ 都小于 NBNDVI 模型相应的 $RMSE_{CV}$ 和 $RMSE_P$。因此，采用 NBNDVI 和 NBRVI 为自变量的水稻组分色素含量线性估算模型中，最佳 NBRVI 线性模型要优于最佳 NBNDVI 线性模型。

## 4.2.2　水稻组分色素含量的 BP 神经网络估算模型

人工神经网络(ANN)已经被广泛应用于众多领域,其主要特点在于对非线性特征的超强学习能力和模型很好的鲁棒性。与传统的回归模型相比,ANN 模型对自变量和因变量间的机理关系还未很好理解或太复杂而难以理解的系统有很强的学习能力(Almeida, 2002)。在本节将利用 2002 年实验获得的水稻叶片和穗的色素含量数据,分为叶片、穗和混合(包含叶片和穗)三组,将叶片和穗的色素含量数据分别随机分为训练样本和检验样本,再将相应的叶和穗的训练样本合并为混合数据集的训练样本,相应的叶和穗检验样本合并为混合数据集的检验样本。利用连续统去除法计算水稻室内叶片和穗的高光谱数据的 430nm、460nm、470nm、640nm 和 660nm 处的连续统去除参数,将这些光谱变量与绿峰 550nm 反射率以及红边位置参数等共同作为模型自变量,以实验室测定的水稻叶片和穗色素含量为因变量,训练反向传播神经网络模型(Back Propagation Network,BPN)和多元回归模型(Multiple Linear Regression,MLR),比较两者对水稻色素含量的估测能力,研究相同训练数据情况下提高水稻色素的估测精度的方法。

### 4.2.2.1　数据预处理

为了减少误差和奇异值对模型拟合的影响,先对叶片和穗的色素含量测定数据进行了统计性描述分析和奇异值去除,可能的奇异值是根据数据的 $z$ 值判断,$z$ 值为测定值和平均值的差值除以标准差,当某样本的 $z$ 值绝对值大于 3 时认为该样本数据为奇异值,从数据集删除(William 等,2004)。奇异值删除后,叶片色素数据样本数为 843,穗为 188;将叶片和穗的样本数据集随机分为训练数据集和验证数据集,另外,将相应的叶和穗的训练和验证集合并为混合数据集的训练和验证数据集,这样共有三组数据集:叶片、穗和叶穗混合,三组数据集的训练和验证数据集的统计结果见表 4.12。

**表 4.12　水稻色素含量实验数据的描述性统计分析结果**

Table 4.12　Statistical description of the measured pigment concentration

| 数据组成 | | 训练样本 | 验证样本 | 平均值 (mg/g) | 最大值 (mg/g) | 最小值 (mg/g) | 标准差 (mg/g) | C.V (%) |
|---|---|---|---|---|---|---|---|---|
| 叶片 | Chla | 800 | 43 | 2.273 | 3.758 | 0.854 | 0.560 | 24.6 |
| | Chlb | 800 | 43 | 0.733 | 1.206 | 0.275 | 0.173 | 23.6 |
| | Chlt | 800 | 43 | 3.006 | 4.890 | 1.156 | 0.725 | 24.1 |
| | Cars | 800 | 43 | 0.853 | 1.312 | 0.376 | 0.183 | 21.5 |
| 穗 | Chla | 170 | 18 | 0.177 | 0.407 | 0.029 | 0.090 | 51.1 |
| | Chlb | 170 | 18 | 0.072 | 0.157 | 0.015 | 0.034 | 48.1 |
| | Chlt | 170 | 18 | 0.248 | 0.553 | 0.044 | 0.123 | 49.7 |
| | Cars | 170 | 18 | 0.078 | 0.186 | 0.016 | 0.041 | 51.8 |
| 混合数据 | Chla | 970 | 61 | 1.890 | 3.758 | 0.029 | 0.956 | 50.6 |
| | Chlb | 970 | 61 | 0.613 | 1.206 | 0.015 | 0.300 | 49.0 |
| | Chlt | 970 | 61 | 2.503 | 4.890 | 0.044 | 1.252 | 50.0 |
| | Cars | 970 | 61 | 0.712 | 1.312 | 0.016 | 0.343 | 48.1 |

注:C.V(%)为变异系数。

拟合模型时,要使模型有更好的估测能力,获得训练数据变化范围应该在其正常数据范围内变异性尽可能地大。表 4.12 显示了本研究模型拟合和检验数据统计性描述结果,可以看出实验获得的水稻叶片的穗的色素含量存在很大的变异性,叶片中变异系数最小的是类胡萝卜素,含量也达 21.5%,变异系数最大的是稻穗中的类胡萝卜素,含量为 51.8%。叶片中的色素含量一般较稻穗中高十几倍,变异系数一般小于稻穗一倍左右。

### 4.2.2.2 水稻组分色素含量的神经网络与多元回归估算模型构建

BPN 网络算法选用了能自动确定最佳网络结构和判断网络收敛的贝叶斯正则化算法(Bayesian Regularization),利用 Matlab 中 NNTool 的 trainbr 函数实现;三组数据各包含叶绿素 a(Chla)、叶绿素 b(Chlb)、总叶绿素(Chlt)和类胡萝卜素(Cars)四种色素含量,每种色素训练一个 BPN,最终得到各组数据集不同色素的 12 个训练好的 BPN 网络。隐藏层的传递函数为正切函数(Tansig),输出层的传递函数选择线性函数(Purelin),各种 BPN 网络的训练参数详见表 4.13。为了增加传递函数对训练数据的敏感性,减少训练时间,训练前对各训练数据集的数据进行[−1,1]的归一化预处理,预处理公式为:

$$C_i = 2\frac{p_i - p_{\min}}{p_{\max} - p_{\min}} - 1 \tag{4.1}$$

式中 $C_i$ 为数据集中处理后第 $i$ 个数据,$p_i$ 为处理前第 $i$ 个数据,$p_{\max}$ 和 $p_{\min}$ 分别为数据集中的最大值和最小值。

为了比较 BPN 模型的估测能力,用同样的数据拟合相应的多元回归模型,各种多元回归模型方程总的偏回归系数见表 4.14。为了使 BPN 和 MRL 模型间比较基础相同,本研究中的多元回归模型方程中保留了那些偏回归系数不显著的一般情况下应删除的变量。

表 4.13　各种色素的 BPN 网络结构和训练参数

Table 4.13　Structure and training parameters of BPN for pigment content estimation

| 网络结构 | 输入变量 | 输出变量 | 迭代次数 | 参数 mu | mu 减量 | mu 增量 | mu 最大值 |
|---|---|---|---|---|---|---|---|
| (4-40-1) | $R'(430)$,DRR(660),$R'(g)$,$\lambda_r$ | Chla | 5000 | 0.005 | 0.1 | 10 | $10^{10}$ |
| (4-40-1) | $R'(460)$,DRR(640),$R'(g)$,$\lambda_r$ | Chlb | 5000 | 0.005 | 0.1 | 10 | $10^{10}$ |
| (3-40-1) | $R'(470)$,$R'(g)$,$\lambda_r$ | Cars | 5000 | 0.005 | 0.1 | 10 | $10^{10}$ |
| (6-60-1) | $R'(440)$,$R'(460)$,DRR(640),DRR(660),$R'(g)$,$\lambda_r$ | Chlt | 5000 | 0.005 | 0.1 | 10 | $10^{10}$ |

注:(4-40-1)表示 4 个输入神经元,40 个隐藏神经元和 1 个输出神经元的三层网络;mu 是 Levenberg-Marquardt 算法的初始阻尼系数;$R'(g)$ 表示 550nm 处连续统去除反射率。

表 4.14　训练数据的多元回归模型的回归系数和偏回归系数

Table 4.14　Coefficients of the multiple linear regression models for calibration data set

| 数据 | 色素 | $R^2$ (%) | $p$-值[a] | 常数 constant | 偏回归系数 Bata-$R'(g)$ | 偏回归系数 Bata-$\lambda_r$ | 偏回归系数 Bata-$R'(440)$ | 偏回归系数 Bata-DRR(660) | 偏回归系数 Bata-$R'(460)$ | 偏回归系数 Bata-DRR(640) |
|---|---|---|---|---|---|---|---|---|---|---|
| 叶 | Chla | 43 | 0.00 | $-26.549$ | 0.6048 | 0.0278 | 5.1648 | 3.9337 | | |
| | Chlb | 37 | 0.00 | $-5.6497$ | 0.0732 | 0.0060 | | | 1.0870 | 1.7489 |
| | Chlt | 51 | 0.00 | $-20.319$ | 0.0396[#] | 0.0260 | 2.8052 | 0.2497 | 30.957 | $-22.281$ |
| | Cars | 30 | 0.00 | $-9.5193$ | 0.1690 | 0.0129 | | 1.4381[b] | | |
| 穗 | Chla | 32 | 0.00 | $-6.7395$ | 0.1675 | 0.0088 | | | 0.6021 | $-0.0403^*$ |
| | Chlb | 39 | 0.00 | $-1.7066$ | 0.0923 | 0.0020[#] | 0.2637 | 0.0104[#] | | |
| | Chlt | 44 | 0.00 | 23.404 | 0.1940 | $-0.0347$ | 0.0758[#] | 0.6473 | 4.5056 | $-3.2943$ |
| | Cars | 26 | 0.00 | $-4.6572$ | 0.0930 | 0.0062 | | 0.3013[b] | | |
| 混合数据 | Chla | 75 | 0.00 | $-41.228$ | 1.4366 | 0.0445 | 8.4013 | 1.5384 | | |
| | Chlb | 64 | 0.00 | $-15.179$ | 0.3270 | 0.0190 | | | 1.2924 | 1.3973 |
| | Chlt | 81 | 0.00 | $-25.583$ | 0.3544 | 0.0298 | 9.9296 | $-5.1674$ | 22.181 | $-16.123$ |
| | Cars | 60 | 0.00 | $-23.563$ | 0.3861 | 0.0324 | | 0.7248[b] | | |

注:$a$ 表示 $p$-值为回归系数的显著性概率值;$b$ 表示类胡萝卜素模型的 $R'(470)$ 变量的偏回归系数;
[#] 表示 0.05 水平下未达显著水平的偏回归系数。

### 4.2.2.3　水稻组分色素含量的神经网络与多元回归估算模型检验

大部分文献报道中,模型的估测能力一般用模型的决定系数($R^2$)、绝对误差(ABSE)或者均方根误差(RMSE)进行评价(Monte 等,2002;Mutanga 等,2004a)。基于上述指标,模型的估测能力分析只能依照指标的大小差异直观比较,但是不能体现模型间的估测能力差异的统计学意义。因此研究者提出用成对法 $t$ 检验(William 等,2004)分析模型间拟合结果的 ABSE 和验证结果的 RMSE 差异,比较模型间估测能力差异显著性。

由于时间和资金的限制,在某些检验时,一般情况下只有一套有限的模型验证数据集可用,因此在验证时模型只能获得一次统计指标结果(如决定系数、RMSE 等),无法分析这些指标的分布情况和差异统计意义。Bootstrap 法则是一种能通过假定验证数据来自一个全体数据集以随机模拟重复取样的方法获得有限数据集的足够多套的模拟样本,最终可以统计分析模型验证指标的变异性和差异性(Efron 等,1986)。本研究中采用非参数的Bootstrap 法,假定有一模型验证数据集($X_1$,$X_2$,…,$X_n$),按如下步骤实现模型验证的Bootstrap 算法分析:

(1)首先从验证数据集($X_1$,$X_2$,…,$X_n$)用重复随机抽样获得和验证数据集同样大小的一套模拟数据集($X_1^*$,$X_2^*$,…,$X_n^*$)。

(2)下一步将模拟数据集($X_1^*$,$X_2^*$,…,$X_n^*$)代入训练好的模型获得模型估测结果($Y^*$)。

(3)然后计算模拟数据集的估测结果($Y^*$)和验证数据集的真实结果($Y$)的 $R^2$ 和 RMSE。

(4)重复上述三步 $N$ 次,$N$ 足够大,本研究中 $N=1000$。

(5)最后,计算模拟 1000 个 $R^2$ 和 RMSE 的平均数和标准差,以及模型间 $R^2$ 和 RMSE 差异的 $t$ 检验分析。

表 4.15 显示了所有色素训练数据的 BPN 和 MLR 模型的 $R^2$、RMSE 和 ABSE 结果。比较 BPN 和 MLR 模型发现,BPN 模型的 $R^2$ 都高于对应的 MLR 模型,混合数据集的 Chlb 的 BPN 和 MLR 估测模型间的 $R^2$ 差异最大(25%),差异最小(3%)的是穗数据集的 Cars 估测模型。相反,所有的 BPN 模型的 RMSE 均小于对应的 MLR 模型,ABSE 的平均值表现出和 RMSE 类似的差异性变化。以上结果可以推论本研究中相同数据训练的 BPN 模型的拟合精度要高于 MLR 模型。进一步的 $t$ 检验结果分析发现,叶片的类胡萝卜素的 BPN 和 MLR 模型的 ABSE 差异的 $t$-值为 $-1.38$,表明两模型对叶片的类胡萝卜素的拟合精度差异并未达显著水平;其余的模型间 ABSE 差异的 $t$-值概率值均小于 0.01,ABSE 差异达到极显著水平。采用成对法 $t$ 检验分析模型的能力,可以更准确地分析模型间的拟合精度差异,对拟合精度差异做出统计学意义的显著性结论。

**表 4.15　BPN 和 MLR 模型的训练结果比较**

Table 4.15　Training results of BPN and MLR models

| 数据和色素 | | 模型 | 均方根误差 | $R^2$ | | 绝对值误差 ABSE | | |
|---|---|---|---|---|---|---|---|---|
| | | | | $R^2$ | 显著性概率值 $p$-值[a] | 平均数 | $t$-值[b] | 显著性概率值 $p$-值[c] |
| 叶片 | Chla | BPN | 0.3416 | 0.63 | 0.000 | 0.2461 | $-10.25$ | 0.000 |
| | | MLR | 0.4213 | 0.43 | 0.000 | 0.3164 | | |
| | Chlb | BPN | 0.1111 | 0.58 | 0.000 | 0.0809 | $-9.89$ | 0.000 |
| | | MLR | 0.1368 | 0.37 | 0.000 | 0.1034 | | |
| | Chlt | BPN | 0.4291 | 0.65 | 0.000 | 0.3140 | $-8.64$ | 0.000 |
| | | MLR | 0.5077 | 0.51 | 0.000 | 0.3802 | | |
| | Cars | BPN | 0.1403 | 0.41 | 0.000 | 0.1037 | $-6.28$ | 0.000 |
| | | MLR | 0.1521 | 0.30 | 0.000 | 0.1145 | | |
| 穗 | Chla | BPN | 0.0659 | 0.46 | 0.000 | 0.0529 | $-4.24$ | 0.000 |
| | | MLR | 0.0738 | 0.32 | 0.000 | 0.0603 | | |
| | Chlb | BPN | 0.0224 | 0.57 | 0.000 | 0.0173 | $-4.88$ | 0.000 |
| | | MLR | 0.0267 | 0.39 | 0.000 | 0.0214 | | |
| | Chlt | BPN | 0.0772 | 0.60 | 0.000 | 0.0612 | $-4.83$ | 0.000 |
| | | MLR | 0.0917 | 0.44 | 0.000 | 0.0753 | | |
| | Cars | BPN | 0.0342 | 0.29 | 0.000 | 0.0280 | $-1.38$ | 0.171 |
| | | MLR | 0.0348 | 0.26 | 0.000 | 0.0284 | | |
| 混合数据 | Chla | BPN | 0.3143 | 0.89 | 0.000 | 0.2194 | $-16.53$ | 0.000 |
| | | MLR | 0.4731 | 0.75 | 0.000 | 0.3640 | | |
| | Chlb | BPN | 0.0978 | 0.89 | 0.000 | 0.0690 | $-21.29$ | 0.000 |
| | | MLR | 0.1779 | 0.64 | 0.000 | 0.1434 | | |
| | Chlt | BPN | 0.4151 | 0.89 | 0.000 | 0.2931 | $-12.42$ | 0.000 |
| | | MLR | 0.5423 | 0.81 | 0.000 | 0.4054 | | |
| | Cars | BPN | 0.1330 | 0.85 | 0.000 | 0.0945 | $-17.56$ | 0.000 |
| | | MLR | 0.2130 | 0.60 | 0.000 | 0.1667 | | |

注:a 表示为模型决定系数的显著型概率值;b 表示模型间的绝对值误差(ABSE)的成对 $t$ 检验值;c 表示 $t$ 检验的显著性概率值。

表 4.16 显示了叶片、穗和混合数据集 BPN 和 MLR 模型的 Bootstrap 模拟验证的结果。从表中可以看出,叶片数据集 Chla、Chlb、Chlt 和 Cars 色素 BPN 模型的 1000 次 Bootstrap模拟样的验证 $R^2$ 平均值分别为 50.5%、42.2%、52.3% 和 41.0%,而对应的 MLR 模型为 41.6%、36.8%、49.1% 和 36.2%。所有的 BPN 模型的 $R^2$ 均高于 MLR 模型,模型间的 $R^2$ 标准差,BPN 模型高于 MLR 模型。Chla、Chlb、Chlt 和 Cars 色素 BPN 模型 1000 次 Bootstrap 模拟样的验证 RMSE 平均值分别为 0.421、0.143、0.544 和 0.154,而对应的 MLR 模型为 0.472、0.154、0.547 和 0.191,和 $R^2$ 相反所有的 BPN 模型的 RMSE 均低于 MLR 模型。从上述分析结果可以看出 BPN 模型的验证精度高于 MLR 模型。对 1000 对 RMSE 进行成对 $t$ 检验结果发现,Chla、Chlb、Chlt 和 Cars 色素模型间 $t$ 值分别为 $-19.5$、$-11.5$、$-1.89$ 和 $-35.9$,概率值为 0.00、0.00、0.059 和 0.00;结果表明叶片的 Chla、Chlb 和 Cars 的 BPN 模型 RMSE 极显著低于 MLR 模型,而模型间 Chlt 的 RMSE 差异却不显著。

**表 4.16　BPN 和 MLR 模型的 Bootstrapping 法的验证数据结果比较**

Table 4.16　Results of the bootstrapping test of the models

| 数据和色素 | | 模型 | $R^2$（%） | | RMSE | | | |
|---|---|---|---|---|---|---|---|---|
| | | | 平均 | 标准差 | 平均 | 标准差 | $t$-值[a] | 显著性概率值 $p$-值[b] |
| 叶片 | Chla | BPN | 50.5 | 12.5 | 0.421 | 0.066 | $-19.5$ | 0.000 |
| | | MLR | 41.6 | 9.3 | 0.472 | 0.048 | | |
| | Chlb | BPN | 42.2 | 13.5 | 0.143 | 0.022 | $-11.5$ | 0.000 |
| | | MLR | 36.8 | 9.5 | 0.154 | 0.019 | | |
| | Chlt | BPN | 52.3 | 10.4 | 0.544 | 0.071 | $-1.89$ | 0.059 |
| | | MLR | 49.1 | 11.6 | 0.547 | 0.079 | | |
| | Cars | BPN | 41.0 | 12.3 | 0.154 | 0.023 | $-35.9$ | 0.000 |
| | | MLR | 36.2 | 11.3 | 0.191 | 0.021 | | |
| 穗 | Chla | BPN | 33.8 | 20.8 | 0.075 | 0.013 | $-71.7$ | 0.000 |
| | | MLR | 20.4 | 16.9 | 0.085 | 0.011 | | |
| | Chlb | BPN | 51.3 | 19.4 | 0.022 | 0.004 | $-54.6$ | 0.000 |
| | | MLR | 36.1 | 18.4 | 0.027 | 0.003 | | |
| | Chlt | BPN | 51.3 | 19.8 | 0.083 | 0.015 | $-17.9$ | 0.000 |
| | | MLR | 47.4 | 18.4 | 0.089 | 0.012 | | |
| | Cars | BPN | 35.7 | 19.2 | 0.031 | 0.005 | $-74.1$ | 0.000 |
| | | MLR | 29.4 | 18.4 | 0.033 | 0.005 | | |
| 混合数据 | Chla | BPN | 88.2 | 3.8 | 0.371 | 0.058 | $-71.7$ | 0.000 |
| | | MLR | 81.2 | 3.8 | 0.480 | 0.040 | | |
| | Chlb | BPN | 87.4 | 3.8 | 0.122 | 0.018 | $-54.6$ | 0.000 |
| | | MLR | 77.6 | 4.5 | 0.179 | 0.011 | | |
| | Chlt | BPN | 88.1 | 3.9 | 0.493 | 0.078 | $-17.9$ | 0.000 |
| | | MLR | 84.6 | 3.6 | 0.585 | 0.060 | | |
| | Cars | BPN | 87.6 | 4.3 | 0.142 | 0.021 | $-74.1$ | 0.000 |
| | | MLR | 70.5 | 5.7 | 0.223 | 0.017 | | |

注:a 表示 BPN 和 MLR 模型的 1000 对 RMSE 的成对法 $t$ 检验结果;b 表示 $t$-值的显著性概率值。

水稻穗各色素 BPN 和 MLR 模型 1000 次 Bootstrap 模拟样验证的 $R^2$ 和 RMSE 平均数和标准差结果和叶片模型表现出大体相同的差异趋势(表 4.16)。1000 对 RMSE 进行成对 $t$ 检验结果发现,Chla、Chlb、Chlt 和 Cars 色素模型间 $t$ 值分别为—71.7、—54.6、—17.9 和—74.1,概率值为 0.00、0.00、0.00 和 0.00;结果表明穗的所有色素的 BPN 模型的 RMSE 均极显著低于 MLR 模型,BPN 模型对穗的色素的估测精度明显高于 MLR 模型。

相同类型的模型比较发现,除了 Chlb 估算模型,所有穗的色素估算模型的 $R^2$ 平均数均低于对应的叶片模型,而 RMSE 和 $t$ 值均高于叶片模型,结果说明无论用什么模型方法,水稻叶片中的色素的估测精度要高于穗色素的估测精度,这一结果可能和水稻穗不像叶片那样平展散射得不均匀,以及穗的色素含量远低于叶片等因素有关。

水稻叶片和穗的混合数据集各色素 BPN 和 MLR 模型 1000 次 Bootstrap 模拟样验证的 $R^2$ 和 RMSE 平均数结果和叶片模型表现出大体相同的差异趋势,$t$ 检验结果表明混合数据所有色素的 BPN 模型的 RMSE 均极显著高于对应的 MLR 模型(表 4.16)。

叶穗混合是由两种数据范围和变异性不同的数据组成,用 Kolmogorov-Smirnov 检验各色素叶片、穗和叶穗混合数据集的训练数据集正态分布性,结果见表 4.17。Kolmogorov-Smirnov 检验的统计指标 $z$ 值越大,$p$ 值越小,表明其服从假定分布的可能性越小。可以看出 4 种色素的混合数据集的 $z$ 值分别为 4.67、4.38、4.65 和 4.78,概率值均小于 0.01,说明混合数据的训练数据都显著偏离正态分布。而叶片和穗的训练数据的 $p$ 值均大于 0.01,说明它们的分布基本近似为正态分布。

**表 4.17　模型训练数据的正态性检验结果**

Table 4.17　Normality test for the output data

| 数据组成 | Chla | | Chlb | | Chlt | | Cars | |
|---|---|---|---|---|---|---|---|---|
| | $z$-值[a] | $p$-值[b] | $z$-值 | $p$-值 | $z$-值 | $p$-值 | $z$-值 | $p$-值 |
| 叶片 | 1.18 | 0.123 | 1.24 | 0.092 | 1.382 | 0.044 | 0.668 | 0.763 |
| 穗 | 1.11 | 0.167 | 1.09 | 0.186 | 1.11 | 0.171 | 1.58 | 0.014 |
| 混合数据 | 4.67 | 0.000 | 4.39 | 0.000 | 4.65 | 0.000 | 4.78 | 0.000 |

注:a 表示 Kolmogorov-Smirnov 检验的 $z$ 值;b 表示 Kolmogorov-Smirnov 检验的 $z$ 值的显著性概率值。

MLR 模型拟合有因变量必须服从正态分布的假设要求,而 BPN 模型则没有这个要求(Sargent 等,2001)。对于每一个色素的叶片或穗的验证数据集都可以用训练好的四种模型(混合数据 BPN 网络模型(COM-BPN)、混合数据 MLR(COM-MLR)、叶或穗 BPN 网络模型(BPN)和叶或穗 MLR 模型(MLR))得到四种估测结果,例如叶片 Chla 训练数据集可以有 COM-BPN、COM-MLR、BPN 和 MLR 四种模型的估测结果。用叶、穗以及混合数据集的三种模型对叶片和穗数据集单独学习和验证的结果,可以评价训练数据非正态分布时模型间的差异。

图 4.3 和表 4.18 显示了各色素的不同数据集训练模型的估测结果。各种模型对叶片的 800 个训练数据估测的 ABSE 平均数比较(图 4.3(a)),COM-MLR 模型对 Chla、Chlb、Chlt 和 Cars 估测的 ABSE 平均数最大,分别为 0.35064、0.12941、0.38141 和 0.1547,MLR 的 ABSE 排在第二位,COM-BPN 和 BPN 分别在第三和第四位;模型间的 ABSE 的 $t$ 检验

结果表明 BPN 和 COM-BPN 模型对Chlb 和 Chlt 的估测差异显著,对 Chla 和 Cars 的估测无显著差异;MLR 同 COM-MLR,COM-BPN 同 COM-MLR 以及 BPN 同 MLR 模型间的所有色素估测的 ABSE 差异均达极显著水平。

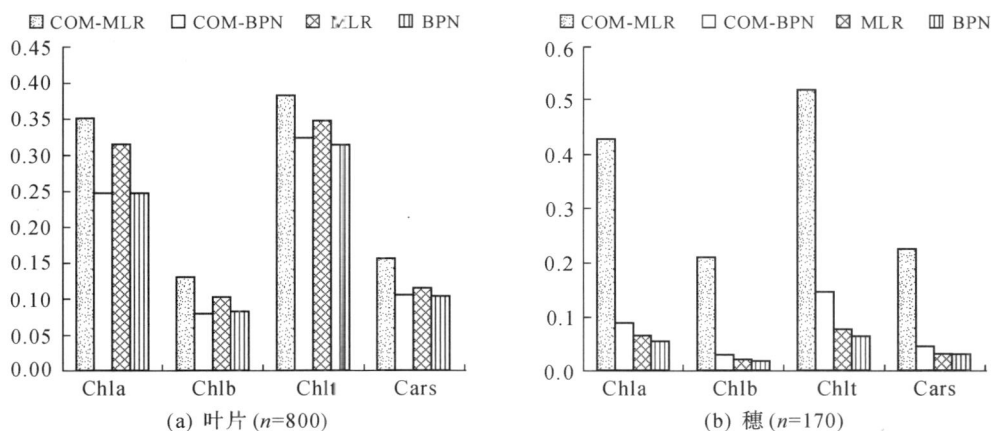

(a) 叶片 (n=800)　　　　　　(b) 穗 (n=170)

图 4.3　色素的各种估测模型训练数据的 ABSE 柱状图

Fig. 4.3　Bar plots for the means of ABSE of different models, panel a is for leaf results and b for panicle results

穗的训练数据估测结果显示了 COM-MLR、BPN-COM、MLR 和 BPN 的 ABSE 平均值不断降低(图 4.3(b)),模型间的 ABSE 的 t 检验结果表明 BPN 同 COM-BPN,MLR 同 COM-MLR,COM-BPN 同 COM_MLR 以及 BPN 同 MLR 模型间的所有色素估测的 ABSE 差异均达极显著水平。不过 BPN 同 COM-BPN 和 BPN 同 MLR 的 t 值绝对值均明显小于对应的 MLR 同 COM-MLR 和 COM-BPN 同 COM_MLR。

表 4.18　叶片和穗训练数据各种模型的估测结果的 ABSE 比较

Table 4.18　Comparison of the ABSE of training data between models

| 数据和色素 | | BPN & COM-BPN | | MLR & COM-MLR | | BPN & MLR | | COM-BPN & COM-MLR | |
|---|---|---|---|---|---|---|---|---|---|
| | | $t$ 值[a] | $p$ 值[b] | $t$ 值 | $p$ 值 | $t$ 值 | $p$ 值 | $t$ 值 | $p$ 值 |
| 叶片 | Chla | −0.51 | 0.612 | −5.26 | 0.000 | −10.25 | 0.000 | −11.26 | 0.000 |
| | Chlb | 3.06 | 0.002 | −9.67 | 0.000 | −9.89 | 0.000 | −14.74 | 0.000 |
| | Chlt | −2.82 | 0.005 | −10.1 | 0.000 | −8.64 | 0.000 | −2.83 | 0.005 |
| | Cars | −1.43 | 0.153 | −10.43 | 0.000 | −6.28 | 0.000 | −11.68 | 0.000 |
| 穗 | Chla | −5.75 | 0.000 | −18.95 | 0.000 | −4.24 | 0.000 | −17.96 | 0.000 |
| | Chlb | −4.48 | 0.000 | −27.97 | 0.000 | −4.88 | 0.000 | −27.34 | 0.000 |
| | Chlt | −7.59 | 0.000 | −14.99 | 0.000 | −4.83 | 0.000 | −13.55 | 0.000 |
| | Cars | −3.88 | 0.000 | −20.47 | 0.000 | −1.38 | 0.171 | −21.01 | 0.000 |

注:a 表示模型间的绝对值误差(ABSE)的成对 t 检验值;b 表示 t 检验的显著性概率值。

图 4.4 和表 4.19 显示了模型间的 Bootstrap 模拟验证结果，COM-MLR 模型叶片和穗的 RMSE 平均数均是最大值；除了叶片 Chlb 的 RMSE 略大于 COM-BPN，最小 RMSE 的几乎都来自 BPN 模型；COM-BPN 的叶片 Chla、Chlb and Cars 的 RMSE 甚至小于 MLR 模型；MLR 同 COM-MLR 比较，COM-MLR 的 Chla、Chlb、Chlt 和 Cars 的 RMSE 分别增加了 16.6%、5.2%、6.1% 和 96.6%，而 COM-BPN 较 BPN 分别只增加了 0.45%、−2.3%、3.3% 和 4.4%。比较穗的 MLR 同 COM-MLR 模型间的结果发现，COM-MLR 的 Chla、Chlb、Chlt 和 Cars 的 RMSE 分别增加了 477%、749%、643% 和 755%，而 COM-BPN 较 BPN 分别只增加了 118%、16.6%、5.2%、6.1% 和 96.6%。图 4.5 是水稻叶片和穗的训练数据集的 COM-BPN、COM-MLR、BPN 和 MLR 模型的 Chla 估测结果和实测值的散点图，可以看出 COM-MLR 的散点偏离直线 $y=x$ 的程度要高于 COM-BPN，特别是穗的 COM-MLR 模型的散点偏离程度非常严重，几乎没有对穗的 Chla 估测能力。

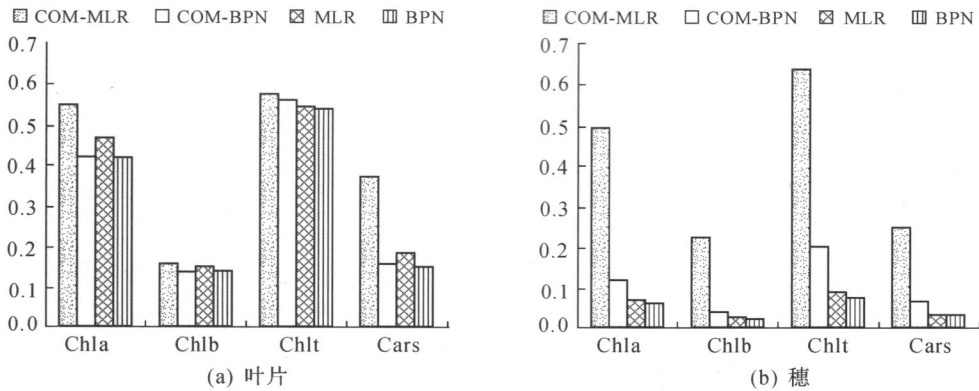

图 4.4　色素不同数据训练模型的 bootstrapping1000 次验证结果的 RMSE 柱状图

Fig. 4.4　Bar plots for the means of 1000 bootstrapping RMSE of different models，panel a is for leaf results and panel b for panicle results

表 4.19　叶片和穗 1000 次 bootstrapping 验证数据的各种模型的估测结果的 RMSE 比较

Table 4.19　Comparison of the mean of 1000 bootstrapping RMSEs between models

| 色　素 | | BPN & COM-BPN | | MLR & COM-MLR | | BPN & MLR | | COM-BPN & COM-MLR | |
|---|---|---|---|---|---|---|---|---|---|
| | | $t$-值[a] | $p$-值[b] | $t$-值 | $p$-值 | $t$-值 | $p$-值 | $t$-值 | $p$-值 |
| 叶片 | Chla | −19.5 | 0.000 | −9.52 | 0.000 | −23.09 | 0.000 | −51.35 | 0.000 |
| | Chlb | −11.5 | 0.000 | 6.25 | 0.000 | −14.50 | 0.000 | −19.42 | 0.000 |
| | Chlt | −1.89 | 0.059 | −18.26 | 0.000 | −57.13 | 0.000 | −17.33 | 0.000 |
| | Cars | −35.9 | 0.000 | −25.15 | 0.000 | −147.54 | 0.000 | −165.41 | 0.000 |
| 穗 | Chla | −71.72 | 0.000 | −63.94 | 0.000 | −202.85 | 0.000 | −163.67 | 0.000 |
| | Chlb | −54.59 | 0.000 | −115.14 | 0.000 | −345.08 | 0.000 | −311.84 | 0.000 |
| | Chlt | −17.90 | 0.000 | −130.07 | 0.000 | −173.27 | 0.000 | −151.98 | 0.000 |
| | Cars | −74.07 | 0.000 | −67.83 | 0.000 | −328.86 | 0.000 | −412.48 | 0.000 |

注：a 表示 BPN 和 MLR 模型的 1000 对 RMSE 的成对法 $t$ 检验结果；b 表示 $t$-值的显著性概率值。

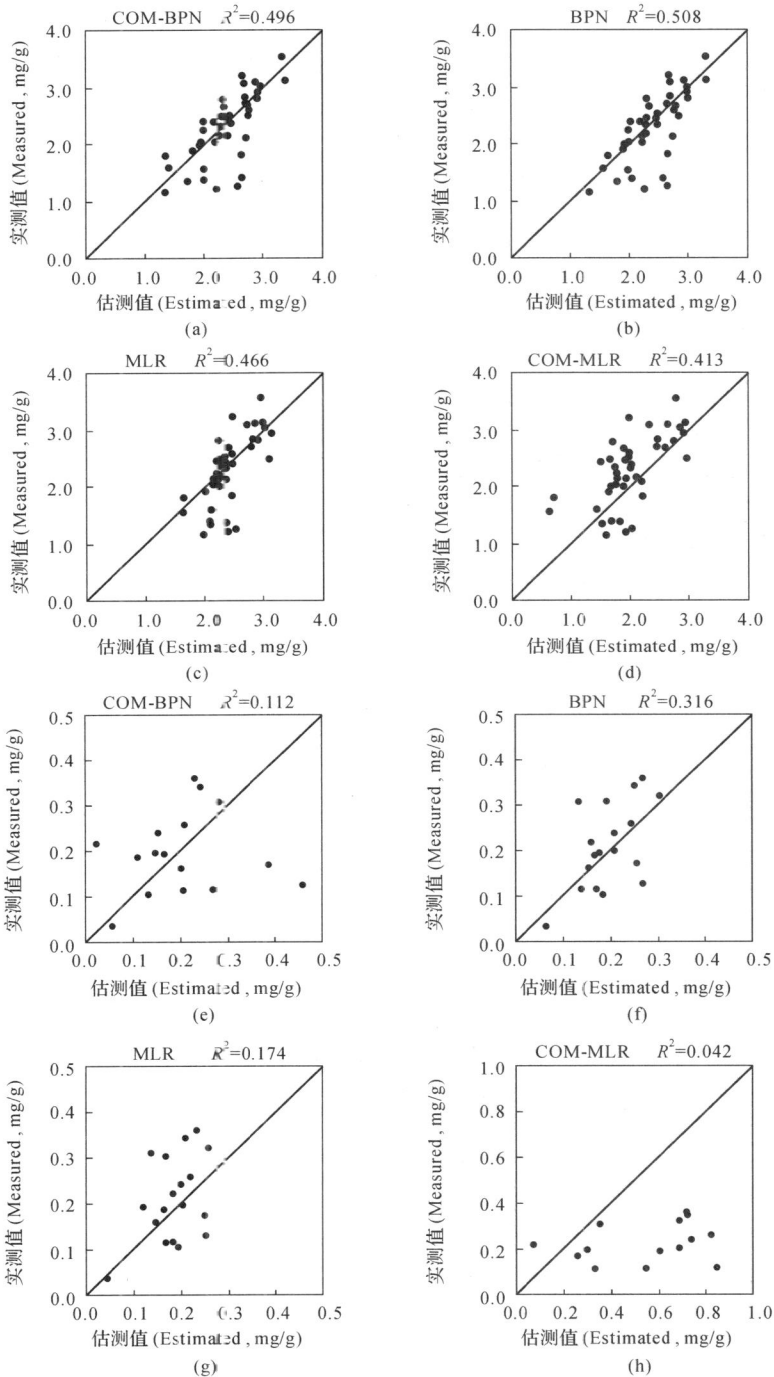

图 4.5 叶绿素 a 的验证数据的各种模型的估测值和实测值的散点图

（图（a）～（d）为叶片的结果，图（e）～（h）为穗的结果，对角线为 $y=x$）

Fig. 4.5 Scatter plots of the measured ($y$ axis) and the estimated ($x$ axis) Chla contents using the testing data of leaves and panicles. (Figures (a)～(d) are for leaves and figures (e)～(h) are for panicles, the line is $1 : 1$ line)

上述结果说明,混合数据的 COM-BPN 模型的学习和验证能力显著高于 COM-ML 模型,BPN 模型对色素估测能力受偏离正态分布的混合数据影响程度远小于 MLR 模型。

## 4.3  水稻冠层叶绿素密度估算模型

叶绿素密度(GLCD,单位:mg/m²)是单位土地面积上所有绿叶所含叶绿素的总量(Hansena 等,2003)。利用叶片的叶绿素含量,根据以下公式可以计算出 GLCD:

$$GLCD = \frac{Chlt \times GLFW}{RD \times CD} \tag{4.2}$$

式中 GLFW 为叶鲜重(单位:g),$RD$ 为行距(单位:m),$CD$ 为株距(单位:m),Chlt 为叶绿素含量(单位:mg/g)。采用 2004 年两期的实验数据共 182 个样本,计算叶绿素密度。

### 4.3.1  基于改进叶绿素吸收连续统指数的叶绿素密度估算

大部分光谱植被指数都利用红波段和近红外波段的反射率组合来构建的,这些植被指数可以被分为两大类,即:比值植被指数和垂直植被指数,之后出现许多不同的植被指数改进形式,叶绿素吸收连续统植被指数(Chlorophyll Absorption Continuum Index,CACI)就是其中之一,其定义为叶绿素吸收连续统(550~730nm)与光谱反射率曲线之间的面积(Broge 等,2000):

$$CACI = \sum_{\lambda_i}^{\lambda_n} (\rho_i^c - \rho_i) \Delta\lambda_i \tag{4.3}$$

$$\rho_i^c = \rho_{\lambda_g} + i \frac{d\rho^c}{d\lambda} \Delta\lambda_i \tag{4.4}$$

式中,$i$ 为绿峰的位置($\lambda_g$)与近红外肩上的最大反射率点(MRP)的波段,$n$ 为从 $\lambda_g$ 到 MRP 的波段数,$\lambda$ 为波长,$\rho$ 是反射率,$c$ 代表连续统。

CACI 可以用来识别和量化一些具有不连续吸收特征的特质,但是不同的研究者使用不同的 MRP,Broge 等(2000)计算的连续统位于 550~730nm,而 Schmidt 等(2003)认为连续统的终点位于 600nm 和 720nm 的地方,因此将会出现不同连续统。另一方面,红边会随着 GLCD 的变化而变化,但是研究者如果在不同时期使用相同的 MRP 点,这在很大程度上影响了 CACI 对农学参数的敏感性。

本研究的目的是利用红边拐点($\lambda_r$)来代替 MRP,因为 $\lambda_r$ 有一个统一的确定方法,这样就提出了改进叶绿素吸收连续统指数(Modified Chlorophyll Absorption Continuum Index,MCACI),然后分析 MCACI 对 GLCD 的敏感性和预测能力。

#### 4.3.1.1  改进叶绿素吸收连续统指数

为了研究红边特征和红边与 GLCD 的关系,将水稻实验第一期播种的数据用于建模,第二期播种的数据用于模型检验。每个实验数据都包括冠层光谱和 GLCD。植被光谱的红边是指可见光的低反射率与近红外光的高反射率之间的急剧上升段,红边位置 $\lambda_r$ 是红光区域(680

～760nm)内反射光谱一阶导数最大值所对应的波长,是红边上具有最大斜率的点,是描述红边的主要参数。$\lambda_r$ 向短波或长波方向的移动分别称为"蓝移"或"红移"(如图 4.6 和 4.7),这种移动随着 GLCD 的变化而变化。植被 GLCD 在生长期增加时会引起 $\lambda_r$ 的红移(Horler 等,1983a;1983b)。Filella 等(1994)发现 $\lambda_r$ 的位置决定于 GLCD 和 LAI,并且认为红边对于评价作物农学参数是非常有用的,特别是在冠层。Gitelson 等(1996c)曾报道 $\lambda_r$ 与 GLCD 有很强的相关性。本节研究将用 $\lambda_r$ 来代替 CACI 连续统的 MRP,其结果如下:

$$\mathrm{MCACI} = \sum_{\lambda_i}^{\lambda_n} (\rho_i^c - \varepsilon_i) \Delta \lambda_i \tag{4.5}$$

$$\rho_i^c = \frac{\lambda_i^c - \lambda_g}{\lambda_r - \lambda_g}(\rho_{\lambda_r} - \rho_g) + \rho_g \tag{4.6}$$

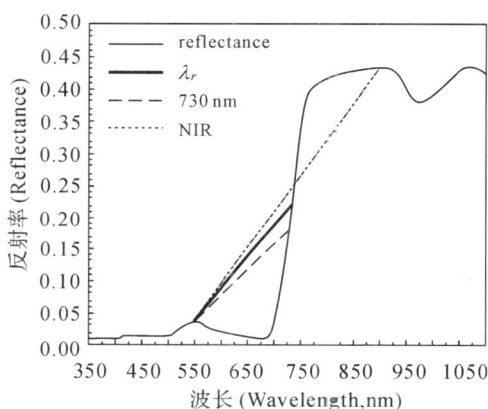

图 4.6　水稻光谱不同连续统图　　　图 4.7　水稻 $\lambda_r$ 红移图

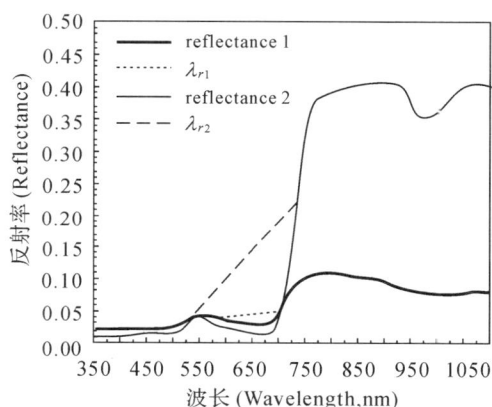

Fig. 4.6　Different continuums for spectra of rice　　Fig. 4.7　Red shift of $\lambda_r$ of rice canopy spectra

### 4.3.1.2　MCACI 与 CACI 对 GLCD 的预测结果比较

计算所有样本的 CACI 和 MCACI 连续统,由于每条光谱曲线都有一条连续统曲线,图 4.7 只提供了一条连续统曲线作为示意。当连续统的 MRP 位于 730nm 时,这是一个固定的位置;GLCD 减小时,红边蓝移,则连续统被扩大;GLCD 增加时,红边红移,则连续统被缩小;因此 730nm 的连续统不能准确代表叶绿素的吸收特征。当 $\lambda_r$ 代替 MRP 时,$\lambda_r$ 随着红边的移动而移动,而红边位置是由 GLCD 决定的;因此,此时的连续统能够准确代表叶绿素的吸收状况。$\lambda_r$ 连续统对叶绿素吸收特征应有较高的敏感性。

从图 4.8 可以看出 MCACI 和 CACI 对 GLCD 的敏感性,当 GLCD 为 31.8338mg/m² 时,MCACI 为 0.6487,而 CACI 为 2.2052,MCACI 小于 CACI;当 GLCD 达到 3174.5417mg/m² 时,MCACI 为 17.5803,而 CACI 为 14.2199,MCACI 大于 CACI,并且在整个 GLCD 范围内,MCACI 对 GLCD 差异的敏感性都高于 CACI 对 GLCD 差异的敏感性,GLCD 的变化对 MCACI 的影响大于其对 CACI 的影响。因此,MCACI 对 GLCD 有较高的敏感性。

再计算水稻 GLCD 与 MCACI 和 CACI 相关系数,MCACI 与 GLCD 的相关系数较大 (0.6764),CACI 与 GLCD 的相关系数较小(0.5497)。这可能是因为 $\lambda_r$ 对红边移动有一个较高的敏感性,而 730nm 只适用于大部分 GLCD 为中等时;当 GLCD 很高或很低时,它的敏感性降低。因此,MCACI 能够很好地指示 GLCD 的变化。

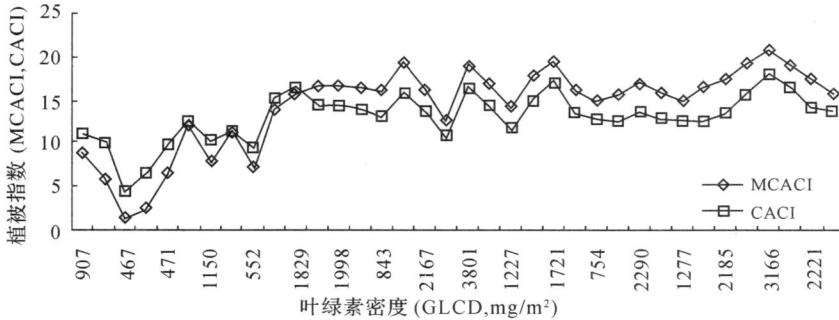

图 4.8　MCACI 和 CACI 两种植被指数对 GLCD 的敏感性

Fig. 4.8　Sensitivity of MCACI and CACI to GLCD

有研究表明植被指数与 GLCD 之间存在指数关系(Baret 等,1991)。GLCD 与 MCACI 和 CACI 之间的拟合结果见图 4.9,GLCD 与 MCACI 之间指数模型决定系数($R^2$)为 0.5354,而 GLCD 与 CACI 之间指数模型 $R^2$ 为 0.2121,表明 GLCD 与 MCACI 之间的拟合结果要优于 GLCD 与 CACI 之间的拟合结果。

从模型的检验结果来看,利用 CACI 预测 GLCD,其 RMSE 为 1191.691mg/m²,MAE 为 797.641mg/m²;利用 MCACI 预测 GLCD,其 RMSE 为 909.271mg/m²,MAE 为 652.348mg/m²;相对于 CACI,利用 MCACI 预测 GLCD,其 RMSE 减小了 282.420mg/m²,MAE 减小 145.293mg/m²,这表明 MCACI 对 GLCD 的预测能力高于 CACI。

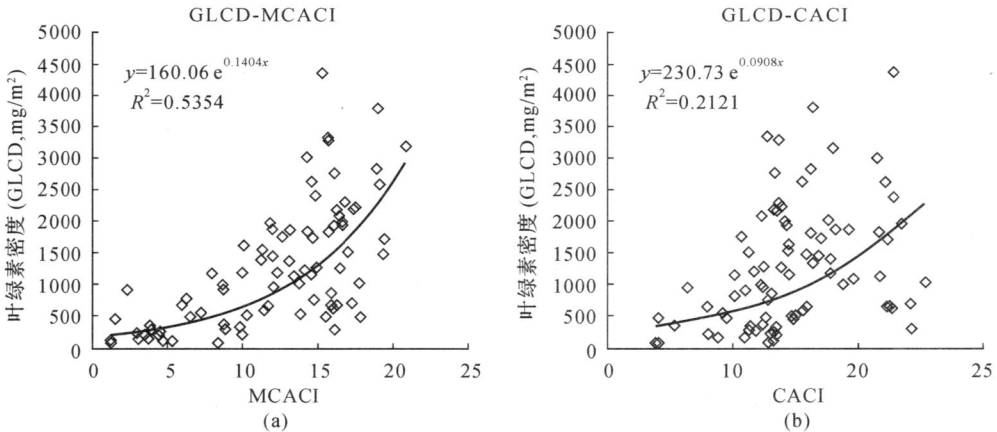

图 4.9　基于 MCACI 和 CACI 的水稻 GLCD 估算指数模型

Fig. 4.9　Exponential regression models for GLCD estimation based on MCACI and CACI

### 4.3.2　基于植被指数的水稻叶绿素密度神经网络和支持向量机遥感估算模型

根据前人研究结果,选择比值植被指数 RVI(Jordan,1969)、归一化植被指数 NDVI(Rouse 等,1973)、土壤调整植被指数 SAVI(Huete,1988)、改进型土壤调节植被指数

MSAVI2(Qi 等,1994)、尤化的土壤调节植被指数 OSAVI(Rondeaux 等,1996)、转换型叶绿素吸收反射率指数 TCARI(Kim 等,1994)和改进的叶绿素吸收反射率指数 MCARI(Daughtry 等,2000)、绿波段归一化植被指数 NDVI$_{green}$(Gitelson 等,1996b)、TCARI 与 OSAVI 的比值 TCARI/OSAVI(Haboudane 等,2002)、绿波段比值植被指数 RVI$_{green}$(Gitelson 等,1996b)、修正的叶绿素吸收连续统指数 MCACI(Yang 等,2006)、NDVI$_{green}$(Gitelson 等,1996b)、RDVI(Roujean 等,1995)、RVI$_{750,700}$(Gitelson 等,1996b)、RVI$_{750,550}$(Gitelson 等,1996b)、RVI$_{800,600}$(Sims 等,2002)、DVI(Jordan,1969)、TVI(Rouse 等,1974)、SIPI(Peñuelas 等,1995)、VI$_{700}$(Gitelson 等,2002)、NLI(Goel 等,1994)、MSR(Gong 等,2003)、MNLI(Gong 等,2003)、TVI$_2$(Broge 等,2000)、SAVI * SR(Gong 等,2003)、VARI$_{700}$(Gitelson 等,2002)等 25 个植被指数作为自变量,采用统计回归方法、BP 神经网络方法、径向基函数神经网络方法、支持向量机网络方法,建立水稻 GLCD 估算模型,目的是找到一个学习能力较强,提取精度较高的水稻 GLCD 的遥感信息提取方法。

#### 4.3.2.1 基于植被指数水稻叶绿素密度遥感估算模型构建

对所有 24 个植被指数与 GLCD 之间的关系进行了统计分析,包括线性回归、指数回归、乘幂回归和对数回归。将 182 个样本全部用于模拟回归方程,通过分析回归方程的决定系数($R^2$),为每一个植被指数与水稻 GCLD 之间选取一个最好的回归关系。去除其中 7 个 $R^2$ 都小于 0.6 的 VI,选出 17 个植被指数进行更进一步的研究(表 4.20)。

表 4.20　植被指数与水稻 GLCD 之间四种统计模型 $R^2$ 值

Table 4.20　The $R^2$ values of four statistical models between VIs and GLCD of rice

| 植被指数 | RVI | NDVI | NDVI$_{green}$ | SAVI | OSAVI | MSAVI2 | MCACI | TCARI | VARI$_{700}$ |
|---|---|---|---|---|---|---|---|---|---|
| 线性 | 0.3494 | 0.1503 | 0.5225 | 0.4503 | 0.4447 | 0.3936 | 0.3352 | 0.1452 | 0.1724 |
| 指数 | 0.4422 | **0.7206** | **0.8085** | **0.7206** | **0.7060** | 0.5989 | 0.4814 | 0.0977 | 0.2709 |
| 乘幂 | **0.6419** | **0.7161** | **0.7851** | **0.7161** | **0.7253** | **0.6940** | **0.6257** | 0.0807 | 0.3327 |
| 对数 | 0.4457 | 0.1133 | 0.4645 | 0.4133 | 0.4160 | 0.4058 | 0.3905 | 0.1371 | 0.1970 |
| 植被指数 | RDVI | RVI$_2$ | RVI$_{750/700}$ | RVI$_{750/550}$ | RVI$_{800/600}$ | DVI | TVI | SIPI | VI$_{700}$ |
| 线性 | 0.4217 | 0.5182 | 0.3767 | 0.4241 | 0.3210 | 0.3523 | 0.4431 | 0.1604 | 0.2915 |
| 指数 | **0.6674** | **0.6396** | 0.4788 | 0.5427 | 0.4130 | 0.5538 | **0.7234** | 0.2985 | 0.4795 |
| 乘幂 | **0.7112** | **0.7804** | **0.6229** | 0.3685 | **0.6056** | **0.6594** | **0.7236** | **0.2949** | 0.4990 |
| 对数 | 0.4081 | 0.5497 | 0.4422 | 0.2013 | 0.4198 | 0.3768 | 0.4342 | 0.1634 | 0.2922 |
| 植被指数 | NLI | | MSR | MNLI | TVI$_2$ | SAVI * SR | | TCARI/OSAVI | |
| 线性 | 0.4633 | | 0.4071 | 0.3775 | 0.3274 | 0.3213 | | 0.4936 | |
| 指数 | **0.7166** | | 0.5430 | 0.5632 | 0.5214 | 0.4124 | | **0.7440** | |
| 乘幂 | — | | **0.6773** | — | **0.6317** | — | | **0.7423** | |
| 对数 | | | 0.4418 | — | 0.3585 | — | | 0.5515 | |

注:黑体显示为 $R^2$ 大于 0.6 的关系。

将样本数据随机选取 100 个作为训练数据,利用以上所选最优关系对水稻 GLCD 进行统计模型预测,剩下 82 个样本作为验证数据进行模型检验。经过最优统计模型选择确定的统计回归模型如表 4.21 所示。

**表 4.21　基于植被指数的水稻叶绿素密度估算统计回归模型**

Table 4.21　The regression results of statistical regression models for estimation of rice GLCD based on Vegetation Indices

| 植被指数 | 回归模型 | $R^2$ |
|---|---|---|
| RVI | $GLCD = 49.661RVI^{1.2657}$ | 0.6632 |
| NDVI | $GLCD = 12.969e^{5.4209NDVI}$ | 0.7361 |
| $NDVI_{green}$ | $GLCD = 16.065e^{5.7666NDVI_{green}}$ | 0.8237 |
| SAVI | $GLCD = 12.692e^{3.6139SAVI}$ | 0.7361 |
| OSAVI | $GLCD = 3317.1OSAVI^{2.538}$ | 0.7479 |
| MSAVI2 | $GLCD = 3815.8MSAVI^{1.814}$ | 0.7284 |
| MCACI | $GLCD = 85.351MCACI^{1.0785}$ | 0.6289 |
| TCARI/OSAVI | $GLCD = 4943.4e^{-9.8749 \times \left(\frac{TCARI}{OSAVI}\right)}$ | 0.7406 |
| RDVI | $GLCD = 6218.7RDVI^{2.5689}$ | 0.7417 |
| $RVI_{green}$ | $GLCD = 35.668RVI_2^{1.7868}$ | 0.7955 |
| $RVI_{750,700}$ | $GLCD = 74.588RVI_{750,700}^{1.7648}$ | 0.6328 |
| $RVI_{800,600}$ | $GLCD = 48.467RVI_{800,600}^{1.1957}$ | 0.6289 |
| DVI | $GLCD = 10518DVI^{1.7072}$ | 0.7379 |
| TVI | $GLCD = 207.25TVI^{11.945}$ | 0.7378 |
| NLI | $GLCD = 337.04e^{2.2699NLI}$ | 0.7359 |
| MSR | $GLCD = 171.16MSR^{1.4648}$ | 0.6933 |
| $TVI_2$ | $GLCD = 5.4757TVI_2^{1.8363}$ | 0.6769 |

在 BP 网络方法中,将植被指数作为网络输入变量,水稻 GLCD 分别作为网络输出变量;输入层和隐含层的传递函数均采用 S 型的正切函数"tansig";输出层传递函数采用纯线性函数"purelin";网络训练函数采用自适应 lrBP 的梯度递减训练函数"traingda";网络学习函数采用梯度下降动量学习函数"learngdm";性能函数为均方误差"MSE"。BP 模型结构和训练参数见表 4.22。

普通径向基函数神经网络(RBF)与 BP 网络的不同在于它在隐含层所选用的是一个径向基激励函数,选取了 GRBF、GDRBF、GRNN 三种不同的训练算法进行 RBF 网络训练。GRBF 隐含层非线性层为高斯函数,输出层为线性层;GDRBF 隐含层非线性层也是高斯函数,输出层采用对特定损失函数最小化的自适应训练算法,数据中心学习系数为 0.001,扩展常数学习系数为 0.001,输出权值学习系数为 0.001;GRNN 建立在 Nadaraya-Watson 非参数核回归(Nonparametric Kernel Regression)基础上(Nadaraya,1964;Specht,1991;Schioler 等,1992),以样本数据为后验条件,执行 Parzen 非参数估计(Parzen,1962),并依据概率最大原则计算网络输出。将植被指数作为网络输入变量,GLCD 作为网络输出变量,其训练过程和参数见表 4.23。

**表 4.22　基于植被指数的水稻叶绿素密度估算 BP 模型结构和训练参数**
Table 4.22　Structures and training parameters of BP models for estimation
of rice GLCD based on Vegetation Indices

| 植被指数 | BP 结构 | | |
|---|---|---|---|
| | 网络结构 | 最大步长 | 最大失败次数 |
| RVI | 1-9-18-11-1 | 8000 | 20 |
| NDVI | 1-9-11-1 | 8000 | 20 |
| NDVI$_{green}$ | 1-9-11-1 | 8000 | 20 |
| SAVI | 1-9-11-1 | 8000 | 20 |
| OSAVI | 1-9-11-1 | 8000 | 20 |
| MSAVI2 | 1-9-11-1 | 8000 | 20 |
| MCACI | 1-9-11-1 | 8000 | 20 |
| TCARI/OSAVI | 1-3-9-11-6-1 | 8000 | 20 |
| RDVI | 1-6-12-18-6-1 | 8000 | 20 |
| RVI$_{green}$ | 1-6-12-18-6-1 | 8000 | 20 |
| RVI$_{750,700}$ | 1-6-12-18-6-1 | 8000 | 20 |
| RVI$_{800,600}$ | 1-6-12-18-6-1 | 8000 | 20 |
| DVI | 1-6-12-18-6-1 | 8000 | 20 |
| TVI | 1-6-12-18-6-1 | 8000 | 20 |
| NLI | 1-6-12-18-6-1 | 8000 | 20 |
| MSR | 1-6-12-18-6-1 | 8000 | 20 |
| TVI$_2$ | 1-6-12-18-6-1 | 8000 | 20 |

注:网络结构(1-6-5-1)表示网络具有 1 个输入层,2 个隐层,1 个输出层,每层的神经元数分别为 1、6、5、1。

SVM 的理论基础是统计学习理论,它是对结构风险最小化归纳原则(Structural Risk Minimization Inductive Principle)的一种实现。为了最小化期望风险的上界,SVM 在固定学习经验风险的条件下最小化 VC 置信度。选择不同的核函数可以生成不同的支持向量机,根据实际情况,选择①方差分析核(ANOVA):$k(x,y) = \left[\sum_i \exp(-\gamma(x_i - y_i))\right]^d$;②多项式核(POLY):$k(x,y) = (xy + 1)^d$;③ 径向基函数核(RBF):$k(x,y) = \exp(-\gamma\|x - y\|^2)$进行回归 SVM 训练和参数模拟。基于植被指数的水稻叶绿素密度 SVM 模型结构和训练参数如表 4.24 所示。

**表 4.23　基于植被指数的水稻叶绿素密度估算 RBF 模型结构和训练参数**

Table 4.23　Structures and training parameters of RBF models for estimation of GLCD of rice based on Vegetation Indices

| 植被指数 | GRBF 结构 | | | | GDRBF 结构 | | GRNN 结构 |
|---|---|---|---|---|---|---|---|
| | 径向基分布密度 | 最大神经元数 | 两次显示之间增加的神经元数 | 隐节点数 | 最大步长 | 径向基分布密度 | 径向基分布密度 |
| RVI | 0.08 | 2 | 4 | 1 | 8 | 5000 | 0.18 |
| NDVI | 0 | 3 | 10000 | 5 | 8 | 5000 | 0.06 |
| NDVI$_{green}$ | 0 | 3 | 10000 | 5 | 8 | 5000 | 0.01 |
| SAVI | 0 | 3 | 10000 | 5 | 18 | 5000 | 0.18 |
| OSAVI | 0 | 3 | 10000 | 5 | 38 | 5000 | 0.03 |
| MSAVI2 | 0 | 1 | 100 | 25 | 38 | 5000 | 0.03 |
| MCACI | 0 | 2 | 10000 | 5 | 23 | 5000 | 0.06 |
| TCARI/OSAVI | 0 | 2 | 10000 | 10 | 68 | 5000 | 0.0035 |
| RDVI | 0 | 1 | 100 | 25 | 38 | 5000 | 0.03 |
| RVI$_{green}$ | 0 | 2 | 10000 | 10 | 38 | 5000 | 0.06 |
| RVI$_{750,700}$ | 0 | 2 | 10000 | 10 | 38 | 5000 | 0.06 |
| RVI$_{800,600}$ | 0 | 2 | 10000 | 10 | 38 | 5000 | 0.06 |
| DVI | 0 | 1 | 100 | 25 | 38 | 5000 | 0.03 |
| TVI | 0 | 2 | 10000 | 10 | 38 | 5000 | 0.06 |
| NLI | 0 | 1 | 100 | 25 | 38 | 5000 | 0.03 |
| MSR | 0 | 2 | 10000 | 10 | 38 | 5000 | 0.06 |
| TVI$_2$ | 0 | 2 | 10000 | 10 | 38 | 5000 | 0.06 |

#### 4.3.2.2　基于植被指数水稻叶绿素密度遥感估算模型评价

对随机选取的 100 个训练数据,基于植被指数建立的水稻 GLCD 估算模型的拟合效果进行分析,制作实测值与拟合值散点图,图 4.10～4.13 是其中几个典型植被指数估算模型的散点图。从所有 17 个植被指数,每种植被指数建立的 8 种模型拟合散点图可以看出,总体上看,统计模型的散点图较为分散,神经网络与支持向量机模型在 GLCD 较大时,拟合值比实测值小,如图 4.10 和 4.11 以 NDVI 和 RVI 为自变量的水稻 GLCD 估算模型最为典型。但是,以 TCARI/OSAVI 和 RVI$_{green}$ 为自变量的水稻 GLCD 估算模型的拟合效果较好(图 4.12 和 4.13)。

**表 4.24　基于植被指数的水稻叶绿素密度估算 SVM 模型结构和训练参数**

Table 4.24　Structures and training parameters of SVM models for estimation of GLCD
of rice based on Vegetation Indices

| 植被指数 | 核函数 | $C$ | $\varepsilon$ | $\mu$ | $\gamma$ | $d$ |
|---|---|---|---|---|---|---|
| RVI | ANOVA | 1 | 0.00001 | — | 0.6 | 3 |
| | POLY | 100 | 0.0001 | — | — | 6 |
| | RBF | 10000 | 0.01 | — | 0.4 | — |
| NDVI | ANOVA | 1000 | 0.1 | — | 0.5 | 2 |
| | POLY | 10 | 1 | — | — | 4 |
| | RBF | 100000 | 1 | — | 0.4 | — |
| NDVI$_{green}$ | ANOVA | 1000 | 1 | — | 0.2 | 4 |
| | POLY | 1000000 | — | 0.4 | — | 4 |
| | RBF | 100000 | 0.2 | — | 0.3 | — |
| SAVI | ANOVA | 1000 | 0.1 | — | 0.3 | 3 |
| | POLY | 100 | 0.000001 | — | — | 4 |
| | RBF | 1 | 0.000001 | — | 0.8 | — |
| OSAVI | ANOVA | 100 | — | 0.8 | 0.8 | 4 |
| | POLY | 100 | 0.001 | — | — | 6 |
| | RBF | 1 | 0.001 | — | 0.8 | — |
| MSAVI2 | ANOVA | 10 | 0.00001 | — | 0.9 | 2 |
| | POLY | 100 | 0.1 | — | — | 5 |
| | RBF | 10 | 1 | 5 | — | — |
| MCACI | ANOVA | 100 | — | 0.6 | 0.6 | 3 |
| | POLY | 0.1 | 0.001 | — | — | 4 |
| | RBF | 1000 | — | 0.6 | 0.4 | — |
| TCARI/OSAVI | ANOVA | 100 | 0.0001 | — | 0.1 | 5 |
| | POLY | 10 | 0.01 | — | — | 3 |
| | RBF | 10000 | 0.0001 | — | 0.01 | — |
| RDVI | ANOVA | 10 | 1 | — | 0.5 | 2 |
| | POLY | 10000 | — | 0.4 | — | 5 |
| | RBF | 10000 | 0.000001 | — | 0.3 | — |
| RVI$_{green}$ | ANOVA | 10000 | 1 | — | 1 | 3 |
| | POLY | 10 | 0.1 | — | — | 2 |
| | RBF | 10000 | 0.001 | — | 0.5 | — |
| RVI$_{750,700}$ | ANOVA | 10000 | 1 | — | 0.7 | 2 |
| | POLY | 1 | 0.000001 | — | — | 6 |
| | RBF | 100 | 1 | — | 0.9 | — |
| RVI$_{800,600}$ | ANOVA | 100 | 0.000001 | — | 1 | 2 |
| | POLY | 10 | 0.1 | — | — | 5 |
| | RBF | 10000 | 0.0001 | — | 0.4 | — |
| DVI | ANOVA | 100 | 0.01 | — | 0.4 | 5 |
| | POLY | 1 | 0.0001 | — | — | 5 |
| | RBF | 1000 | 0.1 | — | 0.5 | — |
| TVI | ANOVA | 100 | — | 0.6 | 0.5 | 5 |
| | POLY | 100 | 0.01 | — | — | 6 |
| | RBF | 10 | 0.001 | — | 0.4 | — |
| NLI | ANOVA | 100 | — | 0.8 | 0.6 | 3 |
| | POLY | 1000 | 0.0001 | — | — | 6 |
| | RBF | 100 | 0.1 | — | 1.5 | — |
| MSR | ANOVA | 10000 | — | 0.8 | 0.5 | 3 |
| | POLY | 10 | 0.01 | — | — | 5 |
| | RBF | 100 | 0.00001 | — | 0.9 | — |
| TVI$_2$ | ANOVA | 100 | — | 0.4 | 0.7 | 5 |
| | POLY | 10000 | — | 0.6 | — | 3 |
| | RBF | 1000 | 0.0001 | — | 0.5 | — |

注:$C$ 为 SVM 的容错参数;$\varepsilon$ 为 SVM 的一种算法;$\mu$ 为 SVM 的另一种算法;$\gamma,d$ 为核参数。

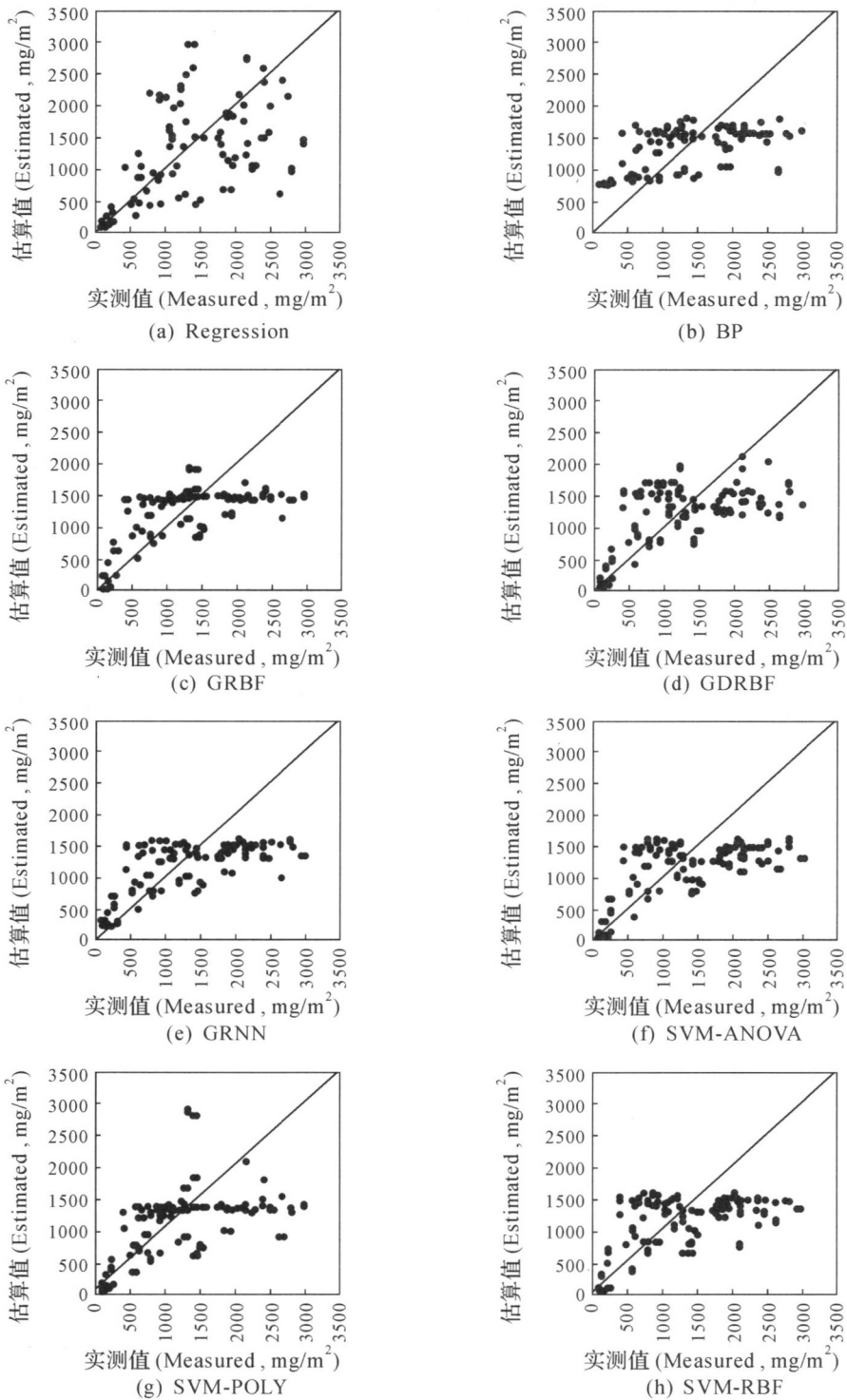

图 4.10　基于 RVI 的水稻 GLCD 不同估算模型拟合散点图

Fig. 4.10　Scatterplots of paddy rice GLCD with RVI for different models

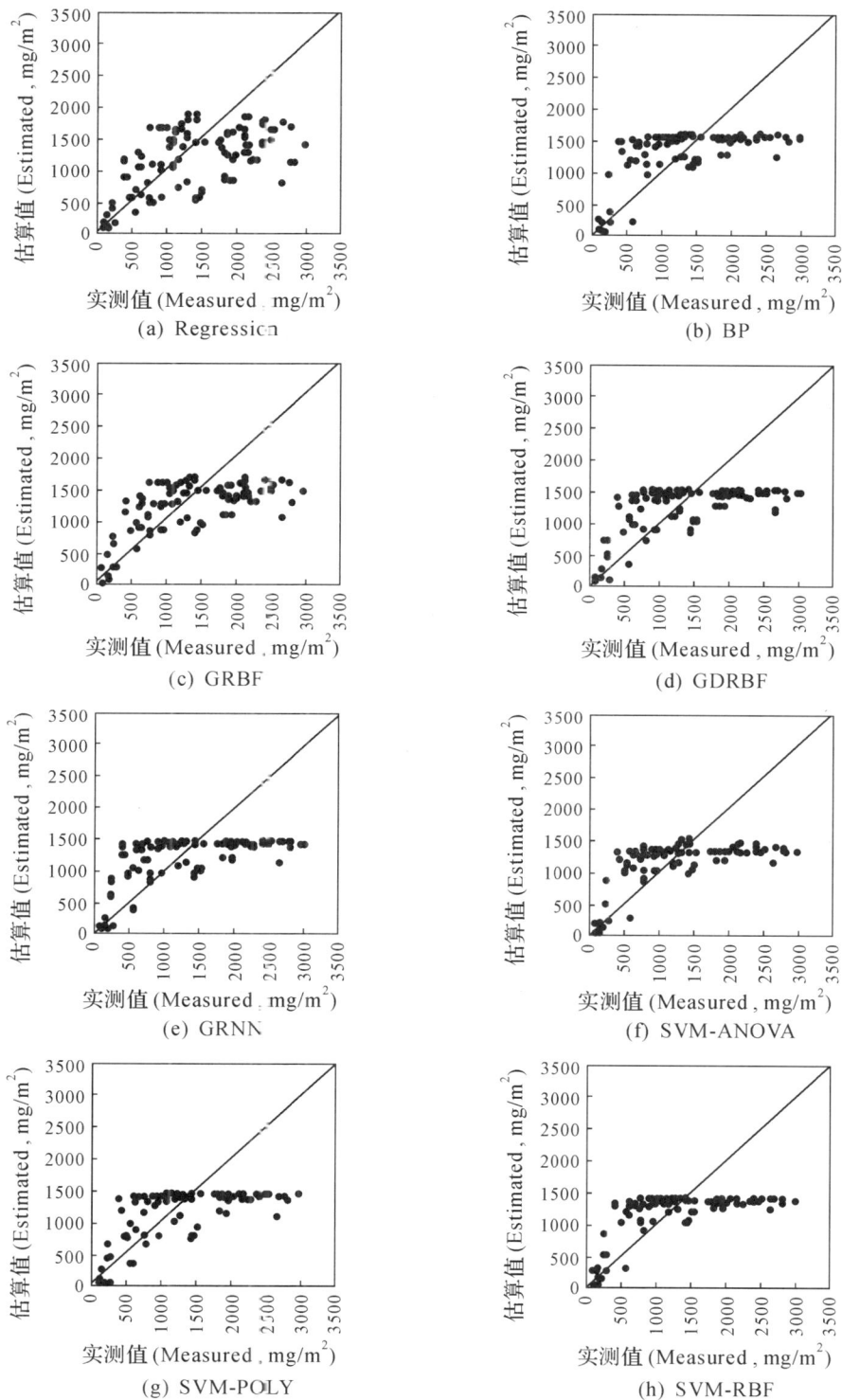

图 4.11　基于 NDVI 的水稻 GLCD 不同估算模型拟合散点图

Fig. 4.11　Scatterplots of paddy rice GLCD with NDVI for different models

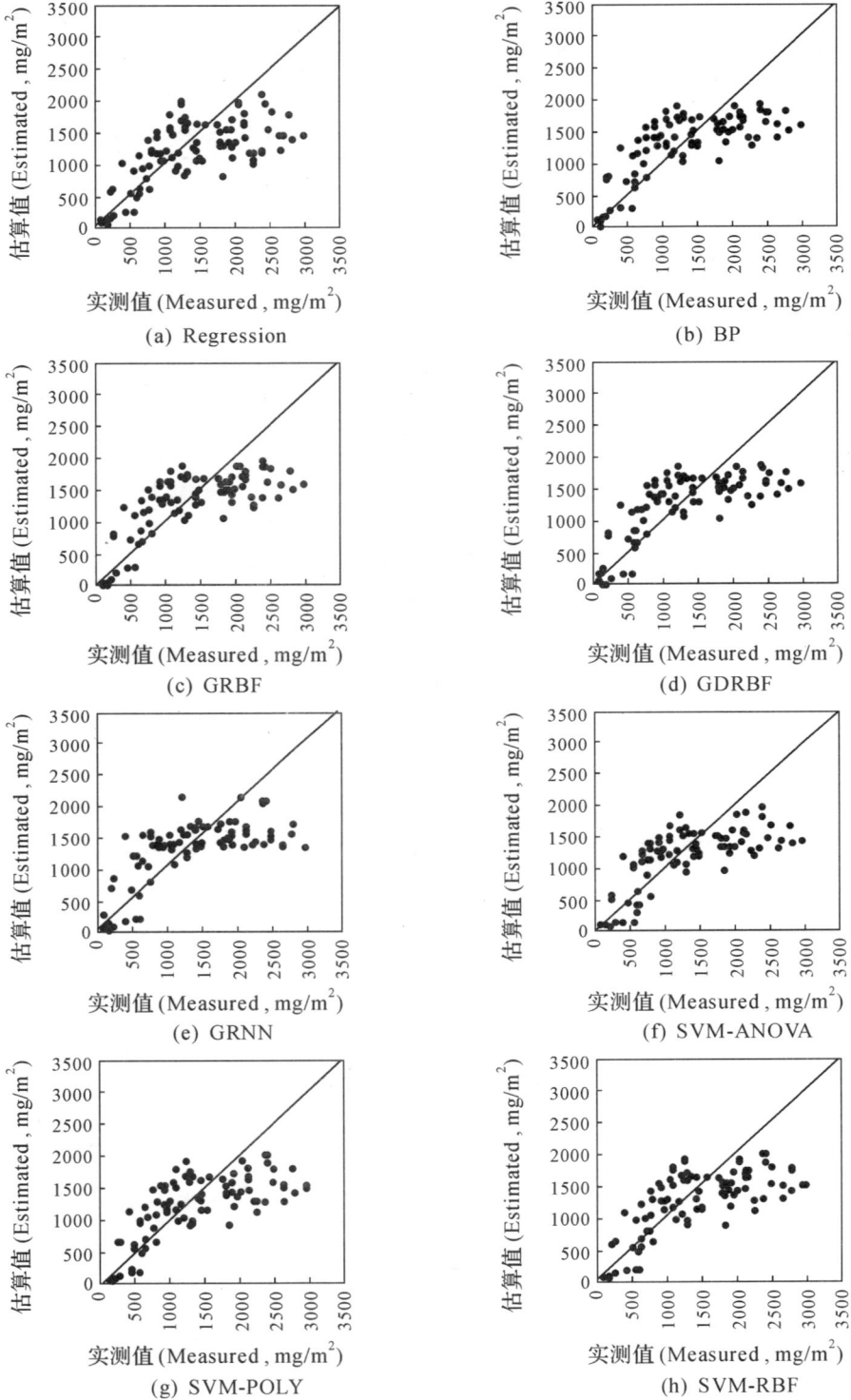

图 4.12 基于 TCARI/OSAVI 的水稻 GLCD 不同估算模型拟合散点图

Fig. 4.12 Scatterplots of paddy rice GLCD with TCARI/OSAVI for different models

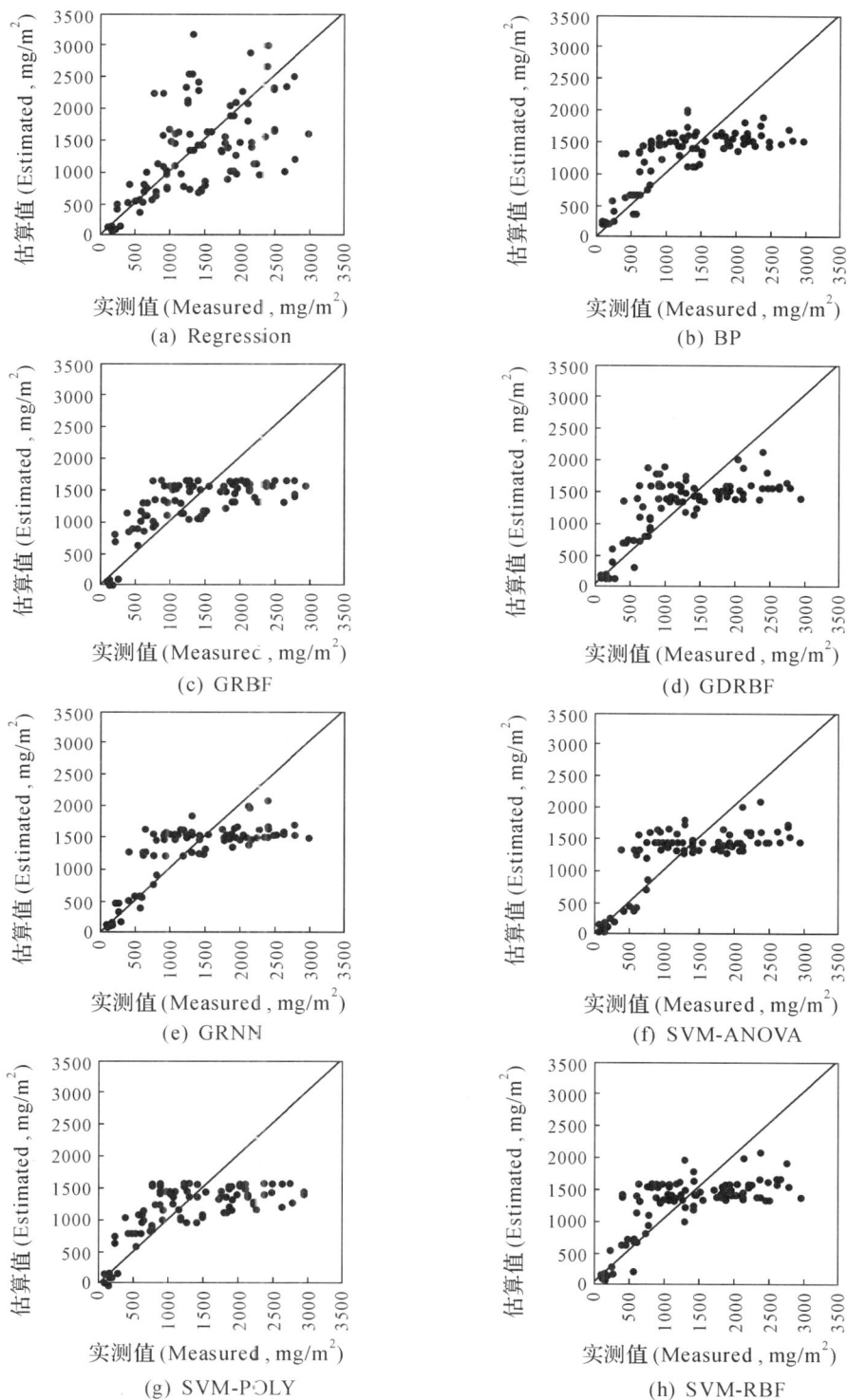

图 4.13　基于 RVI$_{green}$ 的水稻 GLCD 不同估算模型拟合散点图

Fig. 4.13　Scatterplots of paddy rice GLCD with RVI$_{green}$ for different models

利用另外 82 个样本作为独立检验数据,对所有 17 个植被指数,每种植被指数建立的 8 种模型对水稻 GLCD 的预测结果进行检验(表 4.25～4.27)。比较同一种植被指数不同模型的 RMSE 和 MAE,除了以 TCARI/OSAVI 为自变量的 GRNN 模型的 RMSE 和 MAE 分别大于统计回归模型的 RMSE 和 MAE 外,其余植被指数的统计回归模型的 RMSE 和 MAE 均大于神经网络模型和支持向量机模型,表明统计回归模型的预测误差最大,精度最低。

对于同一种方法,不同植被指数的比较,无论是以 RMSE 还是以 MAE 作为指标,其结果比较一致,都是以 TCARI/OSAVI 为自变量的模型的 RMSE 和 MAE 最小,表明以 TCARI/OSAVI 为自变量的模型的预测误差最小,预测效果最好。

**表 4.25　基于植被指数的水稻 GLCD 统计回归与 BP 神经网络估算模型检验结果**

Table 4.25　RMSE and ABSE of regression and Back Propagation Neural Network models for rice GLCD estimation based on vegetation indices

| 植被指数 | 统计模型 | | BP 模型 | |
|---|---|---|---|---|
| | RMSE | MAE | RMSE | MAE |
| RVI | 754.9633 | 564.7806 | 636.2499 | 554.4497 |
| NDVI | 638.8190 | 511.7610 | 595.3339 | 499.7825 |
| NDVI$_{green}$ | 566.5862 | 439.2791 | 535.9672 | 427.0958 |
| SAVI | 638.9193 | 511.7878 | 598.9728 | 504.9700 |
| OSAVI | 679.6662 | 527.5220 | 581.8698 | 469.2224 |
| MSAVI2 | 730.3528 | 564.9251 | 603.3048 | 478.9160 |
| MCACI | 723.6685 | 569.2385 | 626.4979 | 521.9827 |
| TCARI/OSAVI | 554.2854 | 427.8513 | 523.9782 | 417.3014 |
| RDVI | 774.0064 | 594.8275 | 588.0350 | 483.8937 |
| RVI$_{green}$ | 660.4365 | 487.5695 | 532.7757 | 431.5773 |
| RVI$_{750,700}$ | 768.3431 | 573.7459 | 645.2968 | 525.6459 |
| RVI$_{800,600}$ | 758.0084 | 577.4194 | 636.1894 | 542.1654 |
| DVI | 744.1310 | 573.0563 | 593.1653 | 482.8914 |
| TVI | 640.9299 | 511.8146 | 591.7959 | 484.2501 |
| NLI | 671.3678 | 523.6184 | 588.3757 | 485.4949 |
| MSR | 837.8554 | 620.4622 | 624.7667 | 540.2208 |
| TVI$_2$ | 792.3538 | 614.7573 | 605.9068 | 506.6744 |

比较 BP 神经网络、径向基函数神经网络和支持向量机网络的 RMSE 和 MAE,可以看出,如果以 RMSE 作为指标,在 17 个植被指数中,相同植被指数 8 种不同方法构建的模型中,有 11 个植被指数的 BP 神经网络模型独立检验的 RMSE 最小;其次为 RBF 模型,有 6 个植被指数的独立检验的 RMSE 最小;只有 1 个 SVM 模型的 RMSE 是最小的。但是,如果以 MAE 作为指标,在 17 个植被指数中,相同植被指数 8 种不同方法构建的模型中,只有 4 个植被指数的 BP 神经网络模型独立检验的 MAE 是最小的;RBF 模型最多,有 9 个植被指数的独立检验的 MAE 最小;有 5 个 SVM 模型的 RMSE 是最小的。

**表 4.26　基于植被指数的水稻 GLCD 径向基函数神经网络估算模型检验结果**

Table 4.26　RMSE and MAE of Radial Basis Function Neural Network models for rice GLCD estimation based on vegetation indices

| 植被指数 | GRBF 模型 | | GDRBF 模型 | | GRNN 模型 | |
|---|---|---|---|---|---|---|
| | RMSE | MAE | RMSE | MAE | RMSE | MAE |
| RVI | 609.0749 | 507.7887 | 638.1222 | 516.9093 | 624.4176 | 514.8191 |
| NDVI | 602.2513 | 500.6547 | 602.2531 | 493.6171 | 609.3889 | 499.4114 |
| $NDVI_{green}$ | 542.3022 | 437.7037 | 544.7337 | 436.4759 | 532.1145 | 427.7069 |
| SAVI | 602.2768 | 500.6666 | 632.3894 | 500.3948 | 609.4043 | 499.3955 |
| OSAVI | 624.6131 | 517.1805 | 592.7082 | 474.9739 | 591.6998 | 475.9692 |
| MSAVI2 | 611.4533 | 484.4775 | 604.0929 | 468.2026 | 611.1092 | 480.1518 |
| MCACI | 625.7129 | 509.7786 | 664.3278 | 537.8178 | 637.6536 | 507.6971 |
| TCARI/OSAVI | 528.6849 | 424.6719 | 527.5001 | 426.5357 | 556.4677 | 433.3864 |
| RDVI | 595.2044 | 474.8368 | 595.1046 | 474.7572 | 603.6108 | 484.9673 |
| $RVI_{green}$ | 552.0848 | 462.0266 | 559.2210 | 442.2226 | 532.2058 | 422.4157 |
| $RVI_{750,700}$ | 605.9865 | 491.8612 | 640.5341 | 498.7388 | 614.2547 | 483.3580 |
| $RVI_{800,600}$ | 624.4980 | 515.6861 | 666.9507 | 523.5025 | 636.3517 | 512.3777 |
| DVI | 615.2747 | 482.6309 | 613.1627 | 480.3562 | 630.2224 | 503.3632 |
| TVI | 601.6319 | 499.8519 | 626.8007 | 504.7917 | 619.1016 | 507.9827 |
| NLI | 606.2859 | 499.4349 | 617.4466 | 485.2148 | 601.7019 | 484.1142 |
| MSR | 608.7430 | 503.2635 | 733.4580 | 564.8670 | 642.6542 | 519.6060 |
| $TVI_2$ | 660.2811 | 538.7333 | 659.5891 | 519.9785 | 632.8077 | 504.4340 |

**表 4.27　基于植被指数的水稻 GLCD 支持向量机网络估算模型检验结果**

Table 4.27　RMSE and MAE of Support Vector Machine Network models for rice GLCD estimation based on vegetation indices

| 植被指数 | SVM-ANCVA 模型 | | SVM-POLY 模型 | | SVM-RBF 模型 | |
|---|---|---|---|---|---|---|
| | RMSE | MAE | RMSE | MAE | RMSE | MAE |
| RVI | 641.6802 | 529.5318 | 672.9823 | 537.4063 | 659.6252 | 545.3540 |
| NDVI | 622.6114 | 507.1389 | 615.4831 | 497.5324 | 620.5055 | 503.0378 |
| $NDVI_{green}$ | 563.0926 | 439.2793 | 542.4110 | 454.0256 | 546.0246 | 438.0341 |
| SAVI | 620.0683 | 503.7653 | 615.5259 | 497.1961 | 617.7264 | 497.0547 |
| OSAVI | 609.9292 | 480.3594 | 591.7482 | 477.0041 | 614.3085 | 482.8315 |
| MSAVI2 | 611.7902 | 482.9776 | 608.6919 | 476.7435 | 621.0135 | 487.1117 |
| MCACI | 629.1442 | 507.1886 | 636.8932 | 500.7494 | 615.0745 | 499.6864 |
| TCARI/OSAVI | 543.9313 | 426.8502 | 537.4688 | 422.8166 | 536.7298 | 422.5788 |
| RDVI | 605.2183 | 472.3625 | 603.4746 | 481.5411 | 601.0018 | 471.9769 |
| $RVI_{green}$ | 558.2882 | 437.2107 | 574.5629 | 461.7260 | 551.5744 | 440.7882 |
| $RVI_{750,700}$ | 633.1929 | 506.7457 | 628.1048 | 510.3220 | 614.8890 | 497.9628 |
| $RVI_{800,600}$ | 699.9808 | 554.4785 | 654.3347 | 536.8921 | 653.4162 | 543.3337 |
| DVI | 634.1666 | 489.8249 | 607.3911 | 480.1949 | 618.6675 | 489.6670 |
| TVI | 614.4644 | 495.9207 | 623.7520 | 499.1298 | 617.4020 | 497.8893 |
| NLI | 615.5925 | 486.8318 | 602.6744 | 480.0887 | 628.5715 | 507.1730 |
| MSR | 676.7084 | 548.1597 | 640.2675 | 525.8146 | 638.9980 | 522.2122 |
| $TVI_2$ | 660.3537 | 524.1300 | 653.0095 | 517.2588 | 652.6816 | 525.1127 |

### 4.3.3 基于高光谱变换的水稻叶绿素密度神经网络和支持向量机模型

利用 2004 年两次实验所测定的水稻原始光谱及其变换形式光谱一阶导数、光谱二阶导数和光谱伪吸收系数为自变量,以随机选取的 100 个样本数据,采用逐步回归方法,选择最先进入方程的四个窄波段变量(表 4.28)作为模型变量,建立水稻 GLCD 估算的逐步回归模型、BP 模型、RBF 模型和 SVM 模型,再利用 82 个独立样本数据进行检验。

**表 4.28 逐步回归方法确定的窄波段变量**

Table 4.28 Narrow wavebands selected by stepwise regression method

| 光谱形式 | 波段位置 $\lambda_1$(nm) | 波段位置 $\lambda_2$(nm) | 波段位置 $\lambda_3$(nm) | 波段位置 $\lambda_4$(nm) |
|---|---|---|---|---|
| 原始 | 1125 | 2261 | 2007 | 2285 |
| 一阶导数 | 768 | 1068 | 1620 | 1625 |
| 二阶导数 | 718 | 2265 | 861 | 452 |
| 伪吸收系数 | 354 | 807 | 751 | 370 |

#### 4.3.3.1 基于高光谱变换的水稻叶绿素密度遥感估算模型构建

以逐步回归确定的 4 个窄波段高光谱变换参数为子变量,建立水稻 GLCD 逐步回归模型、BP 模型、RBF 模型和 SVM 模型,如表 4.29~4.32 所示,其中 BP 模型、RBF 模型采用的算法与 4.3.2 相同,SVM 模型只选取 ANOVA 核和 RBF 核进行 SVM 训练和参数预测。

**表 4.29 基于高光谱数据变换的水稻 GLCD 逐步回归模型**

Table 4.29 Stepwise regression models for GLCD estimation of paddy rice based on hyperspectral transformation variables

| 光谱形式 | 模　　型 | $R^2$ |
|---|---|---|
| 原始 | $GLCD = 95.714 + 9140.299\,\rho_{1125} - 49560.6\,\rho_{2261} + 14152.2\,\rho_{2007} + 14899.68\,\rho_{2285}$ | 0.708 |
| 一阶导数 | $GLCD = -172.433 + 1910057\,\rho'_{768} - 447241\,\rho'_{1068} + 1415155\,\rho'_{1620} + 570679\,\rho'_{1625}$ | 0.745 |
| 二阶导数 | $GLCD = 392.873 + 6159555\,\rho''_{718} - 515438\,\rho''_{2265} - 2.9\times10^7\,\rho''_{861} - 3.6\times10^7\,\rho''_{452}$ | 0.741 |
| 伪吸收系数 | $GLCD = -176.37 + 3834.464\,\lg(1/\rho_{354}) - 8972.51\lg(1/\rho_{807}) + 8309.175\,\lg(1/\rho_{751}) - 3531.27\,\lg(1/\rho_{370})$ | 0.686 |

**表 4.30 基于高光谱数据变换的水稻 GLCD 估算的 BP 模型结构和训练参数**

Table 4.30 Structures and training parameters of BP models for GLCD estimation of paddy rice based on hyperspectral transformation variables

| 光谱形式 | BP 结构 | 网络输入变量对应波长位置 | 网络输出 | 训练次数 | 最大失败次数 | 学习速率 |
|---|---|---|---|---|---|---|
| 原始 | 4-22-38-26-13-1 | 1125,2261,2007,2285 | GLCD | 6000 | 5 | 0.05 |
| 一阶导数 | 4-22-26-13-1 | 768,1068,1620,1625 | GLCD | 5000 | 5 | 0.05 |
| 二阶导数 | 4-22-26-13-1 | 718,2265,861,452 | GLCD | 3500 | 5 | 0.05 |
| 伪吸收系数 | 4-18-8-1 | 354,807,751,370 | GLCD | 2000 | 10 | 0.25 |

注:网络结构(4-18-8-1)表示网络有 1 个输入层,2 个隐含层,1 个输出层,每层神经元分别为 4、18、8、1。

表 4.31　基于高光谱数据变换的水稻 GLCD 估算的 RBF 模型结构和训练参数

Table 4.31　Structures and training parameters of RBF models for GLCD estimation of paddy rice based on hyperspectral transformation variables

| 参数 | 光谱形式 | RBF 模型结构 | | | | | |
|---|---|---|---|---|---|---|---|
| | | GRBF | | | GDRBF | | GRNN |
| | | 径向基分布密度 | 最大神经元数 | 两次显示之间增加的神经元数 | 隐节点数 | 训练次数 | 径向基分布密度 |
| GLCD | 原始 | 2 | 10 | 5 | 23 | 5000 | 0.01 |
| | 一阶导数 | 2 | 10 | 5 | 23 | 3000 | 0.30 |
| | 二阶导数 | 2 | 10 | 5 | 23 | 3000 | 0.30 |
| | 伪吸收系数 | 2 | 10 | 5 | 23 | 2100 | 0.08 |

表 4.32　基于高光谱数据变换的水稻 GLCD 估算的 SVM 模型结构和训练参数

Table 4.32　Structures and training parameters of SVM models for GLCD estimation of paddy rice based on hyperspectral transformation variables

| 光谱形式 | 核函数 | $C$ | $\varepsilon$ | $\mu$ | $\gamma$ | $d$ |
|---|---|---|---|---|---|---|
| 原始 | ANOVA | 0.01 | 0.001 | — | 0.1 | 4 |
| | RBF | 100 | — | 0.6 | 0.8 | — |
| 一阶导数 | ANOVA | 0.1 | 0.01 | — | 0.7 | 1 |
| | RBF | 1 | 0.0001 | — | 0.3 | — |
| 二阶导数 | ANOVA | 0.1 | 0.001 | — | 0.4 | 1 |
| | RBF | 1 | 0.01 | — | 0.1 | — |
| 伪吸收系数 | ANOVA | 1000 | 0.001 | — | 0.3 | 1 |
| | RBF | 1000 | 0.001 | — | 0.05 | — |

注：$C$ 为 SVM 的容错参数；$\varepsilon$ 和 $\mu$ 为 SVM 的不同算法；$\gamma$，$d$ 为核参数。

### 4.3.3.2　基于高光谱变换的水稻叶绿素密度遥感估算模型评价

对随机选取的 100 个训练数据，基于窄波段建立的水稻 GLCD 估算模型的拟合效果进行分析，制作实测值与拟合值散点图（图 4.14～4.17）。直观地看，7 种方法建立的水稻 GLCD 估算模型的拟合效果比较接近，基本上沿直线 1：1 分布，但当 GLCD 比较大时，拟合值略低于实测值。与基于植被指数的水稻 GLCD 估算模型相比，基于高光谱变换的水稻 GLCD 估算模型的拟合效果更好。

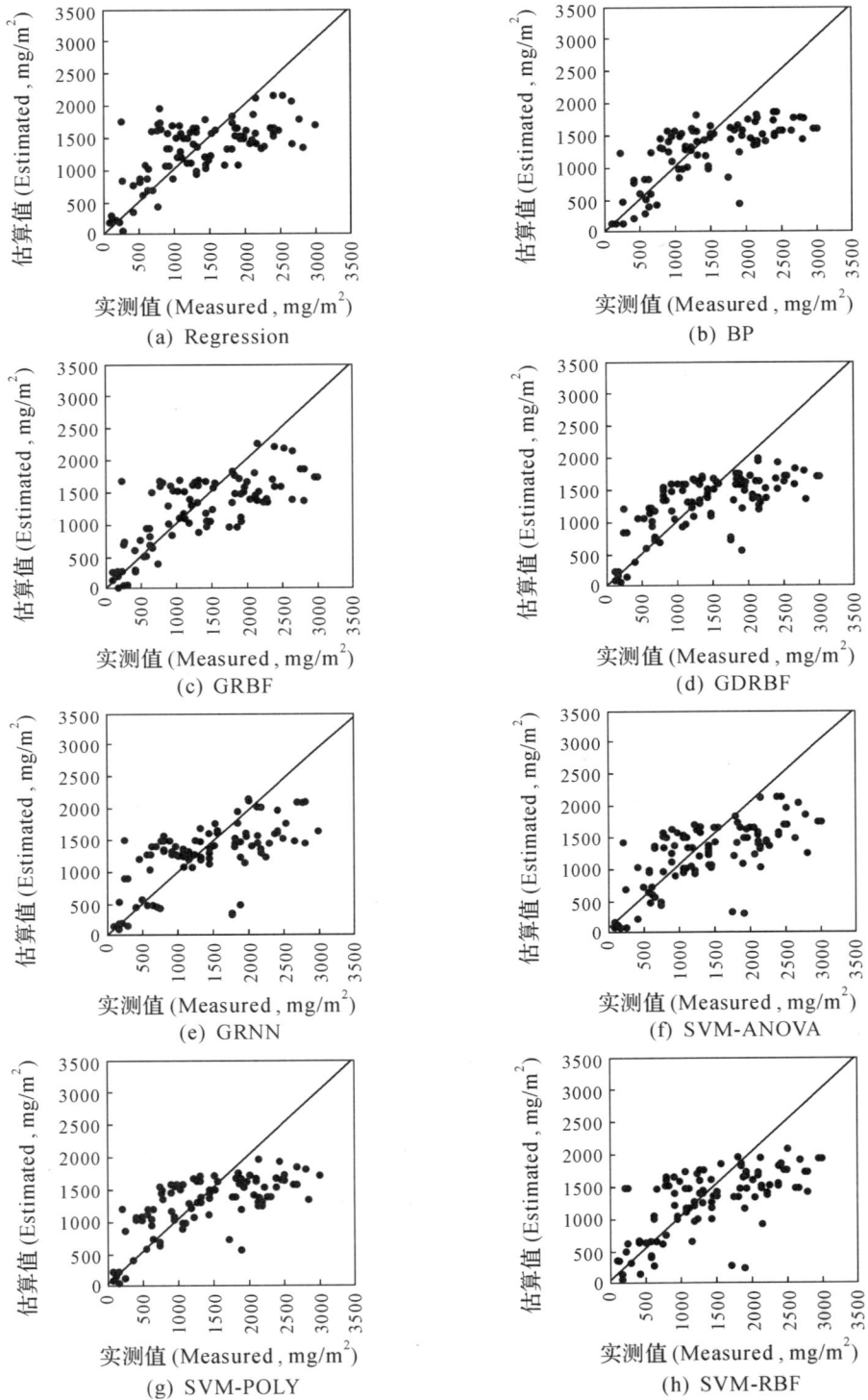

图 4.14　基于原始光谱变量的水稻 GLCD 不同估算模型拟合散点图

Fig. 4. 14　Scatterplots of paddy rice GLCD with spectral variables for different models

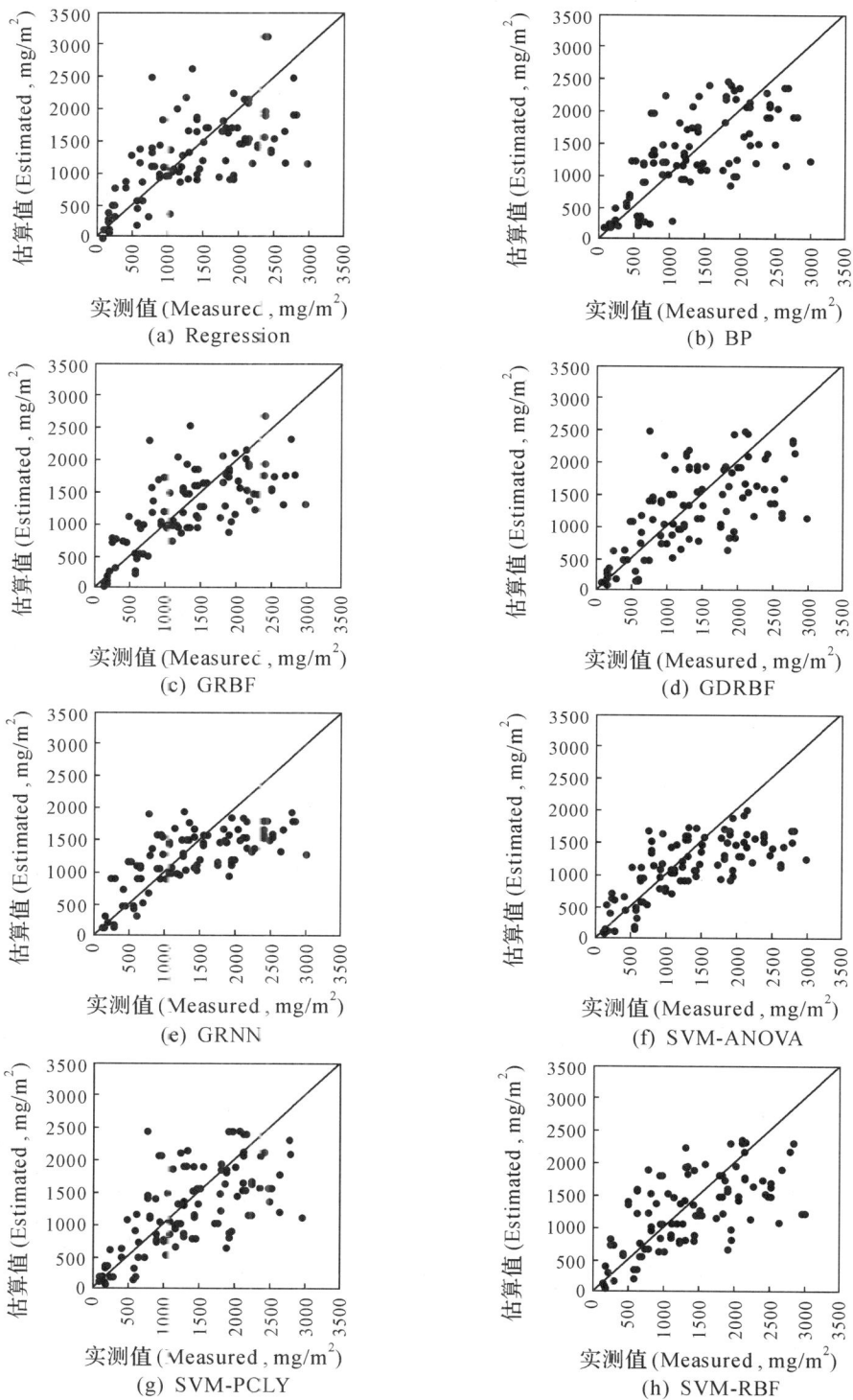

图 4.15　基于一阶导数光谱变量的水稻 GLCD 不同估算模型拟合散点图

Fig. 4.15　Scatterplots of paddy rice GLCD with the first-order derivative spectra for different models

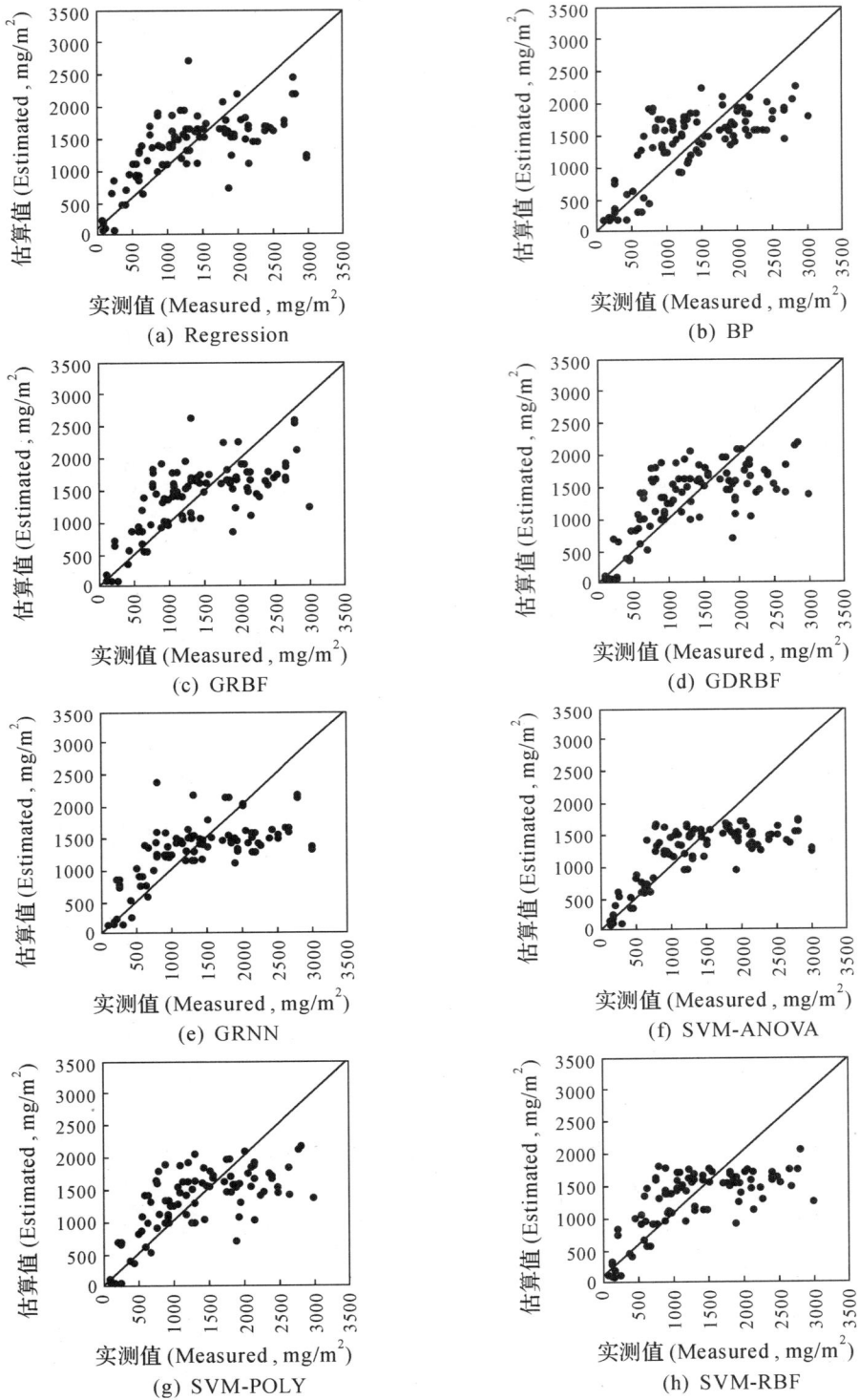

图 4.16　基于二阶导数光谱变量的水稻 GLCD 不同估算模型拟合散点图

Fig. 4.16　Scatterplots of paddy rice GLCD with the second-order derivative spectra for different models

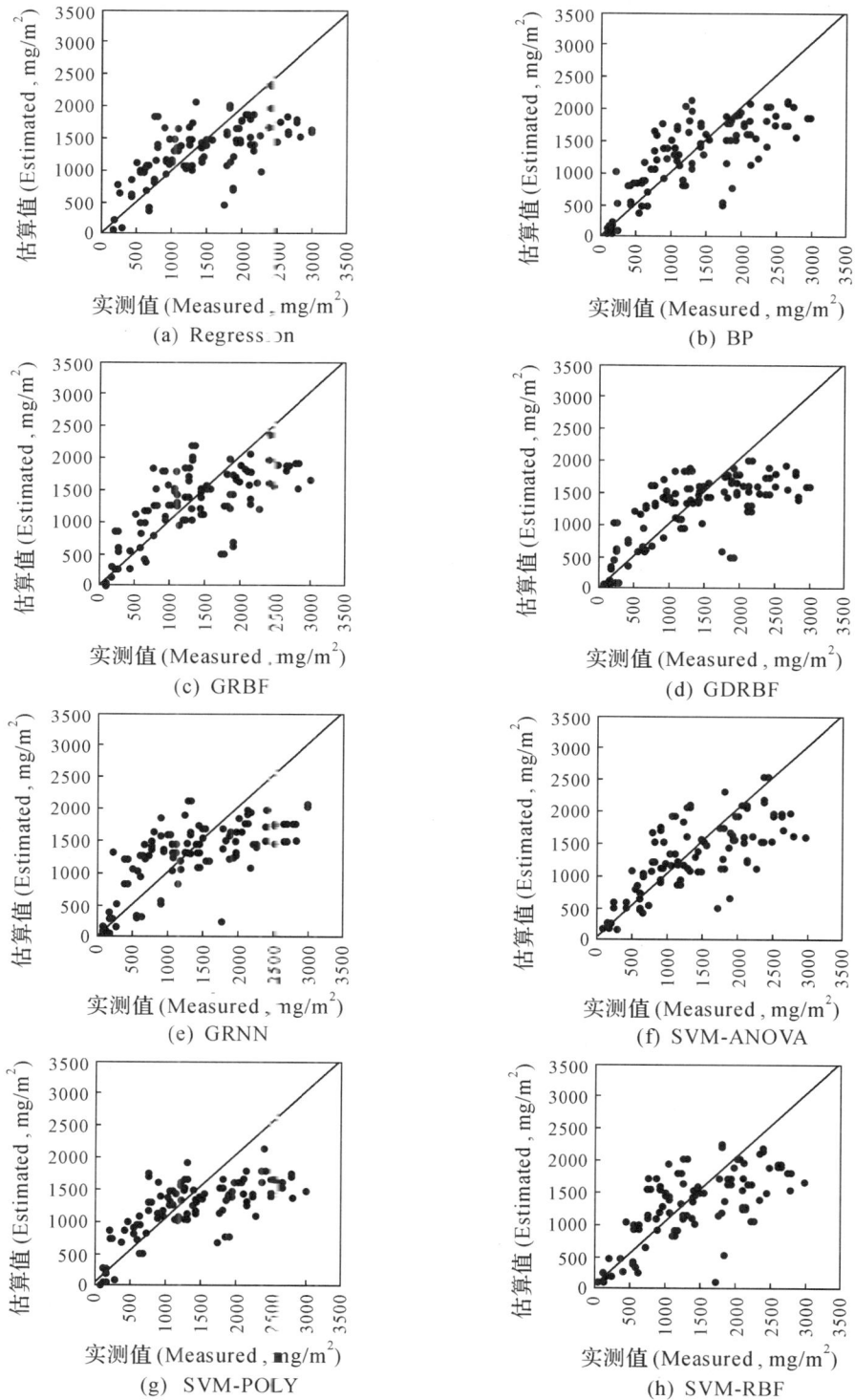

图 4.17　基于光谱的对数变换为自变量的水稻 GLCD 不同估算模型拟合散点图

Fig. 4.17　Scatterplots of paddy rice GLCD with logarithm transform of reflectance for different models

进一步采用 82 个独立检验数据,对所有 4 种高光谱变换参数 7 种方法建立的水稻 GLCD的预测结果进行检验,结果如表 4.33 所示。比较 BP 神经网络、径向基函数神经网络和支持向量机网络的 RMSE 和 MAE,可以看出,如果以 RMSE 作为指标,在 4 种高光谱变换参数 7 种不同方法构建的模型中,有 3 种高光谱变换参数为自变量的 BP 神经网络模型独立检验的 RMSE 最小;而如果以 MAE 作为指标,以原始光谱参数为自变量的水稻GLCD的 BP 神经网络模型独立检验的 MAE 最小,基于一阶导数光谱变量的水稻 GLCD 的 GRNN 估算模型独立检验的 MAE 最小,基于二阶导数光谱变量和基于光谱的对数变换为自变量的水稻 GLCD 的支持向量机模型独立检验的 MAE 最小。

在 4 种高光谱变换参数中,比较不同模型的 RMSE 和 MAE,除了以光谱的对数变换为自变量的水稻 GLCD 的 GRNN 模型 RMSE 和 MAE 分别大于统计回归模型的 RMSE 和 MAE 外,其余 4 种高光谱变换参数的统计回归模型的 RMSE 和 MAE 均大于神经网络模型和支持向量机模型,表明统计回归模型的预测误差最大,精度最低。比较同一种方法,不同高光谱变换参数的水稻 GLCD 估算模型的检验结果,无论是以 RMSE 还是以 MAE 作为指标,除了以一阶导数光谱为自变量的水稻 GLCD 的 GRNN 模型 RMSE 和 MAE 小于其他 3 种光谱变换参数建立的模型外,其余 6 种方法都是以基于光谱的对数变换为自变量的水稻 GLCD 估算模型的 RMSE 和 MAE 最小,表明以基于光谱的对数变换为自变量的水稻 GLCD 不同估算模型的预测误差最小,预测效果最好。

**表 4.33　基于高光谱变换的水稻 GLCD 估算模型检验结果**

Table 4.33　RMSE and MAE of GLCD estimation models for rice based on hyperspectral transformation variables

| 光谱变换 | RBF 网络模型 | | | | | |
|---|---|---|---|---|---|---|
| | GRBF 模型 | | GDRBF 模型 | | GRNN 模型 | |
| | RMSE | MAE | RMSE | MAE | RMSE | MAE |
| 原始 | 551.7906 | 434.7747 | 559.4424 | 435.9276 | 571.9312 | 441.2319 |
| 一阶导数 | 561.2412 | 424.4794 | 599.4570 | 456.7561 | 538.2206 | 416.2197 |
| 二阶导数 | 542.9496 | 430.3302 | 551.6534 | 441.8505 | 552.9857 | 435.0392 |
| 伪吸收系数 | 534.6359 | 410.1705 | 549.9865 | 420.6795 | 570.2100 | 455.4609 |

| 光谱变换 | SVM 网络模型 | | | | 逐步回归模型 | | BP 模型 | |
|---|---|---|---|---|---|---|---|---|
| | SVM-ANOVA 模型 | | SVM-RBF 模型 | | | | | |
| | RMSE | MAE | RMSE | MAE | RMSE | MAE | RMSE | MAE |
| 原始 | 570.7760 | 430.9946 | 571.2719 | 432.8516 | 574.5243 | 454.6556 | 533.5461 | 412.5251 |
| 一阶导数 | 578.9491 | 440.0834 | 575.2666 | 444.4299 | 613.5800 | 459.2451 | 571.6164 | 448.1186 |
| 二阶导数 | 554.1760 | 418.1450 | 553.2974 | 442.2441 | 571.5815 | 463.7467 | 511.9701 | 421.5459 |
| 伪吸收系数 | 523.0741 | 394.7962 | 549.6904 | 415.6934 | 551.3314 | 436.6221 | 517.6506 | 399.6802 |

## 4.4　小结

本章研究了水稻色素含量/密度估算方法,首先针对色素含量,开展了叶绿素 a、叶绿素 b、总叶绿素以及类胡萝卜素含量彼此之间的相关分析,表明各色素之间相关性较高。因此在各种色素与光谱变量的相关性分析中,它们总是表现为相同的变化趋势。研究中构建所有可能窄波段色素指数估算水稻组分色素含量,发现最佳 NBRVI 线性模型要优于最佳 NBNDVI 线性模型。

本章比较了 BPN 与 MLR 模型对水稻色素含量的估算效果,用同样的数据训练时,BPN 模型对水稻色素含量估测模型的拟合和检验样本验证的 $R^2$ 均高于 MLR 模型,并且 ABSE 和 RMSE 低于对应的 MLR 模型,差异显著性分析表明绝大部分的 BPN 和 MLR 模型间差异达到显著水平,只有穗的 Cars 模型拟合结果和叶片 Chlt 的验证结果差异不显著,说明一般情况下用 BPN 模型往往可以获得比 MLR 模型更高的水稻色素估测精度。很多研究结果都证明了 BPN 模型较 MLR 模型能获得更好的预测结果(Jeongick 等,2000;Jalali-Heravi 等,2000;Igor 等,2003;Baxter 等,2004;Fabrizio 等,2005),这和本章的结论基本一致。

在水稻色素密度估算方面,本章针对 CACI 没有统一的确定连续统问题,提出利用红边"拐点($\lambda_r$)"代替 MRP 近红外肩上的最大反射率点(MRP),建立改进叶绿素吸收连续统指数(MCACI)。研究表明 MCACI 对 GLCD 的敏感性比 CACI 高,这是由于 $\lambda_r$ 代替了 MRP,可以提高 MCACI 对红边移动的敏感性,而且 MCACI 对 GLCD 具有更精确的预测能力。

本章最后一部分采用 2004 年两期实验所测定的水稻 GLCD 和冠层光谱数据,随机选取 100 个作为训练数据建立模型,建立每个植被指数估算 GLCD 的统计回归模型、BP 模型、RBF 模型和 SVM 模型。以 RMSE 和 MAE 为指标,利用另外 82 个样本作为独立验证数据进行模型检验,结果表明无论是 BP 模型、RBF 模型还是 SVM 模型,其 RMSE 和 MAE 都小于统计回归模型的 RMSE 和 MAE 值,说明 BP 神经网络方法、径向基函数神经网络方法、支持向量机网络方法能够提高水稻 GLCD 遥感估算精度。在所有 17 个植被指数中,基于植被指数 TCARI/OSAVI 的水稻 GLCD 估算模型独立检验的 RMSE 和 MAE 最小。

# 第 5 章　水稻氮素含量的高光谱遥感估算模型

　　氮素是作物生长最为重要的肥料之一,氮素匮缺会导致作物产量以及品质下降,氮素过剩又会造成肥料浪费以及环境污染等问题,因此如何有效合理地进行氮素管理,提高氮素利用效率实现作物的优质高产同时减少对环境的污染具有十分重要的意义。本章将利用2004 年两期水稻小区实验观测获取的水稻叶片、冠层氮素含量资料,同步观测获得的光谱数据,采用统计回归方法、后向传播神经网络模型(BPN)、径向基函数神经网络模型(RBF)和支持向量机模型(SVM),对叶片和冠层水平的水稻氮素含量估算方法进行系统研究。

## 5.1　基于叶片光谱的水稻氮素含量估算模型

　　采用随机划分,将参与分析的数据随机划分成训练样本和检验样本两组,其中总样本的 2/3 作为训练样本用于建模,剩余的 1/3 作为检验样本用于模型检验。样本随机分组结果如表 5.1 所示。

表 5.1　训练样本和检验样本氮素含量统计特征描述

Table 5.1　Statistical description of nitrogen concentration for calibration and validation samples

| 统计特征<br>发育期 | 训练样本 | | | | 检验样本 | | | |
|---|---|---|---|---|---|---|---|---|
| | 样本数 | 平均值<br>(mg/g) | 最大值<br>(mg/g) | 最小值<br>(mg/g) | 样本数 | 平均值<br>(mg/g) | 最大值<br>(mg/g) | 最小值<br>(mg/g) |
| 分蘖初期 | 28 | 4.35 | 4.82 | 3.39 | 14 | 4.29 | 4.78 | 3.72 |
| 分蘖盛期 | 23 | 2.96 | 3.81 | 2.43 | 12 | 3.04 | 3.9 | 2.35 |
| 孕穗期 | 12 | 2.41 | 2.72 | 2.12 | 6 | 2.34 | 2.68 | 2.03 |
| 抽穗期 | 12 | 2.35 | 2.77 | 1.61 | 6 | 2.60 | 2.89 | 2.16 |
| 灌浆期 | 9 | 2.23 | 2.73 | 1.68 | 5 | 2.21 | 2.38 | 1.84 |
| 乳熟期 | 24 | 1.87 | 2.46 | 1.11 | 12 | 1.93 | 2.47 | 1.17 |
| 成熟期 | 21 | 1.51 | 2.15 | 0.91 | 11 | 1.50 | 2.11 | 1.06 |
| 全生育期 | 129 | 2.67 | 4.82 | 0.91 | 66 | 2.68 | 4.78 | 1.06 |

　　从表 5.1 可见,训练样本氮素含量最大值为 4.82,最小值为 0.91,检验样本氮素含量最大值为 4.78,最小值为 1.06,表明随机分组较为合理。并且,本实验中氮素含量最大最小值区间分布也较为合理,这一区间跨度较大,在一定程度上可保证随后将构建的氮素含量诊断模型的普适性。

### 5.1.1　水稻叶片光谱反射率的主成分分析

在建立水稻氮素含量光谱估算模型时,除了采用波段反射率作为自变量外,主要构建基于主成分得分值的 PC 模型,因此,首先对训练样本和检验样本进行主成分分析。

图 5.1 为训练样本各发育期叶片光谱反射率的 PCA 分析结果,由图可见,主成分分析之后,几乎所有发育期光谱反射率中信息的 90％以上都可通过前三个主成分来反映,即原本

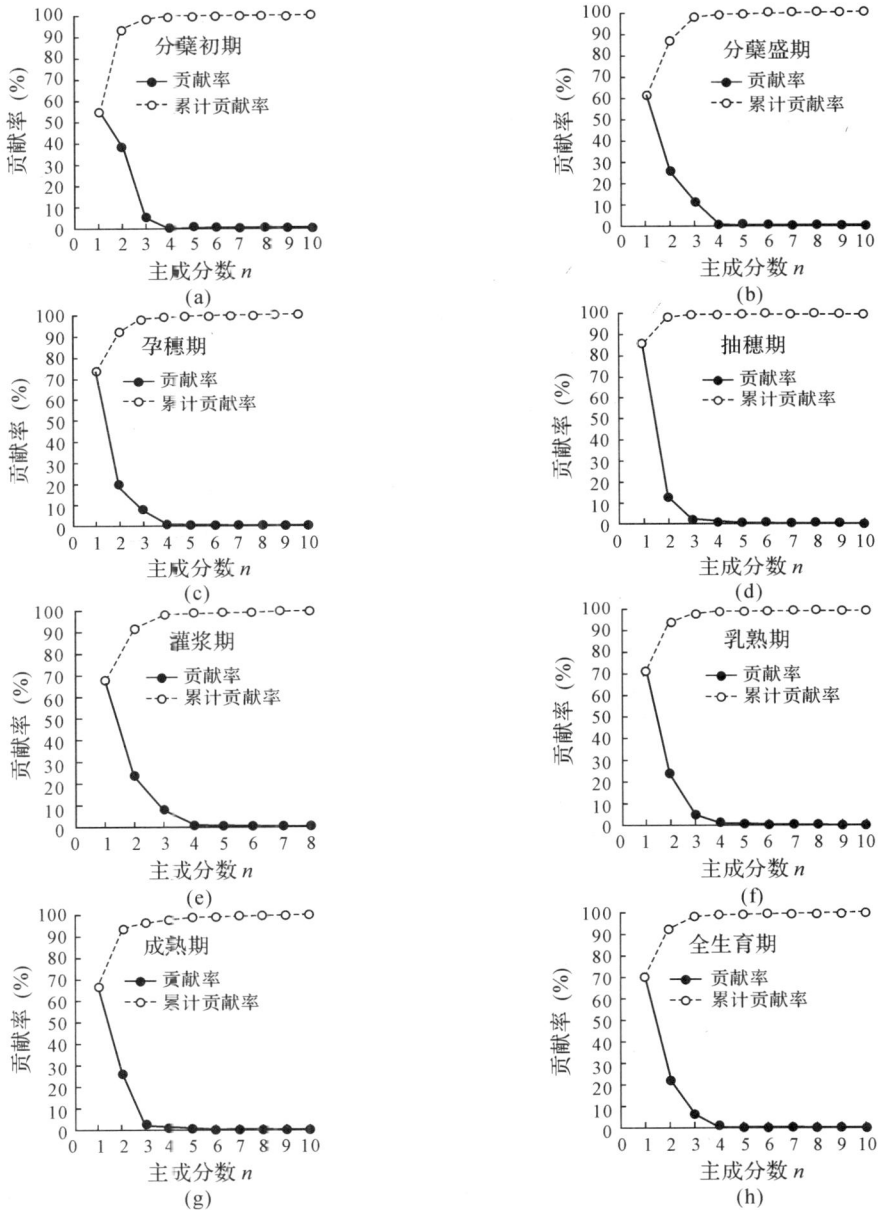

图 5.1　训练样本水稻叶片光谱反射率前 10 主成分的贡献率及累计贡献率

Fig. 5.1　Explained variance and cumulative variance(％) of the first 10 principal components of rice leaf reflectance for calibration data

包含在 400~1000nm 的 601 个变量中的 90％以上的信息都可通过前 3 个主成分来表示,这样就大大降低了输入变量的维数。进一步分析可以发现,通常第一个主成分会包含原变量 50％以上的信息,第二个主成分可包含 25％左右的信息量,随着主成分的增加,累计贡献率的边际增加量大大降低。因此,在进行回归建模时,对所有发育期都采取 Enter 回归法,即将三个主成分都纳入到模型中作为输入变量来构建氮素含量诊断模型。

对检验样本数据进行 PCA 分析,结果如图 5.2 所示,与训练样本 PCA 分析结果类似,前三个主成分能包含原变量中 90％以上的信息。

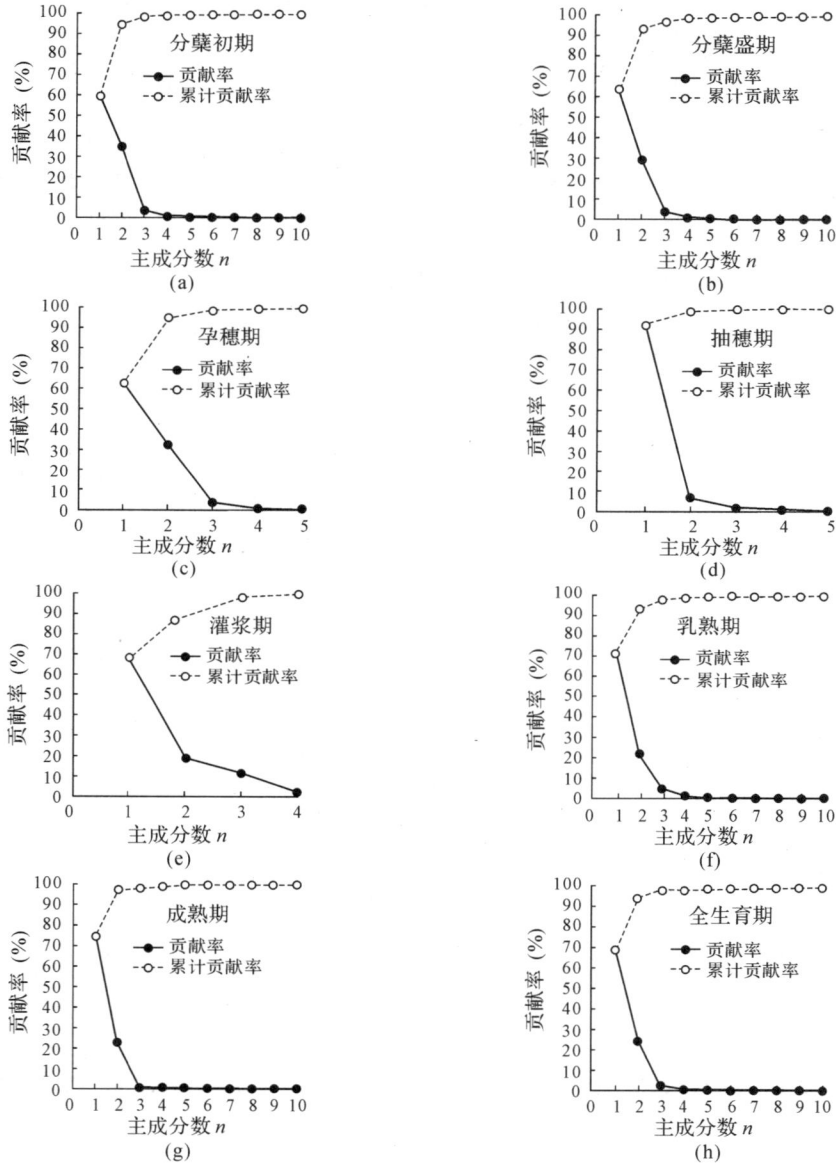

图 5.2　检验样本水稻叶片光谱反射率前 10 主成分的贡献率及累计贡献率

Fig. 5.2　Explained variance and cumulative variance（％）of the first 10 principal components of rice leaf reflectance for validation data

## 5.1.2　基于叶片光谱的水稻氮素含量估算统计回归模型

### 5.1.2.1　基于叶片光谱反射率的水稻氮素含量估算逐步回归模型

将各发育期叶片光谱 400～1000nm 所有波段的光谱反射率作为自变量,对应的氮素含量作为因变量,进行多元线性逐步回归分析,构建氮素含量的多元线性模型。这里,将基于原始光谱反射率构建的线性回归模型(Linear Regression,LR)简称为 $\rho$-LR 模型。

在本研究中,回归分析引入剔除变量的标准一般采用 $\rho \leqslant 0.05$ 时引入、$\rho \geqslant 0.10$ 时剔除。对于某些发育期的模型,采用 $\rho \leqslant 0.05$ 引入、$\rho \geqslant 0.10$ 剔除的标准,会引入过多的变量,导致模型过于复杂,虽然自变量数目的增加有可能使估计的精度提高,但是包含太多自变量的回归方差不利于对实际问题的解释。因此,当模型中引入变量的个数超过 3 个时,即对该模型中每增加一个新变量所增加的对因变量的解释能力进行详细分析,下面对挑选变量的过程作详细分析。分析结果如下:

(1)对分蘖初期数据进行逐步回归分析后发现,按照回归标准,模型中入选的变量的个数为 1 个,因此将入选的变量全部纳入模型,不再进行进一步的变量挑选分析。

(2)对分蘖盛期数据进行逐步回归建模分析时,按照回归标准,入选的变量个数为 5 个,按照入选顺序,分别位于 538nm、542nm、536nm、548nm 以及 701nm,各变量所增加的对因变量变化的解释能力如图 5.3 所示。从图 5.3(a)可见,当模型中包含 1 个变量时,模型可对氮素含量变化的 31.9% 作出解释;当有 2 个变量时,模型对氮素含量变化的解释能力增加到 48.1%,决定系数增大了 16.2%;当入选变量为 3 个时,模型即可对氮素含量变化的 65.5% 作出解释,决定系数增大 17.4%;而当模型中再增加引入变量的个数,使变量数超过 3 个时,每增加 1 个新变量随之增加的决定系数的大小呈下降趋势,因此,综合考虑后,认为采用 3 个变量的模型作为氮素含量诊断模型即可。模型表达式如表 5.2 所示。

表 5.2　基于叶片光谱反射率的水稻氮素含量估算逐步回归模型

Table 5.2　Stepwise regression models of nitrogen concentration estimation based on rice leaf reflectance

| 发育期 | 模　　型 | $R^2$ | 样本数 |
|---|---|---|---|
| 分蘖初期 | $N = -11.42 \times \rho_{5.8} + 5.658$ | 0.259 | 28 |
| 分蘖盛期 | $N = -1068.08 \times \rho_{538} + 437.05 \times \rho_{542} + 608.74 \times \rho_{536} + 6.793$ | 0.655 | 23 |
| 灌浆期 | $N = 253.24 \times \rho_{540} + 63.62 \times \rho_{688} - 315.01 \times \rho_{531} + 3.447$ | 0.997 | 9 |
| 乳熟期 | $N = -12.71 \times \rho_{848} - 20.66 \times \rho_{708} + 27.13 \times \rho_{740} + 0.556$ | 0.698 | 24 |
| 成熟期 | $N = -26.19 \times \rho_{4\cdot0} + 56.88 \times \rho_{409} - 3.406 \times \rho_{561} + 1.296$ | 0.998 | 21 |
| 全生育期 | $N = -88.24 \times \rho_{7\cdot2} + 36.97 \times \rho_{714} + 67.03 \times \rho_{613} + 2.227$ | 0.549 | 129 |

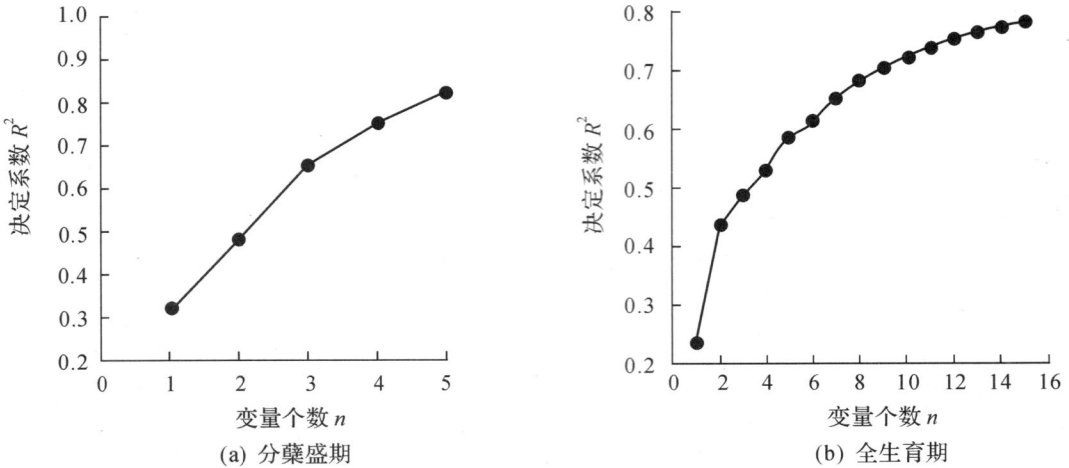

图 5.3　基于叶片光谱的水稻氮素含量估算统计回归模型决定系数与变量个数之间的散点图

Fig. 5.3　Scatter plot of determination coefficient of regression models for nitrogen concentration estimation and variable numbers based on rice leaf reflectance (a) the active tillering stage，(b) the whole growing period

(3)氮素含量与孕穗期以及抽穗期叶片光谱反射率进行相关性分析时即发现氮素含量与这两期叶片光谱反射率之间的相关性很低,最大相关系数分别为 0.361 和 0.317,相关性均低于 0.05 的显著相关水平,低于逐步回归变量入选的标准,在进行逐步回归建模时,按照 $\rho \leqslant 0.05$ 引入、$\rho \geqslant 0.10$ 剔除的标准,没有变量入选,因此无法构建这两期的多元线性模型。

(4)采用全生育期数据进行回归建模分析时,模型中入选变量的个数为 15 个,入选波段依次位于 702nm、714nm、613nm、616nm、690nm、720nm、685nm、428nm、459nm、491nm、462nm、437nm、480nm、455nm 和 401nm。与分蘖盛期挑选变量的方法相同,将变量个数与决定系数之间的关系绘制成散点图(图 5.3(b))。从图可见,当模型中只包含一个自变量时,对因变量氮素含量变化的解释能力仅为 23.8%,但当模型中自变量个数为 3 个时,即可对氮素含量变化的 49.3% 作出解释,再继续增加模型中自变量的个数,所增加的决定系数的量随之减小,考虑到方程的简便易用,因此,本研究采用 3 个变量模型,即只采用前 3 个入选的波段进行建模。模型表达式如表 5.2 所示。

### 5.1.2.2　基于叶片光谱主成分得分值的水稻氮素含量估算多元线性模型

将各发育期主成分分析之后确定的前三个主成分的得分值作为自变量,相对应的氮素含量作为因变量,构建基于主成分得分值的氮素含量诊断模型(Linear regression models based on scores of principle components,PC-LR)。各发育期以及全生育期的氮素含量诊断模型表达式如表 5.3 所示。

**表 5.3　基于叶片光谱反射率主成分得分值的水稻氮素含量估算多元回归模型**

Table 5.3　Multiple regression models of nitrogen concentration estimation based on principal components of rice leaf reflectance

| 发育期 | 模　　型 | $R^2$ | 样本数 |
|---|---|---|---|
| 分蘖初期 | $N=-0.98\times PC1-0.17\times PC2-0.001\times PC3+4.349$ | 0.283 | 28 |
| 分蘖盛期 | $N=-0.124\times PC1-0.166\times PC2-0.065\times PC3+2.963$ | 0.266 | 23 |
| 灌浆期 | $N=-0.169\times PC1-0.132\times PC2+0.285\times PC3+2.226$ | 0.879 | 9 |
| 乳熟期 | $N=0.062\times PC1-0.233\times PC2-0.159\times PC3+1.872$ | 0.600 | 24 |
| 成熟期 | $N=-0.102\times PC1+0.177\times PC2-0.061\times PC3+1.510$ | 0.424 | 21 |
| 全生育期 | $N=-0.215\times PC1-0.180\times PC2+0.499\times PC3+2.665$ | 0.291 | 129 |

### 5.1.2.3　基于叶片光谱的水稻氮素含量估算统计回归模型精度检验

表 5.4 为基于叶片光谱反射率及其主成分的水稻氮素含量统计回归估算模型的精度检验结果,对比各发育期氮素含量 LR 估算模型,发现基于灌浆期光谱主成分得分值构建的 PC-LR 模型的各类精度指标最优,模型的 RMSE 和 REP 值分别为 0.179 和 8.086%;采用 LR 法构建的不分发育期不分氮素水平的全生育期模型,其精度不如基于灌浆期数据构建的模型精度,其 RMSE 和 REP 值分别为 0.953 和 35.56%。

为了更清晰地说明各类模型的表现,利用独立检验样本,采用统计回归模型预测水稻氮素含量,绘制预测的水稻氮素含量与实测氮素含量之间的散点图,如图 5.4 所示。

**表 5.4　基于叶片光谱的水稻氮素含量统计回归模型估算精度检验**

Table 5.4　Validation and calibration test of regression models for nitrogen concentration estimation based on rice leaf reflectance and its principal components

| 模型<br>发育期 | | $\rho$-LR 模型 | | PC-LR 模型 | |
|---|---|---|---|---|---|
| | | RMSE | REP(%) | RMSE | REP(%) |
| 分蘖初期 | 训练样本 | 0.313 | 7.189 | 0.919 | 21.123 |
| | 检验样本 | 0.363 | 8.448 | 1.056 | 24.591 |
| 分蘖盛期 | 训练样本 | 0.242 | 8.157 | 0.375 | 12.651 |
| | 检验样本 | 0.494 | 16.247 | 0.459 | 15.083 |
| 灌浆期 | 训练样本 | 0.024 | 1.057 | 0.119 | 5.326 |
| | 检验样本 | 0.377 | 17.059 | 0.179 | 8.086 |
| 乳熟期 | 训练样本 | 0.201 | 10.720 | 0.231 | 12.342 |
| | 检验样本 | 0.406 | 21.073 | 0.227 | 11.795 |
| 成熟期 | 训练样本 | 0.206 | 13.635 | 0.270 | 17.894 |
| | 检验样本 | 0.264 | 17.591 | 0.201 | 13.397 |
| 全生育期 | 训练样本 | 0.718 | 26.928 | 0.880 | 33.014 |
| | 检验样本 | 0.685 | 25.565 | 0.953 | 35.558 |

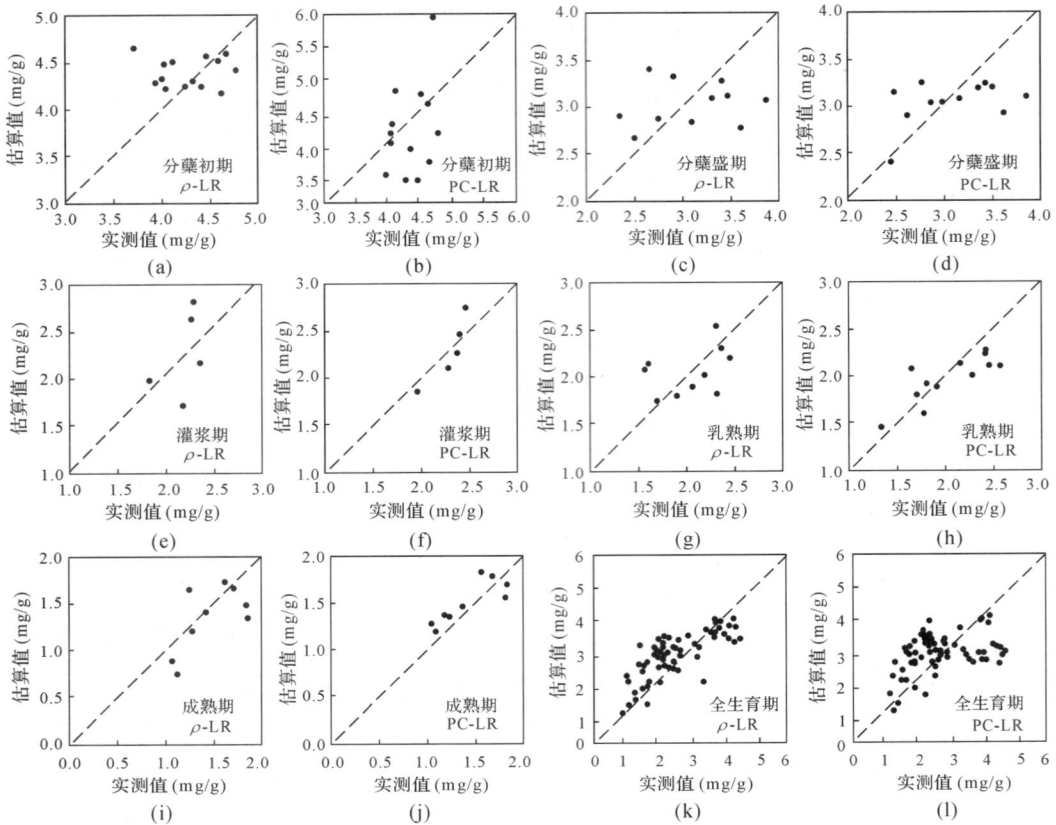

图 5.4　基于叶片光谱及其主成分的水稻氮素含量估算统计回归模型预测效果检验

Fig. 5.4　Validation of regression models for nitrogen concentration estimation based on rice leaf reflectance and its principal components

### 5.1.3　基于叶片光谱的水稻氮素含量估算神经网络与支持向量机模型

上一节讨论了采用统计回归方法构建氮素含量估算模型，本节将采用后向传播神经网络（BPN）、径向基函数神经网络（RBF）和支持向量机（SVM）模型方法构建模型。为了和线性模型进行对比，所有神经网络模型的输入变量与线性模型中的自变量相同，即保证在相同输入变量的情况下，对比两种方法用于氮素含量诊断的能力。

#### 5.1.3.1　基于叶片光谱的水稻氮素含量估算 BPN 模型

以水稻氮素含量为输出变量，以逐步回归方法确定的敏感波段作为输入变量构建的水稻氮素含量后向传播神经网络模型简称为 $\rho$-BPN 模型（Artificial neural network models based on reflectance），以主成分得分值作为输入变量构建的水稻氮素含量后向传播神经网络模型简称为 PC-BPN 模型（Artificial neural network models based on principal components）。输入层和隐含层的传递函数均采用 S 型的正切函数"tansig"；输出层传递函数采用线性函数"purelin"；网络训练函数采用适合于中小型网络训练的 Levebgerg-Marquardt 函数，"trainlm"；

性能函数为均方误差"MSE",构建的水稻氮素含量估算 BPN 模型结构见表 5.5。

**表 5.5　基于叶片光谱的水稻氮素含量估算后向传播神经网络模型结构**

Table 5.5　Structures of back propagation neural network models for nitrogen concentration estimation based on rice leaf reflectance and its principal components

| 模型类型<br>发育期 | $\rho$-BPN 模型结构 | | PC-BPN 模型结构 | |
|---|---|---|---|---|
| | 输入变量 | 网络结构 | 输入变量 | 网络结构 |
| 分蘖初期 | $\rho_{518}$ | 1-3-1 | PC1,PC2,PC3 | 3-3-1 |
| 分蘖盛期 | $\rho_{538}$,$\rho_{542}$,$\rho_{536}$ | 3-3-1 | PC1,PC2,PC3 | 3-3-1 |
| 灌浆期 | $\rho_{540}$,$\rho_{588}$,$\rho_{531}$ | 3-2-1 | PC1,PC2,PC3 | 3-2-1 |
| 乳熟期 | $\rho_{868}$,$\rho_{708}$,$\rho_{740}$ | 3-2-1 | PC1,PC2,PC3 | 3-2-1 |
| 成熟期 | $\rho_{440}$,$\rho_{409}$,$\rho_{561}$ | 3-3-1 | PC1,PC2,PC3 | 3-3-1 |
| 全生育期 | $\rho_{702}$,$\rho_{714}$,$\rho_{613}$ | 3-5-1 | PC1,PC2,PC3 | 3-5-1 |

注：网络结构(1-3-1)表示网络具有 1 个输入层,1 个隐层,1 个输出层,每层的神经元数分别为1、3、1。

　　采用训练样本和检验样本分别对水稻氮素含量 BPN 估算模型的精度进行检验,结果如表 5.6。对比各发育期氮素含量诊断 BPN 模型,发现基于乳熟期光谱主成分得分值构建的 PC-BPN 模型的各类精度指标最优,优于基于乳熟期光谱反射率构建的 $\rho$-BPN 模型,模型的 RMSE 和 REP 值分别为 0.197 和 10.24%。对比乳熟期的 PC-BPN 模型与采用 LR 法和 BPN 法构建的不分发育期不分氮素水平的全生育期模型,两类模型的精度均不如乳熟期的 PC-BPN 模型的精度,全生育期模型同样是基于光谱主成分得分值构建的 PC-BPN 模型精度优于 $\rho$-BPN 模型的精度,FC-BPN 模型的 RMSE 和 REP 值分别为 1.477 和 55.10%。利用独立检验样本,采月后向传播神经网络模型预测的水稻氮素含量与实测氮素含量之间的散点图如图 5.5 所示。

**表 5.6　基于叶片光谱的水稻氮素含量后向传播神经网络估算模型的精度检验**

Table 5.6　Validation and calibration test of back propagation neural network models for nitrogen concentration estimation based on rice leaf reflectance and its principal components

| 模型<br>发育期 | | $\rho$-BPN 模型结构 | | PC-BPN 模型结构 | |
|---|---|---|---|---|---|
| | | RMSE | REP(%) | RMSE | REP(%) |
| 分蘖初期 | 训练样本 | 0.256 | 5.767 | 0.160 | 3.603 |
| | 检验样本 | 0.335 | 7.809 | 0.375 | 8.722 |
| 分蘖盛期 | 训练样本 | 0.296 | 9.992 | 0.238 | 8.031 |
| | 检验样本 | 0.505 | 16.599 | 0.576 | 18.939 |
| 灌浆期 | 训练样本 | 0.014 | 0.607 | 0.000 | 0.000 |
| | 检验样本 | 1.740 | 78.795 | 0.584 | 26.462 |
| 乳熟期 | 训练样本 | 0.135 | 7.220 | 0.211 | 11.273 |
| | 检验样本 | 0.535 | 27.804 | 0.197 | 10.238 |
| 成熟期 | 训练样本 | 0.107 | 7.054 | 0.597 | 39.736 |
| | 检验样本 | 0.041 | 2.682 | 1.132 | 75.350 |
| 全生育期 | 训练样本 | 0.484 | 18.143 | 0.647 | 24.294 |
| | 检验样本 | 1.217 | 45.386 | 1.477 | 55.095 |

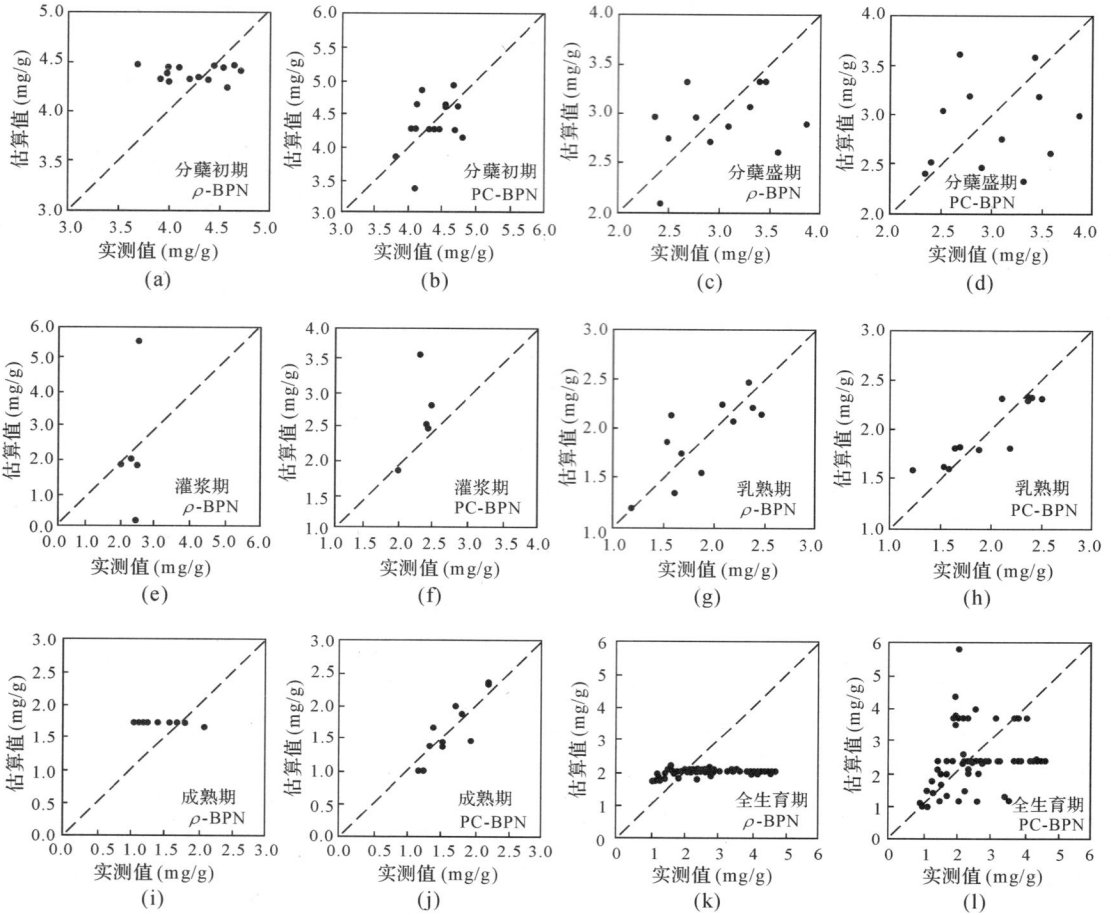

图 5.5　基于叶片光谱及其主成分的水稻氮素含量估算后向传播神经网络模型预测效果检验

Fig. 5.5　Validation of back propagation neural network models for nitrogen concentration estimation based on rice leaf reflectance and its principal components

### 5.1.3.2　基于叶片光谱的水稻氮素含量估算 RBF 模型

径向基函数神经网络(Radial Basis Function)和普通的前向神经网络(BP 网络)的差别在于隐层神经元是径向基神经元而不是 tansig 或者 logsig 神经元,而且径向基函数神经网络的设计比普通前向网络训练要省时得多。以不同发育期水稻氮素含量的敏感波段以及光谱反射率 PCA 主成分分析得分值作为输入变量,相应的氮素含量作为输出变量,采用 newgrnn 函数进行网络设计。构建的水稻氮素含量估算的 RBF 模型结构如表 5.7 所示。当以敏感波段光谱反射率为输入变量时,构建的模型简称 $\rho$-RBF 模型;当以主成分得分值为输入变量时,模型简称 PC-RBF。

表 5.7　基于叶片光谱的水稻氮素含量估算径向基函数网络模型结构

Table 5.7　Structures of radial basis function models for nitrogen concentration estimation based on rice leaf reflectance and its principal components

| 模型类型<br>发育期 | $\rho$-RBF 模型结构 | | PC-RBF 模型结构 | |
|---|---|---|---|---|
| | 输入变量 | 散布常数(S) | 输入变量 | 散布常数(S) |
| 分蘖初期 | $\rho_{538}$ | 0.001 | PC1,PC2,PC3 | 0.5 |
| 分蘖盛期 | $\rho_{538}$,$\rho_{542}$,$\rho_{536}$ | 0.005 | PC1,PC2,PC3 | 0.5 |
| 灌浆期 | $\rho_{540}$,$\rho_{588}$,$\rho_{531}$ | 0.005 | PC1,PC2,PC3 | 0.3 |
| 乳熟期 | $\rho_{868}$,$\rho_{708}$,$\rho_{740}$ | 0.03 | PC1,PC2,PC3 | 0.3 |
| 成熟期 | $\rho_{440}$,$\rho_{409}$,$\rho_{561}$ | 0.01 | PC1,PC2,PC3 | 0.5 |
| 全生育期 | $\rho_{702}$,$\rho_{714}$,$\rho_{613}$ | 0.08 | PC1,PC2,PC3 | 0.8 |

　　表 5.8 为基于叶片光谱的水稻氮素含量径向基函数神经网络估算模型的精度检验结果。从表中可以看出,各发育期氮素含量 RBF 估算模型,与 LR 模型具有类似的结果,即基于灌浆期光谱主成分得分值构建的 PC-RBF 模型的精度较高,优于 $\rho$-RBF 模型,模型的 RMSE 值和 REP 值分别为 0.151 和 6.816%;对比以水稻氮素含量的敏感波段作为输入变量和以光谱反射率 PCA 主成分分析得分值作为输入变量构建的全生育期水稻氮素含量径向基函数神经网络模型,以光谱反射率 PCA 主成分分析得分值作为输入变量构建的水稻氮素含量 PC-RBF 模型的精度要高于基于水稻氮素含量的敏感波段作为输入变量的 $\rho$-RBF 模型的精度,全生育期的 PC-RBF 模型的 RMSE 和 REP 值分别为 0.924 和 34.477%。利用独立检验样本,采用径向基函数神经网络模型预测的水稻氮素含量与实测氮素含量之间的散点图如图 5.6 所示。

表 5.8　基于叶片光谱的水稻氮素含量径向基函数神经网络估算模型的精度检验

Table 5.8　Validation and calibration test of radial basis function models for nitrogen concentration estimation based on rice leaf reflectance and its principal components

| 模型<br>发育期 | | $\rho$-RBF 模型结构 | | PC-RBF 模型结构 | |
|---|---|---|---|---|---|
| | | RMSE | REP(%) | RMSE | REP(%) |
| 分蘖初期 | 训练样本 | 0.204 | 4.586 | 0.147 | 3.297 |
| | 检验样本 | 0.384 | 8.932 | 0.394 | 9.177 |
| 分蘖盛期 | 训练样本 | 0.238 | 8.035 | 0.243 | 8.209 |
| | 检验样本 | 0.476 | 15.650 | 0.509 | 16.734 |
| 灌浆期 | 训练样本 | 0.064 | 2.895 | 0.070 | 3.178 |
| | 检验样本 | 0.362 | 16.380 | 0.151 | 6.816 |
| 乳熟期 | 训练样本 | 0.268 | 14.346 | 0.078 | 4.178 |
| | 检验样本 | 0.361 | 18.752 | 0.253 | 13.134 |
| 成熟期 | 训练样本 | 0.165 | 10.935 | 0.075 | 4.979 |
| | 检验样本 | 0.704 | 46.904 | 0.592 | 39.425 |
| 全生育期 | 训练样本 | 0.960 | 36.040 | 0.847 | 31.775 |
| | 检验样本 | 1.029 | 38.383 | 0.924 | 34.477 |

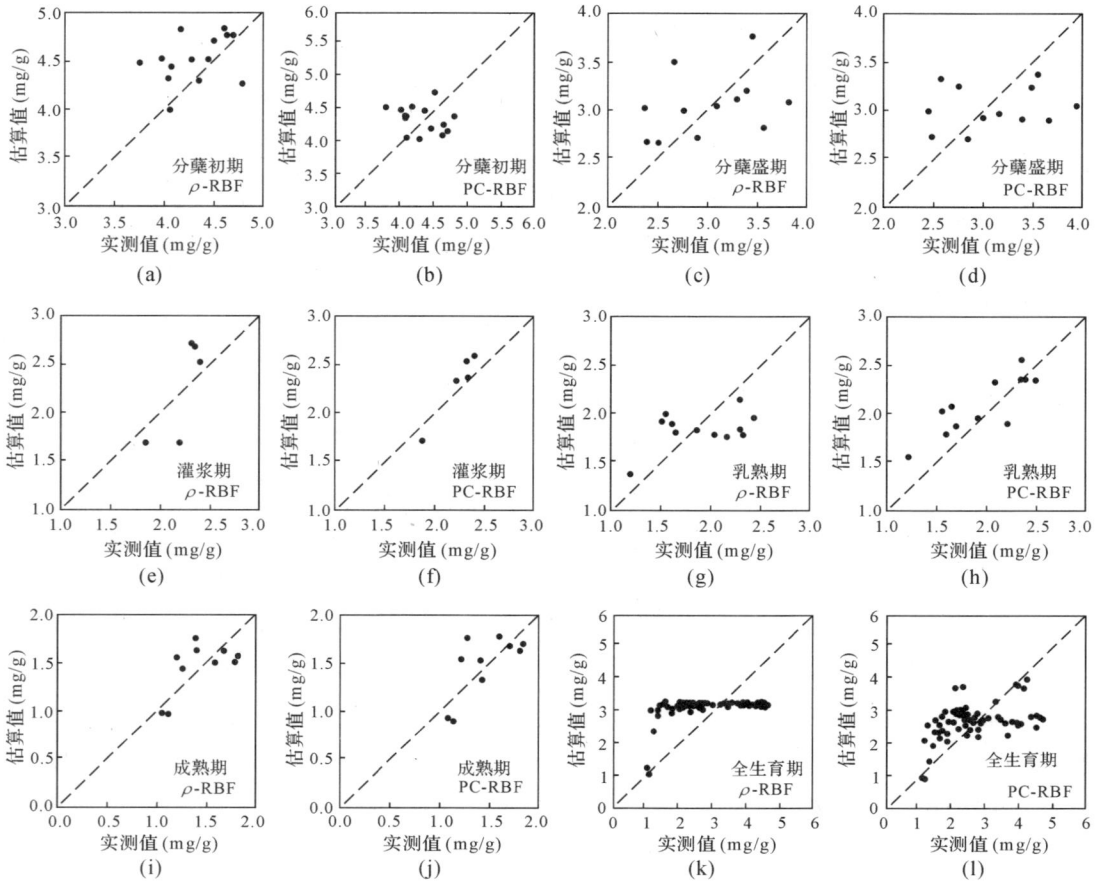

图 5.6　基于叶片光谱及其主成分的水稻氮素含量估算径向基函数神经网络模型预测效果检验

Fig. 5.6　Validation of radial basis function models for nitrogen concentration estimation based on rice leaf reflectance and its principal components

### 5.1.3.3　基于叶片光谱的水稻氮素含量估算 SVM 模型

表 5.9 和 5.10 分别为基于叶片光谱的水稻氮素含量估算支持向量机模型结构参数及其精度检验。对比各发育期氮素含量诊断 SVM 模型,发现与 BP 模型类似,同样是基于乳熟期光谱主成分得分值构建的 PC-SVM 模型的各类精度指标最优,优于基于乳熟期光谱反射率构建的 $\rho$-SVM 模型,模型的 RMSE 和 REP 值分别为 0.257 和 13.322%;观察全生育期模型的精度,发现 $\rho$-SVM 的全生育期模型精度优于 PC-SVM 模型,$\rho$-SVM 模型的 RMSE 和 REP 值分别为 0.691 和 25.759%,相对 PC-SVM 模型(RMSE=0.968,REP=36.107%)精度提高很多。氮素含量估算值与实测之间的散点图如图 5.7 所示。从图可见,对比各发育期模型精度,乳熟期的 PC-SVM 模型表现较好,全生育期模型中,PC-SVM 模型优于 $\rho$-SVM 模型。

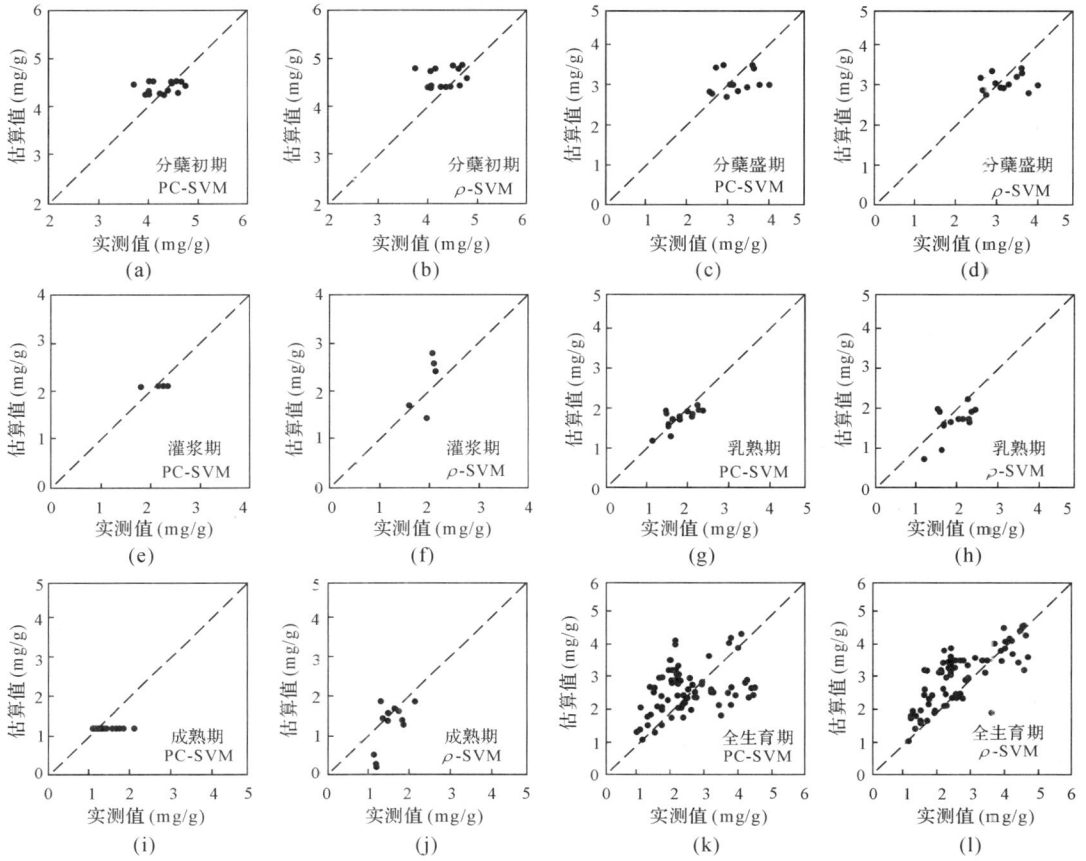

图 5.7　基于叶片光谱及其主成分的水稻氮素含量估算支持向量机模型预测效果检验

Fig. 5.7　Validation of support vector machine models for nitrogen concentration estimation based on rice
leaf reflectance and its principal components

**表 5.9　基于叶片光谱的水稻氮素含量估算支持向量机模型结构参数**

Table 5.9　Structures of support vector machine models for nitrogen concentration estimation based
on rice leaf reflectance and its principal components

| 模型类型<br>发育期 | $\rho$-SVM 模型 | | PC-SVM 模型 | |
|---|---|---|---|---|
| | $C$ | $\gamma$ | $C$ | $\gamma$ |
| 分蘖初期 | 32.0 | 1.0 | 8.0 | 0.004 |
| 分蘖盛期 | 8.0 | 0.063 | 16.0 | 0.125 |
| 灌浆期 | 32.0 | 0.063 | 64.0 | 0.008 |
| 乳熟期 | 64.0 | 0.031 | 64.0 | 0.004 |
| 成熟期 | 32.0 | 0.125 | 32.0 | 0.5 |
| 全生育期 | 64.0 | 0.5 | 32.0 | 0.125 |

注:$C$ 为 SVM 的容错参数;$\gamma$ 为核参数。

表 5.10 基于叶片光谱的水稻氮素含量支持向量机模型的精度检验

Table 5.10 Validation and calibration test of support vector machine models for nitrogen concentration estimation based on rice leaf reflectance and its principal components

| 模型\发育期 | | ρ-SVM 模型 | | PC-SVM 模型 | |
|---|---|---|---|---|---|
| | | RMSE | REP(%) | RMSE | REP(%) |
| 分蘖初期 | 训练样本 | 0.289 | 6.648 | 0.327 | 7.525 |
| | 检验样本 | 0.367 | 8.535 | 0.332 | 7.729 |
| 分蘖盛期 | 训练样本 | 0.33 | 11.152 | 0.293 | 9.894 |
| | 检验样本 | 0.501 | 16.471 | 0.537 | 17.641 |
| 灌浆期 | 训练样本 | 0.049 | 2.184 | 0.124 | 5.573 |
| | 检验样本 | 0.403 | 18.273 | 0.199 | 9.008 |
| 乳熟期 | 训练样本 | 0.221 | 11.803 | 0.236 | 12.607 |
| | 检验样本 | 0.371 | 19.244 | 0.257 | 13.322 |
| 成熟期 | 训练样本 | 0.136 | 8.986 | 0.031 | 2.077 |
| | 检验样本 | 0.425 | 28.329 | 0.391 | 26.033 |
| 全生育期 | 训练样本 | 0.635 | 23.833 | 0.843 | 31.614 |
| | 检验样本 | 0.691 | 25.759 | 0.968 | 36.107 |

## 5.2 基于冠层光谱的水稻氮素含量估算模型

由于冠层光谱观测受天气条件的影响，基于冠层光谱的水稻氮素含量估算模型采用的样本是由冠层光谱决定的，导致样本数量与叶片光谱有些不同。同样将用于建立水稻氮素含量估算模型的数据随机划分成两组，其中总样本的 2/3 用于建模，剩余的 1/3 用于模型检验，随机分组结果如表 5.11 所示。从表 5.11 可见，训练样本氮素含量最大值和最小值分别为 4.82 mg/g 和 0.98 mg/g，检验样本氮素含量最大值和最小值分别为 4.78 mg/g 和 0.91mg/g，随机分组合理，可保证随后将构建的氮素含量估算模型的普适性。

表 5.11 对应于冠层光谱的水稻训练样本和检验样本氮素含量统计特征描述

Table 5.11 Statistical description of nitrogen concentration for calibration and validation samples corresponding to rice canopy reflectance

| 统计特征\发育期 | 训练样本 | | | | 检验样本 | | | |
|---|---|---|---|---|---|---|---|---|
| | 样本数 | 平均值(mg/g) | 最大值(mg/g) | 最小值(mg/g) | 样本数 | 平均值(mg/g) | 最大值(mg/g) | 最小值(mg/g) |
| 分蘖初期 | 28 | 4.349 | 4.82 | 3.39 | 14 | 4.294 | 4.78 | 3.72 |
| 分蘖盛期 | 22 | 2.962 | 3.81 | 2.35 | 12 | 3.075 | 3.9 | 2.4 |
| 孕穗期 | 11 | 2.388 | 2.71 | 2.12 | 6 | 2.368 | 2.72 | 2.03 |
| 抽穗期 | 12 | 2.354 | 2.77 | 1.61 | 6 | 2.595 | 2.89 | 2.16 |
| 灌浆期 | 10 | 2.172 | 2.58 | 1.68 | 5 | 2.290 | 2.73 | 1.84 |
| 乳熟期 | 24 | 1.872 | 2.46 | 1.11 | 12 | 1.926 | 2.47 | 1.17 |
| 成熟期 | 24 | 1.499 | 2.11 | 0.98 | 12 | 1.549 | 2.15 | 0.91 |
| 全生育期 | 131 | 2.627 | 4.82 | 0.98 | 67 | 2.686 | 4.78 | 0.91 |

### 5.2.1　水稻冠层光谱反射率的主成分分析

对各发育期的冠层光谱反射率进行主成分分析,训练样本和检验样本的结果分别如表 5.12 和 5.13 所示。从表可见,通常前 3 个主成分就能包含原变量 90％以上的信息,因此在构建和检验基于主成分得分值的各类模型时,和叶片水平模型一样,也只采用前 3 个主成分的得分值作为模型输入变量。

**表 5.12　训练样本水稻冠层光谱反射率主成分分析结果**

Table 5.12　Principle component analysis of rice canopy reflectance data for calibration samples

| 发育期 ＼ 主成分 | | PC1 | PC2 | PC3 | PC4 |
|---|---|---|---|---|---|
| 分蘖初期 | 贡献率(%) | 81.83 | 16.67 | 0.71 | 0.24 |
| | 累计贡献率(%) | 81.84 | 98.51 | 99.22 | 99.46 |
| 分蘖盛期 | 贡献率(%) | 74.89 | 20.77 | 1.68 | 1.45 |
| | 累计贡献率(%) | 74.89 | 95.66 | 97.34 | 98.79 |
| 孕穗期 | 贡献率(%) | 71.92 | 21.81 | 4.26 | 0.83 |
| | 累计贡献率(%) | 71.92 | 93.73 | 97.99 | 98.82 |
| 抽穗期 | 贡献率(%) | 81.04 | 13.49 | 2.34 | 1.35 |
| | 累计贡献率(%) | 81.04 | 94.52 | 96.87 | 98.21 |
| 灌浆期 | 贡献率(%) | 81.30 | 14.66 | 1.71 | 0.93 |
| | 累计贡献率(%) | 81.30 | 95.96 | 97.67 | 98.60 |
| 乳熟期 | 贡献率(%) | 77.85 | 13.84 | 5.33 | 1.24 |
| | 累计贡献率(%) | 77.85 | 91.69 | 97.01 | 98.25 |
| 成熟期 | 贡献率(%) | 80.84 | 12.67 | 2.89 | 1.16 |
| | 累计贡献率(%) | 80.84 | 93.51 | 96.40 | 97.55 |
| 全生育期 | 贡献率(%) | 64.72 | 30.55 | 2.28 | 1.05 |
| | 累计贡献率(%) | 64.72 | 95.27 | 97.54 | 98.59 |

**表 5.13　检验样本水稻冠层光谱反射率主成分分析结果**

Table 5.13　Principle component analysis of rice canopy reflectance data for validation samples

| 发育期 ＼ 主成分 | | PC1 | PC2 | PC3 | PC4 |
|---|---|---|---|---|---|
| 分蘖初期 | 贡献率(%) | 77.25 | 20.26 | 1.51 | 0.55 |
| | 累计贡献(%) | 77.25 | 97.52 | 99.03 | 99.58 |
| 分蘖盛期 | 贡献率(%) | 71.12 | 25.64 | 1.15 | 0.75 |
| | 累计贡献率(%) | 71.12 | 96.76 | 97.91 | 98.66 |
| 孕穗期 | 贡献率(%) | 57.53 | 36.10 | 3.56 | 2.20 |
| | 累计贡献(%) | 57.53 | 93.63 | 97.19 | 99.39 |
| 抽穗期 | 贡献率(%) | 77.86 | 18.70 | 1.86 | 1.07 |
| | 累计贡献(%) | 77.86 | 96.56 | 98.42 | 99.49 |
| 灌浆期 | 贡献率(%) | 67.96 | 23.41 | 6.68 | 1.96 |
| | 累计贡献(%) | 67.96 | 91.36 | 98.04 | 100.00 |
| 乳熟期 | 贡献率(%) | 73.00 | 20.91 | 2.66 | 1.12 |
| | 累计贡献(%) | 73.00 | 93.91 | 96.57 | 97.69 |
| 成熟期 | 贡献率(%) | 56.86 | 32.06 | 6.02 | 3.04 |
| | 累计贡献(%) | 56.86 | 88.92 | 94.94 | 97.98 |
| 全生育期 | 贡献率(%) | 69.57 | 23.36 | 3.71 | 1.41 |
| | 累计贡献(%) | 69.57 | 92.93 | 96.64 | 98.05 |

### 5.2.2　基于冠层光谱的水稻氮素含量估算统计回归模型

#### 5.2.2.1　基于冠层光谱反射率的水稻氮素含量估算逐步回归模型

采用与叶片水平模型相同的方法来确定模型中最适自变量个数,即当回归结果入选变量超过 3 个时,绘制变量个数与模型决定系数之间的散点图,用于确认模型中最适变量个数。各发育期 LR 模型变量个数与决定系数之间的散点图如图 5.8 所示。观察各图,确定了各模型中包含的最适自变量个数,各发育期模型表达式如表 5.14 所示。

**表 5.14　基于冠层光谱反射率的水稻氮素含量估算逐步回归模型**

Table 5.14　Stepwise regression models of nitrogen concentration estimation based on rice canopy reflectance

| 发育期 | 模　型 | $R^2$ | 样本数 |
|---|---|---|---|
| 分蘖初期 | $N=-30.221\times\rho_{1487}+140.862\times\rho_{2230}-104.721\times\rho_{2177}+4.615$ | 0.685 | 28 |
| 分蘖盛期 | $N=-150.667\times\rho_{662}+3914.027\times\rho_{487}-3766.128\times\rho_{489}+3.233$ | 0.692 | 22 |
| 孕穗期 | $N=17.581\times\rho_{1147}-69.508\times\rho_{1330}+46.127\times\rho_{1321}+2.505$ | 0.911 | 11 |
| 抽穗期 | $N=53.608\times\rho_{2259}-62.885\times\rho_{2217}18.003\times\rho_{2290}+2.106$ | 0.916 | 12 |
| 灌浆期 | $N=-156.224\times\rho_{359}+72.631\times\rho_{2202}-59.65\times\rho_{2288}+2.106$ | 0.985 | 10 |
| 乳熟期 | $N=7.222\times\rho_{1080}-17.525\times\rho_{717}+1.808$ | 0.847 | 24 |
| 成熟期 | $N=10.414\times\rho_{1083}-16.582\times\rho_{727}+1.499$ | 0.882 | 24 |
| 全生育期 | $N=66.088\times\rho_{351-86.627}\times\rho_{1997}+36.988\times\rho_{2261}+2.325$ | 0.746 | 131 |

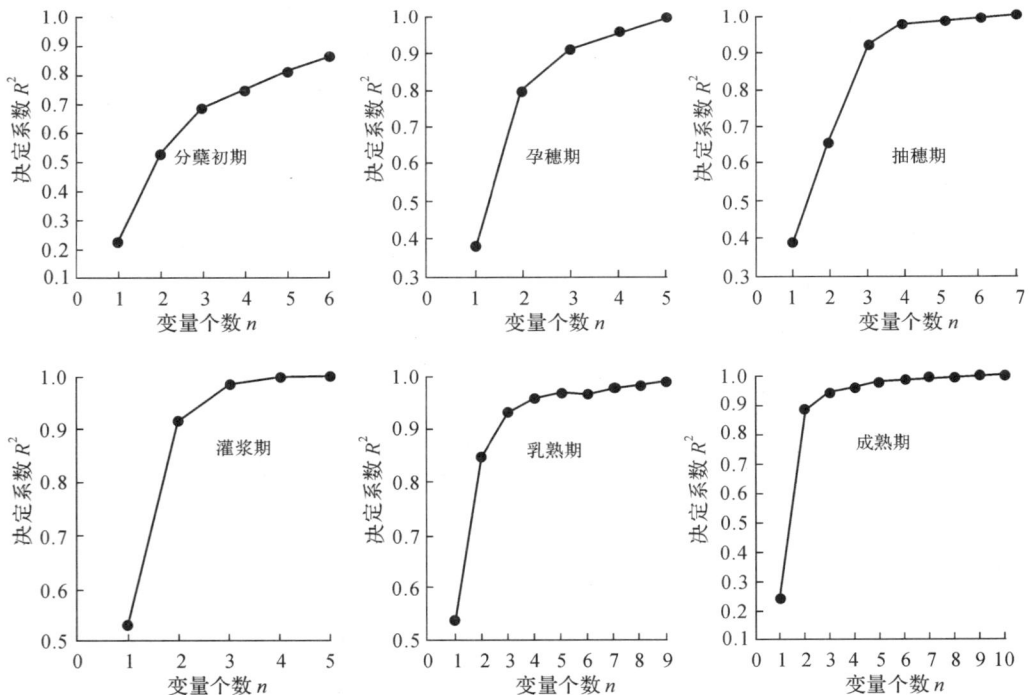

图 5.8　不同水稻发育期基于冠层光谱的氮素含量估算统计回归模型决定系数与变量个数之间的散点图

Fig. 5.8　Scatter plot of determination coefficient of regression models for nitrogen concentration estimation and variable numbers based on rice canopy reflectance

#### 5.2.2.2　基于冠层光谱主成分得分值的水稻氮素含量估算多元线性模型

将训练样本光谱分析的前 3 个主成分得分值作为自变量,相应的氮素含量作为自变量,采用 Enter 回归法构建基于主成分得分值的 LR 模型,各发育期模型表达式如表 5.15 所示。

**表 5.15　基于冠层光谱反射率主成分得分值的水稻氮素含量估算多元回归模型**

Table 5.15　Multiple regression models of nitrogen concentration estimation based on principal components of rice canopy reflectance

| 发育期 | 模　　型 | $R^2$ | 样本数 |
|---|---|---|---|
| 分蘖初期 | $N=-0.161\times PC1-0.29\times PC2-0.15\times PC3+4.365$ | 0.194 | 28 |
| 分蘖盛期 | $N=0.082\times PC1-0.243\times PC2-0.073\times PC3+2.962$ | 0.357 | 22 |
| 孕穗期 | $N=0.094\times PC1-0.049\times PC2+0.086\times PC3+2.388$ | 0.421 | 11 |
| 抽穗期 | $N=0.112\times PC1-0.017\times PC2+0.128\times PC3+2.354$ | 0.267 | 12 |
| 灌浆期 | $N=0.067\times PC1-0.282\times PC2-0.016\times PC3+2.172$ | 0.842 | 10 |
| 乳熟期 | $N=0.037\times PC1-0.284\times PC2+0.138\times PC3+1.72$ | 0.718 | 24 |
| 成熟期 | $N=0.086\times PC1-0.161\times PC2-0.121\times PC3+1.499$ | 0.539 | 24 |
| 全生育期 | $N=-0.397\times PC1+0.45\times PC2+0.472\times PC3+2.627$ | 0.509 | 131 |

#### 5.2.2.3　基于冠层光谱的水稻氮素含量估算统计回归模型精度检验

采用训练样本和检验样本分别对基于冠层光谱的水稻氮素含量统计回归模型估算精度进行检验的结果如表 5.16 所示,比较各发育期氮素含量估算 LR 模型,发现基于成熟期

**表 5.16　基于冠层光谱的水稻氮素含量统计回归模型估算精度检验**

Table 5.16　Validation and calibration test of regression models for nitrogen concentration estimation based on rice canopy reflectance and its principal components

| 模型 \ 发育期 | | $\rho$-LR 模型 | | PC-LR 模型 | |
|---|---|---|---|---|---|
| | | RMSE | REP(%) | RMSE | REF(%) |
| 分蘖初期 | 训练样本 | 0.216 | 4.976 | 0.438 | 10.067 |
| | 检验样本 | 0.574 | 13.375 | 0.531 | 12.370 |
| 分蘖盛期 | 训练样本 | 0.256 | 8.635 | 0.350 | 11.801 |
| | 检验样本 | 0.307 | 9.986 | 0.437 | 14.199 |
| 孕穗期 | 训练样本 | 0.597 | 25.013 | 0.152 | 6.370 |
| | 检验样本 | 0.455 | 19.223 | 0.206 | 8.691 |
| 抽穗期 | 训练样本 | 0.107 | 4.524 | 0.271 | 11.512 |
| | 检验样本 | 0.444 | 17.111 | 0.330 | 12.718 |
| 灌浆期 | 训练样本 | 0.509 | 23.431 | 0.119 | 5.491 |
| | 检验样本 | 0.670 | 29.272 | 0.248 | 10.333 |
| 乳熟期 | 训练样本 | 0.143 | 7.626 | 0.248 | 13.262 |
| | 检验样本 | 0.243 | 12.640 | 0.436 | 22.516 |
| 成熟期 | 训练样本 | 0.100 | 6.701 | 0.199 | 13.242 |
| | 检验样本 | 0.156 | 10.053 | 0.218 | 14.056 |
| 全生育期 | 训练样本 | 0.537 | 20.463 | 0.747 | 28.444 |
| | 检验样本 | 0.581 | 21.630 | 0.665 | 24.744 |

光谱值构建的 $\rho$-LR 模型的各类精度指标最优,模型的 RMSE 和 REP 值分别为 0.156 和 10.053%;其次是乳熟期的 $\rho$-LR 模型和成熟期的 PC-LR 模型的精度较高;采用 LR 法构建的不分发育期不分氮素水平的全生育期模型,全生育期的 $\rho$-LR 模型精度与成熟期的 $\rho$-LR 模型的精度接近,$\rho$-LR 全生育期模型的 RMSE 和 REP 值分别为 0.581 和 21.63%;与成熟期模型类似,两个全生育期模型中,$\rho$-LR 全生育期模型的精度也要优于 PC-LR 全生育期模型。

利用独立检验样本,采用基于冠层光谱的水稻氮素含量统计回归模型预测的水稻氮素含量与实测氮素含量之间的散点图如图 5.9 所示。图中散点表示实测氮素含量和估算值的分布情况,虚线表示 1:1 回归线,当实测值和估算值的分布与 1:1 回归线越接近时,表明方程的精度越高。从图明显可见,全生育期模型中的 $\rho$-LR 模型要优于 PC-LR 模型;各发育

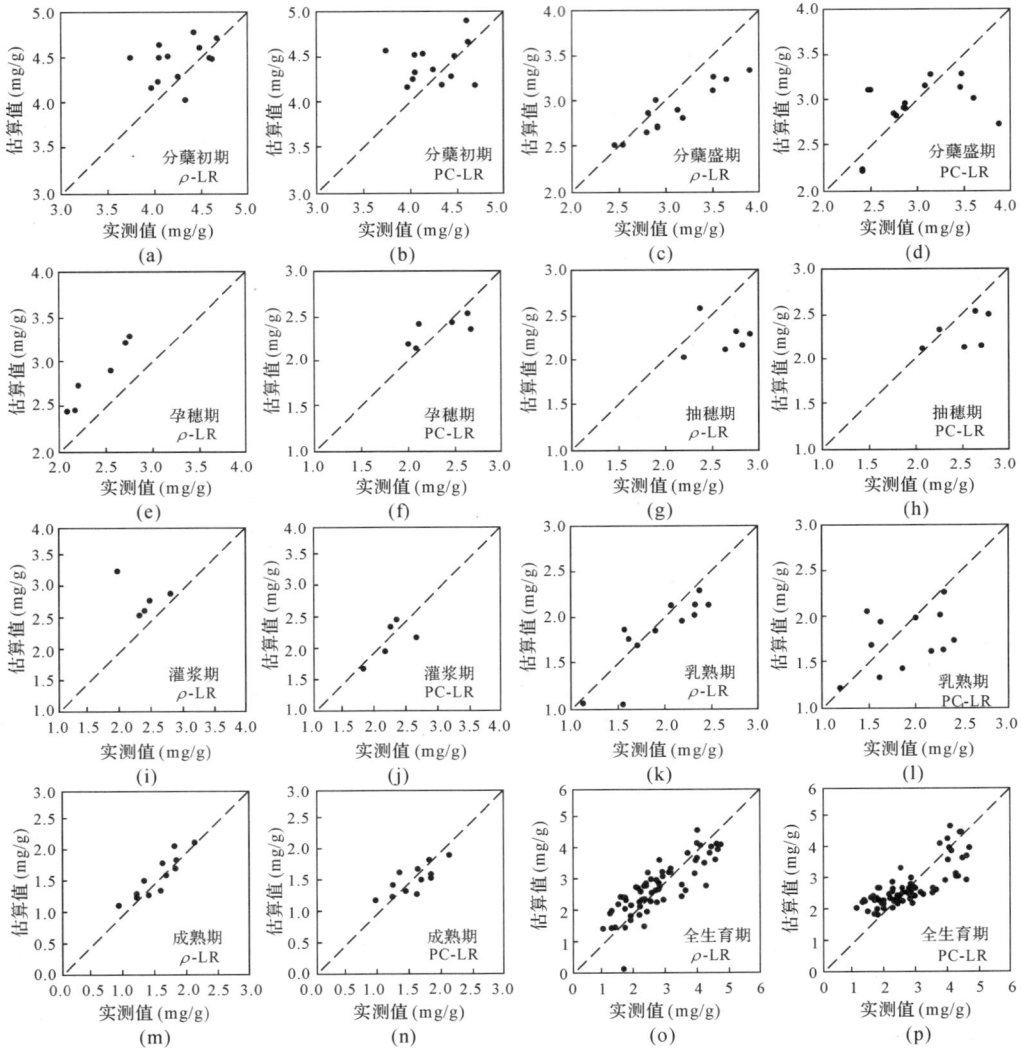

图 5.9　基于冠层光谱及其主成分的水稻氮素含量估算统计回归模型预测效果检验

Fig. 5.9　Validation of regression models for nitrogen concentration estimation based on rice canopy reflectance and its principal component

期模型对比,发现成熟期的 $\rho$-LR 模型和 PC-LR 模型都能较好地实现氮素含量的拟合,其次就是乳熟期的 $\rho$-LR 模型表现较好。

### 5.2.3 基于冠层光谱的水稻氮素含量估算神经网络与支持向量机模型

#### 5.2.3.1 基于冠层光谱的水稻氮素含量估算 BP 模型

BP 模型各类参数设置与 5.1.3.1 中 BPN 模型的参数设置相同,$\rho$-BPN 模型的输入变量是由回归确定的 LR 模型中的自变量;PC-BPN 模型的输入变量是前 3 个主成分得分值;两类模型的输出变量均是氮素含量。各发育期 BP 模型结构参数如表 5.17 及其精度检验结果如表 5.18 所示。

**表 5.17 基于冠层光谱的水稻氮素含量估算后向传播神经网络模型结构**

Table 5.17 Structures of back propagation neural network models for nitrogen concentration estimation based on rice canopy reflectance and its principal components

| 模型类型<br>发育期 | $\rho$-BPN 模型结构 | | PC-BPN 模型结构 | |
|---|---|---|---|---|
| | 输入变量 | 网络结构 | 输入变量 | 网络结构 |
| 分蘖初期 | $\rho_{1487}$,$\rho_{2230}$,$\rho_{2177}$ | 3-4-1 | PC1,PC2,PC3 | 3-4-1 |
| 分蘖盛期 | $\rho_{662}$,$\rho_{487}$,$\rho_{489}$ | 3-4-1 | PC1,PC2,PC3 | 3-3-1 |
| 孕穗期 | $\rho_{1147}$,$\rho_{1130}$,$\rho_{3121}$ | 3-2-1 | PC1,PC2,PC3 | 3-1-1 |
| 抽穗期 | $\rho_{2259}$,$\rho_{2217}$,$\rho_{2290}$ | 3-2-1 | PC1,PC2,PC3 | 3-2-1 |
| 灌浆期 | $\rho_{359}$,$\rho_{202}$,$\rho_{2288}$ | 3-2-1 | PC1,PC2,PC3 | 3-2-1 |
| 乳熟期 | $\rho_{1080}$,$\rho_{717}$ | 2-4-1 | PC1,PC2,PC3 | 3-4-1 |
| 成熟期 | $\rho_{1083}$,$\rho_{729}$ | 2-3-1 | PC1,PC2,PC3 | 3-4-1 |
| 全生育期 | $\rho_{351}$,$\rho_{997}$,$\rho_{2261}$ | 3-7-1 | PC1,PC2,PC3 | 3-7-1 |

注:网络结构(1-3-1)表示网络具有 1 个输入层,1 个隐层,1 个输出层,每层的神经元数分别为 1、3、1。

**表 5.18 基于冠层光谱的水稻氮素含量后向传播神经网络估算模型的精度检验**

Table 5.18 Validation and calibration test of back propagation neural network models for nitrogen concentration estimation based on rice canopy reflectance and its principal components

| 模型类型<br>发育期 | | $\rho$-BPN 模型结构 | | PC-BPN 模型结构 | |
|---|---|---|---|---|---|
| | | RMSE | REP(%) | RMSE | REP(%) |
| 分蘖初期 | 训练样本 | 0.226 | 5.194 | 0.190 | 4.373 |
| | 检验样本 | 0.353 | 8.211 | 0.603 | 14.053 |
| 分蘖盛期 | 训练样本 | 0.265 | 8.942 | 0.284 | 9.587 |
| | 检验样本 | 0.915 | 29.748 | 1.204 | 39.147 |
| 孕穗期 | 训练样本 | 0.037 | 1.534 | 0.114 | 4.763 |
| | 检验样本 | 0.207 | 8.747 | 0.277 | 11.707 |
| 抽穗期 | 训练样本 | 0.058 | 2.459 | 0.249 | 10.581 |
| | 检验样本 | 0.346 | 13.330 | 0.324 | 12.472 |
| 灌浆期 | 训练样本 | 0.039 | 1.776 | 0.137 | 6.311 |
| | 检验样本 | 0.372 | 17.443 | 0.270 | 11.807 |
| 乳熟期 | 训练样本 | 0.118 | 6.316 | 0.011 | 0.583 |
| | 检验样本 | 0.175 | 9.087 | 0.576 | 29.915 |
| 成熟期 | 训练样本 | 0.080 | 5.346 | 0.080 | 5.339 |
| | 检验样本 | 0.746 | 48.147 | 0.776 | 50.075 |
| 全生育期 | 训练样本 | 0.435 | 16.559 | 0.456 | 17.360 |
| | 检验样本 | 0.503 | 18.745 | 0.757 | 28.196 |

对比各类 BP 模型精度,发现与 LR 模型精度对比结果类似,同样是成熟期光谱值构建的 $\rho$-BPN 模型的各类精度指标最优,模型的 RMSE 和 REP 值分别为 0.746 和 48.147%;其次是乳熟期的 $\rho$-BPN 模型精度较高;采用同一方法构建模型时,$\rho$-模型的精度通常要优于 PC-模型的精度;采用 BP 法构建的不分发育期不分氮素水平的全生育期模型,其精度不如基于成熟期模型的精度,$\rho$-LR 全生育期模型的 RMSE 和 REP 值分别为 0.503 和 18.745%;与 LR 模型一样,全生育期模型的 $\rho$-BPN 模型的精度优于 PC-BPN 模型。利用独立检验样本,采用基于冠层光谱的水稻氮素含量向传播神经网络模型预测的水稻氮素含量与实测氮素含量之间的散点图如图 5.10 所示。

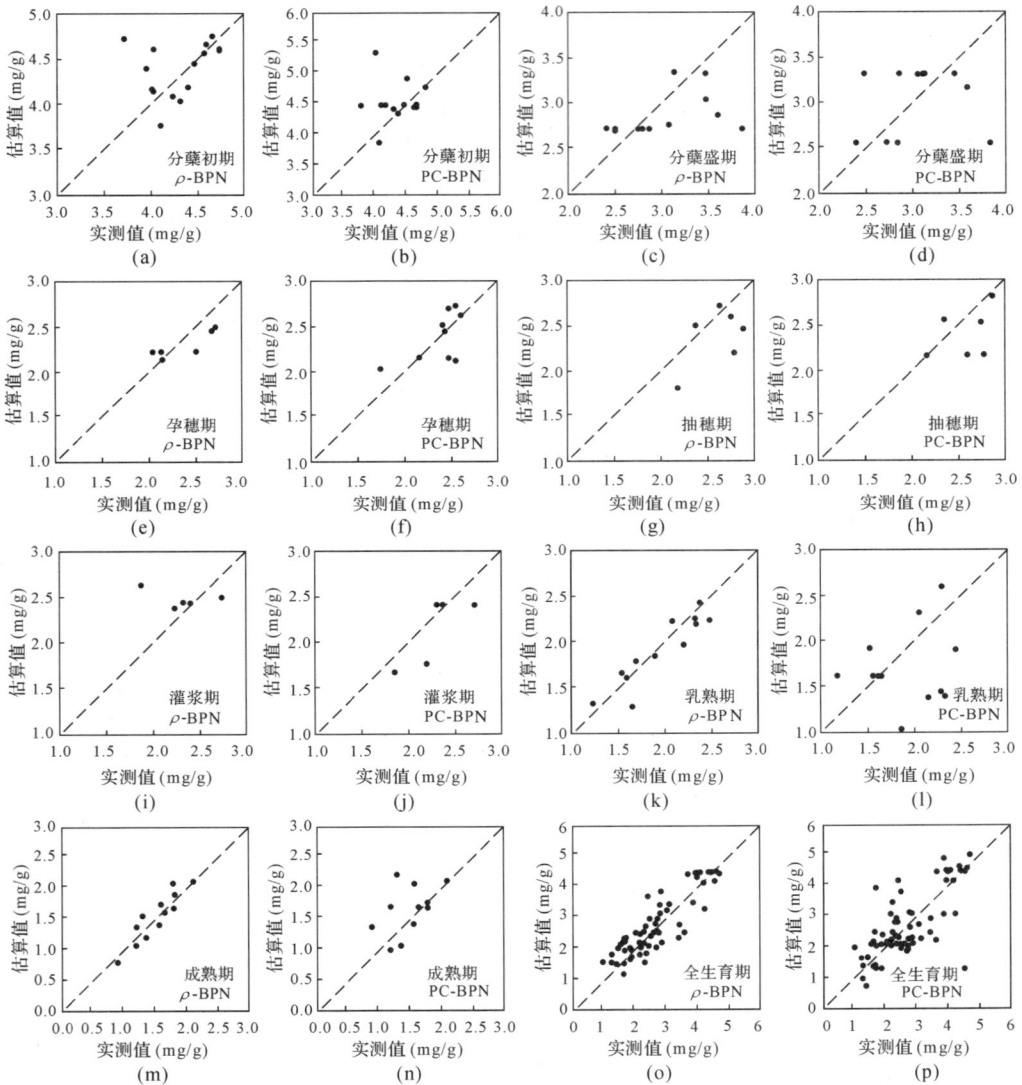

图 5.10 基于冠层光谱及其主成分的水稻氮素含量估算后向传播神经网络模型预测效果检验

Fig. 5.10 Validation of back propagation neural network models for nitrogen concentration estimation based on rice canopy reflectance and its principal components

### 5.2.3.2 基于冠层光谱的水稻氮素含量估算 RBF 模型

表 5.19 和 5.20 分别为基于冠层光谱的水稻氮素含量径向基函数网络估算模型结构及其精度检验结果。如表所示,基于乳熟期光谱值构建的 $\rho$-RBF 模型和基于成熟期光谱值构建的 $\rho$-RBF 模型的精度都较高,两者相差无几,都达到了令人满意的结果,并且 $\rho$-RBF 模型的精度都优于对应的 PC-RBF 模型;基于乳熟期和成熟期光谱值的 $\rho$-RBF 模型的 RMSE 值分别为 0.254 和 0.268,REP 值分别为 13.205% 和 17.296%;对全生育期模型进行分析发现,PC-RBF 模型和 $\rho$-RBF 模型的精度都较高,并且两个全生育期模型都优于相对应的乳熟期 PC-RBF 模型和 $\rho$-RBF 模型的精度;值得注意的是,全生育期模型中的 PC-RBF 模型精度要优于 $\rho$-RBF 模型,这与其他情况所表现的 $\rho$-模型的精度通常优于 PC-模型的结论不同;PC-RBF 全生育期模型和 $\rho$-RBF 全生育期模型的 RMSE 值分别为 0.465 和 0.535,REP 值分别为 17.321% 和 19.907%。

利用独立检验样本,采用基于冠层光谱的水稻氮素含量径向基函数网络模型预测的水稻氮素含量与实测氮素含量之间的散点图如图 5.11 所示。图中散点表示实测氮素含量与估算值的分布情况,虚线表示 1∶1 回归线,当实测氮素含量和估算值的分布与 1∶1 回归线越接近时,表明方程的精度越高。由图 5.11 可见,全生育期模型中的 PC-RBF 模型要优于 $\rho$-RBF 模型;不同发育期的模型拟合和预测精度也都比较高。

**表 5.19　基于冠层光谱的水稻氮素含量估算径向基函数网络模型结构**

Table 5.19　Structures of radial basis function models for nitrogen concentration estimation based on rice canopy reflectance

| 模型类型<br>发育期 | $\rho$-RBF 模型 | | PC-RBF 模型 | |
|---|---|---|---|---|
| | 输入变量 | 散布常数(S) | 输入变量 | 散布常数(S) |
| 分蘖初期 | $\rho_{1487}$，$\rho_{2230}$，$\rho_{2177}$ | 0.003 | PC1,PC2,PC3 | 0.3 |
| 分蘖盛期 | $\rho_{662}$，$\rho_{447}$，$\rho_{489}$ | 0.003 | PC1,PC2,PC3 | 0.3 |
| 孕穗期 | $\rho_{1147}$，$\rho_{1330}$，$\rho_{1321}$ | 0.005 | PC1,PC2,PC3 | 0.3 |
| 抽穗期 | $\rho_{2259}$，$\rho_{2217}$，$\rho_{2290}$ | 0.005 | PC1,PC2,PC3 | 0.3 |
| 灌浆期 | $\rho_{359}$，$\rho_{2232}$，$\rho_{2288}$ | 0.003 | PC1,PC2,PC3 | 0.5 |
| 乳熟期 | $\rho_{1080}$，$\rho_{717}$ | 0.005 | PC1,PC2,PC3 | 0.5 |
| 成熟期 | $\rho_{1083}$，$\rho_{729}$ | 0.003 | PC1,PC2,PC3 | 0.8 |
| 全生育期 | $\rho_{351}$，$\rho_{1937}$，$\rho_{2261}$ | 0.005 | PC1,PC2,PC3 | 0.5 |

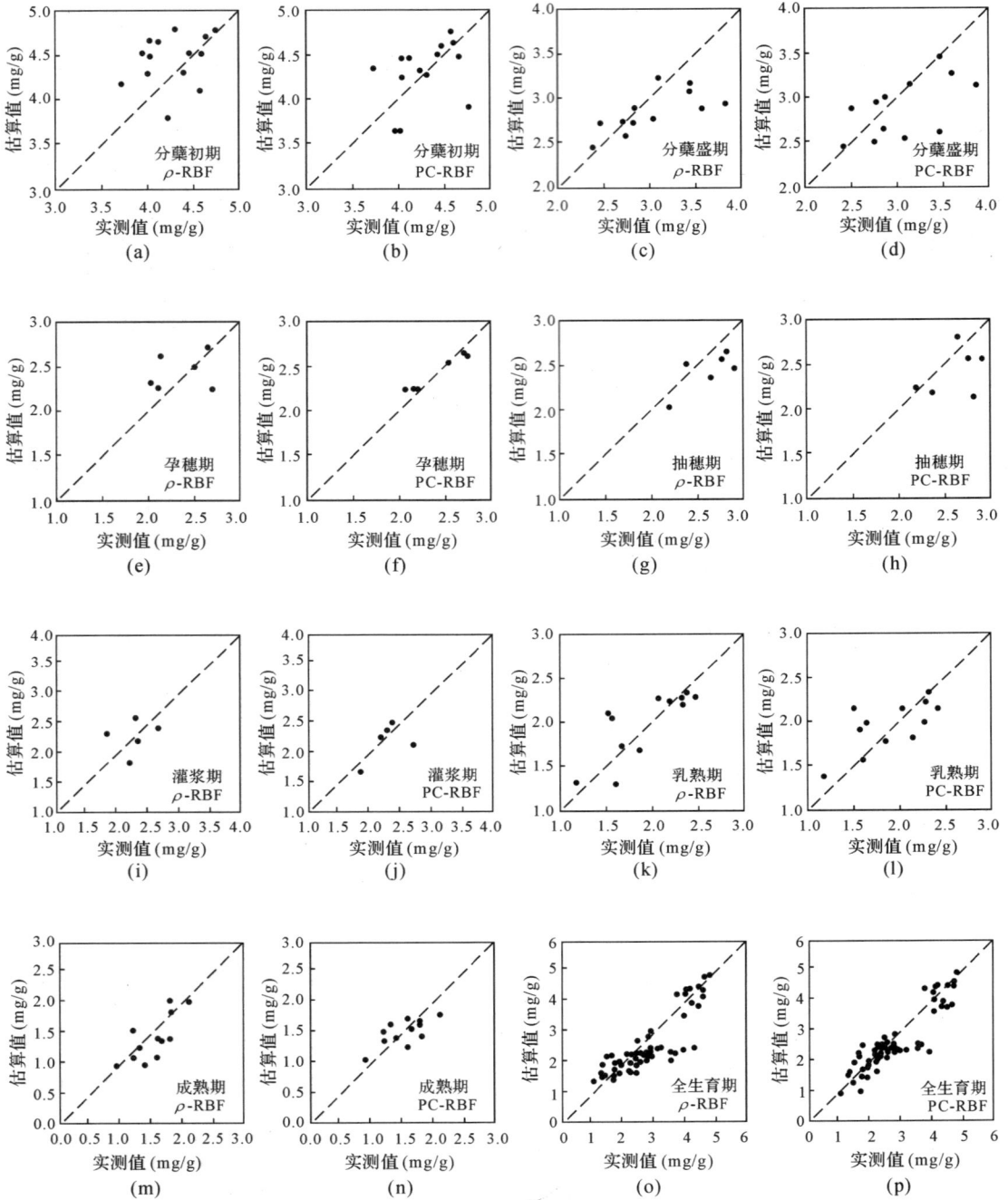

图 5.11　基于冠层光谱及其主成分的水稻氮素含量估算径向基函数网络模型预测效果检验

Fig. 5.11　Validation of radial basis function models for nitrogen concentration estimation based on rice canopy reflectance and its principal components

**表 5.20　基于冠层光谱的水稻氮素含量径向基函数网络估算模型的精度检验**

Table 5.20　Validation and calibration test of radial basis function models for nitrogen concentration estimation based on rice canopy reflectance and its principal components

| 模型类型<br>发育期 | | $\rho$-RBF 模型 | | PC-RBF 模型 | |
|---|---|---|---|---|---|
| | | RMSE | REP(%) | RMSE | REP(%) |
| 分蘖初期 | 训练样本 | 0.089 | 2.036 | 0.101 | 2.325 |
| | 检验样本 | 0.376 | 8.749 | 0.354 | 8.236 |
| 分蘖盛期 | 训练样本 | 0.284 | 9.587 | 0.062 | 2.091 |
| | 检验样本 | 0.413 | 13.440 | 0.425 | 13.828 |
| 孕穗期 | 训练样本 | 0.014 | 0.590 | 0.056 | 2.363 |
| | 检验样本 | 0.290 | 12.256 | 0.115 | 4.857 |
| 抽穗期 | 训练样本 | 0.013 | 0.569 | 0.243 | 10.326 |
| | 检验样本 | 0.268 | 10.335 | 0.343 | 13.228 |
| 灌浆期 | 训练样本 | 0.078 | 3.593 | 0.059 | 2.702 |
| | 检验样本 | 0.330 | 14.397 | 0.290 | 12.675 |
| 乳熟期 | 训练样本 | 0.042 | 2.246 | 0.155 | 8.277 |
| | 检验样本 | 0.254 | 13.205 | 0.296 | 15.381 |
| 成熟期 | 训练样本 | 0.013 | 0.893 | 0.121 | 8.065 |
| | 检验样本 | 0.268 | 17.296 | 0.252 | 16.298 |
| 全生育期 | 训练样本 | 0.368 | 13.995 | 0.450 | 17.139 |
| | 检验样本 | 0.535 | 19.907 | 0.465 | 17.321 |

### 5.2.3.3　基于冠层光谱的水稻氮素含量估算 SVM 模型

采用 RBF 径向基核进行网络设计,分别以逐步回归确定的冠层光谱反射率和冠层光谱前 3 个主成分得分值为自变量,建立各发育期基于冠层光谱的水稻氮素含量估算支持向量机模型,其结构参数设置如表 5.21。采用训练样本和检验样本分别对基于冠层光谱的水稻氮素含量支持向量机模型估算精度进行检验,结果如表 5.22 所示。

**表 5.21　基于冠层光谱的水稻氮素含量估算支持向量机模型结构**

Table 5.21　Structures of support vector machine models for nitrogen concentration estimation based on rice canopy reflectance and its principal components

| 模型类型<br>发育期 | $\rho$-SVM 模型 | | PC-SVM 模型 | |
|---|---|---|---|---|
| | $C$ | $\gamma$ | $C$ | $\gamma$ |
| 分蘖初期 | 64.0 | 0.25 | 8.0 | 0.004 |
| 分蘖盛期 | 64.0 | 0.031 | 1.0 | 1.0 |
| 孕穗期 | 64.0 | 0.031 | 0.5 | 1.0 |
| 抽穗期 | 32.0 | 0.125 | 64.0 | 0.008 |
| 灌浆期 | 64.0 | 0.016 | 8.0 | 0.063 |
| 乳熟期 | 8.0 | 0.25 | 2.0 | 0.5 |
| 成熟期 | 64.0 | 0.25 | 8.0 | 0.25 |
| 全生育期 | 16.0 | 0.5 | 4.0 | 1.0 |

对比各发育期氮素含量诊断 SVM 模型，LR 模型、BPN 模型以及 RBF 模型，同样是成熟期模型具有最优的精度，优于其他发育期模型，并且与大多数情况相同，成熟期的 $\rho$-SVM 模型精度优于 PC-SVM 模型，其 RMSE 和 REP 值分别为 0.174 和 11.224%，两者极显著相关；观察全生育期模型的精度，发现两个全生育期模型 $\rho$-SVM 模型和 PC-SVM 模型的精度与成熟期的 $\rho$-SVM 模型的精度都相差无几，其中，$\rho$-SVM 全生育期模型的精度略优于 PC-SVM 模型，其 RMSE 和 REP 值分别为 0.527 和 19.638%，相对 PC-SVM 模型（RMSE =0.968，REP=36.107%，$r$=0.421）精度略高。

**表 5.22　基于冠层光谱的水稻氮素含量支持向量机估算模型的精度检验**

Table 5.22　Validation and calibration test of support vector machine models for nitrogen concentration estimation based on rice canopy reflectance and its principal components

| 模型类型　　　发育期 | | $\rho$-SVM 模型 | | PC-SVM 模型 | |
| --- | --- | --- | --- | --- | --- |
| | | RMSE | REP(%) | RMSE | REP(%) |
| 分蘖初期 | 训练样本 | 0.18 | 4.161 | 0.357 | 8.207 |
| | 检验样本 | 0.361 | 8.403 | 0.345 | 8.024 |
| 分蘖盛期 | 训练样本 | 0.261 | 8.817 | 0.19 | 6.42 |
| | 检验样本 | 0.413 | 13.415 | 0.417 | 13.581 |
| 孕穗期 | 训练样本 | 0.107 | 4.507 | 0.125 | 5.238 |
| | 检验样本 | 0.167 | 7.051 | 0.212 | 8.961 |
| 抽穗期 | 训练样本 | 0.077 | 3.254 | 0.271 | 11.513 |
| | 检验样本 | 0.446 | 17.172 | 0.321 | 12.385 |
| 灌浆期 | 训练样本 | 0.087 | 4.02 | 0.118 | 5.413 |
| | 检验样本 | 0.35 | 15.289 | 0.28 | 12.216 |
| 乳熟期 | 训练样本 | 0.137 | 7.328 | 0.148 | 7.925 |
| | 检验样本 | 0.239 | 12.413 | 0.312 | 16.2 |
| 成熟期 | 训练样本 | 0.096 | 6.383 | 0.178 | 11.885 |
| | 检验样本 | 0.174 | 11.224 | 0.25 | 16.139 |
| 全生育期 | 训练样本 | 0.420 | 16.004 | 0.524 | 19.931 |
| | 检验样本 | 0.527 | 19.638 | 0.593 | 22.097 |

利用独立检验样本，采用含量支持向量机模型预测的水稻氮素含量与实测氮素含量之间的散点图如图 5.12 所示。由图可见，全生育期模型估算的氮素含量与实测的氮素含量的点均匀地分布在 1:1 回归线两侧，表明模型的预测精度较高。

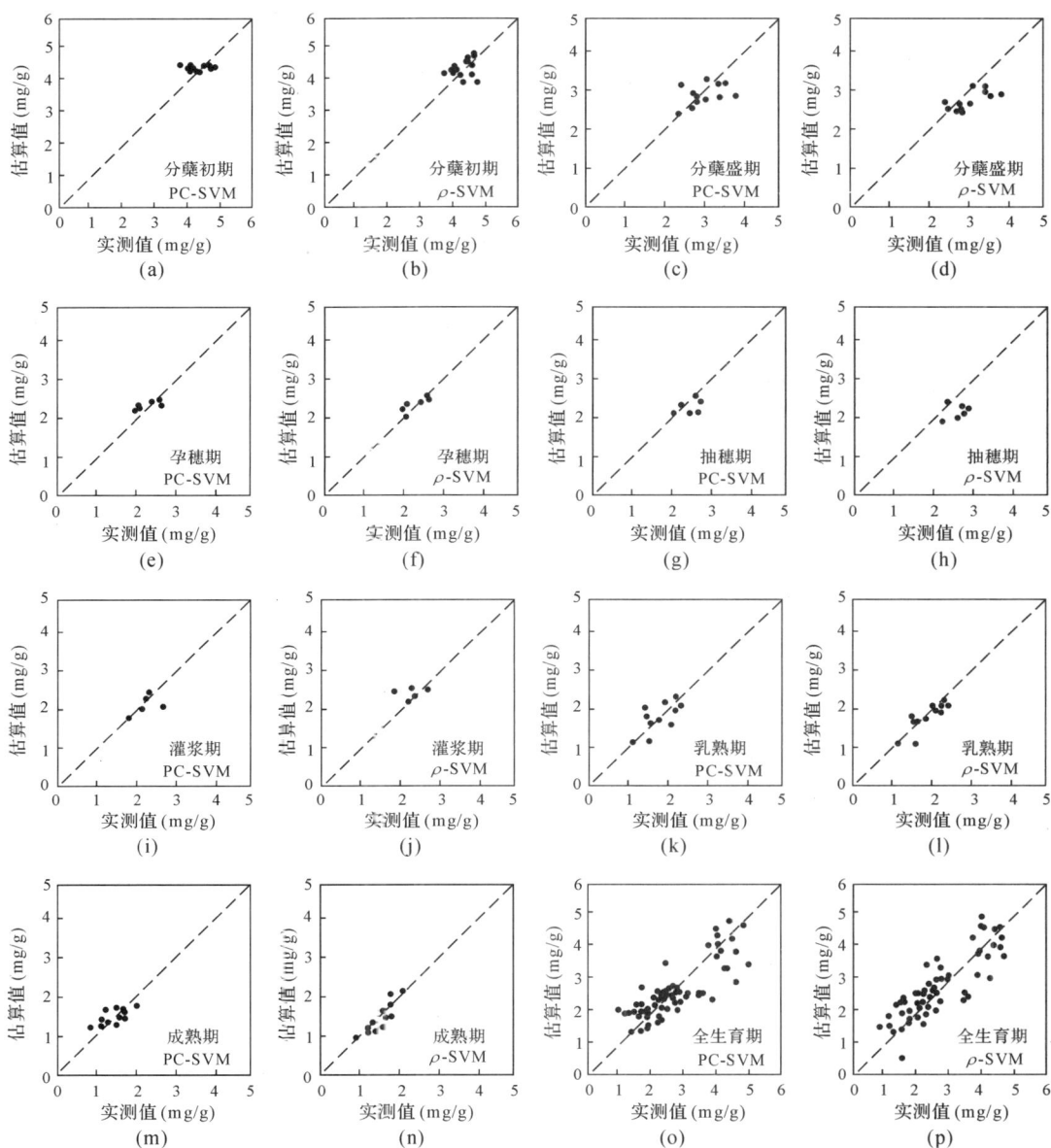

图 5.12　基于冠层光谱及其主成分的水稻氮素含量估算支持向量机模型预测效果检验

Fig. 5.12　Validation of support vector machine models for nitrogen concentration estimation based on rice canopy reflectance and its principal components

## 5.3　小结

本章以实验小区水稻叶片和冠层光谱数据以及相应的氮素含量数据为数据源,采用线性建模法(Linear Regression,LR)、反向传播神经网络法(Back Propagation Network,

BPN)、径向基函数网络法(Radial Basis Function,RBF)以及支持向量机法(Support Vector Machine,SVM),构建了基于原始光谱反射率(Reflectance,$\rho$)和主成分得分值(Scores of Principal Components,PC)的水稻不同发育期的氮素含量遥感诊断模型。主要结论如下。

### 5.3.1　不同遥感水平水稻氮素含量估算模型精度比较

对于叶片水平,比较不同发育期氮素含量诊断模型发现,不同发育期模型之间的精度差异较大,灌浆期和乳熟期模型的各类精度指标表现较好,其中,基于灌浆期光谱主成分得分值构建的 PC-RBF 模型的精度较高,模型的 RMSE 值和 REP 值分别为 0.151 和 6.816%。

对于冠层水平,比较不同发育期氮素含量诊断模型发现,乳熟期和成熟期模型各类精度指标表现较好,其中成熟期的 $\rho$-BPN 模型表现最优,模型的 RMSE 和 REP 值分别为 0.746 和 48.147%。

比较叶片水平和冠层水平模型发现,基于冠层水平数据的氮素含量遥感诊断模型的精度通常都优于叶片水平模型,这可能是因为参与叶片水平氮素含量建模的光谱数据波段为 400~1000nm,而冠层水平参与氮素含量模型构建的光谱范围包含了短波红外波段,在短波红外波段也有氮素含量的敏感波段。

### 5.3.2　不同建模方法构建的水稻氮素含量估算模型精度比较

对于叶片水平,比较四种方法用于构建不同发育期氮素含量诊断模型的精度,发现由 RBF 法构建的 $\rho$-RBF 模型精度最高;其他三类方法构建的最优模型精度差异不大,模型精度从高到低依次是 BPN 模型、LR 模型和 SVM 模型。

对于冠层水平,比较四种方法用于构建不同发育期氮素含量诊断模型的精度,发现由 BPN 法构建的 $\rho$-BPN 模型精度最高;其他三类方法构建的最优模型精度差异不大,模型精度从高到低依次是 LR 模型、SVM 模型和 RBF 模型。

由以上的对比可发现,相比目前新兴的 BP 模型、RBF 模型以及 SVM 模型,传统的 LR 建模法还是比较有生命力的;在模型构建过程中发现,尽管 BP 方法有时可以大大地提高模型精度,但由 BP 法构建的模型很不稳定,即便采用相同的输入变量、输出变量以及同一个网络,每次训练的结果都有可能产生差异,因此很难确定一个满意的网络结构;相比 BP 法,RBF 法不仅网络结构简单、模型可调参数较少、网络训练时间较短,并且 RBF 模型相当稳定,模型精度也能达到令人满意的程度;SVM 法同样也具有模型稳定、训练精度高的特点,但模型较为复杂,并且参数较多,对核函数及核参数的选择至关重要。因此,在建模过程中,如果对模型精度的要求不是特别高,建议优先考虑 LR 法和 RBF 法;如果对模型精度要求较高,而对模型没有任何要求,那么就建议采用 SVM 方法来寻找最优模型;在生化参数遥感建模过程中,建议慎用 BP 法。

### 5.3.3　不同输入变量构建的水稻氮素含量估算模型精度比较

对比基于原始光谱反射率的 $\rho$-模型和基于主成分得分值的 PC-模型的精度,得到以下结论:

(1)叶片水平:对比不同发育期氮素含量诊断模型,发现采用各类方法构建的最佳模型通常都是基于主成分得分值的 PC-模型。

(2)冠层水平:与叶片水平结论不同,对比冠层水平不同发育期氮素含量诊断模型,发现采用各类方法构建的最佳模型通常都是基于原始光谱反射率的 $\rho$-模型。

# 第6章 水稻主要病虫危害高光谱遥感研究

全世界每年因病虫害引起的粮食减产占粮食总产量的 1/4 左右,其中病害占 10%,虫害占 14%;中国每年因各种病虫害引起的粮食损失约 400 亿 kg,占中国粮食总产量的 8.8%(FAO,2001)。农作物病虫害除造成产量损失外,还会出现腐烂、霉变等现象,造成农产品品质下降,严重的会产生对人体有毒、有害物质。如何实时准确地判定作物受病虫危害的分布区域和危害程度,及时采取有效防控措施,不但具有重要的理论意义,而且具有重要的实用价值。然而,传统病虫害调查方法主要依靠人力在田间观察,不仅费时费力,受观察者自身经验的影响,而且难以在大范围内展开(Nilsson,1995;Kobayashi 等,2001)。近年来,遥感技术特别是高光谱遥感技术的发展,使得利用遥感资料进行作物病虫害识别、危害监测和损失评估成为可能。

## 6.1 水稻主要病虫害简介及其高光谱遥感实验

从 2006 年到 2007 年,开展了多次水稻病虫害高光谱遥感实验,涉及的病虫害主要有水稻胡麻斑病、干尖线虫病、穗颈瘟、稻纵卷叶螟和稻飞虱等,实验点分散在浙江、黑龙江两省的 5 个县市区内。为了准确识别不同病虫害的症状、发生和发病程度等,在病虫害光谱观测同时,邀请研究区当地的植保专家进行水稻病虫危害种类甄别和现场指导。

### 6.1.1 水稻胡麻斑病危害高光谱遥感实验

水稻胡麻斑病(Rice Brown Spot)是由稻蠕孢菌(Helminthosporium oryzae van Breda de Hann)引起的侵染性真菌病害。当空气温度为 24～30℃,相对湿度大于 92% 时,有利于水稻胡麻斑病的发生。水稻胡麻斑病是水稻病害中分布最广的病害之一,全国各稻区均有发生,一般粳稻比籼稻易感病;整个水稻生长期都有可能发病,其中苗期最容易感病,分蘖期抗病性增强,抽穗期又易感染。地上部分均可能受害,尤其以叶片最为普遍。成株叶片受害,初现褐色小点,逐渐扩大成为椭圆形病斑,用放大镜观察时,因病斑变褐程度不同而呈轮纹状,后期病斑边缘仍为褐色,中央则呈黄褐色或灰白色。病情严重时,叶片上病斑密布,并往往愈合成不规则的大斑,最后使叶片干枯(洪剑鸣等,2006)。

水稻胡麻斑病病害高光谱遥感实验田位于东经 119°44′,北纬 28°42′,海拔高度 970m,为浙江省农业科学院植物保护和微生物研究所在浙江省武义县新宅镇三坑口村开展的稻瘟病抗性实验田。所在区域属亚热带季风气候,年均气温 16.9℃,1 月平均气温 4.7℃,7 月平均气温 28.8℃;年均降水 1477mm,年均日照 1964 小时,无霜期 228 天。

实验田内的水稻品种为粳稻丙 04－08,栽培方式为直播,播种时间为 2006 年 6 月 5 日。实验地小区面积为 1m×1m,南北向排列,行、株距为 0.25m×0.25m,即 25 株/m²。基肥 N、P₂O₅、K₂O 施用量分别为 40kg/hm²、30kg/hm²、30kg/hm²,扬花期追肥 N、P₂O₅、K₂O 的施用量分别为 30kg/hm²、20kg/hm²、15kg/hm²。稻胡麻斑病为自然发病,未采取任何防控措施,发病约半月后采集健康和不同受害程度的水稻叶片进行室内光谱测定,测定时间为 2006 年 8 月 30 日。

从稻株上将叶片自叶柄基部剪下,放入盛装有溪水的塑料瓶中带回实验室。在实验室内,将叶片样品置于反射率近乎为零的黑色橡胶板上,固定 ASD 光谱仪探头,并使探头垂直向下,正对待测叶片受害部位。从叶片基部开始采集光谱至叶尖结束,每个叶片测 3～5 次,每次以 10 条光谱为一采样光谱,以其平均值作为观测叶片的光谱反射值。健康叶片样本 40 个,稻胡麻斑病侵害叶片样本 222 个。

室内叶片水平下的水稻胡麻斑病病害严重度分级,由植物病理专家根据水稻叶片病斑的大小和数量来判定,共分为 4 级:即健康 0 级(叶片无病斑)、轻度病害 1 级(叶片病斑少而小)、中度病害 2 级(叶片病斑小而多或大而少)和重度病害 3 级(叶片病斑大而多)。稻胡麻斑病病害严重度指数(Disease Severity Index,DSI)为病斑面积占单一叶片的百分比。

### 6.1.2　水稻干尖线虫病危害高光谱遥感实验

水稻干尖线虫病(Rice White Tip Nematode)病原学名为 Aphelenchoides besseyi Christie,稻干尖线虫耐寒冷,不耐高温,适宜温度为 20～25℃,在 54℃高温下 5 分钟即致死。稻干尖线虫病分布很广,几乎遍及包括中国在内的全世界各稻区,其危害程度各地不一,一般减产 10%～20%,严重时减产可达 30% 以上。水稻整个生育期都会受水稻干尖线虫危害,主要危害叶片和穗。苗期一般不表现症状;分蘖期病株的心叶刚抽出尚未展开时,叶尖部即呈淡黄色或黄白色,随后变成淡褐色干尖;孕穗后的病株,叶片上的干尖症状最为明显;一般在剑叶或倒二、倒三叶的尖端 1～8cm 处变成黄褐色或褐色扭曲枯死的干尖;成株期病叶的干尖易折断脱落,受害严重的稻株,最突出的是病株剑叶比健株叶显著变短、变窄,且枯死的干尖可达到叶片全长的 2/3 以上,甚至全叶枯死,因而严重影响抽穗和结实(洪剑鸣等,2006)。

水稻干尖线虫病危害高光谱遥感研究实验田位于浙江省杭州市萧山区瓜沥镇运东村(120°27′52″E,30°12′15.3″N),为浙江省农业科学院作物与核技术利用研究所在的水稻育种实验田。研究区属北亚热带季风性气候区南缘,多年平均气温 16.1℃,1 月平均气温在 3～4℃,7 月平均气温在 28～29℃,多年平均年降水量 1403mm,多年平均年日照时数为 2007 小时,无霜期 248 天。水稻品种为甬优 6 号和甬优 3 号,2007 年 6 月 7 日播种,7 月 3 日移栽。

稻干尖线虫病自然发病后未采取任何防控措施,普遍发病约 10 天后,在 2007 年 9 月 5 日和 9 月 12 日进行两次观测,此时水稻处于孕穗期。观测时将水稻叶片分为健康(0 级)和受稻干尖线虫病危害(1 级)两个等级,同时进行光谱测定和色素含量测定,其色素含量的统计特征见表6.1。

**表 6.1 健康与受稻干尖线虫病危害叶片色素含量的统计特征**

Table 6.1 Statistical characteristics of leaf pigment content for healthy and stressed rice leaves infected by rice white tip nematode

| 观测时间 | 色素 | 病害叶片($n=70$) | | | | 健康叶片($n=56$) | | | |
|---|---|---|---|---|---|---|---|---|---|
| | 统计参数 | 最小值 | 均值 | 最大值 | 标准差 | 最小值 | 均值 | 最大值 | 标准差 |
| 2007-09-05 | Chla | 0.11 | 0.50 | 1.22 | 0.44 | 2.01 | 2.63 | 3.26 | 0.30 |
| | Chlb | 0.04 | 0.15 | 0.38 | 0.14 | 0.67 | 0.85 | 1.10 | 0.10 |
| | Chlt | 0.15 | 0.65 | 1.60 | 0.58 | 2.68 | 3.49 | 4.36 | 0.41 |
| | Cars | 0.06 | 0.23 | 0.51 | 0.17 | 0.78 | 1.03 | 1.24 | 0.12 |
| | 色素 | 病害叶片($n=68$) | | | | 健康叶片($n=70$) | | | |
| | 统计参数 | 最小值 | 均值 | 最大值 | 标准差 | 最小值 | 均值 | 最大值 | 标准差 |
| 2007-09-12 | Chla | 0.07 | 0.36 | 0.78 | 0.16 | 1.49 | 2.02 | 2.83 | 0.25 |
| | Chlb | 0.01 | 0.10 | 0.24 | 0.05 | 0.48 | 0.67 | 0.95 | 0.08 |
| | Chlt | 0.08 | 0.47 | 1.01 | 0.22 | 1.97 | 2.68 | 3.78 | 0.33 |
| | Cars | 0.04 | 0.18 | 0.35 | 0.07 | 0.57 | 0.82 | 1.11 | 0.11 |

从表6.1可知,水稻叶片在受到稻干尖线虫病危害后,其叶绿素和胡萝卜素含量降低,而且叶绿素与胡萝卜素含量之比下降。受水稻干尖线虫病危害叶片的 Chlt 含量则仅为健康叶片的18.7%(2007年9月5日)和17.5%(2007年9月12日)。2007年9月5日观测结果表明,受水稻干尖线虫病危害叶片的 Chlt 与 Cars 含量之比为2.83(=0.65/0.23),健康叶片的为3.39(=3.49/1.03);2007年9月12日观测结果表明,受水稻干尖线虫病危害叶片的 Chlt 与 Cars 含量之比为2.61(=0.47/0.18),健康叶片的为3.27(=2.68/0.82)。

### 6.1.3 水稻稻纵卷叶螟危害高光谱遥感实验

稻纵卷叶螟(Rice Leaf Roller, Cnaphalocrocis medinalis Giienee)属鳞翅目、螟蛾科,是东亚地区危害水稻的一种迁飞性害虫。2007年,浙江省受稻纵卷叶螟危害的水稻面积就达217万 hm²。初孵幼虫取食心叶,出现针头状小点,随虫龄增大,吐丝缀稻叶两边叶缘,纵卷叶片成圆筒状虫苞,幼虫藏身其内啃食叶肉,留下表皮呈白色条斑。水稻分蘖期和穗期容易受稻纵卷叶螟危害,分蘖期叶片受害,因其光合产物主要供给植株营养生长,作物有一定的补偿能力,对产量的影响较小;孕穗后叶片的光合产物主要供给幼穗发育,稻叶受害能导致颖花、枝梗退化,增加空秕率,降低结实率和千粒重,尤其是水稻功能叶受害,直接影响干物质的积累,对水稻产量的影响最大,因此,水稻孕穗至抽穗期受害损失大于分蘖期(李大庆等,2007)。

稻纵卷叶螟危害高光谱遥感实验研究观测点有3个:观测点1位于浙江省杭州市萧山区瓜沥镇运东村(120°27′52″E,30°12′15.3″N),观测点2位于浙江省杭州市萧山区蜀山街道章潘桥村(120°15′E,30°06′N),观测点3位于浙江大学现代化农业研究示范中心(120°10′E,30°14′N)。其中,观测点3的土壤类型为砂壤土(砂粒83.49%、粉粒12.15%、粘粒4.36%),

土壤全氮含量为 1.15g/kg,速效氮含量为 188.5mg/kg,全磷 1.21g/kg,全钾 72.7mg/kg,有机质 9.96g/kg,pH 值 6.78。观测点 1 和观测点 2 的稻田为萧山区植物保护与检疫站用于病虫监测的观测圃;观测点 3 是浙江大学农业与生物技术学院昆虫研究所用于稻纵卷叶螟危害研究的实验大棚。观测点 1 和 2 在受害后曾喷施农药 2 次,观测点 3 受害后未曾施药。2007 年 7 月 27 日,在观测点 1 和 2 进行稻纵卷叶螟危害调查,并采集叶片用于室内光谱测定。2007 年 8 月 14 日,在观测点 3 采集叶片进行室内光谱和色素测定。在对室内数据分析时,仅将其分为健康叶片和受稻纵卷叶螟危害叶片两类。2007 年 8 月 14 日采集的健康叶片和受稻纵卷叶螟危害叶片的色素含量统计特征见表 6.2。由表可知,水稻叶片受稻纵卷叶螟危害后,其叶绿素和胡萝卜素含量均呈下降趋势,如受害叶片的叶绿素总含量(Chlt)仅为健康叶片的 67.4%。

**表 6.2 健康与受稻纵卷叶螟危害叶片色素含量的统计特征(2007 年 8 月 14 日)**

Table 6.2 Statistical characteristics of pigment content for healthy and stressed rice leaves caused by leaf roller (2007-08-14)

| 色素 | 虫害叶片($n=35$) | | | | 健康叶片($n=35$) | | | |
|---|---|---|---|---|---|---|---|---|
| 统计参数 | 最小值 | 均值 | 最大值 | 标准差 | 最小值 | 均值 | 最大值 | 标准差 |
| Chla | 0.88 | 1.35 | 1.90 | 0.25 | 1.63 | 2.06 | 2.53 | 0.19 |
| Chlb | 0.36 | 0.52 | 0.73 | 0.10 | 0.57 | 0.71 | 0.83 | 0.06 |
| Chlt | 1.24 | 1.86 | 2.63 | 0.35 | 2.20 | 2.77 | 3.36 | 0.24 |
| Cars | 0.35 | 0.54 | 0.79 | 0.10 | 0.60 | 0.76 | 0.96 | 0.08 |

## 6.1.4 水稻稻飞虱危害高光谱遥感实验

稻飞虱(Rice Planthopper)主要包括褐飞虱(Brown Planthopper)、白背飞虱(White-backed Planthopper)和灰飞虱(Small Brown Planthopper)三种,均属同翅目、飞虱科,为迁飞性害虫。稻褐飞虱属喜温性昆虫,是我国和许多亚洲国家当前水稻生产上的重要害虫,广泛分布于南亚、东南亚、太平洋岛屿及日本、朝鲜和澳大利亚。褐飞虱的成虫和幼虫群聚在稻株茎基部用刺吸式口器刺进稻株组织,吸食汁液,轻者水稻下部叶片枯黄,千粒重下降;重者生长受阻,甚至瘫痪倒伏,形成枯穗或半枯穗,导致严重减产或失收。在一定的虫口基数下,适宜的气候和丰富的食料能促使褐飞虱大量繁殖。田间小气候及品种又直接影响其发生危害的轻重,天敌数量对田间种群消长也起一定的促控作用(周世文等,2007)。

稻飞虱危害高光谱实验在浙江省桐庐县植物保护与检疫站用于病虫监测的观测圃内进行,该实验田位于东经 119°37′,北纬 29°48′。该研究区地处北亚热带南缘,属亚热带季风性气候,年均气温 16.5℃,1 月平均气温为 4.3℃,7 月平均气温为 28.8℃,多年平均年降水量 1453mm,多年平均年均日照时数 1936 小时,无霜期为 254 天。

观测圃内水稻品种为杂交稻 718,2007 年 5 月 23 日播种,6 月 5 日移栽(机插),以褐飞虱危害为主,受害后喷洒过两次农药,但由于褐飞虱危害严重,局部田块出现倒伏。2007 年 9 月 28 日 10:00—13:00 在田间进行冠层光谱测定,此时水稻处于黄熟期。观测时 ASD 光谱仪探头垂直向下,视场角为 25°,探头距离水稻冠层 1m。结合本研究获取的数据,仅将褐飞虱危害程度分为健康（0 级）和受稻褐飞虱危害倒伏（1 级），在观测圃内测定健康和倒伏水稻冠层光谱的样点均为 35 个。

### 6.1.5　稻瘟病危害高光谱遥感实验

稻瘟病（Rice Blast）又名稻热病，属侵染性真菌病害。分生孢子在 10～35℃ 都可形成，以 25～28℃ 为最适宜；病菌侵入寄主组织的温度，以 24～30℃ 为最适宜，34℃ 时不能侵入。只有当相对湿度高于 93% 时，稻叶上病斑才能产生分生孢子，大气湿度饱和时，最适于孢子的形成，有利于病害的扩散传播。稻瘟病分布遍及世界各稻区，是稻作生产中的主要病害，其中亚洲、非洲稻区发病相对较重。我国南自海南岛，北到黑龙江，西起新疆、西藏，东至台湾，凡有水稻栽培的地方都有发生，但日照少、雾露持续期长的山区和气候温和的沿江、沿海以及水稻生育期处于雨季的地区更易发生此病害。发病特点：一般山区重于平原，粳、糯稻重于籼稻，除华南稻区早稻重于晚稻外，其他稻区晚稻重于早稻。流行年份一般减产 10%～20%，严重时减产可达 40%～50%，局部田块甚至颗粒无收。稻瘟病在水稻整个生育期中都可发生，危害秧苗、叶片、节、穗等，分别称为苗瘟、叶瘟、节瘟和穗颈瘟，本研究仅观测到穗颈瘟（Rice Panicle Blast）。穗颈瘟一般多在出穗后受侵，也有在叶鞘中尚未完全外露时受侵染。病斑初期暗褐色，逐渐向上下扩展，形成水渍状褪绿病斑，最后变成黑褐色，也有的后期呈枯白色，病斑长可达 3～4cm。穗颈瘟严重影响产量，始穗期发病的易折断倒伏且常造成白穗，全不结实（洪剑鸣等，2006）。

稻穗颈瘟的观测地点位于黑龙江省友谊农场（120°43′E, 46°39′N）。该区域属中温带大陆性季风气候，年平均气温 2.5℃，最低气温一月份，月平均气温零下 20℃；最高气温八月份，月平均气温 22℃，多年平均年降雨量 500mm，多年平均年日照时数 2730 小时，无霜期 120～130 天。观测田内水稻品种为穗京 4 号，易感稻瘟病。2007 年 4 月 10 日播种，5 月 12 日移栽。稻穗颈瘟为自然发病后，所在农场分场统一喷洒过一次农药，水稻冠层光谱观测时间为 2007 年 8 月 24 日，此时水稻处于黄熟期。将观测样本分为健康（0 级，$n=12$）、受稻穗瘟危害（1 级，$n=13$）、受稻穗瘟危害倒伏（2 级，$n=10$）3 级。

## 6.2　水稻主要病虫害危害高光谱遥感敏感波段分析

高光谱遥感数据所具有的大量的光谱波段有助于遥感科技人员更加精细地进行地物识别与分类，然而骤增的波段也导致信息的冗余和数据处理复杂性的增加。水稻主要病虫害的敏感光谱波段选择就是利用地面实测高光谱数据，从高维光谱特征空间中选出有限个简化了的高光谱特征空间子集，这些子集可包含主要的光谱特征信息，能够区分健康的与受病虫害胁迫的水稻。

### 6.2.1　基于连续统去除法的水稻主要病虫害危害高光谱遥感敏感波段选择

以 2007 年 9 月 5 日测定的健康叶片和受稻干尖线虫危害叶片为例，说明经连续统去除法运算的不同变换形式光谱的特征波段选择情况（图 6.1）。对水稻原始光谱进行连续统去除法处理,获得原始光谱的连续统去除光谱(Continuum Removal Spectra of Reflectance, CRSR),在以 470nm、670nm 和 1200nm 为中心的 3 个吸收特征区域中,CRSR 在以 670nm 为中心的区域变异最大,而在以 1200nm 为中心的区域内变异最小(图 6.1(a))。

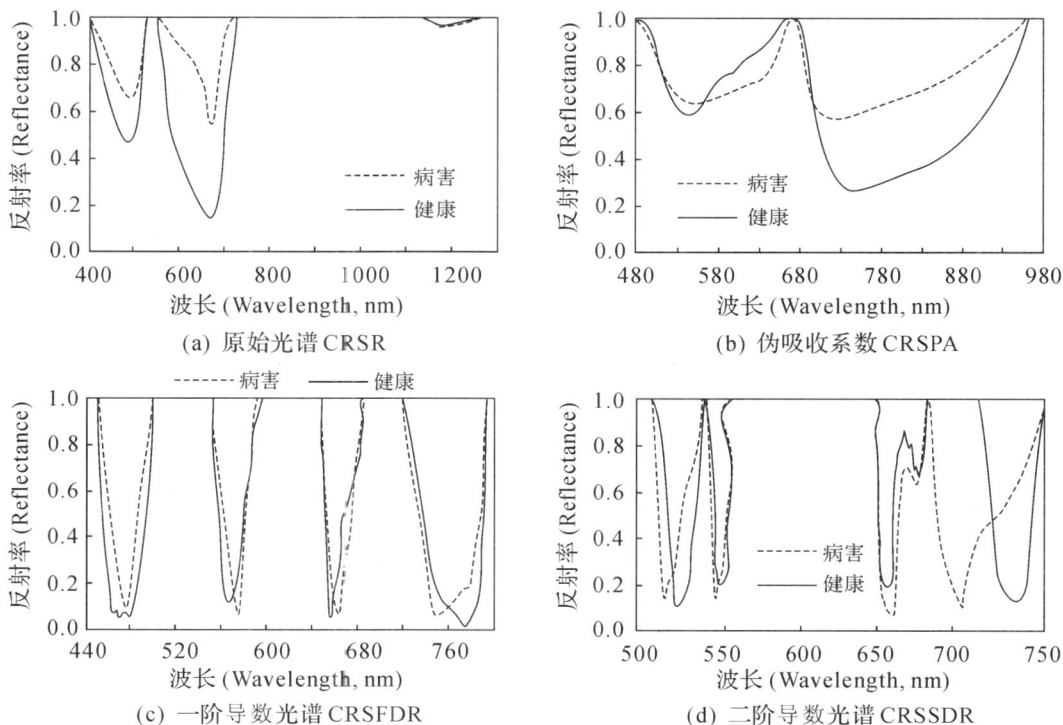

图 6.1　水稻光谱及其变换处理的连续统去除反射率敏感波段选择(以水稻干尖线虫病为例)

Fig. 6.1　Sensitive spectral wavebands of continuum removal spectra from original and their transformed spectra of rice (infected by the rice Aphelenchoides besseyi Christie)

同样,对水稻原始光谱进行 lg(1/ρ) 变换后,再进行连续统去除处理,获得伪吸收系数的连续统去除光谱(Continuum Removal Spectra of Pseudo Absorbance,CRSPA),在以 550nm 和 740nm 为中心的两个吸收特征区域内,病虫害胁迫在后一个中心区域内的变异更大(图 6.1(b))。对反射率一阶导数光谱进行连续统去除处理,获得一阶导数的连续统去除光谱(Continuum Removal Spectra of First Derivative of Reflectance,CRSFDR),结果表明,蓝光 450~515nm、绿光 550~590nm、红光 650~690nm 和近红外 725~790nm 一阶导数的连续统去除光谱对病虫害胁迫敏感,其中以 750nm 为中心的近红外区域一阶导数的连续统去除光谱变异最大(图 6.1(c))。对于二阶导数的连续统光谱(Continuum Removal Spectra of Second Derivative of Reflectance,CRSSDR)而言,在 530nm、550nm、670nm 和 730nm 等四个吸收特征区域内,CRSSDR 在各个区域内的变异较小,受害水稻叶片原始光谱二阶导数的连续统光谱在 710~750nm 的极小值位置远小于健康叶片(图 6.1(d))。受不同病虫害危害的水稻光谱及其变换处理的连续统去除反射率敏感波段如表 6.3 所示。

**表 6.3　受不同病虫害危害的水稻光谱及其变换处理的连续统去除反射率敏感波段**

Table 6.3　Sensitive spectral wavebands of continuum removal spectra from original and their transformed spectra of rice infected by diseases and insects

（单位：nm）

| 病虫害 | 原始光谱 | 伪吸收系数 | 一阶导数光谱 | 二阶导数光谱 |
|---|---|---|---|---|
| 稻干尖线虫病 | 401～529,<br>552～728 | 480～672,<br>675～960 | 449～501,550～590,<br>648～683,718～793 | 511～560,646～750 |
| 稻纵卷叶螟 | 416～530,<br>550～732 | 471～671,<br>678～960 | 444～515,550～592,<br>672～690,721～798 | 522～568,667～685,<br>716～750 |
| 稻胡麻斑病 | 401～537,<br>552～744 | 481～672,<br>680～960 | 485～516,552～592,<br>698～721,724～780 | 522～567,662～689,<br>718～748 |
| 稻穗颈瘟 | 401～748 | 432～674,<br>678～960 | 449～519,547～595,<br>652～694,725～796 | 525～571,664～684,<br>716～750 |
| 稻飞虱 | 428～730 | 401～661,<br>674～960 | 410～510,511～581,<br>656～680,692～795 | 517～532,540～564,<br>655～675,714～748 |

## 6.2.2　基于光谱敏感度分析的水稻主要病虫害危害高光谱遥感敏感波段选择

　　光谱敏感度（Spectral Sensitivity）定义为受胁迫水稻植株光谱和正常水稻植株光谱的差值与正常水稻植株光谱的比值。本研究中将利用 Kobayashi 等（2001）提出的光谱敏感度分析方法，对健康和受胁迫的水稻原始光谱、一阶导数光谱、二阶导数光谱和伪吸收系数等进行分析研究，以期获得不同数据形式的光谱敏感区域和敏感波段。

　　图 6.2 为原始光谱敏感度分析结果示意图，由图 6.2 可知，在可见光波段，除受水稻胡麻斑病和穗颈瘟危害的光谱敏感度在 545nm 附近略低于 0 外，其他的光谱敏感度一般为正值，表明水稻植株在受病虫害胁迫后其光谱反射率在可见光范围上升。在近红外和短波红外波段，除了受稻飞虱危害而倒伏的水稻田间冠层光谱敏感度为正值外，其他光谱敏感度一般为负值，表明了受病虫害胁迫的水稻植株其光谱反射率在近红外以后的谱段内下降。受稻飞

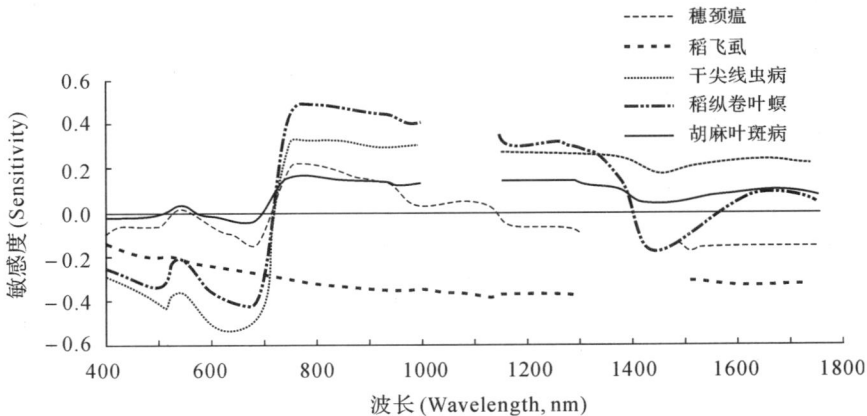

图 6.2　受病虫胁迫水稻植株的原始光谱敏感度

Fig. 6.2　Reflectance spectral sensitivity of rice infected by diseases and insects

虱危害而倒伏的水稻田间冠层光谱敏感度大于 0,可能是因为水稻植株倒伏后,茎秆、叶片、稻穗等组分对冠层光谱贡献比例发生变化引起的。还可以看出,在 490nm 附近的蓝光波段和 670nm 附近的红光波段,受胁迫的水稻植株光谱反射率增加较多,而在 545nm 附近的绿光波段增加较少。同样,对伪吸收系数、一阶和二阶导数光谱进行光谱敏感度分析,综合分析结果,可以确定水稻受胁迫的敏感波段(表 6.4)。

**表 6.4　受不同病虫危害的水稻光谱及其变换处理的敏感度分析确定的敏感波段**

Table 6.4　Sensitive spectral wavebands of reflectance and their transformed spectra of rice infected by diseases and insects based on spectral sensitivity analysis

（单位:nm）

| 病虫害 | 原始光谱 | 伪吸收系数 | 一阶导数光普 | 二阶导数光谱 |
|---|---|---|---|---|
| 稻干尖线虫病 | 476～516,533～553,647～667,672～692 | 490～520,525～570,650～710,740～780 | 440～460,464～484,500～520,560～580,650～670,675～700 | 515～535,540～560,640～665,675～700,715～735 |
| 稻纵卷叶螟 | 472～512,534～554,660～690,748～788 | 474～514,520～560,649～689,753～773 | 510～530,555～585,680～710 | 520～540,550～570,610～730,675～700,725～745 |
| 稻胡麻斑病 | 465～505,532～552,663～683,732～772 | 480～520,532～562,653～693,753～793 | 510～520,560～580,690～730 | 520～540,540～565,610～630,680～700,720～740 |
| 稻穗颈瘟 | 468～508,538～558,657～697,742～782 | 470～510,529～569,658～698,742～782 | 510～530,560～580,680～730 | 520～540,570～590,675～705 |
| 稻飞虱 | 462～502,537～557,659～679,735～755 | 641～681,733～773,924～944,1100～1140 | 500～520,550～580,640～670,670～700,740～760 | 570～590,595～630,660～690,720～740 |

## 6.2.3　基于相关分析的水稻主要病虫害高光谱遥感敏感波段选择

水稻受到病虫害胁迫后,生理生化组分如叶绿素、胡萝卜素、水分、蛋白质、纤维素、木质素等均会发生改变。因而,研究人员经常利用可以反映受病虫害胁迫状态参数指标,如色素、病害严重度指数等与光谱建立相关关系,寻找对病虫害胁迫响应强烈的区域和波段。

### 6.2.3.1　受病虫害胁迫的水稻理化参数与原始光谱反射率间的相关系数

比较图 6.3(a)、6.3(b)、6.3(c)和 6.3(d)可知,无论是受稻纵卷叶螟危害还是受水稻干尖线虫病侵害,由于色素含量之间的相关性,叶片叶绿素 a+b 和胡萝卜素含量与光谱反射率的相关系数随波长的变化趋势是一致的,在可见光范围内,色素含量与原始光谱反射率呈高度负相关,在近红外至短波红外间的 730～1300nm 呈高度正相关,表明色素含量越高,可见光谱段内的光谱反射率越低,而近红外、短波红外区域(小于 1300nm)的光谱反射率越高。但是,在 400～1300nm,受稻纵卷叶螟危害的叶片叶绿素 a+b 和胡萝卜素含量与光谱反射率之间的相关系数同受水稻干尖线虫病侵害的叶片叶绿素 a+b 和胡萝卜素含量与光谱反射率之间的相关系数随波长的变化趋势是一致的;而当波长大于 1300nm 时,受稻纵卷叶螟危害的叶片叶绿素 a+b 和胡萝卜素含量与光谱反射率之间的相关系数同受水稻干尖线虫病侵害的叶片叶绿素 a+b 和胡萝卜素含量与光谱反射率之间的相关系数的差异较大，这可能与水分吸收有关。

受稻纵卷叶螟危害的叶片，其色素含量与光谱反射率间的相关关系，在 703nm 和 766nm 处相关系数负最大，分别为 −0.835 和 −0.723；在 719～724nm、1390～1399nm、1537～1596nm 和 1749～1861nm 没有通过 0.001 水平的极显著性检验；在 720～723nm、1391～1398nm、1543～1585nm 和 1753～1860nm 没有通过 0.01 水平的显著性检验(图 6.3(a)和 6.3(b))。而受干尖线虫病危害的叶片，其色素含量与光谱反射率间的相关系数在 615nm 和 1416nm 处最大，分别为 0.906 和 0.733；在 715～722nm 和 1887～1943nm 没有通过 0.001 水平的极显著性检验；在 716～721nm 和 1891～1934nm 没有通过 0.01 水平的显著性检验(图 6.3(c)和 6.3(d))。

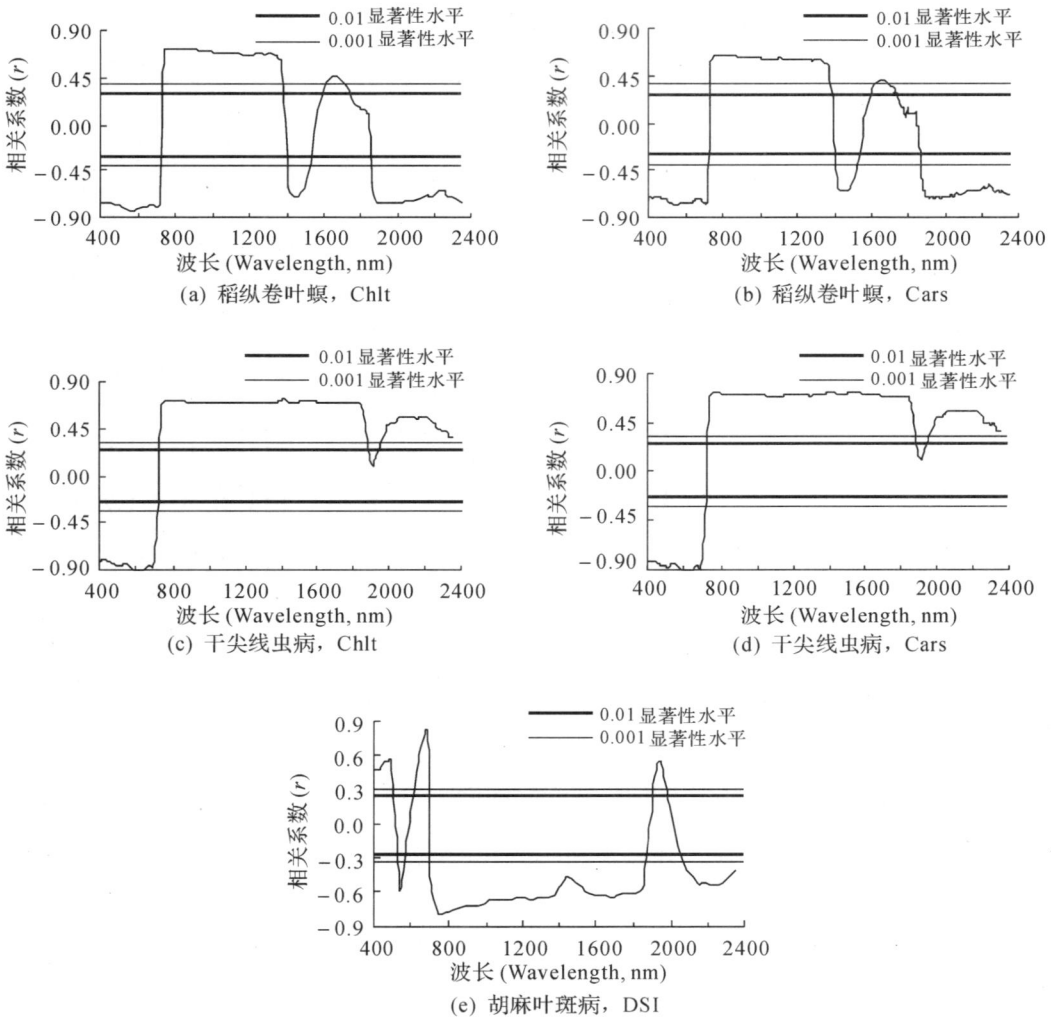

图 6.3　受病虫胁迫水稻的生理生化参数与原始光谱反射率间的相关系数

Fig. 6.3　Correlogram between biophysical and biochemical parameters and reflectance spectra of rice

在图 6.3(e)中,相关关系曲线形状与图 6.3(a)、6.3(b)、6.3(c)和 6.3(d)的差异较大。水稻胡麻斑病侵害严重度指数与光谱反射率在蓝光区域 401~512nm 呈正相关,在绿光谱段 513~584nm 呈负相关,红光谱段 585~697nm 呈正相关,在近红外至短波红外区域 698~1890nm 呈负相关,在短波红外谱段 1891~2011nm 和 2012~2350nm 分别呈正相关和负相关。如图 6.3(e)中所示,在 508~517nm、574~607nm、695~701nm、1882~1897nm 和 1984~2057nm 没有通过 0.001 的极显著性检验水平;在 509~516nm、577~603nm、696~700nm、1884~1896nm 和 1990~2038 没有通过 0.01 的显著性检验水平;在 671nm 和 743nm 处则呈现最好的正相关和负相关,相关系数分别为−0.824 和 0.794。

### 6.2.3.2　受病虫害胁迫的水稻理化参数与伪吸收系数间的相关系数

水稻伪吸收系数与色素及病害严重度指数的相关系数如图 6.4 所示,与图 6.3 相对应,图 6.3 中为正相关性的区域在图 6.4 中呈负相关,而图 6.3 中为负相关性的区域在图 6.4 中则呈正相关性。敏感区域的端点和敏感波段则有一定的偏移,最大、最小相关系数所对应的波长也有一定的变化,受稻纵卷叶螟危害的叶片色素含量与伪吸收系数的相关系数在

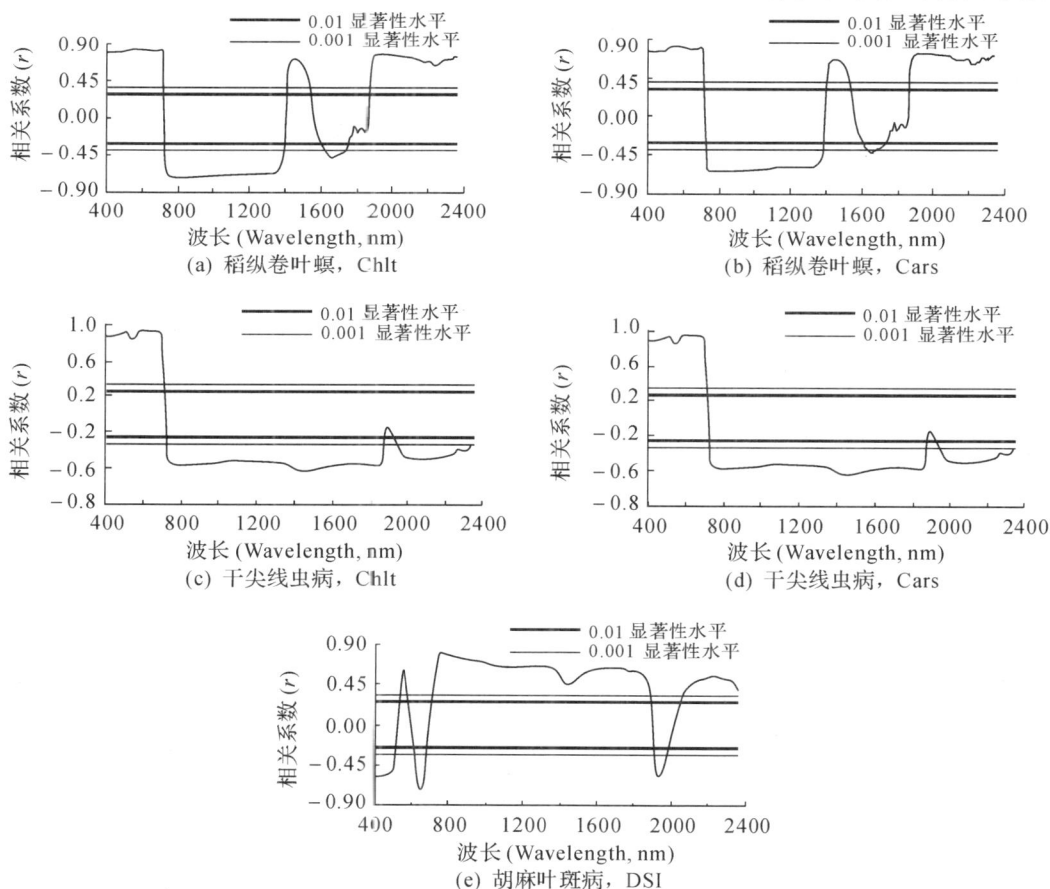

图 6.4　受病虫胁迫水稻的生理生化参数与伪吸收系数间的相关系数

Fig. 6.4　Correlogram between biophysical and biochemical parameters and pseudo absorbance spectra of rice

701nm 和 766nm 处达到极大值,相关系数比原始光谱反射率间的略高,分别为 0.863 和 0.731;受水稻干尖线虫病侵害的水稻叶片色素含量与伪吸收系数分别在 638nm 和 1444nm 处呈最好的正相关和负相关,相关系数分别为 0.941 和 −0.636,比与原始光谱值间的相关系数值略低;受水稻胡麻斑病侵害的病害严重度指数与伪吸收系数分别在 743nm 和 671nm 处呈最强的正相关和负相关,相关系数分别为 0.789 和 −0.823。

### 6.2.3.3  受病虫害胁迫的水稻理化参数与一阶和二阶导数光谱间的相关系数

水稻一阶和二阶导数光谱与色素、病害严重度指数的相关程度分别见图 6.5 和 6.6。与图 6.3 和 6.4 相比,受病虫害侵害的水稻叶片色素和病害严重度指数与一阶和二阶导数光谱的相关系数噪音大一些,尤其是在短波红外;对比图 6.5 和 6.6 左右两边的图,可以发现,与一阶导数光谱相比,受病虫害侵害的水稻叶片色素和病害严重度指数与二阶导数光谱的相关系数噪音大一些;但是,无论一阶光谱还是二阶导数光谱,在 400～800nm 与受病虫害侵害的水稻叶片色素和病害严重度指数的相关系数噪音小一些,可以比较稳定地反映其相关关系。由图 6.5(a)～6.5(h)可见,水稻叶片在受到病虫害危害后,一阶导数光谱与色素含量在绿-黄光 550～590nm 存在相当强的负相关关系,在近红外区域 700～760nm 存在相当强的正相关关系,受水稻干尖线虫病危害的叶片一阶导数光谱与色素含量在较窄的红光区域 680～690nm 也存在很强的负相关性。受稻纵卷叶螟危害的水稻叶片一阶导数光谱与色素含量在 736nm 和 555nm 处分别具有最好的正相关和负相关,相关系数值分别为 0.827 和 0.798;而受干尖线虫病侵害的水稻叶片一阶导数光谱与色素含量在 744nm 和 682nm 处分别具有最好的正相关和负相关,相关系数值分别为 0.963 和 −0.919。从图 6.5(i)和 6.5(j)可以看出,受水稻胡麻斑病侵害的水稻叶片一阶导数光谱与病害严重度指数在 695～750nm 存在较强的负相关性,而在 550～600nm 存在较强的正相关性;在 557nm 和 714nm 处分别具有最好的正相关和负相关,相关系数值分别为 0.9 和 −0.849。

比较图 6.6(a)～6.6(j)可知,水稻叶片在受到病虫害危害后,其二阶导数光谱在 720～745nm 和 690～700nm 与受病虫害胁迫的水稻生理生化参数均存在高相关性,表明红光-近红外区域是二阶导数光谱对病虫害响应最强烈的谱段。由图 6.6(b)、6.6(d)、6.6(f)和 6.6(h)可知,水稻叶片在受到稻纵卷叶螟和干尖线虫病侵害后,二阶导数光谱与色素含量在 720～750nm 存在较强的负相关性,在 690～710nm 存在较强的正相关性。图 6.6(b)中,在 699nm 和 738nm 处分别具有最好的正相关和负相关,相关系数值分别为 0.855 和 −0.825;图 6.6(h)中,在 694nm 和 737nm 处分别具有最好的正相关和负相关,相关系数值分别为 0.96 和 −0.955。观察图 6.6(j),受胡麻斑病侵害的水稻叶片,其二阶导数光谱在 690～700nm 呈较强的负相关性,在 727～745nm 呈较强的正相关;在 742nm 和 696nm 处分别具有最好的正相关和负相关,相关系数值分别为 0.828 和 −0.86。

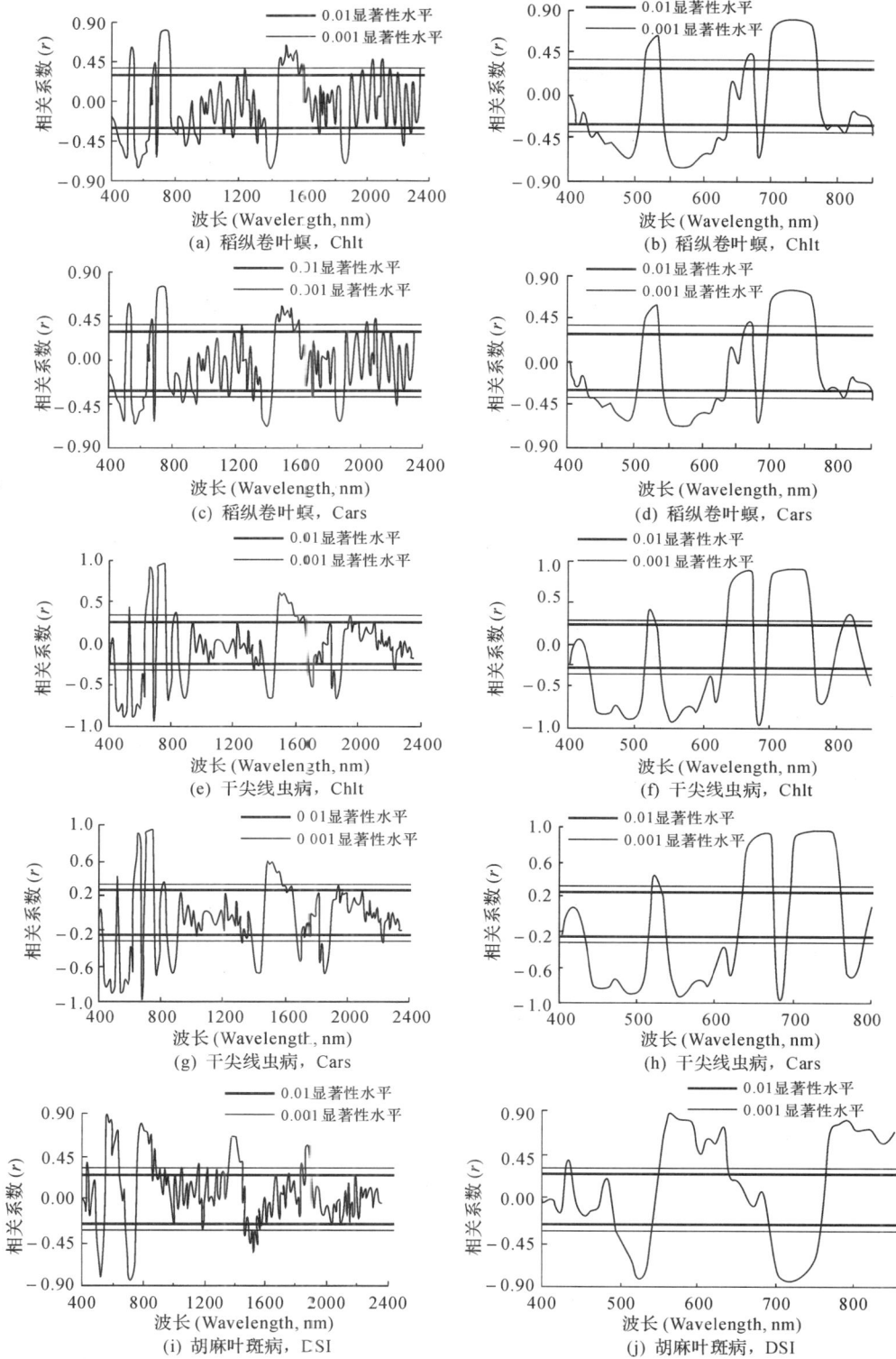

图 6.5　受病虫胁迫水稻的生理生化参数与一阶导数光谱间的相关系数

Fig. 6.5　Correlogram between biophysical and biochemical parameters and first derivative spectra of rice

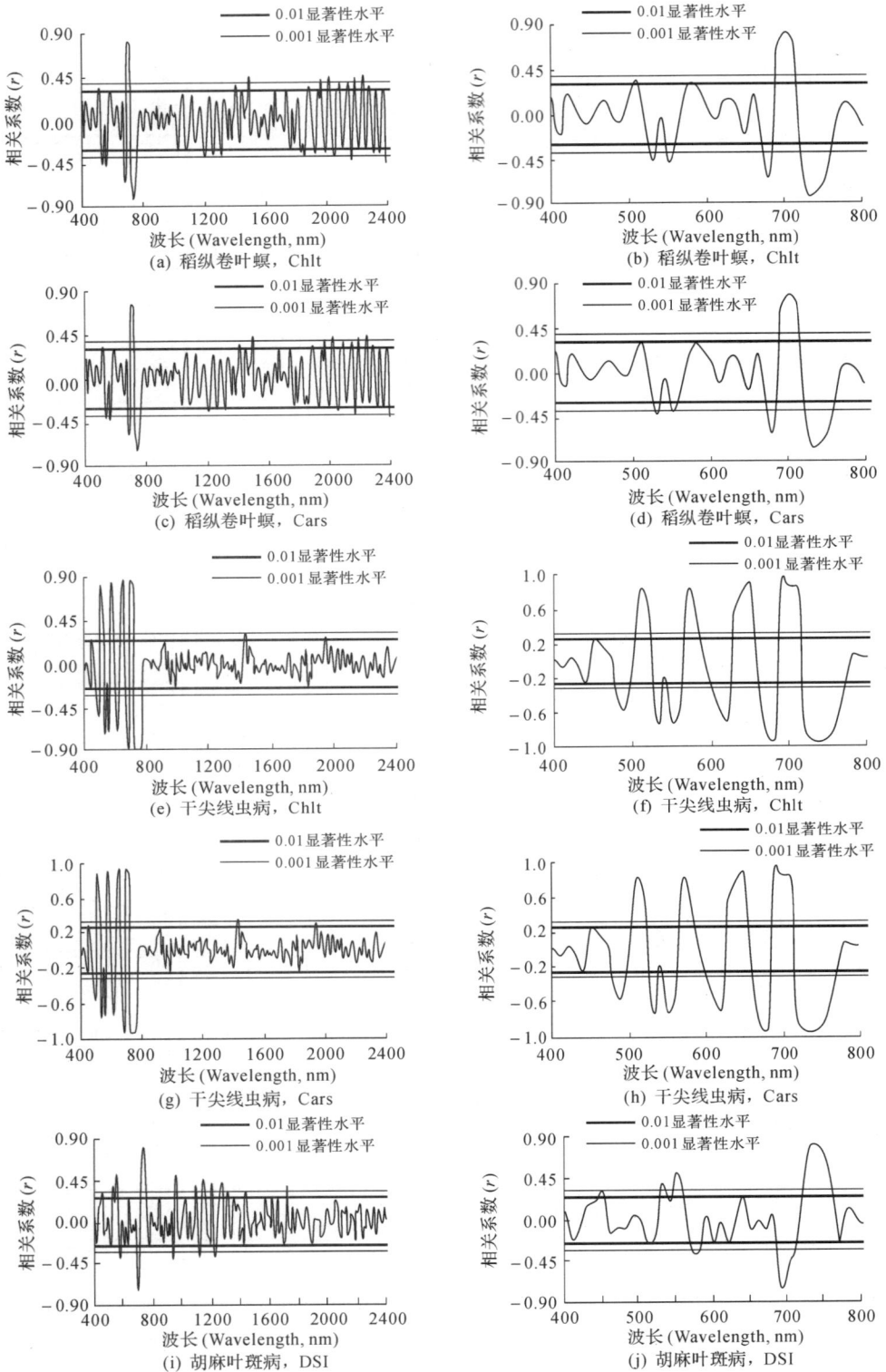

图 6.6　受病虫害胁迫的水稻生理生化参数与二阶导数光谱间的相关系数

Fig. 6.6　Correlogram between biophysical and biochemical parameters and second derivative spectra of rice

综上所述,从水稻叶片的色素含量和水稻胡麻斑病严重度指数与原始光谱的相关性分析中可知,对色素含量和病情指数敏感的光谱区间和敏感波段,分别如表 6.5 和 6.6 所示。从中可以看出,尽管病害类型不同,但若光谱数据转换形式相同,敏感的光谱区域和谱段就较接近。

表 6.5　基于相关系数分析法的水稻病虫害敏感光谱区域

Table 6.5　Sensitive spectral regions of rice disease and insect stresses based on correlation coefficients

(单位:nm)

| 病虫害 | 原始光谱 | 伪吸收系数 | 一阶导数光谱 | 二阶导数光谱 |
|---|---|---|---|---|
| 稻干尖线虫病 | 401～715,725～1300,1600～1745,2050～2300 | 同原始光谱 | 520～530,550～590,680～690,700～760 | 506～519,632～642,649～658,663～683,690～710,720～750 |
| 稻纵卷叶螟 | 401～718,725～1390,1597～1748,1862～2300 | 同原始光谱 | 440～500,511～535,545～630,695～765 | 551～560,688～718,725～750 |
| 稻胡麻斑病 | 401～505,520～570,610～690,705～1300,1550～1750,2130～2300 | 同原始光谱 | 500～540,550～620,690～750 | 690～700,720～745 |

表 6.6　基于相关系数分析法的水稻病虫害敏感光谱波段

Table 6.6　Sensitive spectral wavebands of rice disease and insect stresses based on correlation coefficients

(单位:nm)

| 病虫害 | 原始光谱 | 伪吸收系数 | 一阶导数光谱 | 二阶导数光谱 |
|---|---|---|---|---|
| 稻干尖线虫病 | 493,545,670,703,720,766,1450 | 494,541,638,1444,1930 | 522,570,682,744 | 545,694,714,737 |
| 稻纵卷叶螟 | 518,615,722,1416,1935 | 701,766,1451,1890 | 555,736 | 554,699,738 |
| 稻胡麻斑病 | 492,535,573,671,695,743,1449 | 493,544,671,743,1940 | 557,714 | 552,696,742 |

## 6.2.4　小结

本节讨论了运用连续统去除法、光谱敏感度分析法和相关系数分析法三种方法,筛选水稻主要病虫害的敏感光谱区间和敏感波段。综合以上三种方法,得到叶片和冠层两种尺度下不同病虫害胁迫的敏感光谱区域(表 6.7)和敏感波段(表 6.8)。

由表 6.7 可知,虽然对于同一种光谱数据类型而言,不同的病虫害类型有交叉重叠的部分,但也有各不相同的谱段,说明了水稻叶片或植株在受到病虫害胁迫后,由于色素含量降低、细胞结构破坏等造成光合作用能力降低,具有共性的一面,同时又由于生化组分变化的差异,导致它们在不同谱段的辐射能量的变化并不一致。作为从敏感光谱区域中挑选出来的敏感谱段,表 6.8 反映了与表 6.7 同样的情况。

表 6.7 基于多种分析方法筛选的水稻病虫害敏感光谱区域

Table 6.7 Sensitive spectral regions of rice disease and insect stresses based on three different analysis techniques

（单位：nm）

| 病虫害 | 原始光谱 | 伪吸收系数 | 一阶导数光谱 | 二阶导数光谱 |
|---|---|---|---|---|
| 稻干尖线虫病 | 476~516,533~553,<br>647~667,672~692,<br>725~1300,1600~1745,<br>2050~2300 | 490~520,525~570,<br>650~710,740~300,<br>1600~1745,2050~2300 | 400~460,464~484,<br>500~520,560~580,<br>650~670,680~690,<br>720~760 | 510~535,540~560,<br>640~665,675~700,<br>720~735 |
| 稻纵卷叶螟 | 472~512,534~554,<br>660~690,748~788,<br>862~1390,1597~1748 | 471~671,474~514,<br>520~560,649~678,<br>725~753,960~1390,<br>1597~1748 | 445~510,515~530,<br>555~585,680~710,<br>720~798 | 520~570,610~675,<br>688~718,725~745 |
| 稻胡麻斑病 | 465~505,530~570,<br>680~730,770~1300,<br>1550~1750,21030~2300 | 480~505,520~560,<br>610~680,690~750,<br>790~1300 | 485~510,520~550,<br>580~620,690~720,<br>730~750 | 520~565,610~630,<br>660~700,720~740 |
| 稻穗颈瘟 | 468~508,538~558,<br>657~697,742~782 | 470~510,529~569,<br>658~678,698~742,<br>782~960 | 480~510,520~530,<br>560~580,652~680,<br>690~796 | 520~540,570~590,<br>664~684,675~705,<br>716~750 |
| 稻飞虱 | 462~502,537~557,<br>659~679,735~755 | 641~661,681~773,<br>924~944,1100~1140 | 410~500,510~580,<br>640~670,680~700 | 517~564,595~630,<br>660~690,720~740 |

表 6.8 基于多种分析方法筛选的水稻病虫害敏感光谱波段

Table 6.8 Sensitive spectral wavebands of rice disease and insect stresses based on three different analysis techniques

（单位：nm）

| 病虫害 | 原始光谱 | 伪吸收系数 | 一阶导数光谱 | 二阶导数光谱 |
|---|---|---|---|---|
| 稻干尖线虫病 | 483,495,545,659,670,<br>688,703,720,766,1450 | 494,506,532,541,638,<br>675,688,752,762,1444,<br>1930 | 449,474,493,509,522,<br>563,570,660,668,686,<br>732,744 | 527,545,552,653,<br>665,694,714,729 |
| 稻纵卷叶螟 | 495,518,544,615,670,<br>722,768,1416,1935 | 494,540,549,669,701,<br>758,766,773,1451,1890 | 474,487,522,555,569,<br>682,690,696,736 | 535,558,619,679,<br>687,699,719,735 |
| 稻胡麻斑病 | 485,492,518,533,542,<br>567,615,673,693,722,<br>752,1416,1935 | 492,500,545,671,680,<br>743,758,1940 | 494,519,557,570,<br>679,701,714,773 | 530,552,621,671,<br>696,732,742 |
| 稻穗颈瘟 | 490,548,677,762,1165 | 490,553,678,756 | 481,493,520,678,<br>699,718,732 | 530,564,578,672,<br>684,691,735 |
| 稻飞虱 | 482,492,545,669,745 | 490,542,661,753,763,<br>934,1119 | 476,510,565,654,<br>662,686,707,755 | 549,576,614,666,<br>676,718,728,747 |

## 6.3 水稻胡麻斑病危害高光谱遥感方法研究

本节首先利用高光谱数据对水稻受胡麻斑病危害与健康叶片的识别方法进行研究,同时对不同危害程度的高光谱遥感识别方法进行了探讨,最后研究了水稻胡麻斑病危害高光谱遥感定量监测方法。

### 6.3.1 基于敏感波段的水稻胡麻斑病危害高光谱遥感识别

综合不同光谱特征选择方法筛选的病虫害敏感谱段(表 6.8),采用系统聚类法、概率神经网络、支持向量分类机等方法,进行水稻胡麻斑病不同危害等级的高光谱遥感识别。首先将所有观测样本($n=262$)随机分为训练样本数据($n=196$)和检验样本($n=66$)。其次,采用两种不同的危害等级进行分类识别:一种是只分为健康(0 级)和受害两类;另一种是除了健康(0 级)以外,再将受害程度分为轻度(1 级)、中度(2 级)和重度(3 级)等。借鉴卫星影像分类时采用的总体精度(Overall Accuracy,OA)和 Kappa 系数(Kappa Coefficient,KC)评价不同分类识别方法和变换光谱对不同危害等级稻胡麻斑病的识别。

### 6.3.1.1　基于系统聚类的水稻胡麻斑病危害高光谱遥感识别

运用此前筛选的病虫害敏感谱段(表 6.8)作为识别因子,输入数据处理系统 DPS 3.11中进行系统聚类分析。表 6.9 和 6.10 分别是水稻胡麻斑病危害等级分为两级和四级的分类结果。

由表 6.9 可知,对于只有健康和受害两个等级的分类识别而言,基于一阶导数光谱的训练样本获取的敏感波段总体精度(71.4%)和 Kappa 系数(0.376)较高,其次为基于二阶导数光谱获取的敏感波段的识别精度。但就检验样本来说,则是基于二阶导数光谱数据获取的敏感波段具有较高的总体精度(92.4%)和 Kappa 系数(0.756),其次是一阶导数光谱。

表 6.9　基于系统聚类的受胡麻斑病危害水稻叶片的高光谱遥感识别

Table 6.9　Hyperspectral identification of rice leaves infected by rice brown spot from health leaves with system cluster analysis

| (a)原始光谱 | 训练样本(OA=68.4%,KC=0.339) | | | 检验样本(OA=71.2%,KC=0.371) | | |
|---|---|---|---|---|---|---|
| 实际 vs 预测 | 健康 | 受害 | 合计 | 健康 | 受害 | 合计 |
| 健康 | 30 | 0 | 30 | 10 | 0 | 10 |
| 受害 | 62 | 104 | 166 | 19 | 37 | 56 |
| 合计 | 92 | 104 | 196 | 29 | 37 | 66 |
| (b)伪吸收系数 | 训练样本(OA=67.3%,KC=0.328) | | | 检验样本(OA=69.7%,KC=0.353) | | |
| 实际 vs 预测 | 健康 | 受害 | 合计 | 健康 | 受害 | 合计 |
| 健康 | 30 | 0 | 30 | 10 | 0 | 10 |
| 受害 | 64 | 102 | 166 | 20 | 36 | 56 |
| 合计 | 94 | 102 | 196 | 30 | 36 | 66 |
| (c)一阶导数光谱 | 训练样本(OA=71.4%,KC=0.376) | | | 检验样本(OA=77.3%,KC=0.453) | | |
| 实际 vs 预测 | 健康 | 受害 | 合计 | 健康 | 受害 | 合计 |
| 健康 | 30 | 0 | 30 | 10 | 0 | 10 |
| 受害 | 56 | 110 | 166 | 15 | 41 | 56 |
| 合计 | 86 | 110 | 196 | 25 | 41 | 66 |
| (d)二阶导数光谱 | 训练样本(OA=68.9%,KC=0.345) | | | 检验样本(OA=92.4%,KC=0.756) | | |
| 实际 vs 预测 | 健康 | 受害 | 合计 | 健康 | 受害 | 合计 |
| 健康 | 30 | 0 | 30 | 10 | 0 | 10 |
| 受害 | 61 | 105 | 166 | 5 | 51 | 56 |
| 合计 | 91 | 105 | 196 | 15 | 51 | 66 |

注:OA 代表总体精度,KC 代表 Kappa 系数,下同。

如果将受害样本再区分为轻度(1 级)、中度(2 级)和重度(3 级),如表 6.10 所示,不同数据变换方法确定的敏感波段的识别精度与上述结果接近,即对于训练样本而言,基于伪吸收系数的训练样本获取的敏感波段总体精度(59.7%)和 Kappa 系数(0.457)较高;对于检验样本来说,则是基于二阶导数光谱数据获取的敏感波段具有较高的总体精度(66.7%)和 Kappa 系数(0.557)。但是,随着病害危害等级数目的增加,总体精度和 Kappa 系数都有着明显的降低。

**表 6.10　基于系统聚类的受胡麻斑病危害程度不同的水稻叶片的高光谱遥感识别**

Table 6.10　Hyperspectral identification of rice leaves with different infection levels caused by rice brown spot from health leaves with system cluster analysis

| (a)原始光谱 实际 vs 预测 | 训练样本(OA=49%,KC=0.33) 健康0 | 轻度1 | 中度2 | 重度3 | 合计 | 检验样本(OA=66.7%,KC=0.533) 健康0 | 轻度1 | 中度2 | 重度3 | 合计 |
|---|---|---|---|---|---|---|---|---|---|---|
| 健康0 | 25 | 5 | 0 | 0 | 30 | 6 | 0 | 0 | 4 | 10 |
| 轻度1 | 19 | 27 | 12 | 4 | 62 | 2 | 15 | 1 | 4 | 22 |
| 中度2 | 12 | 2 | 30 | 37 | 81 | 1 | 9 | 18 | 0 | 28 |
| 重度3 | 0 | 0 | 9 | 14 | 23 | 0 | 1 | 0 | 5 | 6 |
| 合计 | 56 | 34 | 51 | 55 | 196 | 9 | 25 | 19 | 13 | 66 |
| (b)伪吸收系数 实际 vs 预测 | 训练样本(OA=59.7%,KC=0.457) 健康0 | 轻度1 | 中度2 | 重度3 | 合计 | 检验样本(OA=53%,KC=0.34) 健康0 | 轻度1 | 中度2 | 重度3 | 合计 |
| 健康0 | 27 | 3 | 0 | 0 | 30 | 4 | 6 | 0 | 0 | 10 |
| 轻度1 | 15 | 17 | 18 | 12 | 62 | 0 | 12 | 10 | 0 | 22 |
| 中度2 | 28 | 1 | 51 | 1 | 81 | 0 | 3 | 13 | 12 | 28 |
| 重度3 | 0 | 0 | 1 | 22 | 23 | 0 | 0 | 0 | 6 | 6 |
| 合计 | 70 | 21 | 70 | 35 | 196 | 4 | 21 | 23 | 18 | 66 |
| (c)一阶导数光谱 实际 vs 预测 | 训练样本(OA=53.1%,KC=0.365) 健康0 | 轻度1 | 中度2 | 重度3 | 合计 | 检验样本(OA=54.5%,KC=0.386) 健康0 | 轻度1 | 中度2 | 重度3 | 合计 |
| 健康0 | 28 | 2 | 0 | 0 | 30 | 8 | 2 | 0 | 0 | 10 |
| 轻度1 | 25 | 32 | 5 | 0 | 62 | 1 | 10 | 11 | 0 | 22 |
| 中度2 | 2 | 26 | 32 | 21 | 81 | 0 | 0 | 12 | 16 | 28 |
| 重度3 | 0 | 0 | 11 | 12 | 23 | 0 | 0 | 0 | 6 | 6 |
| 合计 | 55 | 60 | 48 | 33 | 196 | 9 | 12 | 23 | 22 | 66 |
| (d)二阶导数光谱 实际 vs 预测 | 训练样本(OA=57.1%,KC=0.425) 健康0 | 轻度1 | 中度2 | 重度3 | 合计 | 检验样本(OA=66.7%,KC=0.557) 健康0 | 轻度1 | 中度2 | 重度3 | 合计 |
| 健康0 | 24 | 6 | 0 | 0 | 30 | 9 | 1 | 0 | 0 | 10 |
| 轻度1 | 15 | 28 | 18 | 1 | 62 | 1 | 19 | 1 | 1 | 22 |
| 中度2 | 3 | 6 | 39 | 33 | 81 | 0 | 5 | 10 | 13 | 28 |
| 重度3 | 0 | 0 | 2 | 21 | 23 | 0 | 0 | 0 | 6 | 6 |
| 合计 | 42 | 40 | 59 | 55 | 196 | 10 | 25 | 11 | 20 | 66 |

### 6.3.1.2　基于概率神经网络的水稻胡麻斑病危害高光谱遥感识别

在 Matlab 7.0 中创建精确的 PNN 网络 net=newpnn($p,t,spread$),并对其加以训练,其中:$p$ 代表输入向量,即表 6.8 中确定的病虫害敏感谱段;$t$ 代表输入向量所属的类别,$spread$ 为分布密度。通过不断调试 $spread$ 的大小来得到较高的分类精度。在对水稻胡麻斑病危害等级的识别中,PNN 网络的分布密度 $spread$ 介于 $0.001\sim0.005$ 时,获取的分类精度最高。表 6.11 和 6.12 分别是稻胡麻斑病危害等级分为两级和四级的分类结果。

由表 6.11 可知,对于训练样本而言,若仅将稻胡麻斑病的危害等级分为健康和受害两类,不同光谱变换数据类型对健康和受害水稻叶片识别的总体精度都是 100%,Kappa系数都是 1。对于检验样本而言,不同变换光谱数据类型的识别精度差别较大,基于二阶导数光谱数据的识别精度最高,总体精度和 Kappa 系数分别为 97% 和 0.872。

**表 6.11　基于概率神经网络的受胡麻斑病危害水稻叶片的高光谱遥感识别**

Table 6.11　Hyperspectral identification of rice leaves infected by rice brown spot from health leaves with probabilistic neural network

| (a)原始光谱 | 训练样本(OA=100%,KC=1) | | | 检验样本(OA=89.4%,KC=0.57) | | |
|---|---|---|---|---|---|---|
| 实际 vs 预测 | 健康 | 受害 | 合计 | 健康 | 受害 | 合计 |
| 健康 | 30 | 0 | 30 | 6 | 4 | 10 |
| 受害 | 0 | 166 | 166 | 3 | 53 | 56 |
| 合计 | 30 | 166 | 196 | 9 | 57 | 66 |
| (b)伪吸收系数 | 训练样本(OA=100%,KC=1) | | | 检验样本(OA=93.9%,KC=0.743) | | |
| 实际 vs 预测 | 健康 | 受害 | 合计 | 健康 | 受害 | 合计 |
| 健康 | 30 | 0 | 30 | 7 | 3 | 10 |
| 受害 | 0 | 166 | 166 | 1 | 55 | 56 |
| 合计 | 30 | 166 | 196 | 8 | 58 | 66 |
| (c)一阶导数光谱 | 训练样本(OA=100%,KC=1) | | | 检验样本(OA=90.9%,KC=0.646) | | |
| 实际 vs 预测 | 健康 | 受害 | 合计 | 健康 | 受害 | 合计 |
| 健康 | 30 | 0 | 30 | 7 | 3 | 10 |
| 受害 | 0 | 166 | 166 | 3 | 53 | 56 |
| 合计 | 30 | 166 | 196 | 10 | 56 | 66 |
| (d)二阶导数光谱 | 训练样本(OA=100%,KC=1) | | | 检验样本(OA=97.0%,KC=0.872) | | |
| 实际 vs 预测 | 健康 | 受害 | 合计 | 健康 | 受害 | 合计 |
| 健康 | 30 | 0 | 30 | 8 | 2 | 10 |
| 受害 | 0 | 166 | 166 | 0 | 56 | 56 |
| 合计 | 30 | 166 | 196 | 8 | 58 | 66 |

同样,如果将受害样本再区分为轻度(1 级)、中度(2 级)和重度(3 级),由表 6.12 可知,训练样本的识别精度没有发生变化,但对于检验样本而言,不同变换光谱数据的识别精度均有明显下降。伪吸收系数的识别精度最高,但与表 6.11 相比,总体精度和 Kappa 系数分别由 93.9% 和 0.743 下降到 72.7% 和 0.597。健康叶片的识别精度为 70%(=7/10),轻度病害的识别精度为 72.7%(=16/22),中度病害的识别精度为 71.4%(=20/28),重度病害的识别精度为 83.3%(=5/6)。20%(=2/10)和 10%(=1/10)的健康叶片被错分为轻度和中度病害叶片,27.3%(=6/22)的轻度病害被错分为健康叶片或中度病害叶片,这可能是由于健康叶片在受到稻胡麻叶斑病菌侵害初期,危害症状不明显,健康叶片和轻度病害叶片间的光谱反射率差异较小,从而引起它们之间的错分现象。

**表 6.12　基于概率神经网络的受胡麻斑病危害程度不同的水稻叶片的高光谱遥感识别**

Table 6.12　Hyperspectral identification of rice leaves with different infection levels caused by rice brown spot from health leaves with probabilistic neural network

| (a)原始光谱 | 训练样本(OA=100%,KC=1) | | | | | 检验样本(OA=66.7%,KC=0.499) | | | | |
|---|---|---|---|---|---|---|---|---|---|---|
| 实际 vs 预测 | 健康0 | 轻度1 | 中度2 | 重度3 | 合计 | 健康0 | 轻度1 | 中度2 | 重度3 | 合计 |
| 健康0 | 30 | 0 | 0 | 0 | 30 | 6 | 3 | 1 | 0 | 10 |
| 轻度1 | 0 | 62 | 0 | 0 | 62 | 3 | 12 | 7 | 0 | 22 |
| 中度2 | 0 | 0 | 81 | 0 | 81 | 0 | 5 | 22 | 1 | 28 |
| 重度3 | 0 | 0 | 0 | 23 | 23 | 0 | 0 | 2 | 4 | 6 |
| 合计 | 30 | 62 | 81 | 23 | 196 | 9 | 20 | 32 | 5 | 66 |
| (b)伪吸收系数 | 训练样本(OA=100%,KC=1) | | | | | 检验样本(OA=72.7%,KC=0.597) | | | | |
| 实际 vs 预测 | 健康0 | 轻度1 | 中度2 | 重度3 | 合计 | 健康0 | 轻度1 | 中度2 | 重度3 | 合计 |
| 健康0 | 30 | 0 | 0 | 0 | 30 | 7 | 2 | 1 | 0 | 10 |
| 轻度1 | 0 | 62 | 0 | 0 | 62 | 1 | 16 | 5 | 0 | 22 |
| 中度2 | 0 | 0 | 81 | 0 | 81 | 0 | 6 | 20 | 2 | 28 |
| 重度3 | 0 | 0 | 0 | 23 | 23 | 0 | 0 | 1 | 5 | 6 |
| 合计 | 30 | 62 | 81 | 23 | 196 | 8 | 24 | 27 | 7 | 66 |
| (c)一阶导数光谱 | 训练样本(OA=100%,KC=1) | | | | | 检验样本(OA=36.4%,KC=0.785) | | | | |
| 实际 vs 预测 | 健康0 | 轻度1 | 中度2 | 重度3 | 合计 | 健康0 | 轻度1 | 中度2 | 重度3 | 合计 |
| 健康0 | 30 | 0 | 0 | 0 | 30 | 7 | 2 | 0 | 1 | 10 |
| 轻度1 | 0 | 62 | 0 | 0 | 62 | 2 | 7 | 12 | 1 | 22 |
| 中度2 | 0 | 0 | 81 | 0 | 81 | 1 | 13 | 9 | 5 | 28 |
| 重度3 | 0 | 0 | 0 | 23 | 23 | 0 | 2 | 3 | 1 | 6 |
| 合计 | 30 | 62 | 81 | 23 | 196 | 10 | 24 | 24 | 8 | 66 |
| (d)二阶导数光谱 | 训练样本(OA=100%,KC=1) | | | | | 检验样本(OA=48.5%,KC=0.247) | | | | |
| 实际 vs 预测 | 健康0 | 轻度1 | 中度2 | 重度3 | 合计 | 健康0 | 轻度1 | 中度2 | 重度3 | 合计 |
| 健康0 | 30 | 0 | 0 | 0 | 30 | 8 | 0 | 2 | 0 | 10 |
| 轻度1 | 0 | 62 | 0 | 0 | 62 | 0 | 11 | 10 | 1 | 22 |
| 中度2 | 0 | 0 | 81 | 0 | 81 | 0 | 12 | 11 | 5 | 28 |
| 重度3 | 0 | 0 | 0 | 23 | 23 | 0 | 2 | 2 | 2 | 6 |
| 合计 | 30 | 62 | 81 | 23 | 196 | 8 | 25 | 25 | 8 | 66 |

### 6.3.1.3　基于支持向量分类机的水稻胡麻斑病危害高光谱遥感识别

LIBSVM 是台湾大学林智仁博士开发设计的 SVM 模式识别与回归的软件包[1]。该软件的一大特点就是对 SVM 所设计的参数调节相对较少,提供了很多的默认参数,利用这些默认参数即可解决很多问题,且提供了交互检验功能(Cross Validation)。本研究中测试了线性、多项式、RBF 函数和 sigmoid 函数等四种,测试结果发现,RBF 函数核在分类时具有最优的性能。利用各个水稻病虫害的训练样本进行 C-SVC 建模,经多次调试得到一个最优的 C-SVC 模型。其中,惩罚系数 C 采用 LIBSVM 的默认值 1。然后,利用检验样本验证C-SVC模型的预测能力,即可获得相对较高的分类效果,结果见表 6.13 和 6.14。

---

[1]　http://www.csie.ntu.edu.tw/~cjlin/

　　如表 6.13 所示,对于训练样本而言,若仅将稻胡麻斑病的危害等级分为健康和受害两类,基于二阶导数光谱的训练样本获取的敏感波段总体识别精度(95.4%)和 Kappa 系数(0.825)最高,其次为一阶导数光谱和原始光谱数据,伪吸收系数光谱的识别精度最低。对于检验样本而言,识别精度从高到低依次为二阶导数光谱、一阶导数光谱、原始光谱和伪吸收系数。

**表 6.13　基于支持向量分类机的受胡麻斑病危害水稻叶片的高光谱遥感识别**

Table 6.13　Hyperspectral identification of rice leaves infected by rice brown spot from health leaves with support vector classification machine

| (a)原始光谱 | 训练样本(OA=94.4%,KC=0.753) | | | 检验样本(OA=90.9%,KC=0.531) | | |
|---|---|---|---|---|---|---|
| 实际 vs 预测 | 健康 | 受害 | 合计 | 健康 | 受害 | 合计 |
| 健康 | 20 | 10 | 30 | 4 | 6 | 10 |
| 受害 | 1 | 165 | 166 | 0 | 56 | 56 |
| 合计 | 21 | 175 | 196 | 4 | 62 | 66 |
| (b)伪吸收系数 | 训练样本(OA=93.9%,KC=0.743) | | | 检验样本(OA=90.9%,KC=0.531) | | |
| 实际 vs 预测 | 健康 | 受害 | 合计 | 健康 | 受害 | 合计 |
| 健康 | 21 | 9 | 30 | 4 | 6 | 10 |
| 受害 | 3 | 163 | 166 | 0 | 56 | 56 |
| 合计 | 24 | 172 | 196 | 4 | 62 | 66 |
| (c)一阶导数光谱 | 训练样本(OA=94.4%,KC=0.753) | | | 检验样本(OA=97.0%,KC=0.872) | | |
| 实际 vs 预测 | 健康 | 受害 | 合计 | 健康 | 受害 | 合计 |
| 健康 | 20 | 10 | 30 | 8 | 2 | 10 |
| 受害 | 1 | 165 | 166 | 0 | 56 | 56 |
| 合计 | 21 | 175 | 196 | 8 | 58 | 66 |
| (d)二阶导数光谱 | 训练样本(CA=95.4%,KC=0.825) | | | 检验样本(OA=98.5%,KC=0.939) | | |
| 实际 vs 预测 | 健康 | 受害 | 合计 | 健康 | 受害 | 合计 |
| 健康 | 26 | 4 | 30 | 9 | 1 | 10 |
| 受害 | 5 | 161 | 166 | 0 | 56 | 56 |
| 合计 | 31 | 165 | 196 | 9 | 57 | 66 |

　　表 6.14 为将受害样本再区分为轻度(1 级)、中度(2 级)和重度(3 级)的识别结果,由表可知,无论是训练样本还是检验样本,不同变换光谱数据的识别精度均有明显下降。训练样本中,基于一阶导数光谱和二阶导数光谱的识别精度较高,前者的总体精度和 Kappa 系数分别为 76.5% 和 0.64,后者的总体精度和 Kappa 系数分别为 76.0% 和 0.647,其次才是伪吸收系数和原始光谱。检验样本中,则是二阶导数光谱数据的识别精度最高,总体精度和 Kappa 系数分别为 84.8% 和 0.78,其次是一阶导数光谱数据,再次是伪吸收系数,最差是原始光谱。

**表6.14　基于支持向量分类机的受胡麻斑病危害程度不同的水稻叶片的高光谱遥感识别**

Table 6.14　Hyperspectral identification of rice leaves with different infection levels caused by rice brown spot from health leaves with support vector classification machine

| (a)原始光谱 | 训练样本(OA＝69.9％,KC＝0.535) | | | | | 检验样本(OA＝65.2％,KC＝0.442) | | | | |
| --- | --- | --- | --- | --- | --- | --- | --- | --- | --- | --- |
| 实际 vs 预测 | 健康0 | 轻度1 | 中度2 | 重度3 | 合计 | 健康0 | 轻度1 | 中度2 | 重度3 | 合计 |
| 健康0 | 21 | 9 | 0 | 0 | 30 | 4 | 6 | 0 | 0 | 10 |
| 轻度1 | 2 | 43 | 17 | 0 | 62 | 0 | 14 | 8 | 0 | 22 |
| 中度2 | 0 | 8 | 73 | 0 | 81 | 0 | 3 | 25 | 0 | 28 |
| 重度3 | 0 | 0 | 23 | 0 | 23 | 0 | 0 | 6 | 0 | 6 |
| 合计 | 23 | 60 | 113 | 0 | 196 | 4 | 23 | 39 | 0 | 66 |
| (b)伪吸收系数 | 训练样本(OA＝69.9％,KC＝0.543) | | | | | 检验样本(OA＝69.7％,KC＝0.526) | | | | |
| 实际 vs 预测 | 健康0 | 轻度1 | 中度2 | 重度3 | 合计 | 健康0 | 轻度1 | 中度2 | 重度3 | 合计 |
| 健康0 | 21 | 9 | 0 | 0 | 30 | 4 | 6 | 0 | 0 | 10 |
| 轻度1 | 6 | 40 | 16 | 0 | 62 | 0 | 14 | 8 | 0 | 22 |
| 中度2 | 0 | 10 | 71 | 0 | 81 | 0 | 3 | 25 | 0 | 28 |
| 重度3 | 0 | 0 | 18 | 5 | 23 | 0 | 0 | 3 | 3 | 6 |
| 合计 | 27 | 59 | 105 | 5 | 196 | 4 | 23 | 36 | 3 | 66 |
| (c)一阶导数光谱 | 训练样本(OA＝76.5％,KC＝0.640) | | | | | 检验样本(OA＝78.8％,KC＝0.676) | | | | |
| 实际 vs 预测 | 健康0 | 轻度1 | 中度2 | 重度3 | 合计 | 健康0 | 轻度1 | 中度2 | 重度3 | 合计 |
| 健康0 | 20 | 10 | 0 | 0 | 30 | 8 | 2 | 0 | 0 | 10 |
| 轻度1 | 1 | 48 | 13 | 0 | 62 | 0 | 15 | 7 | 0 | 22 |
| 中度2 | 0 | 4 | 77 | 0 | 81 | 0 | 1 | 26 | 1 | 28 |
| 重度3 | 0 | 0 | 18 | 5 | 23 | 0 | 0 | 3 | 3 | 6 |
| 合计 | 21 | 62 | 108 | 5 | 196 | 8 | 18 | 36 | 4 | 66 |
| (d)二阶导数光谱 | 训练样本(OA＝76.0％,KC＝0.647) | | | | | 检验样本(OA＝84.8％,KC＝0.780) | | | | |
| 实际 vs 预测 | 健康0 | 轻度1 | 中度2 | 重度3 | 合计 | 健康0 | 轻度1 | 中度2 | 重度3 | 合计 |
| 健康0 | 27 | 3 | 0 | 0 | 30 | 9 | 1 | 0 | 0 | 10 |
| 轻度1 | 5 | 42 | 15 | 0 | 62 | 0 | 18 | 4 | 0 | 22 |
| 中度2 | 1 | 12 | 67 | 1 | 81 | 0 | 2 | 23 | 3 | 28 |
| 重度3 | 0 | 0 | 10 | 13 | 23 | 0 | 0 | 0 | 6 | 6 |
| 合计 | 33 | 57 | 92 | 14 | 196 | 9 | 21 | 27 | 9 | 66 |

### 6.3.1.4　小结

本节运用聚类分析、概率神经网络和支持向量分类机等三种方法,对水稻胡麻斑病不同危害等级的水稻叶片进行识别,研究表明:①通过对原始光谱进行转换处理获得的导数光谱和伪吸收系数,增强了不同危害等级叶片光谱的差异,从而提高稻胡麻斑病不同危害等级的分类精度。例如表6.12中,与原始光谱相比,一阶导数光谱、二阶导数光谱和伪吸收系数的分类精度均有所提高。②尽管光谱数据类型不同,相比较传统的聚类分析方法,近20年来兴起的人工智能分类方法,如概率神经网络和支持向量机技术则可以获得更高的分类精度。③随着稻胡麻斑病危害等级的增加,各种分类方法的分类精度都有不同程度的降低。

## 6.3.2　水稻胡麻斑病危害高光谱遥感监测模型

本节主要运用逐步回归分析(Stepwise Regressions,SR)、偏最小二乘法(Partial Least-square Regression,PLSR)、径向基函数网络(Radial Basis Function,RBF)、$\varepsilon$-支持向量回归机(Support Vector Regression Machine,$\varepsilon$-SVR)等方法,进行水稻胡麻斑病病害严重度指数 DSI 的高光谱遥感监测研究。

### 6.3.2.1　水稻胡麻斑病病害严重度监测逐步回归模型

从所有 262 个观测样本中,随机抽取 75% 作为训练样本($n=196$),剩余的 25% 则作为检验样本($n=66$),运用逐步回归分析方法构建病害严重度指数 DSI 的高光谱遥感监测模型。当 533nm、567nm 和 693nm3 个光谱波段入选时,DSI $=-44.94\rho_{533}+24.27\rho_{567}+29.45\rho_{693}+0.28$,训练样本建立的估算方程的拟合决定系数 $R^2$ 可达到 0.925,RMSE 为 6.26%;利用检验样本对该方程进行检验,其决定系数 $R^2$ 为 0.899,RMSE 为 7.03%。图 6.7 为分别利用训练样本和检验样本,采用上述回归方程计算的水稻胡麻斑病病害严重度指数与实测值比较,总体来讲,利用 MSR 对水稻胡麻斑病 DSI 的估测效果是令人满意的。

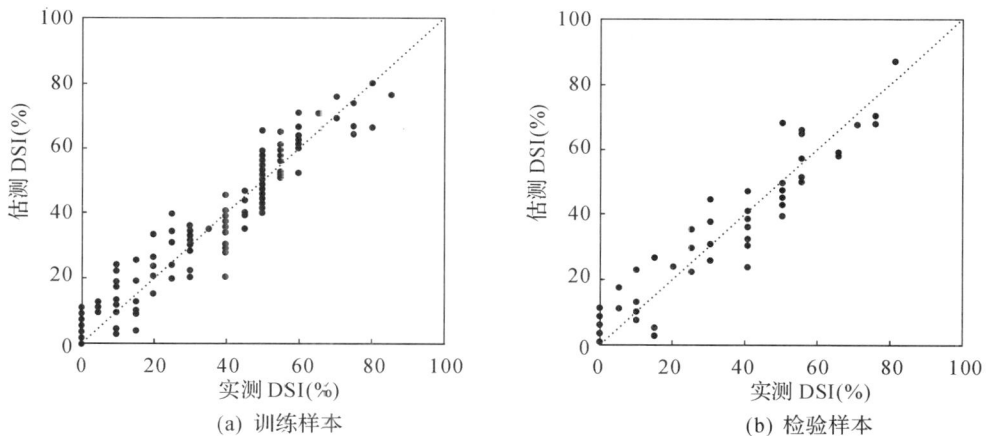

(a) 训练样本　　　　　　　(b) 检验样本

图 6.7　水稻胡麻斑病病害严重度指数实测值与逐步回归高光谱遥感估算模型计算值比较(虚线 1∶1 线)

Fig. 6.7　Observed vs. estimated disease severity index (DSI) of rice leaves infected by rice brown spot using stepwise regression. (The dashed line represents the 1∶1 line)

### 6.3.2.2　水稻胡麻斑病病害严重度监测偏最小二乘回归模型

偏最小二乘回归 PLSR 方法是近年来应实际需要而产生和发展的一个有广泛适用性的多元统计分析方法,较好地解决了许多以往用普通多元线性回归难以解决的问题(王惠文,1999)。本研究中偏最小二乘 PLS 因子是通过因子的权重矩阵与所有敏感波段的光谱变量构建的,其权重矩阵值的大小表征了相应光谱波段对 PLS 因子影响的程度。通过不同的因子数目可以影响估算模型的结果,表 6.15 为利用水稻胡麻斑病 DSI 训练样本($n=210$),采用 PLSR 方法,通过交叉检验建立最优方程,再利用检验样本($n=52$)进行验证的结果。从表 6.15 中可以看出,当使用 5 个提取的 PLS 因子建模时,估算方程和交叉验证方程的拟合决定系数 $R^2$ 分别为 0.976 和 0.911,均方根误差 RMSE 分别为 4.06% 和 3.95%。图 6.8 为分别利用训练样本和检验样本,采用上述回归方程计算的水稻胡麻斑病病害严重度指数与实测值比较,总体来讲,利用 PLS 对水稻胡麻斑病 DSI 的估测效果是令人满意的。

**表 6.15　使用 PLS 方法对水稻胡麻斑病 DSI 建模结果**

Table 6.15　Percent of variation accounted by PLS factors for the DSI of rice brown spot

| 提取因子 | 训练样本 | | 检验样本 | |
| --- | --- | --- | --- | --- |
| | 单因子 $R^2$ | 累积 $R^2$ | 单因子 $R^2$ | 累积 $R^2$ |
| 1 | 0.7795 | 0.7795 | 0.4643 | 0.4643 |
| 2 | 0.1104 | 0.8899 | 0.1902 | 0.6545 |
| 3 | 0.449 | 0.9348 | 0.174 | 0.8285 |
| 4 | 0.319 | 0.9666 | 0.674 | 0.896 |
| 5 | 0.095 | 0.9761 | 0.151 | 0.911 |
| ... | ... | ... | ... | ... |

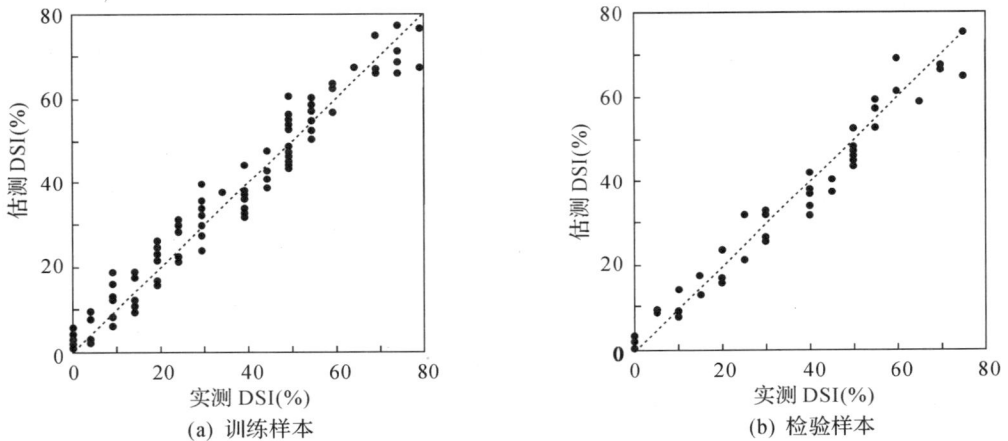

(a) 训练样本　　(b) 检验样本

图 6.8　水稻胡麻斑病病害严重度指数实测值与 PLS 高光谱遥感估算模型的
计算值比较(PLS 因子为 5)(虚线 1∶1 线)

Fig. 6.8　Observed vs. estimated disease severity index (DSI) of rice infected by rice brown spot using partial least squares (No. of factors＝5)(The dashed line represents the 1∶1 line)

### 6.3.2.3　水稻胡麻斑病病害严重度监测径向基函数网络模型

RBF 网络所输入数据运用综合不同光谱特征选择方法筛选的原始光谱的敏感谱段(表 6.8)。随机抽取水稻胡麻斑病测定数据的 75% 作为训练样本($n＝196$),25% 作为检验样本($n＝66$)。

在 Matlab 7.0 中创建 RBF 网络 net＝newrbe($p,t,spread$),newrbe 为可以无误差逼近目标向量的精确函数,通过对其训练来解决回归问题,其中:$p$ 代表输入向量,$t$ 代表目标向量,$spread$ 为径向基函数的扩展速率(默认值＝0.01)。$spread$ 越大,函数的拟合就越平滑,但是,过大的 $spread$ 意味着需要非常多的神经元以适应函数的快速变化;如果 $spread$ 设定过小,则意味着需要许多神经元来适应函数的缓慢变化。因此,在运用该网络解决函数逼近和预测等问题时,需要用不同的 $spread$ 值进行尝试,以确定一个最优值。在本研究中,将 RMSE 和相关系数作为确定 $spread$ 的两个指标,RMSE 越小、相关系数越大表明函数newrbe越能够逼近目标向量。$spread$ 对运用 RBF 网络估算水稻危害指标模型的 RMSE 和相关系数的影响情况,如图 6.9 所示。

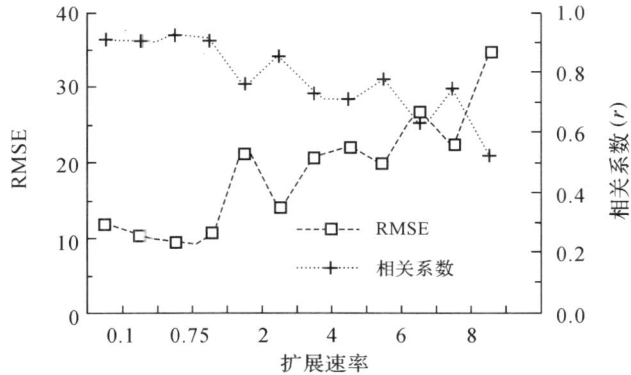

图 6.9　RBF 网络中扩展速率对水稻胡麻斑病病害严重度指数 DSI 监测模型 RMSE 和相关系数的影响

Fig. 6.9　Affect of different spreads on RMSE and correlation coefficient of estimation equations for disease severity index (DSI) of rice brown spot using RBF network

　　从图 6.9 可以看出,扩展速率 $spread$ 对 RBF 网络的逼近结果影响很明显。对受水稻胡麻斑病侵染叶片的病害严重度指数 DSI 而言,当 $spread=0.75$ 时,RMSE 相对较小,为 9.5%;相关系数为 0.92,达到了极显著性检验水平($\rho_{0.01(66)}=0.325$)。图 6.10 为 $spread=0.75$ 时,运用检验样本验证 RBF 网络模型在估算病害严重度指数 DSI 时的效果,表明 RBF 网络在估算水稻胡麻斑病病害严重度指数 DSI 时能够取得满意的结果。

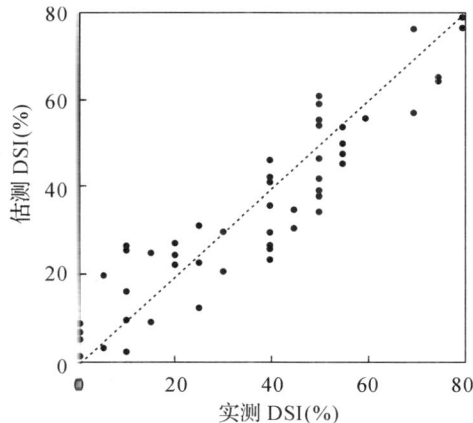

图 6.10　水稻胡麻斑病病害严重度指数实测值与 RBF 网络高光谱遥感估算模型的计算值比较(虚线为 1∶1 线)

Fig. 6.10　Observed vs. estimated disease severity index (DSI) of rice infected by rice brown spot using RBF network (The dashed line represents the 1∶1 line)

### 6.3.2.4 水稻胡麻斑病病害严重度监测支持向量回归机模型

运用综合不同光谱特征选择方法筛选的原始光谱数据的敏感波段（表 6.8），采用 LIBSVM 2.83 软件建立水稻胡麻斑病病害严重度指数支持向量回归机模型。LIBSVM 中提供了 $\varepsilon$-SVR 和 $\nu$-SVR 两种支持向量回归机，利用训练样本经反复调试后，回归机模型选择 $\varepsilon$-SVR，惩罚系数 $c$ 为 5000，允许终止的判据 $e$ 为 0.0001，其他参数选用默认值。其拟合决定系数为 0.914，均方根误差为 9.31%。再运用检验样本对其进行验证，实测值与估测值的比较结果如图 6.11 所示。从图可以看出，SVR 对水稻胡麻斑病病害严重度指数 DSI 的估算效果整体上较好，实测 DSI 与估测 DSI 的相关性较强，但也存在对个别样本的 DSI 估计偏低的现象。

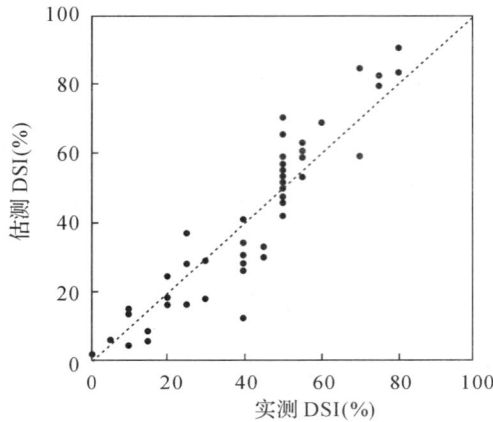

图 6.11 水稻胡麻斑病病害严重度指数实测值与 SVR 网络高光谱遥感估算模型的计算值比较
（虚线为 1∶1 线）

Fig. 6.11 Observed vs. estimated disease severity index (DSI) of rice infected by rice brown spot using SVR(The dashed line represents the 1∶1 line)

### 6.3.2.5 基于高光谱特征参数的水稻胡麻斑病危害遥感监测模型

本节着重研究应用红边、黄边、蓝边参数以及绿峰和红谷参数这些高光谱特征参数及其组合进行水稻胡麻斑病危害严重度指数估算。主要分为三个步骤：首先通过分析这些特征参数与水稻胡麻斑病危害严重度指数 DSI 相关关系，剔除相关性不显著的特征参数；其次，利用训练样本与相关关系达到极显著水平的参数构建回归模型，依据均方根误差 RMSE 的大小筛选表现较好的模型；最后，利用检验样本验证前一步筛选的模型，简单比较其优劣。

高光谱特征参数与水稻胡麻斑病危害严重度指数 DSI 的相关系数结果见表 6.16。从表中可以看出，黄边位置 $\lambda_y$、红谷位置 $\lambda_o$、红边面积和蓝边面积的比值 $\dfrac{SD_r}{SD_b}$、红边面积和蓝边面积的归一化值 $\dfrac{SD_r - SD_b}{SD_r + SD_b}$ 等四个特征参数与水稻胡麻斑病病害严重度指数 DSI 间的相关关系较差，没能通过极显著性检验。黄边面积 $SD_y$ 与 DSI 间的具有最强的正相关关系（$r = 0.883$）。

**表 6.16 高光谱特征参数与水稻胡麻斑病危害严重度指数 DSI 的相关系数**

Table 6.16 Correlation coefficients between hyperspectral feature parameters and disease severity index (DSI) of rice infected by rice brown spot

| 特征参数<br>($n=196$) | $SD_r$ | $D_r$ | $\lambda_r$ | $SD_b$ | $D_b$ | $\lambda_b$ | $\dfrac{SD_r}{SD_b}$ | $\dfrac{SD_r-SD_b}{SD_r+SD_b}$ | $SD_y$ |
|---|---|---|---|---|---|---|---|---|---|
| | $-0.787$ | $-0.799$ | $-0.344$ | $-0.729$ | $-0.778$ | $-0.413$ | $0.157^\triangle$ | $0.153^\triangle$ | $0.883$ |

| 特征参数<br>($n=196$) | $D_y$ | $\lambda_y$ | $\rho_g$ | $\lambda_g$ | $\rho_r$ | $\lambda_o$ | $\dfrac{SD_r}{SD_y}$ | $\dfrac{SD_r-SD_y}{SD_r+SD_y}$ | |
|---|---|---|---|---|---|---|---|---|---|
| | $0.348$ | $0.075^\triangle$ | $-0.591$ | $0.624$ | $0.821$ | $0.222^\triangle$ | $-0.771$ | $-0.760$ | |

注：$\triangle$ 表示未通过极显著性水平检验，$\rho_{0.01(196)}=0.254$。

从表 6.16 中选择和水稻危害指标相关关系极显著的高光谱特征参数，利用训练样本构建回归模型，结果见表 6.17。从表 6.17 中可以看出，在利用高光谱特征参数构建的水稻胡麻斑病病害严重度指数 DSI 估算模型中，红边位置 $\lambda_r$、蓝边位置 $\lambda_b$、黄边幅值 $D_y$ 和绿峰位置 $\lambda_g$ 等 4 个参数的 RMSE 都超过了 20%，估测 DSI 与观测 DSI 的相关关系较弱。因此，接下来在运用检验样本验证所构建的回归模型时，将去除 RMSE 偏大的参数，估测结果如表 6.17。

**表 6.17 水稻胡麻斑病病害严重度指数的高光谱特征参数回归建模和检验结果**

Table 6.17 Regression result of linear models for disease severity index (DSI) of rice leaf infected by rice brown spot using hyperspectral feature parameters

| 参 数 | 回归模型 | 训练样本($n=196$) | | 检验样本($n=66$) | |
|---|---|---|---|---|---|
| | | $R^2$ | RMSE(%) | $R^2$ | RMSE(%) |
| $SD_r$ | $y=-3.84SD_r+1.49$ | 0.617 | 14.2 | 0.522 | 13.8 |
| $D_r$ | $y=-186.32D_r+1.48$ | 0.636 | 13.8 | 0.542 | 13.8 |
| $\lambda_b$ | $y=-0.009\lambda_b+6.998$ | 0.114 | 36.8 | 0.115 | 21.8 |
| $SD_b$ | $y=-19.22SD_b+1.2276$ | 0.529 | 15.8 | 0.408 | 16.1 |
| $D_b$ | $y=-476.9D_b+1.29$ | 0.603 | 14.5 | 0.492 | 15.1 |
| $\lambda_b$ | $y=-0.052\lambda_b+27.26$ | 0.166 | 24.3 | 0.367 | 24.4 |
| $SD_y$ | $y=34.31SD_y+1.21$ | 0.778 | 10.8 | 0.667 | 10.9 |
| $D_y$ | $y=1548.6D_y+0.183$ | 0.116 | 21.6 | 0.065 | 20.9 |
| $\rho_g$ | $y=-14.57\rho_g+1.89$ | 0.346 | 18.6 | 0.270 | 19.3 |
| $\lambda_g$ | $y=0.125\lambda_g-68.52$ | 0.386 | 20.7 | 0.470 | 20.3 |
| $\rho_r$ | $y=55.65\rho_r-2.32$ | 0.672 | 13.1 | 0.681 | 13.1 |
| $\dfrac{SD_r}{SD_y}$ | $y=-0.131HF_2-1.24$ | 0.592 | 14.7 | 0.529 | 15.1 |
| $\dfrac{SD_r-SD_y}{SD_r+SD_y}$ | $y=-7.84HF_4+9.62$ | 0.575 | 15.0 | 0.487 | 15.2 |

由表 6.17 可知,在对检验样本的稻胡麻斑病病害严重度指数 DSI 的估测中,利用黄边面积 $SD_y$ 所构建的回归模型效果相对最佳,训练样本的 $R^2$ 和 RMSE 分别为 0.778 和 10.8%,检验样本的 $R^2$ 和 RMSE 分别为 0.667 和 10.9%。对 DSI 估算效果最差的参数为绿峰反射率和绿峰位置。研究结果表明,在估算目标向量时,由于单一波段所定义的参数受波动影响较大,造成估测能力较差和估测结果变幅较大,而由多波段的导数值总和或比值组成的参数,受单一波段变动的影响较小,估算能力相对稳定、估算效果比较好。

### 6.3.2.6　小结

本节中讨论了运用多元逐步回归、偏最小二乘回归、径向基函数神经网络、支持向量回归机等预测方法,对稻胡麻斑病病害严重度指数 DSI 进行估测。为了比较不同分析方法的效能,在科学实践中,除均方根误差 RMSE 外,$F$ 检验(又名方差分析法)、平均绝对误差 MAE 和平均相对误差 MRE 也是用于评价模型估测精度的指标。

在此,以决定系数 $R^2$、RMSE、$F$ 值、MAE 和 MRE 为评价参数,比较不同方法的估测效果(表 6.18)。

**表 6.18　不同估算方法的稻胡麻斑病病害严重度指数估测精度比较**

Table 6.18　Estimation accuracy comparison of disease severity index for rice brown spot using different analytical techniques

| 分析方法 | SR | PLS | RBF | SVR | $SD_y$ |
|---|---|---|---|---|---|
| $R^2$ | 0.8999 | 0.911 | 0.847 | 0.914 | 0.667 |
| $F$ 值 | 704.0 | 1729.3 | 348.7 | 644.1 | 233.6 |
| RMSE(%) | 7.03 | 3.95 | 9.46 | 9.31 | 10.9 |
| MAE(%) | 4.8 | 3.4 | 7.6 | 7.5 | 8.6 |
| MRE | −0.057 | −0.082 | −0.062 | −0.035 | −0.014 |

由表 6.18 可知,在对稻胡麻斑病病害严重度指数 DSI 进行估测时,以偏最小二乘法 PLS 的估算效果最好,各项评价指标的表现都比较好,其次为 ε-支持向量回归机 SVR,再次为逐步回归法 SR,径向基函数 RBF 神经网络和运用高光谱特征参数 $SD_y$ 拟合的效果则相对较差。

## 6.4　水稻干尖线虫病危害高光谱遥感方法研究

### 6.4.1　面向水稻干尖线虫病监测的叶绿素含量高光谱遥感估算逐步回归模型

以 2007 年 9 月 12 日的观测数据作为训练样本($n=138$),利用多元逐步回归分析计算的结果如表 6.19 所示。从表可知,当步长为 3,也就是有 3 个谱段入选时,拟合方程的决定系数 $R^2$ 就可以达到 0.9539,更多谱段进入对拟合方程的决定系数提高很小,且已经引起 $F$ 检验值的降低。因此可以认为,选择 625nm、708nm 和 730nm 三个波段的光谱反射率作为估算叶片的叶绿素含量 Chlt 即可。

**表 6.19 面向水稻干尖线虫病监测的叶片叶绿素含量高光谱遥感估算逐步回归分析**

Table 6.19 Stepwise regression analysis between total chlorophyll (Chlt) of rice leaves infected by Rice Aphelenchoides besseyi Christie and hyperspectral reflectance within different sensitive wavebands

| 步长 | 入选波段(nm) | $R^2$ | $F$ 检验值 |
|---|---|---|---|
| 1 | 625 | 0.8306 | 666.6 |
| 2 | 730 | 0.9117 | 697.3 |
| 3 | 708 | 0.9539 | 923.8 |
| 4 | 680 | 0.9545 | 696.9 |
| … | … | … | … |

利用 2007 年 9 月 5 日的观测数据作为检验样本($n=126$),检验以上 3 波段模型对水稻干尖线虫病危害叶片叶绿素含量的估算效果,结果如图 6.12 所示。由图可知,估测模型中实测 Chlt 与估测 Chlt 的均方根误差(RMSE)则较低,训练样本和检验样本的 RMSE 分别只有 0.247mg/g 和 0.452mg/g。

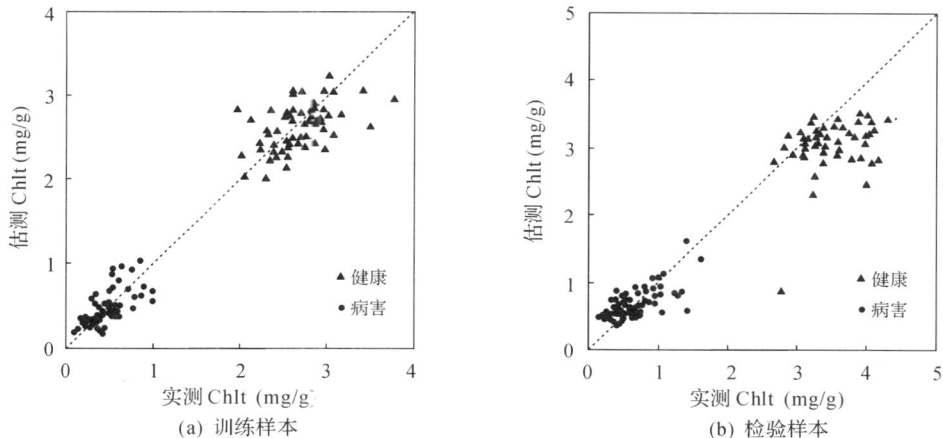

图 6.12 面向水稻干尖线虫病监测的叶片叶绿素含量实测值与运用多元逐步回归建立的高光谱遥感监测模型的估算值对比(虚线为 1∶1 线)

Fig. 6.12 Observed vs. estimated total chlorophyll (Chlt) of rice leaves infected by Rice Aphelenchoides besseyi Christie using stepwise regression (pace=3)(The dashed line represents the 1∶1 line)

## 6.4.2 面向水稻干尖线虫病监测的叶绿素含量高光谱遥感估算偏最小二乘回归模型

当偏最小二乘 PLS 因子为 2 时,运用 PLSR 在估算受稻干尖线虫病危害叶片的叶绿素含量估算模型($n=138$)时达到最优.其拟合决定系数 $R^2$ 达到了 0.948。图 6.13 为利用训练样本和检验样本,采用偏最小二乘回归方法建立的受稻干尖线虫病危害叶片的叶绿素含量估算模型估算值与实测值的关系。从图 6.13(a)中可以看出,用训练样本建立的 PLS 回归模型的 $R^2$ 高达 0.974,其 RMSE 仅为 0.260mg/g,实测 Chlt 与估测 Chlt 的相关系数近乎为 1,相关关系良好。从图 6.13(b)中则可以看出,用检验样本建立的 PLS 回归模型的 $R^2$ 为 0.928,其 RMSE 也仅有 0.562mg/g,相关系数为 0.963,达到极其显著性检验水平($\rho_{0.001(126)}=0.321$)。

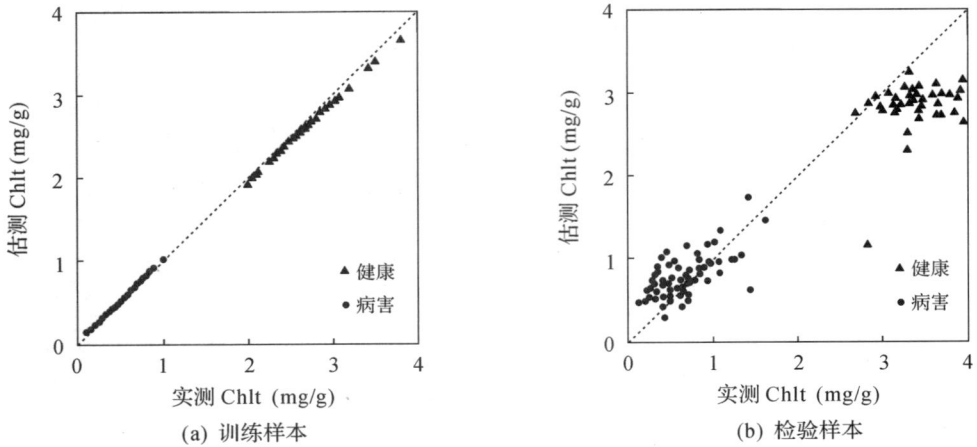

图 6.13 面向水稻干尖线虫病监测的叶片叶绿素含量实测值与运用最小二乘回归方法
建立的高光谱遥感监测模型的估算值对比(虚线 1∶1 线)

Fig. 6.13 Observed vs. estimated total chlorophyll (Chlt) of rice leaves infected by Rice Aphelen-
choides besseyi Christie using partial least-squares regression (No. of factors＝2)(The
dashed line represents the 1∶1 line)

### 6.4.3 基于光谱指数的水稻干尖线虫病危害遥感监测模型

自 1972 年美国发射第一颗陆地资源卫星 Landsat-1 伊始,其携带的传感器——多光谱
扫描仪 MSS 和专题制图仪 TM 得到极其广泛的应用。因此,本研究将模拟 Landsat-5 携带
的 TM 传感器的波段,谱段为蓝波段(450～520nm)、绿波段(520～560nm)、红波段(630～
690nm)、近红外波段(760～900nm)和短波红外波段(1550～1750nm),依次对应 TM 的第
1、2、3、4 和 5 通道。用这些波段构建宽波段植被指数 RVI、NDVI、SAVI、MSAVI、EVI、
VARI、RDVI、DVI、PVI 等。

水稻叶片在受到病虫害胁迫后,叶片的叶绿素含量会下降,降低叶片的光合作用能力,
致使水稻群体结构发生变化,单位面积上生物量、叶面积指数 LAI、植被覆盖度等生理参数
均会下降。为了能够更好地反映植被受病害胁迫状况,根据水稻叶片在受到病虫害胁迫后
光谱变化构建病虫害胁迫指数(表 6.20)。

用训练样本建立水稻受干尖线虫病危害的叶绿素含量与常用的光谱指数和本研究构
建的病虫害胁迫指数的线性回归模型,结果如表 6.21 所示。从表 6.21 可以看出,基于一阶
导数光谱的窄波段比值指数 $RVI_{\rho'_{522,569}}$、基于二阶导数光谱的窄波段比值指数 $RVI_{\rho''_{544,688}}$、
$RVI_{\rho''_{735,588}}$ 和归一化指数 $NDVI_{\rho''_{715,544}}$ 与 Chlt 之间的相关关系微弱,没有达到极显著性检验
水平($\rho_{0.01(138)}$＝0.254)。在所列的 34 个光谱指数中,宽波段指数 RVI 与 Chlt 间回归方程
的拟合决定系数最大,达到 0.945,RMSE 为 0.266mg/g。

**表 6.20　从不同转换形式光谱中筛选出的敏感波段构建的水稻病虫害胁迫指数**

Table 6.20　Stress indices of rice disease and insect constructed by sensitive bands form original and different transformed reflectance spectra

| 光谱形式 | 病虫害胁迫指数 | 光谱形式 | 病虫害胁迫指数 |
|---|---|---|---|
| 原始光谱 | $RVI_{544,468} = \dfrac{\rho_{544}}{\rho_{492}}$ | 伪吸收系数 | $RVI_{lg\rho_{544,494}} = \dfrac{lg\rho_{544}}{lg\rho_{494}}$ |
| | $RVI_{544,468} = \dfrac{\rho_{544}}{\rho_{670}}$ | | $RVI_{lg\rho_{540,669}} = \dfrac{lg\rho_{540}}{lg\rho_{669}}$ |
| | $RVI_{768,670} = \dfrac{\rho_{768}}{\rho_{670}}$ | | $RVI_{lg\rho_{773,669}} = \dfrac{lg\rho_{773}}{lg\rho_{669}}$ |
| | $RVI_{768,1451} = \dfrac{\rho_{768}}{\rho_{1451}}$ | | $NDVI_{lg\rho_{669,773}} = \dfrac{lg\rho_{669}-lg\rho_{773}}{lg\rho_{669}+lg\rho_{773}}$ |
| | $NDVI_{768,670} = \dfrac{\rho_{768}-\rho_{670}}{\rho_{768}+\rho_{670}}$ | | $NDVI_{lg\rho_{540,773}} = \dfrac{lg\rho_{540}-lg\rho_{773}}{lg\rho_{540}+lg\rho_{773}}$ |
| | $NDVI_{768,544} = \dfrac{\rho_{768}-\rho_{544}}{\rho_{768}+\rho_{544}}$ | | $NDVI_{lg\rho_{1451,773}} = \dfrac{lg\rho_{1451}-lg\rho_{773}}{lg\rho_{1451}+lg\rho_{773}}$ |
| | $NDVI_{768,1451} = \dfrac{\rho_{768}-\rho_{1451}}{\rho_{768}+\rho_{1451}}$ | | $NDVI_{lg\rho_{1931,773}} = \dfrac{lg\rho_{1931}-lg\rho_{773}}{lg\rho_{1931}+lg\rho_{773}}$ |
| 一阶导数光谱 | $RVI_{\rho'_{522,569}} = \dfrac{\rho'_{522}}{\rho'_{569}}$ | 二阶导数光谱 | $RVI_{\rho''_{544,688}} = \dfrac{\rho''_{544}}{\rho''_{688}}$ |
| | $RVI_{\rho'_{522,661}} = \dfrac{\rho'_{522}}{\rho'_{661}}$ | | $RVI_{\rho''_{735,688}} = \dfrac{\rho''_{735}}{\rho''_{688}}$ |
| | $RVI_{\rho'_{701,661}} = \dfrac{\rho'_{701}}{\rho'_{661}}$ | | $NDVI_{\rho''_{715,544}} = \dfrac{\rho''_{715}-\rho''_{544}}{\rho''_{715}+\rho''_{544}}$ |

利用检验样本对表 6.21 中通过显著性检验水平的光谱指数模型进行检验,结果基于伪吸收光谱窄波段比值指数 $RVI_{lg\rho_{544,494}}$ 未通过极显著性检验水平($\rho_{0.01(126)} = 0.254$),均方根误差 RMSE 较大,预测能力较差。在通过显著性检验水平的 25 个光谱指数中,窄波段比值指数 $RVI_{920,696}$ 的预测能力最高,拟合决定系数 $R^2$ 为 0.926,RMSE 仅为 0.44mg/g。预测能力较强的还有宽波段比值植被指数 RVI、修正型土壤调整植被指数 MSAVI、基于原始光谱的窄波段比值指数 $RVI_{768,670}$、$NDVI_{768,544}$ 和基于伪吸收光谱的窄波段归一化指数 $NDVI_{lg\rho_{540,773}}$ 以及基于一阶导数光谱的窄波段比值指数 $RVI_{\rho'_{522,661}}$ 等,其 RMSE 均小于 0.7mg/g。

**表 6.21　稻干尖线虫危害叶片叶绿素含量的光谱指数线性回归训练建模结果**

Table 6.21　Linear regression models between total chlorophyll (Chlt) content of rice leaves infected by Rice Aphelenchoides besseyi Christie and spectral vegetation indices using training data

| 回归模型 | 训练样本($n=138$) | | 检验样本($n=126$) | |
|---|---|---|---|---|
| | $R^2$ | RMSE | $R^2$ | RMSE |
| $Chlt=0.337RVI-0.093$ | 0.945 | 0.266 | 0.709 | 0.602 |
| $Chlt=3.964NDVI-0.464$ | 0.916 | 0.329 | 0.508 | 0.717 |
| $Chlt=4.8752SAVI-0.534$ | 0.911 | 0.340 | 0.563 | 0.704 |
| $Chlt=4.528MSAVI-0.438$ | 0.919 | 0.324 | 0.594 | 0.687 |
| $Chlt=4.650EVI-0.475$ | 0.901 | 0.358 | 0.550 | 0.720 |
| $Chlt=4.365VARI+0.003$ | 0.88 | 0.394 | 0.396 | 0.873 |
| $Chlt=5.162RDVI-0.551$ | 0.908 | 0.346 | 0.572 | 0.704 |
| $Chlt=6.605DVI-0.613$ | 0.876 | 0.400 | 0.638 | 0.730 |
| $Chlt=5.162PVI-0.551$ | 0.519 | 0.790 | 0.598 | 0.875 |
| $Chlt=1.522RVI_{550,468}-2.55$ | 0.735 | 0.586 | 0.461 | 1.229 |
| $Chlt=1.553RVI_{550,682}-1.521$ | 0.863 | 0.421 | 0.717 | 1.051 |
| $Chlt=1.039RVI_{920,696}-0.712$ | 0.942 | 0.273 | 0.926 | 0.440 |
| $Chlt=1.589RVI_{544,492}-2.329$ | 0.828 | 0.473 | 0.650 | 1.100 |
| $Chlt=1.196RVI_{544,670}-1.261$ | 0.855 | 0.434 | 0.694 | 1.068 |
| $Chlt=0.277RVI_{768,670}-0.105$ | 0.941 | 0.277 | 0.872 | 0.683 |
| $Chlt=-1.9142RVI_{768,1451}+5.864$ | 0.122 | 1.067 | | |
| $Chlt=4.232NDVI_{768,670}-0.864$ | 0.883 | 0.389 | 0.798 | 0.801 |
| $Chlt=6.043NDVI_{768,544}-0.435$ | 0.943 | 0.271 | 0.895 | 0.558 |
| $Chlt=-9.942NDVI_{768,1451}+5.356$ | 0.107 | 1.076 | | |
| $Chlt=-12.569RVI_{lg\rho_{544,494}}+9.658$ | 0.268 | 0.975 | 0.091 | 1.589 |
| $Chlt=-7.912RVI_{lg\rho_{540,669}}+6.940$ | 0.519 | 0.790 | 0.256 | 1.336 |
| $Chlt=-5.591RVI_{lg\rho_{773,669}}+3.658$ | 0.807 | 0.500 | 0.560 | 0.868 |
| $Chlt=5.547NDVI_{lg\rho_{669,773}}-1.103$ | 0.849 | 0.443 | 0.602 | 0.788 |
| $Chlt=6.552NDVI_{lg\rho_{540,773}}-0.598$ | 0.906 | 0.349 | 0.804 | 0.635 |
| $Chlt=8.463NDVI_{lg\rho_{1451,773}}-1.5579$ | 0.141 | 1.056 | 0.415 | 1.321 |
| $Chlt=11.117NDVI_{lg\rho_{1931,773}}-4.651$ | 0.388 | 0.891 | 0.953 | 1.305 |
| $Chlt=-0.001RVI_{\rho'_{522,569}}+1.592$ | 0.003 | 1.142 | | |
| $Chlt=-0.273RVI_{\rho'_{522,661}}+0.462$ | 0.816 | 0.488 | 0.967 | 0.645 |
| $Chlt=-0.086RVI_{\rho'_{701,661}}+0.591$ | 0.809 | 0.498 | 0.274 | 1.370 |
| $Chlt=-0.270RVI_{\rho'_{544,688}}+1.610$ | 0.024 | 1.125 | | |
| $Chlt=-1.148RVI_{\rho''_{735,688}}+1.432$ | 0.234 | 0.997 | | |
| $Chlt=0.006NDVI_{\rho''_{715,544}}+1.588$ | 0.000 | 1.143 | | |

## 6.5 小结

本章研究主要包括两大方面：其一，不同分类方法对病虫危害等级识别研究；其二，不同预测方法对病害严重度指数和色素含量两个危害指数的估算研究。

首先，运用连续统去除法、光谱敏感度分析法和相关系数分析法三种方法，对分别受稻干尖线虫病、稻纵卷叶螟、稻胡麻斑病、稻穗颈瘟和稻飞虱危害水稻光谱进行分析，并对原始光谱进行伪吸收系数变换 $\lg(1/\rho)$、一阶导数光谱和二阶导数光谱变换，获取不同病虫害胁迫的敏感光谱区域和敏感光谱波段。研究表明：受病虫害胁迫后，水稻叶片或植株的反射光谱形状在可见光、近红外和短波红外区域均发生变化，且反射辐射能也有不同程度的降低或升高，波谱形状和反射辐射能的变异大小因病虫害类别不同而不同，且同一胁迫类型的光谱特征在室内和田间的光谱特征也不一致。

其次，在运用传统的主成分分析法提取水稻受病虫害胁迫后的主分量光谱的基础上，基于高光谱数据的特点，提出了分段主成分分析法（Piecewise PCA，PPCA）。研究表明：PPCA 可以在不同的光谱区域内分析光谱变换中所携带的信息量，为病虫害的识别分析和病害指数的估测提供更多有价值的主成分变量；第一主分量往往可以解释研究目标水稻作为绿色植被这一特征信息，其他主分量则可以解释水稻受到病虫危害的胁迫特征信息。

再次，运用聚类分析法、概率神经网络法和支持向量分类机三种方法，对稻胡麻斑病不同危害等级的水稻叶片进行分类。研究表明：通过对原始光谱进行转换处理获得的导数光谱和伪吸收系数，增强了不同危害等级叶片光谱的差异，可以提高稻胡麻斑病不同危害等级的分类精度；随着稻胡麻斑病危害等级的增加，各种分类方法的分类精度都有不同程度的降低。

最后，运用多元逐步回归分析、偏最小二乘法以及光谱指数法对受稻干尖线虫病侵染叶片的色素含量进行估算，研究表明：受分析方法、光谱指数种类的影响，色素含量的估算精度差异较大。利用多元逐步回归分析法得到的训练样本的均方根误差 RMSE 为 0.452mg/g，偏最小二乘回归法的 RMSE 则为 0.562mg/g，光谱指数法得到的 RMSE 为 0.647～26.64mg/g。

在生产实践当中，往往是稻田部分区域发病就开始对整块稻田进行统一防治，且对发病田块的危害等级不加区分，这样做的结果往往不尽理想。用药量小，危害严重区域稻株的病情可能并没有得到缓解；用药量大，对于健康和轻度危害区域稻株会产生药害，且对整个稻田生态系统造成破坏，引起环境和生态污染的同时也增加了生产者的成本。另外，稻田往往会同时收到不同病虫种类的危害，增加了病虫害防治的难度。随着规模化种植和遥感技术的发展，进行精确灾害管理（Precise Pest Management，PPM）将成为一种趋势。虽然我们针对水稻生产中的一些病虫害进行了研究，但与生产实践中仍然有很大差异，需要在不同病虫害种类、危害等级及航空和航天遥感监测等方面深入研究。

# 第 7 章  水稻产量的高光谱遥感估算模型

自 20 世纪 80 年代以来,卫星遥感技术已经成为许多农作物监测项目研究的重要手段,然而大部分用的是宽波段的卫星数据,随着高光谱技术的发展,成像光谱仪的出现已使从飞机到卫星平台获取高光谱分辨率图像数据成为可能,本章利用地面高光谱实验数据,研究构建水稻高光谱遥感估产模型的可行性,评价模型精度。

## 7.1  水稻产量与生物物理参数的相关性分析

水稻生物物理参数包括:叶面积指数、茎和叶鲜重及干重(kg/m²)、茎和叶含水率(%)、地上鲜生物量及干生物量(kg/m²)、产量(kg/hm²)等。这些参数随品种、生长发育期和施氮水平不同而变化,如图 7.1 所示,除了茎和叶含水率(%)以外,这些参数在水稻移栽后随

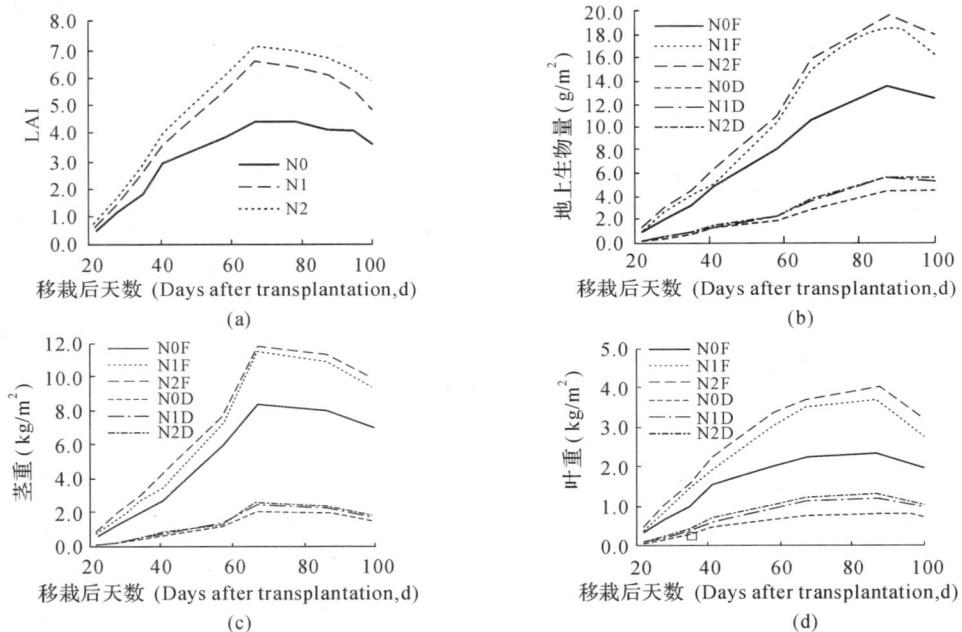

图 7.1  不同施氮水平下水稻 LAI、地上生物量、茎重和叶重随发育期的变化(S1,2002)

(N0、N1、N2 表示氮素水平,F、D 分别表示鲜重和干重)

Fig. 7.1  Seasonal variation of LAI, above-ground biomass, stem weight and leaf weight for rice under different nitrogen levels (S1, 2002)

发育期推移而逐渐增大,到某一发育期时达到最大,然后开始减小。其中 LAI、茎鲜重和茎干重到抽穗期时达到最大,抽穗以后,LAI、茎鲜重和茎干重开始减小;地上鲜生物量、地上干生物量、叶鲜重和叶干重到灌浆期时达到最大,以后开始减小。不同氮素水平下,水稻LAI、单位面积地上鲜生物量、茎鲜重和叶鲜重差异明显。

如图 7.2 所示,水稻茎含水率要大于叶含水率,从分蘖盛期开始,随发育期推移,茎和叶含水率逐渐减小,并且施氮水平越高,茎和叶含水率也越高。其他 4 个实验品种的叶面积指数、茎和叶鲜重及干重、茎和叶含水率。地上鲜生物量及干生物量随生长发育期和施氮水平的变化也具有类似规律。

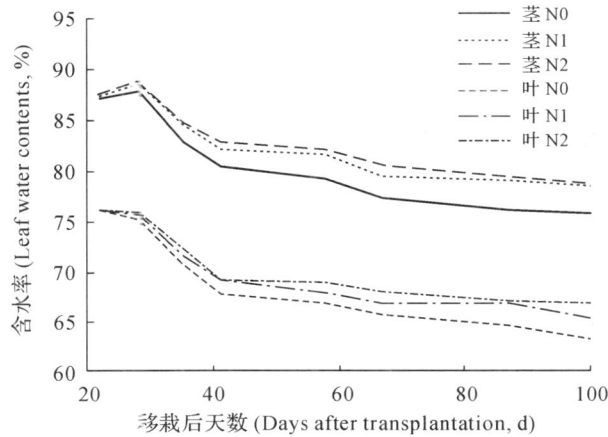

图 7.2　不同施氮水平下水稻茎、叶含水率随发育期的变化(S1)

Fig. 7.2　Seasonal variation of stem and leaf water contents for rice under different nitrogen levels(S1)

水稻生物物理参数之间存在强烈的正相关性(表 7.1)。分别计算水稻最终的理论产量和实际产量与抽穗初期、灌浆期和成熟期的其他生物物理参数之间的相关性(表 7.2),水稻最终的理论产量和实际产量与 3 个时期的 LAI、单位面积的地上鲜生物量、地上干生物量、鲜叶重和干叶重都存在极显著正相关,但与单位面积的茎鲜重和茎干重的相关性较差且不稳定。

表 7.1　水稻生物物理参数之间的相关系数(S1,2002)

Table 7.1　Correlation coefficients between biophysical parameters of rice (S1,2002)

| | LAI | 地上鲜生物量 | 地上干生物量 | 鲜叶重 | 干叶重 | 茎鲜重 | 茎干重 |
|---|---|---|---|---|---|---|---|
| LAI | 1.000 | 0.925** | 0.798** | 0.990** | 0.992** | 0.951** | 0.862** |
| 地上鲜生物量 | 0.925** | 1.000 | 0.956** | 0.916** | 0.962** | 0.964** | 0.906** |
| 地上干生物量 | 0.798** | 0.956** | 1.000 | 0.765** | 0.863** | 0.849** | 0.856** |
| 鲜叶重 | 0.990** | 0.916** | 0.765** | 1.000 | 0.989** | 0.941** | 0.836** |
| 干叶重 | 0.992** | 0.962** | 0.863** | 0.989** | 1.000 | 0.965** | 0.887** |
| 茎鲜重 | 0.951** | 0.964** | 0.849** | 0.941** | 0.965** | 1.000 | 0.940** |
| 茎干重 | 0.862** | 0.906** | 0.856** | 0.836** | 0.887** | 0.940** | 1.000 |

表 7.2   水稻产量与生物物理参数之间的相关系数(2002)

Table 7.2   Correlation coefficients between yield and biophysical parameters of rice (2002)

| 生育期 | 产量 | LAI | 地上鲜生物量 | 地上干生物量 | 鲜叶重 | 干叶重 | 鲜茎重 | 干茎重 |
|---|---|---|---|---|---|---|---|---|
| 抽穗初期 | 理论 | 0.886** | 0.944** | 0.903** | 0.976** | 0.973** | 0.786** | 0.747** |
| | 实际 | 0.853** | 0.959** | 0.930** | 0.955** | 0.955** | 0.135 | 0.181 |
| 灌浆期 | 理论 | 0.734** | 0.786** | 0.657** | 0.748** | 0.705** | 0.255 | 0.245 |
| | 实际 | 0.666** | 0.706** | 0.567** | 0.681** | 0.660** | −0.332 | −0.377 |
| 成熟期 | 理论 | 0.946** | 0.915** | 0.832** | 0.930** | 0.954** | 0.784** | 0.754** |
| | 实际 | 0.894** | 0.874** | 0.816** | 0.874** | 0.905** | 0.230 | 0.265 |

## 7.2   水稻理论产量与实际产量的相关分析

研究水稻光谱特征与水稻长势及其产量构成要素之间的联系,确定它们之间的定量关系是水稻遥感估产的基础。尽管影响水稻生长的因素很多,但它们都可以综合地体现在反映水稻长势的光谱特征上,因此,可以利用水稻光谱监测水稻的生长状况并进行产量估算。

水稻的一生可以划分为两个生育阶段(营养生长阶段和生殖生长阶段)、3 个时期(营养生长期、生殖生长期和成熟期)。营养生长期是指水稻种子发芽到幼穗原基分化前;生殖生长期是指从幼穗原基分化到抽穗期;成熟期是指从抽穗到成熟。不同品种、不同季节的水稻营养生长期的差别较大。水稻营养原理表明:水稻的产量能力和产量潜力的大小一般取决于品种和长势,在幼穗分化期就已确定;但充实谷粒的淀粉数量的积累和最后产量的形成,还取决于抽穗后的成熟过程。决定水稻单产的因素有单位面积穴数、每穴的有效穗数、每穗实粒数和千粒重等,其中后 3 个因素多与水稻后期的长势有关。因此,考虑气象条件对水稻产量的影响,为提高估产精度,利用遥感方法来进行水稻估产,一般是选用抽穗后各发育时期的光谱。

实验结果表明:实际产量 $P_r$ 与理论产量 $P_t$ 之间极显著相关,回归方程如图 7.3 所示。从前面实验数据的理论产量和实际产量的相关分析可知,本实验用于水稻估产的实验资料是可靠的。

## 7.3   水稻产量与高光谱变量的相关分析

本节首先分析有效穗数、穗粒数和千粒重等水稻产量的构成要素与冠层高光谱植被指数和变量的相关性,在此基础上,进一步分析水稻理论产量和实际产量与冠层高光谱植被指数和变量的相关性,以期为构建水稻产量高光谱遥感估算模型提供依据。

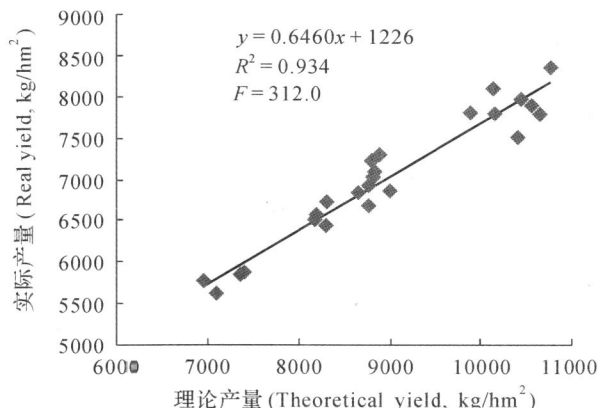

图 7.3　实际产量与理论产量的相关关系(2002)

Fig. 7.3　Relationship between real yield and theoretical yield (2002)

### 7.3.1　产量构成要素与冠层光谱的相关性分析

为了分析水稻冠层高光谱与产量的关系,根据成熟期水稻冠层光谱的特点,选用以下高光谱植被指数和红边参数来作为光谱变量:$DVI_{i,j}=\rho_i-\rho_j$、$RVI_{i,j}=\dfrac{\rho_i}{\rho_j}$、$NDVI_{i,j}=\dfrac{\rho_i-\rho_j}{\rho_i+\rho_j}$、$NDVI_{680}$、$RVI_{680}$、红边位置 $\lambda_r$、红边幅值 $D_r$、红边面积 $SD_r$,考虑到叶绿素在 440nm、680nm 附近的吸收和在 550nm 附近的反射及淀粉在 990nm、1200nm 附近的吸收,这里取 $i=$1200nm、990nm、800nm,$j=$680nm、550nm、440nm,$\rho_i$ 表示 $i$ 波段处冠层相对反射率。

有效穗数、穗粒数和千粒重是水稻产量的构成主要要素,分析它们与光谱变量的相关性,将有助于水稻农学光谱估产模式的建立。分别分析有效穗数、每穗粒数和千粒重与齐穗期和乳熟期上述水稻冠层光谱变量的相关关系(表 7.3)。从表 7.3 可知:齐穗期和乳熟期冠层光谱 $RVI_{i,j}$、$NDVI_{i,j}$($i=$1200nm、990nm、800nm,$j=$680nm、550nm、440nm)和 $\lambda_r$ 与有效穗数均呈极显著正相关,$DVI_{ij}$ 与有效穗数也呈显著相关,而 $RVI_{i,j}$、$NDVI_{i,j}$ 和 $\lambda_r$ 与穗粒数均呈极显著负相关,$RVI_{i,j}$、$NDVI_{i,j}$ 和 $\lambda_r$ 与千粒重均呈显著负相关。

#### 表 7.3　水稻产量要素与光谱变量的相关系数

Table 7.3　Correlation coefficients between the yield factors and hyperspectral variables for rice

| 光谱变量 | 齐穗期(09-11) | | | 乳熟期(09-28) | | |
| --- | --- | --- | --- | --- | --- | --- |
| | 有效穗 | 穗粒数 | 千粒重 | 有效穗 | 穗粒数 | 千粒重 |
| $DVI_{1200,680}=\rho_{1200}-\rho_{680}$ | 0.548** | 0.146 | −0.096 | 0.597** | 0.076 | −0.138 |
| $DVI_{990,680}=\rho_{990}-\rho_{680}$ | 0.543** | 0.169 | −0.083 | 0.701** | −0.038 | −0.262 |
| $DVI_{800,680}=\rho_{800}-\rho_{680}$ | 0.540** | 0.173 | −0.072 | 0.772** | −0.146 | −0.375 |
| $DVI_{1200,550}=\rho_{1200}-\rho_{550}$ | 0.664** | 0.001 | −0.234 | 0.619** | 0.062 | −0.131 |
| $DVI_{990,550}=\rho_{990}-\rho_{550}$ | 0.645** | 0.044 | −0.204 | 0.717** | −0.050 | −0.254 |

续表

| 光谱变量 | 齐穗期(09-11) | | | 乳熟期(09-28) | | |
|---|---|---|---|---|---|---|
| | 有效穗 | 穗粒数 | 千粒重 | 有效穗 | 穗粒数 | 千粒重 |
| $DVI_{800,550}=\rho_{800}-\rho_{550}$ | 0.645** | 0.043 | -0.197 | 0.791** | -0.159 | -0.365 |
| $DVI_{1200,440}=\rho_{1200}-\rho_{440}$ | 0.509* | 0.198 | -0.053 | 0.501* | 0.211 | -0.019 |
| $DVI_{990,440}=\rho_{990}-\rho_{440}$ | 0.507* | 0.213 | -0.047 | 0.633** | 0.080 | -0.158 |
| $DVI_{800,440}=\rho_{800}-\rho_{440}$ | 0.503* | 0.218 | -0.034 | 0.695** | -0.009 | -0.265 |
| $NDVI_{1200,680}=\dfrac{\rho_{1200}-\rho_{680}}{\rho_{1200}+\rho_{680}}$ | 0.859** | -0.754** | -0.731** | 0.874** | -0.728** | -0.751** |
| $NDVI_{990,680}=\dfrac{\rho_{990}-\rho_{680}}{\rho_{990}+\rho_{680}}$ | 0.867** | -0.764** | -0.741** | 0.880** | -0.762** | -0.779** |
| $NDVI_{800,680}=\dfrac{\rho_{800}-\rho_{680}}{\rho_{800}+\rho_{680}}$ | 0.857** | -0.777** | -0.744** | 0.855** | -0.801** | -0.804** |
| $NDVI_{1200,550}=\dfrac{\rho_{1200}-\rho_{550}}{\rho_{1200}+\rho_{550}}$ | 0.958** | -0.671** | -0.755** | 0.911** | -0.510* | -0.546** |
| $NDVI_{990,550}=\dfrac{\rho_{990}-\rho_{550}}{\rho_{990}+\rho_{550}}$ | 0.963** | -0.678** | -0.762** | 0.934** | -0.581** | -0.610** |
| $NDVI_{800,550}=\dfrac{\rho_{800}-\rho_{550}}{\rho_{800}+\rho_{550}}$ | 0.961** | -0.701** | -0.774** | 0.940** | -0.676** | -0.678** |
| $NDVI_{1200,440}=\dfrac{\rho_{1200}-\rho_{440}}{\rho_{1200}+\rho_{440}}$ | 0.924** | -0.715** | -0.751** | 0.955** | -0.770** | -0.810** |
| $NDVI_{990,440}=\dfrac{\rho_{990}-\rho_{440}}{\rho_{990}+\rho_{440}}$ | 0.934** | -0.726** | -0.763** | 0.943** | -0.813** | -0.842** |
| $NDVI_{800,440}=\dfrac{\rho_{800}-\rho_{440}}{\rho_{800}+\rho_{440}}$ | 0.926** | -0.751** | -0.774** | 0.889** | -0.885** | -0.885** |
| $RVI_{1200,680}=\dfrac{\rho_{1200}}{\rho_{680}}$ | 0.914** | -0.718** | -0.754** | 0.920** | -0.642** | -0.765** |
| $RVI_{990,680}=\dfrac{\rho_{990}}{\rho_{680}}$ | 0.922** | -0.736** | -0.769** | 0.937** | -0.701** | -0.816** |
| $RVI_{800,680}=\dfrac{\rho_{800}}{\rho_{680}}$ | 0.914** | -0.760** | -0.777** | 0.924** | -0.773** | -0.866** |
| $RVI_{1200,550}=\dfrac{\rho_{1200}}{\rho_{550}}$ | 0.960** | -0.627** | -0.765** | 0.902** | -0.469* | -0.523** |
| $RVI_{990,550}=\dfrac{\rho_{990}}{\rho_{550}}$ | 0.966** | -0.643** | -0.779** | 0.939** | -0.564** | -0.612** |
| $RVI_{800,550}=\dfrac{\rho_{800}}{\rho_{550}}$ | 0.968** | -0.672** | -0.794** | 0.950** | -0.670** | -0.692** |
| $RVI_{1200,440}=\dfrac{\rho_{1200}}{\rho_{440}}$ | 0.943** | -0.674** | -0.760** | 0.959** | -0.763** | -0.836** |
| $RVI_{990,440}=\dfrac{\rho_{990}}{\rho_{440}}$ | 0.952** | -0.695** | -0.778** | 0.934** | -0.805** | -0.865** |
| $RVI_{800,440}=\dfrac{\rho_{800}}{\rho_{440}}$ | 0.949** | -0.729** | -0.792** | 0.872** | -0.868** | -0.896** |
| $NDVI_{680}$ | -0.821** | 0.437* | 0.629** | 0.144 | -0.713** | -0.604** |
| $RVI_{680}$ | 0.821** | -0.437* | -0.629** | -0.144 | 0.713** | 0.604** |
| $\lambda_r$ | 0.659** | -0.579** | -0.692** | 0.916** | -0.446* | -0.572** |
| $D_r$ | 0.341 | 0.158 | 0.235 | 0.807** | -0.262 | -0.444* |
| $SD_r$ | 0.173 | 0.384 | 0.404 | 0.806** | -0.184 | -0.423* |

### 7.3.2　水稻产量与冠层光谱的相关性分析

表 7.4 为理论产量与抽穗初期、齐穗期、灌浆期、乳熟期、成熟期水稻冠层光谱变量的相关关系,如表 7.4 所示,理论产量与所选的冠层光谱变量之间的相关性与水稻的生长发育期有关,其中 $DVI_{1200,550}$、$DVI_{990,550}$、$D_r$、$SD_r$ 的相关性在所选各个时期都达到了极显著水平。比较理论产量与各时期冠层光谱变量的相关性可知,水稻理论产量与成熟期冠层光谱变量之间的相关性最好,其中与差值植被指数的相关性要好于与红边幅值、红边面积的相关性。

表 7.4　水稻理论产量与不同时期光谱变量的相关系数

Table 7.4　Correlation coefficients between the theoretical yield and hyperspectral
variables for rice at different stages

| 光谱变量 | 抽穗初期 | 齐穗期 | 灌浆期 | 乳熟期 | 成熟期 |
|---|---|---|---|---|---|
| $DVI_{1200,680}=\rho_{1200}-\rho_{680}$ | 0.404 | 0.958** | 0.884** | 0.954** | 0.985** |
| $DVI_{990,680}=\rho_{990}-\rho_{680}$ | 0.408* | 0.965** | 0.914** | 0.934** | 0.979** |
| $DVI_{800,680}=\rho_{800}-\rho_{680}$ | 0.360 | 0.968** | 0.926** | 0.886** | 0.968** |
| $DVI_{1200,550}=\rho_{1200}-\rho_{550}$ | 0.564** | 0.932** | 0.862** | 0.968** | 0.980** |
| $DVI_{990,550}=\rho_{990}-\rho_{550}$ | 0.540** | 0.945** | 0.894** | 0.942** | 0.972** |
| $DVI_{800,550}=\rho_{800}-\rho_{550}$ | 0.501* | 0.948** | 0.904** | 0.896** | 0.961** |
| $DVI_{1200,440}=\rho_{1200}-\rho_{440}$ | 0.406* | 0.962** | 0.926** | 0.979** | 0.983** |
| $DVI_{990,440}=\rho_{990}-\rho_{440}$ | 0.409* | 0.965** | 0.946** | 0.967** | 0.976** |
| $DVI_{800,440}=\rho_{800}-\rho_{440}$ | 0.360 | 0.969** | 0.956** | 0.933** | 0.968** |
| $NDVI_{1200,680}=\dfrac{\rho_{1200}-\rho_{680}}{\rho_{1200}+\rho_{680}}$ | 0.448* | 0.317 | −0.144 | 0.355 | 0.711** |
| $NDVI_{990,680}=\dfrac{\rho_{990}-\rho_{680}}{\rho_{990}+\rho_{680}}$ | 0.449* | 0.311 | −0.133 | 0.314 | 0.547** |
| $NDVI_{800,680}=\dfrac{\rho_{800}-\rho_{680}}{\rho_{800}+\rho_{680}}$ | 0.427* | 0.283 | −0.171 | 0.228 | 0.396 |
| $NDVI_{1200,550}=\dfrac{\rho_{1200}-\rho_{550}}{\rho_{1200}+\rho_{550}}$ | 0.723** | 0.498* | 0.165 | 0.667** | 0.854** |
| $NDVI_{990,550}=\dfrac{\rho_{990}-\rho_{550}}{\rho_{990}+\rho_{550}}$ | 0.754** | 0.490* | 0.183 | 0.598** | 0.810** |
| $NDVI_{800,550}=\dfrac{\rho_{800}-\rho_{550}}{\rho_{800}+\rho_{550}}$ | 0.742** | 0.460* | 0.134 | 0.488* | 0.712** |
| $NDVI_{1200,440}=\dfrac{\rho_{1200}-\rho_{440}}{\rho_{1200}+\rho_{440}}$ | 0.488* | 0.426* | −0.215 | 0.358 | 0.492* |
| $NDVI_{990,440}=\dfrac{\rho_{990}-\rho_{440}}{\rho_{990}+\rho_{440}}$ | 0.487* | 0.417* | −0.193 | 0.277 | 0.382 |
| $NDVI_{800,440}=\dfrac{\rho_{800}-\rho_{440}}{\rho_{800}+\rho_{440}}$ | 0.461* | 0.378 | −0.259 | 0.108 | −0.009 |
| $RVI_{1200,680}=\dfrac{\rho_{1200}}{\rho_{680}}$ | 0.468* | 0.410* | −0.211 | 0.484* | 0.694** |
| $RVI_{990,680}=\dfrac{\rho_{990}}{\rho_{680}}$ | 0.471* | 0.392 | −0.196 | 0.419* | 0.613** |
| $RVI_{800,680}=\dfrac{\rho_{800}}{\rho_{680}}$ | 0.462* | 0.354 | −0.232 | 0.305 | 0.318 |
| $RVI_{1200,550}=\dfrac{\rho_{1200}}{\rho_{550}}$ | 0.784** | 0.532** | 0.144 | 0.705** | 0.870** |

续表

| 光谱变量 | 抽穗初期 | 齐穗期 | 灌浆期 | 乳熟期 | 成熟期 |
|---|---|---|---|---|---|
| $RVI_{990,550}=\dfrac{\rho_{990}}{\rho_{550}}$ | 0.778** | 0.513* | 0.149 | 0.617** | 0.807** |
| $RVI_{800,550}=\dfrac{\rho_{800}}{\rho_{550}}$ | 0.780** | 0.480* | 0.092 | 0.491* | 0.670** |
| $RVI_{1200,440}=\dfrac{\rho_{1200}}{\rho_{440}}$ | 0.530** | 0.480* | −0.252 | 0.343 | 0.394 |
| $RVI_{990,440}=\dfrac{\rho_{990}}{\rho_{440}}$ | 0.530** | 0.459* | −0.226 | 0.283 | 0.281 |
| $RVI_{800,440}=\dfrac{\rho_{800}}{\rho_{440}}$ | 0.518** | 0.414* | −0.283 | 0.067 | −0.023 |
| $NDVI_{680}$ | −0.956** | −0.459* | −0.895** | −0.798** | −0.897** |
| $RVI_{680}$ | 0.956** | 0.459* | 0.895** | 0.798** | 0.897** |
| $\lambda_r$ | 0.643** | 0.056 | 0.022 | 0.505* | 0.711** |
| $D_r$ | 0.835** | 0.756** | 0.809** | 0.818** | 0.956** |
| $SD_r$ | 0.780** | 0.782** | 0.932** | 0.775** | 0.970** |

表7.5为实际产量与抽穗初期、齐穗期、灌浆期、乳熟期、成熟期水稻冠层上述光谱变量的相关关系，从表可知，实际产量与所选的冠层光谱变量之间的相关性与水稻的生长发育期有关，其中与$DVI_{1200,550}$、$DVI_{990,550}$、$DVI_{800,550}$、$NDVI_{680}$、$RVI_{680}$、$D_r$、$SD_r$的相关性在所选各个时期都达到了显著水平。比较实际产量与各时期冠层光谱变量的相关性，可知水稻实际产量与成熟期冠层光谱变量之间的相关性最好，其中与差值植被指数的相关性要好于与红边幅值、红边面积的相关性。

**表7.5 水稻实际产量与不同时期光谱变量的相关系数**

Table 7.5 Correlation coefficients between the real yield and hyperspectral variables for rice at different stages

| 光谱变量 | 抽穗初期 | 齐穗期 | 灌浆期 | 乳熟期 | 成熟期 |
|---|---|---|---|---|---|
| $DVI_{1200,680}=\rho_{1200}-\rho_{680}$ | 0.316 | 0.916** | 0.808** | 0.897** | 0.963** |
| $DVI_{990,680}=\rho_{990}-\rho_{680}$ | 0.319 | 0.931** | 0.848** | 0.873** | 0.958** |
| $DVI_{800,680}=\rho_{800}-\rho_{680}$ | 0.259 | 0.936** | 0.867** | 0.817** | 0.939** |
| $DVI_{1200,550}=\rho_{1200}-\rho_{550}$ | 0.480* | 0.878** | 0.783** | 0.917** | 0.965** |
| $DVI_{990,550}=\rho_{990}-\rho_{550}$ | 0.454* | 0.901** | 0.825** | 0.886** | 0.958** |
| $DVI_{800,550}=\rho_{800}-\rho_{550}$ | 0.405* | 0.905** | 0.842** | 0.833** | 0.940** |
| $DVI_{1200,440}=\rho_{1200}-\rho_{440}$ | 0.318 | 0.927** | 0.862** | 0.941** | 0.970** |
| $DVI_{990,440}=\rho_{990}-\rho_{440}$ | 0.320 | 0.938** | 0.889** | 0.931** | 0.964** |
| $DVI_{800,440}=\rho_{800}-\rho_{440}$ | 0.259 | 0.943** | 0.907** | 0.882** | 0.949** |
| $NDVI_{1200,680}=\dfrac{\rho_{1200}-\rho_{680}}{\rho_{1200}+\rho_{680}}$ | 0.350 | 0.205 | −0.246 | 0.293 | 0.637** |
| $NDVI_{990,680}=\dfrac{\rho_{990}-\rho_{680}}{\rho_{990}+\rho_{680}}$ | 0.350 | 0.201 | −0.232 | 0.199 | 0.572** |
| $NDVI_{800,680}=\dfrac{\rho_{800}-\rho_{680}}{\rho_{800}+\rho_{680}}$ | 0.325 | 0.173 | −0.267 | 0.112 | 0.299 |
| $NDVI_{1200,550}=\dfrac{\rho_{1200}-\rho_{550}}{\rho_{1200}+\rho_{550}}$ | 0.648** | 0.403 | 0.068 | 0.588* | 0.845** |

续表

| 光谱变量 | 抽穗初期 | 齐穗期 | 灌浆期 | 乳熟期 | 成熟期 |
|---|---|---|---|---|---|
| $\mathrm{NDVI}_{990,550}=\dfrac{\rho_{990}-\rho_{550}}{\rho_{990}+\rho_{550}}$ | 0.675** | 0.398 | 0.093 | 0.518* | 0.801** |
| $\mathrm{NDVI}_{800,550}=\dfrac{\rho_{800}-\rho_{550}}{\rho_{800}+\rho_{550}}$ | 0.660** | 0.367 | 0.049 | 0.403 | 0.691** |
| $\mathrm{NDVI}_{1200,440}=\dfrac{\rho_{1200}-\rho_{440}}{\rho_{1200}+\rho_{440}}$ | 0.385 | 0.322 | -0.302 | 0.265 | 0.480* |
| $\mathrm{NDVI}_{990,440}=\dfrac{\rho_{990}-\rho_{440}}{\rho_{990}+\rho_{440}}$ | 0.383 | 0.316 | -0.273 | 0.187 | 0.373 |
| $\mathrm{NDVI}_{800,440}=\dfrac{\rho_{800}-\rho_{440}}{\rho_{800}+\rho_{440}}$ | 0.353 | 0.276 | -0.332 | 0.017 | -0.028 |
| $\mathrm{RVI}_{1200,680}=\dfrac{\rho_{1200}-\rho_{680}}{\rho_{1200}+\rho_{680}}$ | 0.378 | 0.305 | -0.295 | 0.375 | 0.617** |
| $\mathrm{RVI}_{990,680}=\dfrac{\rho_{990}-\rho_{680}}{\rho_{990}+\rho_{680}}$ | 0.380 | 0.289 | -0.275 | 0.312 | 0.536** |
| $\mathrm{RVI}_{800,680}=\dfrac{\rho_{800}}{\rho_{680}}$ | 0.368 | 0.251 | -0.307 | 0.198 | 0.279 |
| $\mathrm{RVI}_{1200,550}=\dfrac{\rho_{1200}}{\rho_{550}}$ | 0.702** | 0.440* | 0.057 | 0.626* | 0.849** |
| $\mathrm{RVI}_{990,550}=\dfrac{\rho_{990}}{\rho_{550}}$ | 0.695** | 0.423* | 0.069 | 0.539* | 0.787** |
| $\mathrm{RVI}_{800,550}=\dfrac{\rho_{800}}{\rho_{550}}$ | 0.694** | 0.390 | 0.018 | 0.411* | 0.642** |
| $\mathrm{RVI}_{1200,440}=\dfrac{\rho_{1200}}{\rho_{440}}$ | 0.432* | 0.381 | -0.326 | 0.256 | 0.375 |
| $\mathrm{RVI}_{990,440}=\dfrac{\rho_{990}}{\rho_{440}}$ | 0.432* | 0.363 | -0.293 | 0.158 | 0.264 |
| $\mathrm{RVI}_{800,440}=\dfrac{\rho_{800}}{\rho_{440}}$ | 0.416* | 0.312 | -0.342 | -0.011 | -0.046 |
| $\mathrm{NDVI}_{680}$ | -0.934** | -0.434* | -0.910** | -0.836** | -0.867** |
| $\mathrm{RVI}_{680}$ | 0.934** | 0.434* | 0.910** | 0.836** | 0.867** |
| $\lambda_r$ | 0.579** | 0.012 | -0.092 | 0.496* | 0.631** |
| $D_r$ | 0.759** | 0.763** | 0.732** | 0.864** | 0.915** |
| $SD_r$ | 0.707** | 0.810** | 0.874** | 0.798** | 0.940** |

从表 7.4 和 7.5 可知,用冠层光谱植被指数来进行水稻估产,在抽穗前用比值型植被指数 RVI 较好,而在抽穗以后则用差值型植被指数 DVI 较好。

## 7.4　水稻产量的高光谱估算模型及其精度分析

通过分析水稻产量与抽穗初期、齐穗期、灌浆期、乳熟期、成熟期水稻冠层光谱变量的相关关系,发现无论是水稻理论产量还是实际产量,与水稻冠层光谱变量的相关性十分密切,因此利用这些变量,可以构建水稻产量高光谱遥感估算模型。

### 7.4.1　水稻理论产量的高光谱估算模型

从表 7.4 水稻理论产量与不同时期冠层各光谱变量的相关系数综合分析可知,其中与 $\mathrm{DVI}_{990,680}$、$\mathrm{DVI}_{1200,550}$、$\mathrm{DVI}_{990,550}$、$\mathrm{DVI}_{800,550}$、$\mathrm{DVI}_{1200,550}$、$\mathrm{DVI}_{990,550}$、$\mathrm{NDVI}_{680}$、$\mathrm{RVI}_{680}$、$D_r$、$SD_r$ 的相关性在所选各个时期都达到了显著水平,且水稻理论产量与成熟期冠层光谱变量之间的相关性最好,因此这里将利用成熟期冠层光谱分析不同光谱变量的估产效果,其单变量最佳回归估算模型如表 7.6 所示。

**表 7.6　水稻理论产量与高光谱变量的回归分析**

Table 7.6　Regression models between the theoretical yield（kg/hm²）and hyperspectral variables for rice

| 编号 | 光谱变量 | 回归模型 | $R^2$ | $F$ | Std. E | 检验精度（%） |
|---|---|---|---|---|---|---|
| 1 | $DVI_{1200,680}=\rho_{1200}-\rho_{680}$ | $4479.7e^{3.4906x}$ | 0.973** | 792.6 | 111.0 | 95.7 |
| 2 | $DVI_{990,680}=\rho_{990}-\rho_{680}$ | $74090x^2-7112.4x+6283.4$ | 0.969** | 341.3 | 211.1 | 96.0 |
| 3 | $DVI_{800,680}=\rho_{800}-\rho_{680}$ | $3254.8e^{3.902x}$ | 0.945** | 381.2 | 168.9 | 92.9 |
| 4 | $DVI_{1200,550}=\rho_{1200}-\rho_{550}$ | $4862.5e^{3.4743x}$ | 0.971** | 739.1 | 110.4 | 95.9 |
| 5 | $DVI_{990,550}=\rho_{990}-\rho_{550}$ | $110453x^2-18659.0x+7619.40$ | 0.970** | 343.9 | 210.4 | 96.1 |
| 6 | $DVI_{800,550}=\rho_{800}-\rho_{550}$ | $3585.1e^{3.867x}$ | 0.940** | 334.3 | 177.2 | 93.1 |
| 7 | $DVI_{1200,440}=\rho_{1200}-\rho_{440}$ | $4279.9e^{3.4988x}$ | 0.974** | 812.7 | 111.5 | 93.2 |
| 8 | $DVI_{990,440}=\rho_{990}-\rho_{440}$ | $100594x^2-21633.0x+7846.60$ | 0.974** | 396.0 | 196.4 | 95.4 |
| 9 | $DVI_{800,440}=\rho_{800}-\rho_{440}$ | $3073.5e^{3.9322x}$ | 0.951** | 426.7 | 159.2 | 95.1 |
| 10 | $NDVI_{1200,680}=\dfrac{\rho_{1200}-\rho_{680}}{\rho_{1200}+\rho_{680}}$ | $-295693x^2+474031x-180217$ | 0.533** | 12.0 | 835.1 | 66.3 |
| 11 | $NDVI_{990,680}=\dfrac{\rho_{990}-\rho_{680}}{\rho_{990}+\rho_{680}}$ | $-715645x^2+1\times10^6x-462781$ | 0.517** | 11.2 | 849.6 | 35.8 |
| 12 | $NDVI_{800,680}=\dfrac{\rho_{800}-\rho_{680}}{\rho_{800}+\rho_{680}}$ | $-330421x^2+554775x-223049$ | 0.176* | 2.25 | 1109.2 | 63.5 |
| 13 | $NDVI_{1200,550}=\dfrac{\rho_{1200}-\rho_{550}}{\rho_{1200}+\rho_{550}}$ | $2236.7e^{2.2479x}$ | 0.774** | 75.1 | 357.5 | 90.6 |
| 14 | $NDVI_{990,550}=\dfrac{\rho_{990}-\rho_{550}}{\rho_{990}+\rho_{550}}$ | $1727.7e^{2.4696x}$ | 0.703** | 52.4 | 393.3 | 90.2 |
| 15 | $NDVI_{800,550}=\dfrac{\rho_{800}-\rho_{550}}{\rho_{800}+\rho_{550}}$ | $-375096x^2+533520x-180157$ | 0.615** | 16.8 | 757.9 | 93.5 |
| 16 | $NDVI_{1200,440}=\dfrac{\rho_{1200}-\rho_{440}}{\rho_{1200}+\rho_{440}}$ | $-2\times10^6x^2+4\times10^6x-2\times10^6$ | 0.622** | 17.2 | 751.8 | 70.8 |
| 17 | $NDVI_{990,440}=\dfrac{\rho_{990}-\rho_{440}}{\rho_{990}+\rho_{440}}$ | $-3\times10^6x^2+5\times10^6x-2\times10^6$ | 0.587** | 14.9 | 785.4 | 64.9 |
| 18 | $NDVI_{800,440}=\dfrac{\rho_{800}-\rho_{440}}{\rho_{800}+\rho_{440}}$ | $-4\times10^6x^2+7\times10^6x-3\times10^6$ | 0.070 | 0.002 | 1193.9 | 22.7 |
| 19 | $RVI_{1200,680}=\dfrac{\rho_{1200}}{\rho_{680}}$ | $-347.58x^2+5924.3x-15485$ | 0.537** | 12.2 | 831.3 | 90.5 |
| 20 | $RVI_{990,680}=\dfrac{\rho_{990}}{\rho_{680}}$ | $-399.88x^2+7714.3x-27366$ | 0.559** | 13.3 | 811.4 | 83.1 |
| 21 | $RVI_{800,680}=\dfrac{\rho_{800}}{\rho_{680}}$ | $-239.96x^2+5032.6x-16851$ | 0.236* | 3.24 | 1068.3 | 86.6 |
| 22 | $RVI_{1200,550}=\rho_{1200}-\rho_{550}$ | $3977.6e^{0.1888x}$ | 0.793** | 84.2 | 352.3 | 95.7 |
| 23 | $RVI_{990,550}=\rho_{990}-\rho_{550}$ | $4117.3e^{0.1515x}$ | 0.693** | 49.6 | 454.7 | 90.5 |
| 24 | $RVI_{800,550}=\rho_{800}-\rho_{550}$ | $-1346.1x^2+15630x-35734$ | 0.670** | 21.3 | 702.2 | 93.7 |
| 25 | $\dot{R}VI_{1200,440}=\rho_{1200}-\rho_{440}$ | $-275.40x^2+7567.8x-42072$ | 0.674** | 21.7 | 698.0 | 92.0 |
| 26 | $RVI_{990,440}=\rho_{990}-\rho_{440}$ | $-188.97x^2+6280.8x-42082$ | 0.615** | 16.8 | 758.4 | 88.7 |
| 27 | $RVI_{800,440}=\rho_{800}-\rho_{440}$ | $-155.99x^2+5584.2x-39940$ | 0.065 | 0.724 | 1182.0 | 54.7 |
| 28 | $NDVI_{680}$ | $798.76x^{-0.396}$ | 0.868** | 144.5 | 160.3 | 78.6 |
| 29 | $RVI_{680}$ | $12809x^{152.75}$ | 0.830** | 107.2 | 474.2 | 75.6 |
| 30 | $\lambda_r$ | $-53.657x^2+77748x-3\times10^7$ | 0.521** | 7.2 | 1036.4 | 79.4 |
| 31 | $D_r$ | $3659e^{186.79x}$ | 0.918** | 246.8 | 208.8 | 93.6 |
| 32 | $SD_r$ | $3252.8e^{3.9995x}$ | 0.947** | 395.7 | 165.8 | 91.5 |

　　根据水稻抽穗初期、齐穗期、灌浆期、乳熟期和成熟期的上述各光谱变量,利用逐步回归方法求得理论产量的逐步回归模型为:

$$理论产量 = 30092.7(DVI_{1200,680})_{成熟期} - 216722(RVI_{680})_{齐穗期} +$$
$$198931(D_r)_{齐穗期} + 217108 \tag{7.1}$$

拟合 $R^2 = 0.985$, $F = 436.2$。

　　以 2003 年实验小区成熟期光谱和理论产量资料为检验样本,对水稻理论产量的最佳单变量估产模型(表 7.6)进行检验和估测精度分析。结果表明,文中所选的差值植被指数 DVI 的理论产量估算模型拟合 $R^2$ 都在 0.8 以上,达到了极显著水平,而模型的检验精度都在 92% 以上。

　　同样,对理论产量高光谱估产的逐步回归模型进行检验,利用抽穗后水稻冠层多时期高光谱变量建立的理论产量的逐步回归估产模型的检验精度可达 95% 以上(图 7.4)。

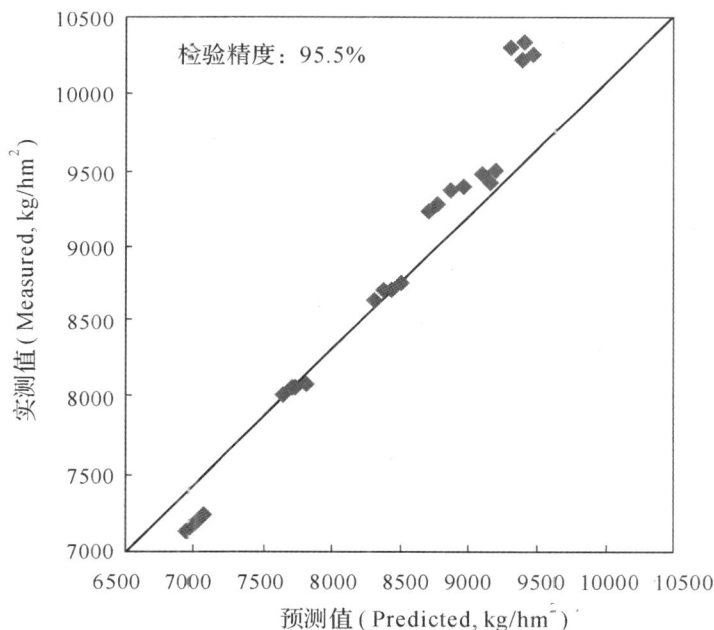

图 7.4　水稻理论产量预测值和实测值的比较($n = 24$)

Fig. 7.4　Comparison between predicted and measured theoretical product of rice ($n = 24$)

## 7.4.2　水稻实际产量的高光谱估算模型

　　从表 7.5 水稻实际产量与不同时期冠层各光谱变量的相关系数综合分析可知,其中与 $DVI_{1200,550}$、$DVI_{990,550}$、$DVI_{800,550}$、$NDVI_{680}$、$RVI_{680}$、$D_r$、$SD_r$ 的相关性在所选各个时期都达到了显著水平,且水稻实际产量与成熟期冠层光谱变量之间的相关性最好,因此这里利用成熟期冠层光谱开展水稻估产,其单变量最佳回归估算模型如表 7.7 所示。

**表 7.7　水稻实际产量（kg/hm²）与高光谱变量的回归分析**

Table 7.7　The regression between the real yield（kg/hm²）and hyperspectral variables for rice

| 编号 | 光谱变量 | 回归模型 | $R^2$ | $F$ | Std. E | 检验精度（%） |
|---|---|---|---|---|---|---|
| 1 | $DVI_{1200,680}=\rho_{1200}-\rho_{680}$ | $-27511x^2+30838x+2058.6$ | 0.929** | 137.6 | 217.5 | 92.3 |
| 2 | $DVI_{990,680}=\rho_{990}-\rho_{680}$ | $3727.5e^{2.6117x}$ | 0.925** | 272.6 | 143.6 | 94.5 |
| 3 | $DVI_{800,680}=\rho_{800}-\rho_{680}$ | $3025.2e^{3.2433x}$ | 0.887** | 171.7 | 194.4 | 96.3 |
| 4 | $DVI_{1200,550}=\rho_{1200}-\rho_{550}$ | $4191.4e^{2.9317x}$ | 0.938** | 334.6 | 119.3 | 92.2 |
| 5 | $DVI_{990,550}=\rho_{990}-\rho_{550}$ | $3964.1e^{2.601x}$ | 0.930** | 290.1 | 133.9 | 93.0 |
| 6 | $DVI_{800,550}=\rho_{800}-\rho_{550}$ | $3258.3e^{3.2404x}$ | 0.896** | 188.7 | 182.3 | 94.4 |
| 7 | $DVI_{1200,440}=\rho_{1200}-\rho_{440}$ | $3759.7e^{2.9572x}$ | 0.944** | 369.9 | 122.7 | 90.3 |
| 8 | $DVI_{990,440}=\rho_{990}-\rho_{440}$ | $3587.6e^{2.633x}$ | 0.939** | 336.6 | 131.3 | 91.6 |
| 9 | $DVI_{800,440}=\rho_{800}-\rho_{440}$ | $2859.2e^{3.3012x}$ | 0.910** | 221.2 | 172.7 | 95.0 |
| 10 | $NDVI_{1200,680}=\dfrac{\rho_{1200}-\rho_{680}}{\rho_{1200}+\rho_{680}}$ | $-251253x^2+396178x-148710$ | 0.449* | 8.56 | 606.2 | 68.1 |
| 11 | $NDVI_{990,680}=\dfrac{\rho_{990}-\rho_{680}}{\rho_{990}+\rho_{680}}$ | $-513400x^2+830794x-328614$ | 0.440* | 8.25 | 611.3 | 85.7 |
| 12 | $NDVI_{800,680}=\dfrac{\rho_{800}-\rho_{680}}{\rho_{800}+\rho_{680}}$ | $-132542x^2+224723x-87959$ | 0.096 | 1.12 | 776.4 | 81.0 |
| 13 | $NDVI_{1200,550}=\dfrac{\rho_{1200}-\rho_{550}}{\rho_{1200}+\rho_{550}}$ | $2173e^{1.8995x}$ | 0.749** | 65.8 | 313.5 | 89.3 |
| 14 | $NDVI_{990,550}=\dfrac{\rho_{990}-\rho_{550}}{\rho_{990}+\rho_{550}}$ | $1749.5e^{2.0762x}$ | 0.680** | 44.7 | 354.9 | 85.0 |
| 15 | $NDVI_{800,550}=\dfrac{\rho_{800}-\rho_{550}}{\rho_{800}+\rho_{550}}$ | $-311851x^2+438689x-146874$ | 0.645** | 19.1 | 486.7 | 91.6 |
| 16 | $NDVI_{1200,440}=\dfrac{\rho_{1200}-\rho_{440}}{\rho_{1200}+\rho_{440}}$ | $-1\times10^6x^2+3\times10^6x-1\times10^6$ | 0.680** | 22.3 | 462.4 | 68.4 |
| 17 | $NDVI_{990,440}=\dfrac{\rho_{990}-\rho_{440}}{\rho_{990}+\rho_{440}}$ | $-2\times10^6x^2+4\times10^6x-2\times10^6$ | 0.652** | 19.6 | 482.2 | 59.7 |
| 18 | $NDVI_{800,440}=\dfrac{\rho_{800}-\rho_{440}}{\rho_{800}+\rho_{440}}$ | $-3\times10^6x^2+6\times10^6x-3\times10^6$ | 0.115 | 0.018 | 797.6 | 51.2 |
| 19 | $RVI_{1200,680}=\dfrac{\rho_{1200}}{\rho_{680}}$ | $-262.04x^2+4348.1x-10534$ | 0.450* | 8.6 | 605.5 | 91.9 |
| 20 | $RVI_{990,680}=\dfrac{\rho_{990}}{\rho_{680}}$ | $-271.38x^2+5184.0x-17182$ | 0.477* | 9.6 | 590.7 | 78.7 |
| 21 | $RVI_{800,680}=\dfrac{\rho_{800}}{\rho_{680}}$ | $-128.37x^2+2682.0x-6695.6$ | 0.142 | 1.74 | 756.7 | 83.6 |
| 22 | $RVI_{1200,550}=\dfrac{\rho_{1200}}{\rho_{550}}$ | $3564e^{0.1576x}$ | 0.750** | 65.9 | 298.0 | 90.1 |
| 23 | $RVI_{990,550}=\dfrac{\rho_{990}}{\rho_{550}}$ | $-316.48x^2+3876.2x-4349$ | 0.656** | 20.0 | 479.2 | 92.8 |
| 24 | $RVI_{800,550}=\dfrac{\rho_{800}}{\rho_{550}}$ | $-1030.8x^2+11807x-26311$ | 0.701** | 24.6 | 446.7 | 93.7 |
| 25 | $RVI_{1200,440}=\dfrac{\rho_{1200}}{\rho_{440}}$ | $-196.00x^2+5364.1x-29027$ | 0.729** | 28.2 | 425.4 | 89.6 |
| 26 | $RVI_{990,440}=\dfrac{\rho_{990}}{\rho_{440}}$ | $-134.66x^2+4461.9x-29151$ | 0.679** | 22.2 | 462.9 | 84.8 |
| 27 | $RVI_{800,440}=\dfrac{\rho_{800}}{\rho_{440}}$ | $-133.59x^2+4776.0x-34765$ | 0.107 | 1.26 | 771.8 | 46.5 |
| 28 | $NDVI_{680}$ | $968.81x^{-0.3244}$ | 0.790** | 82.9 | 210.3 | 86.0 |
| 29 | $RVI_{680}$ | $9438.5x^{126.58}$ | 0.773** | 75.0 | 346.2 | 84.4 |
| 30 | $\lambda_r$ | $-39.498x^2+57222x-2\times10^7$ | 0.588** | 7.5 | 688.8 | 82.1 |
| 31 | $D_r$ | $3365.6e^{153.31x}$ | 0.839** | 114.9 | 231.1 | 93.9 |
| 32 | $SD_r$ | $3024.6e^{3.3232x}$ | 0.888** | 173.6 | 193.3 | 95.2 |

根据水稻抽穗初期、齐穗期、灌浆期、乳熟期和成熟期的上述各光谱变量,利用逐步回归方法求得实际产量的逐步回归模型为

$$实际产量 = 27648.7(DVI_{1200,440})_{成熟期} + 4236.90(SD_r)_{齐穗期} + 1910.15 \qquad (7.2)$$

拟合 $R^2 = 0.952, F = 206.9$。

以 2003 年实验小区成熟期光谱和实际产量资料为检验样本,对水稻实际产量的最佳单变量估产模型(表 7.7)进行检验和预测精度分析。结果表明,文中所选的差值植被指数 DVI 的实际产量估算模型拟合 $R^2$ 都在 0.8 以上,达到了极显著水平,而模型的检验精度都在 90% 以上。

对实际产量高光谱估产的逐步回归模型进行检验,利用抽穗后水稻冠层多时期高光谱变量建立的理论产量的逐步回归估产模型的检验精度可达 96% 以上(图 7.5)。

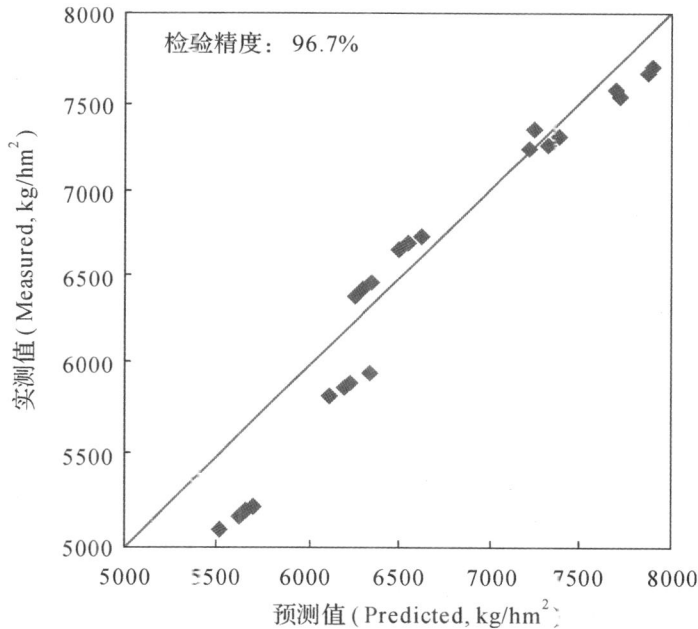

图 7.5  水稻实际产量预测值和实测值的比较($n=24$)

Fig. 7.5  Comparison between predicted and measured real product of rice ($n=24$)

## 7.5  基于在轨卫星植被指数模拟的水稻遥感估产研究

本节根据 Landsat 的 MSS、TM 波段、SPOT 波段、资源一号 CCD 波段、IKONOS 波段和 MODIS 波段进行光谱反射率模拟和构建相应的植被指数(表 7.8),同时利用冠层高光谱波段 550nm、680nm 和 990nm 分别代表绿光、红光和近红外构建高光谱植被指数,利用相关分析方法分析水稻理论产量和实际产量与这些植被指数的相关关系,建立不同的水稻遥感单产估算模型,并对其进行比较。

表 7.8　模拟各种卫星资料的植被指数

Table 7.8　Vegetation indices for several satellite data

| 卫星资料 | 植被指数 |
|---|---|
| MSS | $DVI_{MS}$、$RVI_{MS}$、$NDVI_{MS}$、$GRVI_{MS}$ |
| TM | $DVI_T$、$RVI_T$、$NDVI_T$、$GRVI_T$ |
| SPOT | $DVI_S$、$RVI_S$、$NDVI_S$、$GRVI_S$ |
| 资源一号 | $DVI_C$、$RVI_C$、$NDVI_C$、$GRVI_C$ |
| IKONOS | $DVI_I$、$RVI_I$、$NDVI_I$、$GRVI_I$ |
| MODIS | $DVI_{MO}$、$RVI_{MO}$、$NDVI_{MO}$、$GRVI_{MO}$ |
| 高光谱 | $DVI_H$、$RVI_H$、$NDVI_H$、$GRVI_H$ |

分别计算水稻产量与上述各种卫星资料相应波段的模拟反射率的相关系数，如表 7.9 所示，可以看出，除抽穗期 $\rho_{680}$ 外，其余的都达到了显著和极显著水平。

表 7.9　水稻产量与光谱反射率的相关系数

Table 7.9　Correlation coefficients between the yield and spectral reflectance for rice

| 编号 | 光谱反射率 | 抽穗初期 | | 灌浆期 | | 成熟期 | |
|---|---|---|---|---|---|---|---|
| | | 理论产量 | 实际产量 | 理论产量 | 实际产量 | 理论产量 | 实际产量 |
| 1 | $\rho_{500\sim600}$ | −0.758** | −0.684** | 0.492* | 0.554** | 0.548** | 0.578** |
| 2 | $\rho_{500\sim590}$ | −0.764** | −0.690** | 0.497* | 0.558** | 0.559** | 0.586** |
| 3 | $\rho_{520\sim600}$ | −0.771** | −0.697** | 0.478* | 0.541** | 0.524** | 0.553** |
| 4 | $\rho_{520\sim590}$ | −0.779** | −0.706** | 0.482* | 0.544** | 0.534** | 0.559** |
| 5 | $\rho_{545\sim565}$ | −0.801** | −0.730** | 0.486* | 0.546** | 0.545** | 0.562** |
| 6 | $\rho_{550}$ | −0.806** | −0.737** | 0.493* | 0.551** | 0.562** | 0.575** |
| 7 | $\rho_{600\sim600}$ | −0.590** | −0.503* | 0.466* | 0.540** | 0.459* | 0.535** |
| 8 | $\rho_{600\sim690}$ | −0.578** | −0.490* | 0.470* | 0.544** | 0.462* | 0.538** |
| 9 | $\rho_{610\sim680}$ | −0.567** | −0.479* | 0.470* | 0.545** | 0.457* | 0.535** |
| 10 | $\rho_{630\sim690}$ | −0.522** | −0.430* | 0.484* | 0.558** | 0.470* | 0.551** |
| 11 | $\rho_{620\sim670}$ | −0.567** | −0.478* | 0.466* | 0.541** | 0.445* | 0.524** |
| 12 | $\rho_{680}$ | −0.409* | −0.313 | 0.531** | 0.602** | 0.526** | 0.607** |
| 13 | $\rho_{800\sim1100}$ | 0.786** | 0.717** | 0.960** | 0.910** | 0.978** | 0.963** |
| 14 | $\rho_{760\sim900}$ | 0.807** | 0.738** | 0.970** | 0.926** | 0.978** | 0.961** |
| 15 | $\rho_{770\sim890}$ | 0.806** | 0.737** | 0.970** | 0.925** | 0.978** | 0.960** |
| 16 | $\rho_{790\sim890}$ | 0.804** | 0.735** | 0.968** | 0.924** | 0.977** | 0.960** |
| 17 | $\rho_{841\sim876}$ | 0.801** | 0.732** | 0.967** | 0.922** | 0.976** | 0.960** |
| 18 | $\rho_{990}$ | 0.422* | 0.412* | 0855** | 0.797** | 0.982** | 0.969** |

分别计算理论产量和实际产量与抽穗期、灌浆期和成熟期上述水稻冠层光谱植被指数的相关关系，如表 7.10 所示，无论是理论产量还是实际产量与水稻成熟过程中不同时期冠层光谱所有形式的差值植被指数之间都有极显著相关，而与其他植被指数的相关性不稳定。

**表 7.10　水稻产量(kg/hm²)与光谱植被指数的相关系数**

Table 7.10　Correlation coefficients between the yield (kg/hm²) and spectral vegetation indices for rice

| 编号 | 植被指数 | 抽穗初期 | | 灌浆期 | | 成熟期 | |
|---|---|---|---|---|---|---|---|
| | | 理论产量 | 实际产量 | 理论产量 | 实际产量 | 理论产量 | 实际产量 |
| 1 | $DVI_{MS}$ | 0.735** | 0.691** | 0.891** | 0.822** | 0.970** | 0.947** |
| 2 | $RVI_{MS}$ | 0.673** | 0.589** | −0.089 | −0.168 | 0.657** | 0.592** |
| 3 | $NDVI_{MS}$ | 0.641** | 0.557** | −0.037 | −0.035 | 0.696** | 0.636** |
| 4 | $GRVI_{MS}$ | 0.801** | 0.722** | 0.047 | −0.030 | 0.702** | 0.669** |
| 5 | $DVI_T$ | 0.732** | 0.708** | 0.914** | 0.851** | 0.968** | 0.941** |
| 6 | $RVI_T$ | 0.622** | 0.536** | −0.154 | −0.231 | 0.527** | 0.447* |
| 7 | $NDVI_T$ | 0.591** | 0.503* | −0.098 | −0.194 | 0.564** | 0.483* |
| 8 | $GRVI_T$ | 0.816** | 0.737** | 0.051 | −0.024 | 0.668** | 0.631** |
| 9 | $DVI_S$ | 0.782** | 0.708** | 0.908** | 0.844** | 0.967** | 0.941** |
| 10 | $RVI_S$ | 0.659** | 0.574** | −0.121 | −0.197 | 0.565** | 0.491** |
| 11 | $NDVI_S$ | 0.625** | 0.540** | −0.067 | −0.163 | 0.606** | 0.533** |
| 12 | $GRVI_S$ | 0.810** | 0.731** | 0.034 | −0.040 | 0.628** | 0.592** |
| 13 | $DVI_C$ | 0.781** | 0.707** | 0.913** | 0.851** | 0.968** | 0.941** |
| 14 | $RVI_C$ | 0.621** | 0.535** | −0.154 | −0.231 | 0.524** | 0.445* |
| 15 | $NDVI_C$ | 0.591** | 0.503* | −0.098 | −0.195 | 0.561** | 0.480* |
| 16 | $GRVI_C$ | 0.821** | 0.742** | 0.060 | −0.015 | 0.666** | 0.632** |
| 17 | $DVI_I$ | 0.785** | 0.711** | 0.910** | 0.846** | 0.968** | 0.941** |
| 18 | $RVI_I$ | 0.669** | 0.584** | −0.116 | −0.193 | 0.569** | 0.496** |
| 19 | $NDVI_I$ | 0.635** | 0.550** | −0.063 | −0.159 | 0.610** | 0.538** |
| 20 | $GRVI_I$ | 0.816** | 0.737** | 0.051 | −0.024 | 0.668** | 0.631** |
| 21 | $DVI_{MO}$ | 0.778** | 0.704** | 0.905** | 0.841** | 0.967** | 0.941** |
| 22 | $RVI_{MO}$ | 0.658** | 0.573** | −0.118 | −0.195 | 0.584** | 0.511** |
| 23 | $NDVI_{MO}$ | 0.624** | 0.539** | −0.064 | −0.160 | 0.625** | 0.554** |
| 24 | $GRVI_{MO}$ | 0.833** | 0.756** | 0.094 | 0.019 | 0.693** | 0.635** |
| 25 | $DVI_H$ | 0.408* | 0.319 | 0.914** | 0.848** | 0.979** | 0.958** |
| 26 | $RVI_H$ | 0.471* | 0.380* | −0.196 | −0.275 | 0.613** | 0.536** |
| 27 | $NDVI_H$ | 0.449* | 0.350 | −0.133 | −0.232 | 0.547** | 0.572** |
| 28 | $GRVI_H$ | 0.833** | 0.768** | 0.092 | 0.018 | 0.670** | 0.642** |

分析发现,对于单变量估产模式而言,无论是理论产量还是实际产量,在抽穗初期以绿度 G 的估产效果较好,在灌浆期和成熟期则以 DVI 效果较好。以成熟期的冠层光谱为例,实际产量的 DVI 估算回归方程如表 7.11 所示。

表 7.11　水稻实际产量的光谱估产模式比较

Table 7.11　Comparison of spectral estimation models of real yield (kg/hm²) for rice

| 模拟波段 | 回归方程 | $R^2$ | $F$ | Std. E | 预测精度 |
|---|---|---|---|---|---|
| MSS | $y = 30619.8 DVI_{MS} + 1513.9$ | 0.902 | 203.2 | 546.1 | 92.2% |
| TM | $y = 33375.4 DVI_T + 667.5$ | 0.891 | 178.1 | 579.4 | 91.7% |
| SPOT | $y = 32919.9 DVI_S + 747.6$ | 0.890 | 177.2 | 580.7 | 91.7% |
| 资源一号 | $y = 33344.0 DVI_C + 651.9$ | 0.889 | 177.0 | 580.9 | 91.7% |
| IKONOS | $y = 33335.9 DVI_I + 758.2$ | 0.889 | 175.8 | 582.7 | 91.7% |
| MODIS | $y = 32171.7 DVI_{MO} + 844.8$ | 0.892 | 181.9 | 574.0 | 91.9% |
| 高光谱 | $y = 2716.27 DVI_H + 17927.4$ | 0.918 | 224.6 | 228.4 | 96.7% |

从表 7.11 中可知,成熟期各种资料单变量 DVI 线性模拟估产模式的实际产量预测精度都在 91% 以上。分析发现,尽管不同波段同类模拟植被指数之间存在一定差异,但由 MSS、TM、SPOT、资源一号、IKONOS 和 MODIS 各波段模拟的植被指数的估产精度却没有显著性差异,这说明在不考虑空间分辨率的条件下,理论上用这些卫星资料来进行水稻估产具有相同的预测效果,但文中所选的高光谱波段的估产预测精度明显高于其他模拟波段。

## 7.6　小结

通过前面对水稻理论产量和实际产量与抽穗后水稻冠层高光谱变量的相关分析可知,利用抽穗后的冠层光谱可以较好地进行水稻估产。其中,单变量估产模型在抽穗初期以 RVI 较好,但齐穗以后则以 DVI 较好。

理论产量的单变量最佳估测模型为:

$$P_t = 110453 \times (DVI_{990,550})^2_{成熟期} - 18659 \times (DVI_{990,550})_{成熟期} + 7619.4 \quad (7.3)$$

其拟合 $R^2 = 0.970$、Sig. $= 0.000$,检验精度 96.1%;

理论产量估产的逐步回归模型为:

$$P_t = 30092.72 \times (DVI_{1200,680})_{成熟期} - 216722 \times (RVI_{680})_{齐穗期} +$$
$$198931.1 \times (D_r)_{齐穗期} + 217108.1 \quad (7.4)$$

其拟合 $R^2 = 0.985$、Sig. $= 0.000$,检验精度为 95.5%;

实际产量的单变量最佳估测模型为:

$$P_r = 3964.1 \exp[2.601 \times (DVI_{990,550})_{成熟期}] \quad (7.5)$$

其拟合 $R^2 = 0.930$、Sig. $= 0.000$,检验精度 93.0%;

实际产量估产的逐步回归模型为:

$$P_r = 27648.74 \times (DVI_{1200,440})_{成熟期} + 4236.901 \times (SD_r)_{齐穗期} + 1910.150 \quad (7.6)$$

其拟合 $R^2 = 0.952$、Sig. $= 0.000$,检验精度为 96.7%。

# 第8章 水稻品质高光谱遥感监测模型

稻米品质包括加工品质、外观品质、蒸煮食味品质和营养品质四个方面,主要涉及糙米率、精米率、整精米率、粒长、粒型(长宽比)、垩白粒率、垩白度、透明度、胶稠度、糊化温度、淀粉和直链淀粉含量、蛋白质含量等具体指标。其中营养品质主要是指稻米中蛋白质和淀粉含量的高低,一般大米中粗蛋白含量占其干物质的 $5\% \sim 10\%$、淀粉含量占其干物质的 $85\% \sim 90\%$。稻米的碾磨、外观、蒸煮食味品质与其营养品质特别是粗蛋白质和直链淀粉含量都密切相关。稻米品质的形成过程是碳、氮及脂肪三种代谢的协调作用过程,籽粒形成中淀粉的积累过程涉及水稻源和库关系,光合产物的合成、运转、灌浆过程以及相关的酶作用等多方面的关系(潘晓华等,1999)。本章通过分析稻米中蛋白质和直链淀粉的积累量与水稻品种、水稻的高光谱指数、抽穗后日平均温度和昼夜温差等的相关性,在此基础上建立蛋白质和直链淀粉含量的综合预测模型,为水稻品质遥感监测提供依据。

## 8.1 水稻品质的主要影响因素

影响水稻品质的主要因素有:品种、气候、土壤、栽种技巧和方法,其中品种的影响最大,气候生态环境和栽种方法两者对水稻品质的影响也很明显,但其影响程度大小因品种而异(Blakeney 等,2001)。一般,将精米中粗蛋白质含量在 $6.9\%$ 以下、直链淀粉含量在 $20\%$ 以下、无机盐含量在 $0.6\%$ 左右的稻米划分为优质稻米。

国内外对稻米品质的品种间差异进行了较多的研究(罗玉坤等,1991,1997;熊振民等,1993;徐正进等,1993;Dipti 等,2003;Blakeney 等,2001),大米中直链淀粉含量随大米品种的不同有很大差别,一般以籼稻直链淀粉含量最高,杂交稻次之,粳稻较低,糯稻最低。

影响稻米品质的气候因子主要有温度、光照、湿度、雨量和风速等,其中温度对稻米品质的影响最为显著,特别是灌浆结实期的温度(Taira,1999;周德翼等,1994;李林等,1996)。程方民等(2001)的研究表明,在影响稻米品质的诸气候生态因子中,水稻灌浆结实期间的日平均温度的作用最大,日平均太阳辐射,日平均温差和平均日照时数次之,而日平均相对湿度和日平均降雨量最小。灌浆结实期的高温会使灌浆速率加快,持续期缩短,稻谷淀粉颗粒灌浆不紧密,从而影响米粒的充实,导致稻米的垩白面积增大,垩白粒率提高,透明度降低,也不利于良好加工品质的形成,特别是整精米率下降,碎米增多,导致蒸煮品质和食用品质变差。低温影响水稻正常灌浆充实,影响同化产物的积累和运转,使稻米的"青米率"增加,垩白增大。光照是仅次于温度之后对稻米品质有较大影响的气候因子(李林等,

1996;程方民等,2001;李军等,1997),日照时间与稻米的糊化温度、胶稠度一般呈正相关,与直链淀粉含量呈负相关,在谷粒发育期中太阳辐射强时稻米的蛋白质含量较低,光照弱时也会降低蛋白质含量(李军等,1997;颜龙安等,1999)。

土壤质地影响米饭的食味,冲积层土壤和第三层土壤上生产的稻米食味较好,而火山灰土壤及泥炭土壤上生产的稻米食味较差(颜龙安等,1999),土壤质地对稻米品质的影响主要与土壤有机质含量有关。另外,土壤水分状况对稻米品质的影响是显著的。有文献报道,土壤水分减少,糙米中蛋白质含量增加,而灰分和直链淀粉含量减少。水稻品种旱地栽培比水田栽培的蛋白质含量平均增长25%。

水稻栽培生产过程中,主要是通过施用肥料来调节稻株生长的营养环境。在氮、磷、钾三要素中,以氮素影响米质的作用最大,在一定的范围内,氮肥量增大,可以提高稻谷的整精米率和蛋白质含量,降低稻米的垩白率和垩白面积,改善稻米的外观及营养品质,提高其商品价值,增施氮肥有使胶稠度变硬的趋势。随施氮时期的推迟,稻米蛋白质含量增加,直链淀粉含量降低;多次施氮较一次施氮的糙米率、精米率、整精米率、透明度及蛋白质含量要高,而直链淀粉的含量要低(吴关庭等,1994)。适宜的氮、磷、钾比,并适当补施钼、硫、镁、锌、锰等微量元素,有利于提高米质(戴平安等,1999)。有文献报道,早季低直链淀粉含量品种用于晚季种植,其直链淀粉含量增加;而高直链淀粉含量品种晚季种植,其直链淀粉含量则降低,低直链淀粉含量晚籼稻早季种植时直链淀粉含量有降低趋势(朱旭东等,1993;李筱明等,1993)。适宜的种植密度可降低垩白米率和垩白指数,提高稻米的加工品质,而适当地降低种植密度可使直链淀粉含量下降(周培南等,2001),有利于提高稻米的蒸煮食味品质。

## 8.2 稻穗及稻谷粗蛋白质和粗淀粉含量的高光谱遥感估算模型

本节将首先介绍水稻不同组分粗蛋白质和粗淀粉含量随发育期的变化,然后利用2002年的实验资料分析稻穗及稻谷粗蛋白质和粗淀粉含量与高光谱变量的相关性,在此基础上,建立稻穗及稻谷粗蛋白质和粗淀粉含量的高光谱遥感估算模型,并用2003年的实验资料进行精度检验,最终确定稻穗及稻谷粗蛋白质和粗淀粉含量的最佳高光谱遥感估算模型。

### 8.2.1 水稻不同组分粗蛋白质和粗淀粉含量随发育期的变化

秀水110(S1)叶片和茎在不同时期的粗蛋白质含量如图8.1所示。从图可知,随发育期推移,叶、茎粗蛋白质含量逐渐减小。

图8.2是不同品种水稻叶片、茎和穗粗蛋白质含量的比较。从图可知,粳稻S1的叶片粗蛋白含量比其他4个籼稻品种要高,但其穗粗蛋白质含量却比其他4个籼稻品种低,这说明品种S1应该具有较好的食味品质。

图8.3是秀水110的旗叶、倒三叶和穗的粗蛋白质含量抽穗开始后的变化规律。三者粗蛋白质含量随施氮水平提高而增加,但增加幅度逐渐减小。

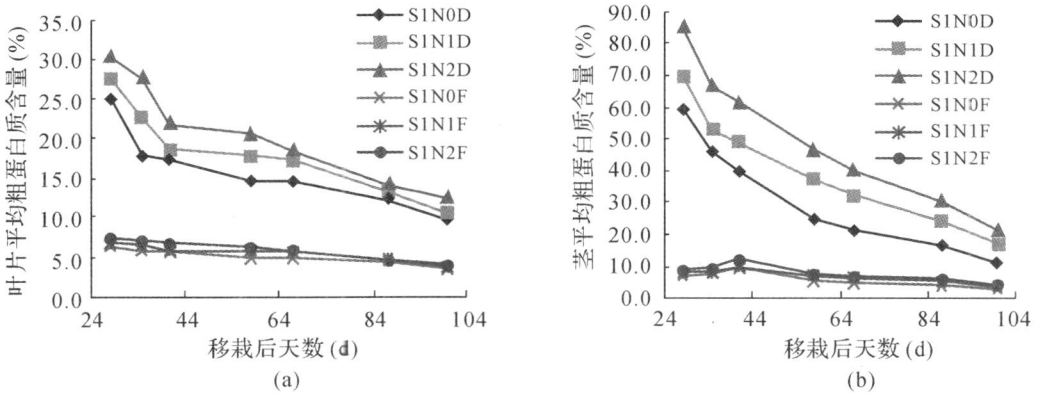

图 8.1　不同氮素水平下秀水 110 叶片和茎平均粗蛋白含量随发育时期的变化(D、F 分别表示干样和鲜样)
　　　　(S1:秀水 110、S2:嘉育 293、S3:嘉早 312、S4:Z00324、S5:协优 9308,下同)

Fig. 8.1　Seasonal variation of crude protein contents of leaves and stems for Xiushui 110 at different nitrogen levels

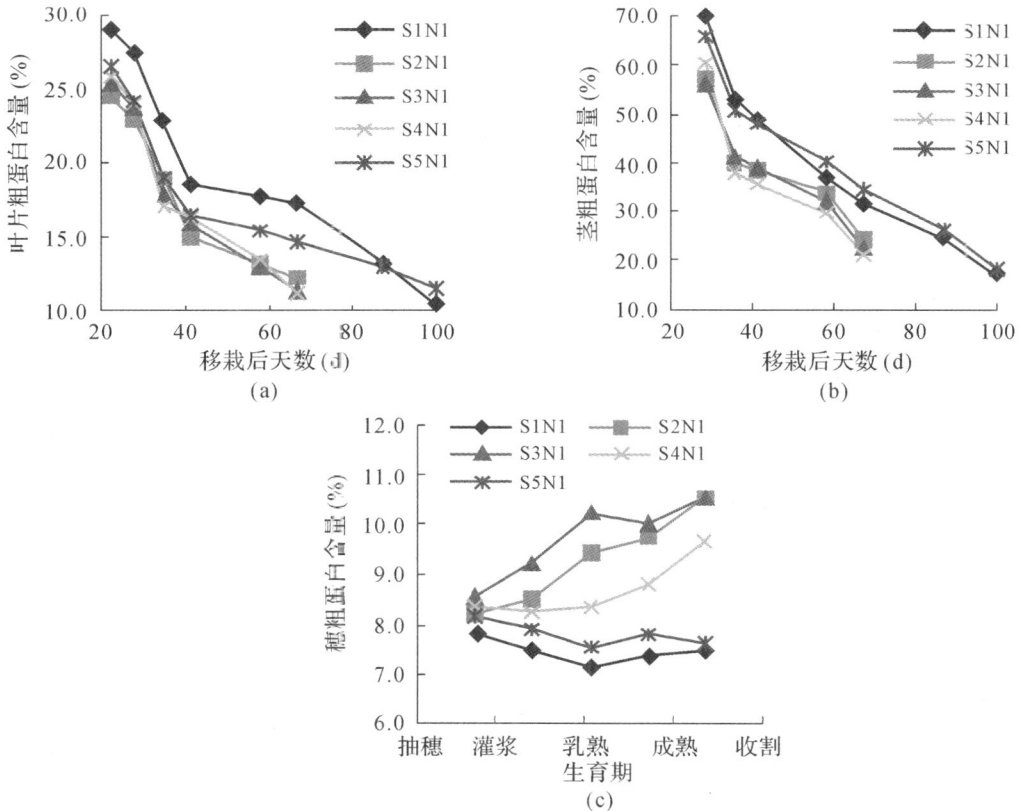

图 8.2　同一氮素水平不同水稻品种叶片、茎和穗粗蛋白含量随生育时期变化

Fig. 8.2　Seasonal variation of crude protein contents of leaves, stems and panicles for different rice varieties at the same nitrogen level

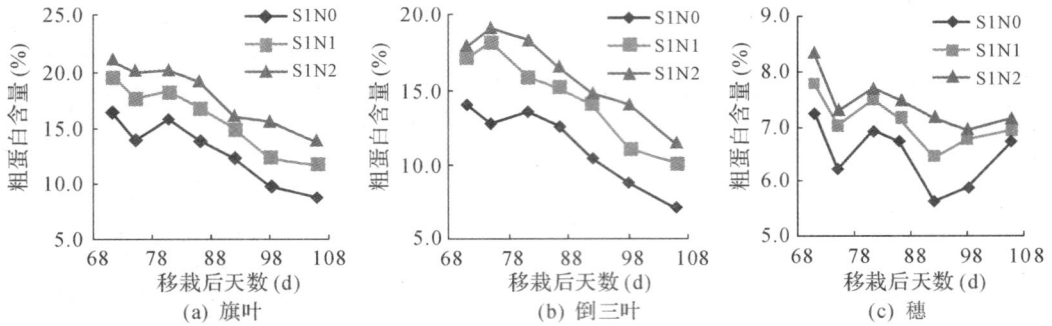

图 8.3　不同氮素水平下秀水 110 旗叶、倒三叶和穗粗蛋白含量随生育时期的变化

Fig. 8. 3　Seasonal variation of crude protein contents of flag leaves, the third leaves from the top and panicles for Xiushui 110 at different nitrogen levels

图 8.4 是不同施氮水平下品种 S1 穗的粗淀粉含量的比较和同一施氮水平下不同品种穗粗淀粉含量的比较。结果表明，随施氮量增加，水稻穗的粗淀粉含量略有下降；两个晚稻品种 S1、S5 成熟后穗的粗淀粉含量比三个早稻品种要高。

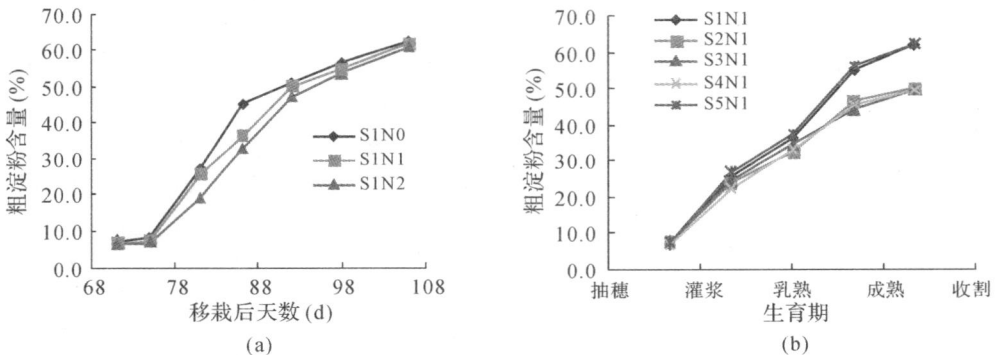

图 8.4　水稻不同生育时期穗粗淀粉含量的变化

Fig. 8. 4　Seasonal variation of crude starch contents of rice panicles

## 8.2.2　稻穗及稻谷粗蛋白质和粗淀粉含量与高光谱变量的相关分析

分别计算稻穗粗蛋白质和粗淀粉的相对含量（％）与其对应的稻穗粉末干样及冠层光谱反射率的相关系数（图 8.5 和 8.6），从图 8.5 可以看出，稻穗的粗蛋白质含量与稻穗粉末样光谱反射率在可见光范围达到了负显著相关水平，但在近红外区域的相关性未达到显著水平；粗淀粉含量与稻穗粉末样光谱在可见光范围达到了正极显著相关水平、而在 1000nm 以上红外范围也达到了负显著相关水平。从图 8.6 可以看出，稻穗的粗蛋白质和粗淀粉含量与其冠层光谱的相关性具有相反的趋势，其中粗蛋白质含量与灌浆期、成熟期的冠层光谱反射率在大部分可见光区域和短波红外部分达到了正极显著相关水平，而粗淀粉含量与灌浆期的冠层光谱反射率的相关性未达显著水平，但与成熟期的冠层光谱反射率在黄光和红光（580～710nm）及短波红外范围达到了负极显著相关水平。另外，实验发现，稻穗的粗蛋白质和粗淀

粉含量与稻穗干粉末及冠层的一阶导数光谱在某些波段有极显著相关。这表明,既可由稻穗本身高光谱也可由冠层光谱来估算稻穗的粗蛋白质和粗淀粉的相对含量。

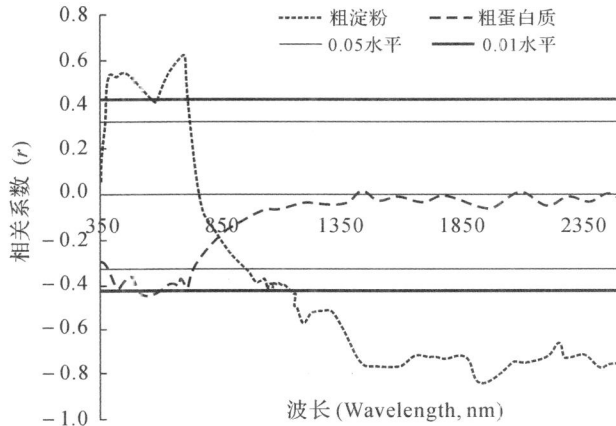

图 8.5　稻穗粗蛋白质和粗淀粉含量与其干粉末光谱反射率的相关系数($n=36$)

Fig. 8.5　Correlogram of their contents of crude protein and crude starch to spectra of rice panicle powder

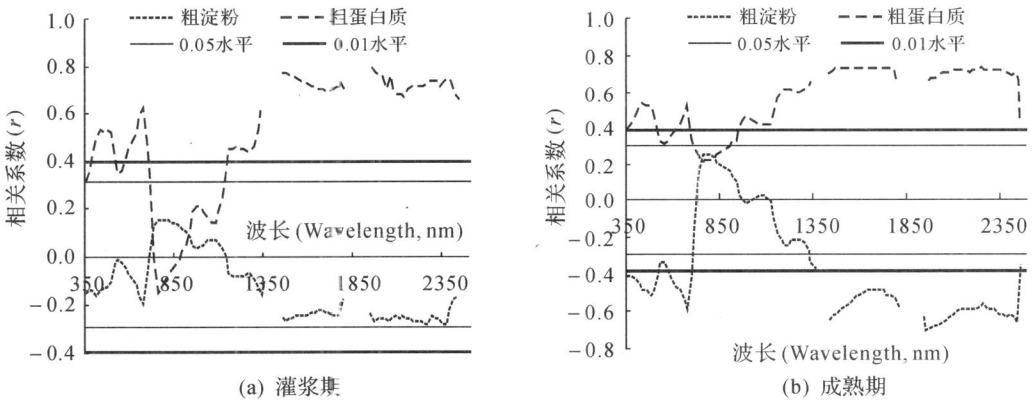

图 8.6　稻穗粗蛋白质和粗淀粉含量与冠层光谱反射率的相关系数($n=45$)

Fig. 8.6　Correlogram of the contents of crude protein and crude starch of panicle to the rice canopy spectra

以成熟期冠层光谱及穗粉末干样光谱为例,选用 440nm、550nm、680nm、800nm 处的光谱反射率构建植被指数 $DVI_{i,j}$、$RVI_{i,j}$、$NDVI_{i,j}$,另外分别选用红边参数 $\lambda_r$、$D_r$、$SD_r$,绿峰参数 $\lambda_g$、$\rho_g$、$SD_g$,蓝边参数 $\lambda_b$、$D_b$、$SD_b$,植被指数 $NDVI_{888}$、$RVI_{888}$ 及相关性最好的原始光谱 $\rho_i$ 和一阶导数光谱 $\rho_i'$ 特定波段,分别分析稻穗的粗蛋白质和粗淀粉含量与上述高光谱变量的相关性(表 8.1)。结果表明,在分析成熟期的冠层光谱与稻穗粗蛋白质含量的相关性时,以一阶导数光谱与稻穗粗蛋白质含量相关性最好,其次是原始光谱反射率;分析与稻穗的粗淀粉含量相关性时,也以一阶导数光谱最好,其次是原始光谱反射率和高光谱归一化植被指数 $NDVI_{i,j}$;在分析稻穗干粉末光谱与粗蛋白质含量相关性时,以植被指数 $NDVI_{888}$、$RVI_{888}$ 最好,其次是原始光谱反射率和一阶导数光谱;分析粗淀粉含量时也以一阶导数光谱最好，其次是原始光谱反射率和高光谱植被指数 $DVI_{i,j}$、$RVI_{i,j}$、$NDVI_{i,j}$。

**表 8.1　稻穗粗蛋白质和粗淀粉含量与穗粉末光谱和成熟期冠层光谱的相关系数**

Table 8.1　Correlation coefficients between the contents of crude protein, crude starch of panicle and the spectra of panicle powder and canopy at maturing stage

| 光谱变量 | 冠层光谱($n=45$) | | 穗粉末光谱($n=36$) | |
|---|---|---|---|---|
| | PC(%) | SC(%) | PC(%) | SC(%) |
| $DVI_{800,440}=\rho_{800}-\rho_{440}$ | 0.146 | 0.297* | 0.195 | −0.595** |
| $DVI_{800,550}=\rho_{800}-\rho_{550}$ | 0.111 | 0.331* | 0.329* | −0.609** |
| $DVI_{800,680}=\rho_{800}-\rho_{680}$ | 0.057 | 0.382** | 0.273 | −0.670** |
| $RVI_{800,440}=\dfrac{\rho_{800}}{\rho_{440}}$ | −0.353* | 0.516** | 0.324 | −0.611** |
| $RVI_{800,550}=\dfrac{\rho_{800}}{\rho_{550}}$ | −0.141 | 0.419** | 0.396* | −0.589** |
| $RVI_{800,680}=\dfrac{\rho_{800}}{\rho_{680}}$ | −0.267 | 0.518** | 0.311 | −0.669** |
| $NDVI_{800,440}=\dfrac{\rho_{800}-\rho_{440}}{\rho_{800}+\rho_{440}}$ | −0.358* | 0.565** | 0.339* | −0.613** |
| $NDVI_{800,550}=\dfrac{\rho_{800}-\rho_{550}}{\rho_{800}+\rho_{550}}$ | −0.134 | 0.417** | 0.406* | −0.588** |
| $NDVI_{800,680}=\dfrac{\rho_{800}-\rho_{680}}{\rho_{800}+\rho_{680}}$ | −0.375* | 0.622** | 0.325 | −0.669** |
| $\lambda_r$ | 0.137 | 0.015 | | |
| $D_r$ | −0.032 | 0.437** | | |
| $SD_r$ | 0.053* | 0.388** | | |
| $\lambda_g$ | 0.293 | −0.499** | | |
| $\rho_g$ | 0.306* | −0.336* | | |
| $SD_g$ | 0.335* | −0.365* | | |
| $\lambda_b$ | −0.035 | 0.167 | | |
| $D_b$ | 0.016 | −0.048 | | |
| $SD_b$ | 0.063 | −0.111 | | |
| $NDVI_{888}$ | 0.751** | −0.734** | | |
| $RVI_{888}$ | −0.751** | 0.734** | | |
| $\rho_{1966}$ | 0.661** | −0.705** | | |
| $\rho_{1538}$ | 0.744** | −0.561** | | |
| $\rho'_{888}$ | 0.759** | −0.696** | | |
| $\rho_{1942}$ | | | −0.056 | −0.844** |
| $\rho_{550}$ | | | −0.449** | 0.434** |
| $\rho'_{1659}$ | | | 0.014 | 0.855** |
| $\rho'_{1554}$ | | | 0.558** | 0.500** |
| $\rho'_{2100}$ | | | −0.318 | −0.612** |
| $R'_{2100}$ | | | −0.332* | 0.273 |
| $RVI_{2100,2220}=\dfrac{\rho_{2100}}{\rho_{2220}}$ | | | 0.151 | 0.792** |
| $RVI_{2100,2000}=\dfrac{\rho_{2100}}{\rho_{2000}}$ | | | 0.299 | −0.473** |

注：PC 表示粗蛋白质；SC 表示粗淀粉。

分析稻谷粗蛋白质和粗淀粉含量与成熟期冠层光谱、干稻谷自身光谱的相关系数（图 8.7 和 8.8）可以看出，稻谷的粗蛋白质含量与干稻谷光谱反射率在可见光和部分近红外范围（420～1150nm）达到了负极显著相关水平，而在 1200～1900nm 近红外区域达到正极显著水着水平;粗淀粉含量与干稻谷样光谱在可见光和部分近红外范围(450～950nm)达到了正极显著相关水平,但在1000nm以上红外范围的相关性较差,一般未达显著水平。

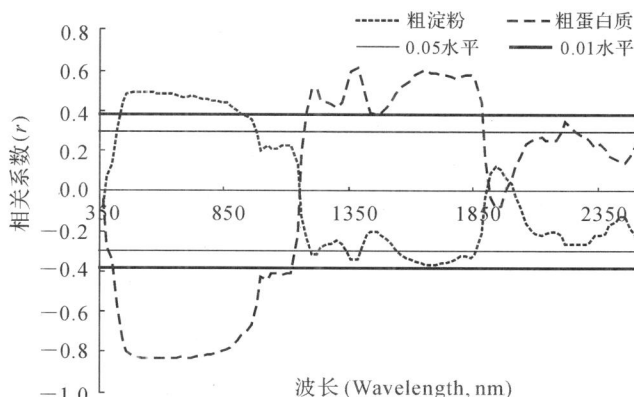

图 8.7　干稻谷粗蛋白质和粗淀粉含量与其光谱反射率的相关系数($n=45$)

Fig. 8.7　Correlogram of the contents of crude protein and crude starch to spectra of dry rice paddy

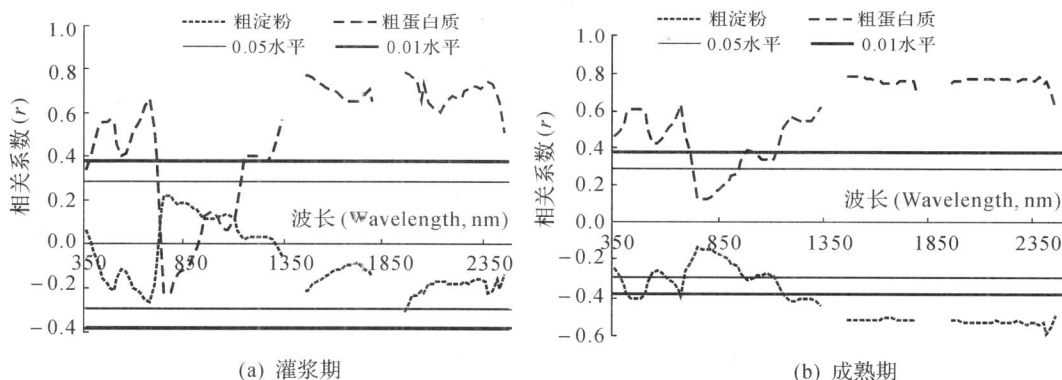

(a) 灌浆期　　　　　　　　　　(b) 成熟期

图 8.8　稻谷粗蛋白质和粗淀粉含量与冠层光谱反射率的相关系数($n=45$)

Fig. 8.8　Correlogram of the contents of crude protein and crude starch of rice paddy to spectra of rice canopy

从图 8.8 可以看出,稻谷的粗蛋白质和粗淀粉含量与其冠层光谱的相关性具有相反的趋势,其中粗蛋白质含量与灌浆期、成熟期的冠层光谱反射率在可见光区域和 1200nm 以上短波红外部分达到了正极显著相关水平,而粗淀粉含量与灌浆期的冠层光谱反射率的相关性未达显著水平,但与成熟期的冠层光谱反射率在部分可见光及大部分红外区域达到了负显著相关水平。另外,实验发现,稻谷的粗蛋白质和粗淀粉含量与干稻谷及冠层的一阶导数光谱在某些波段有极显著相关。这表明,既可由稻谷本身高光谱也可由某些生育期冠层光谱来估算稻谷的粗蛋白质和粗淀粉的相对含量。

以成熟期冠层光谱及干稻谷样光谱为例,选用与上述稻粗蛋白质和粗淀粉含量相关分析相同的光谱变量,分析稻谷的粗蛋白质和粗淀粉含量与上述高光谱变量的相关性,如表8.2 所示。结果表明,成熟期的冠层光谱和干稻谷光谱与稻谷的粗蛋白质和粗淀粉含量进行相关分析时,除了冠层光谱与粗蛋白的相关性外,都以一阶导数光谱与稻谷的粗蛋白质和粗淀粉含量的相关性最好，其次是原始光谱反射率、绿峰参数；而冠层光谱与粗蛋白的相关性以原始光谱反射率最好。

**表 8.2 稻谷粗蛋白质和粗淀粉含量与干稻谷光谱和成熟期冠层光谱的相关系数**

Table 8.2 Correlation coefficients between the contents of crude protein, crude starch of paddy and the spectra of dry paddy and canopy at maturing stage

| 光谱变量 | 冠层光谱 | | 干稻谷光谱 | |
|---|---|---|---|---|
| | PC(%) | SC(%) | PC(%) | SC(%) |
| $\mathrm{DVI}_{800,440}=\rho_{800}-\rho_{440}$ | 0.061 | −0.170 | −0.753** | 0.213 |
| $\mathrm{DVI}_{800,550}=\rho_{800}-\rho_{550}$ | 0.005 | −0.120 | −0.402** | −0.038 |
| $\mathrm{DVI}_{800,680}=\rho_{800}-\rho_{680}$ | −0.045 | −0.118 | 0.163 | −0.070 |
| $\mathrm{RVI}_{800,440}=\dfrac{\rho_{800}}{\rho_{440}}$ | −0.460** | 0.171 | 0.481** | −0.141 |
| $\mathrm{RVI}_{800,550}=\dfrac{\rho_{800}}{\rho_{550}}$ | −0.288 | 0.085 | 0.730** | −0.247 |
| $\mathrm{RVI}_{800,680}=\dfrac{\rho_{800}}{\rho_{680}}$ | −0.415** | 0.126 | 0.723** | −0.196 |
| $\mathrm{NDVI}_{800,440}=\dfrac{\rho_{800}-\rho_{440}}{\rho_{800}+\rho_{440}}$ | −0.479** | 0.195 | 0.506** | −0.172 |
| $\mathrm{NDVI}_{800,550}=\dfrac{\rho_{800}-\rho_{550}}{\rho_{800}+\rho_{550}}$ | −0.278 | 0.114 | 0.743** | −0.265 |
| $\mathrm{NDVI}_{800,680}=\dfrac{\rho_{800}-\rho_{680}}{\rho_{800}+\rho_{680}}$ | −0.512** | 0.180 | 0.728** | −0.204 |
| $\lambda_r$ | 0.040 | 0.044 | −0.623** | 0.278 |
| $D_r$ | −0.130 | −0.147 | −0.630** | 0.435** |
| $SD_r$ | −0.048 | −0.119 | 0.018 | 0.086 |
| $\lambda_g$ | 0.408** | −0.097 | | |
| $\rho_g$ | 0.421** | −0.280 | −0.829** | 0.329* |
| $SD_g$ | 0.451** | −0.295* | −0.827** | 0.344* |
| $\lambda_b$ | −0.146 | 0.080 | 0.444** | −0.237 |
| $D_b$ | 0.107 | −0.172 | −0.813** | 0.258 |
| $SD_b$ | 0.165 | −0.184 | −0.800** | 0.245 |
| $\mathrm{NDVI}_{888}$ | 0.691** | −0.313* | | |
| $\mathrm{RVI}_{888}$ | −0.691** | 0.313** | | |
| $\rho_{1966}$ | 0.769** | −0.548** | | |
| $\rho_{1538}$ | 0.788** | −0.522** | | |
| $\rho'_{888}$ | 0.816** | −0.392** | | |
| $\rho_{1942}$ | 0.725** | −0.528** | | |
| $\rho_{550}$ | | | −0.820** | 0.498** |
| $\rho'_{1659}$ | | | −0.831** | 0.489** |
| $\rho'_{1554}$ | | | 0.488** | −0.574** |
| $\rho'_{2100}$ | | | −0.233 | 0.147 |
| $R'_{2100}$ | | | 0.208 | −0.065 |
| $\mathrm{RVI}_{2100,2220}=\dfrac{\rho_{2100}}{\rho_{2220}}$ | | | −0.307* | 0.392** |
| $\mathrm{RVI}_{2100,2000}=\dfrac{\rho_{2100}}{\rho_{2000}}$ | | | −0.125 | 0.134 |
| $\mathrm{RVI}_{2100,2015}=\dfrac{\rho_{2100}}{\rho_{2015}}$ | | | 0.329* | −0.413** |

### 8.2.3 稻穗及稻谷粗蛋白质和粗淀粉含量的高光谱遥感估算模型及其精度检验

通过相关分析,选择与稻穗和稻谷粗蛋白质含量通过极显著检验的高光谱变量,建立稻穗和稻谷粗蛋白质和稻谷粗蛋白质含量高光谱遥感估算方程如表 8.3 所示。以 2003 年的实验数据为检验样本,对稻穗和稻谷的粗蛋白质含量的估算模型进行检验和估算精度分析。由表 8.3 可知,通过稻穗粉末和稻谷的光谱来估算它们的粗蛋白质含量,估算模型检验达到了极显著水平,且检验精度在 85% 以上(稻谷 $\rho_g$ 估算模型除外),其中逐步回归模型检验精度在 90% 以上,而通过水稻冠层光谱及其一阶导数光谱来估算稻穗和稻谷中粗蛋白质含量,估算模型检验都达到了极显著水平,检验精度在 89% 以上,其中逐步回归模型检验精度也在 90% 以上,且用导数光谱估算的效果要好于原始光谱。

**表 8.3 稻穗和稻谷粗蛋白质含量的估算回归方程**

Table 8.3 Regression equations for estimating the contents(%) of crude protein of rice panicle and paddy

| 器官 | 光谱 | 回归方程 | $R^2$ | $F$ | St. E | 检验精度(%) |
|---|---|---|---|---|---|---|
| 穗 | 冠层 ($n=45$) | $P = 11309\rho'_{888} + 7.5232$ | $0.576^{**}$ | 58.5 | 0.9755 | 91.5 |
| | | $P = 7.5351\exp(764.45NDVI_{888})$ | $0.565^{**}$ | 55.7 | 0.1157 | 90.2 |
| | | $P = 5.0406\exp(4.5951\rho_{1538})$ | $0.560^{**}$ | 54.8 | 0.1163 | 89.5 |
| | | $P = 7460.55\rho'_{883} + 1437.51\rho'_{1478} + 2667.40\rho'_{1521} + 5.63400$ | $0.707^{**}$ | 33.0 | 0.8302 | 98.9 |
| | 干穗粉末 ($n=36$) | $P = 145.1(\rho'_{804})^{0.3984}$ | $0.650^{**}$ | 63.3 | 0.1190 | 85.4 |
| | | $P = -34.579\rho_{550}^2 + 28.893\rho_{550} + 1.5515$ | $0.211^{**}$ | 4.4 | 0.6327 | 85.8 |
| | | $P = 4610.41\rho'_{804} + 2275.69\rho'_{1855} - 1987.05\rho'_{2225} + 3.50400$ | $0.748^{**}$ | 31.7 | 0.3576 | 93.2 |
| 谷 | 冠层 ($n=45$) | $P = 12257\rho'_{888} + 7.7745$ | $0.666^{**}$ | 85.8 | 0.8731 | 92.6 |
| | | $P = -559483NDVI_{888}^2 + 2317.10NDVI_{888} + 9.78600$ | $0.495^{**}$ | 20.6 | 1.0868 | 90.7 |
| | | $P = -193.56\rho_{1506}^2 + 83.955\rho_{1506} + 2.8430$ | $0.495^{**}$ | 35.6 | 0.9310 | 89.3 |
| | | $P = 12000.5\rho'_{888} - 1792.05\rho'_{350} - 3471.84\rho'_{1651} + 8.15900$ | $0.805^{**}$ | 56.4 | 0.6834 | 90.8 |
| | 干稻谷 ($n=45$) | $P = -3852.3\rho'_{447} + 14.958$ | $0.791^{**}$ | 162.1 | 0.6919 | 89.9 |
| | | $P = -271.98\rho_{590}^2 + 125.60\rho_{590} - 3.9902$ | $0.755^{**}$ | 64.6 | 0.7574 | 85.1 |
| | | $P = -303.89\rho_g^2 + 120.09\rho_g - 1.3687$ | $0.745^{**}$ | 61.3 | 0.7721 | 71.6 |
| | | $P = -3735.20\rho'_{447} + 2662.27\rho'_{416} + 1947.62\rho'_{973} + 11.6820$ | $0.883^{**}$ | 103.2 | 0.5291 | 90.6 |

同样,根据表 8.1 和 8.2 可知,稻穗和稻谷的粗淀粉含量分别与其自身的光谱和成熟期的水稻冠层光谱的某些高光谱变量具有极显著相关性,利用这些高光谱变量建立的稻穗和稻谷的粗淀粉含量估算回归方程如表 8.4 所示。也以 2003 年的实验数据为检验样本,对稻穗和稻谷的粗淀粉含量的估算模型进行检验和估算精度分析。由表 8.4 可知,无论是通过

稻穗粉末和稻谷的光谱来估算它们的粗淀粉含量,还是通过水稻冠层光谱及其一阶导数光谱来估算稻穗和稻谷中粗淀粉含量,估算模型都达到了极显著检验水平。其中通过稻穗粉末和稻谷的光谱来估算它们的粗淀粉含量的模型精度在87%以上,逐步回归模型检验精度可以达到90%以上;通过水稻冠层光谱及其一阶导数光谱来估算稻穗和稻谷中粗淀粉含量检验精度在80%以上,逐步回归模型检验精度在92%以上。

**表 8.4　稻穗和稻谷粗淀粉含量的估算回归方程**

Table 8.4　Regression equations for estimating the contents (%) of crude starch of rice panicle and paddy

| 器官 | 光谱 | 回归方程 | $R^2$ | $F$ | St. E | 检验精度(%) |
|---|---|---|---|---|---|---|
| 穗 | 冠层 ($n=45$) | $S = -47715\rho_{888} + 50.035$ | $0.484^{**}$ | 40.4 | 4.9545 | 80.7 |
| | | $S = -29396\mathrm{NDVI}_{888} + 50.015$ | $0.539^{**}$ | 50.3 | 4.6841 | 87.4 |
| | | $S = -345.6\rho_{1966} + 57.22$ | $0.498^{**}$ | 42.5 | 4.8909 | 85.7 |
| | | $S = -45340.9\rho'_{888} + 3687.36\rho'_{719} - 9575.40\rho'_{1467} + 36.7430$ | $0.762^{**}$ | 43.7 | 3.4475 | 92.8 |
| | 干穗粉末 ($n=36$) | $S = 35597\rho'_{1659}D_{1659} + 74.004$ | $0.732^{**}$ | 96.2 | 4.0915 | 92.3 |
| | | $S = -149.50\rho_{1942}R_{1942} + 104.51$ | $0.713^{**}$ | 84.3 | 4.4239 | 87.9 |
| | | $S = 14159.1\rho'_{1659} + 29532.4\rho'_{1208} - 5241.47\rho'_{1918} + 55.3840$ | $0.855^{**}$ | 53.2 | 2.7223 | 95.3 |
| 谷 | 冠层 ($n=45$) | $S = 80.088\exp(-168.22\rho'_{910})$ | $0.281^{**}$ | 16.7 | 0.1451 | 93.4 |
| | | $S = 2209.7\rho_{2320}^2 - 369.81\rho_{2320} + 92.996$ | $0.195^{**}$ | 5.1 | 3.7819 | 92.0 |
| | | $S = -11938.1\rho'_{910} + 8241.82\rho'_{1765} + 11696.8\rho'_{1641} + 81.2810$ | $0.489^{**}$ | 13.1 | 3.0489 | 92.7 |
| | 干稻谷 ($n=45$) | $S = -14769\rho'_{2013} + 84.550$ | $0.330^{**}$ | 21.1 | 3.4108 | 89.8 |
| | | $S = 2718.0\rho_{491}^2 - 916.86\rho_{491} + 154.54$ | $0.266^{**}$ | 7.6 | 3.6116 | 90.3 |
| | | $S = -15880.5\rho'_{2013} - 14845.8\rho'_{1825} + 3173.17\rho'_{2393} + 85.4610$ | $0.582^{**}$ | 19.0 | 2.7573 | 90.2 |

比较表8.3和8.4可知,通过冠层的导数光谱来估算稻穗粗蛋白质和粗淀粉含量的效果一般比直接用原始光谱及其植被指数好。从稻穗粉末干样光谱来估算其粗淀粉含量的效果要好于估算粗蛋白含量的效果,原因是粉末样中粗淀粉含量远高于粗蛋白质含量。采用多元统计逐步回归分析,从稻穗、稻谷干样光谱估算稻穗、稻谷中粗蛋白和粗淀粉含量的决定系数 $R^2$ 在0.70以上,通过成熟期冠层光谱来估算稻穗、稻谷中粗淀粉含量的决定系数 $R^2$ 也在0.70以上。通过对齐穗期、灌浆期、乳熟期和成熟期稻穗粗蛋白质和粗淀粉含量与对应冠层光谱的相关分析,发现多元逐步回归模型的决定系数 $R^2$ 随发育期推后而增大。

比较表8.1和8.2相关系数较高的光谱波段与粗蛋白质、粗淀粉的特征吸收波段,发现估算稻谷、稻穗中粗蛋白质和粗淀粉含量时,相关系数较好的敏感波段一般在色素、粗蛋白质和粗淀粉的特征吸收波段附近,但由于受冠层结构、叶片结构、水分、枝梗和未成熟穗粒影响,敏感波段与色素、粗蛋白质和粗淀粉的实际特征吸收波段位置有偏差。

通过比较,确定稻穗、稻谷粗蛋白质和粗淀粉含量高光谱遥感估算模型。

从冠层光谱估算稻穗粗蛋白质含量（$P$）和粗淀粉含量（$S$）的最佳模型分别为：

$$P = 7460.55\rho'_{888} + 1437.51\rho'_{1478} + 2667.40\rho'_{1521} + 5.68 \tag{8.1}$$

拟合 $R^2 = 0.707$、$\text{Sig.} = 0.000$，检验精度 98.9%；

$$S = -45340.90\rho'_{888} + 3687.36\rho'_{719} - 9575.40\rho'_{1467} + 36.74 \tag{8.2}$$

拟合 $R^2 = 0.762$、$\text{Sig.} = 0.000$，检验精度 92.8%；

从冠层光谱估算稻谷粗蛋白质含量（$P$）和粗淀粉含量（$S$）的最佳模型分别为：

$$P = 12000.50\rho'_{888} - 1792.05\rho'_{350} - 3471.84\rho'_{1651} + 8.156 \tag{8.3}$$

拟合 $R^2 = 0.805$、$\text{Sig.} = 0.000$，检验精度 90.8%；

$$S = -11938.10\rho'_{910} + 8241.82\rho'_{1765} + 11696.80\rho'_{1641} + 81.28 \tag{8.4}$$

拟合 $R^2 = 0.489$、$\text{Sig.} = 0.000$，检验精度 92.7%。

## 8.3 稻米粗蛋白质和直链淀粉含量遥感监测综合模型

通过上述研究，明确利用高光谱资料开展稻穗和稻谷的粗蛋白质和粗淀粉含量估算的可行性，但是稻米粗蛋白质和直链淀粉含量才是稻米品质的直接指标。接下来利用 2002 年的实验资料分析稻米粗蛋白质和直链淀粉含量与高光谱变量的相关性，然后利用相关分析筛选的因子建立稻米粗蛋白质和直链淀粉含量的高光谱遥感估算模型，并用 2003 年的实验资料进行精度检验，确定稻米和稻谷粗蛋白质和粗淀粉含量的最佳高光谱遥感估算模型。但是，如前所述，稻米品质还受到气象条件的影响，因此，引入温度变量，最终建立稻米和稻谷粗蛋白质和粗淀粉含量的最佳高光谱遥感综合估算模型，以期获得更高的精度。

### 8.3.1 稻米粗蛋白质和直链淀粉含量与米粉干样光谱的相关分析

分别计算稻米中的粗蛋白质和直链淀粉含量与米粉干样原始光谱反射率的相关系数，如图 8.9 所示。从图可以看出，稻米的粗蛋白质含量与米粉光谱反射率在紫光到橙光范围

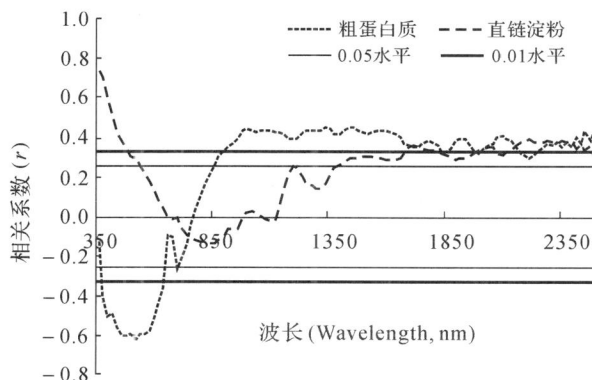

图 8.9 稻米粗蛋白质和直链淀粉含量与其光谱反射率的相关系数（$n=60$）

Fig. 8.9 Correlogram of contents of crude protein and amylose of rice flour to their spectra

(380~650nm)内达到了负显著相关水平,在860nm以上红外区域也达到了正显著相关水平;直链淀粉含量与米粉光谱在蓝紫光范围达到了正极显著相关水平,并且在短波红外范围也达到了正显著相关水平。

利用原始光谱反射率、一阶导数光谱来构建植被指数 $DVI_{i,j}$、$RVI_{i,j}$、$NDVI_{i,j}$,另外分别选用红边参数 $\lambda_r$、$D_r$、$SD_r$,绿峰参数 $\lambda_g$、$\rho_g$、$SD_g$,蓝边参数 $\lambda_b$、$D_b$、$SD_b$ 和黄边参数 $\lambda_y$、$D_y$、$SD_y$,分别分析稻米的粗蛋白质和直链淀粉含量与其原始光谱 $\rho_i$、$\lg(1/\rho_i)$、$\rho'_i$、$\lg'(1/\rho_i)$ 及上述各高光谱变量的相关性,得出相关系数较大的光谱变量如表 8.5 所示。结果表明,估算稻米粗蛋白质含量时,用导数光谱的估算效果要好于原始光谱,而估算稻米直链淀粉时,导数光谱的估算效果也要好于原始光谱。因此,根据这些光谱变量,可以从稻米光谱来估算其粗蛋白质和直链淀粉含量。

表 8.5 稻米粗蛋白质和直链淀粉含量与其高光谱变量的相关系数

Table 8.5 Correlation coefficients between the contents of crude protein, amylose of rice flour and their spectral variables

| 光谱变量 | 粗蛋白质含量 | 直链淀粉含量 |
|---|---|---|
| $\rho_{523}$ | −0.636** | 0.283* |
| $\rho_{363}$ | −0.157 | 0.755** |
| $\rho'_{1199}$ | 0.848** | −0.134 |
| $\rho'_{537}$ | 0.339** | −0.770** |
| $\lg(1/\rho_{363})$ | 0.159 | −0.734** |
| $\lg(1/\rho_{523})$ | 0.615** | −0.281* |
| $\lg'(1/\rho_{463})$ | −0.379** | 0.779** |
| $\lg'(1/\rho_{1199})$ | −0.850** | 0.048 |
| $RVI_{\rho_{362},\rho_{914}} = \dfrac{\rho_{362}}{\rho_{914}}$ | −0.264* | 0.786** |
| $RVI_{\rho_{978},\rho_{553}} = \dfrac{\rho_{978}}{\rho_{553}}$ | 0.840* | −0.192 |
| $RVI_{\rho'_{793},\rho'_{367}} = \dfrac{\rho'_{793}}{\rho'_{367}}$ | 0.853* | 0.207 |
| $RVI_{\rho'_{915},\rho'_{381}} = \dfrac{\rho'_{915}}{\rho'_{381}}$ | −0.277* | 0.794** |
| $SD_y$ | 0.692** | −0.506** |

图 8.10(a)和 8.10(b)分别为稻米中的粗蛋白质和直链淀粉含量与抽穗期、灌浆期、成熟期冠层原始光谱反射率的相关系数。从图 8.10 可以看出,稻米的粗蛋白质和直链淀粉含量与冠层光谱反射率的相关性随发育期不同而异:抽穗期在可见光范围两者基本都达到了负显著相关水平(直链淀粉在蓝光部分未达到显著相关水平);灌浆期在所有波段两者都未达显著相关水平;成熟期稻米的粗蛋白质含量与冠层光谱反射率的相关性在紫光区域及860~1180nm 红外区域达到了显著水平,而直链淀粉含量与冠层光谱反射率在760~1350nm 红外区域达到了正显著相关水平。

(a) 粗蛋白质

(b) 直链淀粉

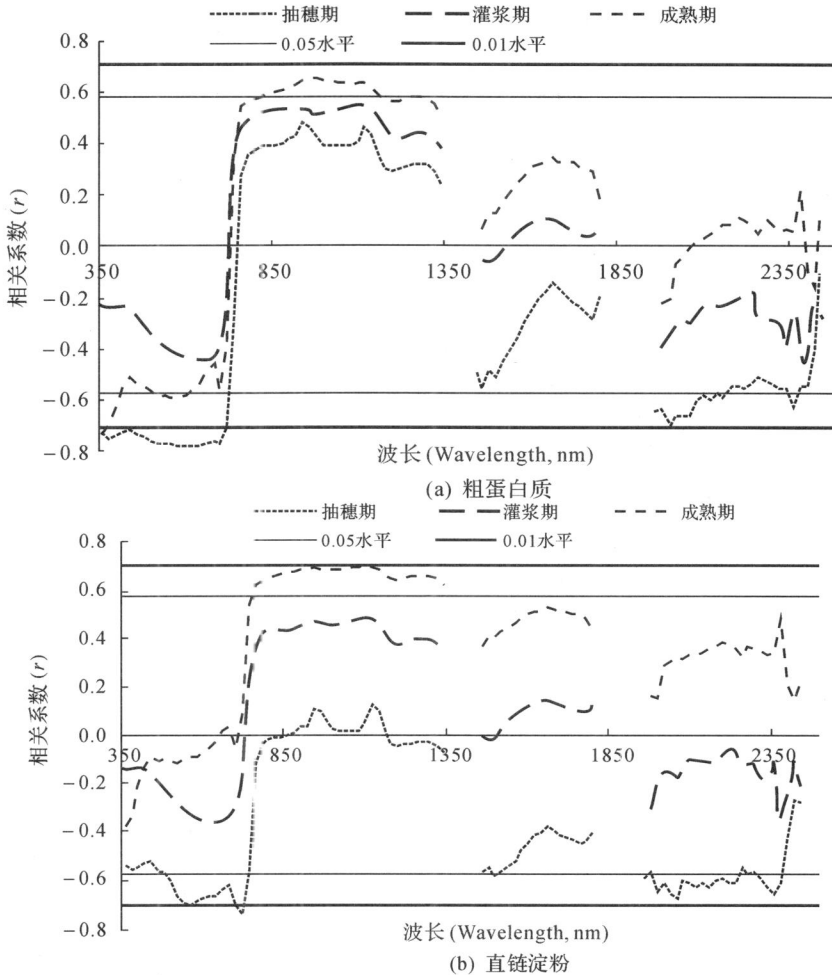

图 8.10　稻米粗蛋白质和直链淀粉含量与不同时期冠层光谱反射率的相关系数(S1,$n=12$)

Fig. 8.10　Correlogram of the contents of crude protein and amylose of rice flour to canopy spectra at
　　　　　different stages

　　分别分析不同品种稻米中的粗蛋白质和直链淀粉含量与其抽穗期、灌浆期、成熟期冠
层原始光谱反射率及一阶导数光谱的相关系数,如表 8.6 所示,结果表明在不同发育期,各
品种稻米中的粗蛋白质和直链淀粉含量与冠层原始光谱反射率的相关性因发育期不同而
有较大差异,但它们与冠层的一阶导数光谱的最佳相关在各个时期都达到了极显著水平。

　　分析发现,各品种稻米中粗蛋白质含量与抽穗期冠层原始光谱反射率在 649nm 处都达到了
显著相关水平,相关系数分别为－0.777(S1)、－0.584(S2)、－0.684(S3)、－0.637(S4)、
－0.769(S5),与抽穗期一阶导数光谱在 553nm 处也都达到了显著相关水平,相关系数分别
为－0.851(S1)、－0.709(S2)、－0.654(S3)、－0.917(S4)、－0.721(S5);各品种稻米中直
链淀粉含量与抽穗期冠层原始光谱反射率的相关性没有统一的显著性规律,但与一阶导数
光谱在 553nm 处都达到了极显著相关水平,相关系数分别为－0.811(S1)、0.708(S2)、

0.834(S3)、−0.788(S4)、0.707(S5)。结果表明,抽穗期各品种稻米的粗蛋白质和直链淀粉含量与其冠层光谱的红边位置之间都存在显著相关。各品种稻米中粗蛋白质含量和直链淀粉含量与成熟期冠层原始光谱反射率及其一阶导数光谱的相关性都没有统一的显著性规律,但在876nm处,S1、S4两个品种的粗蛋白质和直链淀粉含量与一阶导数光谱极显著相关,其中粗蛋白质的相关系数分别为0.788(S1)、0.844(S4),直链淀粉的相关系数为0.752(S1)、0.716(S4);在672nm处,S2、S3、S5三个品种的粗蛋白质和直链淀粉含量与一阶导数光谱显著相关,其中粗蛋白质的相关系数分别为0.704(S2)、0.583(S3)、0.588(S5),直链淀粉的相关系数分别为−0.801(S2)、−0.903(S3)、−0.628(S5)。理论上可用这些相关系数达到显著水平的特定波段来估算不同品种水稻稻米中粗蛋白质和直链淀粉含量。

表8.6 稻米粗蛋白质和直链淀粉含量与冠层高光谱的相关系数

Table 8.6 Correlation coefficients between the contents of crude protein,amylose of rice flour and the canopy spectra at different stages

| 生化成分 | 品种 | 抽穗期 | | | | 灌浆期 | | | | 成熟期 | | | |
|---|---|---|---|---|---|---|---|---|---|---|---|---|---|
| | | 光谱变量 | r | 光谱变量 | r | 光谱变量 | r | 光谱变量 | r | 光谱变量 | r | 光谱变量 | r |
| 粗蛋白质 | S1 | $\rho_{629}$ | −0.782** | $\rho'_{1751}$ | −0.879** | $\rho_{1125}$ | 0.578* | $\rho'_{799}$ | 0.888** | $\rho_{356}$ | −0.774** | $\rho'_{1338}$ | −0.896** |
| | S2 | $\rho_{2426}$ | 0.900** | $\rho'_{1535}$ | 0.936** | $\rho_{381}$ | −0.846** | $\rho'_{1465}$ | −0.892** | $\rho_{551}$ | −0.366 | $\rho'_{365}$ | −0.828** |
| | S3 | $\rho_{695}$ | −0.729** | $\rho'_{443}$ | −0.831** | $\rho_{576}$ | −0.594* | $\rho'_{1623}$ | 0.815** | $\rho_{2419}$ | 0.489 | $\rho'_{1079}$ | 0.800** |
| | S4 | $\rho_{639}$ | −0.655* | $\rho'_{553}$ | −0.917** | $\rho_{639}$ | −0.765** | $\rho'_{476}$ | −0.919** | $\rho_{529}$ | −0.764** | $\rho'_{670}$ | 0.951** |
| | S5 | $\rho_{636}$ | −0.778** | $\rho'_{785}$ | 0.870** | $\rho_{1132}$ | 0.800** | $\rho'_{734}$ | 0.854** | $\rho_{401}$ | 0.752** | $\rho'_{2286}$ | −0.831** |
| 直链淀粉 | S1 | $\rho_{720}$ | −0.745** | $\rho'_{1751}$ | 0.898** | $\rho_{1125}$ | 0.510 | $\rho'_{782}$ | 0.797** | $\rho_{1128}$ | 0.699* | $\rho'_{1231}$ | 0.910** |
| | S2 | $\rho_{2426}$ | −0.795** | $\rho'_{676}$ | −0.849** | $\rho_{366}$ | 0.806** | $\rho'_{1462}$ | 0.927** | $\rho_{551}$ | 0.303 | $\rho'_{2181}$ | 0.825** |
| | S3 | $\rho_{695}$ | 0.765** | $\rho'_{552}$ | 0.891** | $\rho_{566}$ | 0.689* | $\rho'_{655}$ | −0.894** | $\rho_{2419}$ | −0.680* | $\rho'_{1980}$ | −0.946** |
| | S4 | $\rho_{629}$ | −0.616* | $\rho'_{2266}$ | −0.880** | $\rho_{706}$ | −0.780** | $\rho'_{476}$ | −0.846** | $\rho_{529}$ | −0.587* | $\rho'_{379}$ | −0.796** |
| | S5 | $\rho_{636}$ | 0.731** | $\rho'_{454}$ | 0.898** | $\rho_{1132}$ | −0.748** | $\rho'_{1090}$ | −0.918** | $\rho_{401}$ | −0.584* | $\rho'_{397}$ | −0.799** |

### 8.3.2 稻米粗蛋白质和直链淀粉含量的遥感估算模型及其检验

根据表8.5对稻米粗蛋白质和直链淀粉含量与稻米高光谱变量的相关性分析可知,可以用稻米的某些高光谱变量来估算其粗蛋白质和直链淀粉含量,利用2002年实验资料建立的稻米粗蛋白质和直链淀粉含量高光谱变量估算回归方程,如表8.7所示。以2003年的实验数据为检验样本,对稻米的粗蛋白质和直链淀粉含量的估算模型进行检验和估算精度分析,结果表明,从稻米光谱估算其粗蛋白质和直链淀粉含量时,一般来说,一阶导数光谱变量模型(有较高的拟合$R^2$和检测精度)的估算效果要比原始光谱变量模型的估算效果好,多元逐步回归模型的估算效果要比单变量模型的估算效果好;估算直链淀粉含量的效果要好于估算粗蛋白质含量,因为一般粳、籼稻中直链淀粉含量要大于粗蛋白质含量。

**表 8.7　稻米粗蛋白质和直链淀粉含量的高光谱遥感估算模型**

Table 8.7　Regression models for the crude protein and amylose content of rice using the spectra of rice flour

| 生化参数 | 回归方程 | $R^2$ | $F$ | Std. E | 检验精度（%） |
|---|---|---|---|---|---|
| 粗蛋白质 | $-22.870\rho_{523}+20.649$ | 0.404** | 39.3 | 1.2361 | 68.4 |
| | $18.838\exp(1148.5\rho'_{1193})$ | 0.727** | 154.3 | 0.1049 | 91.3 |
| | $7.5158\ln\left[\lg(1/\rho_{1199})\right]+18.232$ | 0.404** | 39.3 | 1.2360 | 68.2 |
| | $-10639\lg'(1/\rho_{1199})+14.218$ | 0.724** | 152.0 | 0.8415 | 93.6 |
| | $-23.973\left(\dfrac{\rho_{978}}{\rho_{553}}\right)^2+77.138\dfrac{\rho_{978}}{\rho_{553}}-51.918$ | 0.743** | 82.4 | 0.8193 | 82.5 |
| | $20.589\left(\dfrac{\rho'_{793}}{\rho'_{367}}\right)^{0.3159}$ | 0.746** | 170.4 | 0.1011 | 92.0 |
| | $65.505\,SD_y+2.7244$ | 0.498** | 57.4 | 1.1350 | 72.1 |
| | $-15.522\rho_{523}+13.903\rho_{994}+342.88\rho_{671}-347.32\rho_{665}+7.4240$ | 0.789** | 51.3 | 0.7571 | 82.6 |
| | $5228.39D_{\lambda1199}+4095.47D_{\lambda831}-3149.24D_{\lambda1480}+10.9390$ | 0.872** | 127.2 | 0.5834 | 93.2 |
| 直链淀粉 | $80.675\rho_{363}-1.6112$ | 0.570** | 77.0 | 1.9478 | 93.7 |
| | $74.112\exp(-1584.9\rho'_{537})$ | 0.608** | 90.1 | 0.1567 | 93.8 |
| | $-24.380\ln\left[\lg(1/\rho_{363})\right]+5.6875$ | 0.570** | 76.9 | 1.9482 | 93.3 |
| | $8754.5\lg'(1/\rho_{463})+29.468$ | 0.606** | 89.3 | 1.8648 | 90.5 |
| | $-86.866\left(\dfrac{\rho_{362}}{\rho_{914}}\right)^2+106.74\dfrac{\rho_{362}}{\rho_{914}}-6.3189$ | 0.620** | 46.4 | 1.8484 | 92.4 |
| | $17.413\exp\left(5.1747\dfrac{\rho'_{915}}{\rho'_{318}}\right)$ | 0.640** | 102.9 | 0.1504 | 94.0 |
| | $23.551\exp(-7.8417SD_y)$ | 0.291** | 23.9 | 0.2108 | 84.1 |
| | $125.20\rho_{363}-85.226\rho_{1856}-15.981\rho_{670}+50.600\rho_{1498}+18.285$ | 0.762** | 44.1 | 1.4881 | 91.2 |
| | $-19535.3\rho'_{537}+4118.44\rho'_{1973}-5853.94\rho'_{997}+30.4670$ | 0.705** | 44.7 | 1.6414 | 94.2 |

## 8.3.3　稻米粗蛋白质和直链淀粉含量的综合监测模型及其检验

稻米粗蛋白质综合监测模型不仅考虑各种光谱变量，还需要考虑温度的影响，温度过高稻米的蒸煮食味品质会变差。一般稻米中粗蛋白质含量与灌浆期的日平均温度 $T$ 和昼夜温差 $\Delta T$ 都有极显著正相关，稻米粗蛋白质含量随灌浆期的日平均温度 $T$ 和昼夜温差 $\Delta T$ 增大而增高。

根据稻米粗蛋白质和直链淀粉含量与抽穗期、灌浆期、成熟期冠层原始光谱及其一阶导数光谱的相关性分析结果，可以依据不同品种的水稻，利用不同发育期的某些冠层高光谱变量，并引入灌浆期日平均温度 $T$ 和平均昼夜温差 $\Delta T$ 等气象参数来估算其稻米中粗蛋白质含量，由此建立稻米粗蛋白质含量的综合监测模型。以成熟期冠层光谱和灌浆期日平

均温度 $T$ 为参量,同时考虑到灌浆期日平均温度 $T$ 对稻米中粗蛋白质含量的非线性影响,建立稻米粗蛋白质含量的监测模型,见表 8.8。以成熟期冠层光谱和灌浆期日平均温度 $T$ 为参量,同时考虑到温度对稻米直链淀粉含量的非线性影响,建立稻米直链淀粉含量的监测模型,如表 8.9 所示。

由表 8.9 可知,监测稻米中粗蛋白质含量的光谱波段主要位于红外区域,可见光范围的波段在叶绿素、类胡萝卜素的特征吸收、反射波段附近。比较表 8.8 和 8.9 可知,由于稻米的直链淀粉含量主要与后期成熟过程的单糖、多糖缩聚过程密切相关,因此,如果以前期冠层光谱为长势参量来估算稻米直链淀粉含量时,必须考虑后期成熟过程中气象因素的影响。

**表 8.8 以成熟期冠层光谱和灌浆期日平均温度为自变量的稻米粗蛋白质含量的高光谱遥感综合估算模型**

Table 8.8 Estimating models for the crude protein content of rice using the canopy spectra during maturing period and temperature during milking period

| 品种 | 综合模型 | $R^2$ | $F$ | Std. E | 检验精度（%） |
|---|---|---|---|---|---|
| S1 | $(-1710.112\rho'_{1338} + 3691.796\rho'_{568} + 46.700\rho'_{2420} + 6.252) \times (0.150T - 2.773)$ | $0.995^{**}$ | 484.4 | 0.0361 | 89.7 |
| S2 | $(-9394.690\rho'_{365} + 1592.022\rho'_{1328} + 821.063\rho'_{1142} + 12.216) \times (0.054T - 0.339)$ | $0.985^{**}$ | 176.1 | 0.1299 | 91.2 |
| S3 | $(4229.575\rho'_{1079} + 1903.724\rho'_{1704} + 12.917) \times (0.029T + 0.285)$ | $0.794^{**}$ | 17.4 | 0.3288 | 90.1 |
| S4 | $(8867.396\rho'_{670} + 194.007\rho'_{1799} + 542.666\rho'_{1980} + 9.780) \times (0.091T - 1.463)$ | $0.997^{**}$ | 913.4 | 0.0535 | 94.7 |
| S5 | $(-1302.494\rho'_{2286} + 600.700\rho'_{2344} + 224.594\rho'_{2360} + 6.235) \times (0.165T - 3.375)$ | $0.966^{**}$ | 76.7 | 0.1148 | 92.0 |

**表 8.9 以成熟期冠层光谱和灌浆期日平均温度为自变量的稻米直链淀粉含量的高光谱遥感综合估算模型**

Table 8.9 Estimating models for the amylose content of rice using the canopy spectra during maturing period and temperature during milking period

| 品种 | 综合模型 | $R^2$ | $F$ | Std. E | 检验精度（%） |
|---|---|---|---|---|---|
| S1 | $(13216.96\rho'_{1231} - 2023.182\rho'_{2051} - 453.628\rho'_{2405} + 9.225) \times (0.0592T - 0.486)$ | $0.990^{**}$ | 266.8 | 0.1032 | 89.4 |
| S2 | $(1522.328\rho'_{2181} - 4334.159\rho'_{633} + 415.122\rho'_{2299} + 15.964) \times (0.050T - 0.232)$ | $0.982^{**}$ | 141.7 | 0.0823 | 87.9 |
| S3 | $(-2280.223\rho'_{1980} + 58.096\rho'_{1803} - 2062.040\rho'_{1236} + 10.191) \times (0.146T - 2.597)$ | $0.996^{**}$ | 633.4 | 0.0417 | 92.3 |
| S4 | $(-1747.285\rho'_{379} + 127.706\rho'_{1809} + 3699.959\rho'_{1053} + 8.316) \times (0.206T - 4.619)$ | $0.974^{**}$ | 100.9 | 0.1800 | 93.5 |
| S5 | $(-6352.428\rho'_{397} - 1267.767\rho'_{2119} + 15.649) \times (0.090T - 1.395)$ | $0.895^{**}$ | 38.4 | 0.1943 | 93.0 |

以 2003 年实验资料为检验样本,对稻米粗蛋白质和直链淀粉含量的光谱估算模型和综合监测模型(表 8.8 和 8.9)进行检验,分析发现,以抽穗期冠层光谱和灌浆期日平均温度为自变量的水稻粗蛋白质和直链淀粉含量的高光谱遥感综合估算模型,大部分精度可以达到

90％以上。

　　由于水稻粗蛋白质、淀粉和直链淀粉含量主要是由品种决定的,长势相同、冠层结构相同的不同品种之间,其粗蛋白质、淀粉和直链淀粉含量差异很大,因此,很难用一个统一的模型来精确估算不同品种水稻的粗蛋白质和直链淀粉含量,但对于已知的品种,其粗蛋白质 $P$ 和直链淀粉 $A$ 含量的变化可以根据它的冠层光谱(主要反映长势、土肥水平、株型等)和灌浆期的日平均温度来预测,预测模型一般可用式(8.5)表示:

$$P(A) = S(\lambda) \times (kT + b) \tag{8.5}$$

其中 $S(\lambda)$ 表示由冠层光谱确定的粗蛋白质和直链淀粉含量的计算模型,一般为非线性模型或逐步回归模型,其自变量一般应为植被指数和导数光谱值,$k$ 为灌浆期的日平均温度影响因子(即每升高 1℃ 时,稻米中粗蛋白质或直链淀粉含量升高的百分比),与品种有关,$T$ 为灌浆期日平均温度,$b$ 为与该品种正常生长温度及 $k$ 有关的一个常数。

## 8.4　小结

　　本章首先从品种、气候、土壤、栽种技巧和方法等方面分析了影响水稻品质的因素。进而通过比较,确定稻穗、稻谷粗蛋白质和粗淀粉含量高光谱遥感估算模型。

　　从冠层光谱估算稻穗粗蛋白质含量($P$)和粗淀粉含量($S$)的最佳模型分别为:

$$P = 7460.55\rho'_{888} + 1437.51\rho'_{1478} + 2667.40\rho'_{1521} + 5.68$$

$$S = -45340.90\rho'_{888} + 3687.36\rho'_{719} - 9575.40\rho'_{1467} + 36.74$$

　　从冠层光谱估算稻谷粗蛋白质含量(P)和粗淀粉含量(S)的最佳模型分别为:

$$P = 12000.50\rho'_{888} - 1792.05\rho'_{350} - 3471.84\rho'_{1651} + 8.16$$

$$S = -11938.10\rho'_{910} + 8241.82\rho'_{1765} + 11696.80\rho'_{1641} + 81.28$$

　　除了基于高光谱的水稻品质监测,本章还简单介绍了将温度纳入建模过程的水稻品质综合监测模型。分析发现,以抽穗期冠层光谱和灌浆期日平均温度为自变量的水稻的粗蛋白质和直链淀粉含量的高光谱遥感综合估算模型,大部分精度可以达到 90％以上。

# 第9章 水稻遥感信息提取最佳波段

高光谱遥感具有大量、连续的窄波段用以获取地物的连续光谱曲线。因此,它具有更精确描述地物反射特征的能力。大量的研究表明高光谱数据在估算光合作用、覆盖度、叶面积指数(LAI)、生物量和氮素含量等方面比多光谱数据具有一定的改进和提高。可是,值得注意的是,高光谱数据比多光谱数据复杂得多。高光谱数据相邻波段存在着很高的相关性,导致存在大量冗余。因此,必须根据不同的遥感目标物、不同的应用目的,从众多高光谱波段中选择出一些有用的窄波段进行遥感信息提取。Thenkabail(2000)在可见光—近红外波段选择了12个不同宽度的波段用于农作物研究。Thenkabail(2004)又在更广的波段范围内(400~2500nm)对灌木层、草地、杂草和农作物进行了综合分析,选择了22个10nm的波段作为植被监测的最优波段。对于水稻而言,因为土壤表面的水层改变了土壤—植被系统的光谱反射率(Casanova,1998),背景有其特殊性。本章主要采用主成分分析、自相关分析、基于导数光谱的相关系数、基于光谱指数估算模型的方法,确定水稻高光谱遥感信息提取的最佳波段。

## 9.1 基于主成分分析的波段选择

主成分分析的基本方法是通过构造原变量的适当线性组合,以产生一系列互不相关的新变量,从中选出少数几个新变量并使它们含有尽可能多的原变量带有的信息,以便利用主成分描述数据集内部结构,实际上起着数据降维的作用。

表9.1给出了不同日期水稻最优光谱波段选择的各个主成分解释的变异百分比。由表可见:前5个主成分就可以解释99%以上的光谱变异。虽然6~10个主成分对于解释总的光谱变异增加很小,然而这些主成分往往包含着独特信息,基于这些主成分其选择的光谱波段具有明显的物理意义就证明了这一点。因此,将前10个主成分选择的波段作为表征水稻信息的较优波段。每个主成分是由各个光谱波段乘以权重系数(特征向量)构成,将每个主成分前10个最大的权重系数对应的波段选择出来作为表征水稻光谱信息的最优波段(表9.2)。一般,前几个主成分选择出的波段都包含在同一光谱区域,表示这个主成分主要是受到选择波段所在光谱区域影响,例如,7月17日光谱的第一主成分选择的波段主要集中在1655~1755nm,因此,这个主成分主要受到短波近红外的影响。相比较而言,后面几个主成分选择的波段则一般是由几个光谱区域构成的,比如7月17日第四个主成分,不仅包含蓝光波段、绿光波段,而且还包含红边波段,该主成分表示7月17日的水稻光谱在这些波

段包含有用信息。

**表 9.1　水稻光谱主成分分析各个成分解释的变异百分比**

Table 9.1　Percent variations explained by the primary components using PCA method

| 日期 | PCA1 | PCA2 | PCA3 | PCA4 | PCA5 | PCA6 | PCA7 | PCA8 | PCA9 | PCA10 |
|---|---|---|---|---|---|---|---|---|---|---|
| 07-17 | 75.033 | 23.102 | 1.214 | 0.417 | 0.100 | 0.042 | 0.024 | 0.016 | 0.014 | 0.008 |
| 07-23 | 75.033 | 23.102 | 1.214 | 0.417 | 0.100 | 0.042 | 0.024 | 0.016 | 0.014 | 0.008 |
| 07-30 | 73.981 | 18.764 | 3.619 | 1.746 | 1.194 | 0.283 | 0.131 | 0.083 | 0.059 | 0.051 |
| 08-05 | 75.775 | 19.886 | 2.238 | 1.256 | 0.437 | 0.189 | 0.068 | 0.046 | 0.026 | 0.020 |
| 08-22 | 58.445 | 32.906 | 5.371 | 2.097 | 0.563 | 0.185 | 0.147 | 0.078 | 0.069 | 0.031 |
| 08-31 | 62.153 | 34.011 | 2.955 | 0.332 | 0.232 | 0.116 | 0.086 | 0.034 | 0.023 | 0.015 |
| 09-20 | 79.173 | 15.572 | 3.921 | 0.823 | 0.261 | 0.104 | 0.055 | 0.030 | 0.014 | 0.010 |
| 10-03 | 78.775 | 17.383 | 2.328 | 0.902 | 0.442 | 0.067 | 0.032 | 0.018 | 0.011 | 0.010 |

**表 9.2　主成分分析选择的水稻最优波段**

Table 9.2　Wavebands selected using PCA method

| 日期 | 排序 | PCA1 | PCA2 | PCA3 | PCA4 | PCA5 | PCA6 | PCA7 | PCA8 | PCA9 | PCA10 |
|---|---|---|---|---|---|---|---|---|---|---|---|
| 07-17 | 1 | 1725 | 515 | 2095 | 715 | 2135 | 2065 | 715 | 2025 | 725 | 2075 |
| | 2 | 1705 | 525 | 2035 | 705 | 2115 | 2055 | 2085 | 2055 | 715 | 2065 |
| | 3 | 1735 | 505 | 2105 | 365 | 2105 | 2075 | 1775 | 2075 | 735 | 675 |
| | 4 | 1745 | 455 | 2115 | 355 | 2145 | 805 | 2075 | 2085 | 685 | 665 |
| | 5 | 1695 | 495 | 2085 | 375 | 2085 | 2035 | 2045 | 2155 | 665 | 685 |
| | 6 | 1715 | 465 | 2135 | 385 | 2125 | 815 | 725 | 1135 | 655 | 545 |
| | 7 | 1685 | 475 | 2045 | 395 | 2095 | 795 | 2055 | 1775 | 675 | 2025 |
| | 8 | 1665 | 445 | 2125 | 405 | 2025 | 785 | 2025 | 2095 | 645 | 555 |
| | 9 | 1655 | 485 | 2145 | 415 | 2155 | 825 | 2125 | 1125 | 745 | 2115 |
| | 10 | 1675 | 435 | 2065 | 555 | 2035 | 775 | 355 | 1145 | 635 | 535 |
| 07-23 | 1 | 1735 | 665 | 2085 | 375 | 725 | 675 | 675 | 445 | 355 | 2025 |
| | 2 | 1755 | 655 | 2025 | 385 | 715 | 2025 | 685 | 385 | 405 | 2035 |
| | 3 | 1745 | 685 | 2075 | 365 | 735 | 2035 | 665 | 435 | 395 | 2045 |
| | 4 | 1725 | 675 | 2095 | 355 | 705 | 685 | 355 | 455 | 1135 | 1075 |
| | 5 | 1715 | 645 | 2045 | 395 | 745 | 665 | 655 | 375 | 365 | 1065 |
| | 6 | 1765 | 495 | 2065 | 405 | 355 | 2055 | 535 | 395 | 1145 | 715 |
| | 7 | 1705 | 485 | 905 | 705 | 365 | 2045 | 405 | 465 | 1155 | 1085 |
| | 8 | 1775 | 475 | 915 | 415 | 675 | 2065 | 525 | 475 | 1345 | 1055 |
| | 9 | 1695 | 465 | 895 | 715 | 665 | 525 | 415 | 485 | 415 | 2055 |
| | 10 | 1685 | 635 | 2105 | 565 | 375 | 725 | 545 | 425 | 1125 | 1045 |

续表

| 日期 | 排序 | PCA1 | PCA2 | PCA3 | PCA4 | PCA5 | PCA6 | PCA7 | PCA8 | PCA9 | PCA10 |
|------|------|------|------|------|------|------|------|------|------|------|-------|
| 07-30 | 1 | 1335 | 525 | 2085 | 375 | 2105 | 725 | 715 | 675 | 2095 | 445 |
| | 2 | 1345 | 575 | 2105 | 385 | 2095 | 715 | 2025 | 685 | 2085 | 455 |
| | 3 | 1325 | 585 | 2095 | 365 | 2135 | 355 | 2055 | 665 | 2105 | 435 |
| | 4 | 1315 | 515 | 2135 | 395 | 2115 | 675 | 355 | 655 | 2035 | 395 |
| | 5 | 1195 | 595 | 2035 | 355 | 2085 | 685 | 2065 | 525 | 2135 | 365 |
| | 6 | 1205 | 565 | 2115 | 705 | 2125 | 665 | 705 | 535 | 2025 | 465 |
| | 7 | 1185 | 605 | 2125 | 405 | 2145 | 735 | 725 | 545 | 355 | 375 |
| | 8 | 1175 | 695 | 2145 | 715 | 2035 | 365 | 515 | 515 | 2115 | 385 |
| | 9 | 1215 | 535 | 2045 | 415 | 385 | 655 | 525 | 695 | 2125 | 475 |
| | 10 | 1165 | 555 | 2155 | 555 | 375 | 375 | 365 | 425 | 365 | 355 |
| 08-05 | 1 | 1745 | 655 | 715 | 395 | 2135 | 355 | 2025 | 355 | 2025 | 405 |
| | 2 | 1735 | 665 | 705 | 405 | 2105 | 675 | 395 | 365 | 2065 | 395 |
| | 3 | 1725 | 645 | 725 | 415 | 2095 | 365 | 445 | 525 | 2055 | 725 |
| | 4 | 1755 | 685 | 355 | 385 | 2085 | 715 | 405 | 675 | 1125 | 445 |
| | 5 | 1705 | 675 | 695 | 705 | 2115 | 665 | 385 | 535 | 1135 | 355 |
| | 6 | 1715 | 635 | 365 | 715 | 2125 | 375 | 435 | 685 | 2045 | 715 |
| | 7 | 1695 | 625 | 735 | 375 | 2145 | 725 | 455 | 515 | 385 | 435 |
| | 8 | 1775 | 505 | 375 | 425 | 2035 | 385 | 2135 | 545 | 375 | 415 |
| | 9 | 1635 | 495 | 385 | 435 | 2045 | 685 | 2055 | 665 | 435 | 455 |
| | 10 | 1685 | 615 | 565 | 365 | 2155 | 395 | 465 | 655 | 445 | 465 |
| 08-22 | 1 | 1755 | 855 | 2135 | 2135 | 355 | 735 | 735 | 1075 | 2135 | 355 |
| | 2 | 1765 | 865 | 2125 | 745 | 365 | 745 | 725 | 1065 | 2095 | 735 |
| | 3 | 1775 | 845 | 2145 | 2145 | 375 | 725 | 675 | 1055 | 2105 | 1135 |
| | 4 | 1745 | 875 | 2115 | 2125 | 385 | 755 | 2025 | 1085 | 2085 | 1145 |
| | 5 | 1735 | 835 | 2105 | 2105 | 395 | 675 | 715 | 1095 | 2125 | 725 |
| | 6 | 1725 | 885 | 735 | 2115 | 405 | 665 | 665 | 1045 | 2115 | 365 |
| | 7 | 1715 | 825 | 2095 | 2095 | 415 | 685 | 685 | 675 | 2065 | 1125 |
| | 8 | 1705 | 895 | 2085 | 2085 | 425 | 715 | 2055 | 1345 | 2055 | 405 |
| | 9 | 1635 | 815 | 2155 | 735 | 705 | 655 | 355 | 1105 | 2145 | 2025 |
| | 10 | 1695 | 905 | 725 | 755 | 695 | 405 | 2065 | 1035 | 355 | 2045 |
| 08-31 | 1 | 1775 | 885 | 735 | 405 | 1125 | 355 | 1125 | 735 | 735 | 735 |
| | 2 | 1765 | 875 | 725 | 395 | 735 | 375 | 1135 | 675 | 725 | 375 |
| | 3 | 1755 | 895 | 745 | 715 | 1135 | 385 | 675 | 745 | 435 | 1085 |
| | 4 | 1745 | 905 | 545 | 725 | 745 | 365 | 665 | 935 | 445 | 1075 |
| | 5 | 1735 | 865 | 535 | 385 | 1145 | 395 | 1145 | 685 | 2025 | 725 |
| | 6 | 2155 | 855 | 555 | 375 | 945 | 405 | 685 | 1345 | 425 | 1065 |
| | 7 | 1725 | 915 | 715 | 705 | 955 | 415 | 725 | 945 | 745 | 385 |
| | 8 | 2145 | 845 | 565 | 365 | 725 | 2025 | 1155 | 665 | 455 | 1095 |
| | 9 | 1715 | 835 | 525 | 415 | 935 | 2035 | 655 | 955 | 465 | 365 |
| | 10 | 2135 | 925 | 755 | 355 | 675 | 2045 | 1345 | 1255 | 2035 | 1055 |

续表

| 日期 | 排序 | PCA1 | PCA2 | PCA3 | PCA4 | PCA5 | PCA6 | PCA7 | PCA8 | PCA9 | PCA10 |
|---|---|---|---|---|---|---|---|---|---|---|---|
| | 1 | 1635 | 635 | 675 | 355 | 725 | 745 | 1135 | 2045 | 365 | 2125 |
| | 2 | 1745 | 645 | 665 | 365 | 715 | 755 | 535 | 2025 | 355 | 715 |
| | 3 | 1775 | 625 | 655 | 375 | 735 | 735 | 675 | 945 | 525 | 2025 |
| | 4 | 1755 | 655 | 685 | 385 | 2025 | 675 | 545 | 955 | 535 | 985 |
| 09-20 | 5 | 1645 | 615 | 645 | 395 | 555 | 765 | 1155 | 935 | 375 | 725 |
| | 6 | 1735 | 605 | 635 | 405 | 545 | 775 | 525 | 1125 | 675 | 2135 |
| | 7 | 1725 | 695 | 625 | 415 | 2035 | 665 | 765 | 1345 | 665 | 755 |
| | 8 | 1765 | 595 | 695 | 425 | 535 | 785 | 755 | 1335 | 515 | 705 |
| | 9 | 1705 | 665 | 615 | 435 | 705 | 725 | 775 | 415 | 685 | 765 |
| | 10 | 1655 | 685 | 595 | 695 | 565 | 685 | 1125 | 2085 | 545 | 775 |
| | 1 | 1765 | 605 | 715 | 355 | 555 | 725 | 715 | 2025 | 355 | 535 |
| | 2 | 1745 | 615 | 705 | 365 | 545 | 715 | 355 | 735 | 365 | 545 |
| | 3 | 1775 | 595 | 695 | 375 | 465 | 2025 | 705 | 495 | 425 | 2025 |
| | 4 | 1755 | 625 | 645 | 385 | 475 | 735 | 365 | 725 | 415 | 355 |
| 10-03 | 5 | 1735 | 585 | 635 | 395 | 485 | 705 | 725 | 485 | 435 | 525 |
| | 6 | 1715 | 635 | 355 | 405 | 455 | 2035 | 675 | 505 | 675 | 555 |
| | 7 | 1705 | 645 | 725 | 675 | 445 | 405 | 1135 | 745 | 445 | 365 |
| | 8 | 1635 | 695 | 685 | 665 | 565 | 2055 | 665 | 2035 | 705 | 435 |
| | 9 | 1725 | 655 | 655 | 415 | 675 | 1075 | 1155 | 475 | 715 | 375 |
| | 10 | 1685 | 575 | 665 | 685 | 715 | 1065 | 1145 | 695 | 2075 | 645 |

一共测量了 8 个时期的光谱,每个时期选择出 10×10＝100 个光谱波段,所以一共 800 个波段,当然这 800 个光谱波段中包含着重复波段。为了对这些波段进行更加清楚的描述,获得所选的波段在电磁波谱上的分布情况,将这 800 个波段按照所有可能的波段值统计个数,并以 50nm 为区间做成直方图(图 9.1)。如图 9.1 所示,水稻最优波段主要分布在 6 个区域,分别是 355～435nm、525～555nm、655～745nm、1065～1075nm、1705～1755nm、2025～2135nm。其中,655～745nm 占了总波段数的 22.875%,355～435nm 占 19%,2025～2135nm 占 17.38%,其他的波段范围所占百分比相对较小。

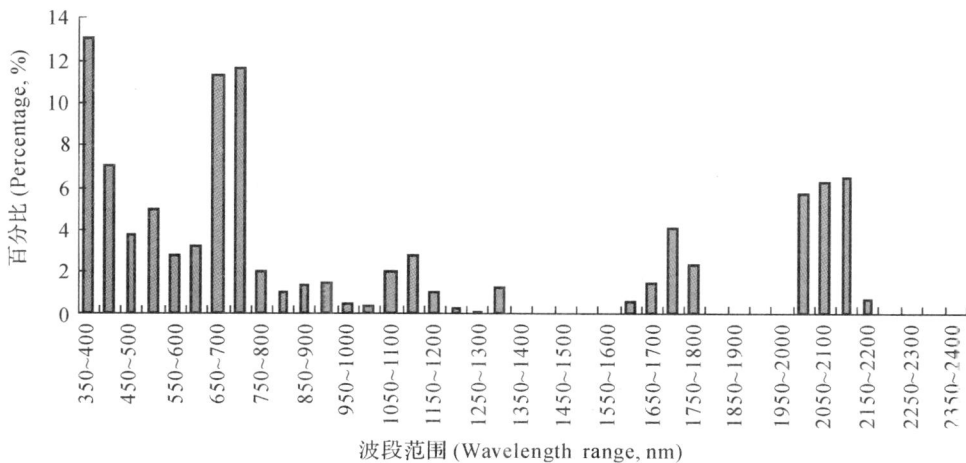

图 9.1  前 10 个主成分选择的波段在各个波段区间出现的百分比(区间宽度为 50nm)

Fig. 9.1  Occurrence Percentage of hyperspectral narrow bands in 50nm bandwidth over all bands selected from the first 10 components using PCA method

## 9.2 基于波段自相关的波段选择

由于临近光谱波段高度相关,因此在 350～2500nm 光谱范围内从 350nm 开始以 10nm 为波段宽度逐步平均,构成 215 个 10nm 宽度的波段值,使其与星载高光谱传感器 Hyperion 的波段宽度设置相一致。去除由于水汽影响的 1350～1480nm,1780～1990nm 和 2400～2500nm 的 36 个波段,剩下的 179 个波段将用于水稻信息提取最佳波段的选择。自相关的计算程序是:将 179 个波段,两两组合计算相关系数($r$),再将相关系数平方得到相关系数的平方($r^2$),所有组合构成一个 179×179 的 $r^2$ 矩阵,共 32041 个元素。又由于矩阵是对称的,因此只用一个三角矩阵就可以表示全部数据。一般来说,相关系数的平方($r^2$)越小,表示两个波段之间冗余信息越少(Thenkabail 等,2004)。

将所有计算的 $r^2$ 矩阵用图形表示,则形成了如图 9.2 所示的所有波段组合的相关系数平方($r^2$)图。图 9.2 表示的是由 7 月 30 日和 8 月 5 日测得的水稻冠层光谱计算生成的波段自相关 $r^2$ 图。其他日期的 $r^2$ 也一并进行了计算,这里没有给出。图中每一个点表示由点所在位置对应的两个波段(横、纵坐标)反射率之间相关系数的平方($r^2$),平行于横坐标轴(波长 1)的一条线表示纵坐标(波长 2)对应的某一波长与其他各个波长构成的相关系数的平方($r^2$)线。图中不同深度的颜色表示不同最小 $r^2$ 范围,具体地说就是按照从小到大排列,最黑色的点表示 $r^2$ 值最小的前 200 个,次黑的点表示第 201 个到第 500 个 $r^2$,以此类推,一直到第 5000 个之后的 $r^2$ 值都用较为偏白的点表示。波段自相关图可以用来确定信息含量丰富的波段。相关系数平方($r^2$)较大表示这两个波段相似,或是说它们含有冗余信息;而 $r^2$ 较小则意味着两个波段不含冗余信息,它们各自表征了水稻的不同信息,即它们是信息含量丰富的波段。由图 9.2 可见,可见光波段和红外波段(近红外和短波近红外)它们自身都具有很高的相关性,这意味着可见光波段和红外波段本身都含有大量的冗余信息。但可见光与红外波段之间的某些组合具有较小的 $r^2$,因此这些光谱波段包含着水稻大量的信息。

由图 9.2 可以得到一个对信息含量丰富的波段所在位置的整体认识。然而要具体确定哪些波段含有了水稻大量的信息,还有必要作更深入细致的分析。首先,在相关系数平方矩阵中选出的前 100 个最小的值所对应的两两组合的波段值,然后统计不同波段值出现的次数(表 9.3)。由于数据表过大,只给出出现次数大于 2 次的波段值。由表 9.3 可见,不同生育期水稻信息含量丰富波段不同,整体而言,主要集中在 405nm 附近、565～705nm、885～945nm、1045～1125nm、1525nm 附近、2215nm 附近几个区间。其中,565～705nm 包含了 32.9375% 的水稻信息量,885～945nm,1045～1125nm 分别包含了 10.3125%、12.1875% 的信息量,另外 3 个波段区间所含的信息量都相对较小。为了以更加明晰的方法表示波段的位置,将所有波段出现的情况做成柱状图(图 9.3)。由图 9.3 可见,水稻光谱信息量主要集中在可见光部分,尤其是 550～750nm 范围内,值得指出的是绿光波段与红光波段之间的黄光波段似乎含有水稻的大量信息。从波段在 350～2500nm 电磁波分布位置来看,选出的波段主要位于可见光的长波区域(除了 405nm 外)、红边区域、近红外第一峰值区,近红外第二峰值区、短波近红外第一峰值前区(1530nm 附近)和短波近红外第二峰值区(2215nm 附近)。

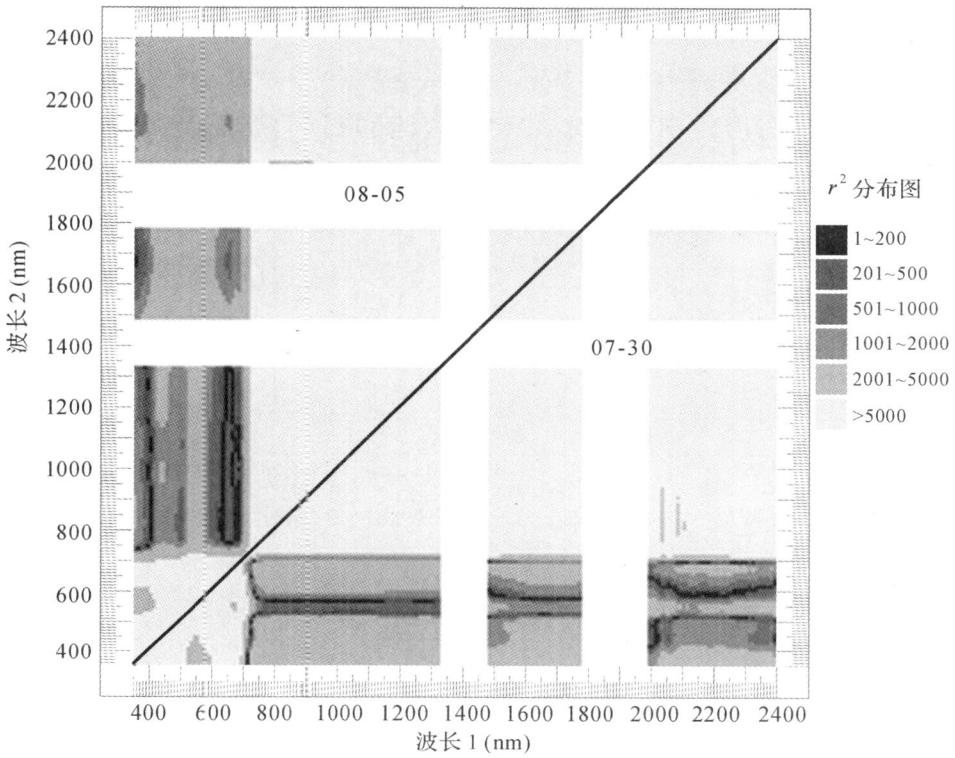

图 9.2　7 月 30 日和 8 月 5 日水稻冠层光谱波段自相关系数的平方($r^2$)分布图

（其中最黑的点表示：$r^2$ 最小的前 200 个，次黑的表示 $r^2$ 次小的 201～500 个，以此类推）

Fig. 9.2　Distribution of the square of correlation coefficients between different wavebands

(the darkest points denote the first 200 minimum $r^2$ values)

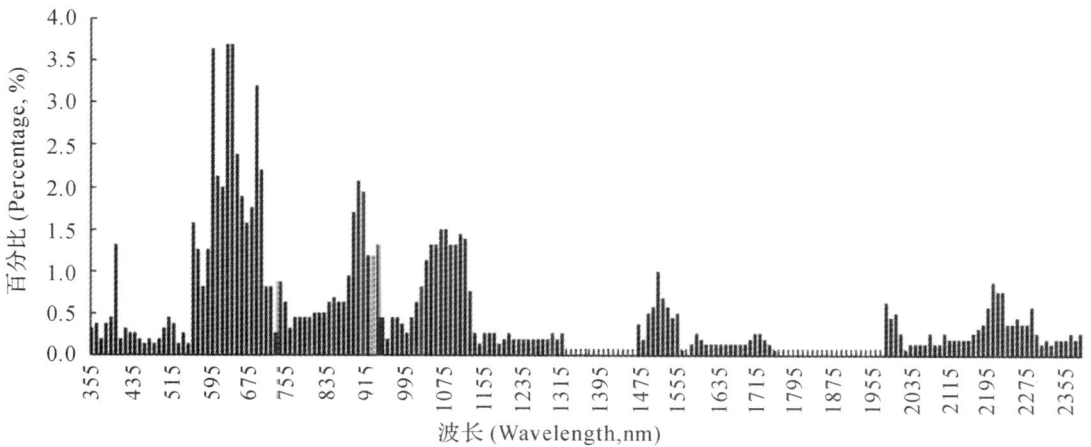

图 9.3　前 100 个最小 $r^2$ 对应的波段出现次数的百分比

Fig. 9.3　Occurrence percentage of hyperspectral narrow bands in 50nm bandwidth over all bands

selected from the first 100 minimum $r^2$

表 9.3 波段自相关选择的波段及出现的次数（只列出次数大于 2 的波段）

Table 9.3 Wavebands selected by intercorrelation between spectral bands and their occurrences for different growth stages

| 编号 | 07-17 | 次数 | 07-23 | 次数 | 07-30 | 次数 | 08-05 | 次数 | 08-22 | 次数 | 08-31 | 次数 | 09-20 | 次数 | 10-03 | 次数 |
|---|---|---|---|---|---|---|---|---|---|---|---|---|---|---|---|---|
| 1 | 525 | 5 | 355 | 3 | 515 | 6 | 395 | 3 | 705 | 5 | 715 | 6 | 585 | 3 | 605 | 8 |
| 2 | 565 | 11 | 365 | 4 | 565 | 13 | 405 | 15 | 715 | 5 | 725 | 4 | 595 | 7 | 615 | 14 |
| 3 | 625 | 4 | 405 | 5 | 575 | 19 | 635 | 24 | 725 | 4 | 745 | 11 | 605 | 8 | 625 | 14 |
| 4 | 635 | 5 | 605 | 35 | 585 | 9 | 645 | 10 | 885 | 3 | 885 | 5 | 615 | 9 | 635 | 16 |
| 5 | 645 | 5 | 645 | 6 | 595 | 11 | 665 | 16 | 895 | 11 | 895 | 9 | 625 | 11 | 645 | 25 |
| 6 | 655 | 5 | 695 | 34 | 605 | 6 | 675 | 15 | 905 | 16 | 905 | 10 | 635 | 11 | 655 | 23 |
| 7 | 665 | 4 | 755 | 4 | 615 | 9 | 685 | 15 | 915 | 15 | 915 | 9 | 645 | 11 | 925 | 5 |
| 8 | 675 | 4 | | | 635 | 3 | 755 | 2 | 925 | 5 | 925 | 6 | 655 | 9 | 935 | 6 |
| 9 | 685 | 4 | | | 695 | 6 | 775 | 4 | 935 | 5 | 935 | 5 | 665 | 9 | 945 | 6 |
| 10 | 705 | 29 | | | 1485 | 3 | 785 | 4 | 945 | 6 | 945 | 6 | 675 | 5 | 955 | 3 |
| 11 | 725 | 4 | | | 2015 | 7 | 795 | 4 | 975 | 5 | 1135 | 4 | 685 | 8 | 1025 | 5 |
| 12 | 1515 | 4 | | | 2025 | 3 | 805 | 4 | 985 | 4 | 1525 | 4 | 695 | 9 | 1035 | 5 |
| 13 | 1525 | 8 | | | 2085 | 3 | 815 | 4 | 1505 | 3 | 1565 | 4 | 1035 | 3 | 1045 | 5 |
| 14 | 1535 | 7 | | | 2265 | 3 | 825 | 4 | 1525 | 2 | 1995 | 7 | 1045 | 7 | 1055 | 5 |
| 15 | 1545 | 5 | | | 2275 | 3 | 835 | 4 | 1555 | 3 | 2005 | 4 | 1055 | 9 | 1065 | 5 |
| 16 | 2205 | 4 | | | 2285 | 3 | 845 | 4 | 1565 | 3 | 2185 | 3 | 1065 | 10 | 1075 | 6 |
| 17 | 2215 | 6 | | | 2295 | 4 | 855 | 4 | 2295 | 3 | 2215 | 3 | 1075 | 11 | 1085 | 6 |
| 18 | 2225 | 5 | | | 2395 | 3 | 865 | 4 | | | 2225 | 3 | 1085 | 12 | 1095 | 6 |
| 19 | 2235 | 5 | | | | | 875 | 4 | | | 2245 | 3 | 1095 | 11 | 1105 | 6 |
| 20 | | | | | | | 885 | 4 | | | 2255 | 3 | 1105 | 10 | 1115 | 6 |
| 21 | | | | | | | 895 | 4 | | | | | 1115 | 12 | 1125 | 6 |
| 22 | | | | | | | 905 | 4 | | | | | 1125 | 12 | | |
| 23 | | | | | | | 915 | 4 | | | | | 1135 | 3 | | |

对图9.3进行简化,以50nm宽度为区间,统计在各个区间内波段的出现次数,并计算得到百分比(图9.4)。由图可见600~650nm这个范围内的波段出现频率最高,这个波段的反射率对叶绿素含量变化比较敏感(Gitelson,1998),而650~700nm波段出现的频率也比较高,这个区间包含着对低叶绿素含量敏感对中高叶绿素含量不敏感的红光波段以及与生物理化参数密切相关的部分红边波段。另外,900~950nm(近红外),1050~1100nm(近红外)和550~600nm(绿光波段),以及1500~1550nm(短波近红外)和2200~2250nm(短波近红外)几个区间也有相对较高的出现频率。

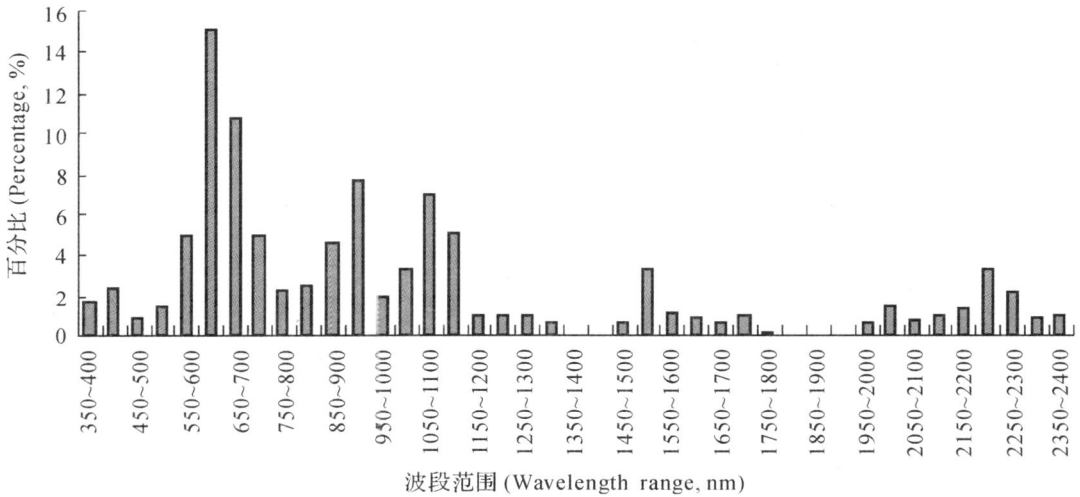

图9.4 波段自相关选择的波段在各个波段区间出现次数的百分比(区间宽度为50nm)

Fig. 9.4 Occurrence percentage of hyperspectral narrow bands in 50nm bandwidth over all bands selected using intercorrelation between spectral bands at different growth stages

## 9.3 基于导数相关系数的波段选择(一阶、二阶)

以上基于主成分和基于自相关的波段选择都是针对光谱数据的波段选择,是从整体上进行的敏感波段分析,这两种方法选择的波段是多种因素综合作用的结果,其中也包含水稻叶面积指数的作用。

以下的几种方法中都是以LAI为因变量,以光谱变量为自变量建立的模型。其中基于光谱导数相关系数的波段选择是最简单的一种。首先依据原始光谱获取一阶导数光谱和二阶导数光谱,并计算这些导数光谱波段(去除水汽影响波段)与LAI之间的相关系数,然后根据相关系数与光谱波长的关系图,选择出不同生育期的相关系数波峰位置相对应的波段(表9.4和9.5)作为水稻叶面积指数估算的合适波段。

表 9.4　不同生育期通过一阶导数相关系数极值选择的光谱波段

Table 9.4　Wavebands selected using correlograms between first derivative spectra and LAI at different growth stages

| 日期 | 一阶导数相关系数选择的波段 |
|---|---|
| 07-17 | 423、462、527、553、631、675、685、736、1153、1214、1509、1541、1600、1594、1634、2052、2084、2116、2239、2269、2302 |
| 07-23 | 470、557、677、735、800、844、1159、1215、1508、1542、1576、1603、1633、2054、2181、2236 |
| 07-30 | 475、558、676、733、845、1161、1215、1245、1509、1540、1579、2122、2190、2308、2333 |
| 08-05 | 472、559、880、1542、1572、1637、2118、2202、2275、2301 |
| 08-22 | 453、549、615、661、680、753、823、884、940、1215、1308、1575、1640、1660 |
| 08-31 | 448、493、553、647、665、681、756、825、956、1019、1077、1137、1212、1659、2209 |
| 09-20 | 495、558、676、687、747、858、955、1029、1077、1132、1215、1572、1608、1631、2206 |
| 10-03 | 386、564、674、730、861、1086、1161、1215、1556、1573、1626、2267、2325、2370 |

表 9.5　不同生育期通过二阶导数相关系数极值选择的光谱波段

Table 9.5　Wavebands selected using correlograms between second derivative spectra and LAI at different growth stages

| 日期 | 二阶导数相关系数选择的波段 |
|---|---|
| 07-17 | 397、430、445、465、514、534、557、576、596、678、711、748、1171、2226 |
| 07-23 | 430、445、497、520、538、555、573、593、664、712、725、750、777、831、852、1018、1172、1203、2145、2175、2195、2219、2256 |
| 07-30 | 430、466、520、540、556、573、593、663、677、700、748、779、832、853、1135、1175、1204、1588、2219、2255 |
| 08-05 | 428、520、544、561、580、622、663、696、715、726、747、775、1023、1203、1589、1619、2159、2174、2229、2257 |
| 08-22 | 413、448、459、501、525、572、602、627、642、656、679、710、725、765、776、807、833、863、897、929、978、1031、1071、1103、1170、1203、1591、1632 |
| 08-31 | 412、448、502、520、571、602、628、640、652、656、711、725、750、760、776、806、845、895、913、979、1007、1032、1044、1069、1104、1160、1203、1527、1592、1612、1663、2160、2190、2258、2304 |
| 09-20 | 429、461、502、520、572、638、662、701、711、720、751、799、807、845、895、910、978、1008、1069、1087、1111、1154 |
| 10-03 | 431、576、654、699、716、725、744、777、804、853、900、991、1022、1081、1136、1171、1650、2229、2254、2288、2348 |

　　由表可见,虽然不同日期选择的光谱波段有所差别,但是也有一些波段位置比较相近。例如对一阶导数的情况,在红谷附近的波段,7 月 17 日为 675nm,7 月 23 日为 677nm,7 月 30 日为 676nm,8 月 22 日为 680nm,8 月 31 日为 681nm,9 月 20 日为 676nm,10 月 3 日为 674nm。对于二阶导数的情况,在光谱红谷区域也有类似的情况。

将基于一阶导数和二阶导数光谱相关系数选择的波段进行汇总,然后以 50nm 为间隔统计出现在各个光谱区间的波段个数(图 9.5),并计算其百分比。所选择的光谱波段主要位于可见光区域的 550~600nm、650~700nm 以及红边区域(700~750nm),其中以红边区域出现的波段数最多。另外,在短波红外的 1550~1650nm 区域以及 2200~2250nm 区域也出现了相对较多的波段。

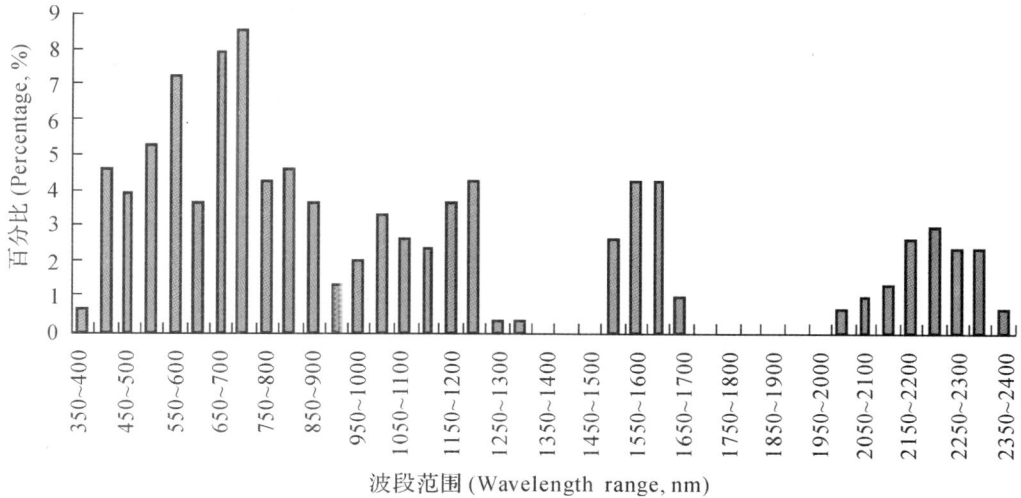

图 9.5　基于相关系数极值选择的波段出现次数的百分比(区间宽度为 50nm)

Fig. 9.5　Occurrence percentage of hyperspectral narrow bands in 50nm bandwidth over all bands selected using extreme values in correlograms between second derivative spectra and LAI at different growth stages

## 9.4　基于植被指数估算模型决定系数的波段选择

首先将 350~2500nm 范围内的所有波段(去除水汽影响波段 1350~1480nm、1780~1990nm、2400~2500nm)两两组合建立窄波段归一化植被指数(NBNDVI)和窄波段比值植被指数(NBRVI),然后将所有这些指数与水稻 LAI 建立一元线型模型,这些模型的决定系数 $R^2$ 构成一个二维的矩阵,在这个二维矩阵中选取 $R^2$ 极值对应的植被指数,将构成这些指数的波段作为水稻 LAI 估算的合适波段。

因为构成归一化指数的两个波段位置互换对其指数的绝对值没有影响,因此所构成的 $R^2$ 矩阵也是对称的,所以只用三角矩阵就可以表示 $R^2$ 矩阵,而构成比值指数的两个波段不具有对称性,需要整个矩阵来表示。根据归一化指数与比值指数模型 $R^2$ 极值的这种差别,分别选取了 7 个 $R^2$ 极值对应的 NBNDVI 指数(表 9.6)和 9 个 $R^2$ 极值对应的 NBRVI 指数(表 9.7)。

由表 9.6、9.7 和图 9.6 可见,使用植被指数建立线性模型,然后根据 $R^2$ 极值选择的波段出现最多的光谱区域为红边区域,其次为 550~600nm 和 650~700nm 两个区域,短波红外区域 1600~1650nm 也出现了相对较多的波段。

表 9.6　不同生育期最佳线性模型确定的 7 个 NBNDVI 指数对应的波段

Table 9.6　Spectral bands corresponding to seven best NBNDVIs for the linear

NBNDVI models at different stages of rice

| 日期 | | 指数 1 | 指数 2 | 指数 3 | 指数 4 | 指数 5 | 指数 6 | 指数 7 |
|---|---|---|---|---|---|---|---|---|
| 07-17 | 波段 1 | 724 | 712 | 704 | 603 | 704 | 702 | 607 |
| | 波段 2 | 787 | 832 | 952 | 809 | 1318 | 1648 | 1592 |
| 07-23 | 波段 1 | 718 | 525 | 710 | 700 | 564 | 592 | 460 |
| | 波段 2 | 1020 | 607 | 1630 | 2194 | 1630 | 2194 | 471 |
| 07-30 | 波段 1 | 567 | 701 | 696 | 559 | 583 | 592 | 697 |
| | 波段 2 | 718 | 1630 | 2108 | 1630 | 2292 | 2017 | 788 |
| 08-08 | 波段 1 | 458 | 602 | 590 | 453 | 731 | 614 | 611 |
| | 波段 2 | 477 | 2314 | 2002 | 480 | 1660 | 1530 | 2194 |
| 08-22 | 波段 1 | 715 | 710 | 550 | 571 | 670 | 503 | 670 |
| | 波段 2 | 951 | 1218 | 817 | 1023 | 1629 | 1678 | 2314 |
| 08-31 | 波段 1 | 722 | 714 | 439 | 441 | 694 | 690 | 650 |
| | 波段 2 | 853 | 995 | 629 | 479 | 1671 | 2233 | 2224 |
| 09-20 | 波段 1 | 667 | 736 | 726 | 548 | 476 | 731 | 725 |
| | 波段 2 | 678 | 965 | 1123 | 963 | 507 | 893 | 1144 |
| 10-03 | 波段 1 | 838 | 742 | 727 | 549 | 440 | 714 | 550 |
| | 波段 2 | 976 | 1246 | 1629 | 1392 | 514 | 2318 | 2320 |

表 9.7　不同生育期最佳线性模型确定的 9 个 NBRVI 指数对应的波段

Table 9.7　Spectral bands corresponding to nine best NBRVIs for the linear

NBRVI models at the different growth stages of rice

| 日期 | | 指数 1 | 指数 2 | 指数 3 | 指数 4 | 指数 5 | 指数 6 | 指数 7 | 指数 8 | 指数 9 |
|---|---|---|---|---|---|---|---|---|---|---|
| 07-17 | 分母 | 738 | 730 | 791 | 850 | 724 | 812 | 839 | 938 | 775 |
| | 分子 | 753 | 816 | 721 | 720 | 802 | 559 | 718 | 708 | 605 |
| 07-23 | 分母 | 726 | 722 | 716 | 708 | 523 | 574 | 901 | 1074 | 598 |
| | 分子 | 990 | 1233 | 1630 | 2189 | 613 | 2003 | 726 | 723 | 525 |
| 07-30 | 分母 | 689 | 617 | 519 | 514 | 593 | 517 | 691 | 578 | 721 |
| | 分子 | 1515 | 1515 | 1529 | 2366 | 1629 | 1320 | 979 | 721 | 565 |
| 08-05 | 分母 | 674 | 669 | 508 | 667 | 666 | 668 | 508 | 617 | 1658 |
| | 分子 | 2086 | 1554 | 1515 | 2195 | 1201 | 1317 | 985 | 541 | 734 |
| 08-22 | 分母 | 742 | 802 | 712 | 575 | 589 | 672 | 1043 | 922 | 1214 |
| | 分子 | 775 | 738 | 1062 | 923 | 1223 | 1628 | 714 | 556 | 569 |
| 08-31 | 分母 | 715 | 704 | 581 | 699 | 632 | 693 | 639 | 634 | 803 |
| | 分子 | 864 | 1157 | 1031 | 1630 | 1630 | 2223 | 2208 | 449 | 733 |
| 09-20 | 分母 | 666 | 736 | 845 | 971 | 739 | 727 | 983 | 893 | 1127 |
| | 分子 | 680 | 963 | 737 | 732 | 891 | 1152 | 546 | 731 | 719 |
| 10-03 | 分母 | 727 | 825 | 743 | 441 | 550 | 860 | 977 | 1243 | 1629 |
| | 分子 | 1630 | 972 | 1247 | 514 | 1506 | 922 | 838 | 742 | 727 |

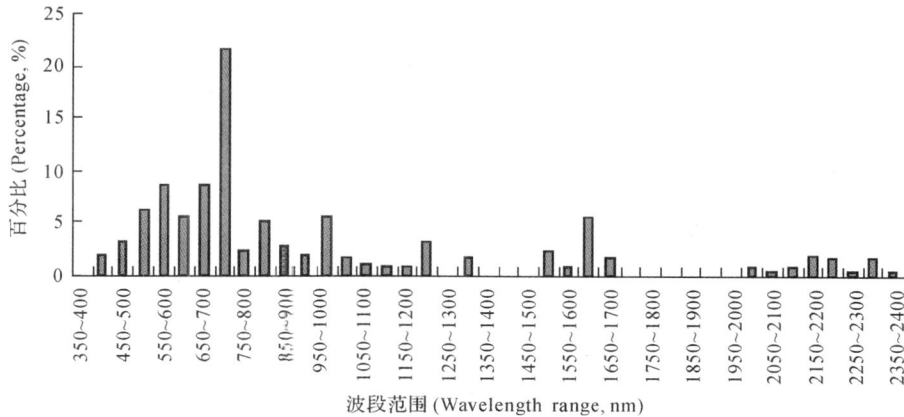

图 9.6　基于植被指数估算模型 $R^2$ 选择的波段出现次数的百分比（区间宽度为 50nm）

Fig. 9.6　Occurrence percentage of hyperspectral narrow bands in 50nm bandwidth over all bands based on the $R^2$ values of vegetation estimation models

## 9.5　基于逐步回归方法的波段选择

逐步回归是一种常规的建模方法，这里以不同生育期水稻的 LAI 为因变量，以光谱波段反身样为自变量，建立逐步回归模型。模型每次选入一个变量，第一次选入与 LAI 具有最大相关性的变量，第二次选入约变量与第一次选入的变量结合起来构成对 LAI 的最佳拟合，同时检查加入变量原变量的显著性，确定是否需要剔除，以此类推，选入更多的变量。Thenkabail(2000)研究认为在使用逐步回归选择波段建模时，一般所选波段个数处于样本数的 15％～20％比较合适，超出这个范围更多波段的入选对建模意义已经不大。因此，本研究以样本数的 15％作为选择波段个数的标准。

使用逐步回归方法建立模型后，模型入选的自变量，即光谱波段也同时确定下来（表 9.8）。由表 9.8 可见，不同生育期逐步回归选择的波段有较大差别，规律不明显。因此将所有这些波段综合起来考虑，以 50nm 为间隔分成多个区间，统计各个区域出现的波段的百分比（图 9.7）。由图 9.7 可见，逐步回归方法选择的波段有四个出现频率较高的区间，即：红边区域 700～750nm、近红外区域 1100～1150nm、短波红外区域 1600～1650nm 和 2300～2350nm。

表 9.8　逐步回归方法选择的波段

Table 9.8　Wavebands selected using stepwise regression

| 日期 | 逐步回归选择的波段 |
| --- | --- |
| 07-17 | 384、386、437、609、612、640、692、2049、2337 |
| 07-23 | 711、758、969、1127、2001、2304、2307、2326、2334 |
| 07-30 | 529、1505、1508、1650、1658、1662、2284、2333、2347 |
| 08-05 | 1128、1648、1677、1690、2346、2348 |
| 08-22 | 703、710、719、723、999、1003、1007、1117、1131 |
| 08-31 | 509、589、591、703、713、1124、1137、1140、1147 |
| 09-20 | 536、1069、1074、2017 |
| 10-03 | 813、1230、1235、1298 |

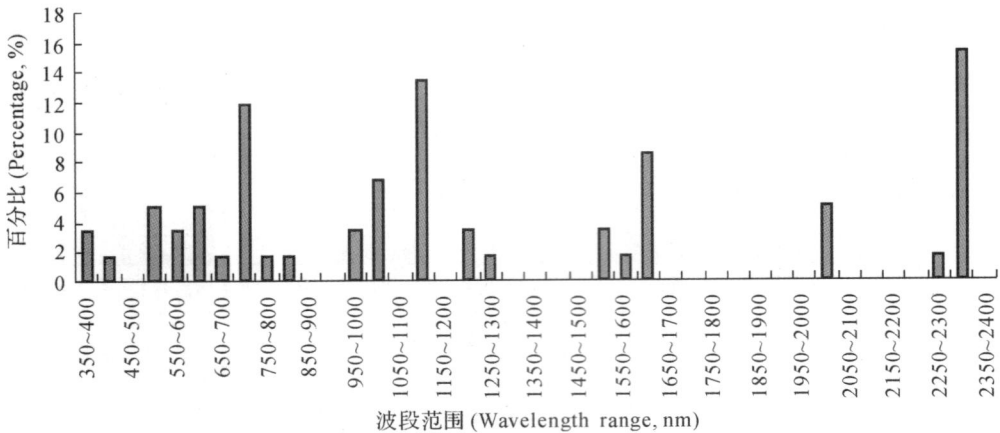

图 9.7　逐步回归选择的波段出现次数的百分比(区间宽度为 50nm)

Fig. 9.7　Occurrence percentage of hyperspectral narrow bands in 50nm bandwidth over all bands selected using stepwise regression method

## 9.6　小结

### 9.6.1　水稻叶面积指数监测光谱区间的确定

以上使用了 5 种方法进行水稻 LAI 估算的波段选择,尽管不同方法选择的波段有相似之处,但是每种方法选择的波段与其他方法相比都有所不同。因此,这里将所有方法综合起来考虑,从而最终确定对水稻 LAI 估算的合适光谱波段所在的光谱区间。

由于各种方法选择的波段数量不同,所以不宜使用波段个数进行直接的统计,因此这里将相对百分率进行平均的办法来综合分析不同方法选择的适合水稻叶面积指数估算的波段。图 9.8 为五种方法选出的波段在以 50nm 宽度光谱区域出现百分比平均后的分布图。由图可见,五种方法综合考虑,在水稻叶面积指数估算时,最经常使用的是 650～700nm 和红边区域 700～750nm,其次为红光短波区域 600～650nm 和绿光长波区域 550～600nm。在近红外区域出现频率较高的区域为 1100～1150nm。另外在短波红外区域也有两个出现频率较高的区间,分别是 1600～1650nm 和 2300～2350nm。

### 9.6.2　水稻叶面积指数监测光谱波段的确定

本研究使用了 5 种方法确定水稻叶面积指数监测光谱区间,其中基于主成分分析和波段自相关方法没有直接涉及叶面积指数,因此在确定水稻叶面积指数监测光谱波段时,为了确保参数针对性更强,只使用导数光谱(一阶和二阶导数)与 LAI 的相关系数法、植被指数建模法和逐步回归法三种方法。将三种方法选择的波段放到一起,统计以 350～2500nm 范围内每个波段为中心,以 10nm(Hyperion 传感器的波段宽度)为波段宽度,出现的波段个数,其结果如图 9.9 所示。由图 9.9 可见,在可见光、近红外和短波红外范围内都存在较为

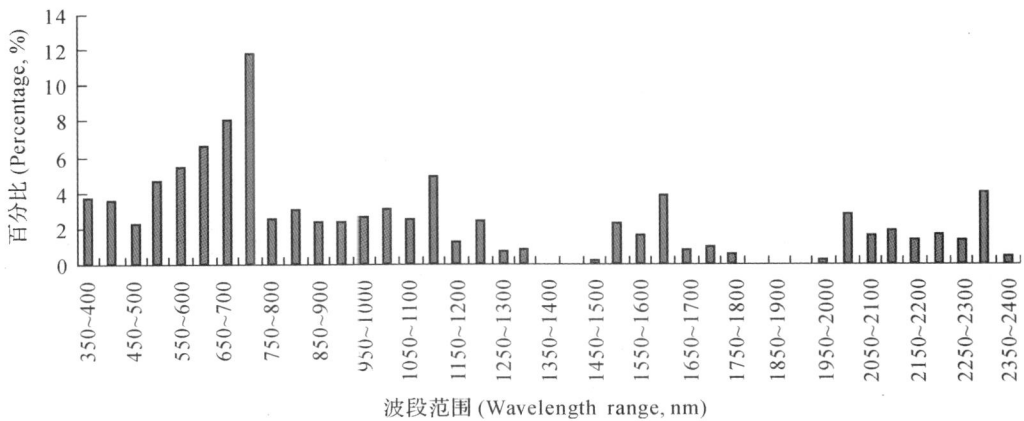

图 9.8　各种方法选择的波段以 50nm 为区间宽度的出现的平均百分比

Fig. 9.8　Mean occurrence percentage of hyperspectral narrow bands in 50nm bandwidth over all bands selected using 5 methods

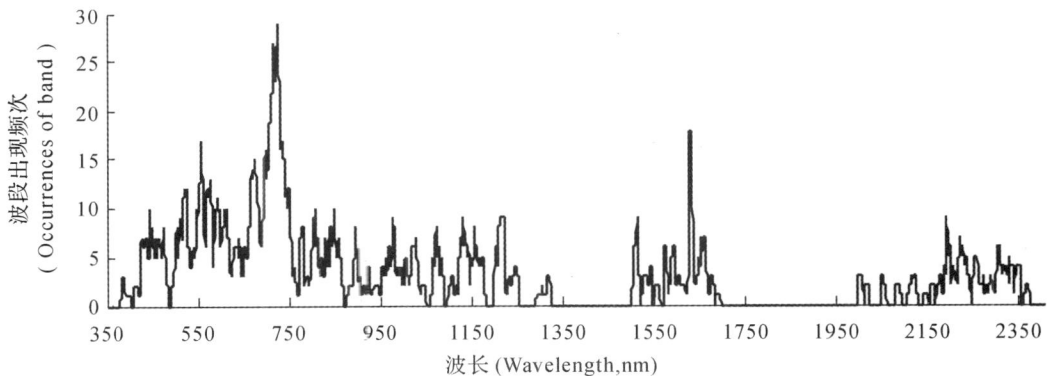

图 9.9　以 10nm 为波段宽度,以 350～2500nm 范围每个波段为中心,统计出现在相应 10nm 范围内的波段个数

Fig. 9.9　Frequency of the selected hyperspectral narrow bands in a range,centered at every band in the spectral region of 350～2500nm with a 10nm bandwidth

集中的区域,其中以 554nm、675nm、723nm 和 1633nm 为中心波段的区域出现频率位于前四位,其次以 444nm、524nm、576nm、594nm、804nm、849nm、974nm、1074nm、1219nm、1510nm 和 2194nm 为中心波段的区域也有较高的出现频率。

其中出现最多的是以 723nm 为中心的 10nm 光谱区域,这与许多人的研究成果一致。Mutanga(2004b)认为红边区域相对于电磁波其他区域含有更多植被生物量的信息。以 554nm 为中心的区域处于绿峰位置,在较大 LAI 范围内都具有较好的敏感性,因此,Gitelson(1996)使用绿波段代替 NDVI 中的红光波段,构建 Green-NDVI,并证明该指数可以更有效地估算植被绿度。675nm 位于红光的吸收谷处,对 LAI 变化比较敏感。1633nm 位于反射光谱短波红外第一峰值处,对于生物量比较敏感,一些研究已经证实短波近红外区域在反演植被参数上的重要性(Mutanga 等,2004b;Lee 等,2004)。

其他中心波段大都对应反射光谱的特征波段,含有大量水稻参数的信息。虽然出现频率较高的前 4 位中没有近红外波区域,但是近红外的重要性不容忽视。因为近红外波区域在植被反射率上表现为一个反射平台,因此,彼此差距不是很大,表现为具有多个出现频率较高区域的情况,比如,以 804nm、849nm、974nm、1074nm 和 1219nm 为中心的区域。另外,以 1510nm 和 2194nm 为中心的两个短波区域在反映水稻参数上也有较好的表现。

# 第10章 水稻冠层二向反射模型

植被冠层的反射特性不仅受植被冠层几何形态和光谱特性的影响,而且在很大程度上还受入射光方向和反射光方向的影响。这两种角度的差异,引起植被冠层反射明显的差别。这种差别不仅随着两种角度的变化而变化,而且随着植被冠层结构要素的变化而变化,因此,从逆过程分析,通过这种变化可以获得更丰富的冠层结构信息,通过非破坏性手段,实现对作物的长势监测和产量估算。

本章利用 1999 年和 2000 年大田实验资料,分析了水稻冠层二向反射的一般规律;利用已有的冠层结构模拟模型、叶片光谱模拟模型和冠层光谱模拟模型,结合水稻特性,集成水稻二向反射(BRDF)模拟模型,通过对水稻冠层结构和叶片光谱的模拟,进而实现对水稻冠层垂直反射率和二向反射率的模拟;在此基础上,反演水稻冠层参数,包括叶面积指数、叶的形状参数、叶片叶绿素含量、蛋白质。

## 10.1 水稻冠层二向反射率的一般规律

本节主要介绍水稻冠层二向反射率随观测天顶角和方位角的变化规律,探讨不同冠层结构下水稻冠层二向反射率的变化特征,研究了不同冠层结构下"热点"系数的变化。

### 10.1.1 水稻冠层二向反射率随观测天顶角和方位角的变化规律

图 10.1 为 1999 年 9 月 11 日 10:00(太阳高度角 52°)所测的水稻冠层二向反射率的可见光波段曲线,图 10.1 中所示为:①绿光波段和红光波段在主平面方向(太阳入射方向与太阳和观察对象的连线的垂直线所构成的平面,该平面的观测方位角为 0°和 180°)的光谱曲线,天顶角为正,表示在后向散射方向(方位角为 180°),天顶角为负,表示在前向散射方向(方位角为 0°);②绿光波段和红光波段在垂直主平面方向(与主平面垂直的平面,该平面的观测方位角为 90°和 270°)的光谱曲线。天顶角为正,表示观测方位角为 90°,天顶角为负,表示观测方位角为 270°。从图 10.1 中可以看出,在不同的观测方位角,冠层反射率都是随着观测天顶角的增加而增加的。这种现象是由于随着观测天顶角的变化,视场内冠层上层结构所占的比例随之变化,同时,较低层冠层中阴影部分在视场中所占的比例也发生变化,由此使得冠层反射率随着观测天顶角的变化而变化。对于一个水平均匀的冠层,假设它由若干层具有相似几何形状、相似密度、相似光学性质的叶片组成,则在任一观测方向,当观测天顶角增加时,视场内所能观测到的上层组分增多,而下层阴影部分减少,而且,冠层中

最上层冠层的反射率最大,随着冠层深度的增加,反射率逐渐降低,到冠层的最底层达到最小。因此,冠层反射率随着观测天顶角的增加而增大。

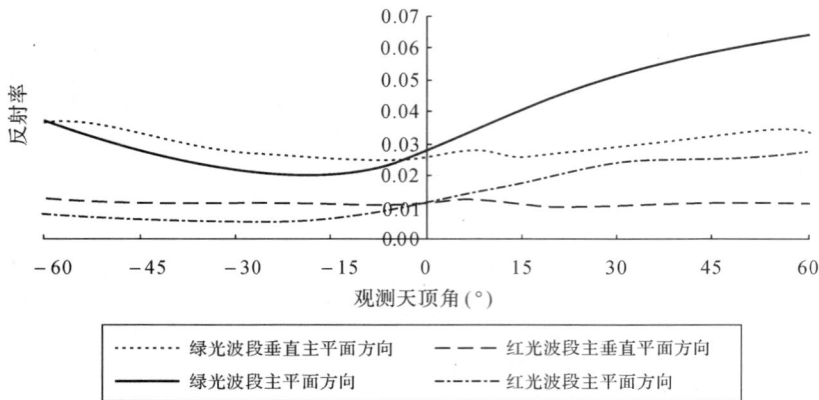

图 10.1　水稻冠层绿光和红光波段反射率随观测方位角和天顶角变化曲线

Fig. 10.1　Reflectance of the rice canopy in different azimuths and zeniths for green and red bands

从图 10.1 可以看出,冠层光谱反射率在垂直主平面方向是对称的,这种对称性在作物封行后,对水平均匀冠层尤为明显,在四个方位角中,以后向散射方向的反射率为最高,前向散射方向的反射率为最低。这种现象是由于在后向散射方向,探测器方向与太阳入射方向一致,进入视场内的组分为太阳直接照射的部分,因而,在该方向的反射率达到最大,当探测器从后向散射方向向其他方向移动时,有以下两个原因造成反射率的减少:①视场中观测到的阴影部分增加;②视场中法线方向与太阳直接入射方向相偏离的组分增加,导致太阳在这些组分上的辐射减少。在前向散射方向,视场内所观测到的阴影部分较多,因为在此方向,有较多不被太阳直接照射的组分进入视场。如果这是使冠层反射率减少的唯一原因,那么,前向散射方向的反射率将随着观测天顶角的增加而降低,因此,反射率的最低点发生在前向散射方向中靠近天顶(天顶角为 0°)的地方,随后反射率随天顶角的增加又继续增加。

图 10.2 为 1999 年 9 月 11 日 10:00(太阳高度角 52°)所测的水稻冠层二向反射率的近红外波段光谱曲线,图中观测方位角和观测天顶角的表示方法同图 10.1。

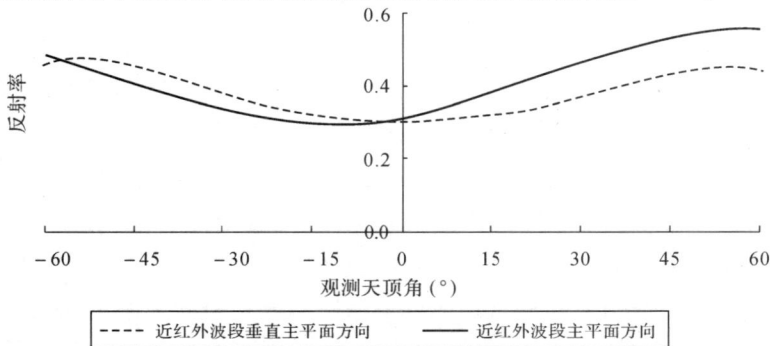

图 10.2　水稻冠层近红外波段反射率随观测方位角和天顶角变化曲线

Fig. 10.2　Reflectance of the rice canopy in different azimuths and zeniths for near infrared band

从图 10.1 可以看到与可见光波段相似的结果,即在不同的观测方位角,冠层反射率都是随着观测天顶角的增加而增加的,这种现象发生的原因与可见光波段相似。但近红外波段在主平面方向的光谱变化没有可见光波段明显,这是因为在此波段反射率与透射率几乎相等,并且近红外波段反射率相对较高,由此引起的多次散射使得近红外波段的反射率受角度的影响较小。此外,植被冠层在此波段的反射率大大高于土壤反射率,因而土壤的较强的后向反射特性不足以对冠层反射率造成较大影响。

### 10.1.2　不同冠层结构下水稻冠层二向反射率的变化

图 10.3 和 10.4 分别为在主平面上不同发育期水稻冠层可见光和近红外波段反射率变化情况。由图 10.3 可知,无论是绿光波段(图 10.3(a)、10.3(b))还是红光波段(图 10.3(c)、10.3(d))的主平面方向的反射率,在封行前(8 月 18 日—9 月 3 日),水稻叶面积指数随着水稻生长发育而增加,天顶处(天顶角为 0°时)的冠层反射率随叶面积指数的增加而降低,这是由于封行前,冠层反射率受土壤反射率的影响较大,而土壤在可见光波段的反射率大大高于冠层各组分的反射率。因此,随着叶面积指数的增加,土壤对冠层反射率的影响越来越小,使得所测得的反射率减小。在封行后(9 月 11 日—10 月 18 日),冠层反射率主要受水稻冠层结构的影响,因而其冠层反射率随水稻的成熟而增加。从图 10.3 中还可以看到,随着叶面积指数的增加,水稻冠层反射率趋于平稳,在叶面积指数最大时(9 月 11 日),前向散射与后向散射的差异最小,在叶面积指数最低时(8 月 19 日),后向反射峰最明显。这种现象可以解释如下:对于离散的植被冠层,冠层反射率受土壤反射率的影响较大,而土壤具有强烈的二向反射特性,土壤在可见光波段的反射率又大大高于叶的反射率。因此,在土壤被植被遮蔽较少时,其二向反射特性就在冠层反射中体现出来。

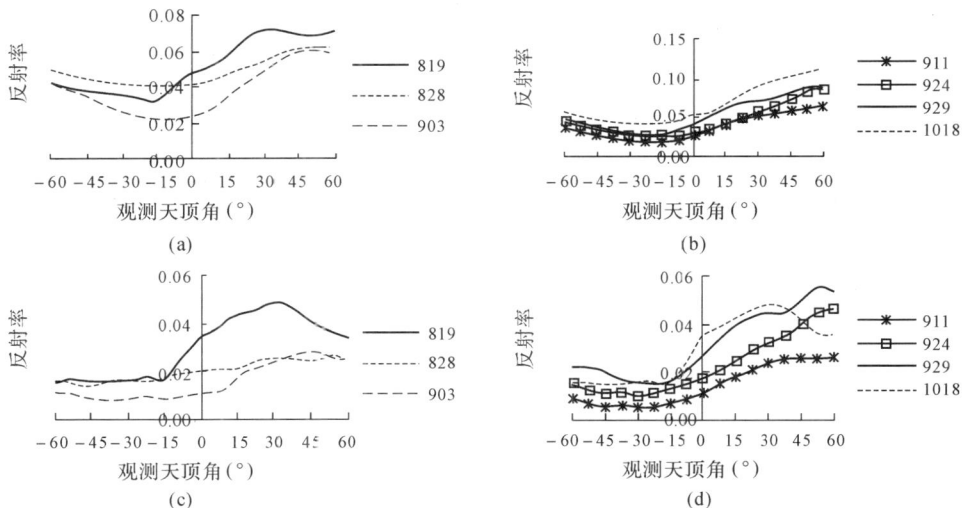

图 10.3　水稻不同生长时期冠层反射率在在绿光波段(a)、(b)和红光波段(c)、(d)随观测天顶角变化曲线
(观测日期分别为 1999 年 8 月 19 日、8 月 28 日、9 月 3 日、9 月 11 日、9 月 24 日、9 月 29 日、
10 月 18 日,观测时的太阳高度角为 54°左右)

Fig. 10.3　Reflectance of the rice canopy in different zeniths at different stages for visible band

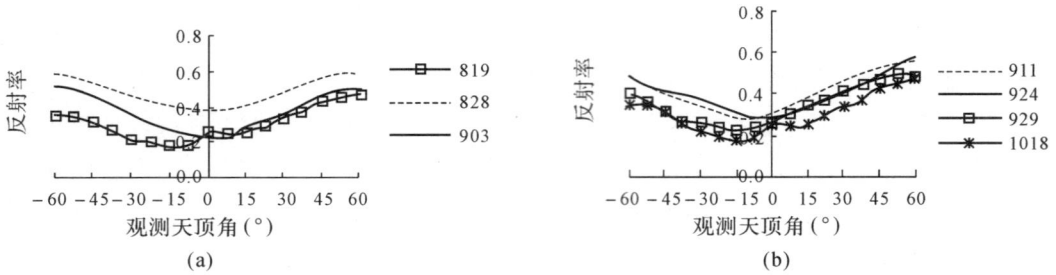

图 10.4　水稻不同生长时期冠层反射率在近红外波段随观测天顶角变化曲线

（观测日期分别为 1999 年 8 月 19 日、8 月 28 日、9 月 3 日、9 月 11 日、

9 月 24 日、9 月 29 日、10 月 18 日，观测时的太阳高度角为 54°左右）

Fig. 10.4　Reflectance of the rice canopy in different zeniths at different stages for near-infrared band

　　图 10.4 为水稻冠层在近红外波段的主平面方向的反射率，可以看到，从 8 月 19 日至 8 月 28 日，在天顶处的冠层反射率随叶面积指数的增加而增加，到 9 月 3 日（叶面积指数为

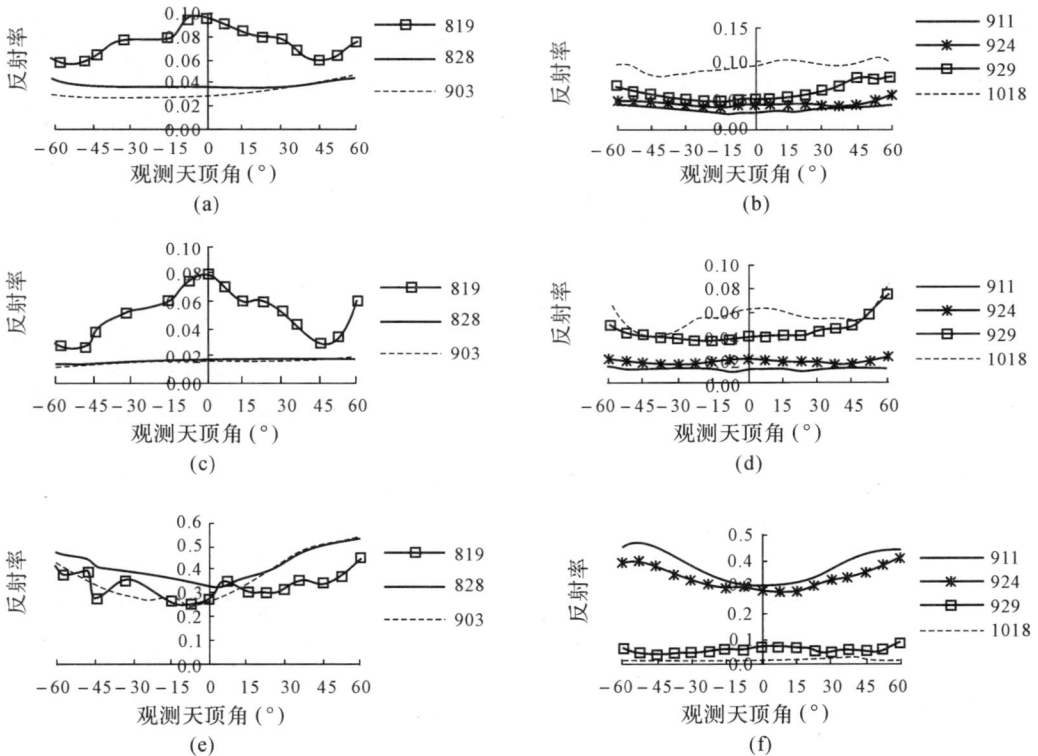

图 10.5　垂直主平面方向冠层二向反射率曲线。（(a)和(b)、(c)和(d)、(e)和(f)分别为绿光、红光和近红外波段；

观测日期分别为 1999 年 8 月 19 日、8 月 28 日、9 月 3 日、9 月 11 日、9 月 24 日、9 月 29 日、10 月 18 日；

观测时的太阳高度角为 54°左右，天顶角为正表示方位角为 90°，天顶角为负表示方位角为 270°）

Fig. 10.5　Canopy bidirectional reflectance in perpendicular plain

4.4)后,冠层反射率随水稻的成熟而降低。冠层反射率曲线在叶面积指数较小时,抖动稍大。与可见光波段相比,曲线的变化率较小,后向散射不明显。这是因为,在近红外波段,土壤的反射率低于叶的反射率,因而土壤的二向反射特性对冠层反射率的影响较小,冠层反射率主要受水稻冠层结构及其各组分(叶、茎、穗)特性的影响。

图 10.5 是垂直主平面方向冠层反射率随冠层结构变化曲线,从图 10.5 中看到:①在叶面积指数较小时,冠层反射率曲线不稳定;②冠层反射率在垂直主平面方向是对称的,这种对称性在作物封行后,即叶面积指数较大时,对水平均匀冠层尤为明显。这是因为,在作物封行前,受行效应的影响,进入探测器视场内的植被组分的多少不均一,致使冠层反射率在有些角度受土壤影响大,而在另一些角度却主要受冠层组分的影响,因此,冠层反射率曲线波动较大,封行后,随着叶面积指数的增加,冠层反射率主要受冠层各组分光学特性的影响,因而,其反射率曲线趋于稳定,并在垂直主平面方向对称。

## 10.2　水稻 BRDF 模型

本节采用椭圆模型(Campbell,1986)、PROSPECT 模型(Jacquemoud 等,1990,1993,1995,1996)、FCR 模型(Kuusk,1991,1994,1995)、太阳高度角计算模型等实现对水稻冠层叶倾角、叶片反射率、冠层二向反射的模拟。

### 10.2.1　水稻冠层叶倾角分布模拟

椭圆分布函数模型提供了一种简单而有效的模拟植被冠层结构的方法,在极坐标下用双参数椭圆分布函数模拟叶倾角分布函数,首先模拟叶法向分布函数,其计算公式如下:

$$g_l(\theta_l) = \frac{\beta}{\sqrt{1 - \varepsilon^2 \cos^2(\theta_l - \theta_m)}} \tag{10.1}$$

式中,$\theta_m$ 和 $\varepsilon$ 是椭圆分布的两个参数。$\theta_m$ 是模型倾角(即最大多数的叶角),$\varepsilon$ 是偏心率。

$$\varepsilon = \sqrt{1 - \frac{a^2}{b^2}} \tag{10.2}$$

$a$ 是椭圆分布的纵半轴,$b$ 是横半轴。比例 $\varepsilon = \frac{a}{b}$ 决定了分布的形状:$x = 1$ 对应于球形分布,$x \to \infty$ 对应于喜平型冠层,$x = 0$ 对应于喜直型冠层。

因此,偏心率 $\varepsilon$ 决定了叶倾角分布的形状,其值从 0 变化到 $l$,0 代表球形分布,$l$ 代表模型倾角为固定倾角的分布。$\beta$ 因子由归一化条件确定:

$$\beta = \frac{\varepsilon}{\cos\theta_m \ln \frac{\cos\eta + \sin\gamma}{\cos\eta - \sin\gamma} - \sin\theta_m(\eta - \gamma)} \tag{10.3}$$

其中,

$$\eta = \sin^{-1}(\varepsilon\cos\theta_m) \tag{10.4}$$

$$\gamma = \sin^{-1}(\varepsilon\sin\theta_m) \tag{10.5}$$

其次,叶倾角分布函数

$$g(\theta_l) = g_l(\theta_l)\sin\theta_l \qquad (10.6)$$

模型输入参数为模型倾角 $\theta_m$ 和偏心率 $\varepsilon$,输出参数为叶法向分布函数和叶倾角分布函数 $g(\theta_l)$。

椭圆分布的参数通过优化函数法获得。在下式的迭代过程中使 $F$ 值趋于最小,即:

$$F = \sum_{i=1}^{m} \frac{\left[ g_m^*(\theta_i) - g^*(\theta_i)^2 \right]}{g_m^*(\theta_i)} \to 0 \qquad (10.7)$$

其中,$g_m^*(\theta_i)$ 为测量的叶倾角密度分布函数,$g^*(\theta_i) = g_i^*(\theta_i)\sin\theta_i$ 为所求的椭圆分布函数,则可求出模型倾角和偏心率。本研究采用该方法进行水稻冠层叶倾角分布模拟,1999 年实验品种为秀水 63,该品种株型挺立,叶倾角主要集中在 $70°\sim90°$,因此,计算时在 $0°\sim60°$ 按 $10°$ 为间隔对叶倾角进行分割,$60°$ 以上按 $5°$ 的间隔分割。

对 1999 年 8 月 19 日、8 月 28 日、9 月 10 日和 9 月 24 日的实测数据进行反演,求出参数 $\varepsilon = 0.9985$,$\theta_m = 81°$。利用所求出的参数,对水稻各不同生育期的叶倾角分布函数进行模拟,并与实测值比较,结果如图 10.6 和 10.7 所示。

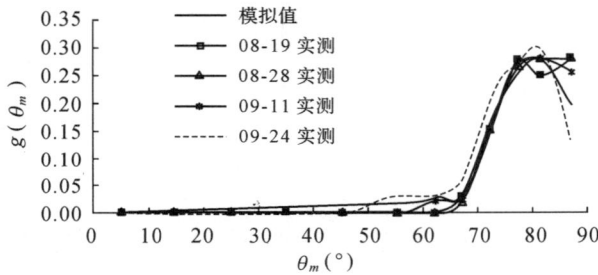

图 10.6 水稻冠层叶倾角分布函数实测值与模拟值比较(1999 年 8 月 19 日、8 月 28 日、9 月 11 日、9 月 24 日)

Fig. 10.6 Measured and calculated leaf angle's inclination distribution of rice canopy

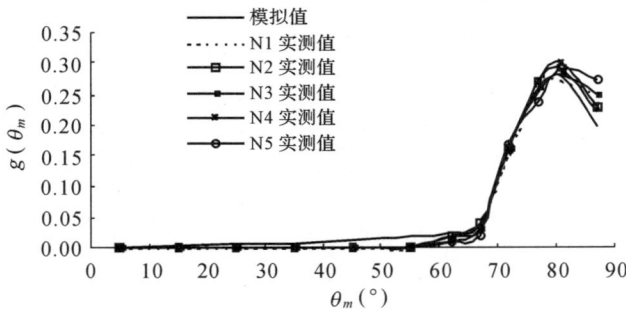

图 10.7 不同氮素水平水稻冠层叶倾角分布函数实测值与模拟值比较(2000 年 9 月 16 日)

Fig. 10.7 Measured and calculated leaf angle's inclination distribution of rice canopy at different nitrogen levels

图 10.6 中,模拟值与实测值的 RMSE 值分别为:0.0289、0.0274、0.0200 和 0.0273,相关系数分别为:0.9719、0.9794、0.9884 和 0.9692。图 10.7 中,模拟值与实测值的 RMSE 值分别为:0.0186、0.0117、0.0173、0.0152、0.0237,相关系数分别为:0.9881、0.9974、

0.9911、0.9965 和 0.9833。从图 10.6 和 10.7 看出,用双参数椭圆分布函数模拟水稻冠层叶倾角分布,能够反映冠层叶倾角的分布规律,模拟结果与实测结果比较接近,说明用椭圆分布函数模拟水稻冠层结构的方法是可行的。由于该品种水稻叶倾角分布在水稻不同生长时期及不同氮素水平下变化不大,因此,均取 $\varepsilon = 0.9985$,$\theta_m = 81°$ 对水稻冠层结构进行模拟。

### 10.2.2　水稻叶片反射率模拟

首先利用 PROSPECT 模型建立叶片光谱模拟模型,然后对 1999 年水稻不同生育期及 2000 年同一生育期不同氮素水平的水稻叶片反射率进行模拟。

PROSPECT 模型是一个计算叶片半球反射率和透射率的辐射传输模型,其计算的光谱波段为 400~2500nm。模型中,散射用叶的折射指数($n$)和叶的形态结构参数($N$)来描述,折射指数 $n$ 在叶片内是不连续的,对于含水的细胞壁,$n \approx 1.4$,在 $1\mu m$ 处,水的折射指数 $n \approx 1.33$,空气的折射指数 $n = 1$;吸收用色素含量(叶绿素 a+b)、蛋白质、纤维素及水分含量来模拟。在模型中,只需要输入叶的形态结构参数 $N$、叶绿素含量($\mu g/cm^2$)、水的等价厚度(cm)、蛋白质含量($g/cm^2$)、纤维素含量($g/cm^2$),就可求出叶片的反射率和透射率。反之,通过模型反演,可求出叶片的形态结构参数、叶绿素含量和含水量等。

假设叶片由 $N$ 层同类的层组成,这些层被 $N-1$ 层空气所分割。在这里,$N$ 可以是一个连续的数而不必是整数。由于最上层无散射特性,因此,模型中将第一层与其余各层分开。第一层接收一立体角为 $\Omega$ 的入射光(入射角为 $\alpha$):用 $\rho_a$ 表示反射率,$\tau_a$ 表示透射率。在叶片内部,假设光波是各向同性的:用 $\rho_{90}$ 和 $\tau_{90}$ 分别表示叶片内部各层元素的反射率和透射率。则 $N$ 层总的反射率和透射率用式(10.8)和(10.9)表示:

$$\rho_{N,a} = \rho_a + \frac{\tau_a \tau_{90} \rho_{N-1,90}}{1 - \rho_{90} \rho_{N-1,90}} \tag{10.8}$$

$$T_{N,a} = \frac{\tau_a T_{N-1,90}}{1 - \rho_{90} \rho_{N-1,90}} \tag{10.9}$$

其中

$$\rho_a = [1 - \text{tav}(\alpha,n)] + \frac{\text{tav}(90,n)\text{tav}(\alpha,n)\theta^2[n^2 - \text{tav}(90,n)]}{n^4 - \theta^2[n^2 - \text{tav}(90,n)]^2} \tag{10.10}$$

$$\tau_a = \frac{\text{tav}(90,n)\text{tav}(\alpha,n)\theta n^2}{n^4 - \theta^2[n^2 - \text{tav}(90,n)]^2} \tag{10.11}$$

$n$ 是折射指数,$\theta$ 是透射系数。$\text{tav}(\alpha,n)$ 是电介质平面的透射函数,它是所有入射方向和极化方向的平均值。

又有

$$\frac{\rho_{N,90}}{b_{90}^N - b_{90}^{-N}} = \frac{T_{N,90}}{\alpha_{90} - \alpha_{90}^{-1}} = \frac{1}{\alpha_{90} b_{90}^N - \alpha_{90}^{-1} b_{90}^{-N}} \tag{10.12}$$

其中

$$\alpha_{90} = \frac{1 + \rho_{90}^2 - \tau_{90}^2 + \delta_{90}}{2\rho_{90}} \tag{10.13}$$

$$b_{90} = \frac{1 - \rho_{90}^2 + \tau_{90}^2 + \delta_{90}}{2\tau_{90}} \tag{10.14}$$

$$\delta_{90} = \sqrt{(\tau_{90}^2 - \rho_{90}^2 - 1)^2 - 4\rho_{90}^2} \tag{10.15}$$

模型中需要输入的参数 $\theta$ 和 $N$ 可由公式(10.16)和(10.17)估算出:

$$SLA = \frac{0.1N + 0.025}{N - 0.9} \tag{10.16}$$

其中,$SLA$ 是每单位干重的叶面积($\mathrm{cm^2/mg}$)。

$$\theta - (1 - k)e^{-k} - k^2 \int_k^\infty x^{-1} e^{-x} \mathrm{d}x = 0 \tag{10.17}$$

其中,$k$ 是吸收系数,可用下式表示:$k(\lambda) = \sum k_i(\lambda)c_i + k_e(\lambda)$,$\lambda$ 是波长,$k_i(\lambda)$ 是相对于叶片第 $i$ 个化学组分的吸收系数(叶片的各组分包括叶绿素、蛋白质、纤维素、水等),$k_e(\lambda)$ 是常数,$c_i$ 是每单位叶面积上第 $i$ 组分的含量。

模型输入参数包括水稻叶片的形态结构参数、叶绿素含量、水的等价厚度、蛋白质含量、纤维素含量等。输出参数包括叶片反射率和透射率。利用 PROSPECT 模型计算 1999 年 8 月 19 日、8 月 28 日、9 月 11 日和 9 月 24 日,以及 2000 年 9 月 16 日不同氮素水平叶片反射率值,模拟结果如图 10.8 和 10.9 所示。

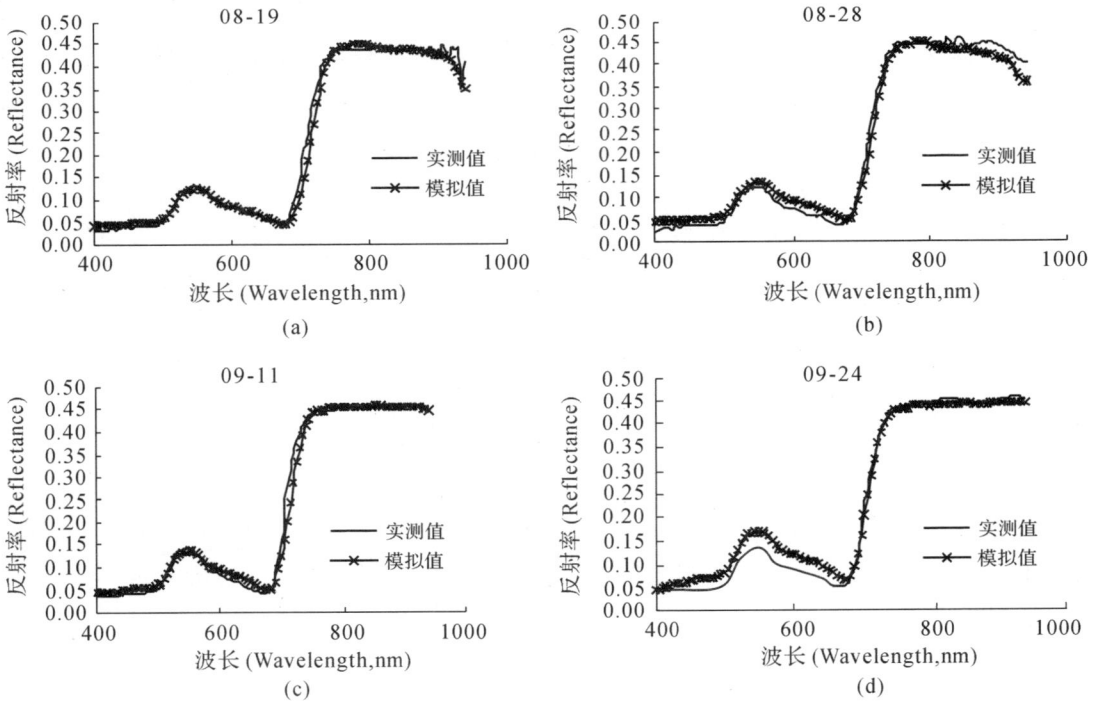

图 10.8　不同发育期水稻叶片实测与模拟反射光谱曲线(1999 年 8 月 19 日、8 月 28 日、9 月 10 日和 9 月 24 日)

Fig. 10.8　Measured and simulated reflectance spectra of rice leaf at different development stages

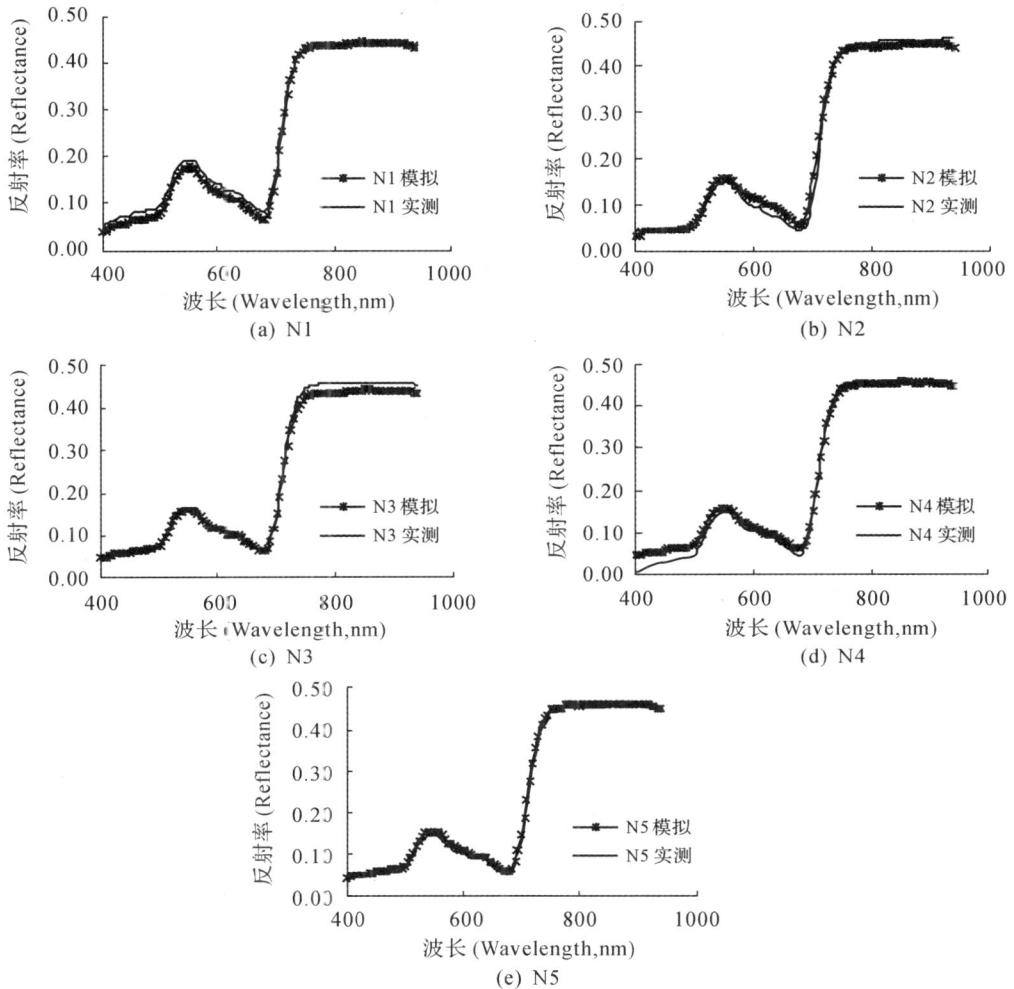

图 10.9　不同氮素水平水稻叶片实测与模拟反射光谱曲线(2000 年 9 月 16 日)

Fig. 10. 9　Measured and simulated reflectance spectra of rice leaf at different nitrogen levels

图 10.8 中实测值和模拟值的 RMSE 值分别是:0.0169、0.0193、0.0173 和 0.0212,相关系数分别是:0.997、0.998、0.996 和 0.995。图 10.9 中实测值和模拟值的 RMSE 值分别是:0.0117、0.0140、0.0127、0.0154 和 0.0077,相关系数分别是:0.9999、0.9980、0.9999 和 0.9999。

### 10.2.3　水稻冠层二向反射率的模拟

利用椭圆模型、PROSPECT 模型和 FCR 模型,建立冠层二向反射率模拟模型。适用于 FCR 模型的冠层结构应具有下列特点:

(1)冠层为水平均匀冠层。

(2)植被元素(以下简称叶)是平均线性尺度为 $l_L^*$ 的薄盘,用 $R_D$ 和 $T$ 表示其漫射和透射系数,用折射指数 $n$ 描述其镜面反射。

(3)叶的方向用叶法向密度分布函数 $g_L(\theta_L)$ 描述,并假定其方位分布是均一的。

(4)植被元素的垂直分布用叶面积密度垂直分布函数 $u_L(z)$ 表示,并假设不同高度的叶是相互独立的。

冠层方向反射率用式(10.18)表示:

$$\rho = \frac{S_\lambda}{Q_\lambda}\rho^1 + \rho_D \tag{10.18}$$

其中,$\rho^1$ 是二向反射率中的单次散射组分,$\rho_D$ 是漫射通量,$S_\lambda$ 和 $Q_\lambda$ 是冠层上方某一平面上太阳直接辐射和总辐射。$\rho^1$ 包括冠层和土壤的单次散射,由式(10.19)表示:

$$\rho^1 = \rho_c^1 + \rho_{soil}^1 \tag{10.19}$$

其中,$\rho_c^1$ 是冠层单次散射,$\rho_{soil}^1$ 是土壤单次散射。

$$\rho_c^1 = \int_0^H \frac{\Gamma_L(r',r,z)}{\mu'\mu} u_L(z)Q(r',r,z)\mathrm{d}z \tag{10.20}$$

其中,$\Gamma_L(r',r,z)$ 是冠层散射相函数,$r'=(\theta',0)$ 是指向太阳的单位矢量,$r=(\theta,0)$ 是指向探测器的单位矢量,$\theta'$ 和 $\theta$ 分别是 $r'$ 和 $r$ 的极角,$z$ 是冠层深度(到冠层顶端的距离),$Q(r',r,z)$ 是双向联合间隙率。

$$Q(r',r,z) = P(z,r')P(z,r)C_{HS}(z,\alpha) \tag{10.21}$$

其中,$P(z,r')$ 和 $P(z,r)$ 分别是 $r'$ 和 $r$ 方向的间隙率(用一根无限长的针沿某一方向穿过冠层,不碰到任何叶片的概率),$C_{HS}(z,\alpha)$ 是热点函数。

$$P(z,r) = \exp\left(1 - \int_0^\tau \frac{G_L(t)u_L(t)}{\mu}\mathrm{d}t\right) \tag{10.22}$$

$G_L(z)$ 称为 $G$ 函数(叶面积投影函数),它是冠层深度 $z$ 处单位叶面积在 $r$ 方向的投影。

$$G_L = \frac{1}{2\pi}\int_{2\pi} g_L(r_L)\,|\cos r r_L|\,\mathrm{d}\Omega_L \tag{10.23}$$

其中,$\frac{1}{2\pi}g_L(r_L)$ 是叶面积方向分布函数,$r_L$ 是叶子向上半面的法线方向,$\cos r r_L$ 是 $r$ 和 $r_L$ 夹角的余弦,$\Omega_L$ 是单位立体角。

$$C_{HS}(z,\alpha) = \exp\left(\int_0^\tau \sqrt{\frac{G'_L(t)G_L(t)}{\mu'\mu}}\right) \times u_L(t)r_{\xi\xi}\left[(z-t)\Delta(r',r)\right]\mathrm{d}t \tag{10.24}$$

$\alpha$ 是 $r'$ 和 $r$ 的夹角,$\alpha = \cos^{-1}(\mu'\mu + \sin\theta'\sin\theta\cos\varphi)$,$\varphi$ 是观测方向相对于太阳方向的方位角。$\xi'(x,y,z)$ 和 $\xi(x,y,z)$ 是指标函数,$r_{\xi\xi}(1)$ 是正交相关系数。$1=(z-t)\Delta(r',r)$,其中,$\Delta(r',r) = \sqrt{\frac{1}{\mu'^2} + \frac{1}{\mu^2} - 2\frac{\cos\alpha}{\mu'\mu}}$。

沿 $r$ 方向伸入的针,如果在深度 $z$ 处与叶片相触,则指标函数 $\xi(x,y,z)$ 取值为 1,否则 $\xi(x,y,z)$ 取值为 0。

为了用解析式表示冠层单次散射,假定叶面积密度垂直分布函数 $u_L(z)$、叶的光学特性和方向性、叶的形态均与深度 $z$ 无关。当 $\alpha$ 角较小时,将(10.20)式参数化可得:

$$\rho_c^i = \Gamma_L(r',r)\left\{\frac{1-\exp\left[\dfrac{-L_H\left(G_L(r')\right)+G_L(r)}{\mu_1}+\dfrac{G_L(r)}{\mu_2}\right]}{G_L(r')\mu_2+G_L\mu_1}+\frac{1-\exp\left[-L_H\left(\dfrac{G_L\left(\dfrac{r'}{\mu_1}+\dfrac{G_L(r)}{\mu_2}\right)}{2}-\dfrac{\alpha}{2S_L\sqrt{\mu_1\mu_2}}\right)\right]}{\dfrac{G_L(r')\mu_2+G_L(r)\mu_1}{2}+\dfrac{\alpha\sqrt{\mu_1\mu_2}}{2S_LL_H}}\right. -$$

$$\left.\frac{1-\exp\left[-L_H\dfrac{\left(\dfrac{G_L(r')}{\mu_1}+\dfrac{G_L(r)}{\mu_2}\right)}{2}-\dfrac{\alpha}{2S_L\sqrt{\mu_1\mu_2}}\right]}{\dfrac{G_L(r')\mu_2+G_L(r)\mu_1}{2}+\dfrac{\alpha\sqrt{\mu_1\mu_2}}{2S_LL_H}}\right\} \tag{10.25}$$

其中，$L_H=\displaystyle\int_0^H u_L(z)\mathrm{d}z$ 是叶面积指数，$l_L=\dfrac{l_L^*}{H}$。

相函数 $\Gamma_L(r',r)$ 由叶倾角分布和叶的光学特性决定。计算 $\Gamma_L(r',r)$ 时，同时要考虑到漫反射、透射和叶表面蜡状物的镜面反射。

$$\Gamma_L(r',r)=\Gamma_D(r',r)+\Gamma_{SP}(r',r) \tag{10.26}$$

其中，$\Gamma_D(r',r)$ 是漫散射相函数，$\Gamma_{SP}(r',r)$ 是镜面反射相函数。

$$\Gamma_D(r',r)=\frac{R_D}{2\pi}\int_{\Omega_R}g_L(r_L)\,|\cos r'r_L\cos rr_L|\,\mathrm{d}\Omega_L+$$

$$\frac{T}{2\pi}\int_{2\pi-\Omega_R}g_L(r_L)\,|\cos r'r_L\cos rr_L|\,\mathrm{d}\Omega_L \tag{10.27}$$

其中，$R_D$ 和 $T$ 是叶的漫反射和透射系数，$\cos r'r_L$ 是 $r'$ 和 $r_L$ 的夹角的余弦，$\Omega_R$ 由 $\cos r'r_L\cos rr_L>0$ 决定。由于假定叶的方位角分布是均一的，因此有：

$$g_L(r_L)=g_L(\theta_L) \tag{10.28}$$

$$\Gamma_{SP}(r',r)=\frac{g_L(\theta_q)}{4}K(\alpha_0)\gamma_{SP} \tag{10.29}$$

其中，$\gamma_{SP}$ 是镜面反射的反射系数，$\alpha_0=\alpha/2$ 是叶的入射角，$\theta_q$ 是叶的镜面反射法向与方向 $r$ 的极角，

$$\theta_q=\cos^{-1}\left(\frac{\mu'+\mu}{2\cos\alpha_0}\right) \tag{10.30}$$

$K(\alpha_0)$ 是镜面反射的修正因子，它由叶的针形结构决定。

$$K(\alpha_0)=\exp\left[-(2k\tan\alpha_0)/\pi\right] \tag{10.31}$$

其中，参数 $k$ 由叶的蜡状表皮的光谱特性决定（发丝状物的数量和尺度）。

镜面反射是某种意义上的极化，对镜面反射和极化的计算采用式(10.32)和(10.33)。

垂直方向的极化：

$$\gamma_S=\frac{\sin^2(\alpha_0-1)}{\sin^2(\alpha_0+1)} \tag{10.32}$$

平行方向的极化：

$$\gamma_P=\frac{\tan^2(\alpha_0-1)}{\tan^2(\alpha_0+1)} \tag{10.33}$$

叶的镜面反射辐射总量为：$\gamma_{SP}=\dfrac{\gamma_S+\gamma_P}{2}$，线性极化为：$\gamma_{LP}=\dfrac{\gamma_S-\gamma_P}{2}$。

土壤单次散射：

$$\rho_{\mathrm{S}}^1 = \rho_{\mathrm{soil}}(r',r)Q(r',r,H) = \rho_{\mathrm{soil}}(r',r)\exp\left[-L_{\mathrm{H}}\left(\frac{G_{\mathrm{L}}(r')}{\mu_1}+\frac{G_{\mathrm{L}}}{\mu_2}\right)\right]\times$$

$$\left\{1+\exp\left(-\frac{\alpha}{2l_{\mathrm{L}}\ \sqrt{\mu'\mu}}\right)\times\left[\exp\left[L_{\mathrm{H}}\ \frac{\frac{G_{\mathrm{L}}(r')}{\mu_1}+\frac{G_{\mathrm{L}}}{\mu_2}}{2}\right]-1\right]\right\} \qquad (10.34)$$

其中，$\rho_{\mathrm{soil}}(r',r)$ 是土壤二向反射率，$Q(r',r,H)$ 是阳光直接照射到土壤的间隙率。土壤的二向反射率由(10.35)式计算：

$$\rho_{\mathrm{soil}}(\theta^*,\theta,\varphi) = \frac{\rho_{\mathrm{soil}}(\theta^*,0)}{\rho_0(\theta^*)}\times\left[p_0(\theta')+p_1(\theta')\cos\varphi+p_2(\theta')\theta^2\right] \qquad (10.35)$$

$\rho_{\mathrm{soil}}(\theta^*,0)$ 是太阳天顶角为 $\theta^*$ 时土壤的天顶反射率，

$$p_1(\theta) = a_{i0}+a_{i1}\theta+a_{i2}\theta^2,\ i=0,1,2 \qquad (10.36)$$

其中，$a_{ij} = \begin{bmatrix} 16.41 & 0 & -4.30 \\ 0 & 7.36 & 0 \\ -4.30 & 0 & 7.70 \end{bmatrix}$

漫散射通量的计算引入了 SAIL 模型。模型中考虑了多次散射和漫散射天空光。

SAIL 模型的系数 $k_i$，$i=1,2$ 可用 $G$ 函数求出：

$$k_i = \frac{G_{\mathrm{L}}^i L_H}{\mu_i},\quad i=1,2 \qquad (10.37)$$

其中，$\mu_i = \cos\theta_i$，$\theta_i$ 是极角，$\mu_{\mathrm{L}} = \cos\theta_{\mathrm{L}}$。要计算 SAIL 模型中的其他系数，还需要计算式(10.38)的积分和 $\Gamma$ 函数。

$$J_{\mathrm{L}} = \frac{1}{2\pi}\int_{2\pi} g_{\mathrm{L}}(r_{\mathrm{L}})\mu_{\mathrm{L}}^2\,\mathrm{d}r_{\mathrm{L}} \qquad (10.38)$$

一般来说，以上各式的计算需要用到二重积分的数值算法，但是，由于在模型中引入椭圆分布函数模拟叶的法向分布，因此，可用多项式逼近二重积分。在该 FCR 模型中，避免了所有的数值积分，而构成了一个新的可快速计算的二向反射模型。模型算法如下：

模拟水稻冠层二向反射率的输入参数包括冠层结构参数(叶面积指数、叶的形状参数、椭圆模型倾角、偏心率)、光学参数(叶片反射率、叶片透射率、折射指数、土壤和薄层水体在天顶处的反射率、太阳直接辐射/总辐射)和几何参数(测冠层二向反射率时的太阳高度角、测土壤反射率时的太阳高度角、观测方位角、观测天顶角)。输出的结果为冠层二向反射率。图 10.10 为 1999 年不同发育期水稻冠层实测与模拟垂直反射光谱曲线，图 10.11 为 2000 年不同氮素水平水稻冠层实测与模拟垂直反射光谱曲线。

图 10.10 中 RMSE 值分别是：0.0203、0.0257、0.0281 和 0.0085，$n=109$，相关系数分别是：0.9892、0.9871、0.9959 和 0.9991。图 10.11 中 RMSE 值分别是：0.0276、0.0191、0.0438、0.0162 和 0.0360，相关系数分别是：0.9992、0.9987、0.9958、0.9992 和 0.9959。

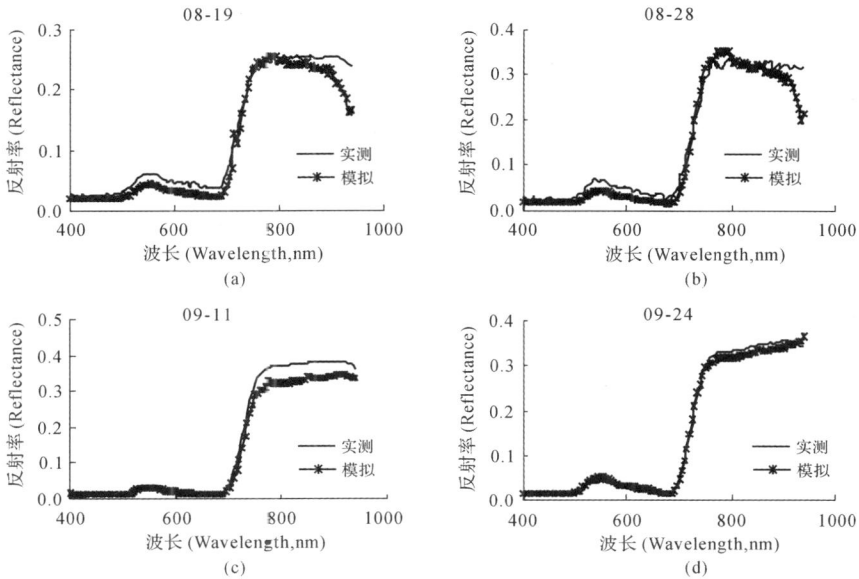

图 10.10　不同发育期水稻冠层实测与模拟垂直反射光谱曲线（1999 年 8 月 19 日、8 月 28 日、9 月 11
　　　　日和 9 月 24 日）

Fig. 10. 10　Measured and simulated reflectance spectra of rice canopy on uprightness at
　　　　different development stages

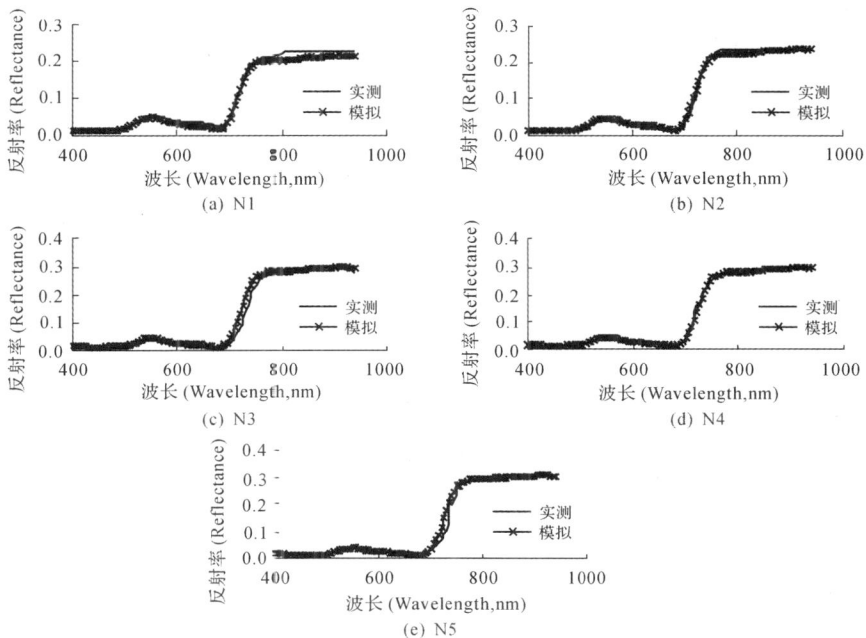

图 10.11　不同氮素水平水稻冠层实测与模拟垂直反射光谱曲线（2000 年 9 月 16 日）

Fig. 10. 11　Measured and simulated reflectance spectra of rice canopy on uprightness at
　　　　different nitrogen levels

图 10.12 是 1999 年 9 月 24 日冠层二向反射率实测值与模拟值比较,1999 年,探测器的视场角为 20°,因此,进入视场内的冠层组分较多,观测到的冠层二向反射率是冠层的平均反射率,其二向反射率的热点效应不明显。模拟值与实测值相比,模拟的热点值高于实测值,在前向散射方向,模拟值也高于实测值。其中 RMSE 值分别是:0.0202、0.3517 和 0.4379,相关系数分别是:0.9474、0.8980 和 0.7226。

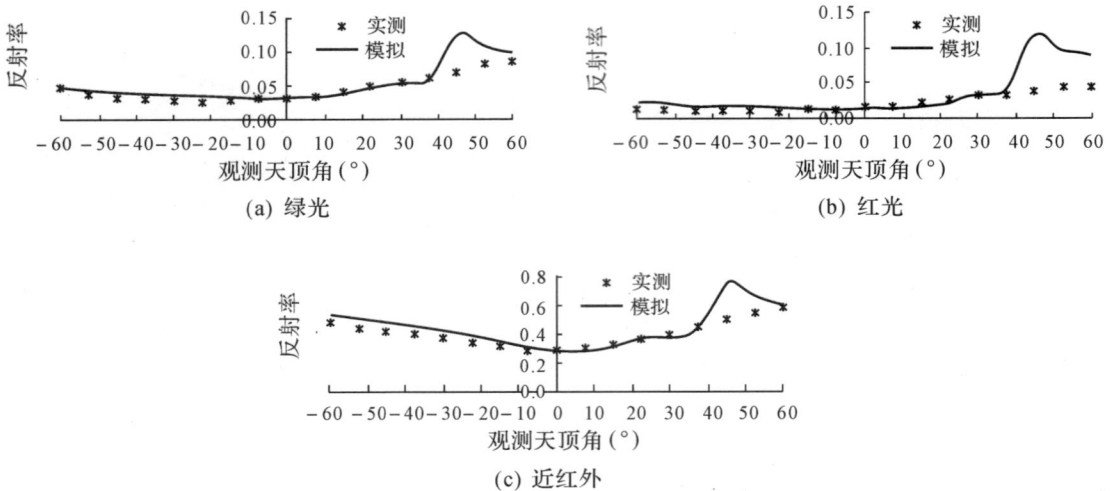

(a) 绿光    (b) 红光

(c) 近红外

图 10.12 水稻冠层实测与模拟二向反射率(1999 年 9 月 24 日,观测天顶角为负表示在前向反射方向,观测天顶角为正表示在后向反射方向)

Fig. 10.12 Measured and simulated bidirectional reflectance of rice canopy

2000 年,将观测的视场角调整为 3°,模拟不同氮素水平及不同生育期的冠层二向反射率,与实测值比较后知:在分蘖期、二次枝梗分化期和抽穗期,绿光、红光和近红外波段的 RMSE 值分别为 0.0050~0.0150、0.0033~0.0108 和 0.0152~0.0454;绿光、红光和近红外波段的相关系数 $r$ 为 0.9475~0.9975、0.9481~0.9985 和 0.9813~0.9970。在乳熟期,绿光波段的 RMSE 值为 0.0108~0.0173,红光波段的 RMSE 值为 0.0053~0.0111,近红外波段的 RMSE 值为 0.0406~0.0654;绿光波段的相关系数 $r$ 为 0.8967~0.9931,红光波段的相关系数 $r$ 为 0.9047~0.9912,近红外波段的相关系数 $r$ 为 0.9343~0.9889。其中,乳熟期的模拟精度低于其他时期,这是因为乳熟期穗对冠层光谱的影响增加,而模型中未考虑穗的影响的缘故。图 10.13~10.16 是 2000 年 N3 在不同生育期绿光、红光和近红外波段的模拟值与实测值比较,图 10.17~10.19 是 2000 年 9 月 16 日(抽穗期)不同氮素水平在绿光、红光和近红外波段的模拟值与实测值比较。从图中可以看到,与 1999 年相比,模拟精度有所提高,这说明缩小视场角,有助于提高二向反射的观测精度。

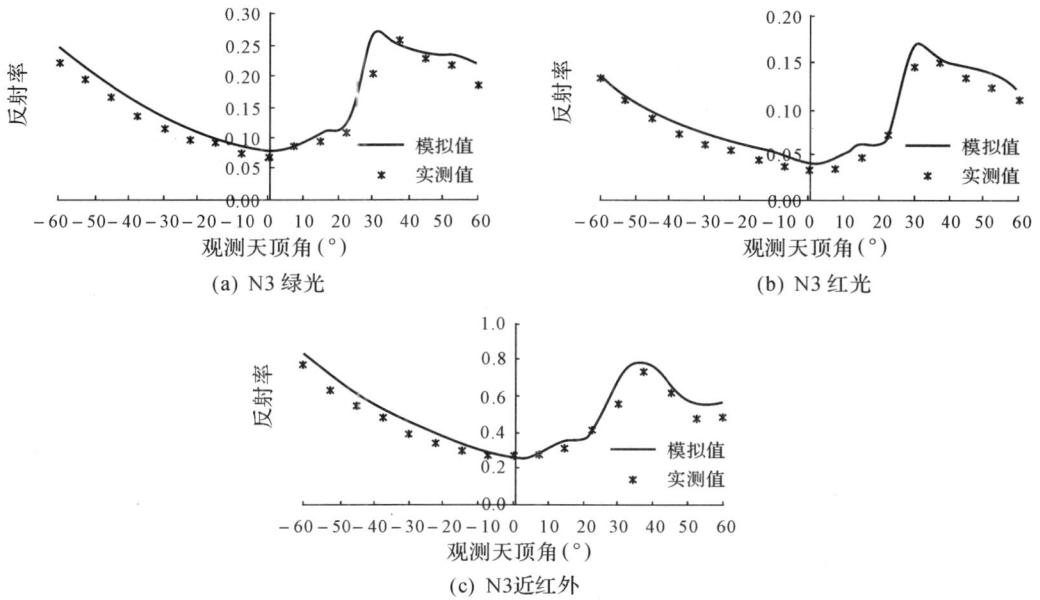

(a) N3 绿光　　　　　　　　(b) N3 红光

(c) N3 近红外

图 10.13　2000 年 8 月 7 日水稻冠层二向反射率模拟值与实测值比较（观测天顶角为负表示在前向散射方向，观测天顶角为正表示在后向散射方向）

Fig. 10.13　Measured and simulated bidirectional reflectance of rice canopy on August 7,2000

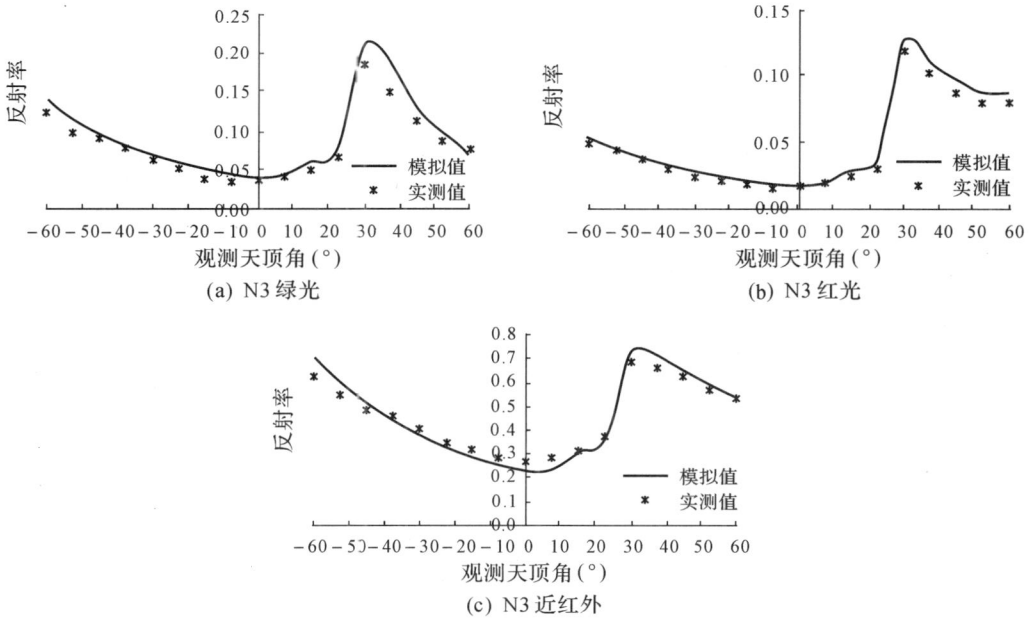

(a) N3 绿光　　　　　　　　(b) N3 红光

(c) N3 近红外

图 10.14　2000 年 8 月 28 日水稻冠层二向反射率模拟值与实测值比较（观测天顶角为负表示在前向散射方向，观测天顶角为正表示在后向散射方向）

Fig. 10.14　Measured and simulated bidirectional reflectance of rice canopy on August 28,2000

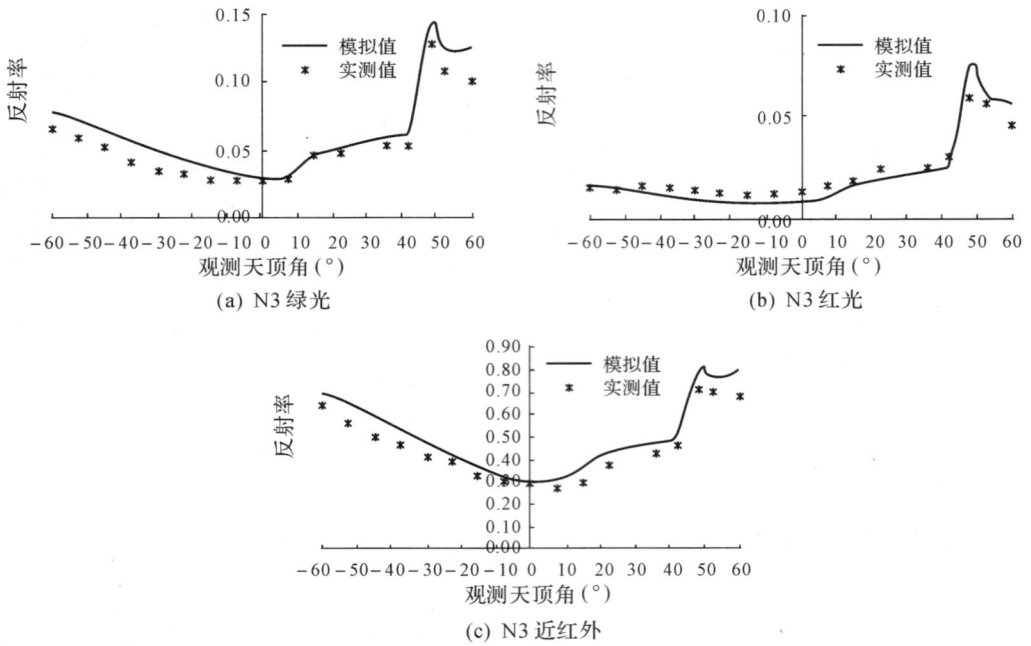

图 10.15　2000 年 9 月 16 日水稻冠层二向反射率模拟值与实测值比较(观测天顶角为负表示在前向散射方向,观测天顶角为正表示在后向散射方向)

Fig. 10.15　Measured and simulated bidirectional reflectance of rice canopy on September 16,2000

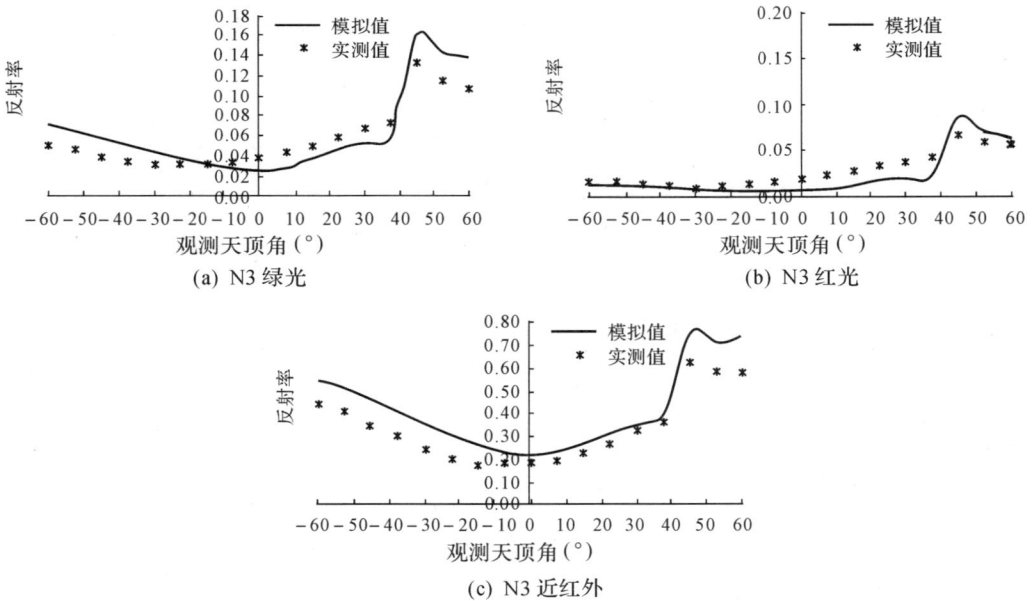

图 10.16　2000 年 10 月 9 日水稻冠层二向反射率模拟值与实测值比较(观测天顶角为负表示在前向散射方向,观测天顶角为正表示在后向散射方向)

Fig. 10.16　Measured and simulated bidirectional reflectance of rice canopy on October 9,2000

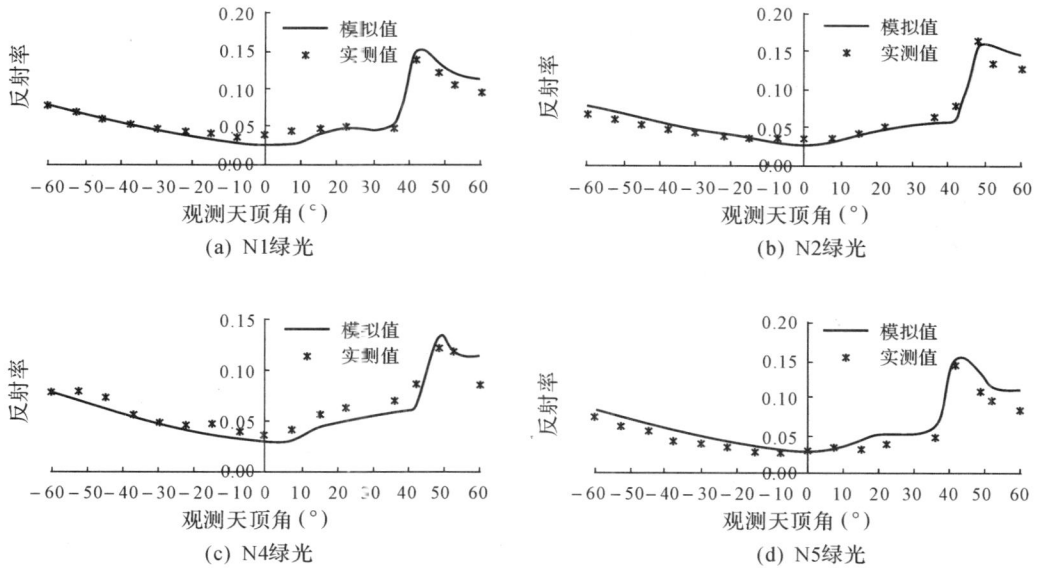

图 10.17　2000 年 9 月 16 日不同氮素水平水稻冠层绿光波段二向反射率模拟值与实测值比较

（观测天顶角为负表示在前向散射方向，观测天顶角为正表示在后向散射方向）

Fig. 10.17　Measured and simulated green band bidirectional reflectance of rice canopy at different nitrogen levels on September 16,2000

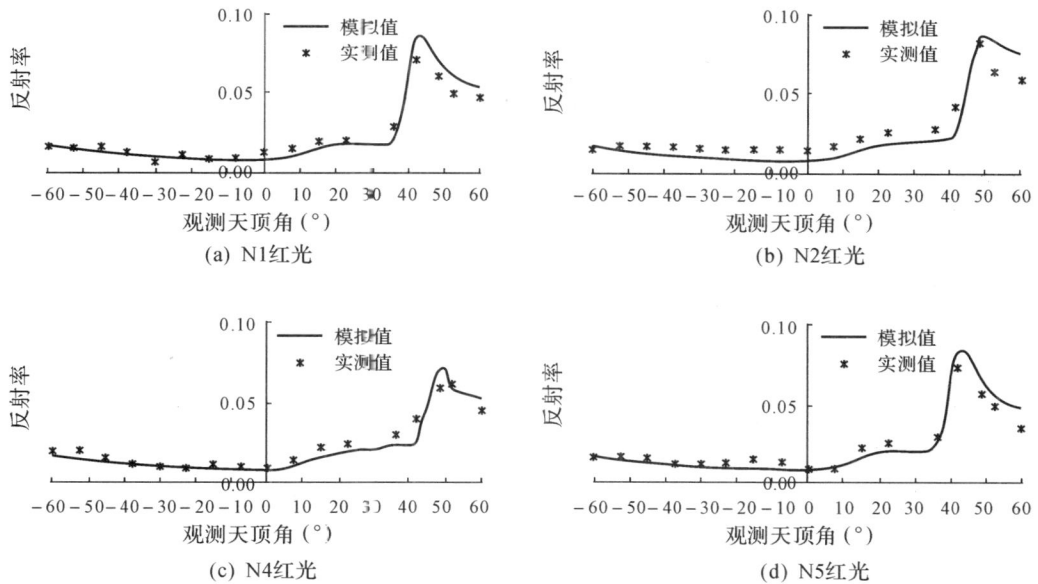

图 10.18　2000 年 9 月 16 日不同氮素水平水稻冠层红光波段二向反射率模拟值与实测值比较

（观测天顶角为负表示在前向散射方向，观测天顶角为正表示在后向散射方向）

Fig. 10.18　Measured and simulated red band bidirectional reflectance of rice canopy at different nitrogen levels on September 16,2000

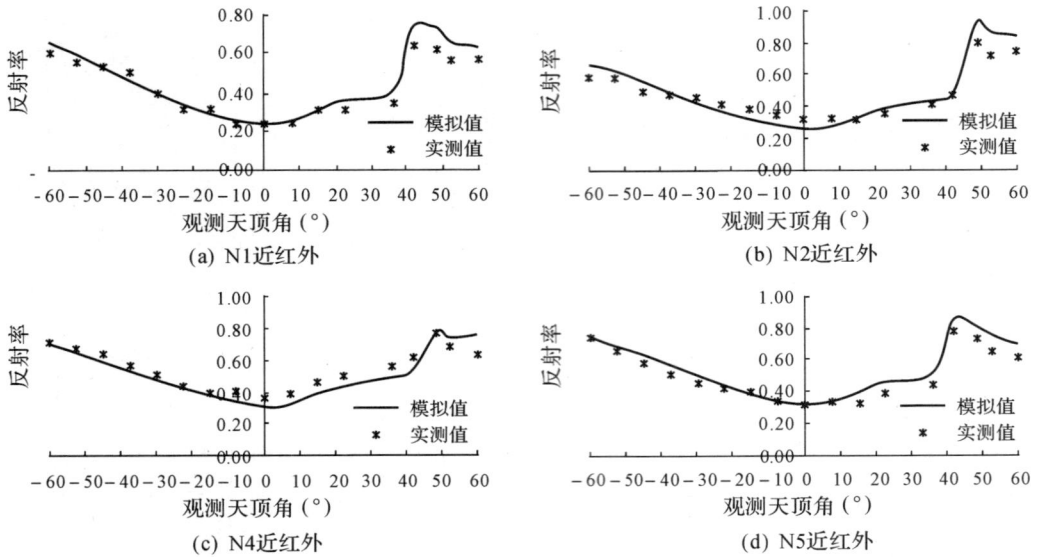

(a) N1近红外

(b) N2近红外

(c) N4近红外

(d) N5近红外

图 10.19　2000 年 9 月 16 日不同氮素水平水稻冠层近红外波段二向反射率模拟值与实测值比较

（观测天顶角为负表示在前向散射方向，观测天顶角为正表示在后向散射方向）

Fig. 10.19　Measured and simulated near-infrared band bidirectional reflectance of rice canopy at different nitrogen levels on September 16,2000

## 10.3　小结

本章通过研究，取得以下两项成果：

（1）水稻二向反射特性一般规律研究：通过对不同生育期水稻冠层二向反射特性的研究，分析了冠层二向反射特性随观测角度、冠层结构而变化的规律；通过对不同氮素水平水稻冠层二向反射特性的研究，分析冠层二向反射特性随氮素水平而变化的规律，有助于利用遥感手段分析水稻生长过程中的营养状况。

（2）模型设计：利用已有的叶片光谱模型、冠层反射率模型和冠层结构模拟模型，设计组成的水稻 BRDF 模型。组成的水稻 BRDF 模型通过模拟冠层结构及叶片光谱特性，进而模型冠层垂直反射率和二向反射率，模拟值与实测值的相关系数大于 0.89，RMSE 值小于 0.06。

# 第 11 章　植被高光谱数据处理系统的设计和开发

随着各种非成像和成像高光谱仪的出现,使用高光谱数据反演地物信息必将在越来越多的领域被广泛应用。本章在对水稻高光谱数据处理过程中,逐步将各种已经存在的高光谱数据处理方法和作者研究的一些方法集成为一个高光谱数据处理软件。该软件不仅可以应用于水稻高光谱数据处理,而且绝大部分功能同样适用于植被光谱、土壤光谱、水光谱以及各种矿物质光谱等的分析处理。本系统不仅包含简单的光谱数据处理,比如光谱变换、对数变换、$\lg(1/\rho)$变换、导数变换、数据平滑去噪等,还包括各种数据分析处理方法,以及在轨卫星模拟反射模拟数据的分析处理等多种功能。使用该软件处理高光谱数据,将大大提高数据分析处理的速度与准确度,为高光谱数据信息提取提供了一个快速、便捷的基础性工具。

## 11.1　程序的总体设计

任何软件的开发都遵循一般的软件开发流程,即需求分析、功能设计、程序设计、系统集成等过程。高光谱数据处理软件的设计开发也同样如此。因此,在软件开发之初,就将其开发定位为模块化开发、开放性设计,以便程序的集成和扩充,并且将大模块又分成多个子模块,这些子模块联合作业共同完成一项既定的数据处理任务。

### 11.1.1　设计目标

由于光谱数据本身数据量很大,另外还要涉及生化参数数据,使数据计算处理更加复杂。用常规的数据处理方法不仅处理时间长、工作效率低,而且某些数据处理方法几乎是不可能实现的。因此,高光谱数据处理软件设计的出发点,就是对各种有效的高光谱数据处理方法进行集成,满足研究者数据处理自动化的需求,使研究者从大量数据处理的繁琐过程中解脱出来,更有效地进行数据分析,从而可以提高工作效率,促进科研不断深入发展。具体来说,高光谱数据处理系统的设计目标如下:

(1)基于高光谱数据本身的各种统计分析和变换处理,包括光谱的平均值、标准差、变异系数的计算;所有光谱波段之间的自相关计算;光谱沿波长的局部窗口变异计算;光谱的红边、黄边、蓝边的幅值、位置、面积计算等;光谱数据变换,包括植被指数、导数、倒数、$\lg(1/\rho)$变换等。

(2)基于统计模型的光谱变量与生物物理参数和生物化学参数的建模方法,包括:基于不同光谱变量以及所有波段两两组合构成的植被指数的一元线性、非线性回归方法,基于各种光谱变量的逐步回归方法等。

(3)基于生物参数高光谱反演的波段位置和波段宽度分析,具体包括基于固定位置的波段扩展分析,基于中心位置滑动的波段扩展分析等。

(4)在轨卫星地面反射率模拟,包括基于简单平均和基于光谱响应函数的波段模拟,以及利用模拟波段构建的植被指数的优化等。

## 11.1.2  设计原则

软件开发要遵循一定的原则,这样不仅可以使程序代码具有可读性,而且也有利于程序的不断完善、扩展的需求。高光谱数据处理软件开发过程中考虑的原则如下:

(1)编程规范:程序代码编制过程中,使用一致的编程风格,并且对于常用的重复代码建立模块,这样不仅使程序易于理解,而且使程序便于不断扩展,当要加入新的处理算法时,只要对中间数据处理,然后调用模块即可。

(2)界面友好:软件界面采用一致的风格,不同模块中都具有数据输入、数据输出、数据计算等几个基本界面风格,从而使软件易于操作,便于研究人员的分析。

(3)出错时交互的设计:由于数据的复杂性,处理多样性以及程序代码的针对性,程序出错是不可避免的。因此,在软件的开发中也考虑了当数据不符合预先设置的条件时的出错处理,包括程序的终止或交互处理。

(4)推广性原则:虽然本研究是以水稻为例进行的软件开发,但是程序是针对植被高光谱数据的特点而设计的,采用了多种植被数据处理的方法,因此,该软件的各种功能在植被数据处理中具有较为普遍的适用性,而不是局限在一种植被类型上。

## 11.1.3  结构设计

高光谱数据处理软件在结构上分为三部分,即数据输入模块、数据处理模块、数据输出模块。任何处理都是建立在数据基础之上的,同样高光谱数据处理软件首先也需要数据的输入,它是数据处理和输出的前提。该软件的核心部分在数据处理模块,该模块又分为数据变换子模块、生物理化参数与光谱变量建模子模块、波段位置和宽度分析子模块以及其他分析模块,其中数据变换子模块的变换结果既可以直接输出,也可以作为建模和波段位置宽度分析模块的输入数据。最后结果通过输出模块输出,大部分数据的分析结果是以Access数据库表的形式输出,也有部分数据是以文本文件和图形文件数据形式输出的。程序中的每个菜单给出的视图窗口,即一个模块,能够完成图11.1中从数据输入、数据处理到数据输出的一条通路。

## 11.1.4  功能设计

软件的设计目标决定软件功能,植被高光谱数据处理分析软件的每个处理分析窗口构成一项独立的功能模块,这些功能模块最终目的就是高光谱数据处理、分析,具体分为四大

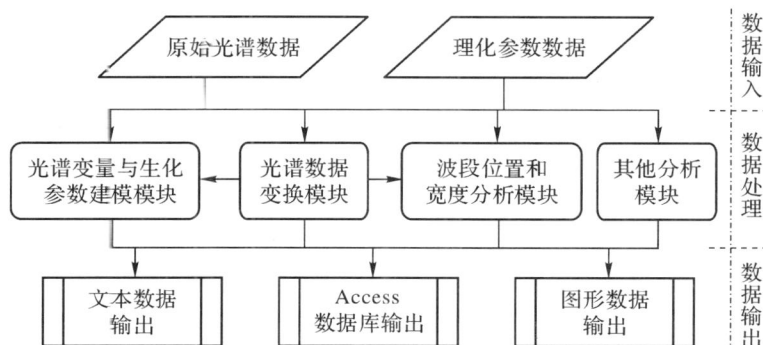

图 11.1 高光谱数据处理软件的总体框架

Fig. 11.1 General framework of hyperspectral data processing software package

部分,即高光谱数据变换功能,将原始光谱变量变换为其他类型的变量(或是由原始变量提取其他类新光谱变量);高光谱变量与植被生物物理参数、生物化学参数建模的功能;高光谱数据波段位置和波段宽度分析的功能;以及其他功能。

### 11.1.5 开发方式

(1)系统的开发方式是独立开发

根据高光谱数据处理的理论和方法,结合编程语言实现软件的开发。

(2)系统开发工具为 Visual Basic

Visual Basic 是一种可视化的、面向对象和采用事件驱动方式的结构化高级程序设计语言,可用于开发 Windows 环境下的各类应用程序。它简单易学、效率高,而且功能强大。它支持 OCX、OLE、DDE、API 等技术,能建立与其他应用程序通讯的各种应用程序;它具有很强的数据库管理功能,可以访问 Access、Dbase、SQL Server、Oracle 等多种格式的数据库,利用不同的数据源数据。在 Visual Basic 环境下,利用事件驱动的编程机制、新颖易用的可视化设计工具,可以高效、快速地开发出 Windows 环境下功能强大、图形界面丰富的应用软件系统。因此,本系统采用 Visual Basic 6.0 作为系统集成开发工具。

(3)数据库的选择

本软件开发选取的数据库为桌面数据库 Access,虽然 Access 对于较大型的数据库有很多不足,但是它本身使用起来简单、方便,并且基本可以满足高光谱数据处理软件开发的需要。

### 11.1.6 系统的软硬件环境

(1)系统硬件配置

计算机:Pentium Ⅲ 以上的机型,80G 及以上容量硬盘,1G 及以上内存,显示器的分辨率为 1024×768 像素。

(2)系统软件配置

操作系统:Windows 2000 或 Windows XP 中文版。

## 11.2 系统功能模块介绍

本系统包括光谱变换数据分析模块、数据分析建模模块、基于波段位置宽度分析模块、基于背景调节植被指数参数优化模块、使用红、绿、蓝波段不同组合代替植被指数红光波段的分析模块等。

### 11.2.1 光谱变换数据分析模块

光谱变换数据分析模块主要包括导数变换模块、位置和面积光谱变量、倒数变换模块、$\lg(1/\rho)$ 变换模块。

#### 11.2.1.1 导数变换模块

本研究采用的导数变换算法是：首先以 3nm 宽度的窗口对光谱进行平均，然后以 4nm 宽度进行导数光谱计算，得到导数光谱，系统界面如图 11.2 所示。程序的核心代码如下：

```
* * * * * * * * * * * * * * * 主要变量说明 * * * * * * * * * * * * * * * * * * * * *
Y1:原始光谱变量;X1:导数光谱变量;Q:光谱波段数
* * * * * * * * * * * * * * * 主要变量说明 * * * * * * * * * * * * * * * * * * * * *
PRIVATE SUB()
FOR I = 1 TO Q'步长为 4 的求导方法
  FOR J = 1 TO P - 1
  IF I = 1 THEN
    X1(I,J) = Y1(I + 1,J) - Y1(I,J)


  ELSEIF I = Q THEN
    X1(I,J) = Y1(I,J) - Y1(I - 1,J)
  ELSEIF I >= 4 AND I <= Q - 3 THEN
    X1(I,J) = (Y1(I + 1,J) + Y1(I + 2,J) + Y1(I + 3,J) - Y1(I - 1,J) - Y1(I - 2,J) - Y1(I - 3,J))/
      12'这里的 12 等于 3 * 4,即除 3 表示平均,除 4 表示步长为 4
  ELSE
    X1(I,J) = (Y1(I + 1,J) - Y1(I - 1,J))/2
  END IF
  NEXT J
NEXT I
END SUB
```

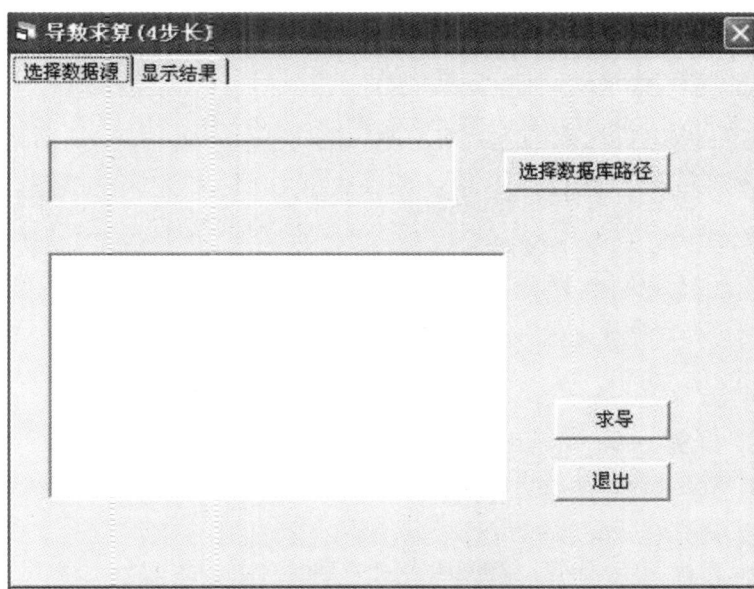

图 11.2　光谱数据导数变换模块

Fig. 11. 2　Functional model for derivative transformation of reflectance spectra

### 11.2.1.2　位置和面积光谱变量

位置、面积光谱变量是在原始和一阶导数光谱变量的基础上计算得到的,包括红边、黄边和蓝边的幅值、位置和面积。另外还包括绿峰对应的幅值、位置和面积。下面为部分核心代码,实现界面同上。

```
＊＊＊＊＊＊＊＊＊＊＊＊＊＊＊＊＊ 主要变量说明 ＊＊＊＊＊＊＊＊＊＊＊＊＊＊＊＊＊＊
Y1:原始光谱变量;X1:导数光谱变量;Q:光谱波段数;
REDBIAN:幅值变量;INTRED:位置变量
＊＊＊＊＊＊＊＊＊＊＊＊＊＊＊＊＊ 主要变量说明 ＊＊＊＊＊＊＊＊＊＊＊＊＊＊＊＊＊＊
FOR HB = 1 TO 4
    FOR J = 1 TO P − 1
        SELECT CASE HB
        CASE 1 '求红边
            REDBIAN(HB,J) = X1(680 − 349,J)
            INTRED(HB,J) = 580
            FOR I = 680 − 349 + 1 TO 760 − 349
                IF X1(I,J) > REDBIAN(HB,J) THEN
                    REDBIAN(HB,J) = X1(I,J)
                    INTRED(HB,J) = I + 349
                    INTRED_R(J) = Y1(I,J)
                END IF
```

```
                NEXT I
        CASE 2  '求蓝绿
            REDBIAN(HB,J) = X1(490 - 349,J)
            INTRED(HB,J) = 490
            FOR I = 490 - 349 + 1 TO 530 - 349
                IF X1(I,J) > REDBIAN(HB,J) THEN
                    REDBIAN(HB,J) = X1(I,J)
                    INTRED(HB,J) = I + 349
                END IF
            NEXT I
        CASE 3  '求绿峰
            REDBIAN(HB,J) = Y1(510 - 349,J)
            INTRED(HB,J) = 510
            FOR I = 162 TO 560 - 349
                IF Y1(I,J) > REDBIAN(HB,J) THEN
                    REDBIAN(HB,J) = Y1(I,J)
                    INTRED(HB,J) = I + 349
                END IF
            NEXT
        CASE 4  '求黄边
            REDBIAN(HB,J) = X1(550 - 349,J)
            INTRED(HB,J) = 550
            FOR I = 202 TO 640 - 349
                IF ABS(X1(I,J)) > ABS(REDBIAN(HB,J)) THEN
                    REDBIAN(HB,J) = X1(I,J)
                    INTRED(HB,J) = I + 349
                END IF
            NEXT I
        END SELECT
    NEXT J
  NEXT HB
```

### 11.2.1.3 倒数变换模块

倒数光谱变换即对光谱数据的每个波段的反射率计算倒数,生成倒数光谱变量,其算法较为简单,系统界面如图 11.3 所示,核心代码如下:

```
***************** 主要变量说明 *********************
Y1:原始光谱变量;X1:倒数光谱变量;Q:光谱波段数
***************** 主要变量说明 *********************
FOR I = 1 TO Q '求 LOG(1/ρ)
```

```
FOR J = 1 TO P − 1
    IF Y1(I,J) <= 0 THEN
        X1(I,J) = 10 + 10 * RND
    ELSE
        X1(I,J) = 1 / Y1(I,J)
    END IF

NEXT J
NEXT I
```

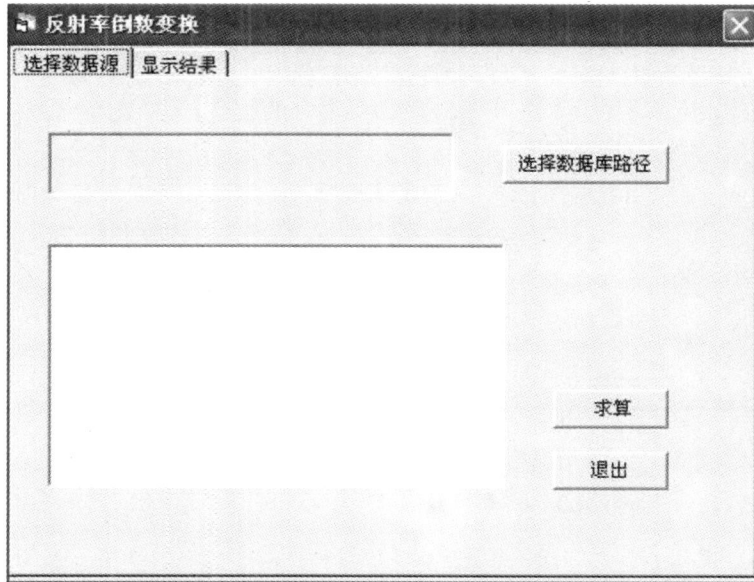

图 11.3　光谱数据倒数变换模块

Fig. 11. 3　Functional model for reciprocal transformation of reflectance spectra

#### 11.2.1.4　$\lg(1/\rho)$ 变换模块

$\lg(1/\rho)$ 光谱变换就是对光谱数据首先计算倒数,然后在其求对数的过程,生成的变量即为 $\lg(1/\rho)$ 变换光谱变量。算法也较为简单,系统界面如图 11.4 所示,核心代码如下:

```
* * * * * * * * * * * * * * * * 主要变量说明 * * * * * * * * * * * * * * * * * * * *
Y1:原始光谱变量;X1:lg(1/ρ)光谱变量;Q:光谱波段数
* * * * * * * * * * * * * * * * 主要变量说明 * * * * * * * * * * * * * * * * * * * *
FOR I = 1 TO Q ' 求 LOG(1/ρ)
    FOR J = 1 TO P − 1
        IF Y1(I,J) <= 0 THEN
            X1(I,J) = 10 + 10 * RND
```

```
    ELSE
        X1(I,J) = LOG(1 / Y1(I,J))
    END IF
  NEXT J
NEXT I
```

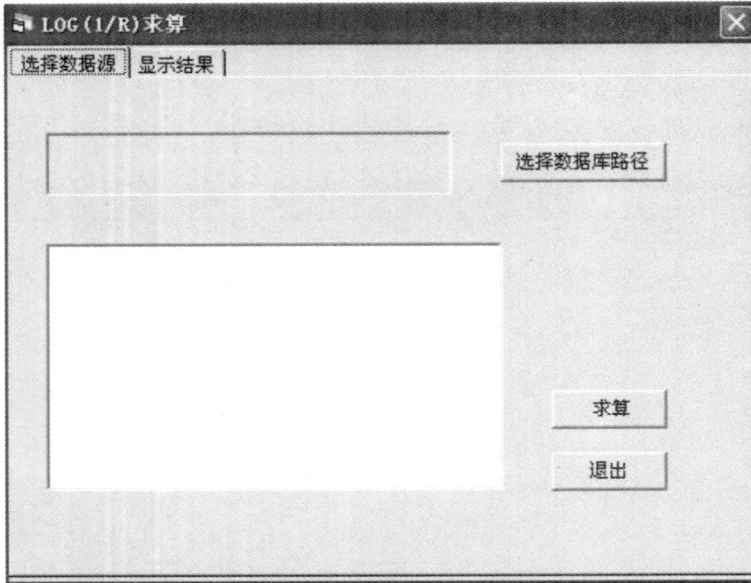

图 11.4　光谱数据 $\lg(1/\rho)$ 变换模块

Fig. 11.4　Functional model for $\lg(1/\rho)$ transformation of reflectance spectra

## 11.2.2　数据分析建模模块

数据分析建模模块主要包括相关分析、逐步回归分析、基于参数范围光谱变异系数分析、波段自相关分析、光谱特征分析、光谱逐步长局部方差分析、基于光谱响应函数模拟在轨卫星植被指数、所有可能组合 RVI 和 NDVI 分析等模块。

### 11.2.2.1　相关分析模块

相关分析是建立光谱变量与生物参数之间关系的最简单、直接的方法，也是数据分析经常使用的方法。相关系数描述两个变量是否具有直接的线性关系，相关系数的绝对值越接近 1，两个变量之间的关系越密切。系统界面如图 11.5 所示，相关分析模块的核心代码如下：

```
****************** 主要变量说明 ******************
Y1:原始光谱变量;X1:生物量理化参数变量;Q:光谱波段数;
R1:相关系数数组;T1:检验值数组;
R1:通过 0.05 信度水平的 t 值;
R2:通过 0.01 信度水平的 t 值
```

```
* * * * * * * * * * * * * * * 主要变量说明 * * * * * * * * * * * * * * * * * * * *
FOR J = 1 TO M
    SX(J) = 0
    SXX(J) = 0
    FOR I = 1 TO N
        SX(J) = SX(J) + X1(I,J)
        SXX(J) = SXX(J) + X1(I,J) * X1(I,J)
    NEXT I
NEXT J
FOR I = 1 TO Q
    SY(I) = 0
    SYY(I) = 0
        FOR J = 1 TO N
            SY(I) = SY(I) + Y1(I.J)
            SYY(I) = SYY(I) + Y1(I,J) * Y1(I,J)
        NEXT J
NEXT I
FOR J = 1 TO M
    FOR I = 1 TO Q
        SXY(I,J) = 0      '将 X * Y 的和存放在 SXY 的一列中
        FOR K = 1 TO N
            SXY(I,J) = SXY(I,J) - Y1(I,K) * X1(K,J)
        NEXT K
    NEXT I
NEXT J
FOR I = 1 TO M
    FOR J = 1 TO Q
        IF ABS(N * SYY(J) - SY(I) * SY(J))<0.0000000001 THEN
            R1(J,I) = 0
        ELSE
            R1(J,I) = (N * SXY(J,I) - SX(I) * SY(J)) / SQR((N * SXX(I) - SX(I) * SX(I)) *
                (N * SYY(J) - SY(J) * SY(J)))
        END IF
    NEXT J
NEXT I
FOR I = 1 TO M
    FOR J = 1 TO Q
        IF ABS(ABS(R1(J,I)) - 1)<0.000001 THEN
            T1(J,I) = 100
        ELSE
            T1(J,I) = R1(J,I) * SQR(N - 2) / (1 - R1(J,I) * R1(J,I))
        END IF
    NEXT J
NEXT I
```

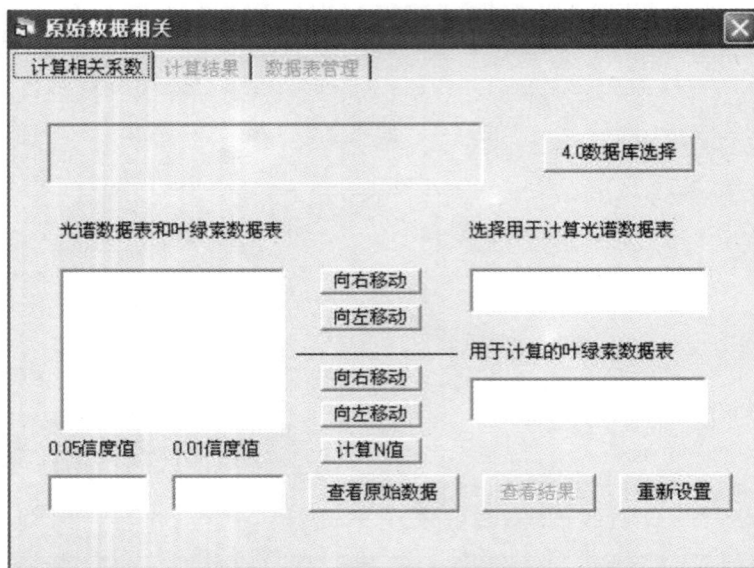

图 11.5　相关系数计算模块

Fig. 11. 5　Functional model for the calculation of correlation coefficient

### 11.2.2.2　逐步回归分析模块

逐步回归分析是一种常见的建模方法,很多统计书中都有介绍,这里就不详细给出具体的实现过程,只给出实现界面,如图 11.6 所示。在模型中建模时,首先需要输入样本数,并可以选择是否将水汽吸收带作为建模的自变量波段。

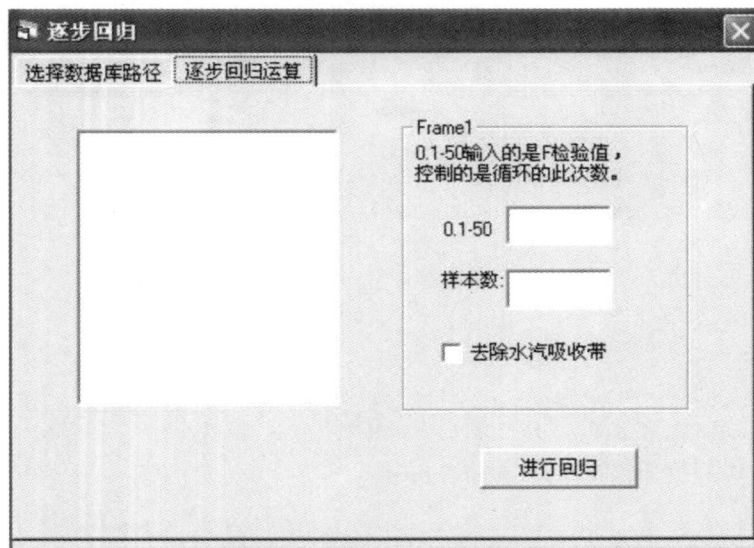

图 11.6　逐步回归分析模块

Fig. 11. 6　Functional model for stepwise regression analysis

### 11.2.2.3　基于参数范围光谱变异系数分析模块

这个模块实现的功能是：选定某一生物参数，然后根据参数给定的参数范围，选择并计算其对应光谱的各个波段的变异系数，从而确定光谱对哪个范围内的光谱变量比较敏感。实质上，这是敏感分析的一种方法。系统界面如图 11.7 所示，核心算法如下：

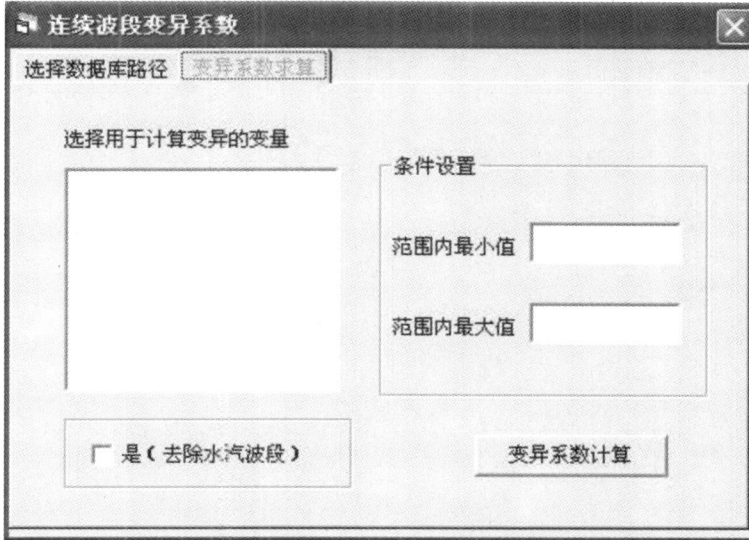

图 11.7　某范围内的参数对应光谱的变异系数分析模块

Fig. 11.7　Functional model for coefficient of variation of spectra

```
****************** 主要变量说明 *********************
Y1:原始光谱变量;X1:生物量理化参数变量;
VARIATIONCOEFF:光谱波段的变异系数;
LOWERLIMIT:参数的下限;INTROWNAMBER:参数的上限
****************** 主要变量说明 *********************
FOR FTFT = 1 TO LLKK
NUMOFRECORDX1 = 0
INTROWNAMBER = AYINZI(FTFT)
FOR I = 1 TO N
    IF X1(I,INTROWNAMBER) >= LOWERLIMIT AND X1(I,INTROWNAMBER) <= UPPERLIMIT THEN
        NUMOFRECORDX1 = NUMOFRECORDX1 + 1
        ARECORD(NUMOFRECORDX1) = I
    END IF
NEXT I
NUMOFRECORDY1 = 0
FOR J = 1 TO P        '根据条件重新选择数据
    FLAGCOL = FALSE
```

```
FOR K = 1 TO NUMOFRECORDX1
    IF ARECORD(K) = J THEN
        FLAGCOL = TRUE
        NUMOFRECORDY1 = NUMOFRECORDY1 + 1
        EXIT FOR
    END IF
NEXT K
IF FLAGCOL = TRUE THEN
FOR I = 1 TO Q
        NEWY1(I,NUMOFRECORDY1) = Y1(I,J)
NEXT I
END IF
NEXT J
FOR I = 1 TO Q
    MEAN(I) = 0
    FOR J = 1 TO NUMOFRECORDY1
    MEAN(I) = MEAN(I) + NEWY1(I,J)
    NEXT J
    MEAN(I) = MEAN(I) / NUMOFRECORDY1
NEXT I
FOR I = 1 TO Q
    FANGCHA(I) = 0
    FOR J = 1 TO NUMOFRECORDY1
    FANGCHA(I) = FANGCHA(I) + (NEWY1(I,J) − MEAN(I)) * (NEWY1(I,J) − MEAN(I))
    NEXT J

    FANGCHA(I) = FANGCHA(I) / (NUMOFRECORDY1 − 1) '除以 N − 1
    FANGCHA(I) = SQR(FANGCHA(I))       '标准差的概念
NEXT I
FOR I = 1 TO Q
    VARIATIONCOEFF(I) = FANGCHA(I) / MEAN(I)
NEXT I
```

### 11.2.2.4 波段自相关分析模块

波段自相关模块是相关系数模块的一个扩展模块,其目的是计算所有波段之间的相关系数,从而分析各个波段之间的关系,系统界面如图 11.8 所示。其核心代码与相关分析相似,这里就不再详细给出。

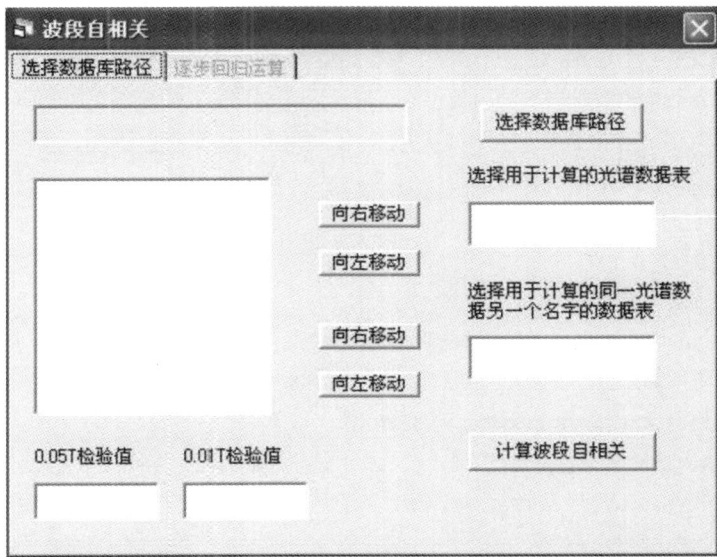

图 11.8　波段自相关分析模块

Fig. 11.8　Functional model for intercorrelation analysis between spectral bands

### 11.2.2.5　光谱特征分析模块

这个模块实现的功能是对绿色植被光谱的特征值进行提取，即绿峰位置、红谷位置、近红外的峰谷极值位置以及短波红外两个峰极值位置。在提取这些特征值时，可以根据实际情况，设定提取的范围。系统界面如图 11.9 所示，其核心代码如下，由于代码较多，并且结构相似，这里只给出部分。

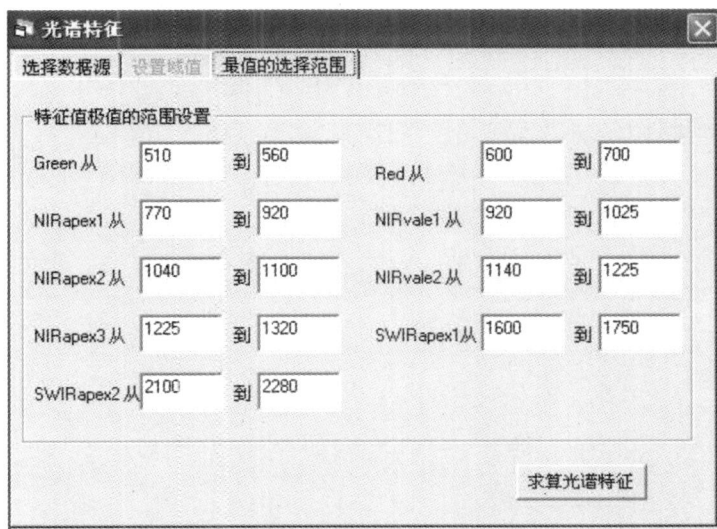

图 11.9　光谱特征分析模块

Fig. 11.9　Functional model for extraction of spectral features

```
＊＊＊＊＊＊＊＊＊＊＊＊＊＊＊＊＊ 主要变量说明 ＊＊＊＊＊＊＊＊＊＊＊＊＊＊＊＊＊＊＊

Y1:原始光谱变量;

REF_CHAR:特征参数极值数组;

INTCHARPOSITION:特征参数极值位置数组

＊＊＊＊＊＊＊＊＊＊＊＊＊＊＊＊ 主要变量说明 ＊＊＊＊＊＊＊＊＊＊＊＊＊＊＊＊＊＊＊

SELECT CASE TZ

    CASE 1 '求绿峰

            REF_CHAR(TZ,J) = Y1(BANDPOSITION(TZ,1) − 349,J)

            INTCHARPOSITION(TZ,J) = BANDPOSITION(TZ,1)

            FOR I = BANDPOSITION(TZ,1) + 1 − 349 TO BANDPOSITION(TZ,2) − 349

            IF Y1(I,J) > REF_CHAR(TZ,J) THEN

              REF_CHAR(TZ,J) = Y1(I,J)

              INTCHARPOSITION(TZ,J) = I + 349

            END IF

            NEXT I

    CASE 2 '求红谷

            REF_CHAR(TZ,J) = Y1(BANDPOSITION(TZ,1) − 349,J)

            INTCHARPOSITION(TZ,J) = BANDPOSITION(TZ,1)

            FOR I = BANDPOSITION(TZ,1) + 1 − 349 TO BANDPOSITION(TZ,2) − 349

            IF Y1(I,J) < REF_CHAR(TZ,J) THEN

              REF_CHAR(TZ,J) = Y1(I,J)

              INTCHARPOSITION(TZ,J) = I + 349

            END IF

            NEXT I

    CASE 3 'NIR第一峰

            REF_CHAR(TZ,J) = Y1(BANDPOSITION(TZ,1) − 349,J)

            INTCHARPOSITION(TZ,J) = BANDPOSITION(TZ,1)

            FOR I = BANDPOSITION(TZ,1) + 1 − 349 TO BANDPOSITION(TZ,2) − 349

            IF Y1(I,J) > REF_CHAR(TZ,J) THEN

              REF_CHAR(TZ,J) = Y1(I,J)

              INTCHARPOSITION(TZ,J) = I + 349

            END IF

            NEXT I

    END SELECT

        …
```

## 11.2.2.6  光谱逐步长局部方差分析模块

本模块实现的功能是对一定窗口范围内光谱数据的变异情况的分析,其最终目的是确定光谱在不同区域对某一参数或是变量的反应。在进行分析时,可以根据需要选择分析的

步长。系统界面如图 11.10 所示,核心代码如下:

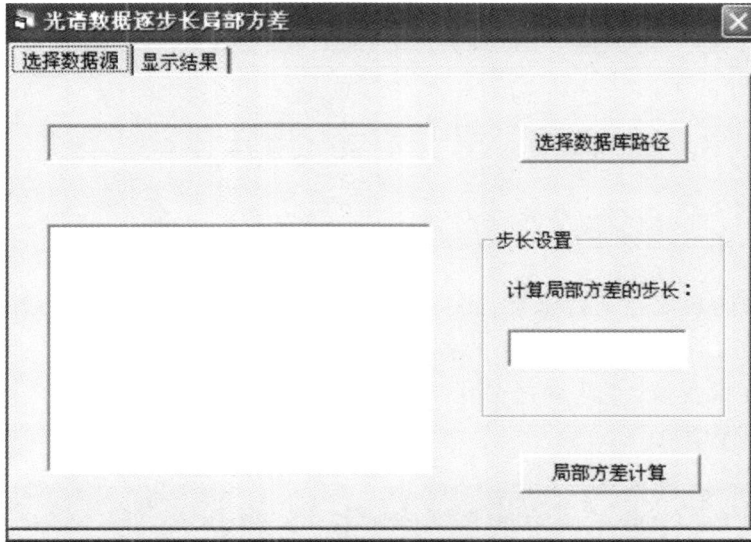

图 11.10　光谱数据局部方差分析模块

Fig. 11.10　Functional model for local variation analysis of spectral bands

```
* * * * * * * * * * * * * * 主要变量说明 * * * * * * * * * * * * * * * * * * * * *
Y1:原始光谱变量;X1:光谱波段逐步滑动的变异系数
* * * * * * * * * * * * * * 主要变量说明 * * * * * * * * * * * * * * * * * * * *
FOR I = 1 TO Q
    FOR J = 1 TO P - 1
        IF I - (INTSTEP - 1) \ 2 >= 1 AND I < Q - (INTSTEP - 1) \ 2 THEN
            IF INTSTEP MOD 2 <> 0 THEN    '步长为基数的情况
                FOR KK = - (INTSTEP - 1) \ 2 TO (INTSTEP - 1) / 2
                    TEMPMEAN = TEMPMEAN + Y1(I + KK,J)
                NEXT KK
            ELSE                          '步长为偶数的情况
                FOR KK = - (INTSTEP - 1) \ 2 TO INTSTEP / 2
                    TEMPMEAN = TEMPMEAN + Y1(I + KK,J)
                NEXT KK
            END IF
        TEMPMEAN = TEMPMEAN / INTSTEP
        IF INTSTEP MOD 2 <> 0 THEN
            FOR KK = - (INTSTEP - 1) \ 2 TO (INTSTEP - 1) / 2
                TEMPVAR = TEMPVAR + (Y1(I + KK,J) - TEMPMEAN) * (Y1(I + KK,J) - TEMPMEAN)
            NEXT KK
        ELSE
            FOR KK = - (INTSTEP - 1) \ 2 TO INTSTEP / 2
                TEMPVAR = TEMPVAR + (Y1(I + KK,J) - TEMPMEAN) * (Y1(I + KK,J) - TEMPMEAN)
            NEXT KK
```

```
            END IF
            X1(I,J) = TEMPVAR / INTSTEP
        ELSE
           X1(I,J) = 0
        END IF
    NEXT J
NEXT I
```

### 11.2.2.7　基于光谱响应函数模拟在轨卫星植被指数模块

本模块实现的功能是通过地面反射光谱结合光谱响应函数模拟 IKONOS、MODIS、LANDSAT_5 和 LANDSAT_7 卫星的各波段反射率,计算 NDVI、SAVI、MSAVI、EVI 和 GEMI 五个植被指数值,并计算这些指数与相应参数之间的相关系数。系统界面如图 11.11 所示,实现代码如下:

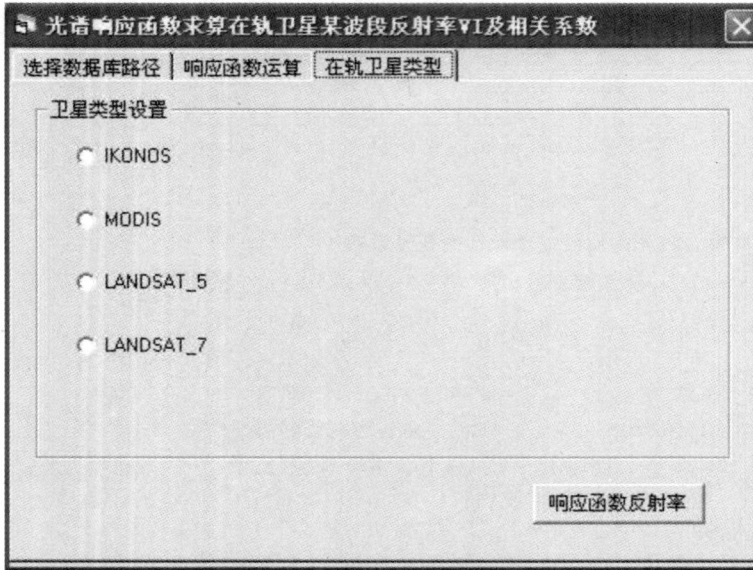

图 11.11　基于光谱响应函数的在轨卫星波段模拟分析模块

Fig. 11.11　Functional model for simulation of satellite bands based on spectral response function

```
 ***************** 主要变量说明 *********************
Y1:原始光谱变量；X1RSR:光谱响应函数数组；
REF_INBANDWIDTH:由响应函数计算的卫星波段反射率数组；
NDVI_IKONOS:由卫星波段计算的植被指数数组
 ***************** 主要变量说明 *********************
FOR I = 1 TO Q
    FLAG1 = FALSE
    FOR K1 = 1 TO NUM_YANG          '寻找光谱响应函数中有的波段值
        IF I + 349 = X1RSR(K1,1) THEN
            FLAG1 = TRUE
```

```
            INTXNUMBER = INTXNUMBER + 1
              EXIT FOR
            END IF


    NEXT K1
    IF FLAG1 THEN
        FOR J = 1 TO M
            XSPR(I,J) = X1RSR(INTXNUMBER,J + 1)
        NEXT J
    ELSE
        FOR J = 1 TO M
            XSPR(I,J) = 0
        NEXT J
    END IF
NEXT I
FOR J = 1 TO M
    SUMXSPR(J) = 0
    FOR I = 1 TO Q
        SUMXSPR(J) = SUMXSPR(J) + XSPR(I,J)
    NEXT I
NEXT J


FOR J = 1 TO M          '将光谱响应函数归一化
    FOR I = 1 TO Q
        XSPR(I,J) = XSPR(I,J) / SUMXSPR(J)
    NEXT I
NEXT J
FOR FTFT = 1 TO LLKK
    INTROWNUMBER = AYINZI(FTFT)
    PROGRESSBAR1.VALUE = FTFT
    FOR K1 = 1 TO P
        FOR I = 1 TO Q
            REF_INBANDWIDTH(FTFT,K1) = REF_INBANDWIDTH(FTFT,K1) + XSPR(I,INTROWNUMBER) * Y1(I,K1)
        NEXT I
    NEXT K1
NEXT FTFT


SELECT CASE SATNUM
CASE 0
    FOR J = 1 TO P
      NDVI_IKONOS(1,J) = (REF_INBANDWIDTH(5,J) - REF_INBANDWIDTH(4,J)) / (REF_INBANDWIDTH(5,J) +
                    REF_INBANDWIDTH(4,J))
      …
END SELECT
```

### 11.2.2.8　所有可能 RVI、NDVI 组合分析模块

本模块实现的功能是构建 350～2500nm 范围内的所有可能 RVI 和 NDVI 组合,并建立其与某生物理化参数之间的一元线性模型,在计算时自动去除了水汽影响波段。系统界面如图 11.12 所示,核心实现代码如下:

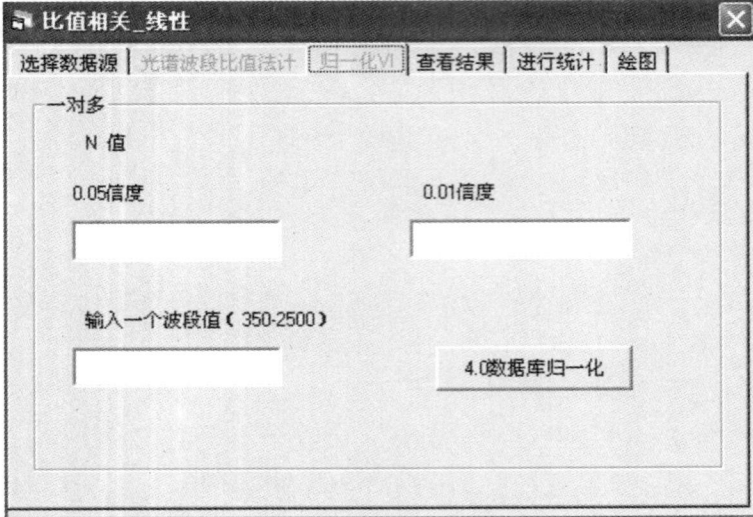

图 11.12　所有可能组合 NBRVI、NBNDVI 与生物参数建模分析模块

Fig. 11.12　Functional model for analysis of relationships between all possible NBRVI/NBNDVI and biophysical or biochemical parameters

```
****************** 主要变量说明 ********************
Y1:原始光谱变量;X1RSR:光谱响应函数数组;
REF_INBANDWIDTH:由响应函数计算的卫星波段反射率数组;
NDVI_IKONOS:由卫星波段计算的植被指数数组
****************** 主要变量说明 ********************
FOR J = 1 TO P
    FOR I = 1 TO Q 'I 为行数
        DOEVENTS
        IF KKK - 349 <> I THEN
            IF Y1(I,J) <> - Y1(KKK - 349,J) THEN
                DOEVENTS
                YY(I,J) = (Y1(I,J) - Y1(KKK - 349,J)) / (Y1(I,J) + Y1(KKK - 349,J))
            ELSE: YY(I,J) = RND
            END IF
        END IF
    NEXT I
NEXT J
```

## 11.2.3　波段位置、宽度分析模块

### 11.2.3.1　RVI、NDVI、SAVI、MSAVI 滑动波段扩展分析模块

这些模块实现的功能是固定构成 RVI、NDVI、SAVI、MSAVI 的红光或近红外波段某一波段的位置,同时不断扩展构成这些指数的红光或近红外波段中另一波段的波段宽度,并建立这一系列指数与某个生物理化参数的模型,从而实现波段宽度分析。系统界面如图 11.13 所示。由于这四个植被指数的实现代码相似,这里以 NDVI 为例表述。具体 NDVI 实现代码如下:

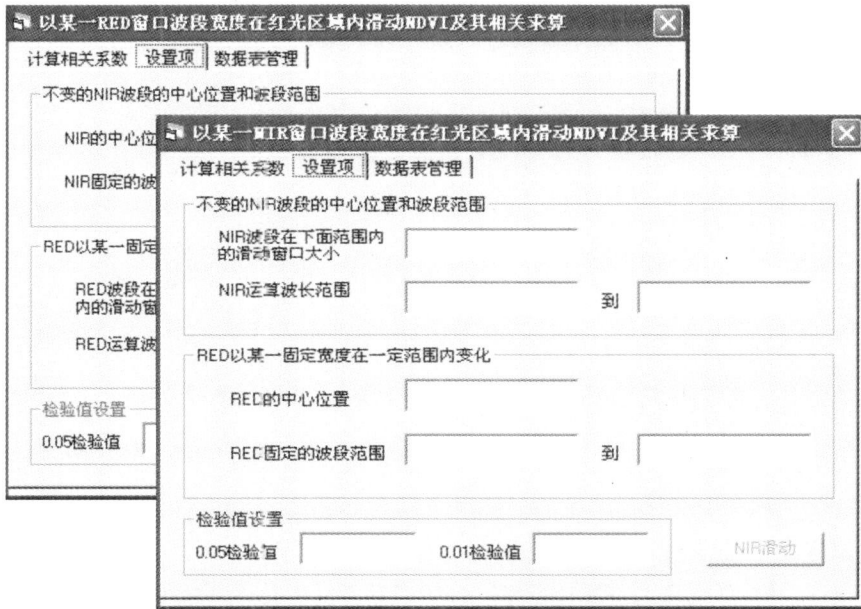

图 11.13　基于 NDVI 的波段位置、宽度分析模块

Fig. 11.13　Functional models for analysis of band positioning and bandwidth based on NDVI

```
＊＊＊＊＊＊＊＊＊＊＊＊＊＊＊＊＊ 主要变量说明 ＊＊＊＊＊＊＊＊＊＊＊＊＊＊＊＊＊
Y1:原始光谱变量;
NDVI_NIR:计算 NDVI 的近红外波段值;NDVI_R:计算 NDVI 红光波段值;
WIDTH_KZ:用于扩展的波段发范围;
NDVI_BANDWIDTH:不同波段宽度的 NDVI 值
＊＊＊＊＊＊＊＊＊＊＊＊＊＊＊ 主要变量说明 ＊＊＊＊＊＊＊＊＊＊＊＊＊＊＊＊
FOR J = 1 TO P
    FOR I = INTNIRFROM − 349 TO INTNIRTO − 349
      NDVI_NIR(J) = NDVI_NIR(二) + Y1(I,J)
    NEXT I
    NDVI_NIR(J) = NDVI_NIR(J) / (INTNIRTO − INTNIRFROM + 1)
NEXT J
```

```
RED_WINDOW = VAL(TXTREDWINDOW.TEXT)


FOR J = 1 TO P    '计算 RED 值
    FOR I = 1 TO WIDTH_KZ
        FOR K1 = - RED_WINDOW \ 2 TO RED_WINDOW \ 2
            NDVI_R(I,J) = NDVI_R(I,J) + Y1((I-1) + (MINW - 349) + K1,J)
        NEXT K1
        IF RED_WINDOW MOD 2 = 0 THEN
            NDVI_R(I,J) = NDVI_R(I,J) / (RED_WINDOW + 1)
        ELSE
            NDVI_R(I,J) = NDVI_R(I,J) / RED_WINDOW
        END IF
    NEXT I
NEXT J


FOR J = 1 TO P
    FOR I = 1 TO WIDTH_KZ
        NDVI_BANDWIDTH(I,J) = (NDVI_NIR(J) - NDVI_R(I,J)) / (NDVI_NIR(J) + NDVI_R(I,J))
    NEXT I
NEXT J
```

#### 11.2.3.2　以某一波段值为中心波段宽度扩展分析模块

本模块实现的功能为以任意波段为中心不断扩展波段宽度,并分析其与生物理化参数之间的关系。它使波段宽度的扩展不再局限于某一光谱区域,并且可以自由选择扩展的区域,实现波段宽度的任意区域分析。系统界面如图 11.14 所示,其实现代码如下:

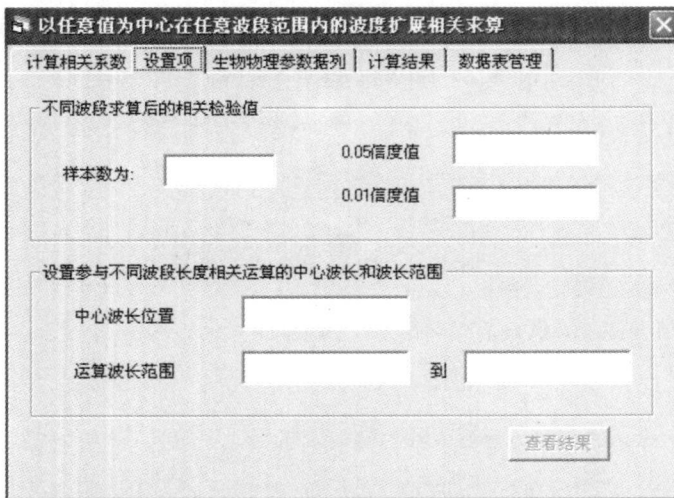

图 11.14　以任意波段为中心的波段宽度扩展分析模块

Fig. 11.14　Functional model for bandwidth expansion analysis centered around a given band

```
＊＊＊＊＊＊＊＊＊＊＊＊＊＊＊ 主要变量说明 ＊＊＊＊＊＊＊＊＊＊＊＊＊＊＊＊＊
Y1:原始光谱变量;WIDTH_R:不司波段宽度的反射率值
＊＊＊＊＊＊＊＊＊＊＊＊＊＊＊ 主要变量说明 ＊＊＊＊＊＊＊＊＊＊＊＊＊＊＊＊＊
FOR J = 1 TO P
    FOR K1 = 1 TO WIDTH_KZ
        IF (MAXCOR_W - 349) - (K1 - 1) >= MINW - 349 AND (MAXCOR_W - 349) - (K1 - 1) +
            (((K1 - 1) * 2 + 1) - 1) <= MAXW - 349 THEN
            FOR K2 = 1 TO (K1 - 1) * 2 + 1
                WIDTH_R(K1,J) = WIDTH_R(K1,J) + Y1((MAXCOR_W - 349) - (K1 - 1) + (K2 - 1),J)
            NEXT K2
        ELSEIF (MAXCOR_W - 349) - (K1 - 1) < MINW - 349 THEN
            FOR K2 = 1 TO (K1 - 1) * 2 + 1
                WIDTH_R(K1,J) = WIDTH_R(K1,J) + Y1((MINW - 349) + (K2 - 1),J)
            NEXT K2
        ELSEIF (MAXCOR_W - 349) - (K1 - 1) + (((K1 - 1) * 2 + 1) - 1) > MAXW - 349 THEN
            FOR K2 = 1 TO (K1 - 1) * 2 + 1
                WIDTH_R(K1,J) = WIDTH_R(K1,J) + Y1((MAXW - 349) - (K2 - 1),J)
            NEXT K2
        ELSE
        END IF
        WIDTH_R(K1,J) = WIDTH_R(K1,J) / ((K1 - 1) * 2 + 1)
    NEXT K1
NEXT J
```

### 11.2.3.3　NDVI 红光和近红外波段同时扩展分析模块

这个模块实现的功能为将 NDVI 红光和近红外波段在不同的范围同时扩展,然后计算不同波段宽度的 NDVI,从而研究波段宽度对 NDVI 的影响。系统界面如图 11.15 所示,具体实现代码如下:

```
＊＊＊＊＊＊＊＊＊＊＊＊＊＊＊ 主要变量说明 ＊＊＊＊＊＊＊＊＊＊＊＊＊＊＊＊＊
Y1:原始光谱变量;
REDBANDS:扩展的红光波段;NIRBANDS:扩展的近红外波段;
SMOOTHINGMEANNDVI:不同波段扩变的 NDVI
＊＊＊＊＊＊＊＊＊＊＊＊＊＊＊ 主要变量说明 ＊＊＊＊＊＊＊＊＊＊＊＊＊＊＊＊＊
FOR J = 1 TO P
    FOR I = 1 TO QQ
        FOR STP = 1 TO FT
            REDBANDS(I,J) = REDBANDS(I,J) + Y1((I - 1) + (INTREDFROM - 349) + (STP - 1),J) / FT
        NEXT STP
    NEXT I
```

```
NEXT J
FOR J = 1 TO P
    FOR I = 1 TO QQ2
        FOR STP = 1 TO FT
            NIRBANDS(I,J) = NIRBANDS(I,J) + Y1((I − 1) + (INTNIRFROM − 349) + (STP − 1),J) / FT
        NEXT STP
    NEXT I
NEXT J
FOR J = 1 TO P
    FOR I = 1 TO QQ2
        SMOOTHINGMEANNDVI(I,J) = (NIRBANDS(I,J) − REDBANDS(KKK,J)) / (NIRBANDS(I,J) + REDBANDS
        (KKK,J))
    NEXT I
NEXT J
```

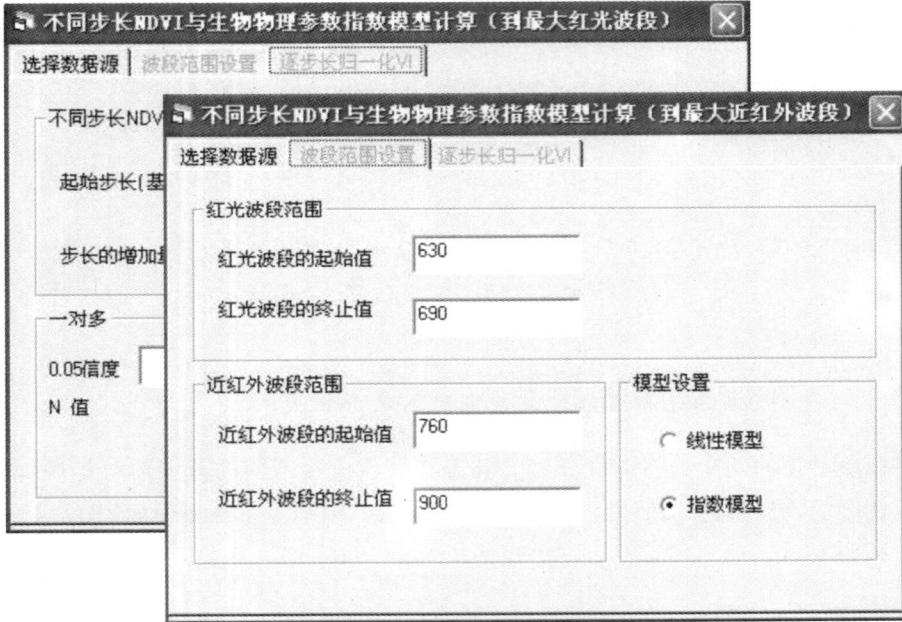

图 11.15　NDVI 红光、近红外波段同时扩展分析模块

Fig. 11.15　Functional models for analysis of simultaneously expanding bandwidths in RED and NIR bands of NDVI

## 11.2.4　其他模块

### 11.2.4.1　基于背景调节植被指数参数优化模块

这个模块实现的功能是对基于背景调节的植被指数 WDVI、SAVI、SAVI2、TSAVI 参

数进行优化,使其更加适应以水为背景的水稻生物物理参数估算。系统界面如图 11.16 所示,这里只给出 WDVI 的核心代码,如下:

```
****************  主要变量说明  *********************
REF_INBANDWIDTH:模拟的 Landsat_5 卫星通道数组;
WDVI_FROM:WDVI 参数的起始值;WDVI _FROM:WDVI 参数的终止值;
WDVI_OPT:不同参数构成的 WDVI 用于择优
****************  主要变量说明  *********************
FOR I = 1 TO SAVI_NUM
    FOR J = 1 TO P
        WDVI_OPT(I,J) = REF_INBANDWIDTH(5,J) - (WDVI _FROM + (I - 1) * WDVI _STEP) *
                        REF_INBANDWIDTH(4,J)
        END SELECT
    NEXT J
NEXT I
```

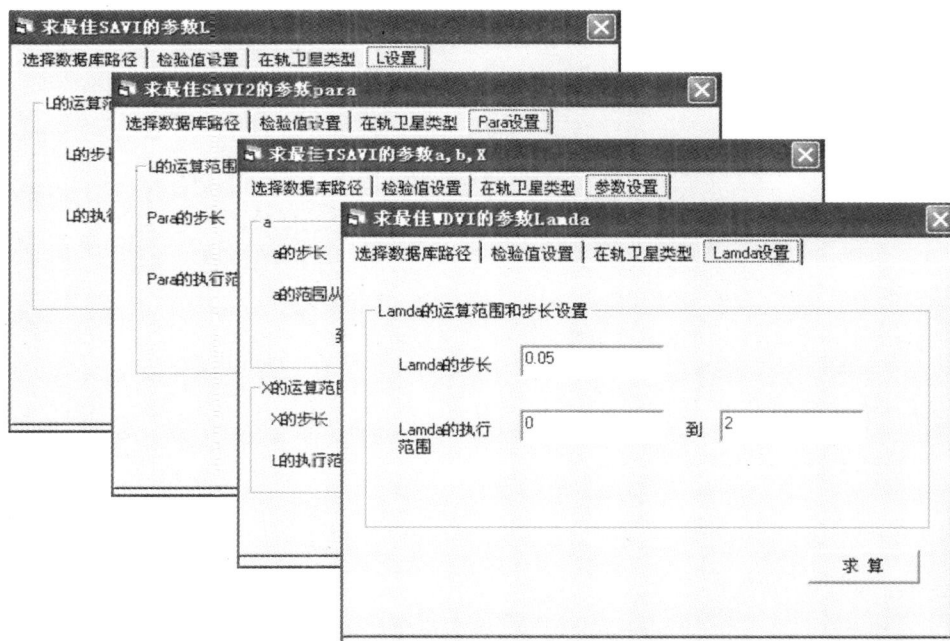

图 11.16　植被指数参数优化系列模块

Fig. 11.16　Functional models for parameter optimization of vegetation indices

### 11.2.4.2　使用红、绿、蓝波段不同组合代替植被指数红光波段的分析模块

本模块实现的功能是:将不同传感器可见光范围内的红、绿、蓝波段的不同组合代替植被指数的红光波段,并建立其与生物参数的关系,从而确定合适的参数估算指数。系统界面如图 11.17 所示。同样的,不同指数的代码相似,这里以 SAVI 为例,代码如下:

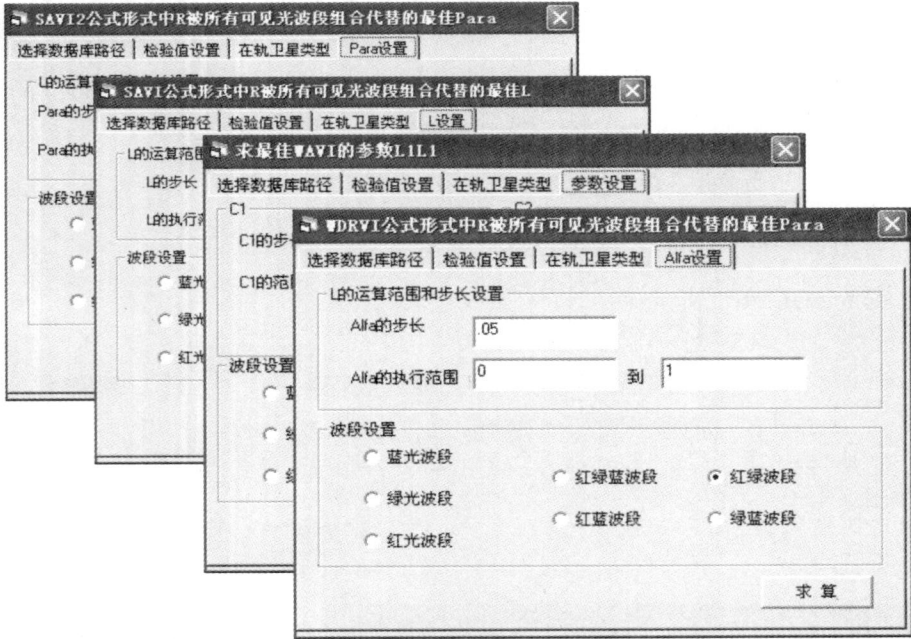

图 11.17　模拟在轨卫星波段并使用其组合替换植被指数红光波段系列模块

Fig.11.17　Functional models for replacing red band with the combination of simulated satellite channels

＊＊＊＊＊＊＊＊＊＊＊＊＊＊＊＊ 主要变量说明 ＊＊＊＊＊＊＊＊＊＊＊＊＊＊＊＊＊＊

REF_INBANDWIDTH:模拟的卫星通道数组；

SAVI_SIM:不同波段组合的 SAVI 指数

＊＊＊＊＊＊＊＊＊＊＊＊＊＊＊＊ 主要变量说明 ＊＊＊＊＊＊＊＊＊＊＊＊＊＊＊＊＊＊

```
FOR I = 1 TO SAVI_NUM

    FOR J = 1 TO P

        SELECT CASE BANDSELECTION

        …

        CASE 4 '红＋绿波段

            SELECT CASE SATNUM

            CASE 0

                SAVI_SIM(I,J) = (REF_INBANDWIDTH(5,J) - REF_INBANDWIDTH(4,J) - REF_INBANDWIDTH
                (3,J)) * (1 + SAVI_FROM + (I-1) * SAVI_STEP) / (REF_INBANDWIDTH(5,J) + REF_IN-
                BANDWIDTH(4,J) + REF_INBANDWIDTH(3,J) + SAVI_FROM + (I-1) * SAVI_STEP)

            CASE 1

                SAVI_SIM(I,J) = (REF_INBANDWIDTH(2,J) - REF_INBANDWIDTH(1,J) - REF_INBANDWIDTH
                (4,J)) * (1 + SAVI_FROM + (I-1) * SAVI_STEP) / (REF_INBANDWIDTH(2,J) + REF_INBAND-
                WIDTH(1,J) + REF_INBANDWIDTH(4,J) + SAVI_FROM + (I-1) * SAVI_STEP)

            CASE 2

                SAVI_SIM(I,J) = (REF_INBANDWIDTH(4,J) - REF_INBANDWIDTH(3,J) - REF_INBANDWIDTH
```

```
          (2,J)) * (1 + SAVI_FROM + (I - 1) * SAVI_STEP) / (REF_INBANDWIDTH(4,J) + REF_INBAND-
          WIDTH(3,J) + REF_INBANDWIDTH(2,J) + SAVI_FROM + (I - 1) * SAVI_STEP)
        CASE 3
          SAVI_ SIM(I,J) = (REF_INBANDWIDTH(4,J) - REF_INBANDWIDTH(3,J) - REF_INBANDWIDTH
          (2,J)) * (1 + SAVI_FROM + (I - 1) * SAVI_STEP) / (REF_INBANDWIDTH(4,J) + REF_INBAND-
          WIDTH(3,J) + REF_INBANDWIDTH(2,J) + SAVI_FROM + (I - 1) * SAVI_STEP)
        END SELECT
        …
      END SELECT
    END SELECT
  NEXT J
NEXT I
```

## 11.3　小结

　　本章在对水稻高光谱数据处理和建模分析过程中,逐步将各种已经存在的高光谱数据处理方法和作者研究的一些方法集成为一个高光谱数据处理软件。该软件包括高光谱数据变换功能;高光谱变量与植被生物物理参数、生物化学参数建模的功能;高光谱数据波段位置和波段宽度分析的功能;以及在轨卫星模拟等功能。这些功能不仅可以应用到水稻光谱数据处理方面,而且同样适用于其他植被光谱、土壤光谱以及各种矿物质光谱等的分析处理。应用这一软件可以节省大量因高光谱数据处理而花费的时间,大大提高数据分析处理的效率。

# 第12章　水稻高光谱遥感实验设计与参数测定

一般情况下,在实验室条件下用光谱能够准确测定的水稻生物物理和生物化学参数,在田间冠层条件下不一定可行;而在实验室条件下证明光谱不能测定的水稻生物物理和生物化学参数,在田间冠层条件下和卫星水平肯定不行。即使是在实验室和冠层条件下证明用光谱能够准确测定的水稻生物物理参数和生物化学参数,建立的模式,在卫星水平也不一定可行。而实验室和小区实验具有环境条件容易控制、成本低等优点,因此,1999年以来,我们开展了多次较大规模的田间实验,本章将集中介绍这些实验设计、获取的资料情况。

## 12.1　小区实验设计和数据获取

这节主要介绍1999—2000年、2002年、2003年和2004年田间实验设计和获取的数据情况。1999—2000年的实验主要是按照国家自然科学基金课题"氮素营养水平引起水稻光谱反射特性变异的机理研究"的要求设计和观测的;2002年的实验是针对国家自然科学基金课题"不同氮素水平的水稻高光谱诊断机理与方法研究"的要求设计和观测的;2003和2004年的实验则是在2002年实验的基础上,为国家自然科学基金课题"不同氮素水平的水稻高光谱诊断机理与方法研究"、国家"863"课题"我国典型地物标准波谱数据库"和"稻麦品质遥感监测与预报技术研究"设计的。

### 12.1.1　1999—2000年水稻田间实验设计与数据获取

1999—2000年实验的主要目的是研究氮素营养水平引起水稻光谱反射特性变异的机理,因此,实验品种只有1个,重点设置了5个氮素水平的实验,田间实验设计与获取数据(表12.1)如下:

时间:1999年6月25日播种,7月24日移栽,2000年6月20日播种,7月10日移栽。

处理:供试品种是秀水63;实验占地1.5亩,小区面积4m×5m,4个重复,随机排列;5个氮素水平处理,分别施纯氮量0(N1)、45(N2)、135(N3)、225(N4)、315(N5)kg/ha,即人为地造成严重缺氮、缺氮、适量氮、过量氮、严重过量氮(用N1、N2、N3、N4、N5表示),分别在返青期、拔节期和抽穗始期按60%、30%、10%施入,钾肥在拔节期和抽穗始期分两次等量均匀施入各小区;行、株距为0.14m×0.17m,田埂宽为25~30cm,小区分布如图12.1所示,田间管理按大田管理方式进行。

表 12.1　1999—2000 年水稻光谱观测日期及其参数样本数

Table 12.1　Observation time and sample number of rice spectra and bio-parameters in 1999—2000

| 观测日期<br>（年-月-日） | 生育期 | 光谱 | | | 生物物理与生物化学参数 |
|---|---|---|---|---|---|
| | | 冠层 | 叶片 | 冠层二向反射 | |
| 1999-08-19 | 分蘖 | 20 | 60 | 3 | 叶长、叶宽、叶倾角、LAI、株高、施氮肥量、叶片鲜重、叶片干重、茎鲜重、茎干重、地上鲜生物量、地上干生物量、叶片含水率、茎含水率、叶绿素、类胡萝卜素、蛋白质、纤维素、淀粉 |
| 1999-08-28 | 拔节 | 20 | 60 | 3 | |
| 1999-09-03 | 孕穗 | 20 | 60 | 3 | |
| 1999-09-11 | 抽穗 | 20 | 60 | 3 | |
| 1999-09-24 | 乳熟 | 20 | 60 | 3 | |
| 1999-09-29 | 乳熟 | | | 3 | 叶长、叶宽、叶倾角 |
| 1999-10-18 | 成熟 | | | 3 | |
| 2000-08-08 | 分蘖 | 20 | 60 | 5 | 叶长、叶宽、叶倾角、LAI、株高、施氮肥量、叶片鲜重、叶片干重、茎鲜重、茎干重、地上鲜生物量、地上干生物量、叶片含水率、茎含水率、叶绿素、类胡萝卜素、蛋白质、纤维素、淀粉 |
| 2000-08-28 | 拔节 | 20 | 60 | 5 | |
| 2000-09-18 | 抽穗 | 20 | 60 | 5 | |
| 2000-10-10 | 乳熟 | 20 | 60 | 5 | |

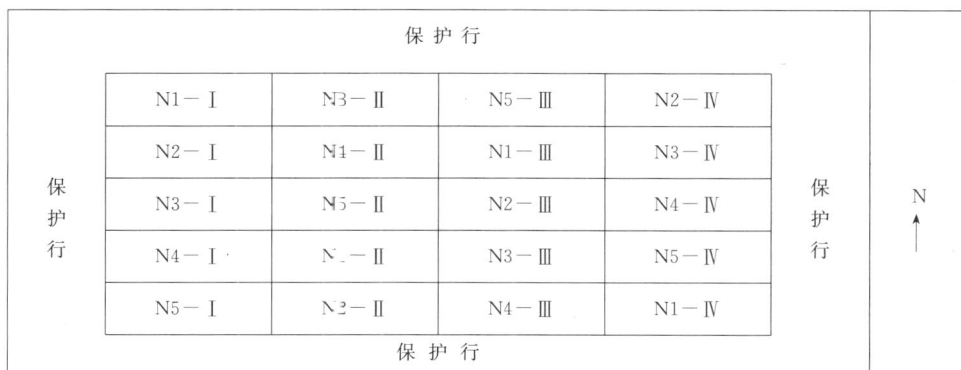

图 12.1　1999 年和 2000 年不同氮素水平的水稻田间遥感实验小区分布图

Fig. 12.1　Field plots layout of paddy rice experiment at different nitrogen levels in 1999 and 2000

　　观测项目：①生物物理参数：包括叶面积指数、叶片重量、茎重及地上鲜生物量、地上干生物量、叶片含水率和茎含水率等；②水稻生物化学参数：包括叶绿素、淀粉、蛋白质、纤维素含量等；③水稻高光谱测定：包括水稻田间冠层高光谱测定；不同叶片室内高光谱测定；④水稻产量及其构成要素观测：单位面积产量、有效穗数、每穗粒数、千粒重等。

　　光谱测定采用美国 Analytical Spectral Devices 公司制造的背挂式野外光谱辐射仪（ASD FieldSpec），光谱范围（333～1056nm），采样间隔（波段宽）为 1.4nm，光谱分辨率为 3nm。

　　水稻冠层光谱测定选择晴朗无风天气，分别在水稻不同发育期测定，每次测定时间在

北京时间 10：00—11：45（太阳高度角大于 45°）。传感器探头垂直向下，与冠层顶相距约
0.75m 左右，观测范围直径为 0.33m。每个小区内不同点测定 10 次，取平均值作为该小区
的光谱反射值，每个小区测定前、后都立即进行白板校正。冠层光谱测定后，取样测定水稻
生物物理、生物化学参数和室内光谱。

叶片室内光谱测定：将传感器探头垂直向下，固定在支架上，与叶片相距约 0.1m；不同
处理的稻株选择两个主茎自上而下三张完全展开的叶片，将叶片平铺在盖有黑垫的平台
上，分别测定其光谱。

### 12.1.2　2002 年水稻田间实验设计与数据获取

2002 年的实验是在 1999—2000 年的实验基础上，考虑到品种差异，增加实验品种，氮
素水平实验设置缺氮、正常和超量 3 个水平，光谱观测使用的波长范围为 350～2500nm。
同时还布置了水培实验。田间与水培实验设计与获取数据如下：

2002 年田间实验的水稻品种为秀水 110（S1）、嘉育 293（S2）、嘉早 312（S3）、Z00324
（S4）、协优 9308（S5）。秀水 110、嘉育 293、嘉早 312 和 Z00324 为常规稻，协优 9308 为杂交
稻。秀水 110 属于粳稻，嘉育 293、嘉早 312 和 Z00324 属于籼稻。从株型看，秀水 110 全生
育期株型挺立，属直立紧凑型；协优 9308 叶型随着发育由披散转为直立。

设 3 个氮素水平：0、120kgN/hm²、240kgN/hm²（折合成尿素分别为 0、266.7kg/hm²、
533.3kg/hm²），分别记为 N0、N1、N2。氮肥分 3 次施放，分别为基肥 50%、分蘖肥 35%、穗
肥 15%，人为造成无肥、氮肥适中、氮肥超量 3 种情况。另外，施用过磷酸钙 533.3kg/hm²
作基肥，氯化钾 300kg/hm² 作穗肥（等量分两次于孕穗始期和抽穗始期均匀施入）。供试土
壤是砂粉土，土壤全氮量为 0.18%（W），速效氮含量为 288mg/kg。

小区面积为常规稻 4.76m×4.68m，株行距为 0.17m×0.13m，每一小区种植 28 行，每行
36 株，共 1008 株；杂交稻 4.76m×4.68m，株行距为 0.17m×0.18m，每一小区种植 28 行，每行
26 株，共 728 株。东西行向；单插本，设 4 个重复。保护行、不同氮素水平处理、不同重复之间
用带塑料膜的泥埂隔开。小区分布、实验处理见 2002 年水稻田间实验小区分布图（图 12.2）。

田间管理除了氮肥处理外，均按正常管理进行，移栽前两天（6 月 23 日）施基肥，每垄尿素分
别为 0、1.588kg、3.174kg，过磷酸钙 2.678kg。7 月 9 日施分蘖肥，每垄尿素分别为 0、1.111kg、
2.222kg。8 月 7 日施穗肥，每垄尿素分别为 0、0.476kg、0.952kg；每垄施氯化钾 2.5kg。

观测项目包括发育期观测（表 12.2）、冠层光谱和组分光谱测定、生物物理参数和生物
化学参数测定。

发育期一般表现为：同一品种中不施肥处理比正常施肥处理早 1～2 天抽穗，正常施肥
处理比超量施肥处理早 1～2 天抽穗。因 8 月 6 日至 8 月 16 日连续下雨，造成 S2、S3 穗中
出现许多空瘪籽粒。

光谱测定选用美国 ASD（Analytical Spectral Device）公司的 ASD FieldSpec Pro FR™
光谱仪，光谱范围 350～2500nm，其中，350～1000nm 光谱采样间隔（波段宽）为 1.4nm，光
谱分辨率为 3nm，1000～2500nm 光谱采样间隔（波段宽）为 2nm，光谱分辨率为 10nm。

| 保护区（60cm） | | | | |
|---|---|---|---|---|
| 田埂（34cm） | | | | |
| S1N0－4 | S4N0－4 | S2N0－4 | S5N0－4 | S2N0－4 |
| 田埂 | | | | |
| S2N2－4 | S1N2－4 | S3N2－4 | S4N2－4 | S5N2－4 |
| 田埂 | | | | |
| S4N1－4 | S3N1－4 | S1N1－4 | S2N1－4 | S5N1－4 |
| 田埂 | | | | |
| S3N2－3 | S1N1－3 | S2N1－3 | S5N1－3 | S4N1－3 |
| 田埂 | | | | |
| S5N2－3 | S3N2－3 | S4N2－3 | S1N2－3 | S2N2－3 |
| 田埂 | | | | |
| S1N0－3 | S4N0－3 | S5N0－3 | S2N0－3 | S3N0－3 |
| 田埂 | | | | |
| S2N2－2 | S5N2－2 | S1N2－2 | S3N2－2 | S4N2－2 |
| 田埂 | | | | |
| S3N0－2 | S4N0－2 | S2N0－2 | S5N0－2 | S1N0－2 |
| 田埂 | | | | |
| S5N1－2 | S2N1－2 | S1N1－2 | S4N1－2 | S3N1－2 |
| 田埂 | | | | |
| S1N2－1 | S5N2－1 | S3N2－1 | S4N2－1 | S2N2－1 |
| 田埂 | | | | |
| S4N1－1 | S2N1－1 | S5N1－1 | S3N1－1 | S1N1－1 |
| 田埂 | | | | |
| S2N0－1 | S3N0－1 | S4N0－1 | S1N0－1 | S5N0－1 |
| 田埂（34cm） | | | | |
| 保护区（60cm） | | | | |

（左右两侧：保护区（60cm）　田埂（34cm）　田埂（34cm）　保护区（60cm））

图 12.2　2002 年不同品种不同氮素水平的水稻田间遥感实验小区分布图

Fig. 12.2　Field plots layout of paddy rice experiment for different nitrogen levels and species in 2002

**表 12.2　2002 年田间实验水稻生育期**

Table 12.2　Rice growth and development stages in 2002

| 发育期 | 秀水 110（月-日） | 嘉早 312（月-日） | 嘉育 293（月-日） | Z00324（月-日） | 协优 9308（月-日） |
|---|---|---|---|---|---|
| 播种期 | 06-02 | 06-02 | 06-02 | 06-02 | 06-08 |
| 出苗期 | 06-05 | 06-05 | 06-05 | 06-05 | 06-11 |
| 三叶期 | 06-09 | 06-09 | 06-09 | 06-09 | 06-15 |
| 移栽期 | 06-25 | 06-25 | 06-25 | 06-25 | 06-25 |
| 返青期 | 06-30 | 06-30 | 06-30 | 06-30 | 06-30 |
| 分蘖期 | 07-05 | 07-04 | 07-04 | 07-04 | 07-05 |
| 分蘖盛期 | 07-17 | 07-10 | 07-10 | 07-10 | 07-17 |
| 拔节期 | 08-05 | 07-17 | 07-17 | 07-17 | 08-05 |
| 孕穗期 | 08-26 | 07-21 | 07-21 | 07-21 | 08-23 |
| 抽穗期 | 09-02 | 07-28 | 07-28 | 08-04 | 08-31 |
| 开花期 | 09-06 | 07-31 | 07-31 | 08-07 | 09-02 |
| 灌浆期 | 09-08 | 08-05 | 08-05 | 08-15 | 09-05 |
| 乳熟期 | 09-19 | 08-15 | 08-15 | 08-24 | 09-15 |
| 成熟期 | 10-15 | 09-05 | 09-05 | 09-10 | 10-15 |
| 收割期 | 10-25 | 09-12 | 09-12 | 09-12 | 10-25 |

观测项目包括冠层光谱和叶片、叶鞘、穗、茎等组分光谱(表 12.3)。生物物理参数包括叶面积指数(LAI)、叶面积(LA)、总鲜生物量(TWBM)、叶片鲜生物量(LWBM)、茎鲜生物量(SWBM)、根鲜生物量(RWBM)、总干生物量(TDBM)、叶片干生物量(LDBM)、茎干生物量(SDBM)、根干生物量(RDBM)。生物化学参数有冠层和组分总叶绿素(Chlt)、叶绿素 a(Chla)、叶绿素 b(Chlb)、类胡萝卜素含量,组分叶、穗的氮和粗淀粉含量(表 12.4),以及冠层叶、茎、穗的氮和粗淀粉含量(表 12.5)。此外,还测定了所有品种糙米粉样光谱 60 个及其对应的氮、粗淀粉、直链淀粉含量等。

表 12.3  2002 年水稻田间实验光谱观测日期及其生物物理参数样本数

Table 12.3  Observation time and sample number of rice spectra and biophysical parameters in 2002

| 观测日期<br>(月-日) | 冠层光谱 | 组分光谱 | 生物物理参数 |
|---|---|---|---|
| 07-12 | 24 | | |
| 07-17 | 60 | 45(S1~S5 完全展开倒一叶) | 60 |
| 07-23 | 60 | | 60 |
| 07-30 | 60 | 27(S2~S4 旗叶)、14(穗) | 60 |
| 08-05 | 48 | | 38 |
| 08-22 | 60 | 27(S2~S4 旗叶)、27(穗) | 60 |
| 08-31 | 56 | 27(S2~S4 旗叶)、27(穗) | 57 |
| 09-04 | | 12(S1、S5 旗叶)、12(倒三叶) | |
| 09-08 | | 18(S2~S4 旗叶)、18(穗);18(S1、S5 旗叶)、18(倒三叶)、18(穗) | |
| 09-11 | 54 | | |
| 09-14 | | 18(S1、S5 旗叶)、18(倒三叶)、18(穗) | |
| 09-20 | 24 | 18(S1、S5 旗叶)、18(倒三叶)、18(穗) | 24 |
| 09-25 | | 18(S1、S5 旗叶)、18(倒三叶)、18(穗) | |
| 09-28 | 24 | | |
| 10-03 | 24 | 18(S1、S5 旗叶)、18(倒三叶)、18(穗) | 24 |
| 10-09 | | 18(S1、S5 旗叶)、18(倒三叶)、18(穗) | |

表 12.4  2002 年水稻田间实验组分生物化学参数样本数

Table 12.4  Sample number of biochemical parameters for paddy rice components in 2002

| 观测日期<br>(月-日) | 色素 | | | 氮含量<br>(品种 S1) | | 粗淀粉 |
|---|---|---|---|---|---|---|
| | 旗叶 | 倒三叶 | 穗 | 叶片 | 穗 | 穗 |
| 07-17 | 45(S1~S5) | | | | | |
| 07-30 | 27(S2~S4) | | 14 | | | |
| 08-22 | 27(S2~S4) | | 27 | | | |
| 08-31 | 27(S2~S4) | | 27 | | | |
| 09-04 | 12(S1、S5) | 12 | | 6 | 6 | 6(S1) |
| 09-08 | 36(S1~S5) | 18 | 36 | 9 | 9 | 9(S1) |
| 09-14 | 18(S1、S5) | 18 | 18 | 9 | 9 | 9(S1) |
| 09-20 | 18(S1、S5) | 18 | 18 | 9 | 9 | 9(S1) |
| 09-25 | 18(S1、S5) | 18 | 18 | 9 | 9 | 9(S1) |
| 10-03 | 18(S1、S5) | 18 | 18 | 9 | 9 | 9(S1) |
| 10-09 | 18(S1、S5) | 18 | 18 | 9 | 9 | 9(S1) |

**表 12.5　2002 年水稻田间实验冠层生物化学参数样本数**

Table 12.5　Sample number of biochemical parameters for paddy rice canopy in 2002

| 观测日期(月-日) | 色素 | 氮含量 | | | 粗淀粉 |
| --- | --- | --- | --- | --- | --- |
| | | 叶片 | 茎 | 穗 | 穗 |
| 07-23 | 24(S1、S5) | 45 | 45 | | |
| 07-30 | | 45 | 45 | | |
| 08-05 | | 38 | | 23(S2～S4) | 23(S2～S4) |
| 08-22 | 24(S1、S5) | 45 | 45 | 27(S2～S4) | 27(S2～S4) |
| 08-31 | | 45 | 45 | 27(S2～S4) | 27(S2～S4) |
| 09-20 | | 18 | 18 | 18(S1、S5) | 18(S1、S5) |
| 10-03 | | 18 | 18 | 18(S1、S5) | 18(S1、S5) |

注:每一品种测 3 个重复小区样本。

水培实验品种:秀水 110。

水培实验准备及母液配制:实验采用带孔木盖塑料桶(40 个,容积 6.0L)盛装培养液,培养液按国际水稻所 1972 年配方配制(蒋德安等,1999)。按照溶液配制方法配制常量元素母液各 5L、微量元素母液 2L。常量元素母液浓度 $NH_4NO_3$ 381.00g/5L、$Na_2H_2PO_4 \cdot 2H_2O$ 168.00g/5L、$K_2SO_4$ 297.67g/5L、$CaCl_2$ 368.33g/5L、$MgSO_4 \cdot 7H_2O$ 1516.67g/5L,每 1L 培养液中各加 $NH_4NO_3$、$Na_2H_2PO_4 \cdot 2H_2O$、$K_2SO_4$、$CaCl_2$、$MgSO_4 \cdot 7H_2O$ 母液 1.5mL、微量元素母液 1.25mL。

肥料水平:设 5 个氮素水平:0、20、40、60、80mg/L(分蘖盛期浓度加倍),记为 N1、N2、N3、N4、N5,为便于取样,设 8 个重复,每盆 5 株。

水培实验管理:向水培桶中注入配制好的培养液(液面距桶口约 1cm),移栽与小区实验移栽同时,从秧田选取长势良好的健壮秧苗,在清水中洗净秧根泥,然后逐株用海绵固定在木孔中,在木盖上做上品种和氮素水平标记,移栽后,将实验盆放在阳光充足、温度适宜的网室中。植株管理按一般水稻水培实验要求管理。

水培观测内容:①水稻生育期和形态参数,包括水稻各发育期的起始日期、株高、株粗、叶倾角、叶间距、叶数等;②生物物理参数,包括各器官鲜、干重、各器官含水率、生物量、有效穗数、穗粒数、千粒重等;③生物化学参数,包括叶绿素、类胡萝卜素、全 N、淀粉、蛋白质、纤维素、木质素含量等;④高光谱测定,主要为水稻各器官的鲜、干样室内高光谱测定。

获取了以下数据:①水稻生育期的起始日期;②生物物理参数,包括各茎、叶、根的鲜、干重、含水率、总生物量等;③生物化学参数,包括叶绿素、类胡萝卜素、叶茎全 N、籽粒淀粉、蛋白质含量等;④高光谱数据,主要为叶茎的鲜、干样室内高光谱数据。

## 12.1.3　2003 年水稻田间实验设计与数据获取

2003 年的实验设计与 2002 年基本相同,即供试的水稻品种仍 5 个、3 个氮素水平氮肥处理,4 个重复,但是考虑到秀水 110(S1)和协优 9308(S5)的生长期比嘉育 293(S2)、嘉早

312(S3)和 Z00324(S4)长约 40 天,因此,秀水 110 和协优 9308 提前 1 个月在 5 月 27 日播种,嘉育 293,嘉早 312 和 Z00324 则推迟 1 个月在 6 月 28 日播种,以使得生育后期在水稻发育期基本相同的条件下准同步获取冠层光谱和生物物理与生物化学参数。

由于分两次移栽,小区设计做了一些调整(图 12.3),S1、S5 小区面积为 4.25m×5.85m,株行距为 0.17m×0.13m,每一小区种植 25 行,每行 45 株,共 1125 株;S2、S3、S4 小区面积为 5.27m×3.77m,株行距为 0.17m×0.13m,每一小区种植 31 行,每行 29 株,共899 株;行向东西向;S1、S5 的每垄施过磷酸钙 1.148kg,施尿素 N0 为 0kg、N1 为 0.68kg、N2 为 1.36kg。S2、S3、S4 的每垄施过磷酸钙 1.423kg,施尿素 N0 为 0kg、N1 为 0.844kg、N2 为 1.687kg。S1、S5 每垄分蘖肥分别为 0、0.476kg、0.952kg;S2、S3、S4 每垄分蘖肥分别为 0、0.591kg、1.182kg。穗肥 S1、S5 每垄尿素分别为 0、0.204kg、0.408kg,氯化钾1.530kg;S2、S3、S4 每垄尿素分别为 0、0.253kg、0.505kg,氯化钾 1.897kg。

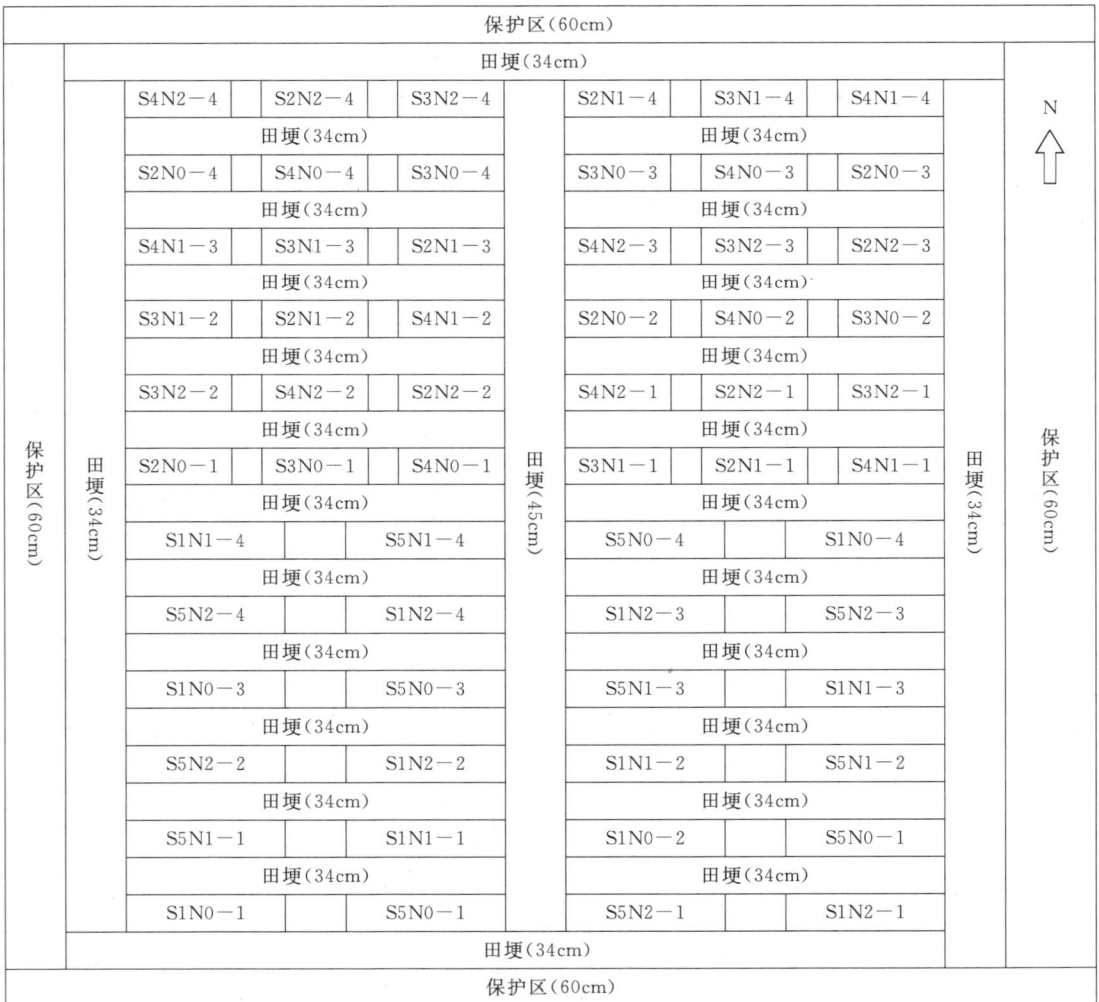

图 12.3　2003 年不同品种不同氮素水平的水稻田间遥感实验小区分布图

Fig. 12.3　Field plots layout of paddy rice experiment for different species and nitrogen levels in 2003

观测项目包括发育期观测(表 12.6)、冠层光谱和组分光谱测定、生物物理参数和生物化学参数测定(表 12.7~12.9)。

### 表 12.6 2003 年水稻生育期

Table 12.6 Rice growth and development stage in 2003

| 发育期 | 秀水 110<br>(月-日) | 协优 9308<br>(月-日) | 嘉早 312<br>(月-日) | 嘉育 293<br>(月-日) | Z00324<br>(月-日) |
|---|---|---|---|---|---|
| 播　种 | 05-27 | 05-27 | 06-28 | 06-28 | 06-28 |
| 出　苗 | 05-29 | 05-29 | 06-30 | 06-30 | 06-30 |
| 三　叶 | 06-09 | 06-06 | 07-08 | 07-08 | 07-08 |
| 移　栽 | 06-26 | 06-26 | 07-26 | 07-26 | 07-26 |
| 分　蘗 | 07-03 | 07-03 | 08-04 | 08-04 | 08-02 |
| 拔　节 | 08-07 | 08-07 | 08-17 | 08-17 | 08-18 |
| 孕　穗 | 08-20 | 08-17 | 08-19 | 09-19 | 08-21 |
| 抽　穗 | 08-28 | 08-24 | 08-26 | 08-26 | 08-28 |
| 开　花 | 09-02 | 08-29 | 08-30 | 08-30 | 08-31 |
| 乳熟期 | 09-15 | 09-11 | 09-12 | 09-12 | 09-12 |
| 成熟期 | 10-05 | 10-02 | 10-01 | 10-01 | 10-01 |
| 收割期 | 10-15 | 10-15 | 10-15 | 10-15 | 10-15 |

### 表 12.7 2003 年水稻光谱观测日期及其生物物理参数样本数

Table 12.7 Observation time and sample number of rice spectra and biophysical parameters in 2003

| 观测日期<br>(月-日) | 冠层光谱 | 组分光谱 | | | | | 生物<br>物理参数 |
|---|---|---|---|---|---|---|---|
| | | 倒一叶 | 倒二叶 | 倒三叶 | 茎 | 穗 | |
| 07-21 | 24 | | | | | | 24 |
| 08-05 | 24 | 24(S1、S5) | | | 24(S1、S5) | | 24 |
| 08-22 | 60 | | | | | | 60 |
| 08-29 | 60 | 60 | 60 | 60 | | | 60 |
| 09-06 | 60 | 60 | 60 | 60 | | 60 | 60 |
| 09-23 | 60 | 60 | 60 | 60 | 60 | 60 | 60 |
| 09-29 | | 24(S1、S5) | | | 24(S1、S5) | | |
| 10-09 | 60 | | | | | | 60 |
| 10-15 | 60 | 60 | | 60(黄叶) | 60 | 60 | 60 |

2003 年 9 月 23 日以前使用的是 ASD FieldSpec VNIR FOV25°,9 月 29 日以后使用的是 ASD FieldSpec FR FOV25°。前 5 次测组分光谱时,样品置于反射率近似为零的黑色橡胶上,光谱仪视场角为 3°,探头垂直向下,距样品表面距离 0.10m;光源用光谱仪所带的 50W 卤化灯,光源距样品表面约距离 0.45m,方位角 70°;最后一次(10 月 15 日)测组分光谱时使用 LC1800 积分球(表 12.8)。11 月 15 日测定了所有品种和处理的糙米粉样光谱 60 个。生物物理和生物化学参数测定内容与 2002 年相同,也测定了所有品种糙米粉样光谱 60 个及其对应的氮、粗淀粉、直链淀粉含量等。

表 12.8　2003 年水稻冠层生物化学参数样本数(S1～S3 三个品种)

Table 12.8　Sample number of biochemical parameters for paddy rice canopy in 2003

| 观测日期(月-日) | 氮含量 | | | 粗淀粉 |
|---|---|---|---|---|
| | 叶片 | 茎 | 穗 | 穗 |
| 08-05 | 12 | | | |
| 08-22 | 36 | | | |
| 08-29 | 36 | | | |
| 09-06 | 36 | | 36 | 36 |
| 09-23 | 36 | 36 | 36 | 36 |
| 10-15 | 36 | 36 | 36 | 36 |

注:每一品种测定 4 个重复小区样本。

表 12.9　2003 年水稻组分生物化学参数样本数

Table 12.9　Sample number of biochemical parameters for paddy rice components in 2003

| 观测日期 (月-日) | 色素 | | 氮含量 | | 粗淀粉 |
|---|---|---|---|---|---|
| | 旗叶 | 倒三叶 | 叶片 | 穗 | 穗 |
| 08-05 | 24(S1、S5) | | | | |
| 08-29 | 60 | 60 | | | |
| 09-06 | 60 | 60 | | | |
| 09-23 | 60 | | | | |
| 09-29 | 24(S1、S5) | | 12(S1 旗叶) | 12(S1) | 12(S1) |
| 10-15 | 60 | | | | |

## 12.1.4　2004 年水稻田间实验设计与数据获取

2004 年的实验仅保留秀水 110(常规粳稻,记为 S1)和协优 9308(杂交籼稻,记为 S5)两个品种,施肥处理同 2002 年和 2003 年,仍是 3 个氮素水平,4 个重复,分两期播种和移栽,以获取在不同发育期条件下的水稻冠层光谱和生物物理与生物化学参数,田间实验设计与数据获取如下:

2004 年的小区平面布置见图 12.4,整个实验地分南北两部分,分两期播种和移栽:第 1 期于 6 月 7 日播种、7 月 8 日移栽;第 2 期于 6 月 21 日播种、7 月 26 日移栽,共有 48 个小区。每一小区面积为 4.60m×5.46m,每一小区种植 27 行,每行 42 株,行、株距为 0.17m×0.13m。

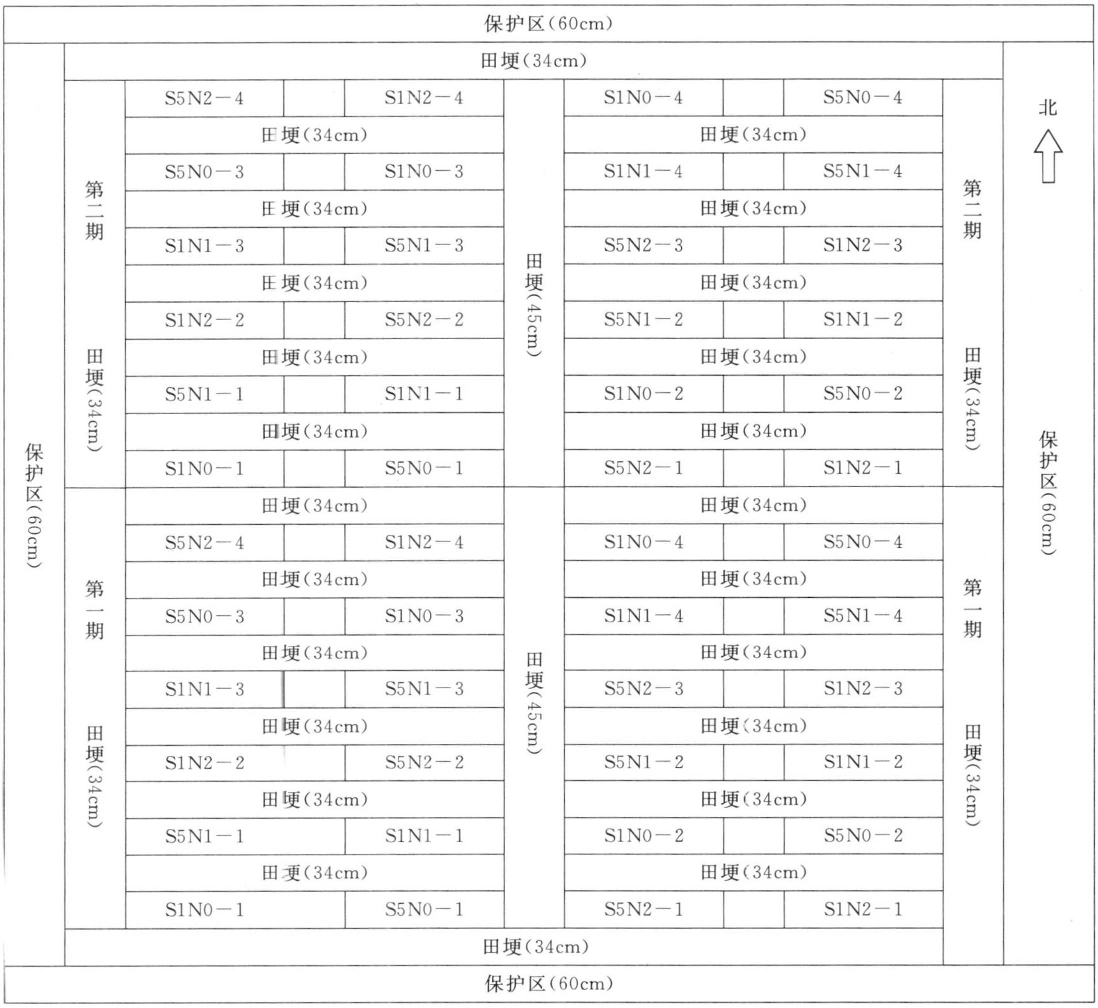

图 12.4　2004 年不同品种、不同氮素水平、不同移栽期的水稻田间遥感实验小区分布图

Fig. 12. 4　Field plots layout of paddy rice experiment for different nitrogen levels，

species，and transplanting dates in 2004

　　观测项目冠层光谱和组分光谱测定、生物物理参数和生物化学参数测定。2004 年水稻田间小区实验数据获取见表 12.10 和 12.11。

表 12.10　2004 年水稻光谱观测日期及其生物物理参数样本数

Table 12. 10　Observation time and sample number of rice spectra and biophysical parameters in 2004

| 观测日期 | 冠层 | | | 叶片 | | 茎（穗） | | 生物物理参数 |
|---|---|---|---|---|---|---|---|---|
| （月-日） | 反射率 | 散射率 | 辐照度 | 反射率 | 透射率 | 反射率 | 透射率 | |
| 07-20 第一期 | 25 | | | 25 | 25 | | | LAI、覆盖度为 24 个样本；鲜叶重、干叶重、叶含水量、鲜茎重、干茎重、茎含水量、叶片数、根重、根干重、根含水量、株高、地上干重、地上鲜重各 25 个样本 |

续表

| 观测日期<br>（月-日） | 冠层 | | | 叶片 | | 茎（穗） | | 生物物理参数 |
|---|---|---|---|---|---|---|---|---|
| | 反射率 | 散射率 | 辐照度 | 反射率 | 透射率 | 反射率 | 透射率 | |
| 08-08<br>第一期 | 17 | 10 | 8 | 18 | 18 | 18 | 18 | |
| 08-08<br>第二期 | 18 | 9 | 9 | 18 | 18 | 18 | 18 | |
| 08-28<br>第一期 | 17 | 10 | 10 | 18 | 18 | 13 | 15 | |
| 08-028<br>第二期 | 18 | 10 | 10 | 18 | 18 | 9 | 10 | LAI、覆盖度、鲜叶重、干叶重、叶含水量、鲜茎重、干茎重、茎含水量、叶片数、地上干重、地上鲜重、叶倾角各18个样本 |
| 09-22<br>第一期 | 18 | 4 | 4 | 14 | 14 | 14 | 14 | |
| 09-22<br>第二期 | 18 | 1 | 1 | 18 | 18 | 18 | 17 | |
| 10-05<br>第一期 | 18 | | | 绿叶：18；黄叶：18 | 绿叶：18；黄叶：18 | 18；（穗：18） | 17；（穗：18） | |
| 10-05<br>第二期 | 18 | | | 绿叶：18；黄叶：18 | 绿叶：18；黄叶：18 | 18；（穗：18） | 17；（穗：18） | |
| 10-27<br>第一期 | 18 | | | 绿叶：16 | 绿叶：17 | 13；（穗：17） | 13；（穗：16） | LAI、鲜重、干叶重、叶含水量、鲜茎重、干茎重、茎含水量、叶片数、地上干重、地上鲜重、叶倾角各17个样本 |
| 10-27<br>第二期 | 18 | | | 绿叶：17 | 绿叶：17 | 17；（穗：17） | 17；（穗：17） | LAI、鲜叶重、干叶重、叶含水量、鲜茎重、干茎重、茎含水量、叶片数、地上干重、地上鲜重、叶倾角各18个样本 |

**表 12.11　2004 年水稻生物化学参数样本数**

Table 12.11　Sample number of biochemical parameters for paddy rice canopy in 2004

| 观测日期<br>（月-日） | 全氮含量 | | | | 色素（类胡萝卜素、叶绿素 a、b） |
|---|---|---|---|---|---|
| | 叶片 | 茎 | 穗 | 土壤 | |
| 07-20 第一期 | 23 | 25 | | | 25 |
| 08-08 第一期 | 19 | 18 | | 18 | 18 |
| 08-08 第二期 | 18 | 18 | | 18 | 18 |
| 08-28 第一期 | 18 | 19 | | 19 | 18 |
| 08-28 第二期 | 18 | 18 | | 18 | 18 |
| 09-22 第一期 | 19 | 19 | 18 | 9 | 18 |
| 09-22 第二期 | 18 | 19 | 17 | 9 | 18 |
| 10-05 第一期 | 19 | 19 | 19 | 18 | 18 |
| 10-05 第二期 | 19 | 19 | 18 | | 18 |
| 10-27 第一期 | 18 | 18 | 18 | 9 | 17 |
| 10-27 第二期 | 19 | 18 | 19 | 11 | 18 |

## 12.2　水稻生物理化参数测定方法

### 12.2.1　水稻生物物理参数测定方法

生物物理参数:包括发育期,生长状况观测(植株高度、密度、叶(穗)倾角和平均叶(穗)倾角、茎长、穗长和茎粗、穗径及茎倾角、不同视角下的覆盖度等)、生长量观测(生物量、叶面积、含水量)。

#### 12.2.1.1　水稻发育期观测

发育期观测标准如下(赵增煜,1986):

出苗期:从芽鞘中生出第一片不完全叶。

三叶期:从第二片完全叶的叶鞘中,出现了全部展开的第三片完全叶。

移栽期:移栽的日期。

返青期:移栽后叶色转青,心叶重新展开或出现新叶(上午叶尖有水珠出现),用手将植株轻轻上提,有阻力,说明根已扎入泥中。

分蘖期:叶鞘中露出新生分蘖的叶尖,叶尖露出长 0.5~1.0cm。

拔节期:茎基部茎节开始伸长,形成有显著茎秆的茎节为拔节。拔节高度距最高生根节长度为 2.0cm。拔节后穗分化开始,第一、二节间均为定长,第三节间伸长。

孕穗期:剑叶全部露出叶鞘。

抽穗期:穗子顶端从剑叶叶鞘中露出。

乳熟期:穗子顶部的籽粒达到正常谷粒的大小,颖壳充满乳浆状内含物,籽粒呈绿色。

成熟期:穗上有 80% 以上的谷粒呈现该品种固有的颜色。

#### 12.2.1.2　水稻生长状况观测

(1)植株高度观测

采用手工测量法,用刻度直尺测量地面距植株自然状态下的最高点(抽穗前为顶叶弯曲处,抽穗后为穗顶部不计芒)的距离。通常每公顷取 5~10 个样点,每个样点测定 20 株,计算平均值。

(2)密度观测

水稻田间小区实验在移栽时行、株距已确定,只需要测定平均每穴株(茎)数,按:

1 平方米株(茎)数＝1/(行距×株距)×平均每穴株(茎)数

星地同步观测实验,通常取 5~10 个样点,每个样点测量 1 米内行数,取其平均值,为平均 1 米内行数;测量每行内 1 米的株(茎)数,取平均后即为平均 1 米株(茎)数,按:

1 平方米株(茎)数＝平均 1 米内行数×平均 1 米内株(茎)数

(3)叶(穗)倾角和平均叶(穗)倾角

仪器法:仪器测量可采用植物冠层分析仪(如 CI－110 型数字式植物冠层分析仪)。

CI－110冠层分析仪可以进行叶面积指数、叶倾角、叶分布、辐射透过系数、冠层消光系数等的测定。

手工测量方法①：在叶片(穗)上选有代表性的 5 点(包括叶(穗)基部、最高点和叶(穗)尖 3 点和最高点左右各有代表性的 1 点)，用直尺测量叶(穗)基部距地面高度、叶(穗)上每一点距前一点的距离(从叶基向叶尖逐个量，记载 4 个弦长)及拉直记载叶(穗)弧长；用量角器分别测量前述 4 个弦与水平面之间的夹角($\theta°$)。再根据弦长及夹角确定叶片(穗)的弯曲程度，计算出平均叶(穗)倾角。

手工测量方法②：在叶片(穗)上选有代表性的 5 点(包括叶(穗)基部、最高点和叶尖 3 点和最高点左右各有代表性的 1 点)，用直尺测量叶(穗)基部距地面高度、由叶片(穗)基部开始用直角尺的一边与水平面平行，读出各点离叶(穗)基部水平距离，从另一边读出各点的高度，根据三角关系计算两点之间叶片的弦长测各叶位叶片(穗)，计算出平均叶(穗)倾角等结构参数。

(4)茎长、穗长和茎粗、穗径及茎倾角

茎、穗的长度和茎粗、穗径：将若干个茎并排在一起，测量茎长，沿伸长节最宽处测量其宽度，分别记录，椭圆形时测长径；若干个穗并排在一起，测量其穗长和穗径，求其平均(单位：cm)。

茎倾角：取 3～5 株，分别测量各茎的所有伸长节的倾角、长度，茎的倾角按伸长节长度匹配权重取平均值。

(5)不同视角下的覆盖度

利用 BRDF 观测架，拍摄顺垄、垂直垄和与垄成 45°情况下不同视角的照片，所用视角为：0°、±15°、±30°、±45°和±60°。

### 12.2.1.3　生长量观测

(1)生物量

水稻按叶片、茎(包括叶鞘)、穗等器官进行分类，未抽出的小穗作为穗剥出统计；样本分器官称其鲜重，然后放入恒温干燥箱内加温，第 1 小时温度控制在 105℃杀青，以后维持在 70～80℃，12 小时后进行第一次称重，以后每小时称重一次，当样本前后两次重量差≤5‰时，该样本不再烘烤。样本再分器官称其干重。计算 1 平方米群体鲜生物量(总鲜重)、群体干生物量(总干重)和分器官分别计算叶片、茎(包括叶鞘)、穗、根的鲜、干重。

(2)叶面积指数

目前，普遍采用的方法有：面积(系数)法(长宽系数法)、重量法(比叶重法)、仪器法、计算机测算图斑面积法。

①面积(系数)法：对样本叶片，直接测量长度($L$)和宽度($W$)，长度从叶尖量到叶基，宽度是量该叶最宽处，用长度与宽度之积，乘以校正系数($k$)，以平方厘米为单位，计算单位土地面积上的绿色叶面积的倍数即叶面积指数(LAI)。由于校正系数随不同的作物、品种、生育阶段、环境条件，叶形变化均可不同，需要进行校正。通常水稻、小麦和谷子等披针形叶片的 $k$ 取值为 0.83，其基本推算原理是，披针形叶片通常在叶长 2/3 处收尖，因而可把该叶

近似地分割成一个矩形和一个等腰三角形,其面积($S$)为:

$$S = \frac{2}{3} \times L \times W + \frac{1}{6} \times L \times W = \frac{5}{6} \times L \times W \approx 0.83 \times L \times W \tag{12.1}$$

②重量法:利用全部叶片的面积($A$)与部分叶面积($a$)之比等于全部叶片的重量($W$)与部分叶片的重量($w$)之比的原理测定。即:

$$\frac{A}{a} = \frac{W}{w}, \quad A = a \times \frac{W}{w} \tag{12.2}$$

测定时只要从待测叶片中截取一小部分易于测量面积的叶片就可用重量法测定叶面积。因此重量法适用于任何形状特异的叶片。但因叶片各部分的叶脉分布不均匀,也因叶片生长过程中随环境差异致使叶肉厚薄不均匀,重量法会产生一定误差。为此,用重量法测定叶面积时,一是样叶应包括不同层次,二是样叶应注意均匀,一般需横贯全叶。

③比叶重法:当测量样品数量较大或野外鲜叶不能长久保存时,用面积(系数)法测量一部分(一般取 50~100 片测量),烘干称重,再根据被测对象的干重求算其叶面积。以上方法通常每公顷取 5~10 个样点,每个样点测定 1m² 左右,全部逐叶测量(分别累加绿叶叶面积)。

④仪器法:可采用叶面积仪(如 CI－203 型激光叶面积仪或 LI－3000 光电管式叶面积仪)等便携式仪器在田间进行非破坏性测定。

⑥计算机测算图斑面积法:由于上述方法均为抽样量算法,存在一定的误差。在本实验中,根据软、硬件条件,提出第三种测定叶面积的方法——计算机测算图斑面积法,其主要步骤如下:

● 准备工作:将双面胶等间距(约 20cm)固定粘在 A3 白纸上,根据叶片数量,准备数张这样的 A3 白纸。

● 将整株绿叶沿叶耳剪下,叶片平铺、固定在 A3 白纸上,并标注处理号。满页后,立刻复印,获取叶面积图,否则叶片会很快变干,发生卷曲。复印后,取下叶片,称其重量,为叶片鲜重。

● 将叶面积图扫描入计算机,在计算机上按 1∶1 比例用 GIS 软件矢量化跟踪图斑轮廓,计算面积。

这种方法准确、快速,叶样可永久保存,但需要复印机、扫描仪、计算机和专业软件。

(3)组织含水量

植物组织含水量的表示方法常用鲜重或干重的百分比表示,有时用鲜重含水量、干重含水量。具体测定步骤:

植物材料的称重:从植株上取下待测的植物材料,立即称重,读数精确到 1mg,即为植物材料的自然鲜重,用 $W_f$ 代表;然后放入铝盒,置入 105℃烘箱中,将盖子打开,斜立在口上,烘 4 小时以上关掉电源,待盒温降至 60~70℃时盖上盖子,并移入干燥器中冷却,称重。同样,重复上述操作,烘烤、冷却、称重,直至恒重。恒重后的重量,即为植物材料的干重,用 $W_d$ 表示。

结果计算:将上述结果分别代入下列公式算出鲜重含水量、干重含水量。

$$\text{鲜重含水量}(\%) = \frac{W_f - W_d}{W_f} \times 100 \tag{12.3}$$

$$干重含水量(\%) = \frac{W_f - W_d}{W_d} \times 100 \tag{12.4}$$

注意事项:从植株上取样,要注意样品的均匀一致性,以便于多指标的同时测定,取样后测定前,亦要注意材料的保存条件,一般应将材料放入铺有湿滤纸的培养皿或瓷盘中加盖短时间保存,目的在于防止散失水分而影响测定结果。

### 12.2.2 水稻生物化学参数测定方法

生物化学参数:包括叶绿素 a 含量(Chla)、叶绿素 b 含量(Chlb)、类胡萝卜素含量(Cars)、蛋白氮含量、非蛋白氮含量、纤维素含量、叶鞘淀粉含量、可溶性总糖等。有些参数需要制备干样,干样的采集和制备方法:取鲜样装入尼龙袋或纸袋中,放入烘箱用105℃杀青15～30分钟后,置65～80℃烘至恒重。烘干的样品用粉碎机粉碎待测定全氮、可溶性总糖、淀粉、纤维素和木质素等。

#### 12.2.2.1 叶绿素与类胡萝卜素含量测定

植物叶绿素的含量与光合作用和氮素营养水平有密切关系,因此测定植物叶绿素的含量对合理施肥、育种及植物病理研究有着重要意义。本实验采用混合液(丙酮:无水乙醇:蒸馏水=4.5:4.5:1)(V/V)提取法测定水稻叶片和稻穗的叶绿素含量,基于比尔定律和叶绿素光谱吸收特征,具体步骤如下:

对应测光谱的冠层采样,从采样的水稻植株上等数量选取上、中、下完全展开叶若干,剪碎,混匀后称取0.200g,加混合液100mL;对应测光谱的叶片和穗,从包含测光谱的叶片和穗正中部左右对称剪取0.100g叶片成细丝或0.200g成细粒,叶片加混合提取液100mL,穗加混合提取液20mL,于室温下遮光静置至样品完全发白,用BECKMAN DU—604或722S型分光光度计比色,分别测定663nm(叶绿素 a 吸收峰)、645nm(叶绿素 b 吸收峰)处的光密度 OD 值,然后按下面公式计算叶绿素含量(白宝璋等,1993):

$$Chla(mg/L) = 9.784OD_{663} - 0.990OD_{645} \tag{12.5}$$

$$Chlb(mg/L) = 21.426OD_{645} - 4.650OD_{663} \tag{12.6}$$

$$Chlt(mg/L) = 5.134OD_{663} + 20.436OD_{645} \tag{12.7}$$

$$Chlt(Cars)(mg/g) = 浓度(mg/L) \times 提取液体积(mL)/质量(g)/1000 \tag{12.8}$$

类胡萝卜素用国标 GB12291－90 法测定,它是根据类胡萝卜素萃取液在特定波长下的吸光度与类胡萝卜素含量成线性关系的原理,具体操作步骤为:取1.000g叶片捣碎榨汁,过滤成100mL,用氯仿甲醇混合(氯仿:甲醇=2:1)(V/V)萃取剂20mL萃取3次,对萃取液定容至100mL,在440±10nm波长下测定提取液的最大吸光度 A,按公式 $Cars(mg/L) = A \times 20$ 计算提取液的类胡萝卜素的含量(此计算公式是以公认的胡萝卜素分子平均吸收系数250为依据的),然后由前面的公式计算样品的类胡萝卜素含量。

#### 12.2.2.2 全氮和蛋白质含量测定

氮素是蛋白质中的主要成分。植物体内的氮化物通常可分为蛋白氮与非蛋白氮,两者含量与比例常常随着植物的生理状况及环境条件而变化。

不同作物蛋白质的含量有差异,故由氮换算为蛋白质的因数也稍不同。由于植物体中也有一些含氮的非蛋白质物质,如氨基酸、酰胺等。所以由氮换算为蛋白质的结果只能称为粗蛋白质。蛋白质有被重金属盐等沉淀的特性,故可用蛋白质沉淀剂如氢氧化铜、碱性醋酸铅、20%～25%单宁或 10%～12%三氯醋酸等,将蛋白质从水溶液中沉淀出来,再测定此沉淀物的全氮量,乘以蛋白质换算因数即可得"纯蛋白质"量。

植物全氮(半微量开氏法)测定原理:样品在加速剂的参与下,用浓硫酸消煮时,各种含氮有机化合物,经过复杂的高温分解反应,转化为氨态氮。碱化后蒸馏出来的氨用硼酸吸收,以酸标准溶液滴定,求出植物全氮含量(不包括全部硝态氮)。

不包括硝态和亚硝态氮的消煮:称取植物干样 0.5g 置于干燥的消煮管底部(注意勿沾在瓶颈上),加一定比例的混合剂,滴加几滴蒸馏水以湿润样品,再加定量浓硫酸,小心摇匀后,开始用低温加热,当消煮液呈棕色时,可升高温度,消煮至溶液呈清亮带浅蓝色时,再加热约 10 分钟,取下冷却,供氮的测定。同时进行空白实验,以校正试剂误差。

包括硝态和亚硝态氮的消煮:包括硝态氮的消煮:称取定量样品,置于消煮管中,加一定比例含水杨酸或苯酚的浓硫酸,摇匀后,在室温下(25℃左右)放置约 30 分钟,加入定量 $Na_2S_2O_3$ 或 $Zn$ 粉和 $H_2O$,放置约 10 分钟,待还原反应完成后,进行消煮。

粗蛋白的计算:粗蛋白的测定采用不包括硝态氮的测定法,得到的全氮含量乘以换算系数:

$$粗蛋白质(\%) = 全氮(\%) \times 换算系数 \tag{12.9}$$

换算系数:叶片(小麦、玉米等)为 6.25,种子(小麦、玉米等)为 5.70。

操作步骤:取新鲜水稻叶 0.5～1.0g,烘干、碾磨,加入 25mL 开氏瓶或消煮试管中,加几滴水润湿样品,加催化剂 1～2g,加浓 $H_2SO_4$ 3～5mL,轻轻摇匀内容物,使混合均匀,静置数小时,然后放在电炉上加热,开始时小火,待泡沫消失后加大火力,保持内容物沸腾,使 $H_2SO_4$ 慎勿超出瓶颈 1/3 处回流,消煮至溶液为透明蓝绿色后,再继续消化 20～30 分钟。消煮结束后,取下开氏瓶或消煮管冷却。将清煮液在 10mL 2% $H_3BO_3$ 的溶液和 20mL 10N NaOH 下用半微量蒸馏器蒸馏,至蒸馏液体积约达 50mL 为止。然后将 0.02N $H_2SO_4$ 标准溶液装入微量滴定管中,滴定硼酸溶液中吸收的氨,直至溶液由蓝绿色变为紫红色为终点。

另用无氮蔗糖 0.1g 代替样品同上操作做空白实验,但消耗标准溶液的体积不得超过 0.3mL。

$$全氮含量(\%) = \frac{(V_1 - V_0) \times N \times 0.014}{W} \times 100 \tag{12.10}$$

$$粗蛋白质含量(\%) = 全氮含量(\%) \times K \tag{12.11}$$

式中:$V_1$ 为样品滴定用标准酸(mL);$V_0$ 为空白滴定用标准酸(mL);$N$ 为标准酸浓度;$K$ 为换算因子;$W$ 为样品重。

### 12.2.2.3　纤维素、木质素含量测定

用一定浓度的酸或碱处理植物,可除去其中的糖、淀粉、半纤维素、果胶和蛋白质等,剩

余物主要是纤维素,称取样品处理前后的干重即可算出纤维素的含量(mg/g)。

样品纤维素、木质素含量用酸碱洗涤法测定,具体操作步骤如下:

称取已知含水率的烘干的样品 10.00g 放入 600mL 高型烧杯中,加入刚煮沸的 3.14% $H_2SO_4$ 200mL,立即加热,使其一分钟内微沸,并在烧杯上放置冷凝器,以保持溶液浓度不变,准确微沸 8 分钟,此时应见有大量气泡上升,而液面翻滚平稳,然后从电炉上取下,将杯壁上附着的残渣用热水洗入杯中,以扎有 200 目尼龙筛绢的抽滤管抽滤,在 10 分钟内抽尽酸液,再用热水洗涤残渣至中性,即蓝色石蕊不变红为止,继续将洗液抽净。

将附着在抽滤管尼龙筛绢上的残渣用热的 3.14% NaOH 溶液洗入原烧杯中,另加已刚煮沸的 3.15% NaOH 至 200mL,1 分钟内使其煮沸,同上微沸 8 分钟后取下。将杯壁附着的残渣用水冲入杯中,并于 10 分钟内将碱液抽滤净,以热水充分洗涤至中性,即红色石蕊不变蓝为止。

用洗瓶将抽滤管上的残渣洗入杯中,然后将烧杯内的全部残渣转移到铺有石棉的古氏坩埚里,在吸滤瓶上抽尽水分,用酒精洗三次,每次约 20mL,再用乙醚洗三次,每次约 20mL,将乙醚蒸发后,放入 130℃烘箱中烘 2 小时,取出置干燥器中冷却半小时称重 $W_1$,然后将坩埚在 550℃马福炉中灼烧 0.5 小时,同上冷却后称重 $W_2$。

$$粗纤维(\%) = \frac{(W_1 - W_2) \times H}{W_0} \times 100 \tag{12.12}$$

式中:$W_1$=古氏坩埚重+纤维重+灰分重(g);$W_2$=古氏坩埚重+灰分重(g);$W_0$ 为样品重(g);$H$ 为样品含水率。

将附着在抽滤管尼龙筛绢上的残渣用热的 41% HCl 溶液洗入原烧杯中,1 分钟内使其微沸,5 分钟后取下,将杯壁附着的残渣用水冲入杯中,并于 10 分钟内将酸液抽滤净,以热水充分洗涤至中性,即蓝色石蕊不变红为止。然后放入 130℃烘箱中烘 2 小时,取出置干燥器中冷却 0.5 小时称残渣重,即为木质素重。

### 12.2.2.4 淀粉含量的测定

(1)用碘着色法测叶鞘淀粉含量

从上而下取水稻植株上的完全展开第 3、4 叶的叶鞘,量其长度,浸入碘化钾溶液(称碘化钾 0.5g,溶于 100mL 蒸馏水中,再称 0.1g 碘溶于其中)6 小时,再量其着色长度,着色长度与总长之比,即得相对淀粉含量。

(2)用蒽酮法测稻叶或籽粒淀粉含量

原理:由于蒽酮能与可溶性糖(还原糖与非还原糖)作用,产生蓝绿色的糖醛衍生物,其颜色深浅与糖的含量正相关。该颜色于 620nm 波长处有最大吸收值。所以,利用这一特性进行比色测定。该方法的优点是不需要去杂质,分析快、灵敏度高;缺点是反应条件苛刻,重复性差。

称采样的新鲜水稻叶样品,放入 250mL 三角瓶中,加入 1N $H_2SO_4$ 100mL,在高压锅中水解 15 分钟,降压后取出冷却,同时检验水解是否完全。用碱液中和,滴加 20% 醋酸铅 10~20mL 使蛋白质沉淀,再加 10% $H_2SO_4$ 沉淀多余的铅。移入 250mL 容量瓶中,加水至刻度,摇匀,过滤。吸取滤液 2mL 放入试管中,沿管壁缓缓注入蒽酮试剂 10mL,小心摇动半分钟,放入沸水浴中加热 10 分钟,取出放入冷水中迅速冷却,10 分钟后稳定进行比色,用 1cm 半径比色杯在分光光度计上于波长 620nm 处读取吸收值,在系列标准曲线上查得相应的糖浓度(即为水解后的总糖)。

另取一份样品进行样品中水溶性总糖的测定,测量方法见糖的蒽酮比色法。

$$淀粉(\%)=水解后的总糖(以葡萄糖计\%)-水溶性总糖(以葡萄糖计\%)\times 0.9$$

$$(12.13)$$

式中:0.9 为由还原糖化为淀粉的系数。

## 12.3　小结

本章给出了 1999 年、2000 年、2002 年、2003 年和 2004 年的多个国家级课题资助下田间实验设计和获取的数据情况,这些数据是本书中地上生物量、叶面积指数、色素、氮素、产量以及品质等研究的基础。另外,本章还简单地介绍了水稻生物物理和生物化学参数的测定方法,这些方法将为其他相关研究提供有价值的参考。

# 附录  研究组发表的相关论文

[1] Chen L, Huang JF, Wang FM, Tang YL. Comparison between back propagation neural network and regression models for estimation of pigment content in rice leaves and panicles using hyperspectral data. International Journal of Remote Sensing, 2007, 28(16):3457-3478.

[2] Cheng Q, Huang JF, Wang RC, Tang YL. Analysis of the correlation between rice LAI and simulated MODIS vegetation indices, red edge position. Transactions of CSAE, 2003, 19(5):104-108.

[3] Cheng Q, Huang JF, Wang XZ, Wang RC. In situ hyperspectral data analysis for pigment content estimation of rice leaves. Journal of Zhejiang University Science, 2003, 4(6):727-733.

[4] Huang JF, Wang FM, Wang XZ, Tang YL, Wang RC. Relationship between Narrow Band Normalized Deference Vegetation Index and Rice Agronomic Variables. Communications in Soil Science and Plant Analysis, 2004, 35(19&20):2689-2708.

[5] Huang J, Apan A. Detection of sclerotinia rot disease on celery using hyperspectal data and partial least squares regression. Journal of Spatial Science, 2006, 52(2):129-142.

[6] Liu ZY, Huang JF, Shi JJ, Tao RX, Zhou W, Zhang LL. Characterizing and estimating rice brown spot disease severity using stepwise regression, principal component regression and partial least-square regression. Journal of Zhejiang University (Science B), 2007, 8(10):738-744.

[7] Liu ZY, Huang JF, Tao RX. Charadterizing and estimating fungal disease severity of rice brown spot with hyperspectral reflectance data. Rice Science, 2008, 15(3):232-242.

[8] Liu ZY, Shi JJ, Zhang LW, Huang JF. Discrimination of rice panicles by hyperspectral reflectance data based on principal component analysis and support vector classification. Journal of Zhejiang University (Science B), 2010, 11(1):71-78.

[9] Tang YL, Huang JF, Wang RC. Change law of hyperspectral data in related with chlorophyll and carotenoid in rice at different development stages. Rice Science, 2004, 11(5-6):274-282.

[10] Tang YL, Wang RC, Huang JF. Relations between red edge characteristics and agronomic parameters of crops. Pedosphere, 2004, 14(4):467-474.

[11] Wang FM, Huang JF, Chen L. Development of a vegetation index for estimation of leaf area index based on simulation modeling. Journal of Plant Nutrition, 2010, 33(3): 328-338.

[12] Wang FM, Huang JF, Wang XZ. Identification of optimal hyperspectral bands for estimation of rice biophysical parameters. Journal of Integrative Plant Biology, 2008, 50(3):291-299.

[13] Wang FM, Huang JF, Zhou QF, Wang XZ. Optimal waveband identification for estimation of leaf area index of paddy rice. Journal of Zhejiang University-Science B, 2008, 9(12):953-963.

[14] Wang FM, Huang JF, Tang YL, Wang XZ. New vegetation index and its application in estimating leaf area index of rice. Rice Science, 2007, 14(3):195-203.

[15] Wang Y, Huang JF, Wang XZ, Wang FM, Liu ZY. Validation of artificial neural network techniques for the rape nitrogen concentration estimation using canopy hyperspectral reflectance data. International Journal of Remote Sensing, 2009, 30 (17):4493-4505.

[16] Yang XH, Wu YP, Huang JF, Wang JW, Wang P, Wang XM, Alfredo R. Estimation of rice biophysical parameters by remote sensing using Support Vector Machine. Science in China Series C: Life Sciences, 2009, 39(11):1080-1091.

[17] Yang XH, Huang JF, Wang FM, Wang X, Yi QX,, Wang Y. A modified chlorophyll absorption continuum index for chlorophyll estimation, Journal of Zhejiang University Science A, 2006, 7(12):2002-2006.

[18] Yang XH, Huang JF, Wang JW, Wang XZ, Liu ZY. Estimation of vegetation biophysical parameters by remote sensing using radial basis function neural networks. Journal of Zhejiang University (Science A), 2007, 8(6):883-895.

[19] Yang XH, Wang FM, Huang JF, Wang JW, Wang RC, Shen ZQ, Wang XZ. Comparison between radial basis function neural network and regression model for estimation of rice biophysical parameters using remote sensing. Pedosphere, 2009, 19 (2):176-188.

[20] Yi QX, Huang JF, Wang FM, Wang XZ, Liu ZY. Monitoring rice nitrogen status using hyperspectral reflectance and ANN combined with PCA. Environmental Science & Technology, 2007, 41(19):6770-6775.

[21] Yi QX, Huang JF, Wang FM, Wang XZ, Tang YL. Quantifying biochemical variables of corn (Zea mays L.) by hyperspectral reflectance at leaf scale. Journal of Zhejiang University (Science B), 2008, 9(5):378-384.

[22] Yi QX, Huang JF, Wang FM, Wang XZ. Evaluating the performance of PC-ANN

for the estimation of rice nitrogen concentration from canopy hyperspectral reflectance. International Journal of Remote Sensing,2010,31(4):931-940.

[23] Zhou QF, Liu ZY, Huang JF. Detection of nitrogen-overfertilized rice plants with leaf positional difference in hyperspectral vegetation index. Journal of Zhejiang University-Science B (Biomedicine & Biotechnology),2010 11(6):465-470.

[24] 陈拉,黄敬峰,王秀珍.不同传感器的模拟的植被指数对水稻叶面积指数的估测精度和敏感性分析.遥感学报,2008,12(1):143-151.

[25] 陈维君,周启发,黄敬峰.用高光谱植被指数估算水稻乳熟后叶片和穗的色素含量.中国水稻科学,2006,20(4):434-439.

[26] 程乾,黄敬峰,王人潮,唐延林.MODIS植被指数与水稻叶面积指数及叶片叶绿素含量相关性的研究.应用生态学报,2004,15(8).

[27] 李波,刘占宇,黄敬峰.基于PCA和PNN的水稻病虫害高光谱识别.农业工程学报,2009,25(9):143-147.

[28] 李波,刘占宇,武洪峰,徐新刚,孙安利,黄敬峰.基于概率神经网络的水稻穗颈瘟高光谱遥感识别初步研究.科技通报,2009,25(6):811-815.

[29] 李云梅,倪绍祥,黄敬峰.高光谱数据探讨水稻叶片叶绿素含量对叶片及冠层光谱反射特性的影响,遥感技术与应用,2003,18(1):1-5.

[30] 李云梅,倪绍祥,王秀珍,黄敬峰.水稻冠层垂直反射率模拟,作物学报,2003,29(3):397-401.

[31] 李云梅,倪绍祥,王秀珍.线性回归模型估算水稻叶片叶绿素含量的适宜性分析.遥感学报,2003,7(5):364-371.

[32] 李云梅,倪绍祥,王秀珍,黄敬峰.水稻冠层垂直反射率模拟.作物学报,2003,29(3):397-401.

[33] 李云梅,王人潮,王秀珍,沈掌泉,申广荣.水稻冠层二向反射率的模拟及其反演.中国水稻科学,2002,16(3):291-294.

[34] 李云梅,王人潮,王秀珍,沈掌泉.水稻冠层二向反射率的动态变化.浙江大学学报(农业与生命科学版),2001,27(1):37-42.

[35] 李云梅,王人潮,王秀珍,沈掌泉.水稻冠层结构变化对二向反射率的影响.应用生态学报,2001,12(3):401-404.

[36] 李云梅,王人潮,王秀珍.椭圆分布函数模拟水稻冠层叶倾角分布.生物数学学报,2003,18(1):105-108.

[37] 李云梅,王秀珍,沈掌泉,于军平,王人潮.水稻叶片反射率模拟.浙江大学学报(农业与生命科学版),2002,28(2):195-198.

[38] 刘芸,唐延林,黄敬峰,蔡绍洪,楼佳.利用高光谱数据估测水稻米粉中粗蛋白粗淀粉和直链淀粉含量.中国农业科学,2008,41(9):2617-2623.

[39] 刘占宇,黄敬峰,陶荣祥,张红志.基于主成分分析和径向基网络的水稻胡麻斑病严重度估测.光谱学与光谱分析,2008,28(9):2156-2160.

[40] 刘占宇,黄敬峰,王富民,王渊.估算水稻叶面积指数的调节型归一化植被指数.中国农业科学,2008,41(10):3350—3356.

[41] 刘占宇,石晶晶,王大成,黄敬峰.稻干尖线虫病胁迫水稻叶片波谱响应特征及识别研究.光谱学与光谱分析,2010,30(3):710—713

[42] 刘占宇,孙华生,黄敬峰.基于学习矢量量化神经网络的水稻白穗和正常穗的高光谱识别.中国水稻科学,2007,21(6):664—668.

[43] 刘占宇,王大成,李波,黄敬峰.基于可见光/近红外光谱技术的倒伏水稻识别研究.红外与毫米波学报,2009,28(5):342—345.

[44] 楼佳,唐延林,蔡绍洪,黄敬峰.水稻透射光谱与氮含量的相关性研究.中国农学通报,2009,25(24):544—548.

[45] 石晶晶,刘占宇,张莉丽,周湾,黄敬峰.基于支持向量机(SVM)的稻纵卷叶螟危害水稻高光谱遥感识别.中国水稻科学,2009,23(3):331—334.

[46] 唐延林,黄敬峰,王人潮,王福民.水稻遥感估产模拟模式比较.农业工程学报,2004,20(1):166—171.

[47] 唐延林,黄敬峰,王人潮,辛荣.利用高光谱数据预测水稻籽粒蛋白质含量研究.农业工程学报,2006,22(7):114—118.

[48] 唐延林,黄敬峰,王人潮.对农作物红边参数计算方法的探讨.遥感学报,2005(8):21—25.

[49] 唐延林,黄敬峰,王人潮.利用高光谱法估测稻穗稻谷的粗蛋白质和粗淀粉含量.中国农业科学,2004,37(9):1282—1287.

[50] 唐延林,黄敬峰,王人潮.水稻不同发育时期高光谱与叶绿素和类胡萝卜素的变化规律.中国水稻科学,2004,18(1):59—66.

[51] 唐延林,黄敬峰,王秀珍,王人潮,王福民.水稻、玉米、棉花的高光谱及其红边特征比较.中国农业科学,2004,37(1):29—35.

[52] 唐延林,黄敬峰.农业高光谱遥感研究的现状与发展趋势.遥感技术与应用,2001,16(4):248—252.

[53] 唐延林,王纪华,黄敬峰,王人潮,何秋霞.水稻成熟过程中高光谱与叶绿素、类胡萝卜素的变化规律研究.农业工程学报,2003,19(6):167—173

[54] 唐延林,王人潮,黄敬峰,程乾.不同供氮水平下水稻高光谱及其红边特征研究.遥感学报,2004,8(2):185—192.

[55] 唐延林,王秀珍,黄敬峰,王人潮.水稻微分光谱和植被指数的作用探讨.农业工程学报,2003,19(1):145—150.

[56] 王福民,黄敬峰,刘占宇,王秀珍.水稻色素含量估算的最优比值色素指数研究.浙江大学学报(农业与生命科学版),2009,35(3):321—328.

[57] 王福民,黄敬峰,唐延林,王秀珍.采用不同光谱波段宽度的归一化植被指数估算水稻叶面积指数.应用生态学报,2007,18(11):2444—2450.

[58] 王福民,黄敬峰,唐延林,王秀珍.新型植被指数及其在水稻叶面积指数估算上的应用研究.中国水稻科学,2007,21(2):159—166.

［59］王福民,黄敬峰,王秀珍,陈拉,唐延林.波段位置和波段宽度对不同生育期水稻的 NDVI 的影响研究.遥感学报,2008,12(4):626－632.

［60］王福民,黄敬峰,王秀珍.水稻叶片叶绿素、类胡萝卜素含量估算的归一化色素指数.光谱学与光谱分析,2009,29(4):1064－1068.

［61］王福民,黄敬峰,徐俊锋,王秀珍.基于光谱波段自相关的水稻信息提取波段选择.光谱学与光谱分析,2008,28(5):1098－1101.

［62］王福民,唐延林,王秀珍.基于水稻背景特性的植被指数参数修正研究.农业工程学报,2008,24(5):152－155.

［63］王人潮,黄敬峰,史舟,王珂.论农业信息科学的形成与发展.浙江大学学报(农业与生命科学版),2003,29(4):355－360.

［64］王秀珍,黄敬峰,李云梅,沈掌泉,王人潮.高光谱数据与水稻农学参数之间的相关分析.浙江大学学报(农业与生命科学版),2002,28(3):283－288.

［65］王秀珍,黄敬峰,李云梅,王人潮.水稻地上鲜生物量的高光谱遥感估算模型研究.作物学报,2003,29(6):815－821.

［66］王秀珍,黄敬峰,李云梅,王人潮.水稻生物化学参数与高光谱遥感特征参数的相关分析.农业工程学报,2003,19(2):144－148.

［67］王秀珍,黄敬峰,李云梅,王人潮.水稻叶面积指数的多光谱遥感估算模型研究.遥感技术与应用,2003,18(2):57－65.

［68］王秀珍,黄敬峰,李云梅,王人潮.水稻叶面积指数的高光谱遥感估算模型.遥感学报,2004,8(1):81－88.

［69］王秀珍,王人潮,黄敬峰.微分光谱遥感及其在水稻农学参数测定上的应用.农业工程学报,2002,18(1):9－13.

［70］杨晓华,黄敬峰,王秀珍,王福民.基于支持向量机的水稻叶面积指数高光谱估算模型研究.光谱学与光谱分析,2008,28(8):1837－1841.

［71］朱蕾,徐俊锋,黄敬峰,王福民,刘占宇,王渊.作物植被覆盖度的高光谱遥感估算模型.光谱学与光谱分析,2008,28(8):1827－1831.

# 参考文献

[1] Adams ML, Philpot WD, Norvell WA. Yellowness index: an application of spectral second derivatives to estimate chlorosis of leaves in stressed vegetation. International Journal of Remote Sensing, 1999, 20(18):3663-3675.

[2] Almeida JS. Predictive non-linear modeling of complex data by artificial neural networks. Current Opinion in Biotechnology, 2002, 13(1):72-76.

[3] Aoki M, Yabuki K, Totsuka T. An evaluation of chlorophyll content of leaves based on the spectral reflectivity in several plants. Research Report of the National Institute of Environmental Studies of Japan, 1981, 66:125-130.

[4] Bach H, Mauser W. Improvements of plant parameter estimations with hyperspectral data compared to multispectral data. SPIE, 1997, 2959:59-67.

[5] Bannari A, Asalhi H, Teillet PM. Transformed difference vegetation index (TDVI) for vegetation cover mapping. Geoscience and Remote Sensing Symposium, IGARSS' 02, IEEE International, 2002, 5: 3053-3055.

[6] Baret F, Guyot G, Major DJ. TSAVI: a vegetation index which minimizes soil brightness effects on LAI and APAR estimation. In: Proceedings of IGARRS'89. 12th Canadian Symposium on Remote Sensing, 1989, 3:1355-1358.

[7] Baret F, Guyot G. Potentials and limits of vegetation indices for LAI and APAR assessment. Remote Sensing of Environment, 1991, 35:161-173.

[8] Barnes JD, Balaguer L, Manrique E, Elvira S, Davison AW. A reappraisal of the use of DMSO for the extraction and determination of chlorophylls a and b in lichens and higher plants. Environmental and Experimental Botany, 1992, 32(2):85-100.

[9] Baxter CW, Smith DW and Stanley SJ. A comparison of artificial neural networks and multiple regression methods for the analysis of pilot-scale data. Journal of Environmental Engineering and Science, 2004, 3(9):45-58.

[10] Birth GS, McVey G. Measuring the color of growing turf with a reflectance spectrophotometer. Agronomy Journal, 1968, 60:640-643.

[11] Blackburn GA. Spectral indices for estimating photosynthetic pigment concentrations: a test using senescent tree leaves. International Journal of Remote Sensing, 1998, 19(4):657-675.

[12] Blakeney AB, Lewin LG and Reinke RF. Quality rice for north Asia. A report for the

Rural Industries Research and Development Corporation. RIRDC Project No BRE-1A, 2001.

[13]Broge NH, Leblanc E. Comparing prediction power and stability of broadband and hyperspectral vegetation indices for estimation of green leaf area index and canopy chlorophyll density. Remote Sensing of Environment, 2000,76:156-172.

[14]Broge NH, Mortensen JV. Deriving green crop area index and canopy chlorophyll density of winter wheat from spectral reflectance data. Remote Sensing of Enviornment, 2002, 81:45-57.

[15]Buschman C, Nagel E. In vivo spectroscopy and internal optics of leaves as a basis for remote sensing of vegetation. International Journal of Remote Sensing, 1993, 14:711-722.

[16]Campbell GS. Extintiction coefficients for radiation in plant canopies calculated using an ellipsoidal inclination angle distribution. Agricultural and Forest Meteorology, 1986, 36:317-321.

[17]Carter GA. Ratios of leaf reflectances in narrow wavebands as indicators of plant stress. International Journal of Remote Sensing, 1994, 15(3):697-703.

[18]Casanova D, Epema GF, Goudriaan J. Monitoring rice reflectance at field level for estimating biomass and LAI. Field Crops Research, 1998, 55: 83-92.

[19]Chappelle EW, Kim MS. Ratio analysis of reflectance spectra (RARS): an algorithm for the remote estimation of the concentrations of chlorophyll a, chlorophyll b, and carotenoids in soybean leaves. Remote Sensing of Environment, 1992, 39:239-247.

[20] Chen JM. Evaluation of vegetation indices and a modified simple ratio for boreal applications. Canadian Journal of Remote Sensing, 1996, 22:229-242.

[21]Clark RN, Roush TL. Reflectance spectroscopy: Quantitative analysis techniques for remote sensing applications. Journal of Geophysical Research, 1984, 89 (27): 6329-6340.

[22] Clevers JGPW. The application of a weighted infrared-red vegetation index for estimating leaf area index by correcting for soil moisture. Remote Sensing of Environment, 1989, 29:25-37.

[23] Crippen RE. Calculating the vegetation index faster. Remote Sensing of Environment, 1990, 34: 71-73.

[24]Curran PJ, Windham WR, Gholz HL. Exploring the relationship between reflectance red edge and chlorophyll content in slash pine leaves. Tree Physiology, 1995, 15(2): 203-206.

[25] Datt B. Visible/near infrared reflectance and chlorophyll content in Eucalyptus leaves. International Journal of Remote Sensing, 1999, 20(14): 2741-2759.

[26]Daughtry CS, Walthall CL, Kim MS, de Colstoun EB, McMurtrey JE. Estimating

corn leaf chlorophyll concentration from leaf and canopy reflectance. Remote Sensing of Environment,2000,74:229-239.

[27] Dipti SS, Bari MN and Kabir KA. Grain quality characteristics of some beruin rice varieties of bangladesh. Pakistan Journal of Nutrition, 2003, 2(4): 242-245.

[28] Efron, Bradley, Tibshirani RJ. Bootstrap methods for standard errors, confidence intervals and other measures of statistical accuracy. Statistical Science,1986,1: 54-77.

[29] Elvidge CD, Chen Z. Comparison of broad-band and narrowband red and near-infrared vegetation indices. Remote Sensing of Environment,1995,54:38-48.

[30] Fabrizio R, Angelo AD, Giuseppe C, Pietro M. Application of artificial neural networks for prediction of retention factors of triazine herbicides in reversed-phase liquid chromatography. Journal of Chromatography A,2005,1076:163-169.

[31] Feng Y, Miller JR. Vegetation green reflectance at high spectral resolution as a measure of leaf chlorophyll content. In: Proceedings of the 14th Canadian Symposium on Remote Sensing, Calgary Alberta,1991: 351-355.

[32] Filella D, Penuelas J. The red edge position and shape as indicators of plant chlorophyll content, biomass and hydric status. International Journal of Remote Sensing,1994,15(7):1459-1470.

[33] Food and Agriculture Organization of the United Nations (FAO). FAO Statistical Databases. http://apps.fao.org/, 2001.

[34] Geneviéve R, Steven M, Baret F. Optimization of soil-adjusted vegetation. Remote Sensing of Environment, 1996,55:95-107.

[35] Gitelson AA, Merzlyak MN. Spectral reflectance changes associate with autumn senescence of Aesculus hippocastanum L. and Acer platanoides L. leaves. Spectral features and relation to chlorophyll estimation. Journal of Plant Physiology, 1994, 143:286-292.

[36] Gitelson AA, Merzlyak MN. Signature analysis of leaf reflectance spectra: algorithm development for remote sensing of chlorophyll. Journal of Plant Physiology, 1996a, 148: 494-500.

[37] Gitelson AA, Kaufman YJ, Merzlyak MN. Use of a green channel in remote sensing of global vegetation form EOS-MODIS. Remote Sensing of Environment,1996b,58: 289-298.

[38] Gitelson AA, Kaufman YJ. MODIS NDVI optimization to fit the AVHRR data series—spectral considerations. Remote Sensing of Environment,1998,66:343-350.

[39] Gitelson AA, Zur Y, Chivkunova OB, Merzlyak MN. Assessing carotenoid content in plant leaves with reflectance spectroscopy. Photochemistry and Photobiology, 2002a,75(3):272-281.

[40] Gitelson AA, Kaufman YJ, Stark R and Rundquist D. Novel algorithms for remote

estimation of vegetation fraction. Remote Sensing of Environment, 2002b, 80(1): 76-87.

[41]Gitelson AA, Merzlyak MN, Lichtenthaler HK. Detection of red edge position and chlorophyll content by reflectance measurements near 700 nm. Journal of Plant Physiology, 1996c, 148:501-508.

[42]Goel NS, Qin W. Influences of canopy architecture on relationships between various vegetation indices and LAI and FPAR: A computer simulation. Remote Sensing Reviews, 1994, 10: 309-347.

[43]Gong P, Pu R, Biging GS et al. Estimation of forest leaf area index using vegetation indices derived from Hyperion hyperspectral data. IEEE Transactions on Geoscience & Remotes Sensing, 2003, 41(6):1355-1362.

[44]Grossman YL, Ustin SL, Jacquemoud J Sanderson EW, Schmuck G and Verdebout J. Critique of stepwise mutiple linear regression for the extraction of leaf biochemistry information from leaf reflectance data. Remote Sensing of Environment, 1996, 56(2): 182-193.

[45]Haboudane D, Millera JR, Tremblay N, Zarco-Tejada PJ, Dextraze L. Integrated narrow-band vegetation indices for prediction of crop chlorophyll content for application to precision agriculture. Remote Sensing of Environment, 2002, 81(2-3): 416-426.

[46]Horler DNH, Dockray M, Barber J. The red edge of plant leaf reflectance. International Journal of Remote Sensing, 1983a, 4(2):273-288.

[47]Horler DNH, Dockray M, Barber J, Barringer AR. Red edge measurements for remotely sensing plant chlorophyll content. Advances in Space Research, 1983b, 3: 273-277.

[48]Huete AR. A soil-adjusted vegetation index (SAVI). Remote Sensing of Environment, 1988, 25(2):295-309.

[49]Igor K, Slobotka A. Optimization of artificial neural networks for prediction of the unit cell parameters in orthorhombic perovskites. Comparison with multiple linear regression. Chemometrics and Intelligent Laboratory Systems, 2003, 67:167-174.

[50]Jacquemoud S, Baret F. PROSPECT: A model of leaf optical properties spectra. Remote Sensing of Environment, 1990, 34:75-91.

[51]Jacquemoud S, Ustin SL, Verdebout J, et al. Estimating leaf biochemistry using the PROSPECT leaf optical properties model. Remote Sensing of Environment, 1996, 56: 194-202.

[52]Jacquemoud S. Inversion of the PROSPECT + SAIL canopy reflectance model from AVIRIS equivalent spectra: theoretical study. Remote Sensing of Environment, 1993, 44:281-292.

[53] Jacquemoud S, Verdebout J, Schmuck G. Investigation of leaf biochemistry by statistics. Remote Sensing of Environment, 1995, 54:180-188.

[54] Jalali-Heravi M, Fatemi M H. Simulation of mass spectra of noncyclic alkanes and alkenes using artificial neural network. Analytica Chimica Acta, 2000, 415:95-103.

[55] Jeongick L, Kiwoan U. A comparison in a back-bead prediction of gas metal arc welding using multiple regression analysis and artificial neural network. Optics and Lasers in Engineering, 2000, 34:149-158.

[56] Jordan CF. Derivation of leaf area index from quality measurements of light on the forest floor. Ecology, 1969, 50: 663-666.

[57] Kaufman YJ, Tanré D. Atmospherically resistant vegetation index (ARVI) for EOS-MODIS. IEEE Transactions on Geoscience and Remote Sensing, 1992, 30 (2): 261-270.

[58] Kim MS, Daughtry CST, Chappelle EW, McMurtrey JE. The use of high spectral resolution bands for estimating absorbed photosynthetically active radiation(APAR). France: Proceeding of ISPRS'94 Val d'Isere, 1994:299-306.

[59] Kobayashi T, Kanda E, Kitada K, Ishiguro K, Torigoe Y. Detection of rice panicle blast with multispectral radiometer and the potential of using airborne multispectral scanners. Phytopathology, 2001, 91(3):316-323.

[60] Kuusk AA. Multispectral canopy reflectance model. Remote Sensing of Environment, 1994, 50:75-82.

[61] Kuusk AA. Fast invertible canopy reflectance model. Remote Sensing of Environment, 1995, 51:342-350.

[62] Kuusk A. Determination of vegetation canopy parameters from optical measurements. Remote Sensing of Environment, 1991, 37:207-218.

[63] Lacapra VC, Melack JM, Gastil M, Valeriano D. Remote sensing of foliar chemistry of inundated rice with imaging spectrometry. Remote Sensing of Environment, 1996, 55(1): 50-58.

[64] Lee KS, Cohen WB, Kennedy RE, et al. Hyperspectral versus multispectral data for estimating leaf area index in four different biomes. Remote Sensing of Environment, 2004, 91:508-520.

[65] Liu HQ, Huete AR. A feedback based modification of the NDVI to minimize canopy background and atmospheric noise. IEEE Transactions on Geoscience and Remote Sensing, 1995, 33(1): 457-465.

[66] Maccioni A, Agati G, Mazzinghi P. New vegetation indices for remote measurement of chlorophylls based on leaf directional reflectance spectra. Journal of Photochemistry and Photobiology, B: Biology, 2001, 61(1-2):52-61.

[67] Major DJ, Huete AR. A ratio vegetation index adjusted for soil brightness. Internal

Journal of Remote Sensing,1990,11(5):727-740.

[68]Martin Jr RD, Heilman JL. Spectral reflectance patterns of flooded rice. Photogrammetric Engineering and Remote Sensing,1986,52:1885-1890.

[69]Mc Murtey III JE, Chappelle EW, Kim MS, Meisinger JJ, Corp LA. Distinguish nitrogen fertilization levels in field corns (Zea mays L.) with actively induced fluorescence and passive reflectance mesurements. Remote Sensing of Environment, 1994,47:36-44.

[70]Miller JR, Hare EW, Wu J. Quantitative characterization of the vegetation red edge reflectance model, International Journal of Remote Sensing,1990,11(10):1755-1773.

[71]Monte RO, Bernard A, Engel Daniel RE, Jane RF. Neural network prediction of maize yield using alternative data coding. Biosystems Engineering,2002,83(1):31-45.

[72]Mutanga O, Skidmore AK. Integrating imaging spectroscopy and neural networks to map grass quality in the Kruger National Park, South Africa. Remote Sensing of Environment,2004a,90:104-115.

[73]Mutanga O, Skidmore AK. Narrow band vegetation indices overcome the saturation problem in biomass estimation. International Journal of Remote Sensing, 2004b, 25 (19):3999-4014.

[74]Myneni RB, Hall FG, Sellers PJ. The interpretation of spectral vegetation. IEEE Transactions on Geoscience and Remote Sensing,1995,33(2):481-486.

[75]Nadaraya EA. On estimating regression. Theory of Probability and Its Applications, 1964, 9:141-142.

[76]Nilsson HE. Remote sensing and image analysis in plant pathology. Annual Review of Phytopathology,1995,15:489-527.

[77]Parzen E. On estimation of a probability density function and mode. The Annals of Mathematical Statistics,1962,33:1065-1076.

[78]Pěnuelas J, Baret F, Filella I. Semi-empirical indices to assess carotenoids/chlorophyll a ratio from leaf spectral reflectance. Photosynthetica,1995,31(2):221-230.

[79]Peñuelas J, Gamon JA, Fredeen AL, Merino J, Field CB. Reflectance indices associated with physiological changes in nitrogen and water-limited sunflower leaves. Remote Sensing of Environment,1994,48:135-146.

[80]Pinty B, Verstraete MM. GEMI: A non-linear index to monitor global vegetation from satellites. Vegetation,1992,101:15-20.

[81]Qi J, Chehbouni A, Huete AR, Kerr YH, Sorooshian S. A modified soil adjusted vegetation index. Remote Sensing of Environment,1994,48:119-126.

[82] Richardson AJ, Wiegand CL. Distinguishing vegetation from soil background information. Photogrammetry Engineering & Remote Sensing, 1977, 43 (12): 1541-1552.

[83] Richardson AJ, Everitt JH. Using spectral vegetation indices to estimate rangeland productivity. Geocarto International, 1992, 1(1):63-69.

[84] Rondeaux G, Steven M, Baret F. Optimization of soil-adjusted vegetation indices. Remote Sensing of Environment, 1996, 55:95-107.

[85] Roujean JL, Breon FM. Estimating PAR absorbed by vegetation from bidirectional reflectance measurements. Remote Sensing of Environment, 1995, 51(3):375-384.

[86] Rouse JW, Haas RH, Schell JA, Deering DW. Monitoring vegetation systems in the great plains with ERTS. Proceedings of the 3rd ERTS Symposium, 1973, 1:48-62.

[87] Rouse JW, Haas RH, Schell JA, Deering DW, Harlan JC. Monitoring the vernal advancement of retrogradation of natural vegetation. NASA/GSFC, Type III, Final Report, Greenbelt, MD, USA, 1974:1-371.

[88] Sevrgent DJ, Comparison of artificial neural networks with other statistical approaches. Cancer, 2001, 91(8):1636-1642.

[89] Schioler H, Hartmann U. Mapping neural network derived from the Parzen window estimator. Neural Networks, 1992, 5:903-909.

[90] Schmidt KS, Skidmore AK. Spectral discrimination of vegetation types in a coastal wetland. Remote Sensing of Environment, 2003, 85:92-108.

[91] Serrano L, Peñuelas J, Ustin SL. Remote sensing of nitrogen and lignin in Mediterranean vegetation from AVIRIS data: Decomposing biochemical from structural signals. Remote Sensing of Environment, 2002, 81(3):355-364.

[92] Sims DA, Gamon JA. Relationships between leaf pigment content and spectral reflectance across a wide range of species, leaf structures and developmental stages. Remote Sensing of Environment, 2002, 81(2-3):337-354.

[93] Smith RCG, Adams J, Stephens DJ, Hick PT. Forecasting wheat yield in a Mediterranean-type environment from the NOAA satellite. Australian Journal of Agricultural Research, 1995, 46: 113-125.

[94] Specht DF. A general regression neural network. IEEE Transactions on Neural Networks, 1991, 2(6):568-576.

[95] Taira T. Relation between mean air temperature during ripening period of rice and amylographic characteristics or cooking quality. Japanese Journal of Crop Science, 1999, 68(1): 45-49.

[96] Thenkabail PS, Smith RB, de Pauw E. Hyperspectral vegetation indices and their relationships with agricultural crop characteristics. Remote Sensing of Environment, 2000, 71:158-182.

[97] Thenkabail PS, Enclona EA, Ashton MS, et al. Accuracy assessments of hyperspectral waveband performance for vegetation analysis applications. Remote Sensing of Environment, 2004, 91:354-376.

[98] Toby NC, David AR. On the relation between NDVI, fractional vegetation cover, and leaf area index. Remote Sensing of Environment, 1997, 62:241-252.

[99] Tsai F, Philpot W. Derivative analysis of hyperspectral data. Remote Sensing of Environment, 1998, 66:41-51.

[100] Vapnik VN. Statistical learning theory. New York: Wiley, 1998.

[101] Vogelman JE, Rock BN, Moss DM. Red edge spectral measurements from sugar maple leaves. International Journal of Remote Sensing, 1993, 14(8):1563-1575.

[102] William M, Robert JB, Barbara MB. Introduction to probability and statistics. Thomson Learning Asia Pte Ltd, 2004:320-361.

[103] Yang XH, Huang JF, Wang FM, Wang XW, Yi QX, Wang Y. A modified chlorophyll absorption continuum index for chlorophyll estimation. Journal of Zhejiang University Science A, 2006, 7(12):2002-2006.

[104] Yoder BJ, Pettigrew-Crosby RE. Predicting nitrogen and chlorophyll content and concentrations from reflectance spectra (400~2500nm) at leaf and canopy scales. Remote Sensing of Environment, 1995, 53(2):199-211.

[105] Yoder BJ, Waring RH. The normalized vegetation index of small douglas-fir canopies with varying chlorophyll concentration. Remote Sensing of Environment, 1994, 49:81-91.

[106] 白宝璋,汤学军. 植物生理学测试技术. 北京:中国科学技术出版社,1993.

[107] 陈平. 改进的 RBF 神经网络及其在短期交通量预测中的应用. 电气自动化,2003,25(1):36—38.

[108] 陈述彭,童庆禧,郭华东. 高光谱分辨率遥感信息机理与地物识别. 北京:科学出版社,1998.

[109] 程方民,钟连进. 不同气候生态条件下稻米品质性状的变异及主要影响因子分析. 中国水稻科学,2001,15(3):187—191.

[110] 戴平安,刘向华. 氮磷钾及有机肥不同配施量对水稻品质和产量效应的研究. 作物研究,1999,13(3):26—30.

[111] 董长虹. Matlab 神经网络与应用. 北京:国防工业出版社,2005.

[112] 冯天瑾. 神经网络技术. 青岛:青岛海洋大学出版社,1994.

[113] 洪剑鸣,童贤明,徐福寿,王国迪. 中国水稻病害及其防治. 上海:上海科学技术出版社,2006.

[114] 李大庆,杨再学,李大群. 稻纵卷叶螟的发生规律及其防治技术. 贵州农业科学,2007,35(1):44—47.

[115] 李军,顾德法,李林峰. 环境和栽培因子对稻米品质影响的研究进展. 上海农业学报,1997,13(1):94—97.

[116] 李林,沙国栋,陆准淮. 灌浆结实期温光因子对稻米品质的影响. 中国农业气象. 1996,5(2):33—38.

[117] 李筱明,刘进明.水稻品种不同季节栽培稻米品质的影响.湖南农业科学,1993,5:16—17.

[118] 刘英,王珂,周斌,许红卫,沈掌泉.千岛湖水体叶绿素浓度高光谱遥感监测研究初报.浙江大学学报(农业与生命科学版),2003,29(6):621—626.

[119] 罗玉坤,施一平,闵捷等.中国食用优质米品质的分析研究.浙江农业学报,1991,3(2):55—60.

[120] 罗玉坤,朱智伟,张伯平等.食用稻米品质的理化指标与食味的相关性研究.中国水稻科学,1997,11(2):70—76.

[121] 蒋德安.植物生理学实验指导.成都:成都科技大学出版社,1999.

[122] 焦红波,查勇,李云梅,黄家柱,韦玉春.基于高光谱遥感反射比的太湖水体叶绿素 a 含量估算模型.遥感学报,2006,10(2):242—248.

[123] 潘晓华,李木英,曹黎明等.水稻发育胚乳中淀粉的积累及淀粉合成的酶活性变化.江西农业大学学报,1999,21(4):456—462.

[124] 疏小舟,尹球,匡定波.内陆水体藻类叶绿素浓度与反射光谱特征的关系.遥感学报,2000,4(1):41—45.

[125] 唐延林,黄敬峰,王人潮.水稻不同发育时期高光谱与叶绿素和类胡萝卜素的变化规律.中国水稻科学,2004,18(1):59—66.

[126] 王惠文.偏最小二乘回归方法及其应用.北京:国防工业出版社,1999.

[127] 吴关庭,夏英武.环境与栽培对稻米品质的影响.中国稻米,1994,4:37—39.

[128] 熊振民,朱旭东,罗玉坤等.稻米品质研究的新进展.水稻文摘,1993,12(3):1—6.

[129] 徐正进,陈温福,张庄步等.水稻品质性状的品种间差异及其与产量关系的研究.沈阳农业大学学报,1993,24(3):217—223.

[130] 颜龙安,李季能,钟海明等.优质稻米生产技术.北京:中国农业出版社,1999.

[131] 张嵩午,高如嵩等.稻米综合品质与结实期气象因子的关系研究.西北农业大学学报,1994,22(2):6—10.

[132] 赵增煜.常用农业科学实验法.北京:农业出版社,1986

[133] 周培南,冯惟珠,许乃霞,张亚洁,苏祖芳.施氮量和移栽密度对水稻产量及稻米品质的影响.江苏农业研究,2001,22(1):27—31.

[134] 周世文,毛海平,郭勇军,季兴祥,李丰平,李国宝.稻飞虱发生特点及特大发生原因分析.湖北农业科学,2007,46(3):403—404.

[135] 朱旭东,熊振民,罗玉坤等.异季栽培对稻米品质的影响.中国水稻科学,1993,7(3):172—174.